Die Städte der vier Kulturen

ERDKUNDLICHES WISSEN

Schriftenreihe
für Forschung und Praxis

Begründet von
Emil Meynen

Herausgegeben
von Gerd Kohlhepp,
Adolf Leidlmair
und Fred Scholz

Band 139

Frank Meyer

Die Städte der vier Kulturen

Eine Geographie der Zugehörigkeit und Ausgrenzung
am Beispiel von Ceuta und Melilla
(Spanien/Nordafrika)

Franz Steiner Verlag Stuttgart 2005

Bibliographische Information der Deutschen
Bibliothek
Die Deutsche Bibliothek verzeichnet diese
Publikation in der Deutschen Nationalbibliographie;
detaillierte bibliographische Daten sind im Internet
über <http://dnb.ddb.de> abrufbar.

ISBN 3-515-08602-1

ISO 9706

© 2005 by Franz Steiner Verlag Wiesbaden GmbH,
Sitz Stuttgart. Gedruckt auf säurefreiem, alterungs-
beständigem Papier.
Gedruckt mit finanzieller Unterstützung der
Deutschen Forschungsgemeinschaft.
Druck: Printservice Decker & Bokor, München
Printed in Germany

Vorwort

Die vorliegende Arbeit analysiert eine aktuelle alltagsweltliche Problematik, und zwar die soziale Praxis von Zugehörigkeit und Ausgrenzung der Bewohner in den spanischen Städten Ceuta und Melilla. Im Zentrum der Untersuchung steht das Zusammenleben von Christen und Muslimen in diesen Städten, deren Besonderheiten durch ihre Lage an der nordafrikanischen Küste - umgeben von marrokanischem Territorium - geprägt ist. Mit der Arbeit wird die übergeordnete Zielsetzung verfolgt, aus geographischer Perspektive einen empirisch fundierten Beitrag zu der allgemeinen sozial- und kulturwissenschaftlichen Diskussion um Zugehörigkeit und Ausgrenzung - einschließlich des Themas „Fremdheit" - sowie zur Konstruktion kollektiver Identitäten zu leisten.

Die Idee zu der Arbeit geht auf das Jahr 1996 zurück. Zu dieser Zeit hielt ich mich als Forschungsstipendiat der Alexander von Humboldt-Stiftung in Marokko auf und hatte dabei die Gelegenheit, die Städte Ceuta und Melilla näher kennen zu lernen. Während meiner Tätigkeit als wissenschaftlicher Assistent am Geographischen Institut der TU München war es mir möglich, durch die Finanzierung der Leonhard-Lorenz-Stiftung explorative Forschungsaufenthalte in Ceuta und Melilla (sowie in Gibraltar, das damals noch mit einbezogen werden sollte) durchzuführen. Auf der Basis der ersten Vorarbeiten konnte ich schließlich einen Antrag auf Gewährung einer Sachbeihilfe bei der Deutschen Forschungsgemeinschaft stellen. Nach der Genehmigung des Antrags erfolgten im Frühjahr 1999 die ersten intensiven Feldforschungen. Das Forschungsprojekt fand nach einem Wechsel an die Universität Bayreuth zum Sommersemester 1999 am dortigen Lehrstuhl für Stadtgeographie und Geographie des ländlichen Raumes seine Fortsetzung. Die Arbeit wurde im April 2002 an der Fakultät für Biologie, Chemie und Geographie als Habilitationsschrift vorgelegt. Eine inhaltliche Überarbeitung des Manuskripts wurde im Sommer 2003 abgeschlossen. Danach erfolgten nur noch redaktionelle Arbeiten für die Veröffentlichung.

Der Entstehungsprozess meiner Habilitationsschrift und die Veröffentlichung der Arbeit wurde von vielen Menschen begleitet. Ich möchte folgenden Personen und Institutionen ganz herzlich danken:

–   Prof. Dr. Herbert Popp für seine tatkräftige Unterstützung und Förderung sowie für die vielen Diskussionen und kritischen Anmerkungen

–   allen Mitarbeiterinnen und Mitarbeitern des Lehrstuhls für Stadtgeographie und Geographie des ländlichen Raumes der Universität Bayreuth für ihre vielfältige Unterstützung

–   Prof. Dr. Hans Gebhardt, Prof. Dr. Pierre Signoles und Dr. Hans-Peter Maier-Dallach für die konstruktiven Kommentare zum Manuskript

– Andreas Grosch für das Erstellen der Karten

– Beate Nordmann für die Mitarbeit bei der Gestaltung des Layouts

– Roland Scholz und Christian Hatt für graphische Arbeiten

– Dr. Ana I. Planet Contreras von der Universität Madrid für ihre Hilfestellungen und wertvollen Tipps

– María Victoria Monfil Mínguez, Catalina Blanco, Melanie Monzón Vera, Ainora Palomero Ugarte, Oliver Rahn und Jochen Schoberth für Transkriptions- und Übersetzungsarbeiten an den Interviews in spanischer Sprache

– den Menschen und Institutionen in Ceuta und Melilla; insbesondere José Luis Gomez Barceló, Francisco Javier Arnaiz Seco, Vicente Moga Romero und Mohamed Abdesalam für ihre Hilfe als regelmäßige Ansprechpartner

– der Leonhard-Lorenz-Stiftung an der TU München für die Finanzierung von Voruntersuchungen

– der Deutschen Forschungsgemeinschaft für die Gewährung einer Sachmittelbeihilfe für das Forschungsprojekt und einer Publikationshilfe für die Veröffentlichung der Arbeit

– Prof. Dr. Fred Scholz und Prof. Dr. Gerd Kohlhepp sowie dem Franz Steiner Verlag für die Aufnahme in die Reihe „Erdkundliches Wissen"

Ein ganz besonderer Dank gilt meiner Frau Dr. Gaby Voigt für ihre emotionale und wissenschaftliche Unterstützung während des gesamten Verlaufs der Arbeit von der Idee bis zur Veröffentlichung.

Bayreuth, März 2005

Technische Hinweise

Die spanischen Zitate aus der Literatur, den Zeitungen bzw. Zeitschriften und Internetauftritten werden im Text in Übersetzung wiedergegeben; die Originale sind im Anhang beigefügt. Die Zitate aus den Interviews erscheinen aus Gründen der Lesbarkeit ebenfalls in deutscher Übersetzung. Auf eine Wiedergabe der spanischen Originale wurde verzichtet, um den Umfang der Arbeit in einem angemessenen Rahmen zu belassen. Bei den arabischen Wörtern wurde keine wissenschaftliche Umschrift verwendet, sondern entweder die in Spanien oder in Deutschland übliche Schreibweise. Der arabischsprachige Leser wird jedoch die korrekte Schreibweise erschließen können.

Inhaltsverzeichnis

Vorwort		V
Inhaltsverzeichnis		VII
Abbildungsverzeichnis		XII
Tabellenverzeichnis		XII

1.   **Theoretischer Rahmen: Fragestellung, Konzeption und Methodik**   1

1.1.   **Die spanisch-nordafrikanischen Städte Ceuta und Melilla als Ausgangspunkte der Untersuchung - eine Einführung**   1

1.1.1.   Zwischen Kontinenten, Staaten und Kulturen   1

1.1.2.   Kulturelle und soziale Grenzziehungen innerhalb der Städte   6

1.2.   **Fragestellung, Zielsetzung und Forschungsdesign**   8

1.3.   **Die theoretische Konzeption der Arbeit**   13

1.3.1.   Die Konstruktion kollektiver Identitäten und die „ *politics of identity* "   15

    1.3.1.1.   Kollektive Identitäten: imaginiert und dennoch real wahrnehmbar   16

    1.3.1.2.   Pluralität von Identitäten, Hybridität und Politik   18

    1.3.1.3.   Die zentralen Elemente zur Konstruktion kollektiver Identitäten: eine Zwischenbilanz und Ergänzungen   20

1.3.2.   Kollektive Identität und Raum   22

    1.3.2.1.   Kollektive Identität, Politik, Ökonomie und Segregation   25

    1.3.2.2.   Kollektive Identität, Macht und Territorialität   27

1.3.3.   Die Bedeutung von Erinnerungskultur und Ereignisgeschichte für die Konstruktion kollektiver Identitäten   28

1.3.4.   Kultur als identitätsrelevante Dimension oder: die „ *politics of culture* "   30

1.4.   **Zusammenfassung der theoretischen Konzeption**   34

1.5.   **Die angewandte Methodik**   39

1.5.1.   Die qualitativen Interviews   40

    1.5.1.1.   Die Auswahl der Interviewpartner/-innen   41

    1.5.1.2.   Die Durchführung der Interviews   42

    1.5.1.3.   Das Auswertungsverfahren   47

1.5.2.   Die nichtteilnehmende Beobachtung und Bestandsaufnahme städtebaulicher Elemente   47

1.5.3.   Die Analyse von Texten und Diskursen   49

1.5.3.1.   Der Begriff Diskurs und seine Bedeutung für die
            Forschungsarbeit   49
1.5.3.2.   Die konkreten Arbeiten zur Analyse von Texten und Diskursen   51

**2.   Die Bedeutung von Geschichte, die Konstruktion des „Anderen" und
            der politisch-territoriale Konflikt um Ceuta und Melilla   53**

**2.1.   Religion und Erinnerungskultur: Katholizismus, Nationalismus und
            der ewige *moro*   54**

2.1.1.   Al-Andalus: Ideologie und Mythos   55

2.1.2.   Die Reconquista, die Inquisition und der Aufbau eines christlichen Reiches   56

2.1.3.   *Africanismo*, Kolonialismus und der spanische Bürgerkrieg   58

2.1.4.   Vom Katholizismus und Nationalismus unter Franco zur Herausbildung
            einer demokratischen Gesellschaft   62

2.1.5.   Katholizismus heute, die Anerkennung kultureller Vielfalt und aktuelle
            Tendenzen im Umgang mit den *„moros"*   63

**2.2.   Der politisch-territoriale Konflikt, die spanisch-marokkanischen
            Beziehungen und der aktuelle Status der Städte   67**

2.2.1.   Von der Eroberung der Städte Ceuta und Melilla bis zur Unabhängigkeit
            Marokkos   68

2.2.2.   Die Rückgabeforderungen Marokkos nach 1956 und nationalstaatliche
            Konstruktionen   72

2.2.3.   Der politisch-territoriale Konflikt und die spanisch-marokkanischen
            Beziehungen seit Ende der 80er Jahre   74

2.2.4.   Die Verflechtung politischer Ereignisse in Ceuta und Melilla mit ma-
            rokkanischen Rückgabeforderungen   78

2.2.5.   Der aktuelle rechtliche und politische Status von Ceuta und Melilla 82

2.3.   Das Militär in Ceuta und Melilla: alte und neue Feindbilder   83

2.3.1.   Militär und nationalistische Ideologie   84

2.3.2.   Ceuta und Melilla in der strategisch-militärischen Planung   85

2.3.3.   Die Folgen der Präsenz des Militärs in Ceuta und Melilla   87

2.4.   Stadtgeschichte und Erinnerungskultur in Ceuta und Melilla   89

2.4.1.   Einige Beispiele der lokalen Geschichtsschreibung   90

2.4.2.   Die 500-Jahr-Feier in Melilla: Wir sind und bleiben spanisch!   93

2.4.3.   Die große Belagerung von Melilla 1774/75: eine jährliche Feier zum
            Gedenken der Verteidiger der *españolidad*!   95

2.5.   Zusammenfassung   97

3.	**Bevölkerungsentwicklung, Segregation und sozioökonomische Dimensionen des Zusammenlebens der „vier Kulturen"**	**99**
3.1.	**Bevölkerungsentwicklung und die Entstehung soziokultureller Segregation**	**99**
3.1.1.	Die Stadt Ceuta: Entwicklung und Verteilung der christlichen und muslimischen Bevölkerung bis 1970	101
3.1.2.	Die Entstehung einer hebräischen Gemeinschaft in Ceuta	105
3.1.3.	Die Hindus in Ceuta	106
3.1.4.	Melilla: Militär und städtische Expansionsphasen	107
3.1.5.	Die Bevölkerungsentwicklung in Melilla und die anfängliche Dominanz von Christen und Hebräern	108
3.1.6.	Das Muslim-Viertel Cañada de la Muerte in Melilla: Von der Entstehung bis Anfang der 80er Jahre	115
3.1.7.	Ceuta und Melilla: Die Unruhen von 1986, die Ergebnisse des „Muslim-Zensus" und aktuelle Zahlen	117
3.1.8.	Die heutige soziokulturelle Segregation in Ceuta und Melilla	122
3.2.	**Die ökonomischen und sozialen Dimensionen des Zusammenlebens der „vier Kulturen"**	**135**
3.2.1.	Wirtschaftstruktur und Arbeitsmarkt	136
3.2.2.	Arbeitsmarkt und Ausbildung	140
3.2.3.	Der „kleine" Grenzverkehr mit Marokko	145
3.2.4.	Drogenhandel und Kriminalität	149
3.2.5.	„Entwicklungshilfe" der Europäischen Union und Zukunftsperspektiven	156
3.3.	**Zusammenfassung**	**158**
4.	**Die „vier Kulturen" und die Politik kollektiver Identitäten oder: christlich fundierte *españolidad* versus muslimische Ansprüche**	**161**
4.1.	**Die Dominanz des Christentums und der *españolidad* in Ceuta und Melilla**	**161**
4.2.	**Die Anfänge der religiösen und politischen Organisation der Muslime, das spanische Ausländergesetz von 1985/86 und der „Aufstand der Ausgegrenzten"**	**165**
4.2.1.	Der gemeinsame Kampf der Muslime gegen die Anwendung des Ausländergesetzes in Melilla bis Ende der 80er Jahre	167
4.2.2.	Die gespaltene Bewegung der Muslime und der Kampf gegen die Anwendung des Ausländergesetzes in Ceuta bis Ende der 80er Jahre	173

4.2.3.   Das Ende der Unruhen, der Prozess der Einbürgerung und die Gründung
          neuer Vereinigungen bis 1990   175

4.2.4.   Zusammenfassung: die wichtigsten Vereinigungen der Muslime, ihre poli-
          tischen Positionen, Strategien und Aktivitäten bis Ende der 80er Jahre   177

4.3.   Die Organisation muslimischer Gemeinschaft und Identität seit 1990   180

4.3.1.   Die „Comunidad Islámica de Ceuta-Al Bujari" und die Nachbarschaftsver-
          einigung „Pasaje Recreo" in Ceuta   185

4.3.2.   Zwei militante Muslime aus den Vierteln „República Argentina" und
          „Benzú" in Ceuta   189

4.3.3.   Die islamische Vereinigung „Asociación Islámica Badr" in Melilla   196

4.3.4.   Die islamische soziale Hilfsorganisation „Voluntariado Islámico deAcción
          Social" in Melilla   200

4.3.5.   Zusammenfassung: die wichtigsten Vereinigungen der Muslime, ihre poli-
          tischen Positionen, Strategien und Aktivitäten um 1999/2000   201

4.4.   Die Imazighen-Bewegung in Melilla   204

4.4.1.   Das „Seminario de Tamasight": Die Sprache als „Trägerin" der Kultur   207

4.4.2.   „Wir sind an einem Ort des Nichts" - Die Berbervereinigung „Asociación
          Cultural Numidia"   209

4.4.3.   Die Delegation der „Asociación de Cultura Tamazight": ein Kampf gegen
          das Vergessen der Kultur und für die Gleichberechtigung der Frauen   212

4.4.4.   Zusammenfassung: die Imazighen-Bewegung in Melilla und der Kampf für
          den Erhalt einer Kultur   216

**4.5.   Die Organisation der hebräischen und hinduistischen Gemeinschaft
          und Identität**   216

4.5.1.   Die Organisation der hebräischen Gemeinschaft und Identität in Melilla   218

4.5.2.   Die Organisation der hindustischen Gemeinschaft und Identität in Ceuta   221

4.5.3.   Zusammenfassung: Hindus und Hebräer - ein Leben in der Diaspora   226

**4.6.   Der Diskurs des „harmonischen Zusammenlebens der vier Kulturen"
          in Ceuta und Melilla: eine Strategie der Stadtverwaltungen**   227

4.6.1.   Ceuta - ein „positives Beispiel des Zusammenlebens verschiedener
          Kulturen"   228

4.6.2.   Melilla - die Stadt der „einzigartigen Verschiedenheit"   231

4.6.3.   Fazit: die „convivencia" zwischen Vermarktung, Euphemismus und
          Akzeptanz kultureller Pluralität   233

4.7. **Individuelle Beispiele der Selbst- und Fremdwahrnehmung: Stereotype und Reflexionen** 236

4.7.1. Selbstreflexionen und die Sicht auf „den Anderen" in der christlichen Bevölkerung 237

4.7.2. Selbstreflexionen und die Sicht auf „den Anderen" in der muslimischen Bevölkerung 243

4.7.3. Zusammenfassung: *ellos* und *nosotros* - das stark ausgeprägte Denken in Kollektiven 246

4.8. **Politische Parteien, Machtkämpfe und die Bedeutung der „Kulturen"** 247

4.8.1. Politische Parteien und die Wahlen von 1999 in Ceuta: drei Muslime ziehen ins Stadtparlament 248

4.8.2. Melilla und die beginnende Umkehrung der Machtverhältnisse 252

4.8.3. Zusammenfassung: Politik, Macht und kollektive Identitäten 257

5. **Die empirischen Ergebnisse und der theoretische Rückbezug** 259

5.1. **Die alltagsweltlich dominante Realität kollektiver Identitäten** 260

5.2. **Historische Traditionen kollektiver Identitäten: Erinnerungskultur und Ereignisgeschichte zugleich** 262

5.3. **Akteure, Vereinigungen und Parteien: die „*politics of identity*"** 263

5.4. **Die Bedeutung von Diskriminierung, sozioökonomischer Benachteiligung und Kriminalität für die Mobilisierung kollektiver Identitäten** 266

5.5. **Kultur und Identität: ein Feld von Praktiken und Diskursen** 267

5.6. **Der *gelebte Raum* und die Konstruktion kollektiver Identitäten** 270

6. **Zusammenfassung/Summary** 277

Literaturverzeichnis 289
Dokumente und Statistiken 302
Zeitungen und Zeitschriften 302
Internetadressen 303

Zeittafel 305
Die Interviewpartner/-innen in Ceuta und Melilla 309
Die spanischen Originaltexte 313

Abbildungsverzeichnis

Abb. 1:   Die spanischen Territorien in Nordafrika   2

Abb. 2:   Modell des interaktiven Prozesses zwischen Theorie und Empirie der
            Forschungsarbeit   11

Abb. 3:   Theoretische Konzeption: die zentralen Begriffe und ihre Inhalte   38

Abb. 4:   Ceuta um das Jahr 1850   69

Abb. 5:   Melilla um das Jahr 1850   70

Abb. 6:   Das Stadtviertel Príncipe Alfonso: die bauliche Struktur um das Jahr
            2000   125

Tabellenverzeichnis

Tab. 1:   Die Bevölkerungszusammensetzung in Ceuta und Melilla nach Religi-
            onszugehörigkeit (1998)   6

Tab. 2:   Die Bevölkerungsentwicklung in Ceuta (1648 - 1998)   104

Tab. 3:   Die Bevölkerungsentwicklung in Melilla (1860 - 1998)   109

Tab. 4:   Die räumliche Verteilung der Bevölkerung von Melilla nach
            Religionszugehörigkeit für das Jahr 1900   112

Tab. 5:   Die räumliche Verteilung der Bevölkerung in ausgewählten Vierteln von
            Melilla nach Religionszugehörigkeit für das Jahr 1918   113

Tab. 6:   Die Anzahl der Beschäftigten in Ceuta und Melilla nach Wirtschafts-
            sektoren für das Jahr 1960   139

Tab. 7:   Die Anzahl der Beschäftigten in Ceuta und Melilla nach Wirtschafts-
            sektoren für das Jahr 1993   140

Tab. 8:   Die wichtigsten Vereinigungen der Muslime in Melilla, ihre politischen
            Positionen, Strategien und Aktivitäten bis Ende der 80er Jahre   178

Tab. 9:   Die wichtigsten Vereinigungen der Muslime in Ceuta, ihre politischen
            Positionen, Strategien und Aktivitäten bis Ende der 80er Jahre   179

Tab. 10:   Die wichtigsten Vereinigungen der Muslime in Ceuta, ihre politischen
            Positionen, Strategien und Aktivitäten um 1999/2000   202

Tab. 11:   Die wichtigsten Vereinigungen der Muslime in Melilla, ihre politischen
            Positionen, Strategien und Aktivitäten um 1999/2000   203

Tab. 12:   Die wichtigsten Vereinigungen und Einrichtungen der Imazighen-Be-
            wegung in Melilla, ihre politischen Positionen, Strategien sowie Aktivi-
            täten um 1999/2000   215

1. Theoretischer Rahmen: Fragestellung, Konzeption und Methodik

1.1. Die spanisch-nordafrikanischen Städte Ceuta und Melilla als Ausgangspunkte der Untersuchung - eine Einführung

Bei meiner ersten Überquerung der Straße von Gibraltar Mitte der 80er Jahre hatte Ceuta für mich lediglich als Grenzübergang eine Bedeutung. Ich wunderte mich zwar, dass an der nordafrikanischen Küste eine spanische Stadt lag, aber die damit verbundenen Implikationen gingen angesichts der in meiner damaligen Perspektive erwarteten Exotik und Fremdheit des Reiseziels Marokkos an mir vorüber. In Ceuta wurde billig getankt, und dann ging es weiter über die Staatsgrenze; ich verhielt mich ganz so, wie es die anderen Touristen oder die auf Urlaub in ihr „Heimatland" zurückkehrenden marokkanischen Immigranten aus den Niederlanden oder aus Frankreich ebenfalls taten. Erst viel später kehrte die Existenz dieses spanischen Ortes in Nordafrika in mein Bewusstsein zurück. Während eines fast zweijährigen Aufenthaltes in Marokko[1] konnte ich auf zahlreichen Märkten in einigen Städten im Norden des Landes die üppigen Angebote und den Verkauf von Schmuggelwaren aus Ceuta und Melilla beobachten. Darüber hinaus hatte ich nun mehrfach Gelegenheit, die beiden spanischen Städte in Nordafrika (siehe Abb. 1) zu besuchen. Ich lernte den politisch-territorialen Konflikt um die beiden Städte zwischen Marokko und Spanien näher kennen, und mir wurden ebenfalls die sehr kontrastreichen und konfliktträchtigen Dimensionen des Zusammenlebens der Menschen in diesen Städten deutlich. Damit verbunden waren verschiedene *Grenzerfahrungen*, die sich auf die Grenze zwischen Europa und Afrika, die *Grenze* zwischen Spanien und Marokko und die *Grenzen* im Miteinander zwischen den Menschen in den Städten bezogen. Diese *Grenzerfahrungen* habe zwar einerseits ich gemacht; die verschiedenen *Grenzen* bilden aber andererseits als alltägliche *Erfahrungen* der Menschen in der Region einen wichtigen Bestandteil in ihrem Leben.

1.1.1. Zwischen Kontinenten, Staaten und Kulturen

Es ist sicherlich unumstritten, dass jegliche Formen zwischenmenschlicher Grenzen durch die Menschen selbst konstruiert werden. Grenzen existieren überhaupt erst durch die ihnen zugeschriebenen Funktionen und Bedeutungen, und sie konstituieren als Scheidelinie das *Hier* und das *Dort*. Jenseits der Grenze befindet sich das

---

1   Der Aufenthalt erfolgte als Forschungsstipendiat der Alexander von Humboldt-Stiftung und Gastdozent an der Universität Muhammad V. in Rabat von Oktober 1994 bis Juli 1996.

Andere, das sich vom Eigenen unterscheidet. Gemeinsamkeiten werden bei dieser sozialen Praxis der Grenzziehung weniger oder gar nicht hervorgehoben. Grenzen sind aber auch als *Barrieren* ganz *real* erfahrbar, und sie beeinflussen unser Leben je nach Kontext mehr oder weniger stark. Dies gilt insbesondere für Menschen, die territoriale Grenzen im weitesten Sinne überschreiten wollen oder müssen. Grenzen schließen aus (und ein) und regeln bzw. reglementieren die Mobilität von Menschen. Vielfach sind es Migranten oder Bewohner von Grenzregionen, für die Staatsgrenzen und die damit zusammenhängende nationale Zugehörigkeit eine besonders nachhaltige Bedeutung in ihrem Leben haben. So auch für die Menschen in Ceuta und Melilla, die ein Leben mit den Grenzen führen.

Abb. 1: Die spanischen Territorien in Nordafrika

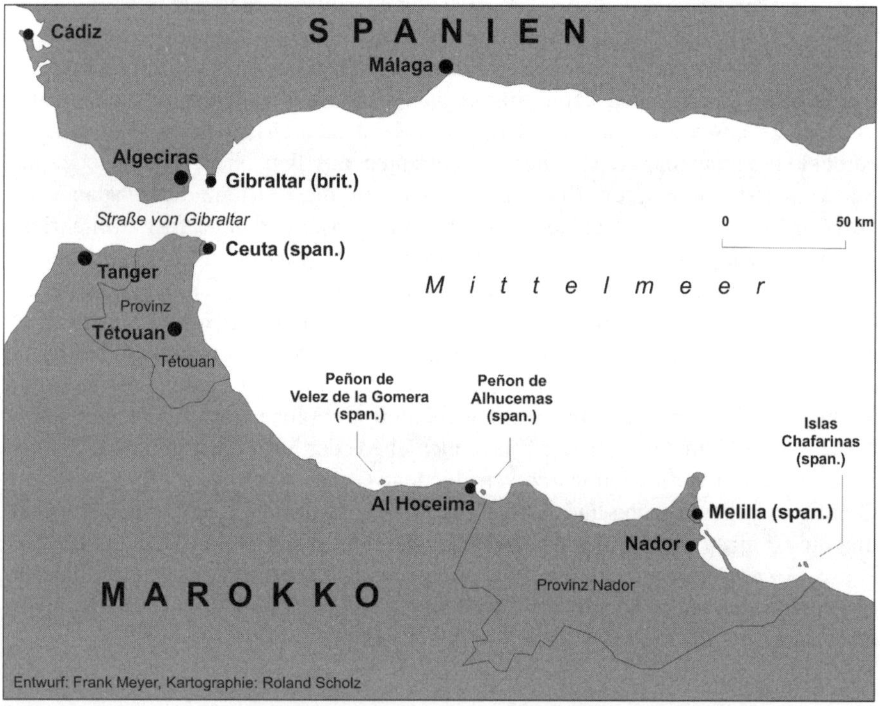

Von beiden Seiten der Grenze zwischen den Staaten Spanien und Marokko wird der Einreisende bzw. Ausreisende in Ceuta und Melilla mit Grenzbefestigungen und nadelöhrartigen Übergängen konfrontiert. In etwas weiterer Entfernung von den Städten tritt auf marokkanischer Seite zunächst der auffällig umfangreiche Transport oder Verkauf von Schmuggelwaren deutlich in Erscheinung. In unmittelbarer Nähe zu den Grenzübergängen stellt sich dann ein geschäftiges Treiben dar: zahllose Sammeltaxis, die für den Transport von Tagelöhnern und Schmugglern mit kleineren Warenmengen bereit stehen, lange Schlangen von Autos und Fußgängern an den Übergängen, überall verschnürte Waren und herumliegendes Verpackungsmaterial, scheinbar endlose Ströme von bepackten Marokkanern, die aus den spanischen Städten kommen. Dieser kleine Grenzverkehr ist deshalb möglich, weil die Bewohner der die Städte Ceuta und Melilla umgebenden marokkanischen Provinzen (Tétouan und Nador, siehe Abb. 1) mit ihren Personalausweisen - also ohne Visa - einreisen dürfen. Viele Menschen in der Umgebung der Städte leben von der Existenz dieser Grenze. Eine Weiterfahrt auf die Iberische Halbinsel wäre allerdings nur mit einem Reisepass und Visa möglich. Auf spanischem Territorium in Nordafrika befinden sich dann in beiden Städten direkt hinter der Grenze ausgedehnte Areale mit zum Teil großen Geschäften, in denen die von Marokkanern so begehrten Produkte wie Elektroartikel, Autoersatzteile oder auch Lebensmittel verkauft werden. Auch hier zeigt sich wieder ein geschäftiges Treiben: Einkauf und Verpacken von Waren in großen Mengen. An dem großen Umfang des Schmuggels von Waren sind die ökonomischen Disparitäten zwischen dem EU-Land Spanien und Marokko erkennbar. Die Grenze markiert nicht nur den Übergang von einem zum anderen Nationalstaat, sondern auch ein deutliches Wohlstandsgefälle bzw. eine starke Differenz bezüglich der Wirtschaftskraft in den beiden Nachbarstaaten.

Erst auf dem Weg von der Grenze in die Innenstadt von Ceuta oder auch Melilla bekam ich bei meinen Einreisen von marokkanischer Seite aus langsam das Gefühl, in einer spanischen Stadt zu sein. Nun hört man vorwiegend Spanisch im Gegensatz zum Arabisch, Tamazight (ein Berberdialekt) oder Französisch auf marokkanischem Territorium. Die spanische Sprache - auch visuell an Schriftzügen (z.B. Werbung) oder Straßennamen wahrgenommen -, spanische Polizeiuniformen, andere Nummernschilder an den Autos, eine spezifische Architektur (z.B. Jugendstil/ span. *modernismo*) im Stadtzentrum, Kirchen, Bars und viele andere Dinge symbolisieren nun ein *anderes Land* sowie eine städtische Kultur, wie man sie auch auf der Iberischen Halbinsel vorfindet, *und* Symbole der christlichen Religion. Aber das Bewusstsein, immer noch in Nordafrika zu sein, verblasst nicht. Das Wissen über die „Existenz" der Afrika und Europa genannten Kontinente in Verbindung mit dem Blick auf ein trennendes Meer vermitteln mir das Gefühl, mich im *Dazwischen* zu befinden. Man ist zwar schon offiziell in Spanien und damit in Europa, aber eben auch in Afrika: Ein Widerspruch, sofern man die Straße von Gibraltar und das Mittelmeer als südliche Grenze Europas betrachtet und sofern das eigene Weltbild auf *eindeutige* Zugehörigkeit basiert. Jedenfalls wird an diesem Beispiel der konstruktive Charakter unserer Grenzziehungen besonders deutlich.

Die Stadt Ceuta (arab. Sebta) liegt auf einer Halbinsel an der nordafrikanischen Küste in 14 km Entfernung zu Tarifa. Mit Schnellfähren wird die Meerenge vom Hafen in Algeciraz nach Ceuta in nur 1 1/2 Stunden zurückgelegt. Bei klarem Wetter sieht man die jeweils gegenüberliegende Küste sehr deutlich. Die Länge der Küstenlinie Ceutas beträgt 20 km und die Grenze mit Marokko 8 km; die Fläche der Stadt umfasst 19 km² (vgl. García Flórez 1999, S. 24). Das Fremdenverkehrsamt in Ceuta versucht die (scheinbar?) widersprüchliche Situation der Lage der Stadt in Spanien, Europa *und* Afrika mit dem Slogan „ *Algo Estrecho nos une*" (Die Meerenge vereint uns) zu relativieren. Die Straße von Gibraltar wird hier eher als etwas

Verbindendes denn *Trennendes* gesehen. In Melilla wäre eine ähnliche Sichtweise wenig sinnvoll: Die Entfernung zur Iberischen Halbinsel ist einfach zu groß. Die Stadt Melilla liegt viel weiter östlich, nahe der algerischen Grenze. Ihre Fläche ist mit 12,3 km² etwas kleiner als diejenige von Ceuta.

Im alltäglichen Sprachgebrauch wird in beiden Städten die Iberische Halbinsel keineswegs *España* genannt, sondern *la península* - die Halbinsel. Denn im Verständnis der meisten Spanier bilden die Städte einen integralen Bestandteil des spanisch-nationalen Territoriums! Die Bezeichnung *España* für die Halbinsel würde aus der Perspektive von Ceuta und Melilla beide nordafrikanischen Städte von der Nation ausschließen. Aufgrund des politisch-territorialen Konfliktes zwischen Spanien und Marokko über Ceuta und Melilla sowie einiger kleiner, der marokkanischen Küste vorgelagerter Inseln (Islas Chafarinas, Islas de Alhucema und Peñón de Vélez de la Gomera) sind die Empfindlichkeiten bezüglich der Bezeichnungen für die beiden Städte recht ausgeprägt. So wird auf marokkanischer Seite die Bezeichnung *besetzte Städte* (*franz.: villes occupées*) oder *Kolonien* eindeutig bevorzugt. Dadurch wird zum Ausdruck gebracht, dass man den aktuellen Status der Städte nicht akzeptiert. Ceuta wurde 1415 von den Portugiesen erobert und dann 1580 den Spaniern übergeben; Melilla wurde im Jahre 1497 von spanischen Truppen eingenommen. Beide Städte gehören seitdem ununterbrochen zu Spanien.

Die Frage der nationalstaatlichen Zugehörigkeit von Ceuta und Melilla bildet bis heute ein regelmäßig wiederkehrendes Thema in der Politik, in den Medien und in wissenschaftlichen Veröffentlichungen (z.B. Rézette 1976, Al Maazouzi/Benajiba 1986, Mattes 1987, Carabaza/De Santos 1992, Planet Contreras 1998 und García Flórez 1999). Die Positionen sind allerdings eindeutig. Marokko fordert die Rückgabe der - aus ihrer Sicht - Kolonien (u.a. mit dem Argument der topographischen bzw. geographischen Zugehörigkeit zum nationalstaatlichen Territorium) bzw. zunächst die Einführung einer Kommission, die sich über die Zukunft der Städte austauscht. Es herrscht in Marokko quer durch alle Parteien, d.h. im politischen Diskurs sowie in von mir wahrgenommenen alltäglichen Gesprächen, weitgehend Konsens darüber, dass die territoriale spanische Präsenz an der marokkanischen Mittelmeerküste als anachronistisch-koloniale Provokation zu deuten ist. Die spanische Regierung lehnt dagegen beständig jegliches „Rütteln" an der *españolidad* der Städte ab. Der Status Quo soll erhalten bleiben, und es werden keine diplomatischen Vorschläge angenommen, die davon abweichen könnten (vgl. García Flórez 1999, S. 19). Zuletzt entbrannte sich der territoriale Konflikt an der Besetzung der so genannten „Petersilien"-Insel (Isla de Perejil, von marokkanischer Seite Djazirat Laila genannt) durch einige marokkanische Soldaten im Juli 2002. Die Insel besteht aus einen 13,5 ha großen, unbewohnten Felsen, der 200 m vor der marokkanischen Küste und ca. 8 km westlich von Ceuta liegt. Das kleine Eiland wurde kurz darauf durch spanische Streitkräfte ohne Blutvergießen „zurückerobert" (vgl. Süddeutsche Zeitung 15.07.2002, El País 12.07/16.07./17.07./24.09.2002, Frankfurter Allgemeine Zeitung 22.08.2002). Die damit verbundene ernsthafte diplomatische Krise zwischen Marokko und Spanien dauerte allerdings mehrere Monate an.

Der besondere politische Status der beiden Städte an der nordafrikanischen Küste, d.h. die Zugehörigkeit zu Spanien *und* zur EU, führte Anfang der 90er Jahre dazu, dass sie als „Schlupflöcher" für illegale Migration nach Spanien bzw. Europa entdeckt wurden (vgl. Meyer 2002). Im Jahre 1999 konnten allerdings in beiden Städten die Arbeiten an neuen und hochmodernen Befestigungen (doppelte Zäune, Stacheldraht, Überwachungskameras, Bewegungsmelder u.s.w). entlang der gemeinsamen Grenze mit Marokko fertiggestellt werden, um der als Bedrohung wahrgenommenen illegalen Zuwanderung insbesondere von Menschen aus Ländern südlich der Sahara (z.B. Senegal, Kongo, Kamerun) - den so genannten *subsaharenos* - sowie aus Algerien entgegenzuwirken. Mit beständiger Regelmäßigkeit wird in der spanischen Presse über illegale Migration berichtet, wobei Ceuta und Melilla aufgrund der neu befestigten Grenzen in letzter Zeit etwas an Bedeutung verloren haben. Seitdem haben Schlepperbanden ihre Strategie geändert und versuchen nun zunehmend mit Schlauchbooten die Migranten auf den Kanarischen Inseln anzulanden. Die illegale Einwanderung von Marokkanern nach Spanien bzw. auf die „Halbinsel" erfolgt dagegen überwiegend mit *pateras* - kleinen Fischerbooten - über die Straße von Gibraltar (vgl. Fischer/Malgesini 1998). Diese gefährlichen Überfahrten, die immer wieder Menschenleben kosten, werden teilweise von Ceuta aus organisiert. Zudem wird über Ceuta - und in weit geringerem Maße auch über Melilla - ein großer Teil des Drogenhandels mit Haschisch aus dem Rif-Gebirge nach Europa abgewickelt. Als EU-Territorien zwischen den Staaten und Kontinenten - mit Verbindung zu je beiden Seiten - verfügen sie für den Drogenhandel über ideale Rahmenbedingungen. Hinzu kommen noch die bereits erwähnten täglichen legalen Grenzüberschreitungen von Marokkanern und Marokkanerinnen, wobei niemand weiß, wie viele von ihnen sich über einen längeren oder auch kürzeren Zeitraum illegal in Ceuta und Melilla aufhalten.

Die illegale Migration und der Drogenhandel sind zwei zentrale Bereiche der politischen Auseinandersetzung zwischen Spanien und Marokko, die allerdings in einem größeren Rahmen der EU-Politik eingebettet sind. So wird seit Anfang der 90er Jahre dem *Grenzverhältnis* zwischen Europa und den südlichen Mittelmeeranrainern seitens der EU ganz generell eine intensivere Aufmerksamkeit geschenkt. Ein daraus resultierendes verstärktes Engagement Europas in der Mittelmeerregion ist hauptsächlich vor dem Hintergrund einer europäischen Wahrnehmung zu sehen, wonach die Länder südlich des Mittelmeeres eine zunehmende Bedrohung darstellen, die durch soziale, ökonomische und politische Instabilität, Regionalkonflikte, islamischen Fundamentalismus, Terrorismus, Drogenhandel, Bevölkerungswachstum und Migration gekennzeichnet sei (vgl. Faath/Mattes 1995, Weidnitzer 1995, Ruf 1995, Jünemann 1997 u.1999, Meyer 2001a). Diese von europäischer Seite benannten „konkreten" Probleme, wurden bereits in den 80er Jahren von den Italienern erstmals unter dem Begriff „Südbedrohung" formuliert (vgl. Jünemann 1999). Im Rahmen einer Euro-Mediterranen Partnerschaft soll nun der Region - und dazu zählt auch Marokko - insbesondere durch Förderung der Wirtschaft zu mehr Stabilität verholfen werden. Die Wirksamkeit damit verbundener Maßnahmen ist allerdings offen bis fragwürdig (vgl. Meyer 2001a).

1.1.2. Kulturelle und soziale Grenzziehungen innerhalb der Städte

Grenzerfahrungen beziehen sich über territoriale Aspekte hinaus ganz be-
sonders auf das Zusammenleben der Menschen innerhalb der Städte. In Ceuta
leben ca. 73.000 Menschen, von denen nach Schätzungen 20 % muslimischer
Religionszugehörigkeit sind (vgl. Planet Contreras 1998, S. 41 und García Flórez
1999, S. 212 ff); die christliche Bevölkerung bildet mit etwa 54.000 Personen die
Mehrheit der Bewohner. Darüber hinaus leben in Ceuta noch eine kleine jüdische
Gemeinschaft (ca. 600) und Hindus (ca. 500). In Melilla zählt man heute 60.000
Menschen, davon sind nach Schätzungen des Direktors des lokalen statistischen
Amtes 35.000 Christen, 23.000 - 25.000 Muslime, 700-800 Hebräer (bzw. Juden)
und 50-60 Hindus.

Diese Bevölkerungszusammensetzungen verschiedener Religionsgemeinschaften haben sich im Verlauf der letzten 150 Jahre entwickelt, wobei wiederum die
letzten 50 Jahre von besonderer Bedeutung waren. Die hier unterschiedenen religiösen Gruppen entsprechen - und das ist wichtig - den in den Städten *selbst* vollzogenen Einteilungen bzw. Klassifizierungen der Bewohner! Es handelt sich also
nicht um von mir konstruierte Kategorien, sondern um die Repräsentation eines in
der Alltagswelt beider Städte sehr dominanten *Diskurses der Grenzziehung* und
damit einer Unterscheidung zwischen Menschen. Die diesbezüglichen Kriterien für
die Zugehörigkeit zu einer Gemeinschaft werden in Ceuta und Melilla anhand der
religiösen Glaubensrichtung festgemacht; allerdings wird die Religion weit über
reine Glaubensfragen und religiöse Praxis hinausgehend alltagsweltlich mit Kultur

*Tab. 1: Die Bevölkerungszusammensetzung in Ceuta und Melilla nach Religionszu-
gehörigkeit (1998)*

	Ceuta	Melilla
Gesamtbevölkerung	72.117	60.108
Christen	~ 54.000	~ 35.000
Muslime	~ 16.000	~ 24.000
Hebräer	~ 600 - 700	~ 700 - 800
Hindus	~ 500	~ 50 - 60

Quellen: CIUDAD AUTÓNOMA DE CEUTA 1999, CIUDAD AUTÓNOMA DE MELILLA 1999, RAMCHANDANI
1999, PLANET CONTRERAS 1998, GARCÍA FLÓREZ 1999, Schätzungen des Delegado Provencial de Melilla Instituto Nacional de Estadistica, unveröffentlichte Daten des Instituto Nacional de Estadística
Delegación Local de Melilla

gleichgesetzt, die alle Bereiche des menschlichen Lebens (Werte, Traditionen und Gewohnheiten etc.) umfasst. Das Miteinander von Christen, Muslimen, Hebräern und Hindus wird in beiden Städten in einem von den Stadtverwaltungen initiierten offiziellen Diskurs als friedliches und harmonisches Zusammenleben (*convivencia*) der „vier Kulturen" präsentiert.[2] So stellt sich die Stadt Ceuta auf ihrer offiziellen Homepage als positives „Beispiel für das Zusammenleben" (*ejemplo de convivencia*) dar, und man spannt diesbezüglich einen Bogen von der Geschichte in die Gegenwart: „Die Toleranz, die im Verlauf der Geschichte in unserer Stadt praktiziert wurde, ist die hauptsächliche Beschützerin des heutigen Zusammenlebens der vier Kulturen - Christen, Muslime, Hebräer, Hindus - in völliger Harmonie. (1)"[3] In durchaus identischer Weise wird auch in Melilla das Zusammenleben der Kulturen idealisiert bzw. beschönigt. Ceuta und Melilla sind im diskursiven Sinne *die Städte der vier Kulturen*, in denen - gemäß der „*political correctness*" - das Zusammenleben beispielhaft praktiziert wird.

Die offizielle Repräsentation eines harmonischen Zusammenlebens entspricht allerdings kaum der von mir im Verlauf des Forschungsprozesses erfahrenen Sichtweisen vieler Bewohner der Städte. Sozialkulturelle Segregation insbesondere zwischen Christen und Muslime sowie eine in sozio-ökonomischer Hinsicht stark ausgeprägte marginale Stellung der Mehrheit der Muslime führen immer wieder zu gesellschaftlichen Spannungen (vgl. Meyer 2001b). Von grundsätzlicher Bedeutung für das Zusammenleben von Christen und Muslimen ist die Frage der „Fremdheit" in Bezug auf die von beiden Seiten durch „historisch-kulturelle Verwurzelung" rechtmäßig begründete eigene Anwesenheit in den spanisch-nordafrikanischen Städten Ceuta und Melilla. Aus christlich-spanischer Perspektive sind die Territorien der Städte ganz ausschließlich christlich-spanisch, wodurch den Muslimen der Status von „an sich" Fremden zugeschrieben wird. Daraus ergibt sich zudem die Frage, wann ein Spanier ein Spanier ist, bzw. welche Kriterien erfüllt sein müssen, um als echter Spanier zu gelten. Aus muslimischer Sicht haben die Städte von vorne herein zumindest ebenso einen muslimischen - bzw. im Falle von Melilla auch einen berberischen (siehe Kap. 4.4.) - Charakter, und man sieht sich selbst nicht als „Fremde". Die weit verbreitete alltagsweltliche Praxis der Verknüpfung von kultureller und nationaler Zugehörigkeit, die zudem auf ein bestimmtes Territorium bezogen wird, ist auch in Spanien (und Marokko) wirksam und birgt in Ceuta und Melilla vor dem Hintergrund der Lage beider Städte in Nordafrika und der spezifischen gesellschaftlichen Situation eine m.E. nicht zu unterschätzende Brisanz. So wird beispielsweise Ceuta aus der Perspektive der international verbreiteten spanischen Tageszeitung *El País* aufgrund der Lage und der kulturellen, sozialen und ökonomischen Besonderheiten als ein „anderer Planet" (*Ceuta es otro planeto*) bezeichnet, auf dem Rassimus und Gewalt kurz vor dem Ausbruch stünden (vgl. El País 29.08.1999). In einem kurzen Bericht der Süddeutschen Zeitung (vom

---

2   Ich werde im weiteren Text die im offiziellen Diskurs in Ceuta und Melilla übliche Bezeichnung *Hebräer* statt *Juden* verwenden.

3   Die spanischen Originale der schriftlichen Texte können im Anhang eingesehen werden. Sie sind mit den hier angegebenen Zahlen entsprechend durchnummeriert.

20.07.1999) zur Wahl eines muslimischen Bürgermeisters in Melilla heißt es, dass die Stadt einem Pulverfass gleiche und große Spannungen unter einer scheinbar friedlichen Oberfläche der Toleranz herrschten.

1.2. Fragestellung, Zielsetzung und Forschungsdesign

Die vorliegende Arbeit beschäftigt sich mit Fragen der alltäglichen sozialen Praxis von Zugehörigkeit und Ausgrenzung. Die Bewohner von Ceuta und Melilla bilden den Ausgangspunkt meiner empirischen Arbeit und theoretischen Überlegungen. Das alltägliche Leben in den beiden Städten wird aufgefasst als ein komplexer „Fokus" kultureller Konfrontationen, Begegnungen und Interaktionen, die - wie sich zeigen wird - mit politischen und sozialen Aspekten sehr eng verwoben sind. Die räumlichen Dimensionen der Thematik treten sehr deutlich durch den politisch-territorialen Konflikt um Ceuta und Melilla (zwischen Marokko und Spanien), den damit verbundenen Streitpunkt über den „national-kulturellen Charakter" der beiden Städte sowie der stark ausgeprägten sozialräumlichen Segregation zwischen ihren christlichen und muslimischen Bewohnern hervor. Insbesondere vor dem Hintergrund des politisch-territorialen Konfliktes um die Städte stellt sich die Frage nach der Inszenierung durch spezifische Akteure bzw. Gruppen und der Bedeutung nationaler und kultureller Selbstverständnisse für die Bewohner der Städte im Zusammenhang mit dem *gelebten Verhältnis von Eigenem und Fremden*. Die Frage nach der *Herkunft* in Verbindung mit *Territorialität* erlangt dabei eine besondere Relevanz, denn: Wer ist fremd in Ceuta und Melilla? Diese Frage ist in beiden Städten als ein sehr brisanter politischer und kultureller bzw. kulturräumlicher Konfliktpunkt mit historischer Tiefe zwischen Christen und Muslimen zu verstehen. Aus wissenschaftlicher Perspektive kann auf diese Frage keine Antwort gegeben werden, wollte man nicht Partei ergreifen. Vielmehr kann unter wissenschaftlichen Aspekten lediglich der wichtigen Frage nachgegangen werden, worauf „Fremdheitsverhältnisse" in Ceuta und Melilla beruhen und welche Konsequenzen sie haben.

Aus der Beschäftigung mit den städtischen Gesellschaften von Ceuta und Melilla ergibt sich folgende **zentrale Fragestellung**: *Wie und mit welchen konkreten Inhalten werden in Ceuta und Melilla Zugehörigkeit und Ausgrenzung gelebt?* Oder anders ausgedrückt: *Wie werden kollektive Identitäten bzw. Wir-Identitäten konstruiert und reproduziert?* Damit verbinden sich **zwei nachfolgende Fragen**: *erstens* jene nach dem Zusammenhang von historischen, kulturellen, sozio-ökonomischen, politischen und räumlichen Dimensionen bei der Konstruktion kollektiver Identitäten, sowie *zweitens* jene nach den Auswirkungen des politisch-territorialen Konfliktes auf das Leben in den Städten. Im Mittelpunkt der Analyse steht das Zusammenleben bzw. das Miteinander der so genannten „vier Kulturen" (Christen, Muslime, Hindus und Hebräer) einschließlich der diesbezüglichen (mündlichen und schriftlichen) diskursiven Praktiken. Die Ausführungen werden sich jedoch *hauptsächlich* auf Christen und Muslime erstrecken, weil beide Gruppen den

größten Teil der Bevölkerung in Ceuta und Melilla stellen und weil sie das gesellschaftliche Leben in den Städten dominieren. Dennoch werden Hebräer und Hindus
nicht völlig außer acht gelassen, vielmehr wird ihre Position im alltäglichen Leben
fallweise kontrastierend einbezogen.

Die Bezeichnungen Christen, Muslime, Hindus und Hebräer (*cristianos, mu-
selmanes, hindúes, hebreos*) sowie der Begriff „vier Kulturen" (*cuatros culturas*)
stellen alltagsweltlich erfahrbare und dominante Kategorien der Fremd- und Selbstbezeichnung dar; sie bilden einen Bestandteil der öffentlichen Selbstdarstellung
durch die Stadtpolitik sowie des Diskurses in den Medien und sie werden - neben
einigen weiteren, und zwar pejorativen bzw. abwertenden Bezeichnungen - auch
von der Bevölkerung verwendet. Mit dem Titel der Arbeit - „Die Städte der vier
Kulturen" - wird folglich der öffentliche Diskurs der so genannten „vier Kulturen"
aufgegriffen. Obwohl in Melilla die meisten Muslime sich selbst als Imazighen
(Berber) bezeichnen, gibt es von den Berber-Vereinigungen und ihren Akteuren
keine Bemühungen die „Kultur der Imazighen" im *öffentlichen Diskurs* explizit als
fünfte Kultur zu etablieren.[4] Allerdings wird von ihnen angestrebt, das Bewusstsein
einer Imazighen-Identität zu kräftigen und diese im Vergleich zu einer Identität als
Muslime stärker in den Vordergrund zu rücken. Hierauf wird im empirischen Teil
der Arbeit näher eingegangen. Somit sei nachdrücklich hervorgehoben, dass nicht
der Bearbeiter als Forscher Wir-Gruppen oder kollektive Identitäten *konstruiert*,
vielmehr wird beabsichtigt, die alltagsweltliche Praxis der *Feststellung* und der
Formulierung von Zugehörigkeit (und die damit verbundene Ausgrenzung) zu
rekonstruieren. Dabei können gleichzeitig auch gesellschaftliche Machtstrukturen
aufgedeckt werden.[5] Es wird also *keine von mir* vorgenommene Bestimmung und
Beschreibung beispielsweise *der* „muslimischen Kultur" oder *der* „christlichen
Kultur" in Ceuta und Melilla erfolgen, was im Übrigen als unmögliches Unterfangen betrachtet wird.[6]

Die **Zielsetzung** der Arbeit besteht darin, aus geographischer Perspektive einen
empirisch fundierten Beitrag zu der allgemeinen sozial- und kulturwissenschaftlichen Diskussion um Zugehörigkeit und Ausgrenzung - einschließlich des Themas
„Fremdheit" - sowie zur Konstruktion kollektiver Identitäten zu leisten. Folglich
wird angestrebt, über das empirische Fallbeispiel hinausgehend, den *interaktiven
Prozess zwischen Theorie und Empirie* weiterzuführen. Dieser Prozess wird hier im
Sinne einer Wechselbeziehung zwischen empirischer Datenerhebung und Theorie-

---

4 In Melilla lebt außerdem noch eine kleine Gruppe „Zigeuner" (*gitanos*), die im öffentlichen
  Diskurs ebensowenig wie die Imazighen als „fünfte Kultur" berücksichtigt wird (vgl. Moga
  Romero 2000). Das liegt möglicherweise daran, dass sie ebenfalls Christen sind, die in Melilla
  allerdings einer evangelistischen Kirche (Filadelfia-Gemeinde) angehören. Für die hier vorliegende Fragestellung wurde die Gruppe der *gitanos* außer Acht gelassen.
5 Das Verhältnis von politischen Konflikten, raumbezogenen Identitäten und Macht stellt insbesondere in der anglophonen neueren Politischen Geographie ein wichtiges Forschungsfeld dar
  (vgl. Reuber/Wolkersdorfer 2001).
6 Eine Begründung dafür folgt im Kapitel über die theoretische Konzeption bei der Behandlung
  des Kulturbegriffs.

bildung verstanden, aus der wiederum neue, die Forschung vorantreibende Fragestellungen hervorgehen können (vgl. Kraus 2001, S. 12). Dem Forschungsdesign
dieser Arbeit wurde dabei *kein lineares Modell eines Forschungsprozesses* (Theorie
→ Hypothesen → Operationalisierung → Stichprobe → Erhebung → Auswertung
→ Überprüfung) zugrunde gelegt, sondern ein *zirkuläres bzw. reflexives Modell*,
wie es in der für die Studie angewandten Methodik der qualitativen empirischen
Sozialforschung üblich ist (vgl. Flick 2002, S. 72 ff). Mit diesem Forschungsdesign
korrespondiert auch der offene Charakter des gesamten Forschungsprozesses, was
die Einbindung von theoretischen Begriffen sowie die konkret parktizierte Methodik - einschließlich der Auswahl der Interviewpartner und der Analyse von Texten
(Zeitungen, Dokumente, Internetseiten, wissenschaftliche und populärwissenschaftliche Publikationen etc.) - anbetraf (vgl. Kap. 1.5.).

Den Ausgangspunkt der Untersuchung bildeten die Phänomene der Alltagswelt
und ihre Interpretationen, d.h. die konkrete Problematik des territorialen Konfliktes
zwischen Spanien und Marokko über Ceuta und Melilla sowie das - später in den
Vordergrund der Forschung gestellte - Zusammenleben der „vier Kulturen" (insbesondere von Christen und Muslimen) innerhalb der beiden Städte. Dabei ergab
sich die grundsätzliche Frage, wie und mit welchen theoretischen Konzepten und
Begriffen die zu untersuchenden Phänomene auf abstrakter Ebene *begriffen* und *erfasst* werden können (vgl. Schiffauer 1991, S. 26). Nach ersten Voruntersuchungen
wurden als theoretische Arbeitsbegriffe zunächst „Raum und kulturelle Differenz"
herangezogen. Im weiteren Verlauf der empirischen Untersuchungen und der Beschäftigung mit theoretischer Literatur zeigte sich jedoch, dass als übergeordneter
theoretischer Analysebegriff **„kollektive Identität"** der empirischen Problematik
besser gerecht wird, da sich mit ihm sowohl *kulturelle* und *religiöse* als auch die
hier sehr bedeutsame *nationale Identität* als spezifische bzw. konkrete Formen
erfassen lassen. In Abstimmung und im Vergleich mit den im Feldforschungspro-
zess gewonnenen empirischen Ergebnissen werden weiterhin die Begriffe **Raum**
(Bedeutung von Raum für die Konstruktion kollektiver Identitäten, Territorialität,
Segregation etc.) und **Kultur** (als Diskurs- und Bezugsfeld für die alltagsweltliche
Praxis von Zugehörigkeit und Ausgrenzung) sowie als Ergänzung auch der Begriff
Zeit (als Erinnerungskultur, Instrumentalisierung von Geschichte sowie „realhisto-
rische" Ereignisgeschichte) in das theoretische Konzept einbezogen.

Die Auswahl der *theoretischen Begriffe* erfolgte also *empiriegeleitet*, d.h. ausgehend von den alltagsweltlichen Phänomenen und verwendeten Begriffen (z.B.
Christen, Muslime, Hindus und Hebräer; Imazighen/Berber; die „vier Kulturen"/
cuatros culturas; *españolidad*; *arraigo*/Verwurzelung). Die alltagsweltlichen Begriffe (Begriffe ersten Grades) sind nach Lamnek (1995, S. 139) die notwendige
Basis für die Bildung von Konstruktionen zweiter Ordnung (theoretische Begriffe),
da die soziale Welt bzw. soziales Handeln durch die Deutungen und Sinnzuschrei-
bungen der Akteure vermittelt werden. Die Begriffe zweiter Ordnung bilden ein Bezugssystem und wurden von mir im *interaktiven Prozess mit der Empirie* zu einem
zusammenhängenden theoretischen Konzept geformt, bei dem - wie noch zu zeigen
sein wird - die Inhalte der einzelnen Begriffe ineinander greifen. Das im folgenden

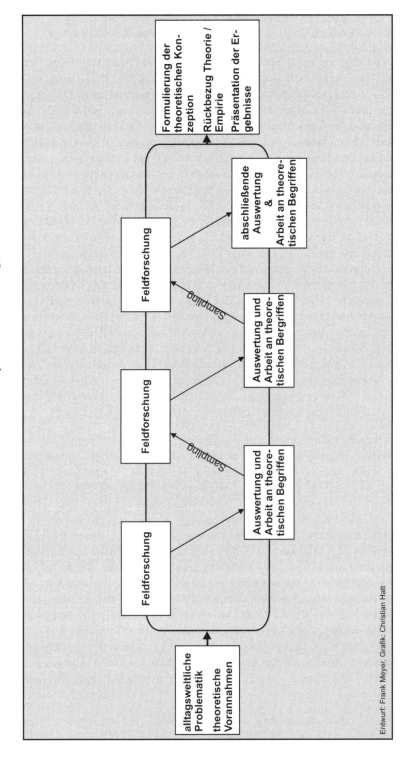

Abb. 2: Modell des interaktiven Prozesses zwischen Theorie und Empirie der Forschungsarbeit

Entwurf: Frank Meyer, Grafik: Christian Hatt

Kapitel dargestellte theoretische Konzept ist somit nicht nur deduktiv eingeführt worden, sondern auch als ein *Ergebnis* der empirischen Arbeit zu sehen.

Diese Vorgehensweise läßt sich nach Geertz (1987) und Schiffauer (1991) als *Arbeit an theoretischen Begriffen* verstehen, mit der eine Präzisierung und eine erweiterte inhaltliche Perspektive von Begriffen angestrebt wird. Den Ausgangspunkt für beide Ethnologen bildet die grundlegende Frage, welche Aussagekraft eine Fallstudie bzw. das Material intensiver qualitativer Feldforschung überhaupt haben kann. Nach Geertz (1987, S. 34) sollen Fallstudien es ermöglichen, realistisch und konkret über Begriffe zu reflektieren und mit ihnen kreativ umzugehen. Schiffauer (1991, S. 25) bringt die Antwort hierzu wie folgt auf den Punkt: „Die Relevanz einer ethnologischen Untersuchung besteht so (...) in den Einsichten, die sie über Schlüsselkonzepte (...) bereitstellt, in dem, was sie zu ihrer Konkretion, Präzisierung und unerwarteten Anwendung hinzuaddiert. Am Einzelfall kann man sich vergegenwärtigen, was ein Begriff, ein Konzept »bedeutet«." Es soll also *nicht* versucht werden, ein alltagsweltliches Phänomen in wissenschaftliche Begriffe „zu zwängen" und sie so in bezug auf eine Fallstudie zu operationalisieren. Die im Rahmen des *interaktiven Prozesses zwischen Theorie und Empirie* beabsichtigte *Arbeit am Begriff* richtet sich schließlich gegen eine begriffliche Erstarrung (sowie unreflektierte Anwendung); und die Reflexion soll es ermöglichen, Begriffe kritisch zu prüfen, in neue Bezüge zu setzen, und sie so mit neuen Bedeutungen anzureichern (vgl. Schiffauer 1991, S. 26). Ein derartiger Anspruch an empirische Arbeiten und die Forderung nach einer Arbeit am Begriff entspricht auch der kritischen Sichtweise von Wagner (1999, S. 45) zur Frage der Verwendung des Identitätsbegriffs in den Sozialwissenschaften: „Die Identitätsdiskussion versucht, konzeptuell etwas festzuschreiben, was empirisch genau zu benennen sie vermeidet."

Mit dem hier dargelegten empiriegeleiteten Prozess der Begriffsbildung und der Arbeit am Begriff beantwortet sich zumindest zum Teil auch die Frage nach der Übertragbarkeit von Begriffen, die einer „westlichen" sozialwissenschaftlichen Tradition entstammen, auf eine Situation an der Grenze zu Europa. Mit dieser Vorgehensweise konnten zunächst alltagsweltliche Kategorien der Selbst- und Fremdsicht aller Seiten berücksichtigt werden, um zu verhindern, bereits *vorab* festgelegte theoretische Begriffe als „Gussformen" zur *Aneignung* des „Anderen" zu verwenden (vgl. Matthes 1992a). Darüber hinaus kann davon ausgegangen werden, dass nicht nur in Spanien - als westeuropäischem Staat - der Begriff „Identität" sowie alle weiteren hier verwendeten Begriffe geläufig sind, sondern dass dies ebenfalls im nordafrikanischen Nachbarstaat Marokko der Fall ist. Dort sind diese Begriffe jedenfalls im Rahmen von kulturellen Übersetzungsprozessen - sofern sie nicht bereits vorher gängig waren - übernommen worden.[7] Um diese Auffassung zu stützen, sei zum einen darauf hingewiesen, dass ganz generell zwischen „Orient" und „Okzident" bereits seit der Antike ein intensiver kultureller Austausch erfolgt, zum anderen, dass Marokko von 1912 bis 1956 französisches - bzw. im Norden des

---

[7]   Zur Problematik der Verwendung „westlicher" Begriffe in „nicht-westlichen" Kulturen sowie
      zu Übernahmeprozessen „westlicher" Begriffe siehe Matthes (1992a) und Shimada (1999).

Landes spanisches - Protektoratsgebiet war. Marokko ist - trotz des Arabischen als offizieller Landessprache - bis heute frankophon.[8] Das Bildungssystem orientiert sich weitgehend an französischen Vorbildern, und Französisch ist die dominante Wissenschaftssprache. Der Begriff „Identität" bildet zudem *spätestens* seit der Entstehung der marokkanischen Nationalbewegung (ab etwa 1920) in Marokko einen zentralen Bestandteil zur Konstruktion der eigenen Identität (vgl. Kratochwil 2002).

1.3. Die theoretische Konzeption der Arbeit

Die gegenseitige Wahrnehmung und die Formulierung von Unterschieden zwischen Menschen sowie die eigene und von Anderen vorgenommene Zuordnung zu einer Gruppe oder größeren Gemeinschaft sind sicherlich immer wieder vollzogene Praktiken des alltäglichen Lebens. Sie berühren unsere persönliche Identität und das, was wir uns als etwas *Gemeinsames* mit Anderen vorstellen, empfinden, denken und zum Ausdruck bringen. Nach De Levita (1971, S. 22) sind *Verschiedenheit* und *Gleichheit* Grundbegriffe des menschlichen Denkens. Unterschiede bzw. *Differenzen* und Gemeinsamkeiten werden beispielsweise am Geschlecht, an der Kultur, an der regionalen Herkunft, an der Hautfarbe oder am sozialen Status festgemacht. Die Aufzählung ließe sich hier noch wesentlich weiter fortführen, wollte man alle Möglichkeiten und Konstellationen berücksichtigen. Zudem gibt es vielfache Überschneidungen, mehrfache Zugehörigkeiten bzw. multiple *Identifikationen* mit anderen Menschen. Die Ursachen liegen in der steten Zunahme von gesellschaftlicher und kultureller Pluralität, die wiederum im Zusammenhang mit voranschreitender Globalisierung und weltweiter Migration als einer ihrer konkreten Erscheinungsformen zu sehen sind.

Ganz generell beinhaltet die soziale Praxis der Kategorisierung bzw. Klassifizierung von Menschen soziale, kulturelle, politische und räumliche Grenzziehungen und damit Inklusion und Exklusion. Darüber hinaus zeigt die Erfahrung, dass der Einzelne sich nur schwer aus seiner Zuordnung - z.B. ein Marokkaner „zu sein", ein Muslim „zu sein" - lösen kann. Der öffentliche Diskurs im Sinne von allgemein verbreiteten Stereotypen über den Anderen spielt dabei eine nicht zu unterschätzende Rolle (vgl. Stroebe 1985, Popp 1994, Ganter 1999). Hinter essentialisierenden und homogenisierenden Kategorien treten weitere „Seins-Möglichkeiten" des Anderen oft völlig in den Hintergrund. In der Ethnologie spricht man diesbezüglich auch von Ethnisierung als fremdintendiertem Anderssein, das sich von Ethnizität

---

8 Darüber hinaus hat nach Asad (1995) die arabische Sprache aufgrund von Übersetzungsprozessen insbesondere aus dem Englischen und dem Französischen seit dem frühen 19. Jahrhundert einen intensiven Wandlungsprozess (lexikalisch, grammatisch, semantisch) durchgemacht, so dass diese Transformation das Arabische den europäischen Sprachen angenähert hat. Der Begriff „Identität" entspricht - zumindest heute - dem arabischen „huwiya". Eine interkulturelle Begriffsgeschichte kann hier jedoch nicht geleistet werden.

als selbstintendiertem Anderssein unterscheide (vgl. Römhild 1998). Angesichts der allgemeinen Problematik des Umgangs mit Alterität möchte ich mich der Meinung von Jureit (1999, S. 82) anschließen, wonach das *Verhältnis von Eigenem und Fremdem* zu den zentralen und gleichzeitig schwierigsten Aspekten menschlichen Zusammenlebens gezählt werden kann.[9]

Auch nach Matthes (1992a, S. 93) gibt es: „(...) eine Vielzahl von gesellschaftlichen und kulturellen Regelungen für das Problem der Alterität, unter denen die „westliche" mit ihrem Muster von Homogenisierung nach innen und Abgrenzung nach außen nur eine ist (...)." Diesem „westlichen" Muster von Zugehörigkeit und Ausgrenzung entsprechen mit dem Aufkommen der Moderne die nationalstaatlich verfassten westlichen Gesellschaften, die auf der Grundlage einer Differenzierung von „Eigenem" und „Fremdem" überhaupt erst bestehen. Dieses Modell hat sich über die ganze Welt verbreitet, so dass Anderson (1998, S. 179) nationale Identität „(...) als eine Form des In-der-Welt-Seins, der wir alle unterworfen sind (...)", einstuft. Trotz der globalen Durchsetzung dieser kollektiven Organisationsform menschlichen Zusammenlebens verschwinden andere Formen nicht einfach: „Vielmehr entstehen neuartige und diverse Prozesse in der Auseinandersetzung mit dem Problem der Alterität, die auch Um- und Neudefinitionen des „Eigenen" und des „Anderen" einschließen. (Matthes 1992a, S. 93)" Die Auseinandersetzung mit Alterität tangiert auch die Problemstellung der vorliegenden Arbeit: das konkurrierende Nebeneinander und Miteinander verschiedener Identitäten in einer Grenzregion sowie in bezüglich ihrer nationalen Zugehörigkeit umstrittenen Territorien. Das Zusammenleben von Christen und Muslimen (einschließlich der Imazighen/Berber) in Ceuta und Melilla ist im hohen Maße durch ein spannungsreiches Verhältnis verschiedener - und scheinbar nicht oder nur sehr schwer in Einklang zu bringender - kollektiver Zugehörigkeitsformen geprägt. Es sei hier vorab nur auf die alltagsweltliche Problematik verwiesen, wie ein Muslim gleichzeitig Spanier sein kann, wenn das spanisch-nationale Selbstverständnis auch heute noch weitgehend christlich fundiert ist.

In den folgenden Kapiteln (Kap. 1.3. - 1.4.) möchte ich das theoretische Konzept zur Analyse des empirischen Teils der Arbeit entwerfen. Ausgehend von dem Begriff kollektive Identität werden die damit verbundenen Begriffe Raum, Zeit und Kultur als integrale Bestandteile zu einer „Geographie der Zugehörigkeit und

---

9   So verwundert es auch nicht, dass es mittlerweile eine kaum mehr überschaubare und sehr vielfältige wissenschaftliche Literatur zur oben angesprochenen Thematik - die sich vielleicht am ehesten als Beschäftigung mit dem „Verhältnis von Eigenem und Fremdem" benennen lässt - gibt. Die Spannweite reicht von Konfliktszenarien (z.B. Huntington 1993, 1996; Tibi 1995) über die politisch-normativ geprägte Multikulturalismusdebatte (vgl. Bade 1996; Mintzel 1997), den Diskurs über sogenannte Ethnoregionalismen und Nationalstaaten bzw. die konfliktträchtigen Zusammenhänge von Ethnizität und Nationalismus (vgl. Waldmann 1993, Kößler und Schiel 1994, Hettlage 1997) bis zu methodologischen bzw. theoretischen Reflexionen über einzelne Begriffe oder die grundsätzliche Legitimität und Angemessenheit ethnologischer und geographischer Repräsentation (vgl. Clifford 1986 u. 1996, Berg/Fuchs 1995, Duncan/Ley 1997, Meyer 1999).

Ausgrenzung" geformt. Dabei sei erneut darauf hingewiesen, dass ich den Begriff kollektive Identität nur im *rekonstruktiven* Sinne verwende (vgl. Straub 1999, S. 98). Angesichts einer in den Sozial- und Kulturwissenschaften - polemisch ausgedrückt - nahezu inflationären Verwendung des Identitätsbegriffs, ist es sicherlich notwendig und wichtig, mit dem Begriff behutsam umzugehen und seine Inhalte und Anwendbarkeit genau zu prüfen (vgl. Wagner 1999 und Niethammer 2000). So ist vor einer *normierenden* bzw. *identitätsstiftenden* Verwendung des Begriffs dringend zu warnen (vgl. Straub 1999). Es ist jedoch nicht sinnvoll, ganz auf ihn zu verzichten. Schließlich spielen bei der Konstituierung von Gesellschaft Fragen der Identität von Menschen im Zusammenhang mit Gruppenbildungen, Wir-Gefühl, der alltäglichen Praxis von Zugehörigkeit und Ausgrenzung eine zentrale Rolle.[10]

1.3.1. Die Konstruktion kollektiver Identitäten und die „ *politics of identity* "

Der Begriff Identität setzt zunächst auf der Mikroebene bei der einzelnen Person an und bezeichnet die Selbstreflexion, Selbstvergewisserung und Selbsterfahrung des eigenen Standpunktes im materiellen bzw. körperlichen, sozialen, ethischen, zeitlichen und räumlichen Sinne.[11] Die Entwicklung einer eigenen Persönlichkeit - also die Frage nach dem „Wer bin ich?" - erfolgt in aktiver Auseinandersetzung mit der sozialkulturellen und physisch-materiellen Umwelt. Damit ist der interaktionistische Charakter von Identität angesprochen, wodurch zum Ausdruck kommt, dass das soziale Selbst über die Bezugsgruppe vermittelt wird. Es besteht eine *Dialektik von Eigenidentifikation und der Identifikation von Anderen*, verstanden als ein Prozess, der in die Gesellschaft eingebettet ist (vgl. Assmann 1992/2000, S. 131/132, Weichhart 1990, S. 15ff, Sibley 1995, S. 9f und Treibel 1999, S. 111ff). Nach Weichhart (1990, S. 17) ist die Bedeutung des Identifiziert-Werdens nicht zu unterschätzen, indem das betroffene Subjekt: „(...) genötigt ist, die von außen vorgenommenen Kategorisierungen im Verlaufe des Sozialisationsprozesses zumindest zum Teil zu internalisieren." Die Identität eines Menschen wird folglich durch sozialkulturelle Handlungs- und Lebensbedingungen vermittelt.

---

10 Niethammer (2000, S. 627) plädiert sogar dafür, kollektive Identität aus unserem *politischen Wortschatz* zu streichen. Eine Verabschiedung von dem Begriff würde indes vermutlich wenig an der sozialen Praxis von Inklusion und Exklusion ändern, die ohne Zweifel aufs engste mit Identität und Bildung von Kollektiven verbunden ist. Für den Umgang von Menschen untereinander ist die Frage „Wer bin ich und wer bist Du" von zentraler Bedeutung. Darüber hinaus existieren zahlreiche andere Begriffe (ethnische Gruppe, Kulturen etc.), mit denen in wissenschaftlicher und politischer Verwendung Klassifikationen von Menschen vorgenommen und zumindest implizit Gleichheit und Gemeinschaft ihrer „Gruppenmitglieder" in bezug auf spezifische Merkmale unterstellt werden. Müsste man von diesen Begriffen nicht konsequenterweise ebenfalls Abstand nehmen? Es ist somit wenig sinnvoll, auf den Begriff kollektive Identität als *rekonstruktiven Typus* (!) in der Wissenschaft zu verzichten.

11 Zum Begriff Identität siehe De Levita 1971, Henrich 1979, Weichhart 1990, Uzarewicz und Uzarewicz 1998, Assmann und Friese 1999, Wagner 1999, Straub 1999 und Niethammer 2000.

1.3.1.1. Kollektive Identitäten: imaginiert und dennoch real wahrnehmbar

Der Begriff kollektive Identität ist mit der Ausbildung von Gemeinschaft verbunden, er sollte allerdings nicht mit absoluter Gleichheit (dem *identisch Sein*) von Vielen verwechselt werden. Vielmehr dreht es sich ausschließlich um eine *Vorstellung* von Gemeinsamkeit und Gemeinschaft. Wagner (1999, S. 45) formuliert dies wie folgt: „Mit „sozialer" oder „kollektiver Identität" (...) werden „Identifizierungen" von Menschen untereinander benannt, also eine Vorstellung von Gleichheit oder Gleichartigkeit *mit anderen.*" Identität ist somit als eine Sache des *Bewusstseins* bzw. der Reflexion über ein unbewusstes Selbstbild zu verstehen. Das bezieht sich einerseits auf eine Person, die von sich selbst als Person wissen muss, es lässt sich andererseits aber auch auf eine Gruppe („Stamm", „Volk" oder „Nation") übertragen, die nur in dem Maße „existiert", wie sie sich als solche versteht, vorstellt und repräsentiert (vgl. Assmann 1992/2000, S. 130). Bei der Konstruktion kollektiver Identitäten handelt es sich um ein soziales und damit auch kulturelles Phänomen, denn Gemeinschaft entsteht überhaupt erst durch Interaktion einzelner Personen und durch ihr „kollektives Selbstbild" sowie Wir-Bewusstsein.

Unter kollektiver Identität verstehe ich hier nach Assmann (1992/2000, S. 132): „(...) das Bild, das eine Gruppe von sich aufbaut und mit dem sich deren Mitglieder identifizieren. Kollektive Identität ist eine Frage der *Identifikation* seitens der beteiligten Individuen. Es gibt sie nicht „an sich", sondern immer nur in dem Maße, wie sich bestimmte Individuen zu ihr bekennen. Sie ist so stark oder so schwach, wie sie im Denken und Handeln der Gruppenmitglieder lebendig ist und deren Denken und Handeln zu motivieren vermag." Kollektive Identitäten sind also Vorstellungen von spezifischer Gemeinsamkeit, und sie begründen sich in kollektiver Aushandlung von diesbezüglichen Übereinkünften. Aus den bisherigen Ausführungen lässt sich schließen, dass kollektive Identitäten über einen *imaginären und realen Charakter* verfügen. Sie sind imaginär, weil es erstens kein *identisch sein* von verschiedenen Personen gibt, und sie zweitens von unserer *Vorstellung* bzw. unserem *Bewusstsein* abhängig sind. Kollektive Identitäten werden aber dann real und spürbar, wenn sie für das alltägliche Leben von Menschen, für ihre Selbstsicht und ihre Handlungen *Bedeutung* haben. Trotz ihres konstruktiven bzw. imaginären Charakters, dominiert m.E. in der Alltagwelt die Wahrnehmung von „tatsächlich gegebenen" kollektiven Identitäten. Schließlich bilden beispielsweise eine Religion oder eine Nation für die Menschen konkrete Bezugspunkte eines Wir-Gefühls, und die gelebten kollektiven Identitäten ziehen sinnlich wahrnehmbare Konsequenzen nach sich. Ich werde in den empirischen Teilen der Arbeit darauf zurückkommen.

Kollektive Identität ist also eine *Bewusstseins- und Gefühlsleistung*, und sie ist ganz allgemein als *Konstrukt mit normativer Realität* zu betrachten. Da es kollektive Identitäten nicht „an sich" gibt - auch wenn es viele Menschen so wahrnehmen -, muss folglich die wichtige Frage nach der *Konstitution* eines betreffenden Kollektivs gestellt werden: Welche Menschen werden von wem nach welchen Kriterien zu einer Einheit zusammengefasst (vgl. Straub 1999, S. 98)? Damit ist die wichtige Rolle von *Akteuren* angesprochen, die für den Zusammenhalt und die Organisation von Kollektiven in ihrer Rhetorik (und sonstigen Aktivitäten) immer wieder an das Gemeinschaftsgefühl, das Wir-Gefühl appellieren, und es so möglicherweise für politische Ziele instrumentalisieren. Dabei hat vielfach auch eine *spezifische Symbolik* eine große Bedeutung bzw. identitätsstiftende Funktion. Im Falle der Schaffung oder Mobilisierung nationaler Identität könnte dies z.b. die Verehrung der Fahne, eine „gemeinsame Geschichte" oder ein personenbezogener Kulminationspunkt „vaterländischer" Identität wie ein König oder ein Präsident sein. Für den Gemeinschaftsdiskurs haben Rituale ebenfalls eine hohe Bedeutung, da in ihnen die ja nicht tatsächlich existierenden direkten sozialen Beziehungen zwischen allen beteiligten Menschen einen symbolischen Ersatz finden und somit gemeinsame Bezugspunkte bilden (z.B. Tänze, Fahnenweihen, Aufmärsche, Demonstrationen etc., vgl. Uzarewicz/Uzarewicz 1998, S. 235).

In diesem Zusammenhang sind *zwei Verwendungsweisen* kollektiver Identität zu unterscheiden, und zwar ein *normierender und ein rekonstruktiver Typus* (vgl. Straub 1999, S. 98 f): Mit dem normierenden Typus ist die alltagsweltliche Stiftung bzw. Schaffung von kollektiver Identität angesprochen, die durch Vorschreiben, Suggerieren oder Inszenieren gemeinsame Merkmale und Zusammenhalt sowie eine für alle (Zugehörigen) verbindliche historische Kontinuität vorgibt bzw. konstruiert.[12] Der rekonstruktive Typus entspricht dagegen dem wissenschaftlichen Vorgehen einer Rekonstruktion und Interpretation der konstruktiven Genese kollektiver Identitäten. Das beinhaltet folglich auch eine Analyse der dabei wirksamen normativen Sinn- und Bedeutungskonstruktionen.[13] Natürlich impliziert die politisch-normierende Verwendung des Begriffs „kollektive Identität" die Vereinheitlichung einer mehr oder weniger großen Anzahl von Personen und die zwangsläufige Ausgrenzung von Anderen. Der normierende Typus umfasst somit die Praxis des Differenzierens und evtl. des Hierarchisierens (durch Aufwertung des Selbst und damit Abwertung des Anderen). Auf diese Weise werden kollektive Identitäten zu sozialer Realität - zu einem Faktum - *gemacht.*[14]

---

12 Der normierende Typus kollektiver Identität ist zu Recht vielfach kritisiert worden, u.a. weil er häufig mit missbräuchlichen Formen der Identitätspolitik verbunden ist, wie beispielsweise „ethnischen Säuberungen". Während Niethammer (2000, S. 625) vor der ideologischen Vereinnahmung großer Gruppen und dem Hineingleiten in gewalttätige Konflikte warnt sowie kollektiver Identität eine inhärente Tendenz zum Fundamentalismus und zur Gewalt bescheinigt, argumentiert Kreckel (1994, S.14) ganz grundsätzlich, dass Kollektive *jeglicher Art* über keine Identität bzw. „Kollektivpersönlichkeit" oder „Gruppenseele" verfügen können.
13 Zur Realisierung einer Analyse von Sinn- und Bedeutungsstrukturen für die Rekonstruktion der Konstruktion kollektiver Identitäten wird hier auf die qualitative Methodik der empirischen Sozialforschung zurückgegriffen (vgl. Kap. 1.5.)
14 Diese Vorgehensweise ist nach Straub (1999, S. 101/102) zumindest wissenschaftlich unhaltbar, da es sich - wie bereits angesprochen - um eine theoretisch und empirisch unangemessene Homogenisierung von vielen einzelnen Personen handelt. Gemäß dieser Schlussfolgerung erscheint - wie bereits angedeutet - *ausschließlich* der rekonstruktive Typus als tragbare Alternative, ein Ansatz der sich meines Erachtens heute in den Sozial- und Kulturwissenschaften weitgehend durchgesetzt hat (vgl. Assmann 1992/2000, A. Assmann 1993, Hall 1994, Uzarewicz/ Uzarewicz 1998, Straub 1999, Wagner 1999 u.a.).

Aus den bisherigen Ausführungen ist bereits deutlich geworden, dass *Ein- und Ausgrenzung* als ein zentrales Merkmal der Konstruktion kollektiver Identitäten zu verstehen ist, denn erst durch die soziale Praxis der Grenzziehung kann überhaupt in Unterteilungen wie „das Eigene" und „das Fremde" gedacht werden (vgl. Uzarewicz/Uzarewicz 1998, S. 210 sowie Sibley 1995, S. 33ff). Die Konstruktion einer Grenze im weitesten Sinne bildet auch nach Giesen (1999, S.13f) einen elementaren Bestandteil der Herstellung sozialer Wirklichkeit, und sie fällt um so nachdrücklicher aus, je stärker die Differenzen zwischen Innen und Außen wahrgenommen und formuliert werden. *Grenze* bildet einen Schlüsselbegriff für Identität, da diese nur als Abgrenzung von „Nicht-Gleichem" gedacht werden kann. Grenze hat jedoch eine doppelte Funktion - in sozialer *und* räumlicher Hinsicht - eben als Abgrenzung (und Schutz), aber auch als „Ort" des *Austausches* und der *Vermittlung* mit Anderen (vgl. Uzarewicz/Uzarewicz 1998, S. 210 f). Trotz der gegenseitigen oder einseitigen Abgrenzung bestehen weiterhin Begegnungen, Kontakte und Austauschprozesse zwischen den beteiligten Gruppen.

1.3.1.2. Pluralität von Identitäten, Hybridität und Politik

Die Bezugspunkte einer möglichen Identifikation mit anderen Menschen erscheinen heute bei zunehmender Globalisierung vielfältiger denn je. Die Annahme einer vereinheitlichten, kohärenten Identität beurteilt Hall (1994, S. 182 ff) sogar als Illusion, da sich die Zunahme von gesellschaftlicher bzw. kultureller Pluralität auch in persönlichen Identitäten widerspiegelt, d.h. eine Person identifiziert sich in vielfältiger und wechselnder Weise mit anderen Personen, Gruppen oder kulturellen Ausdruckformen. In diesem Zusammenhang thematisiert Hall (1994, S. 215ff) insbesondere postkoloniale Wanderungsbewegungen, in deren Folge in den westlichen Nationalstaaten Enklaven ethnischer Minderheiten entstehen, was ebenfalls zu einer Pluralisierung der nationalen Kulturen und Identitäten beiträgt. Dadurch ergibt sich der Effekt, dass heute niemand mehr sicher sagen kann, was es denn z.B. heißt, britisch zu sein. Als Reaktionen auf die so in Frage gestellte nationalkulturelle Identität sind in ganz Europa Versuche zu verzeichnen, nationale Identität wieder aufzubauen (sowie als extreme Variante kultureller Rassismus) (a.a.O., S. 216). Seit dem Aufkommen von Nationalismus und Nation in Europa hat sich sein weltweiter Export als äußerst erfolgreich erwiesen, so dass heute offensichtlich jedes Individuum über eine nationale Identität zu verfügen hat. Darüber hinaus ist der Prozess der Nationsbildung in der Regel auch mit dem Ziel vollendeter Homogenität verknüpft, beispielsweise im Sinne einer „Kulturnation" und/oder durch eine einheitliche Konfession. Diese Vorstellung einer homogenen Gemeinschaft impliziert jedoch Probleme im Umgang mit Alterität.[15]

---

15 Im Gegensatz zu den früheren Vorstellungen der „Natürlichkeit" von Nationalismus und Nation dominiert heute in der Nationalismusforschung eine konstruktivistische Perspektive (vgl. Wehler 2001, S. 9 ff). So wird beispielsweise nach Anderson (1998, S. 179) auch nationale Identität als eine „vorgestellte Gemeinschaft" (*imagined communities*) verstanden.

Die Ablehnung und Ausschließung von Minderheiten führen allerdings häufig zu einer verstärkten Konstruktion von Gegenidentitäten, die sich auf ihre Ursprünge bzw. auf die Herkunft beziehen. In Auseinandersetzung mit der „Gastgeberkultur" gibt es in der Diaspora dennoch nicht nur die Möglichkeiten der Rückbesinnung auf die „Wurzeln" oder ein Verschwinden in der völligen Assimilation, sondern auch *hybride Identitätsbildung*: „Sie [die Minderheiten] sind gezwungen, mit den Kulturen, in denen sie leben, zurechtzukommen, ohne sich einfach zu assimilieren und ihre eigenen Identitäten vollständig zu verlieren. Sie tragen die Spuren besonderer Kulturen, Traditionen, Sprachen und Geschichten, durch die sie geprägt wurden, mit sich. Der Unterschied ist, daß sie nicht einheitlich sind und sich auch nie im alten Sinne vereinheitlichen lassen wollen, weil sie unwiderruflich das Produkt mehrerer ineinandergreifender Geschichten und Kulturen sind und zu ein und derselben Zeit mehreren ‚Heimaten' und nicht nur einer besonderen Heimat angehören. Menschen, die zu solchen *Kulturen der Hybridität* gehören, mußten den Traum oder die Ambition aufgeben, irgendeine ‚verlorene' kulturelle Reinheit, einen ethnischen Absolutismus, wiederentdecken zu können. Sie sind unwiderruflich *Übersetzer*" (Hall 1994, S. 218).

Die bei Hall als Übersetzer bezeichneten Menschen stehen also zwischen mindestens zwei Kulturen, sie sind *sowohl als auch* und *weder das eine noch das andere*. Sie repräsentieren Hybridität im Sinne eines Fehlens vermeintlicher kultureller Authentizität. Der Begriff Hybridität bzw. hybride Identität entstammt dem Diskurs postkolonialer Theoriebildung (vgl. Bronfen/Marius 1997, Bhabha 1997a, Hall 1997, Sauter 2000)[16], und er wendet sich entschieden gegen jegliche Vorstellung autochthoner und homogener Kulturen. Der Begriff Kultur stellt eine identitätsrelevante Dimension dar, was sich sowohl in der wissenschaftlichen Diskussion als auch in alltagsweltlichen Diskursen (z.B. Multikulturalismus-Debatte, die „vier Kulturen" in Ceuta und Melilla) widerspiegelt. Auf die Bedeutung des Kulturbegriffs für das theoretische Konzept werde ich in einem der folgenden Kapitel (Kap. 1.3.4.) noch detaillierter eingehen.

Der postkolonialistische Diskurs beinhaltet außerdem ein politisches Anliegen, was in seiner herrschaftskritischen Betrachtung über Identität und der damit verbundenen Schaffung von Differenz zum Ausdruck kommt. Er stimmt darin mit dem feministischen Diskurs bzw. dem „Gender-Diskurs" überein, da dort die Geschlechterdifferenz als herrschaftsstabilisierendes soziales Konstrukt aufgefasst wird (vgl. Butler 1991, Massey 1994 u.a.). Für die USA wird beispielsweise die

---

16 Mit dem Begriff Postkolonialismus sind sowohl erkenntnistheoretische als auch chronologische Aspekte angesprochen. Er bezieht sich auf die Zeit nach dem Kolonialismus und umfasst alle kolonial geprägten Strukturen, die in der Zeit danach in veränderter bzw. transformierter Form weiterbestehen, aber eben als *etwas anderes*. Der Postkolonialismus hat eine klar poststrukturalistische Basis, d.h. seine Methode ist konstruktivistisch und er stellt alle eindeutigen Einteilungen in ein *hier* und *dort* und die damit verbundenen essentialistischen Konzepte in Frage (vgl. Hall 1997). Zum Postkolonialismus siehe den Sammelband von Bronfen, Marius und Steffen (1997) und zu seiner Kritik darin Hall (1997).

Identitätspolitik der „schwarzen" Bevölkerung als politisch notwendige und unverzichtbare Gegenidentifikation zu Rassismus, Marginalisierung, Ausgrenzung und „weißer" Herrschaft betrachtet. Die *„politics of identity"* spielen in der angloamerikanischen Multikulturalismus- und Identitätsdebatte eine zentrale Rolle, zudem insbesondere in den USA der taktische Umgang mit „Minoritäten" für Wahlen von entscheidender Bedeutung ist. Allerdings formuliert Hall (1994) auch die Erkenntnis, dass entsprechende politische Bewegungen der dichotomischen Trennung des Systems (z.B. zwischen „schwarz und weiß") - die es ja gerade zu überwinden gilt - verhaftet bleiben. Diese Problematik stellt auch Fuchs (1999, S. 121ff am Beispiel der Dalit-Bewegung (die so genannten Ex-„Unberührbaren") in Indien fest, die gegen die Macht bestimmter sozialer und kultureller Festlegungen kämpft, dabei jedoch immer wieder Gefahr läuft, den herrschenden ontologisierenden Diskurs ihrer Identität zu bestätigen. Daraus ergibt sich der ernüchternde Schluss: „Die negative Identität wird im Moment des Widerstands also noch bekräftigt" (a.a.O., S. 126).

Vor diesem Hintergrund ist es nur schwer möglich, als komplexer Mensch wahrgenommen und nicht nur auf *ein* - in der Regel fragwürdiges - Merkmal (z.B. „schwarze Haut" zu haben, oder Muslim zu sein) reduziert zu werden. Ganz generell ist für jede Subkultur und Minorität ihre Repräsentation eine zweischneidige Angelegenheit, da sie sich kaum von den mit einer spezifischen Semantik aufgeladenen Begriffen des durch die dominanten Kulturen entscheidend geprägten Diskurses frei machen kann (vgl. Bronfen /Marius 1997, S. 12). Diese Aspekte der *„politics of identity"* sind - wie noch zu zeigen sein wird - auch für das Zusammenleben von Christen und Muslimen in Ceuta und Melilla von besonders großer Relevanz.[17]

1.3.1.3. Die zentralen Elemente zur Konstruktion kollektiver Identitäten: eine Zwischenbilanz und Ergänzungen

Die Konstruktion kollektiver Identität beinhaltet das Zusammenspiel spezifischer Elemente, von denen bisher insbesondere das (Wir-)Bewusstsein, die Vorstellung von Gemeinschaft und Gleichartigkeit, das (Zusammengehörigkeits-)Gefühl, die Rolle von Akteuren (Organisation und Mobilisierung), die Symbolik und der grundlegende Mechanismus von Zugehörigkeit und Ausgrenzung genannt wurden. Zudem bilden aber noch *Semantisierungen* von Raum und Zeit integrale Bestandteile bzw. wichtige Bezugspunkte bei dem Prozeß der Konstruktion kollektiver Identitäten: „Die Individuen leben in Raum und Zeit mit-, neben,- gegen- oder füreinander in

---

17   Das Dilemma der politischen Dimensionen von Identität(en) wurde mittlerweile auf globaler Ebene auch von den Vereinten Nationen erkannt, die erst 1983 kulturelle Identität zu einem Grundrecht der Nationen erhoben hatten. Im Jahre 1997 wurde mit dem Jahresbericht des Generalsekretärs Kofi Annan ein politischer Richtungswechsel vollzogen und nun die „Identitätspolitik" zur wichtigsten Herausforderung für die UNO proklamiert, da sie in den vergangenen Jahren für einige der schlimmsten Verletzungen der Menschenrechte verantwortlich war. So gilt es - gemäß der UNO - die negativen Formen der Identitätspolitik zu erkennen und zu bekämpfen (vgl. Niethammer 2000, S. 10f).

sozialen Beziehungen als Körper mit Bewusstsein und Gefühlen. Raum und Zeit sind jedoch den Individuen transzendent, so dass sie nicht sozusagen *von sich aus* Identität stiften können; sie konstituieren keine Identität, sie sind jedoch für Identitätskonstruktionen unabdingbar und evident, weil sich in ihnen Identität manifestiert. Manifestationen transportieren als spezifische Semantisierungen eine Botschaft. Von zentraler Bedeutung für Konstruktionen kollektiver Identität ist die Semantisierung von Raum und Zeit als *Heimat* (Uzarewicz/Uzarewicz 1998, S. 207)." Alle Identitäten sind auch nach Hall (1994, S. 210 f) symbolisch in Raum und Zeit „verankert", und er verweist diesbezüglich ebenfalls auf den Heimatbegriff sowie „erfundene" Traditionen und Ursprungsmythen. Heimat ist zwar ein deutscher Begriff, aber es kann davon ausgegangen werden, dass es auch bei Menschen in anderen kulturellen Kontexten emotionale Beziehungen zu einem spezifischen Raumausschnitt gibt, die mit vergleichbaren oder zumindest ähnlichen Begriffen benannt werden (vgl. Bastian 1995). In Spanien ist dies der Begriff *patria*, der mit Vaterland übersetzt und auch im Sinne von Heimat verstanden werden kann. Er hat aber in der Regel eine stärker auf die Nation bezogene Semantik. Das gilt ebenso für den arabischen Begriff *watan* (Vaterland, Heimat, Heimstätte, Nation), der ebenfalls in die Berberdialekte Marokkos übernommen wurde. Darüber hinaus ist im Arabischen die Bezeichnung *biladi* für „mein Land" im Sinne von Heimat(land) sehr gebräuchlich.

Die Verknüpfung kollektiver Identität mit der Dimension Raum besteht folglich zunächst in (alltagsweltlichen) Begriffen mit denen - individuell *und* kollektiv - eine emotionale Beziehung mit einem spezifischen Raumausschnitt zum Ausdruck gebracht wird.[18] Die Bedeutung dieser Begriffe (*Heimat, patria, watan*) beinhaltet aber zudem noch eine zeitliche Dimension, indem sie zum Symbol der Identität *und* Bezugspunkt der Erinnerung (einschließlich der Geschichte) werden (vgl. Kap. 1.3.3). Die Bedeutung von Raum für die Konstruktion von kollektiven Identitäten geht aber über den „Heimatbegriff" hinaus, indem diesbezüglich z.B. auch Vorstellungen von Raum und den darin lebenden Menschen jenseits der eigenen Heimat (Raumausschnitte als Bestandteile der Fremd-und Selbstwahrnehmung), der (machtvolle) Umgang mit Raum (z.B. seine Konzeptualisierung, Planung, Einteilung), Territorialität, Materialität und Segregation wirksam sind. In Anlehnung an Henri Lefebvre und Edward Soja wäre es m.E. sinnvoll, bei der wissenschaftlichen Rekonstruktion der Konstruktion von kollektiven Identitäten auch das alltagsweltliche Zusammenspiel des wahrgenommenen, vorgestellten und konzipierten (sowie gestalteten) Raumes stärker zu berücksichtigen. Mit der vorliegenden Arbeit wird der Versuch gemacht, diese Anforderung bezüglich einer empirischen Untersuchung umzusetzen.

---

18 Zur Verknüpfung von Identität und Raum in der Geographie siehe u.a. Blotevogel/ Heinritz/ Popp 1989, Weichhart 1990, Kerscher 1992, Werlen 1992 und 1993, Pohl 1993, Sachs 1993, Weiss 1993, Jüngst 1997 u. Wolkersdorfer 2000.

1.3.2. Kollektive Identität und Raum

In ihrer Einführung zu einem Sammelband mit dem programmatischen Titel „*Place and the Politics of Identity*" stellen Keith und Pile (1993, S. 2) fest, dass Raum (*space*) nicht behandelt werden kann, als wäre er ein passiver, abstrakter Schauplatz, auf dem sich Dinge einfach nur ereignen. Sie orientieren sich mit ihrer Aussage an Edward Soja (1989, S. 6), der das Fehlen von *spatiality* („Räumlichkeit") in der sozialwissenschaftlichen Theoriebildung beklagt: „We must be insistently aware of how space can be made to hide consequences from us, how relations of power and discipline are inscribed into the apparently innocent spatiality of social life, how human geographies become filled with politics and ideology."[19] Räumliche Dimensionen sollten folglich als integrale Bestandteile menschlicher Handlungen in Verknüpfung mit Machtbeziehungen, Politik und Ideologie betrachtet werden, was die „*politics of identity*" (Konstruktion kollektiver Identitäten, Praxis der Zugehörigkeit und Ausgrenzung) ebenfalls mit einschließt.

Zunächst beruhen für Keith und Pile (1993, S. 9) räumliche Aspekte (*spatialities*) ganz grundsätzlich auf einer Beziehung zwischen Realität (*the real*), Vorstellung (*the imaginary*) und Symbolik (*the symbolic*). Diese Auffassung von Raum gründet sich zumindest zum Teil auf Henri Lefebvre (1981) und auf dem von diesem stark inspirierten Edward Soja (1989). Von beiden Autoren wird der zentrale Gedanke geteilt, dass der *mentale* (vorgestellte) und der *physisch-materielle Raum* als untrennbar und dialektisch aufeinander bezogen werden müssen. In Anlehnung an Lefebvre (1981, S. 48 ff, vgl. auch N. Kuhn 1994, S. 76 ff; Hamedinger 1998, S. 192 f) kann - neben dem in den Sozialwissenschaften üblichen Begriff der „sozialen Praxis" - auch von der „*räumlichen Praxis*" (*la pratique spatiale*) einer Gesellschaft gesprochen werden, die ihren Raum produziert und ihn gleichzeitig - im dialektischen Sinne - zur Voraussetzung hat (als Voraussetzung und Resultat sozialer Praxis). Denn auch die *soziale* Praxis ist an die Materialität des Lebens gebunden und bezieht die Produktion und Reproduktion des sozialen Lebens mit ein. So lässt sich ein Zusammenhang zwischen räumlicher Wahrnehmung (*erlebter Raum*) und alltäglicher Routine (des Handelns) herstellen.[20] Die *räumliche Praxis* beinhaltet also

---

19 Konsequenterweise hat Edward Soja (1996) in seinem Buch *Thirdspace* selbst versucht einerseits ganz allgemein die Bedeutung von *space* und *spatiality* für die Kultur- und Sozialwissenschaften hervorzuheben, und sie andererseits insbesondere unter Bezugnahme auf Lefebvre, Foucault sowie dem postkolonialen und feministischen Diskurs auf eine „neue" theoretische Basis zu stellen. Er lädt seine Leser ein, über herkömmliche Verständnisse von Raum hinaus zu gehen, ein dichotomes Denken (z.B. zwischen Postmoderne und Moderne) zu überwinden und *Thirdspace* als eine Möglichkeit zu sehen, die Vielfalt und Verknüpfung von *real-and-imagined places* zu entdecken (Soja 1996, S. 6).

20 Auch bei Weichhart (1999, S. 80) erfolgt eine Verknüpfung von materiellen Aspekten, der Wahrnehmung von Raum und sozialer Praxis (Handlung). Die Wahrnehmung von Raum stellt allerdings auch eine Reduzierung und Ordnung der komplexen Wirklichkeit für die Realisierung alltäglicher Handlungen (vgl. Weichhart 1999, S. 82). Der Raum wird letztendlich auch in dieser Argumentation zum *Instrument sozialer Praxis* und damit zum *gelebten und erlebten*

auch den gelebten und wahrgenommenen Raum als Entwurf *und* Auffassung (Konzept), wobei Lefebvre (1981) insbesondere Wissenschaftler, Raumplaner, Architekten usw. als *Akteure* (Gestalter von Raum und ihrer Wahrnehmung) hervorhebt.

Zwei weitere wichtige Aspekte sind die Imagination von Räumen (auch ohne sie selbst gesehen bzw. wahrgenommen zu haben) und die Symbolik, die in der Regel über spezifisch gestaltete materielle Aspekte von (evtl. politisch motivierten) Akteuren vermittelt wird und ihrerseits wiederum zur Wahrnehmung und Imagination von bestimmten Orten beiträgt.[21] Die Symbolik zeigt sich überwiegend im öffentlichen Raum, d.h. den öffentlich zugänglichen Orten, in Form spezifischer Materialität (Architektur, Monumente, Denkmäler, Geschäfte etc.) oder spezifischer Rituale (Fahnenweihe, Vereidigung von Soldaten, Prozessionen, Manifestationen etc.). In Ceuta und Melilla handelt es sich dabei vielfach auch um die symbolische Repräsentation kollektiver Identität im öffentlichen Raum. Die Materialität und Symbolik eines Raumes bildet also den Ausgangspunkt für seine Wahrnehmung, die wiederum Handlungen mit entsprechenden Auswirkungen auf den Raum nach sich ziehen kann. Dieser Zusammenhang zeigt sich u.a. auch an den für die vorliegende Arbeit wichtigen Images von Raumausschnitten wie Stadtteilen (s.u.), Regionen sowie Nationalstaaten und anderen Großräumen. Die Images von Raumausschnitten werden in der Vorstellung von Menschen meistens mit den dort lebenden Bevölkerungsgruppen verknüpft. Die raumbezogenen Images - ob positiv oder negativ - wirken sich zudem auch auf Handlungen von Menschen aus, indem beispielsweise Stadtteile, Länder oder Regionen gemieden oder aufgesucht werden. Außerdem orientiert sich die Art und Weise des Umgangs mit Menschen häufig an deren *räumlicher Herkunft.*

Raum ist im Sinne von Lefebvre (1981, vgl. auch Hamedinger 1998) folglich als soziales Produkt aufzufassen, das die Aktivitäten bzw. Handlungen von Subjekten, deren sozialen Reproduktionsverhältnisse (jegliche Art der sozialen Strukturierung, z.B. das Verhältnis von Zugehörigkeit und Ausgrenzung bestimmter Gruppen) sowie die arbeitsteilig organisierten realen Produktionsverhältnisse ver-

---

Raum (vgl. Zierhofer 1999, S. 184 f). Eine wichtige Aufgabe geographischer Arbeiten wäre also die Erfassung der vielfältigen Dimensionen (Lagebeziehung, Imagination, Produktion, Macht) des gelebten und erlebten Raumes. Nach Soja (1991) und Hamedinger (1998) lassen sich zwischen den Raumvorstellungen von Lefebvre und Foucault gewisse Ähnlichkeiten feststellen. Die von Foucault (1991) beschriebenen „anderen Räume" sind als konkret und abstrakt zugleich zu begreifen, weil in ihnen die (historisch gewachsenen) heterogenen Räume von Platzierungen und Relationen (wirkliche Orte) als auch die irrealen Räume zusammenkommen.

21 Nach einer Interpretation von N. Kuhn (1994, S. 93) „sedimentieren" (vergangene) räumliche Praxis und Repräsentationen des Raumes bei Lefebvre in ihrer historischen Entwicklung als Symbole, Zeichen, Erinnerungen und Imaginationen, die dann als repräsentierte Räume latent wirken. Der damit angesprochene *erlebte Raum* ist also zugleich konkret und vorgestellt. Zudem werden räumliche Praxis und Repräsentationen des Raumes im Raum als *texture* lesbar, d.h. die diesbezügliche Materialität des Raumes ist interpretierbar. Dieser wissenschaftliche Umgang mit Raum ist in der deutschsprachigen Geographie bereits bei Wolfgang Hartke angelegt.

körpert. Allerdings darf hierbei Raum eben nicht als ausschließlich materielles Produkt aufgefasst werden, sondern als eine Verknüpfung der Praktiken von Akteuren, von Repräsentationen und von gelebter Erfahrung, wodurch der Raum substantielle und gleichzeitig kognitiv-interaktive Formen annimmt (vgl. Hamedinger 1998, S. 180ff). Aufgrund der Verbindung von Produktion und Reproduktion mit Raum im Sinne eines Prozesses erhält dieser zusätzlich eine historisch-zeitliche Komponente. Die Konstruktion kollektiver Identitäten ist ebenfalls ein soziales Produkt mit spezifischen *spatialities*, zu denen auch die folgenden zählen.

So sei nochmals auf den *erlebten Raum* der Alltagswirklichkeit verwiesen, der eine Projektionsfläche für Gefühle und Ich-Identität (emotionale Ortsbezogenheit, Heimat, Zuhause) darstellt (vgl. Weichhart 1999, S. 81). Dabei ist es wichtig, ganz grundsätzlich festzuhalten, dass die räumlich-physikalische, materielle Umwelt für die Identität unzweifelhaft relevant ist (vgl. Lalli 1989, S. 436; Weichhart 1990, S.10 ff). Die raumbezogenen Aspekte von Identität beziehen sich nach Weichhart (a.a.O., S. 20) auf die kognitiv-emotionale Repräsentation von Raumausschnitten in Bewusstseinsprozessen eines Individuums bzw. im kollektiven Urteil einer Gruppe. Durch diesen subjektiven oder gruppenspezifischen Prozess kommt es folglich auch zu einer mentalen oder ideologischen *Ausgrenzung* anderer Räume. Da Raum immer mit subjektivem Sinn und subjektiver Bedeutung aufgeladen wird, beinhaltet er in der Regel auch *intersubjektive* Komponenten bzw. er ist Gegenstand von Kommunikation. So können u.a. auch auf bestimmte Gebiete bezogene gruppen- und kulturspezifische Werturteile, Klischees und Imagezuschreibungen entstehen (vgl. Weichhart 1999, S. 81). Es läßt sich nach Weichhart (1990, S. 23) die Bedeutung von Raum für die Selbst-Identität oder das Wir-Gefühl einer Gruppe wie folgt umschreiben: „(...) „raumbezogene Identität" [ist, d.V.] nun zu verstehen *als gedankliche Repräsentation und emotional-affektive Bewertung jener räumlichen Ausschnitte der Umwelt, die ein Individuum in sein Selbstkonzept einbezieht, als Teil seiner selbst wahrnimmt.* Auf der Ebene sozialer Systeme verweist der Begriff auf die *Identität einer Gruppe, die einen bestimmten Raumausschnitt als Bestandteil des Zusammengehörigkeitsgefühls wahrnimmt, der funktional als Mittel der Ausbildung von Gruppenkohärenz wirksam wird und damit ein Teilelement der ideologischen Repräsentation des „Wir-Konzepts" darstellen kann.* (...) Bei Berücksichtigung der Außenperspektive können Raumausschnitte auch Bestandteil der Wahrnehmung von Fremdgruppen-Identität sein und damit zur Repräsentation des betreffenden „Sie-Konzepts" beitragen."

Durch Handlungen bzw. dem Umgang mit der materiellen Welt sowie der Interaktion mit anderen Menschen werden zur Umwelt emotionale Bezüge hergestellt, Bedeutungen zugeschrieben und Vorstellungen von Räumen herausgebildet. Diese soziale Praxis ist wiederum für die Konstruktion von personalen und kollektiven Identitäten relevant; räumliche Aspekte bilden also einen mehr oder weniger stark ausgeprägten konstitutiven Bestandteil von Identität. So sind die von Menschen bewohnten Räume (die eigenen und die der anderen) auch im Zusammenhang mit der Praxis von Zugehörigkeit und Ausgrenzung ganz generell imaginiert, semantisiert und metaphorisiert, was wiederum Auswirkungen auf die Handlungen hat und somit *räumliche Praxis* ausmacht.

Die Beziehung zwischen Raum und (kollektiver) Identität kann - wie bereits angedeutet - außerdem eine politische Dimension enthalten. So sprechen Keith und Pile (1993) mit dem Begriff *„identity politics of place"* („Identitätspolitik von Orten") den Aspekt einer Bedeutungszuschreibung von Orten an, die sowohl Imagebildung bzw. Reproduktion von Images als auch die „Identifizierung" von Menschen mit einem bestimmten Ort beinhaltet. Der englische Begriff *„identity politics of place"* ist jedoch etwas verwirrend, da Orte keine *Identität* haben können, sondern ihnen werden Bedeutungen und Images zugeschrieben, mit denen wiederum Politik gemacht wird, die die Identität von Menschen einbeziehen kann (*political mobilization of place and identity*; Keith und Pile 1993, S. 11). So werden beispielsweise in Ceuta und Melilla die negativen Images der fast ausschließlich von Muslimen bewohnten Stadtteile kollektiv auf alle Muslime in den beiden Städten bezogen, und sie spielen für die lokale Politik eine besondere Rolle. Ich werde im empirischen Teil der Arbeit darauf zurückkommen.

In bezug auf die Diasporasituation von Migranten verwenden Keith und Pile (1993, S. 16ff) den Begriff *„spatialized politics of identity"* („verräumlichte Identitätspolitik"), der auf ein artikuliertes Selbstverständnis von zugewanderten Menschen (*black diaspora*) verweist, das reale *und* imaginierte Bezüge zur Lokalität der Diaspora sowie dem Herkunftsland umfasst. Als Beispiel werden spezifische Musikformen wie Reggae, Soul und Rap genannt, die Bezüge in die Karibik, nach Europa, Afrika und Amerika beinhalten. Mit Verweis auf Homi Bhabha und dem postkolonialen Diskurs sprechen Keith und Pile (1993, S. 19) dieses Phänomen als eine gleichzeitige Realisierung (*co-presences*) unterschiedlicher Räumlichkeiten an. Auch für hybride Identitätsbildung haben demnach räumliche Aspekte durch vielfache *Vergegenwärtigungen* kultureller Praktiken *aus anderen lokalen Kontexten* (als das Zuwanderungsland) ihre Bedeutung. Das Politische wird nun darin gesehen, dass die kulturelle Hybridität von Zuwanderern nicht mit den politischen Codes von Differenz (eindeutige essentialistische Klassifizierungen) deckungsgleich sind. In durchaus vergleichbarer Weise lassen sich auch diese *„spatialized politics of identity"* für die Situation der Muslime, Hindus und Hebräer in Ceuta und Melilla feststellen. Allerdings muss für die Muslime in beiden Städten (bzw. der Imazighen in Melilla) berücksichtigt werden, dass sie sich in ihrer Selbstsicht nicht in einer Diasporasituation befinden.

1.3.2.1. Kollektive Identität, Politik, Ökonomie und Segregation

Als ein ganz konkreter Aspekt räumlicher Praxis in Verbindung mit kollektiven Identitäten, Politik und Ökonomie ist *Segregation* zu sehen. Dieser Begriff geht auf die Konzepte der Sozialökologie der Chicagoer Schule zurück und wird hinsichtlich der Konzentration von Bevölkerungsgruppen innerhalb eines städtischen Gebietes oder einer Gemeinde verwendet (vgl. McKenzie 1974, Park 1974, Park/Burgess/Mckenzie 1974). Von grundlegender Bedeutung ist dabei u.a. der Gedanke, dass Menschen in der Gesellschaft nicht nur zusammen, sondern auch getrennt leben, und menschliche Beziehungen auch durch *räumliche und soziale Distanz* bestimmt werden können. Die Entstehung von Segregation geht nach McKenzie (1974, S. 110) auf eine Kombination von *Selektionskräften* zurück, wobei der wirtschaftliche Wettbewerb die größte Bedeutung hat: „Die primärste und allgemeinste Form ist die ökonomische Segregation. (...) Andere Merkmale der Segregation, wie Sprache, Rasse oder Kultur, sind innerhalb entsprechender ökonomischer Systeme wirksam." Der Begriff Segregation beinhaltet also die Projektion von sozialer Ungleichheit auf den Raum bzw. die *ungleiche Verteilung* sowie alle *Prozesse* der (räumlichen) Entmischung und Konzentration von Bevölkerungsgruppen nach verschiedenen Merkmalen (sozial und/oder ethnisch) im Hinblick auf räumliche Einheiten (Wohnhaus, Block, Distrikt, Viertel etc.) einer Stadt (vgl. Dangschat 2000).

Lichtenberger (1991, S. 222 f) unterscheidet in Anlehnung an die Chicagoer Schule eine ethnische, demographische (Größe der Familie/ Anzahl der Kinder) und soziale Grunddimension von Segregation. Als Maßstab und Ursache für die räumlich differenzierte und entmischte Verteilung werden in der heutigen Segregationsforschung hauptsächlich Einkommen, Bildungsabschluss, berufliche Position und Familienstand sowie Hautfarbe, Geschlecht und Alter angeführt (vgl. Dangschat 2000). Hinsichtlich der angesprochenen Dimensionen von Segregation kommt es allerdings oft zu komplexen Verknüpfungen, d.h. ethnische, kulturelle (einschließlich religiöse), soziale und demographische Gründe der Segregation spielen dann gemeinsam eine Rolle (vgl. Dangschat 1998, Häußermann 1998, Meyer 2001b). Jedoch weist die Bevölkerung eines segregierten Gebietes meistens nicht gleichzeitig bezüglich aller Merkmale Homogenität auf. Grundlegend für den Prozess der Segregation ist die mehr oder weniger stark eingeschränkte Wahlmöglichkeit eines Wohnstandortes, die auch durch die Politik beeinflusst bzw. gesteuert werden kann.

Am Beispiel der stark ausgeprägten Segregation zwischen Muslimen und Christen in Ceuta und Melilla lässt sich zudem aufzeigen, dass zumindest in der Anfangsphase eine auf Ausgrenzung beruhende politisch motivierte Zuweisung von Wohnraum für die Muslime vor ökonomischen Faktoren ausschlaggebend war. Heute sind politische, kulturelle und sozioökonomische Selektionskräfte kaum mehr zu trennen. Eine wichtige Rolle für die Wohnstandortwahl spielt zudem auch das Image eines Stadtteils (im Sinne von Imagination und Wahrnehmung eines spezifischen Raumausschnittes). Für eine sogenannte ethnische oder kulturelle Segregation kann aber sowohl die (ökonomische und/oder ethnisch begründete) Unzugänglichkeit von bestimmten Segmenten des Wohnungsmarktes als auch die freiwillig gesuchte Nähe zu Menschen, mit denen man sich *identifiziert*, ausschlaggebend sein. Segregation gilt ganz im Sinne *räumlicher Praxis* als das wichtigste *Ordnungsprinzip der Gesellschaft im Wohngebiet* der Stadt, und es wird zudem über die bisher aufgeführten Ursachen hinausgehend in Abhängigkeit von übergeordneten ökonomischen und politischen Einflussfaktoren gesehen (vgl. Lichtenberger 1991 und Dangschat 2000). Dazu zählen z.B. die auch in Ceuta und Melilla wirksamen gesellschaftspolitischen Ideologien (u.a. auch die Ausgrenzung des „Anderen"), Strategien der Wohnungswirtschaft und des Bodenmarktes, städtebauliche Leitbilder und Wohnbauformen sowie der ökonomische Entwicklungsstand

(Restrukturierung der Wirtschaft, Globalisierung, Entstehung neuer Wirtschafts-branchen, Ausweitung des Dienstleistungssektors etc.).

1.3.2.2. Kollektive Identität, Macht und Territorialität

Das Zusammenspiel von den „*politics of identity*", Macht und räumlichen Dimensionen kommt vermutlich am deutlichsten durch den Begriff Territorialität zum Ausdruck. Der Begriff ist hier deshalb wichtig, da in bezug auf Ceuta und Melilla der politisch-territoriale Konflikt um die beiden Städte für das alltägliche Miteinander von Christen und Muslimen in beiden Städten von hoher Bedeutung ist. In der Kulturanthropologie wird nach Vivelo (1988, S. 344 f) Territorialität als das Geltendmachen von Prioritäts-, Eigentums- und Verfügungsrechten über Land und dessen Ressourcen verstanden, und es ist zudem mit der Bereitschaft verbunden, diesen Anspruch durch Macht und auch mit Gewalt gegen andere, die als Eindringlinge betrachtet werden, zu verteidigen.[22] Darüber hinaus bildet Territorialität einen räumlich abgrenzenden Bestandteil der Dichotomisierung des „Wir" und die „Anderen" (vgl. Jüngst 1997). Ganz grundsätzlich ist Territorialität immer mit Macht und Verfügungsgewalt über ein spezifisches Areal verknüpft, so dass die darin lebenden Menschen und ihre soziale und räumliche Praxis bestimmten Normen sowie Kontrolle unterliegen. Nach Sack (1986, S. 5) zeigt sich über Territorialität - als geographischer Ausdruck von (sozialer) Macht - das Wechselspiel zwischen Raum und Gesellschaft. Der Begriff Territorialität wird bei Sack (1986, S. 19) sehr weit definiert als: „(...) *the attempt by an individual or group to affect, influence, or control people, phenomena, and relationships, by delimiting and asserting control over a geographic area. This area will be called the territory.*" Aber nicht jeder Ort bzw. jedes Gebiet ist auch ein Territorium, sondern es wird dies nur durch die Schaffung von Außengrenzen sowie der Ausübung von Macht und Kontrolle.

Zudem wird nach Lefebvre (1981) ganz generell über die „Produktion von Raum" auch Macht ausgeübt, indem z.B. Räume besiedelt, erobert und Rohstoffe oder Arbeitskraft ausgebeutet werden. Die Machtausübung besteht hier in einer spezifischen Aneignung und Beherrschung sowie Gestaltung und Veränderung von Raum (auch im Sinne von Territorialität), die allerdings nicht losgelöst von ideellen Dingen bzw. Ideologien gesehen werden kann. In ganz ähnlicher Weise stellt Foucault einen Nexus zwischen Raum, Wissen und Macht her, der sich nach Soja (1991) durch dessen gesamtes Werk zieht: „Man müßte eine gesamte Geschichte der Räume schreiben - die zur selben Zeit auch eine Geschichte der Macht wäre - von den großen Strategien der Geopolitik bis hin zu den kleinen Taktiken des Habitats" (Foucault, zitiert nach Soja 1991, S. 78). Diese Aussage läßt sich außerdem als ein Plädoyer für die Integration einer zeitlichen (historischen) und räumlichen Perspektive interpretieren.

---

22 Zum Begriff Territorialität siehe auch Greverus (1972).

1.3.3. Die Bedeutung von Erinnerungskultur und Ereignisgeschichte für die Konstruktion kollektiver Identitäten

Die Dimension Zeit bildet nach Uzarewicz und Uzarewicz (1998, S. 208) ganz generell einen konstitutiven Bestandteil der Genese von Identität, indem dabei erlebte oder gehörte (gelernte, gelesene) Geschichte - mit der man sich identifiziert - als erinnerte Vergangenheit wirksam wird. Zeit erhält durch uns - ebenso wie Raum - eine symbolische Sinnstruktur, sie dient der Orientierung in unserer Konstruktion von Wirklichkeit, und mit ihrer Hilfe verstehen und ordnen wir die „Welt" (vgl. Uzarewicz/Uzarewicz 1998, S. 214). Assmann (1992/2000, S. 31) verwendet hinsichtlich dieser Bedeutung von Zeit und Vergangenheit den Begriff Erinnerungskultur, die zur Ausbildung von sozialen Sinn- und Zeithorizonten sowie von Identität beiträgt. Vergangenheit kann dann zu einem bedeutenden Bestandteil eines kollektiven Selbstverständnisses werden, wenn von mehreren Menschen in Interaktion eine Erinnerung in gleicher Weise rekonstruiert wird. Dabei bezeichnet Assmann (1992/2000, S. 30) „Gedächtnis, dass Gemeinschaft stiftet" als Erinnerungskultur. Gemeinsame Erinnerungen bzw. „kollektives Gedächtnis" bilden somit ein wichtiges Bindeglied einer Gruppe oder eines Kollektivs, deren Mitglieder sich allerdings nicht kennen müssen.[23] Es sei hier nur an Religionsgemeinschaften und Nationen erinnert.

Grundlegend für die Entstehung eines kollektiven Gedächtnisses ist die Annahme, dass z.B. Ereignisse, historische Fakten, *versinnlicht* werden müssen, d.h. es erfolgt eine Übertragung solcher Elemente in eine Lehre, einen Begriff, ein Symbol oder ein Ideensystem (der Gesellschaft) (vgl. Halbwachs 1985, S. 389 f und Assmann 1992/2000, S. 38). Aus dem Zusammenwirken von Wahrnehmung, Erfahrung und Begriffen entstehen dann nach Assmann (1992/2000, S. 38 ff) *Erinnerungsfiguren*, die wiederum durch drei Merkmale gekennzeichnet sind:

1.) *Den konkreten Bezug auf Raum und Zeit*. Damit sind die historische und erlebte Zeit (z.B. Festkalender, das bürgerliche, kirchliche, bäuerliche oder militärische Jahr) sowie der *belebte Raum* (z.B. Heimat) gemeint. Ganz in Einklang mit den bisherigen Ausführungen stellt auch Assmann (1992/2000, S. 39) fest: „Jede Gruppe, die sich als solche konsolidieren will, ist bestrebt, sich Orte zu schaffen und zu sichern, die nicht nur Schauplätze ihrer Interaktionsformen abgegeben, sondern Symbole ihrer Identität und Anhaltspunkte ihrer Erinnerung. Das Gedächtnis braucht Orte, tendiert zur Verräumlichung."

---

23 Diese Überlegungen gehen besonders auf Maurice Halbwachs (1985) zurück, der in den 20er Jahren den Begriff „mémoire collective" entwickelte und die These von der *sozialen Bedingtheit des Gedächtnisses* vertrat. Er kam dabei zu der Auffassung, dass sich kein individuelles Gedächtnis und keine individuelle Erinnerung ohne den sozialen bzw. gesellschaftlichen Bezugsrahmen konstituieren und erhalten könne (Halbwachs 1985, S. 121 u. 381 ff). Das individuelle Gedächtnis ist folglich kollektiv geprägt, womit allerdings nicht suggeriert oder gar behauptet werden soll, dass Kollektive über *ein* historisches Gedächtnis verfügen.

2.) *Den konkreten Bezug auf eine Gruppe.* Indem die Individuen einer Gruppe ein Selbstbild von sich erstellen, ist das „Kollektivgedächtnis" hinsichtlich einer spezifischen kollektiven Identität sehr konkret. Dieser Vorgang beinhaltet das Bewusstmachen von einer gemeinsamen Identität, die mehr oder weniger weit in die Vergangenheit zurückreicht. Dabei werden Unterscheidungen und Abgrenzungen nach außen, d.h. gegenüber anderen Menschen oder Gruppen hervorgehoben, und nach innen, d.h. innerhalb der eigenen Gruppe heruntergespielt.

3.) *Der Rekonstruktion von Vergangenheit als Verfahren einer Gruppe.* Vergangenheit wird nicht als solche bewahrt, sondern im sozialen und geschichtlich wandelbaren Bezugsrahmen der jeweiligen Gegenwart einer Gruppe (Gesellschaft) rekonstruiert.

Mit dem letztgenannten Merkmal von Erinnerungsfiguren wird die Geschichtsschreibung angesprochen. Es besteht weitgehend Konsens darüber, dass Geschichtsschreibung mit Sinngebung und oft auch mit Parteilichkeit sowie Identitätsstiftung verbunden ist (vgl. A. Assmann 1995, S. 176). Damit wird die Vorstellung einer objektivierbaren Geschichte (als einer Raum und Zeit transzendierenden Totalität) - „so wie es tatsächlich war" -, die die Gesamtheit der (vergangenen) Ereignisse und ihre geschichtswissenschaftlichen Deutungen umschließt, zumindest relativiert (vgl. Hölscher 1995, S. 157 f). Geschichte als (Re)Konstruktion der Vergangenheit läßt sich als Bestandteil eines „kollektives Gedächtnis" verstehen, und es kann u.a. der Beantwortung der Fragen „Wer sind wir? - Wer bin ich?" dienen (vgl. Biesterfeldt 1991 und Burke 1991).

Einen zentralen Aspekt bildet hier die historische Deutung, die nach Hölscher (1995, S. 166) wiederum selbst ein historisches Ereignis darstellt.[24] Damit ist für das vorliegende Fallbeispiel der Gesellschaften von Ceuta und Melilla auch die Instrumentalisierung von Geschichte angesprochen, über die - wie noch zu zeigen sein wird - Christen und Muslime die Legitimierung der eigenen Anwesenheit in den Städten an der nordafrikanischen Küste begründen und die jeweils andere in Frage stellen. Dennoch sollte der konstruktive Charakter von Geschichte nicht ausschließlich betont werden, ebenso spielt auch die Ereignisgeschichte im Sinne von historischen Fakten jenseits jeglicher Deutungen eine wichtige Rolle. Schließlich wurden in der Vergangenheit beispielsweise durch Kriege, Vertreibung, Grenzziehungen oder Schaffung von materiell-räumlichen Strukturen bereits Tatsachen geschaffen, die bis heute nachwirken. Spezifische gesellschaftliche Konstellationen sind eben auch durch konkrete Ereignisse entstanden. Ganz in diesem Sinne wird von Wehler (2001, S. 10) in der geistes- und sozialwissenschaftlichen Nationalismusdiskussion auf die miteinander zu vereinbarende Berücksichtigung sowohl einer konstruktivistischen Perspektive als auch „realhistorischer" Bedingungen hingewiesen.

---

24 Diese Auffassung von Geschichtsschreibung ist zwar zumindest unter konstruktivistisch denkenden Historikern längst verbreitet, aber es ist m.E. dennoch notwendig, bezüglich der Bedeutung von Geschichte für die Konstruktion kollektiver Identitäten darauf zu verweisen.

1.3.4. Kultur als identitätsrelevante Dimension oder: die „*politics of culture*"

Für die Konstruktion von kollektiven Identitäten und den „*politics of identity*" spielt der Kulturbegriff eine besondere Rolle, da Kultur ein Diskurs- und Bezugsfeld für die alltagsweltliche Praxis von Zugehörigkeit und Ausgrenzung bildet. Die Beschäftigung mit Kulturen nimmt auch längst in der Politik - z.B. über das Konzept der multikulturellen Gesellschaft oder der Debatte um den „Kampf der Kulturen" - einen prominenten Platz ein. Der Begriff Kultur ist für diese Arbeit von zentraler Bedeutung, da seine alltagsweltliche Verwendung in Ceuta und Melilla die Differenzierung der städtischen Gesellschaften nach Christen, Muslimen, Hebräern und Hindus sowie den öffentlichen Diskurs über das Zusammenleben der „vier Kulturen" (*cuatros culturas*) beinhaltet. Dabei wird von den Stadtverwaltungen die politische Strategie verfolgt, das Zusammenleben als sehr harmonisch im Sinne einer reibungslos funktionierenden multikulturellen Gesellschaft darzustellen (siehe Kap. 4.). Durch den Diskurs über die „vier Kulturen" wird aber zugleich die Zugehörigkeit und damit die Identität von den Menschen in den Städten durch eine über die Religion definierte Kultur festgelegt. Aus dem empirischen Material haben sich für die Analyse der alltagsweltlichen Situation in Ceuta und Melilla drei miteinander verflochtene Perspektiven von Kultur (Ordnungsmodell, Multikulturalismus, Kultur als Feld von Praktiken und Diskursen bzw. interaktionistische Perspektive) als relevant herausgestellt. Die beiden erstgenannten (Kultur als Ordnungsmodell und Multikulturalismus) bilden einen wichtigen Bestandteil der alltagsweltlichen Praxis von Fremd- und Selbstsicht sowie der Sicht auf die eigenen städtischen Gesellschaften in Ceuta und Melilla. Mit der interaktionistischen Perspektive werden jüngere sozialwissenschaftliche Auffassungen des Kulturbegriffs angewandt, mit denen die alltagsweltliche Praxis der Fremd- und Selbstsicht erfasst werden kann, ohne bei der Analyse in überholte Denkmuster zu verfallen, wonach der Kulturbegriff im Sinne einer wesenhaften Zustandsbeschreibung von Kollektiven verwendet wird.

Der alltagsweltlichen Differenzierung der städtischen Gesellschaften in Ceuta und Melilla nach Christen, Muslimen, Hindus und Hebräern sowie dem öffentlichen Diskurs der „vier Kulturen" liegt ein Verständnis von „*Kultur als Ordnungsmodell*" für das Zusammenleben von Menschen zugrunde, wonach Kulturen über einen essentialistischen Charakter verfügen. Damit ist eine Sichtweise angesprochen bei der Gesellschaften bzw. Kollektive auf wenige Merkmale reduzierte weitgehend homogene Kulturen bilden. Nach diesem Verständnis werden die Menschen auch sehr stark in ihrem Handeln und Denken durch ihre jeweilige Kultur determiniert. Die Kulturen werden zudem - im Sinne der alten geographischen *Kulturraum bzw. Kulturkreislehre* - als *räumlich verankert* konzipiert.[25] Die Welt wird zu einem „*Mosaik der Kulturen*" mit eindeutigen Grenzen. Dabei bildet beispielsweise *der Orient* eine durch spezifische Wesensmerkmale gekennzeichnete Einheit von Kultur- und

---

25 Zur Kritik an dem klassisch-geographischen Konzept der Kulturerdteile sowie den Begriffen Kulturraum und Kulturkreis siehe Dürr 1987, Böge 1997, Kreutzmann 1997 a u. b sowie Meyer 1999.

Naturraum. Folglich gibt es auch *den Orientalen*, der eben durch seine räumliche Herkunft (kulturell) bestimmt ist. Diese Vorstellung einer Ordnung der Kulturen, die sich auf Großräume wie Nordafrika, Asien oder dem Orient sowie Nationalstaaten (Nationalkulturen) bezieht, ist alltagsweltlich sehr weit verbreitet, und sie spielt - wie noch zu zeigen sein wird - für das Zusammenleben der Menschen in Ceuta und Melilla eine wichtige Rolle bei der alltäglichen Praxis von Zugehörigkeit und Ausgrenzung. Die Verknüpfung von Kulturen (bzw. Nationalkulturen) mit einem je spezifischen Raum bildet in den beiden Städten sowohl bei Christen als auch bei Muslimen eine entscheidende Argumentationsgrundlage für die Legitimierung der eigenen Anwesenheit.

Der öffentliche Diskurs über das Zusammenleben der „vier Kulturen" ist in Ceuta und Melilla auch als ein politisch motivierter Diskurs im Sinne von „multikultureller Gesellschaft" zu verstehen. Dadurch soll die friedliche Bewältigung des Zusammenlebens von Menschen verschiedener kultureller Zugehörigkeit nach innen und außen repräsentiert und gleichzeitig gefördert werden. Die Karriere des Begriffs „multikulturelle Gesellschaft" begründet sich ganz allgemein aus dem mit ihm verbundenen politisch-normativen Anspruch, die gesellschaftliche Herausforderung der Anwesenheit von „Fremden" zu akzeptieren und gleichzeitig ein konfliktfreies und gleichberechtigtes Zusammenleben von Menschen verschiedener „Kulturen" zu erreichen (vgl. Bade 1996, Mintzel 1997 und Radtke 1998).[26] Bei den politischen und öffentlichen Diskursen um multikulturelle Gesellschaften sowie der alltäglichen Wahrnehmung des „Anderen" werden in Europa jedoch sehr oft kulturelle Dimensionen für die Erklärung von Konflikten in den Vordergrund gestellt, wodurch die vielleicht sogar wichtigeren sozioökonomischen und politischen Aspekte vernachlässigt werden (vgl. Kaschuba 1995, Radtke 1998 und Höhne 2001). Dabei besteht die Gefahr, soziale oder politische Probleme zu „kulturalisieren" und somit die stereotype Sichtweise auf den „Anderen" unter Bezugnahme auf die Annahme einer grundsätzlichen kulturellen Differenz und kulturellen Determinierung von Handlungen zu verstärken. Das Phänomen der „Kulturalisierung" ist in einer teilweise sehr subtilen Form ebenfalls in Ceuta und Melilla beobachtbar. Die alltagsweltliche Wirksamkeit und Anwendung des Kulturbegriffs im Sinne von „Ordnungsmuster" (Mosaik der Kulturen, Kulturraum) und „multikultureller Gesellschaft" in Ceuta und Melilla legen es hier nahe, parallel zum Begriff „ *politics of identity* " ebenso von den „ *politics of culture* " zu sprechen.

Die beiden bisher genannten Verständnisse von Kultur rekurrieren auf einen klassischen Kulturbegriff, wie er in der Ethnologie Ende des 19. Jahrhunderts formuliert wurde (vgl. Wimmer 1996, S. 402). Demnach stellt Kultur eine unverwechselbare Einheit, ein dauerhaftes und integriertes Ganzes dar, und sie umfasst materielle Aspekte, die Sozialorganisation, Religion, typische Persönlichkeitsmerkmale sowie alle weiteren Ausdrucksformen der Lebensweise einer Gruppe

---

26 Der Begriff der „multikulturellen Gesellschaft" wird 1964/65 erstmals in Kanada geprägt und tritt von dort aus über die USA eine rasante Karriere an, die sich schließlich auch in Europa fortsetzt (vgl. Bade 1996, S. 13, Mintzel 1997, S. 21 ff und Treibel 1999, S. 64 ff).

von Menschen (vgl. Wimmer 1996, S. 402, und Meyer 1999, S. 151 ff). Werte und
Normen verbinden dabei alle Bereiche und sie formen schließlich das Spezifische
und Wesenhafte einer Kultur. Dieser klassische Kulturbegriff ist insbesondere seit
den 80er Jahren aufgrund seiner Homogenitätsvorstellung, seiner Missachtung von
Machtbeziehungen und individuellen Abweichungen von „kulturellen Regeln" sowie eines mit dieser Konzeption kaum zu fassenden kulturellen Wandels verstärkt
in Kritik geraten (vgl. Wimmer 1996, S. 403 ff, außerdem Welz 1996, Berg/Fuchs
1995).

Die Vertreter der klassischen Ethnologie, Anthropologie und auch Geographie
haben in ihren Arbeiten eine *Bestimmung von Kulturen* sowie eine *Festlegung
kultureller Identitäten* vorgenommen und diese auf der epistemologischen Grundlage einer Vorstellung von Erkenntnis als Darstellung der Wirklichkeit (machtvoll)
repräsentiert.[27] Nach Fuchs (1999, S. 106/107) bildet dabei die Übernahme der In-
nenansicht einer Kultur die exklusive Leistung eines Forschers, für den seine Informanten als exemplarische Vertreter ihrer Kultur gesehen werden: „Die Aussagen der
Informanten galten als Aussagen der jeweiligen Kultur und nicht etwa als Ausdruck
der *Auseinandersetzung* der Betroffenen *mit* ihrer kulturellen Wirklichkeit. (...) Die
sozialen Akteure wurden zu Trägern einer Kultur, denen nicht nur die Fähigkeit zu
Distanznahme und Objektivierung, zu Reflexion und Kritik ihrer vorgefundenen
Bedeutungswelt abgesprochen, sondern denen auch der Status von Handelnden,
die ihre Wirklichkeit ständig neu Schaffen und interpretieren, verweigert wurde."
Ausgelöst durch die sogenannte „Krise der ethnologischen Repräsentation" (vgl.
Berg/Fuchs 1995), die über die *writing-culture*-Debatte in der anglophonen Anthro-
pologie vor einigen Jahren auch Deutschland erreichte, werden nun neue Wege der
Darstellung gesucht und andere Vorstellungen von Kultur bzw. kultureller Praxis
konzipiert.[28]

Mit dem von mir favorisierten analytischen Kulturverständnis orientiere ich
mich an Arbeiten von Matthes (1992a u. b), Bachmann-Medick (1997) und Fuchs
(1997a u. b, 1999), in denen Interaktionen, Kulturbegegnungen, Diskurse, Praktiken und Fremdheitskonstruktionen im Zentrum der Betrachtung stehen.[29] Dem-

---

27 In der nordamerikanischen und britischen Geographie wird z.T. ebenfalls die geographische
    Praxis der Repräsentation kritisch reflektiert (vgl. Jackson 1989, McDowell 1994, Duncan/Ley
    1997, Crang 1998). Die Sichtweise einer räumlichen Gebundenheit von Kultur wird in der *new
    cultural geography* nicht mehr als adäquates Konzept verstanden, vielmehr steht die Verän-
    derung der Beziehung von Identität und Ort im Spannungsverhältnis zwischen globalen und
    lokalen Kräften im Vordergrund (vgl. McDowell 1994).
28 Es kann hier unmöglich die ganze Bandbreite unterschiedlicher Ansätze und kritischer Re-
    flexionen wiedergegeben werden, ich möchte jedoch diesbezüglich auf Marcus/Fischer 1986,
    Clifford 1986, Matthes 1992, Berg/Fuchs 1995, Knecht/Welz 1995, Hannerz 1996, Welz 1996,
    Escher 1999, Boeckler 1999, Lindner 1999 und Meyer 1999 sowie den bereits erwähnten post-
    kolonialen Diskurs verweisen.
29 An anderer Stelle habe ich mich bereits ausführlich mit dem klassischen Kulturverständnis in
    der Geographie auseinandergesetzt und gleichzeitig den Versuch gemacht, einen neuen Ansatz
    zu skizzieren (vgl. Meyer 1999).

nach verstehe ich Kulturen nicht als geschlossene Systeme, und *nicht* als statische, homogene, in sich kohärente Einheiten. Kulturen konstituieren sich vielmehr in einem wechselseitigen Prozess der Übersetzung zwischen Eigenem und Fremdem, d.h. als ein Austausch über kulturelle Differenzen (Matthes 1992a, b). Die Bestimmung von Kulturen erfolgt dabei über Differenzen als ein Vergleichen in der Kulturbegegnung, indem „die Anderen" als kulturell fremd wahrgenommen und benannt werden.[30] So kann man nach Matthes (1992a, S. 3) von Kulturen nur als *diskursive Tatbestände* und nicht als *Zustandsbeschreibungen* reden. Auch nach Fuchs (1997b, S. 146) kann es nicht mehr darum gehen, Kulturen im holistischen Sinne zu beschreiben: „Vielmehr ist Kultur als Feld von Praktiken und Diskursen zu rekonstruieren, auf die die Handelnden Bezug nehmen und die sie interpretativ weiterentwickeln und verändern. Diskurse und Praxisschemata sind Voraussetzungen wie Ergebnisse der sozialen Interaktionen." In der vorliegenden Arbeit wird - wie bereits erwähnt - auch nicht der Versuch gemacht, so etwas wie *die* christliche oder *die* muslimische Kultur in Ceuta und Melilla zu beschreiben, sondern es soll die alltagsweltliche Praxis der Kulturbegegnung einschließlich diskursiver Konstruktionen von Kulturen analysiert werden.

Kultur wird als ein aktiv betriebener Prozess des Umgangs mit kulturellen Ausdruckformen des sozialen Lebens verstanden. Dabei werden von den Handelnden je spezifische Interpretationen der als eigen oder als fremd wahrgenommenen Kultur vorgenommen, die zu Homogenisierungen führen können. Die alltagsweltliche (einschließlich wissenschaftliche) Homogenisierung von Kulturen ist folglich als das Produkt einer spezifischen Interpretations - und Durchsetzungspraxis (eines Diskurses dieser Interpretation) anzusprechen (vgl. Fuchs 1999, S. 119). Somit erscheint die Auffassung von Kultur als abgrenzbare Bedeutungswelt selbst als kulturelles Konstrukt. Über die Verknüpfung von Handlung, Interpretation und Kultur und die Einsicht, dass Kultur durch ein dynamisches und heterogenes Spektrum sozialer Praktiken und kultureller Schemata (Muster) gekennzeichnet ist, wird zudem erschließbar, dass kulturelle Diskurse und soziale Identitäten nicht widerspruchsfrei zusammenpassen, sie werden höchstens scheinbar zu Deckung gebracht (vgl. Fuchs 1997a, S. 314 f). Darüber hinaus gibt es zahlreiche individuelle Abweichungen von Diskursen über „kulturelle Regeln", da der strategisch handelnde Mensch eben nicht von diesen Diskursen vollständig durchdrungen ist (vgl. Wimmer 1996, S. 407).

---

30   Übersetzung wird zudem als ein Bestandteil von kulturellem Wandel verstanden, indem das Eigene infolge der Begegnung mit dem Anderen in ein Neues transformiert werden kann. Dabei wird eine Innovation idealer oder materieller Art - was oft nicht zu trennen ist - übernommen, in die eigene Kultur übersetzt (oft mit semantischen Verschiebungen) und erscheint dann in transformierter Form wieder als etwas Eigenes und Neues. Übersetzung wird als ein Teil umfassender sozialer Übersetzungsvorgänge - als Handeln, *soziale Praxis* - konzipiert und beschränkt sich nicht auf die semantische Transformation von Texten (vgl. Fuchs 1997a, S. 315 und 1999, S. 131 f). Mit dieser Auffassung von Kultur wird also nicht mehr von zwei (oder mehr) autonomen „Welten" ausgegangen, und der Gedanke an eine „reine" kulturelle Tradition wird aufgegeben.

Trotz der damit angesprochenen „Vielstimmigkeit" von Individuum und Kultur (vgl. Fuchs 1997b, S. 146) und der Unmöglichkeit einen eindeutigen Kernbereich „einer Kultur" zu bestimmen, gibt es - wie bereits angesprochen - konkrete gesellschaftliche Vorstellungen eines Kulturganzen, beispielsweise als Nation.[31] Und hier liegt nach Fuchs (1999, S. 120) auch der Wirklichkeitsstatus von Kultur - was ebenfalls auf die Situation in Ceuta und Melilla zutrifft -, indem diese Vorstellung gesellschaftliche Gültigkeit erlangt und Bedeutung für das Handeln gewinnt: „Die Vorstellung von Kulturanzheiten ist also zugleich richtig und falsch, irreal und realisiert." Hier liegt eine Parallele zu kollektiven Identitäten, denen in der theoretischen Diskussion ebenfalls ein realer *und* konstruktiver (fiktiver) Charakter zugeschrieben wird.

Mit dieser neuen Formulierung des Kulturbegriffs soll versucht werden, einer Essentialisierung zu entkommen, verstärkt über die eigene wissenschaftliche Praxis zu reflektieren und Kultur als interaktiv, dynamisch, offen und konstruktivistisch zu betrachten (vgl. Fuchs 1999, S. 116 ff). Diese Sichtweise harmoniert auch mit Erkenntnissen der Fremdheitsforschung, wonach es ganz generell „den Fremden" an sich nicht gibt. Vielmehr ist die Festlegung dessen, wer als Fremder bezeichnet wird, von bestimmten historischen bzw. zeitlichen Kontexten, sozialen Konstellationen, Interessen und politischen Bedingungen abhängig. Das Bild „vom Fremden" ist also konstruiert, und es hängt davon ab, was als vertraut gilt und wo Grenzen gezogen werden (vgl. Treibel 1999, S. 105).

1.4. Zusammenfassung der theoretischen Konzeption

Kollektive Identität bildet den übergeordneten Analysebegriff der theoretischen Konzeption, mit der die alltagsweltlichen Phänomene der sozialen Praxis von Zugehörigkeit und Ausgrenzung im Hinblick auf das Zusammenleben von Christen, Muslimen, Hindus und Hebräern in den beiden spanischen Städten Ceuta und Melilla in Nordafrika erfasst werden soll. Mit kollektiver Identität ist ein Prozess der „Gemeinschaftsbildung" angesprochen, der über Kommunikation und Interaktion zwischen Menschen sowie damit verbundenen Identifikationen hergestellt und reproduziert wird. Allerdings bestehen kollektive Identitäten (bzw. Wir-Identitäten) nicht „an sich", sondern nur soweit sich die einzelnen Individuen mit ihr identifizieren und zu ihr bekennen. Es handelt sich also um Konstrukte und Vorstellungen spezifischer Gemeinsamkeit und Gleichartigkeit, deren Stärke oder Schwäche vom Denken und Handeln ihrer Gruppenmitglieder abhängig ist. Kollektive Identitäten verfügen demnach über einen imaginären und realen Charakter. Die Imagination besteht darin, dass Gemeinsamkeit auch ohne *direkte* Interaktion und Vergewisserung mit anderen Menschen *vorgestellt* wird. Real er-

---

31   Zu der historischen Herausbildung des Verständnisses einer Einheit von Kultur und Nation - die z.T. auf Herder zurückgeht - siehe Schultz 1997, Mintzel 1997, Anderson 1998, Flatz 1999 und Reckwitz 2000.

fahrbar werden kollektive Identitäten immer dann, wenn sie Auswirkungen auf unser Denken und Handeln haben. Neben der Vorstellung von Gemeinschaft und Gleichartigkeit bilden das Wir-Bewusstsein, das Gefühl der Zusammengehörigkeit und die grundlegende Wechselwirkung von Zugehörigkeit und Ausgrenzung („Wir und die Anderen") zentrale Bestandteile kollektiver Identitäten. Da kollektive Identitäten als latent instabile soziale Gebilde aufzufassen sind, bedarf es zu ihrer Reproduktion und Aufrechterhaltung spezifische Diskurse oder rhetorische Appelle an das Wir-Gefühl. Dabei stellt sich natürlich die Frage nach der Konstitution eines Kollektivs, d.h. welche Menschen werden von wem nach welchen Kriterien zu einer Einheit zusammengefasst? Für die Organisation und Mobilisierung der Stiftung, Reproduktion und Aufrechterhaltung kollektiver Identitäten spielen folglich Akteure eine zentrale Rolle. Sofern Akteure dabei i.w.S. politische Zielsetzungen verfolgen, kann auch von „*politics of identity*" gesprochen werden, die beispielsweise zu extremen Formen der Ausgrenzung von „Anderen" führen können. Dabei hat sehr oft eine spezifische Symbolik (z.B. besondere Rituale wie öffentliche Manifestationen, s.u.) eine große Bedeutung bzw. identitätsstiftende Funktion, indem sie einen Bezugspunkt für Gemeinsamkeit bildet.

Die Konstruktion kollektiver Identitäten kann allerdings nicht losgelöst von Raum und Zeit betrachtet werden. Räumliche Dimensionen bilden einen integralen Bestandteil bei der Konstruktion kollektiver Identitäten, sehr oft auch in Verknüpfung mit Machtbeziehungen, Politik und Ideologie („*politics of identity*"). Neben dem in den Sozialwissenschaften üblichen Begriff der „sozialen Praxis" einer Gesellschaft (bzw. ihrer Individuen und Gruppen) - der die Konstruktion kollektiver Identitäten miteinschließt - kann ebenso von ihrer räumlichen Praxis gesprochen werden, indem sie ihren Raum produziert und ihn gleichzeitig - im dialektischen Sinne - zur Voraussetzung hat. Die von Menschen bewohnten Räume (die eigenen und die der anderen) sind im Zusammenhang mit der sozialen Praxis von Zugehörigkeit und Ausgrenzung ganz generell imaginiert, semantisiert und metaphorisiert, was wiederum Auswirkungen auf die Handlungen hat und somit räumliche Praxis ausmacht. Die raumbezogenen Aspekte von Identität beziehen sich zunächst ganz allgemein auf die kognitiv-emotionale Repräsentation von Raumausschnitten in Bewusstseinsprozessen eines Individuums und (auf der Grundlage eines interaktiven Prozesses) im kollektiven Urteil einer Gruppe; sie bilden folglich Bestandteile der Selbst- und Fremdwahrnehmung. Der erlebte Raum der Alltagswirklichkeit stellt somit eine Projektionsfläche für Gefühle und (kollektive) Identitäten dar. Die Materialität und Symbolik eines Raumes bildet dabei den Ausgangspunkt für seine Wahrnehmung und z.T. auch seiner Imagination (die aber ebenso ausschließlich kommunikativ vermittelt sein kann, d.h. ohne eigene, individuelle Wahrnehmung), die wiederum Handlungen nach sich ziehen und so Auswirkungen auf die Materialität (und Symbolik) eines Raumes haben kann. Die Symbolik zeigt sich überwiegend im öffentlichen Raum in Form spezifischer Materialität oder spezifischer Rituale. In Ceuta und Melilla handelt es sich dabei vielfach um symbolische Repräsentationen kollektiver Identität im öffentlichen Raum. Der wechselseitige Zusammenhang zwischen Materialität (Symbolik) und Wahrnehmung bzw. Imagination sowie den sich daraus ergebenden Handlungen zeigt sich u.a. an den Images von

Raumausschnitten wie Stadtteilen, Regionen sowie Nationalstaaten und anderen Großräumen. Die Images von Raumausschnitten werden in der Vorstellung von Menschen meistens auch mit den dort lebenden Bevölkerungsgruppen verknüpft. Die raumbezogenen Images - ob negativ oder positiv - wirken sich auch auf Handlungen von Menschen aus, indem beispielsweise Stadtteile, Länder oder Regionen je nachdem gemieden oder aufgesucht werden. Zudem orientiert sich die Art und Weise des Umgangs mit Menschen häufig nicht nur an deren sozialer, sondern ebenso an deren *räumlicher Herkunft*.

Die (kollektive) Identifikation mit einem Raumausschnitt (Ort) und raumbezogenen Images korrespondieren zudem sehr oft mit einem kulturräumlichen Denken, d.h. ein Raumausschnitt (beispielsweise ein Großraum wie Europa oder Nordafrika, oder ein Nationalstaat) wird mit einer spezifischen identitätsrelevanten Kultur gleichgesetzt. Dadurch werden auch nationale Kulturen in einem klar abgrenzbaren Territorium räumlich verankert, und zwar im Sinne eines eigenen Vaterlandes (*patria*) sowie als Heimstätte „*der* Anderen". Diese alltagsweltliche Praxis ist ebenfalls in Ceuta und Melilla zu beobachten, und mit ihr ist die Frage nach dem nationalkulturellen Charakter beider Städte verknüpft. Aus christlich-spanischer Perspektive sind die Territorien der Städte eben grundsätzlich christlich-spanisch, wodurch den Muslimen der Status von „an sich" Fremden zugeschrieben wird, deren „eigentliche Heimstätte" in Marokko liegt. In dem Begriff Vaterland (*patria*) kommt außerdem eine Verknüpfung von räumlichen und zeitlichen Dimensionen zum Ausdruck, indem hier die historische und erlebte Zeit mit einem spezifischen emotionsbeladenen Raumausschnitt zusammentrifft. Das Vaterland wird zum Symbol der - territorial verankerten - kollektiven Identität und Anhaltspunkt der (historischen) Erinnerung. In dem Begriff Territorialität, der hier hauptsächlich in bezug auf Nationalstaaten verwendet wird, zeigt sich auch das Zusammenspiel von „*politics of identity*", Macht und räumlichen Dimensionen. Territorialität beinhaltet schließlich das Geltendmachen von Prioritäts-, Eigentums- und Verfügungsrechten über Land und dessen Ressourcen, sowie die Bereitschaft diesen Anspruch mit Macht und Gewalt gegen andere durchzusetzen. Territorialität bildet ganz allgemein einen räumlich abgrenzenden Bestandteil der Dichotomisierung des „Wir" und die „Anderen".

Ein weiterer konkreter Aspekt räumlicher Praxis in Verbindung mit kollektiven Identitäten stellt Segregation dar, d.h. die räumliche Trennung von Bevölkerungsgruppen in dem Wohngebiet einer Stadt nach spezifischen Merkmalen (sozioökonomisch, demographisch, ethnisch bzw. kulturell). Segregation ist als das wichtigste Ordnungsprinzip der Gesellschaft im Wohngebiet der Stadt zu sehen, und sie ist hier deshalb relevant, weil in Ceuta und Melilla eine sehr stark ausgeprägte Segregation zwischen Christen und Muslimen besteht. Die Wohnstandortwahl eines Individuums wird hier jedoch nicht nur in Abhängigkeit von sozioökonomischen Faktoren gesehen, sondern ebenso mit der sozialen und räumlichen Praxis von Zugehörigkeit und Ausgrenzung in Zusammenhang gebracht. Dabei spielen sowohl historische als auch politische Dimensionen im Hinblick auf die Genese von Segregation eine wichtige Rolle. Die politischen Dimensionen zeigen sich insbesondere in der politisch gelenkten Ausgrenzung von „*den* Anderen" und der damit zusammenhängenden Zuweisung von Wohnraum sowie der mangelhaften oder bevorzugten Berücksichtung von spezifischen Wohngebieten bei der Stadtplanung (Sanierung, Einrichtung von Infrastruktur etc.). Schließlich haben noch die Images von Stadtteilen eine große Bedeutung, da sie für die Wahl eines Wohnstandortes entscheidend sein können. Für die Analyse der Ursachen von Segregation sind politische, kulturelle und sozioökonomische Selektionskräfte sowie die Wahrnehmung und die Images von Stadtteilen kaum mehr zu trennen.

Die zeitliche Dimension der Konstruktion kollektiver Identitäten beinhaltet hier Geschichte als Erinnerungskultur, d.h. die Bedeutungszuschreibung und Deutung von Vergangenheit bzw. ihrer Instrumentalisierung für die Konstruktion eines Selbstverständnisses und der Abgrenzung von „*den* Anderen". Der Umgang mit Geschichte bzw. Geschichtsschreibung ist mit Sinngebung und oft auch Parteilichkeit sowie Identitätsstiftung verbunden. Geschichte kann als (Re)Konstruktion der Vergangenheit und „kollektives Gedächtnis" verstanden werden, die zur Beantwortung der Fragen „Wer bin ich? - Wer sind wir?" beitragen. Geschichte ist hier allerdings nicht nur in einem konstruktivistischem Sinne wirksam, sondern ebenso spielt die reale Ereignisgeschichte (historische Fakten) jenseits jeglicher Deutungen und Instrumentalisierungen eine wichtige Rolle. Schließlich wurden in der Vergangenheit beispielsweise durch Kriege, Vertreibung, Grenzziehung oder Segregation bereits Tatsachen *geschaffen*, die bis heute auf die Praxis von Zugehörigkeit und Ausgrenzung nachwirken.

Der Kulturbegriff wird ausgehend von seiner alltagsweltlichen Verwendung (*cuatros culturas*, die „vier Kulturen") in Ceuta und Melilla als identitätsrelevante Dimension betrachtet. Er spielt deshalb für die Konstruktion kollektiver Identitäten und den „*politics of identity*" eine besondere Rolle, weil Kultur ein Diskurs- und Bezugsfeld für die alltagsweltliche Praxis von Zugehörigkeit und Ausgrenzung bildet. Eine Verknüpfung mit räumlichen Dimensionen besteht in dem alltagsweltlich weit verbreiteten kulturräumlichen Denken, das eine klare räumliche Zuordnung von Menschen nach kulturellen Kriterien impliziert. Der Kulturbegriff bildet in Ceuta und Melilla die Grundlage eines Ordnungsmodells, wonach die städtischen Gesellschaften in „vier Kulturen" (auf der Grundlage religiöser Zugehörigkeit) eingeteilt bzw. „geordnet" werden. Darüber hinaus ist der öffentliche Diskurs über das „Zusammenleben der vier Kulturen" auch als politisch motivierter Diskurs im Sinne von „multikultureller Gesellschaft" zu verstehen. Dadurch soll das friedliche Zusammenleben von Menschen verschiedener kultureller Zugehörigkeit nach innen und außen repräsentiert und gleichzeitig gefördert werden. Die alltagsweltliche Wirksamkeit und Anwendung des Kulturbegriffs als Ordnungsmuster und multikulturelle Gesellschaft in Ceuta und Melilla legen es nahe, parallel zum Begriff „*politics of identity*" ebenfalls von den „*politics of culture*" zu sprechen. Die alltagsweltliche Verwendung des Kulturbegriffs beinhaltet allerdings ein Verständnis, wonach Kultur als homogenes, geschlossenes oder kohärentes (weitgehend statisches) System gesehen wird, das das gesamte soziale Leben (Werte und Normen) durchdringt und Handlungen determiniert. Dieses alltagsweltliche Kulturverständnis bildet nun einen zu analysierenden Bestandteil des hier verwendeten wissenschaftlichen

Abb. 3: Theoretische Konzeption: die zentralen Begriffe und Inhalte

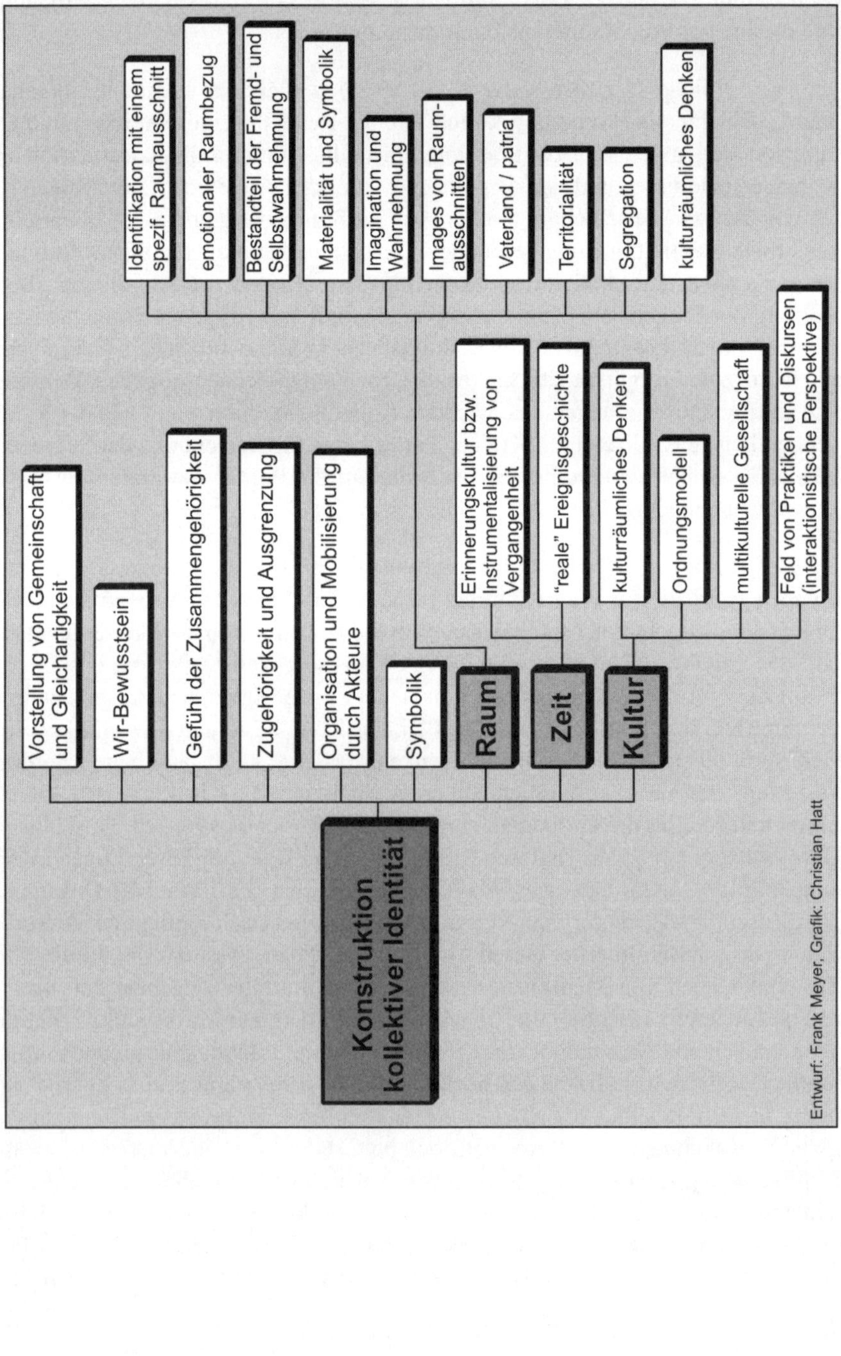

Konstruktion kollektiver Identität

- Vorstellung von Gemeinschaft und Gleichartigkeit
- Wir-Bewusstsein
- Gefühl der Zusammengehörigkeit
- Zugehörigkeit und Ausgrenzung
- Organisation und Mobilisierung durch Akteure
- Symbolik

Raum
- Identifikation mit einem spezif. Raumausschnitt
- emotionaler Raumbezug
- Bestandteil der Fremd- und Selbstwahrnehmung
- Materialität und Symbolik
- Imagination und Wahrnehmung
- Images von Raumausschnitten
- Vaterland / patria
- Territorialität
- Segregation
- kulturräumliches Denken

Zeit
- Erinnerungskultur bzw. Instrumentalisierung von Vergangenheit
- "reale" Ereignisgeschichte

Kultur
- kulturräumliches Denken
- Ordnungsmodell
- multikulturelle Gesellschaft
- Feld von Praktiken und Diskursen (interaktionistische Perspektive)

Entwurf: Frank Meyer, Grafik: Christian Hatt

Kulturbegriffs, der Interaktionen, Kulturbegegnungen, Diskurse, Praktiken und Fremdheitskonstruktionen fokussiert. Es wird folglich davon abgesehen, Kulturen in einem holistischen Sinne zu beschreiben, da es als unmögliches Unterfangen betrachtet wird, so etwas wie beispielsweise *die* spanische oder *die* marokkanische Kultur zu charakterisieren, wollte man nicht in Stereotype verfallen. Vielmehr wird - ebenso wie kollektive Identität - der Begriff Kultur in einem rekonstruktiven Sinne verwendet, d.h. Kultur ist als Feld von Praktiken und Diskursen zu rekonstruieren, auf die Handelnde (in Interaktion mit anderen) Bezug nehmen und die sie gestalten und interpretieren. Das schließt die alltagsweltliche Praxis der jeweils als eigen oder fremd wahrgenommenen Kultur mit ein, die zu Homogenisierungen von Kollektiven und stereotypen Sichtweisen führen können.

1.5. Die angewandte Methodik

Nach Literaturstudien und ersten explorativen Forschungsaufenthalten in Ceuta und Melilla in den Jahren 1996 /97 und 1998 ergab sich für mich - wie bereits ausgeführt - als allgemeine Fragestellung, wie und mit welchen Inhalten in den Gesellschaften der beiden Städte Zugehörigkeit und Ausgrenzung gelebt werden. Im Sinne eines hier zugrunde gelegten zirkulären bzw. reflexiven Forschungsdesigns (interaktiver Prozess zwischen Theorie und Empirie) wurde für die Studie als angewandte Methodik die qualitative empirische Sozialforschung bevorzugt (vgl. Flick 2002, S. 72 ff; siehe Kap. 1.2.). Schließlich kam es mir zur Umsetzung der Fragestellung und Zielsetzung der Arbeit darauf an, subjektive (Be-)Deutungen und Sinnwelten bei der Schaffung und Inszenierung von kollektiven Identitäten bzw. bei dem gelebten Verhältnis von Eigenem und Fremdem zu rekonstruieren, *ohne bereits vorher* festgelegte theoretische Begriffe für eine Erhebung im Sinne einer quantitativen Methodik zu operationalisieren. Eine solche Vorgehensweise ist m.E. nur mit Methoden umsetzbar, die den Interviewpartnern einen großen Freiheitsgrad für ihre Antworten und die Formulierung ihrer eigenen Sichtweisen zugestehen.[32] Darüber hinaus sollten bezüglich ihrer gesellschaftlichen und beruflichen Position unterschiedliche Interviewpartner bzw. *Akteure* und *Repräsentanten* von religiösen Gruppen, Vereinigungen, Verbänden, Parteien etc. - die mir vor den Feldforschungsaufenthalten noch weitgehend unbekannt waren - mit einer jeweils anderen Gewichtung der zu erhebenden Themenkomplexe befragt werden (s.u.). Auch deshalb erschien die Anwendung quantitativer Methoden (beispielsweise mit einem standardisierten oder teilstandardisierten Fragebogen) wenig sinnvoll. Neben den qualitativen Interviews wurde noch eine nichtteilnehmende Beobachtung und eine

---

32 Nachdem in den letzten 10/15 Jahren auch in der Geographie zahlreiche Arbeiten mit qualitativen Methoden der empirischen Sozialforschung durchgeführt wurden, ist es m.E. hier nicht mehr notwendig, die allgemeinen Grundlagen „qualitativen Denkens" und mögliche Erhebungsverfahren darzustellen. Es sei diesbezüglich auf die umfangreiche Literatur verwiesen (z.B. Lamnek 1995, Garz/Kraimer 1991, Strauss/Corbin 1996, Mayring 1996 und Bohnsack 2000, Flick 2002).

Bestandsaufnahme relevanter städtebaulicher Elemente (durch Beobachtung und teilweise durch Kartierung) in Ceuta und Melilla durchgeführt. Einen wichtigen Bestandteil der Methodik bildete zudem die Analyse und Interpretation von Texten (z.B. Zeitungen, Dokumente, Internetseiten, wissenschaftliche und populärwissenschaftliche Publikationen etc.), zum großen Teil im Sinne einer Diskursanalyse (s.u.). Nach den bereits erwähnten explorativen Vorstudien erfolgten in den Monaten März/April 1999, August/September 1999, März/April 2000 sowie Oktober 2000 intensive Forschungsaufenthalte in Ceuta und Melilla.

Die im Rahmen der Fragestellung relevanten quantitativen Aspekte (Bevölkerungszahlen, Daten zur Wirtschaftslage, Wahlergebnisse etc.) wurden durch eine Analyse verfügbarer *Zahlen und Statistiken* bearbeitet. Dabei konnte auf Sekundärliteratur (insbesondere für historische Bevölkerungszahlen), statistische Jahrbücher verschiedener Jahrgänge, einige unveröffentlichte Bevölkerungsstatistiken sowie eine spezielle Zählung der Muslime in Ceuta und Melilla aus dem Jahre 1986 zurückgegriffen werden. Die letztgenannte Zählung der Muslime stellt eine Ausnahme dar, da es in Spanien nach der Verfassung gesetzlich verboten ist, in Volkszählungen nach Religionszugehörigkeit zu unterscheiden. Deshalb gibt es seit 1986 für Melilla und Ceuta keine veröffentlichten exakten Daten mehr über die Anzahl der Muslime und die Angehörigen anderer Religionsgemeinschaften, sondern lediglich inoffizielle Daten und Schätzungen (vgl. Planet Contreras 1998, S. 40 f). Hinsichtlich der historischen Bevölkerungsentwicklung und räumlichen Verteilung der Bewohner ist die verwendete Sekundärliteratur mit ihren Datengrundlagen und Quellen sehr heterogen, lückenhaft und zum Teil widersprüchlich. Ich habe dennoch den Versuch gemacht, alle mir verfügbaren Daten zu einem Gesamtbild zusammenzustellen, wobei mir gelegentlich auftretende Unstimmigkeiten bewusst sind (vgl. Kap. 3.).

1.5.1. Die qualitativen Interviews

Die Durchführung qualitativer Interviews bilden den zentralen Teil der Feldforschungen in Ceuta und Melilla. Der Prozess der jeweiligen Interviewphasen in den Städten wurde durch das sich immer weiter spezifizierende und empirisch begründete theoretische Bezugsfeld kontrolliert bzw. geleitet. Als qualitative Interviewform wurde das problemzentrierte Interview ausgewählt, da es mir für die Umsetzung der Fragestellung am geeignetsten erschien. Das problemzentrierte Interview ist insbesondere durch die Orientierung des Forschers an einer Problemstellung, die alltagsweltlich begründet ist, gekennzeichnet (vgl. Flick 2002, S. 135). Diese Interviewform gilt als besonders flexibel, da sie dem jeweiligen Forschungsprozess und dem Gegenstand bzw. den Interviewpartner/-innen individuell angepasst werden kann.

1.5.1.1. Die Auswahl der Interviewpartner/-innen

Die Auswahl der zu befragenden Personen richtete sich nach der Fragestellung und dem *theoretical sampling*, d.h es erfolgte eine schrittweise Festlegung der Samplestruktur im Forschungsprozess (vgl. Strauss 1991 und Flick 2002). Die jeweils erneute Auswahl von Personen (bzw. von Vereinigungen oder Institutionen, s.u.) orientierte sich folglich an der Auswertung der vorherigen Interviews sowie dem jeweiligen Erkenntnisstand aus der Analyse von Texten, der nichtteilnehmenden Beobachtung und der Arbeit an theoretischen Begriffen (bzw. Konzepten). Die Auswahlentscheidungen wurden einerseits auf der Ebene der relevanten Gruppen und Institutionen sowie andererseits bezüglich bestimmter Personen getroffen. Als Untersuchungsgruppen galten in erster Linie die Angehörigen der muslimischen und christlichen Religionsgemeinschaften. Innerhalb dieser Gruppen wurden Vereinigungen und/oder Personen ausgewählt, die als Akteure für die Organisation und Mobilisierung kollektiver Identitäten bzw. der „ *politics of identity*" wichtig sind, bzw. die durch spezifische Aktivitäten besonders prägend an der Gestaltung des alltäglichen Miteinanders der „vier Kulturen" beteiligt sind. Die konkrete Auswahl bezog sich dann auf Parteien, religiöse Vereinigungen, kulturelle Vereinigungen, Nachbarschaftsvereinigungen, karitative Organisationen, die Kirche, die *Delegación del Gobierno* (Vertretung der Staatsregierung), das Stadtplanungsamt und die städtischen Referate für soziale Angelegenheiten sowie Kultur und Ausbildung. Bei der Erläuterung der Fragestellung wurde bereits dargelegt, dass die hinduistischen und hebräischen Gemeinschaften lediglich kontrastiv mit einbezogen werden sollten. Deshalb wurden hier zunächst nur Vertreter bzw. Repräsentanten der Gemeinschaften ausgewählt, die diese offiziell nach außen vertreten. Allerdings muss einschränkend angeführt werden, dass in Ceuta aufgrund von Ablehnungen kein Interview mit Angehörigen der hebräischen Gemeinschaft erfolgte, sondern lediglich kurze Gespräche sowie die Besichtigung der Synagoge unter Führung eines Rabbiners realisiert werden konnten. In Ceuta wurden neben dem Präsidenten der hinduistischen Gemeinschaft auch einige Händler der Hindus interviewt, da die dortige Gemeinschaft von größerer Bedeutung ist, als diejenige in Melilla.

Da ebenfalls die ökonomischen und sozialen Dimensionen des Zusammenlebens der „vier Kulturen" erfasst werden sollten, wurden als diesbezüglich wichtige Institutionen Gewerkschaften, statistische Ämter, Gesellschaften zur Förderung der lokalen sozialen, ökonomischen und städtebaulichen Entwicklung (EMVICESA und PROCESA in Ceuta, Pacto Territorial por el Empleo und Proyecto Melilla, S.A. und INEM in Melilla), eine Menschenrechtsorganisation (Asociación Pro Derechos Humanos de Melilla), die lokale Niederlassung des Institutes für Migration und soziale Dienste (IMSERSO/Dirección Provincial del Instituto de Migraciones y Servicios Sociales in Melilla), Handelskammern und das Rote Kreuz ausgewählt. Die Auswahl von zu befragenden Personen in Vereinigungen, Ämtern und sonstigen Institutionen erfolgte nach deren Bedeutung bzw. Funktion, und zwar auf der Grundlage eigener Recherchen oder Hinweisen von vorherigen Interviewpartnern/-innen. Neben ihrer Rolle als Akteure oder Experten wurden die ausgewählten Personen gleichzeitig als normale Bewohner der Stadt und Angehörige einer der vier relevanten Religionsgemeinschaften betrachtet und interviewt. Da es zudem gemäß der Fragestellung darauf ankam, ein möglichst breites Meinungsspektrum hinsichtlich des Zusammenlebens der „vier Kulturen" sowie möglichst viele Facetten der Selbst- und Fremdsicht (Identität) zu erfassen, wurden auch Personen unterschiedlicher sozialer Lage ausgewählt, die nicht in oben aufgeführten Vereinigungen, Organisationen oder Institutionen (aktiv) tätig waren. Mit dieser Auswahl der Interviewpartner/-innen sollte auch die Mikroebene berücksichtigt werden, d.h. die Wahrnehmung und Deutung des Zusammenlebens der „vier Kulturen", die Reaktion auf Diskriminierungen oder der Umgang mit sozialen Ungleichheiten. Eine vertiefende Erforschung der Mikroebene beispielsweise bezüglich einzelner Häuserblocks, Straßenzüge oder Stadtteile wäre jedoch über die hier zugrunde gelegte Fragestellung und theoretische Konzeption hinausgegangen und hätte zudem die Forschungskapazitäten im Rahmen eines „Ein-Mann-Projektes" gesprengt. Hier könnten aber weiterführende Forschungsarbeiten angesetzt werden.

Während der Feldforschungen in Ceuta und Melilla wurden so lange Interviews durchgeführt, bis keine grundlegend neuen Erkenntnisse bezüglich der Fragestellung und des theoretischen Konzepts mehr erwartet wurden (theoretische Sättigung). Es wurden insgesamt 78 Interviews (etwa zur Hälfte in Ceuta und Melilla) mit einer unterschiedlichen Dauer zwischen ca. 30 Minuten und über 2 Stunden durchgeführt. Fast alle Interviews konnten mit einem Kassettenrecorder aufgezeichnet werden; bei den wenigen Ausnahmen, wo dies nicht möglich war, wurden Mitschriften und Gedächtnisprotokolle angefertigt. Alle Interviews sind mit Angabe der Interviewpartner/-innen, deren gesellschaftliche bzw. berufliche Position und der Dauer des Interviews im Anhang aufgeführt.[33]

1.5.1.2. Die Durchführung der Interviews

Für alle Befragten wurde gemäß ihrer Position in der Gesellschaft bzw. in spezifischen Institutionen oder ihrer Berufe auf der Grundlage der Fragestellung, der aktuellen Entwicklung des Forschungsprozesses und der übergeordneten Themenfelder (s.u. Textfeld I) ein individueller Interviewleitfaden zusammengestellt. So wurden beispielsweise die Präsidenten der Handelskammern in Ceuta und Melilla zu einem großen Teil über ökonomische Aspekte der Fragestellung oder die Vorsitzenden von religiösen oder kulturellen Vereinigungen zu ihren Aktivitäten hinsichtlich der Organisation und Mobilisierung kollektiver Identitäten befragt. Grundsätzlich wurde versucht alle relevanten Themenfelder anzusprechen, jedoch mit einer jeweils unterschiedlichen Akzentuierung bzw. Erweiterung (s.u. Textfeld II). Viele der Interviewpartner wurden dabei als Experten (und Akteure) für ein bestimmtes Handlungsfeld (z.B. in der Stadtplanung, bezüglich ökono-

---

33 Zum Schutze der Interviewpartner/-innen wurden deren Namen im Anhang nur mit Initialen wiedergegeben, obwohl niemand Anonymität eingefordert hatte. Einige Namen von Interviewpartner/-innen wurden zudem im Text durch Pseudonyme ersetzt, um dennoch einen möglichst hohen Grad an Anonymität zu gewährleisten.

Textfeld I: Themenfelder mit Detailfragen für die Gestaltung der individuellen Leit-
*   fäden*

1.) Der Diskurs des Zusammenlebens der „vier Kulturen"

– Wie sehen bzw. beurteilen Sie das Zusammenleben der „vier Kulturen" (insbesondere von Christen und Muslimen)?

– Welche Bedeutung hat Ihrer Meinung nach das Denken in religiösen bzw. kulturellen Kategorien für das alltägliche Leben in Ceuta bzw. Melilla?

– Wie beurteilen Sie das von der Stadtverwaltung bzw. von Politikern und in den Medien sehr positiv gezeichnete Bild des Zusammenlebens der vier Kulturen?

– Falls Probleme bzw. Konflikte hinsichtlich des Zusammenlebens genannt werden: Welche Ursachen und Gründe sehen Sie dabei?

– Haben Sie den Eindruck, dass politische Parteien bestimmte religiöse Gruppen für sich mobilisieren?

– Fühlen Sie sich aufgrund ihrer Religionszugehörigkeit oder aus anderen Gründen diskriminiert?

2.) Selbstsicht - Fremdsicht

– Was macht die jeweilige Kultur der „vier Kulturen" aus?

– Woher stammen Sie bzw. woher stammt Ihre Familie? Wie würden Sie ihre persönliche Identität beschreiben? Mit welchen Gruppen fühlen Sie sich am stärksten verbunden (Begründung)?

– Welche Beziehungen haben Sie zu Angehörigen der anderen religiösen Gruppen? (Hier evtl. auch biographische Perspektive)

– Sind Sie in religiösen, kulturellen oder politischen Verbänden, Vereinigungen bzw. Parteien aktiv?

– In welchem Stadtviertel wohnen Sie und warum? Gibt es spezifische Stadtviertel, die Sie meiden oder weniger gerne aufsuchen (wenn ja: welche und warum)?

– Haben Sie schon einmal das Nachbarland Marokko besucht? Wenn ja, wie oft und zu welchen Gelegenheiten? Wenn nein, warum nicht? Wie sehen Sie das Nachbarland?

– Wie oft und zu welchen Gelegenheiten fahren Sie auf die Península (iberische Halbinsel)? Sehen Sie dort Unterschiede im Vergleich zum alltäglichen Leben in Ceuta bzw. Melilla?

3.) Ökonomie - Soziales

– Was ist Ihre berufliche Tätigkeit?

– Wie würden Sie die sozialen und ökonomischen Differenzen in Ceuta bzw. Melilla beschreiben?

– Gibt es Ihrer Meinung nach soziale oder ökonomische Differenzen zwischen den religiösen Gruppen?

– Welche Bedeutung hat Ihrer Meinung nach der Drogenhandel und die Kriminalität für das alltägliche Leben und das Zusammenleben der „vier Kulturen" in Ceuta bzw. Melilla?

– Wie sehen Sie die illegale Immigration aus Marokko?

Textfeld II: Zusätzliche Themenfelder für Interviews bei Repräsentanten von Partei-
en, Institutionen, Verbänden, Vereinigungen, Gewerkschaften etc.

1. Stadtplanung, Wohnungsbaugesellschaft

– Beschreibung und Bewertung sozialräumlicher Unterschiede

– Beschreibung und Bewertung räumlicher Segregation (sowie ihrer Ursachen) nach religiösen Gruppen

– Aktivitäten bezüglich der Erneuerung und Einrichtung von Infrastruktur in verschiedenen
  Stadtteilen

– Problemräume für die Stadtplanung; Umgang mit dem illegalen Wohnungsbau

– Zusammenleben der „vier Kulturen" aus der Sicht der Stadtplanung

– Erhalt einer Sozialwohnung; Problematik der Verteilung von Sozialwohnungen

– Bedeutung und Rolle des Militärs (Eigentum an Grund und Boden, Kasernen)

2. Repräsentanten von Parteien

– ihre Tätigkeit bezüglich der Partei bzw. der aktuellen Stellung in der Stadtregierung oder
  Verwaltung

– spezielle Programmpunkte für soziale oder religiöse Gruppen

– Zusammensetzung der Mitgliederschaft (Anteil der Angehörigen der religiösen Gruppen)

– hauptsächliche soziale oder religiöse Zielgruppen bei Wahlen

– Stellungnahme zu sozialen Problemen in der Stadt, Verknüpfung mit religiösen Gruppen

– Sicht auf andere Parteien

3. Repräsentanten der Delegación del Gobierno (Vertretung der Staatsregierung)

– Bedeutung und Rolle der Delegación in Ceuta bzw. Melilla

– illegale Zuwanderung

– Drogenhandel

– rechtlicher Status der Muslime

4. Präsidenten der Handelskammern

– ökonomische Grundlagen des alltäglichen Lebens

– Beschreibung sozioökonomischer Ungleichheiten und Konflikte in der Bevölkerung

– Zusammenhang zwischen sozioökonomischen Ungleichheiten/Konflikten und religiösen
  Gruppen („vier Kulturen") sowie deren Ursachen

– spezifische Berufsfelder von Angehörigen der religiösen Gruppen

– Aktivitäten zu Verbesserung der ökonomischen Situation

5. Repräsentanten von Gewerkschaften

– Zusammensetzung der Mitglieder, Repräsentation von Angehörigen der religiösen Gruppen

– Beschreibung sozioökonomischer Ungleichheiten und Konflikte in der Bevölkerung

– Zusammenhang zwischen sozioökonomischen Ungleichheiten/Konflikten und religiösen
  Gruppen („vier Kulturen") sowie deren Ursachen

– spezifische Berufsfelder von Angehörigen der religiösen Gruppen

– Aktivitäten zur Bekämpfung sozioökonomischer Ungleichheiten

6. Repräsentanten von sonstigen Institutionen in sozialen und ökonomischen Bereichen

– Aktivitäten bzw. Handlungsfelder der Institution und des jeweiligen Repräsentanten

– Beschreibung sozioökonomischer Ungleichheiten und Konflikte in der Bevölkerung

– Zusammenhang zwischen sozioökonomischen Ungleichheiten/Konflikten und religiösen
  Gruppen („vier Kulturen") sowie deren Ursachen

Fortsetzung Textfeld II: Zusätzliche Themenfelder für Interviews bei Repräsentan-
ten von Parteien, Institutinen, Verbänden, Vereinigungen, Gewerkschaf-
ten etc.

– spezifische Berufsfelder von Angehörigen der religiösen Gruppen – Aktivitäten zur Bekämpfung sozioökonomischer Ungleichheiten **7. Repräsentanten von Nachbarschaftvereinigungen** – Aktivitäten bzw. Handlungsfelder der Vereinigung und des jeweiligen Repräsentanten – Zusammensetzung der Mitglieder nach sozialen und religiösen Gruppen – Gestaltung des Zusammenlebens der verschiedenen religiösen Gruppe auf Stadtteilebene (Konflikte, gute Nachbarschaft, freundschaftliche Kontakte, Mischehen, Umgang mit religiösen Festen der „Anderen" etc.) – Beschreibung sozialer Konflikte sowie deren Ursachen – Beschreibung soziökonomischer Ungleichheiten und Konflikte in der Bevölkerung – Zusammenhang zwischen soziökonomischen Ungleichheiten/Konflikten und religiösen Gruppen („vier Kulturen") sowie deren Ursachen – spezifische Berufsfelder von Angehörigen der religiösen Gruppen **8. Repräsentanten von hebräischen und hinduistischen Vereinigungen** – Geschichte, Organisation und Aktivitäten der Gemeinschaft – Organisation des religiösen Leben, Religiosität, Identität – Kontakte zu den anderen religiösen Gruppen (interreligiöser bzw. interkultureller Dialog); Umgang mit religiösen Festen der „Anderen" – Mischehen – Mobilität, Ab- bzw. Zuwanderung – Kontakte zu hebräischen bzw. hinduistischen Gemeinschaften außerhalb von Ceuta bzw. Melilla **9. Repräsentanten von muslimischen Vereinigungen** – Gründung, Organisation und Aktivitäten (Zielsetzung) der Vereinigung – Organisation des religiösen Leben, Religiosität, Identität – Kontakte zu den anderen religiösen Gruppen bzw. Vereinigungen (interreligiöser bzw. interkultureller Dialog); Umgang mit religiösen Festen der „Anderen" – Mischehen – Kontakte zu anderen muslimischen Vereinigungen in und außerhalb von Ceuta bzw. Melilla **10. Repräsentanten von Berber-Vereinigungen (nur in Melilla)** – Gründung, Organisation und Aktivitäten (Zielsetzung) der Vereinigung – Verständnis der Berber-Kultur – Kontakte zu anderen Berber-Vereinigungen in und außerhalb von Melilla **11. Repräsentanten christlicher Institutionen (Kirche, Caritas etc.)** – heutige Bedeutung und Rolle der Kirche in den Städten Ceuta und Melilla (Unterschiede zur península), Aktivitäten (z.B. Beteiligung an Festakten, Vereidigung des Militärs etc.) – Organisation des religiösen Leben, Religiosität, Identität – Kontakte zu den anderen religiösen Gruppen bzw. Vereinigungen (interreligiöser bzw. interkultureller Dialog); Umgang mit religiösen Festen der „Anderen" – Mischehen

mischer Aspekte, einer religiösen oder kulturellen Vereinigung etc.) betrachtet; sie wurden somit als Repräsentanten einer Gruppe (von bestimmten Experten) in die Untersuchung einbezogen. Die Problemzentrierung richtete sich jedoch immer auf die Gestaltung des Zusammenlebens von Christen, Muslimen, Hebräern und Hindus und ihre Beurteilung durch die Interviewpartner/-innen sowie deren jeweilige Fremd- und Selbstsicht.

Als Gesprächseinstieg diente in den meisten Fällen der öffentliche Diskurs (Medien; Selbstdarstellung der Städte) über das „Zusammenleben der vier Kulturen", der in der Regel einen regen Erzählimpuls auslöste, so dass sehr oft viele Detailfragen des Leitfadens nicht mehr erwähnt werden mussten. Konfliktpunkte (z.B. Diskriminierung, Rassismus) oder die Meinung über den jeweils „Anderen" wurden in der Regel auch ohne direkte Frage von den Interviewpartnern/innen angesprochen. Es folgten dann je nach Verlauf und jeweiligem Interesse allgemeine oder speziellere Sondierungsfragen, um neue Themenfelder zu erschließen oder bereits angesprochene zu vertiefen. Die Themenfelder und Detailfragen des Leitfadens wurden nicht zwingend in der vorgegebenen Reihenfolge abgefragt, sondern sie wurden flexibel eingesetzt. Trotz des verwendeten Leitfadens blieb der Freiheitsgrad der Befragten bzw. der gesamten Interviewsituation groß genug, so dass viele, bis dahin unbekannte Aspekte durch Ad-hoc-Fragen aufgenommen und vertieft werden konnten. Durch diese Form des Interviews blieb die Bedeutungsstrukturierung der sozialkulturellen Wirklichkeit dem Befragten überlassen, zudem das theoretische Konzept nicht offen gelegt wurde (vgl. Lamnek 1995, S. 75). Darüber hinaus wurden in einigen Interviews biographische Fragen eingeflochten, um so die Herausbildung und den eventuellen Wandel von Selbst- und Fremdsicht beispielhaft bei bestimmten Personen nachzuvollziehen. Die Interviews fanden überwiegend in den Büros bzw. Wohnungen - d.h. in einer vertrauten Umgebung - der Interviewpartner und in insgesamt vier Fällen in einem Hotel statt. Die Kommunikation erfolgte mit fast allen Interviewpartnern auf Spanisch und in nur zwei Fällen mit Muslimen in Ceuta auf Arabisch. Die Arabischkenntnisse des Verfassers waren aber bei den meisten Interviews mit Muslimen hilfreich, da insbesondere bei religiösen Themen arabische Begriffe verwendet wurden.

Ganz generell betrachte ich mit Fuchs (1999, S. 106) die Aussagen von Informanten bzw. Befragten als Ausdruck einer Auseinandersetzung mit ihrer kulturellen und sozialen Wirklichkeit. Die Aussagen von Individuen sind folglich in einen allgemeinen Diskurs bzw. in ein Bezugssystem eingebettet; sie stehen nicht in einem „luftleeren Raum". Zudem wird über Kommunikation im weitesten Sinne Wirklichkeit geschaffen. Nach Berger/Luckmann (1997/1969, S. 63 ff und S. 71) trägt unser Wissen dazu bei, dass wir die Welt als Wirklichkeit wahrnehmen. Die Sprache ist dabei das Medium zur Objektivierung von Wirklichkeit; man kann folglich von einer wirklichkeitsstiftenden Macht des Gesprächs sprechen.

1.5.1.3. Das Auswertungsverfahren

Das Auswertungsverfahren der Interviews setzte jeweils nach den Feldforschu
ngsaufenthalten ein. Alle Interviews wurden zunächst vollständig transkribiert
und größtenteils ins Deutsche übersetzt, um so die weiteren Analyseschritte zu
erleichtern. Für die Auswertung kam die qualitative Inhaltsanalyse in Form einer
systematischen Zergliederung und Bearbeitung des Materials (der Interviews) zur
Anwendung (vgl. Lamnek 1995 u. Mayring 1996). Einen wichtigen Schritt für
die Analyse bildet dabei die am empirischen Material orientierte, theoriegeleitete
Entwicklung und Festlegung eines Kategoriensystems. Anhand dieses strukturi-
erten Kategoriensystems erfolgten mehrfache Textdurchläufe mit einer Bearbeitung
(Interpretation) und Extraktion relevanter Textstellen. Zur Explikation wurden
Literatur und andere Texte (Kontextmaterial) herangezogen. So konnten subjektive Sinnstrukturen und Bedeutungsmuster der Befragten herausgearbeitet und
in einen hier relevanten sozioökonomischen, politischen und kulturellen Kontext
eingebunden werden. Dieser Kontext beinhaltet im wesentlichen die folgenden
konkreten Aspekte: den territorialen Konflikt zwischen Marokko und Spanien über
Ceuta und Melilla, die Geschichte des Miteinander von Angehörigen verschiedener
Religionsgemeinschaften in Spanien sowie hauptsächlich in den beiden Städten,
die sozioökonomischen Dimensionen und den z.T. medienvermittelten öffentlichen
Diskurs über das Zusammenleben der „vier Kulturen" und den damit zusammenhängenden Selbst- und Fremdsichten.

1.5.2. Die nichtteilnehmende Beobachtung und Bestandsaufnahme städtebaulicher Elemente

Neben den qualitativen Interviews wurde während der Forschungsaufenthalte eine
nichtteilnehmende Beobachtung durchgeführt, die in der gesamten Methodik aufgr-
und der Beschränkung der Forschungsaufenthalte auf einige Monate im Jahr jedoch
eine vergleichsweise untergeordnete Rolle gespielt hat. So konnten beispielsweise
nicht alle im Verlauf eines Jahres stattfindenden religiösen Feierlichkeiten oder auch
politische Wahlkämpfe beobachtet werden. Hier mußte ich mich auf die Analyse
von Zeitungstexten beschränken. Mit der nichtteilnehmenden Beobachtung ist eine
Form angesprochen, bei der der Beobachter im wesentlichen außerhalb der inter-
essierenden Handlungsabläufe bleibt und auf Interventionen im Feld verzichtet
(vgl. Girtler 1992, S. 45, Flick 2002, S. 200 ff). Im Gegensatz zu den qualitativen
Interviews wird mit dieser Methodik die Herstellung sozialer Wirklichkeit aus einer
Außenperspektive analysiert. Allerdings wurden die meisten beobachteten Aspekte
auch in den Interviews angesprochen, die somit gleichfalls einen Gegenstand der
jeweiligen Innenperspektive bildeten. Die Beobachtung und Bestandsaufnahme
städtebaulicher Elemente richtete sich nach folgenden übergeordneten Kriterien:
(1.) der Manifestation einer Symbolik kollektiver Identität bzw. der „vier Kulturen"
im öffentlichen Raum, (2.) des Zusammenhangs von baulicher Ausstattung und
der Segregation von Christen und Muslimen sowie (3.) der Kulturbegegnung im

öffentlichen Raum. Das erste Kriterium beinhaltet sowohl die soziale als auch die materielle Symbolik. Als konkrete Aspekte einer sozialen Symbolik im öffentlichen Raum wurden Rituale wie die 500-Jahr-Feier und die jährliche Feier zum Gedenken der großen Belagerung von 1774/75 in Melilla, der Fahneneid von Rekruten (einschließlich der Militärparaden) in Ceuta, die Prozessionen der *Semana Santa* (Karwoche) in Ceuta und Melilla, eine politische Manifestation der GIL-Partei sowie eine Demonstration von fast ausschließlich muslimischen Arbeitslosen in Ceuta in die Beobachtung einbezogen.

Die „Beobachtung" der materiellen Symbolik im öffentlichen Raum war mit einer Bestandsaufnahme der in Bezug auf die Fragestellung relevanten Materialität des Raumes verknüpft. Bei der Erfassung von materieller Symbolik galt als Kriterium die Repräsentation kollektiver Identität bzw. der „vier Kulturen" anhand spezifischer Gebäude und anderer baulicher Elemente. Als diesbezüglich eindeutige bauliche Elemente wurden religiöse Bauten (Kirchen, Moscheen, Synagogen)[34] sowie nationalistische, koloniale und franquistische Monumente, Gedenktafeln und Straßennamen registriert. Einen wichtigen Aspekt räumlicher Differenzierung in Verknüpfung mit der Segregation von Christen und Muslimen bildete die Aufnahme baulicher Ausstattung in bezug auf Infrastruktur (Erneuerung, Neueinrichtung), Zustand der Gebäude bzw. Wohnhäuser (Stand von Sanierungsmaßnahmen) und architektonische Stilelemente, die anhand von Feldnotizen und teilweise großflächigen Kartierungen dokumentiert wurden. Diese Aspekte der Materialität können auch als eine spezifische Symbolik interpretiert werden (z.B. symbolisiert eine bessere infrastrukturelle Ausstattung der überwiegend von Christen bewohnten Stadtviertel für viele Muslime die bewusste Vernachlässigung der muslimischen Viertel durch die Stadtverwaltung, siehe Kap. 3.). Darüber hinaus wurden alle militärischen Anlagen (Kasernen, einzelne Gebäude) lokalisiert und kartiert, um so ergänzend zu den Interviews (Stadtplanung), Zeitungsberichten und der Literatur einen Überblick hinsichtlich der Präsenz des Militärs in Ceuta und Mellla zu erhalten. Durch die Kartierung von militärischen Anlagen und einer nicht durch Wohnhäuser geprägten Flächennutzung (z.B. Gewerbe, Verwaltung, sonstige Gebäude) konnten diese Flächen bei der kartographischen Darstellung der Segregation zwischen Muslimen und Christen ausgeklammert und nur die tatsächlich bewohnten Areale aufgezeigt werden (vgl. Karte 1 und 3 im Anhang). Eine nichtteilnehmende Beobachtung alltäglichen Lebens und eine Bestandsaufnahme der Einzelhandelsstruktur (Schmuggelwaren) erfolgte auch an den Grenzübergängen und den in unmittelbarer Nähe angesiedelten Gewerbegebiete (in denen der Einzelhandel dominiert). Dadurch konnte ein wichtiger Aspekt der Interaktion zwischen den Städten und dem marokkanischen Umland mit berücksichtigt werden, auch wenn er für die Fragestellung der Arbeit nur von untergeordneter Bedeutung war.

Jegliche über die bisher erwähnten Aspekte hinausgehende nichtteilnehmende Beobachtung des alltäglichen Lebens im Hinblick auf Kulturbegegnungen in der

---

34 Die Hindus verfügen in Ceuta und Melilla bisher über keine spezifischen oder architektonisch auffälligen Sakralbauten.

Öffentlichkeit hatte aus organisatorischen und zeitlichen Gründen einen weitgehend unsystematischen Charakter. Zwar wurden öffentliche Plätze, bestimmte Straßenzüge bzw. Stadtviertel und Märkte regelmäßig aufgesucht, aber eine zeitlich strikte Systematik konnte nicht eingehalten werden. So diente dieser Bereich der Beobachtung hauptsächlich dazu, sich als Forscher mit dem alltäglichen Leben in den Städten vertraut zu machen.

1.5.3. Die Analyse von Texten und Diskursen

Einen wichtigen Baustein der Methodik in Ergänzung zu den qualitativen Interviews, der nichtteilnehmenden Beobachtung sowie der Bestandsaufnahme baulicher Elemente bildete die Analyse von Texten und darin enthaltenen Bestandteilen des Diskurses über das Zusammenleben von Angehörigen verschiedener Religionsgemeinschaften in Ceuta und Melilla. Die verwendeten Texte (s.u.) wurden dabei einerseits als Informationsquellen über spezifische Ereignisse und für die Recherche über wichtige Vereinigungen, Institutionen und Personen hinsichtlich der Auswahl von Interviewpartnern verwendet, andererseits dienten sie außerdem oder ausschließlich als Grundlage für eine Diskursanalyse.

1.5.3.1. Der Begriff Diskurs und seine Bedeutung für die Forschungsarbeit

Der Begriff Diskurs bildet zwar einen Bestandteil der Inhalte von einigen bisher genannten theoretischen Begriffen (z.B. Kultur und kollektive Identität), er stellt aber auch ganz grundsätzlich eine Analysekategorie von Forschungsprogrammen dar. Deshalb sollen an dieser Stelle einige Anmerkungen zu den zentralen Inhalten dieses Begriffs erfolgen. Ursprünglich aus der Sprachwissenschaft kommend, stellt Diskurs heute ganz allgemein eine systematische Kategorie der Kommunikations- und Kulturanalyse dar. So umfasst der Diskursbegriff „(...) die Formen und Regeln öffentlichen Denkens, Argumentierens und begründungsnotwendigen Handelns als Grundprinzipien von Gesellschaftlichkeit" (Kaschuba 1999, S. 235/236). Von Keller (1997, S. 311) wird der Begriff etwas konkreter als eine inhaltlich-thematisch bestimmte und institutionalisierte Form der (mündlichen und schriftlichen) Textproduktion angesprochen, die die Bereiche Medien, medienvermittelte öffentliche Diskussion, Politik und Wissenschaften einschließt. Der Begriff Diskurs kann sich also auf die sprachliche Interaktion und die institutionalisierte Form der Textproduktion beziehen, wobei sich das *diskursanalytische Interesse* dieser Arbeit auf *Prozesse gesellschaftlicher Wirklichkeitskonstruktion* hinsichtlich der Konstruktion kollektiver Identitäten (Selbst- und Fremdsicht, Zugehörigkeit und Ausgrenzung etc.) richtet.

Diskurse steuern, regeln und ordnen gesellschaftliches Wissen und Zugänge zu Wissen, und die öffentlich verfügbaren Formen von Wissen sind institutionell festgelegt (z.B. Expertenwissen). Folglich werden Diskurse durch spezifische Argumentationssysteme, Regelsysteme und Denksysteme konstituiert (vgl. Kaschuba 1999, S. 236 f). Diskurse sind z.B. auch „komplexe gesellschaftliche Debatten", wie über Einwanderung in Deutschland oder in Spanien. Nach Kaschuba (1999, S. 236 ff) wirken solche Diskurse über Schlagworte, Bilder und Medien sehr weit in unser Alltagsleben hinein. Diskurse konstituieren somit ganz wesentlich unsere Wahrnehmung von Wirklichkeit, man denke nur an den Aspekt der Meinungsbildung durch Presse und Fernsehen. Damit bilden Diskurse einen Bezugspunkt unseres Denkens *und* Handelns, sie sind an der Konstitution der sinnhaften Lebenswelt unseres Alltags *beteiligt*. Durch die Verknüpfung von Diskursen mit Handlungspraxis wird auch deren machtvolle Position deutlich.

Folgt man Foucault (1997a), so sind alle wichtigen gesellschaftlichen Bereiche (Politik, Recht, Wissenschaft, Wirtschaft) in (machtvollen) Diskursen organisiert, die ihrerseits Abweichungen ausschließen. Der Diskurs an sich und diskursive Praktiken (Regeln, Formen, Institutionen) bilden gemeinsam die *diskursive Formation* (vgl. Foucault 1997a u. b, Keller 1997). Foucaults Interesse galt der Geschichte diskursiver Praktiken und der Freilegung übersubjektiver Wissenscodes, „(...) die die Bedingungen festlegen, unter denen etwas als ›wirklich‹ gelten kann" (Reckwitz 2000, S. 265). In dem sehr machtbezogenen und - in seinem Frühwerk - subjektlosen Diskursverständnis (vgl. Foucault 1997a, sowie Reckwitz 2000, S. 262 ff) produzieren, reproduzieren und stabilisieren Diskurse die Gesellschaft. Nach Reckwitz (2000, S. 266 ff) hat Foucault erst später das Problem der „Illusion des autonomen Diskurses" selbst erkannt, und das Konzept handelnder und sich selbst interpretierender Akteure eingeführt.[35] Diskurse und Akteure sind letztlich nicht voneinander zu trennen, auch wenn spezifische Diskursformationen als selbstverständlich bzw. gegeben erscheinen, so sind dennoch an ihrer „Herausbildung" und permanenten „Durchsetzung" Akteure - handelnde Menschen - beteiligt.

Als für die Forschungsarbeit relevanter Diskurs wird - wie bereits erwähnt - die allgegenwärtige offen bis latente gesellschaftliche Beschäftigung mit dem Zusammenleben bzw. dem Miteinander von Angehörigen verschiedener Religionsgemeinschaften (insbesondere von Christen und Muslimen) in Ceuta und Melilla betrachtet, die auch in der Gestalt von Texten zum Ausdruck kommt. Die verschiedenen schriftlichen Formen des Diskurses bilden einen wichtigen Bestandteil der Konstruktion kollektiver Identitäten und sozialer „Wirklichkeit" in den beiden Städten. Anhand von Textanalysen wurden verschiedene (schriftliche) medienvermittelte Facetten dieses Diskurses - die z.T. auch als „Subdiskurse" angesehen werden können - analysiert und dabei der Frage nachgegangen, inwieweit sie Selbst- und Fremdsichten beeinflussen oder steuern. Die meisten Bestandteile (z.B. der Diskurs der „vier Kulturen" oder die Drogenkriminalität) wurden ebenfalls in den Interviews angesprochen, wodurch aufgezeigt werden konnte, welche Reflektionen sie bei den Menschen in Ceuta und Melilla, die zum Teil als Akteure

---

35 Selbstverständlich kann hier keine vollständige Rezeption des diesbezüglich relevanten Werkes von Foucault erfolgen. Es sei aber auf die sehr gute Arbeit von Reckwitz (2000) verwiesen.

für die Durchsetzung spezifischer Sichtweisen auftreten, auslösen. Mit dem Begriff Reflektionen ist hier der Umgang mit diesen Diskursen im Sinne von Reaktionen, d.h. als Ablehnung, Annahme oder Neuformulierung von Inhalten, gemeint. Somit greifen die durchgeführten Interviews und die Diskursanalyse anhand von Texten ineinander. Die Produzenten der ausgewählten Texte können als Akteure für die Durchsetzung spezifischer Sichtweise oder der Verfolgung bestimmter Strategien betrachtet werden, jedoch konnten sie in der Regel nicht als konkrete Personen (wie z.B. bei Buchautoren) identifiziert werden, sondern lediglich ihre institutionelle Einbindung (z.B. Zeitungen oder die Stadtverwaltungen bei homepages bzw. Internetauftritten und Tourismuswerbung der Städte).

1.5.3.2. Die konkreten Arbeiten zur Analyse von Texten und Diskursen

Als Grundlage für die Text- und Diskursanalyse wurden lokale Zeitungen (El Faro de Ceuta, El Faro de Melilla, El Pueblo de Ceuta, El Telegrama de Melilla, Melilla Hoy, El Vigía), nationale spanische Zeitungen (El Mundo, El País, El País Digital/www.elpais.es), nationale marokkanische Zeitungen bzw. Zeitschriften (Al Bayane, Le Matin du Sahara et du Maghreb, Libération, L'Opinion, Lamalif Nr. 174 - Février 1986), die (einzige) Zeitschrift einer muslimischen Vereinigung in Melilla (Al-Quibla), eine Ausgabe der Zeitschrift einer muslimischen Vereinigung auf nationaler Ebene (País Islámico), homepages bzw. Internetauftritte der Städte (www.ciceuta.es, www.ciceuta.es/historia/histo1.html, www.ciceuta.es/orgturismo/ Tur2000/tur2005.htm, www.melilla500.com, www.premio-convivencia.org/1.htm, www.premio-convivencia.org/2.htm), PR-Publikationen der Städte (Broschüren, Flyer, ein Bildband), die Autonomiestatuten der beiden Städte sowie wissenschaftliche und populärwissenschaftliche Literatur über Ceuta und Melilla ausgewählt. Während der Feldforschungsaufenthalte wurden die täglichen Ausgaben der genannten lokalen Zeitungen durchgearbeitet, sowie bezüglich besonderer Ereignisse (z.B. Wahlkampfperiode und Wahlen) auch ältere oder zwischen den Aufenthalten liegende Ausgaben, die in Archiven zugänglich waren. Die spanische nationale Zeitung El País bzw. El País digital wurde - soweit möglich - im Zeitraum vom März 1999 bis November 2001 fast täglich gesichtet. Alle übrigen nationalen spanischen und marokkanischen Zeitung wurden lediglich für besondere Ereignisse (z.B. anlässlich der 500-Jahr-Feier in Melilla) in die Analyse einbezogen. Die Diskursanalyse orientierte sich überwiegend an den Inhalten und weniger an sprachlichen oder formalen Aspekten. Eine darüber hinaus gehende Analyse von Zeitungen sowie von Rundfunk und Fernsehen konnte nicht geleistet werden, da dies die Arbeitskapazitäten des Bearbeiters gesprengt hätte.

Nach der Sichtung bzw. Lektüre wurde das Textmaterial folgenden Themenbereichen bzw. Kategorien zugeordnet, die offen bis latent oder direkt bis indirekt mit dem Diskurs über das Zusammenleben verschiedener Religionsgemeinschaften im Zusammenhang stehen:

(1)   das Zusammenleben bzw. das Miteinander der „vier Kulturen" (*la conviven-*

cia de cuatro culturas)

(2)   religiöse Organisationen

(3)   religiöse Ereignisse und religiöses Leben (z.B. Feste, Prozessionen)

(4)   die nationale und kulturelle Zugehörigkeit von Ceuta und Melilla; politisch-territorialer Konflikt zwischen Marokko und Spanien über Ceuta und Melilla und deren Verflechtung mit politischen Ereignissen sowie dem Zusammenleben von Christen und Muslimen in den Städten

(5)   das historische Selbstverständnis - Stadtgeschichte und Erinnerungskultur (u.a. 500-Jahres-Feier in Melilla; die Jahresfeier der Belagerung von Melilla 1774)

(6)   Segregation, Stadtteile, Wohnen/sozialer Wohnungsbau, Nachbarschaftsvereinigungen

(7)   Drogenhandel, Kriminalität und Sicherheit

(8)   soziale Unruhen, Demonstrationen

(9)   illegale Einwanderung und Ausländerrecht

(10) Fremdenfeindlichkeit bzw. Rassismus

(11) Grenze, Grenzverkehr mit Marokko, das Land Marokko

(12) das Militär in Ceuta und Melilla

(13) Wahlkampf und Wahlen

(14) Wirtschaft und Soziales

Alle genannten Themenbereiche wurden hinsichtlich ihrer Bedeutung für den Diskurs über das Zusammenleben von Angehörigen verschiedener Religionsgemeinschaften sowie der zentralen Fragestellung nach der Konstruktion kollektiver Identitäten analysiert und mit den Ergebnissen aus den qualitativen Interviews, der nichtteilnehmenden Beobachtung und der Bestandsaufnahme baulicher Elemente in Zusammenhang gebracht. Da das Miteinander von Christen und Muslimen im Zentrum der Betrachtung steht, und der diesbezügliche Diskurs eine jahrhundertelange Vorgeschichte hat, wurden das historisch gewachsene Bild der Muslime und des Nachbarlandes Marokko in Spanien, die Herausbildung der christlich fundierten *españolidad* (Verknüpfung von Nationalismus und Katholizismus) und des muslimisch-christlichen Gegensatzes sowie die diesbezügliche Erinnerungskultur ebenfalls berücksichtigt. Allerdings konnte hier aus zeitlichen Gründen keine Primäranalyse von historischen Dokumenten geleistet werden, sondern es wurde hauptsächlich auf Sekundärliteratur zurückgegriffen, die diese Thematik z.T. in Form von Diskursanalysen behandelt.

2. Die Bedeutung von Geschichte, die Konstruktion des „Anderen" und der politisch-territoriale Konflikt um Ceuta und Melilla

Der politisch-territoriale Konflikt um Ceuta und Melilla ist einerseits auf der Makro-Ebene in die gemeinsame Geschichte Spaniens und Marokkos sowie in die aktuellen spanisch-marokkanischen Beziehungen eingebettet, andererseits ergeben sich daraus auch auf der Mikro-Ebene vielfältige Auswirkungen auf das alltägliche Leben der Menschen in den Städten. Der Streit um die Souveränität und die Verfügungsgewalt über die beiden Territorien ist nicht zuletzt deshalb so brisant, weil damit die *nationalen Selbstverständnisse* und *Gefühle* in den betroffenen Ländern tangiert sind. Während die Anwesenheit der Spanier in Nordafrika von marokkanischer Seite als nicht zu duldende *Verletzung* ihrer nationalstaatlichen Integrität aufgefasst wird, erscheinen bis heute für die jeweiligen spanischen Regierungen und den militärischen Führungskräften die regelmäßigen Rückgabeforderungen dieser Territorien seitens der marokkanischen Regierung als eine latente *Bedrohung* oder zumindest als ein unberechtigtes *In-Frage-Stellen* der nationalen Integrität und der *patria* (des Heimatlandes).

Neben den bedeutsamen negativen Auswirkungen des Streits um die Zugehörigkeit der Territorien auf soziale und ökonomische Bereiche in Ceuta und Melilla wird durch ihn auch in ganz spezifischer Weise das Zusammenleben von Christen und Muslime tangiert (vgl. Kap. 3. u. 4.). Dies wirkt sich bei der christlich-spanischen Bevölkerung in dem weit verbreiteten latenten Zweifel an der national-spanischen Loyalität der Muslime aus, bei der muslimisch-spanischen Bevölkerung hingegen in der Forderung sozialer Akzeptanz als vollwertige spanische Bürger. In extremen Standpunkten wird sogar die Frage der Legitimität der Anwesenheit des jeweils „Anderen" aufgeworfen, um dadurch die Berechtigung der eigenen Position und Forderungen zu untermauern. So spielt für das Selbstverständnis vieler Spanier eine Verbindung von religiöser *und* nationaler Zugehörigkeit eine große Rolle. Schließlich bildete der Katholizismus als Ergebnis eines historischen Prozesses bis 1978 einen wesentlichen und in der Verfassung verankerten Bestandteil der spanischen nationalen Identität, was auch noch bis heute nachwirkt. Aus dieser Perspektive ist es eher fraglich, ob ein Muslim jemals ein „richtiger Spanier" sein kann. Aber auch auf marokkanischer Seite gibt es die Verknüpfung von Religion und nationaler Zugehörigkeit - in Marokko ist der Islam Staatsreligion -, und da Ceuta und Melilla als besetzte Städte gelten, werden die dortigen Muslime zumindest im öffentlichen Diskurs über den politisch-territorialen Konflikt eher als Landsleute (*compatriotes*) denn als spanische Staatsbürger angesehen.

Der muslimisch-christliche Gegensatz hat in der Region beiderseits der Straße von Gibraltar ganz generell eine lange Geschichte, die mit der muslimischen Eroberung der Iberischen Halbinsel im 8. Jh. einsetzte und letztlich bis heute - durch Nationalismen überlagert - andauert. Die Interpretation von Geschichte und der Umgang mit ihr sowie die Erinnerungskulturen und raumbezogenen Imaginationen sind für die Begegnung und gegenseitigen Wahrnehmung von Christen und Muslimen - sicherlich nicht nur in Ceuta und Melilla - von grundlegender Bedeutung. Die Wurzeln der damit angesprochenen Grenzziehung und Konstruktion kollektiver Identitäten liegen also in der Vergangenheit. In diesem Kapitel soll deshalb auf die diesbezüglich wirksamen historischen und zeitgeschichtlichen Hintergründe sowie auf die Geschichte des territorialen Konfliktes und die besondere Rolle des Militärs eingegangen werden.

2.1. Religion und Erinnerungskultur: Katholizismus, Nationalismus und der ewige *moro*

Die komplexen und oftmals schwierigen Beziehungen zwischen Spanien und Marokko - in denen der latente politisch-territoriale Konflikt um Ceuta und Melilla ein wichtiges Element darstellt - lassen sich nicht nur aus aktuellen Ereignissen heraus verstehen oder erklären, sondern die gemeinsame Geschichte bildet hier einen wichtigen Hintergrund. Geschichte und ihre Fortschreibung sowie Repräsentation in der alltäglichen Lebenswelt lassen sich - wie im theoretischen Teil bereits ausgeführt - auch als kollektives Gedächtnis verstehen, das wiederum die eigene Identität sowie die Sicht auf den Anderen mitbestimmt (vgl. Halbwachs 1985, Biesterfeldt 1991, Burke 1991, Assmann 1992/2000, A. Assmann 1995, Hölscher 1995). Wie sich die Begegnung mit „Fremden" oder den „Anderen" vollzieht, hängt wesentlich von der Entwicklung der Repräsentanz des Fremden durch uns ab. So wird auch für das Zusammenleben von Christen und Muslime in Ceuta und Melilla einerseits die „gemeinsame Geschichte von Spanien und Marokko" sowie andererseits - darin eingebunden - die lokale Stadtgeschichte mit ihren jeweiligen Deutungen wirksam. Als wichtige Phasen der älteren und jüngeren Vergangenheit, in denen ein dominantes Selbstbild sowie ein Bild von den Anderen - den Muslimen - geprägt wurde, sind die Zeitepochen von (a) Al-Andalus, (b) die sogenannte „*Reconquista*" und die Inquisition, (c) der Rif-Krieg, (d) die Protektoratszeit bzw. der Kolonialismus (1912 - 1956), (e) der spanische Bürgerkrieg (1936 - 1939) und (f) die Zeit der Diktatur Francos (bis 1975) zu nennen. Selbstverständlich sollen die diesbezüglich jüngeren Umdeutungen seit der Demokratisierung Spaniens in den 70er und 80er Jahren nicht unerwähnt bleiben. Es ist allerdings unmöglich hier im Detail auf die damit verbundenen rezenten Ereignisse und Prozesse einzugehen, so dass ich mich auf die dominanten Diskurse beschränken werde.

Nach Stallaert (1998, S. 9ff) ist die Idee und das Bewusstsein eines „*catolicismo biológico*" - d.h. eines „Katholizismus biologisch-rassisch reiner Abstammung" - in Verbindung mit dem spanischen Imperium bzw. mit der spanischen Nation bis heute in der spanischen Bevölkerung nicht völlig verschwunden. Der Katholizismus hat nach Bernecker (1995, S. 7) als nationale Ideologie in der Geschichte Spaniens

eine kaum zu überschätzende Rolle gespielt: „ In der katholischen Staatsreligion ist
bis in die jüngste Vergangenheit hinein ein Mittel gesehen worden, den in jahrhun-
dertelangem Kampf gegen die Muslime zusammengefügten Staat zusammenzuhalten und gegen fremde Einflüsse abzuschotten." Dieses Selbstverständnis, das zum
grundlegenden Bestandteil der nationalen spanischen Identität wurde bzw. gemacht
wurde, hatte sich ausgehend von der *Reconquista* und insbesondere in den zwei
Jahrhunderten nach ihrem Abschluss (1492) herausgebildet, und es erlangte später
in franquistischer Zeit (1939-1975) eine neue ideologische Blüte. Der *„catolicismo
biológico"* wurde in der Begegnung mit „dem Anderen" konstruiert, und das ist bis
heute der „*moro*". Der Begriff *moro* ist eine in Spanien allgemein verbreitete um-
gangssprachliche und zugleich vorurteilsbehaftete Bezeichnung für Muslime, insbesondere aus Nordafrika und speziell Marokko. Die eher abwertende Bezeichnung
moro wurde bereits im Verlauf der Geschichte mit negativen Bedeutungen aufgeladen. Die Semantik dieses Wortes wird letztendlich nur durch die gemeinsame Geschichte von Spanien und Marokko verständlich. Überspitzt formuliert, ist der *moro*
der „Antispanier" schlechthin: Er stellt die Negierung der eigenen kulturellen Werte
dar, und er ist ein „Subjekt", das man fürchtet und zugleich hasst (vgl. Carabaza/De
Santos 1992, S. 293, Stallaert 1998, S. 9 f). Als Ausdruck der Distanzierung von
einer als historisch gewachsen verstandenen Identität wird die historische Epoche
von Al-Andalus (711 - 1492) - also die Phase, in der Muslime große Gebiete der
Iberischen Halbinsel beherrschten - umgangsprachlich auch *„tiempo de moros"* (die
Zeit der *moros*) genannt (vgl. Stallaert 1998, S. 10).

2.1.1. Al-Andalus: Ideologie und Mythos

Nach Manzano Moreno (1998, S. 108) wird Al-Andalus im heutigen Spanien nicht
als Teil der *eigenen* Geschichte im Sinne einer *Integration in das Selbstverständnis*
akzeptiert - dann wäre ja der Andere ein Bestandteil des Eigenen -, sondern es wird
eher als von „Anderen" bzw. von „Fremden" bestimmtes *Intermezzo* wahrgenommen. Al-Andalus als ein Teil der eigenen Geschichte und Identität zu integrieren,
hieße auch, sich selbst als ein Nachkomme - nicht nur im kulturellen sondern
sogar im genealogischen Sinne - dieser Zeit zu verstehen. Als ein Beispiel dieser
Ausgrenzung nennt Manzano Moreno (1998, S. 108) die Beziehung zu historisch-
islamischen Bauten wie die Alhambra von Granada oder die Moschee von Córdoba,
denn sie werden von „(...) den Spaniern als Hinterlassenschaft dieses »Fremden«
bestaunt, aber nicht als Teil der eigenen Geschichte angenommen." Die islamisch-
en Baudenkmäler stellen nach dieser Argumentation keine symbolischen Orte der
(christlich geprägten) spanischen Identität dar, sondern sind Zeugnisse islamischer
Fremdherrschaft, deren kultureller Wert lediglich zu touristischen Zwecken verwendet wird. Dieser Umgang mit Geschichte spiegelt sich auch in den spanischen
Schulbüchern wieder, indem der langen Phase islamischer Geschichte auf der
Iberischen Halbinsel (8 Jahrhunderte) - im Vergleich zur demgegenüber deutlich
kürzer währenden christlichen Geschichte (5 Jahrhunderte) - nur ein Kapitel gewidmet wird (vgl. Monzano Moreno 1998, S. 108 f).

Eine etwas anders akzentuierte Ansicht über den heutigen Umgang mit der Geschichte von Al-Andalus in Spanien vertritt allerdings Bernecker (1995, S. 53). Nach seiner Auffassung bilden die kulturellen Zeugnisse des Mittelalters - also auch die islamischen Hinterlassenschaften - inzwischen anerkannte Elemente der nationalspanischen Kultur. Gemäß dieser Argumentation wird heute einerseits die *Reconquista* - also die Rückeroberung der von Muslimen beherrschten Gebiete - nicht mehr als Ausgangspunkt eines national-katholischen Spaniens verherrlicht, und andererseits die *convivencia* - das Zusammenleben von Muslimen, Christen und Juden in Al-Andalus - als Vorbild für religiöse Toleranz verwendet (vgl. Bernecker 1995, S. 53). Dennoch muss generell bemerkt werden, dass die Geschichte von Al-Andalus insbesondere von Politikern und Historikern vielfach ideologisch vereinnahmt wird, so dass sie als ein sehr gutes Beispiel für die Instrumentalisierung sowie unterschiedliche Interpretation von historischen Ereignissen dienen kann. Manzano Moreno (1998) führt dies, ausgehend von der *Reconquista*, bis in die heutige Zeit aus, aber auch Bernecker (1995, S. 53) weist darauf hin, indem er den heutigen Umgang mit der *convivencia* als „vielgepriesen, aber manchmal auch idealisiert" bezeichnet. So wird auch in Ceuta und Melilla im öffentlichen Diskurs (z.B. Internetseiten, Zeitungen, Publikationen etc.) für das „Zusammenleben der vier Kulturen" der positiv besetzte und idealisierte Begriff *convivencia* verwendet. Folgt man den historischen Tatsachen, gestaltete sich die *convivencia* nach Manzano Moreno (1998, S. 110 ff) allerdings wesentlich differenzierter, und es gab während der jahrhundertelangen muslimischen Herrschaft neben der *pragmatisch* begründeten Toleranz - Nicht-Muslime mußten besondere Steuern bezahlen[36] - ebenfalls Phasen der Strenggläubigkeit und des Fanatismus seitens der Muslime. So lässt sich sowohl ein Hervorheben der religiösen Toleranz als auch eine Negierung bzw. Missachtung der kulturellen Leistungen in Al-Andalus und ihr Einfluss auf die Entwicklung des so genannten Abendlandes als ideologisch motivierte, selektive und verzerrte Wahrnehmungen von Geschichte bewerten (vgl. Manzano Moreno 1998, Stallaert 1998).[37]

2.1.2. Die Reconquista, die Inquisition und der Aufbau eines christlichen Reiches

Allein der Begriff *Reconquista* macht die Beziehung zu Al-Andalus in der spanischen Erinnerungskultur deutlich, indem damit zum Ausdruck gebracht wird, dass ein *an sich christliches Territorium* zurückerobert wurde. Die ehemals muslimische Herrschaft auf der Iberischen Halbinsel wird folglich als ein Fremdkörper gedeutet. Darüber hinaus ist auch nach Bernecker (1995, S. 23) der Begriff „wenig korrekt", suggeriert er doch ein einheitliches und kontinuierliches Vorgehen christlicher Truppen. De Facto war diese Periode jedoch auch durch lange Friedensphasen, Bürgerkriegen innerhalb der christlichen und muslimischen Lager sowie Bündnisse

---

36 Arab. *jizya*: Kopfsteuer der freien Nicht-Muslime unter muslimischer Herrschaft
37 Die historische Epoche von Al-Andalus wird aber auch in arabischen Staaten mythologisiert und idealisiert sowie als ruhmreicher Bestandteil der eigenen Geschichte und der damals überlegenen islamischen Kultur verklärt (vgl. Manzano Moreno 1998, S. 109).

zwischen christlichen und muslimischen Königen oder Fürsten gegen Herrscher der jeweils eigenen Religionsgemeinschaft gekennzeichnet. Von zentraler Bedeutung ist jedoch, dass von den christlichen Königen spätestens nach Abschluss der *Reconquista* mit der Eroberung des letzten muslimischen Königreichs von Granada im Jahre 1492 das Christentum als Ideologie des Reiches und des späteren Imperiums mit „Feuer und Schwert" durchgesetzt wurde.[38]

Im 13. Jahrhundert wurden die kirchliche Inquisition eingeführt und erste Vorschriften erlassen, um eine Vermischung zwischen Angehörigen der verschiedenen Glaubensgemeinschaften zu verhindern. In der folgenden Zeit kam es zu verschärften Maßnahmen, Pogromen und Hinrichtungen sowie 1492 zur Vertreibung von Juden und 1502 von Muslimen (vgl. Bernecker 1995, S. 45 ff, Lewis 1995, S. 27 ff). Auch zum Christentum konvertierte Juden und Muslime (*conversos*) entkamen diesem Schicksal nicht, da spätestens ab dem 16. Jahrhundert die „*estatuto de limpieza de sangre*" (Statuten für die Reinheit des Blutes) - über die ebenfalls die Kirche (und der Staat) in Form der Inquisition wachten - die spanische Gesellschaft dominierten (Stallaert 1998, S. 12). Nun wurden auch die Neu-Christen (*christianos nuevos* im Gegensatz zu den Alt-Christen/*christianos viejos*) verfolgt, hingerichtet und vertrieben, was bedeutete, dass jetzt der religiöse Aspekt hinter dem genealogisch-rassischen zurücktrat (vgl. Bernecker 1995, S. 46, Stallaert 1998, S. 11). Über das Konzept der „Reinheit des Blutes" wurden Abstammung und Religion miteinander verknüpft. Im Jahre 1609 kam es folglich zur Vertreibung von zahlreichen *moriscos*, d.h. zum Christentum übergetretener Muslime. Das Christentum wurde zur allumfassenden Staatsideologie und zudem als einigendes Band einer eigentlich heterogenen Bevölkerung (Kastilier, Galizier, Basken, Katalanen etc.) instrumentalisiert.[39] Alles „religiös-rassisch Fremde" sollte gewaltvoll ausgemerzt werden, was sich schließlich auch auf kulturelle Bereiche erstreckte. Das gesamte islamische und jüdische kulturelle Erbe sollte in Vergessenheit geraten. So war es bereits während der *Reconquista* absolut üblich, sofort nach einer Eroberung Moscheen in Kirchen umzuwandeln. Es wurden zahlreiche arabische Handschriften von unschätzbarem Wert verbrannt. Im Jahre 1574 befahl König Philipp II., alle noch erhaltenen arabischen Inschriften in den Gassen sowie an den Häusern und Denkmälern zu entfernen (vgl. Manzano Moreno 1998, S. 94 f).

Während der regelmäßigen kriegerischen Konfrontationen mit den Muslimen des Sultanats Marokko in den Jahrhunderten nach der *Reconquista* entstand neben dem Bild der „Sektierer einer falschen Religion" über Spaniens südlichen Nachbarn auch das Image der „dunklen Piraten" und „grausamen Sklavenhalter" (vgl. Martín Corrales 1999a, S. 377). Die Verfolgung von Konvertiten - denen unterstellt wurde, ihrem alten Glauben nicht vollständig abgeschworen zu haben - dauerte bis weit in das 18. Jahrhundert hinein an, und der Geist des militanten Katholizismus richtete sich zudem sehr scharf gegen Protestanten als Anhänger der Reformation

---

38 Dieser religiöse Eifer erstreckte sich bekannterweise auch auf die Eroberung und Kolonisierung überseeischer Territorien in Südamerika und im pazifischen Raum.

39 Zur *nation-building* in Spanien siehe u.a. Hettlage (1994), Richards (2000) und Mees (2000).

(vgl. Bernecker 1995 S. 49 u. 55). Erst im Jahre 1823 wurde die Inquisition endgültig abgeschafft, und in der Mitte des 19. Jahrhunderts wurden die letzten Bestimmungen zur *„limpieza de sangre"* aufgehoben. Durch Einflüsse der Französischen Revolution und der Aufklärung verbreitete sich jetzt auch in Spanien sukzessive ein liberaleres Gedankengut.[40] Trotz aller gewalttätigen Aktivitäten zur Homogenisierung und Reinhaltung der „spanischen Rasse und Kultur" konnte dieses letztlich unerreichbare Ziel nie vollständig durchgesetzt werden, denn dazu waren die jahrhundertelangen Einflüsse arabisch-berberischer und islamischer Kultur (materiell und ideell) sowie die damit verbundene „ethnische Vermischung" zu dauerhaft und intensiv (vgl. Lautensach 1960, Kress 1968, Vernet 1984, Watt 1988). Es sei hier nur an die zahlreichen arabischstämmigen Wörter in der spanischen Sprache erinnert.

2.1.3. *Africanismo*, Kolonialismus und der spanische Bürgerkrieg

In der zweiten Hälfte des 19. Jahrhunderts entstand im Kontext des europäischen Kolonialismus und der wissenschaftlichen „Erschließung" Afrikas der sogenannte *africanismo español*, eine Bewegung, die ein „modernes eurozentrisches Konzept" des „Schwarzen Kontinents" hervorbrachte und in Spanien - durch die franquistische Politik gestützt - bis 1975 „offiziell" andauerte (vgl. Morales Lezcano 1986, 1988 u. 1990). Der *africanismo español* ist inhaltlich in den europäischen Orientalismus - so wie er von Saïd (1978/1995) analysiert wurde - eingebunden, und er umfasst ebenfalls die Ansprüche politischer Dominanz über „den Anderen", u.a. durch wissenschaftliche Studien (Ethnologie, Geographie, Orientalistik) sowie romantisch-exotische Verklärungen durch Reisende, Schriftsteller und Maler.[41] *Africanismo* heißt die Bewegung deshalb, weil sich die spanischen Ambitionen hauptsächlich auf Afrika und hier insbesondere auf Nordafrika (Nordmarokko und Westsahara) konzentrierten. Die Grundlagen eines euphorisch beginnenden *africanismo* bildeten insbesondere der spanisch-marokkanische Krieg (1859/60) sowie darauf folgende kriegerische Auseinandersetzungen in Nordmarokko, die die militärische Überlegenheit Spaniens und die Schwächen des Sultanats aufzeigten (vgl. Morales Lezcano 1986, S. 63 ff).

Einen besonderen Aufschwung erhielt der *africanismo* nochmals nach dem Verlust der letzten überseeischen spanischen Kolonien (Kuba und die Philippinen) in Folge des verlorenen spanisch-amerikanischen Krieges im Jahre 1898, da dieses

---

40 Die liberalen Phasen in der spanischen Geschichte des 19. Jahrhunderts sind - um einige Ereignisse zu nennen - u.a. durch die liberale Verfassung von Cádiz (1812), die konstitutionelle Regierung (1820 - 1823), die Enteignung und Veräußerung kirchlicher Ländereien durch die liberale Regierung (1837), die Septemberrevolution (1868) sowie die Erste Republik (1873 - 1874) gekennzeichnet (vgl. Tamames 1987, Spanien-Lexikon 1990, S. 451).

41 Die Details findet man bei Morales Lezcano (1986, 1988 u. 1990), López García (1990), Litvak (1990), Hatim (1990), Driessen (1992), Albet I Mas/Garcia Ramon (1999), Cohen (1999) und Riudor (1999).

„Trauma" nun das Bewusstsein der Notwendigkeit einer Verteidigung spanischer Interessen in Afrika vor dem Hintergrund der kolonialistischen Aktivitäten anderer europäischer Nationen massiv verstärkte. Ab Ende des 19. Jahrhunderts erfolgte bis in die 40er Jahre des 20. Jahrhunderts hinein die Gründung zahlreicher Institutionen und Gesellschaften mit entsprechenden Publikationsorganen, die sich, unterschiedlich akzentuiert, aus kolonialistischem, ökonomischem und/oder wissenschaftlichem Interesse mit Afrika beschäftigten (vgl. Morales Lezcano 1986, Nogué/ Villanova 1999). Im Jahre 1876 wurde beispielsweise die bedeutsame Sociedad Geográfica de Madrid (ab 1901 Real Sociedad Geográfica de Madrid) gegründet, die ihrerseits sehr viel zum *africanismo español* sowie zum Kolonialismus beitrug (vgl. Nogué/Villanova 1999).[42] Man wollte nun die „verlorene Zeit", was die spanischen Erkundungen und die Präsenz in Afrika im Vergleich zu den Aktivitäten anderer europäischer Nationen betrifft, nachholen.

Im Zusammenhang mit dem spanischen Liberalismus entfaltete sich im 19. Jahrhundert zudem eine Arabistik und Geschichtsschreibung, die - durch die Beschäftigung mit der eigenen Vergangenheit - der muslimischen Epoche von Al-Andalus einen hohen Wert zusprach. Im Jahre 1843 wurde an der Universität von Madrid der erste moderne Arabistik-Lehrstuhl eingerichtet, nachdem es im Mittelalter und der Renaissance eine Orientalistik ausschließlich zum Zwecke der Verteidigung der christlichen Lehre und der Missionierung gegeben hatte (vgl. López García 1990, S. 40 ff). Allerdings beschäftigten sich die Arabisten der damaligen Zeit hauptsächlich mit dem muslimisch-spanischen Mittelalter, und nur wenige beteiligten sich aktiv an der kolonialen Erschließung Nordafrikas. Die neue Arabistik entwickelte nun ganz im Gegensatz zu der traditionalistischen Geschichtsschreibung, ein positiv-romantisierendes Bild der Muslime des spanischen Mittelalters - des sogenannten *nuestro Oriente doméstico* („unseres Orients") -, was z.T. zu sehr polemischen Disputen führte. In den 40er Jahren des 20. Jahrhunderts - zur Zeit des Franquismus - stellte die These des exilierten Philologen Américo Castro, dass die Bewohner der Iberischen Halbinsel eine Mischkultur aus Christen, Muslimen und Juden und nicht ausschließlich europäischen Ursprungs seien, eine gewaltige Provokation dar (vgl. Morales Lezcano 1986, S. 82 f, Bernecker 1995, S. 52 f). Die Ideologie der kulturellen und genealogischen Reinheit der Spanier wurde damit ernsthaft angezweifelt, was unter liberalen Intelektuellen einen neuen Diskurs über das spanische Selbstverständnis initiierte.

Auch innerhalb der *africanismo*-Bewegung gab es Stimmen, die sich für eine Respektierung der islamischen Kultur und der Integrität Marokkos sowie gegen

---

42 Um das Ausmaß des *africanismo español* und die damit verbundenen Aktivitäten aufzuzeigen, möchte ich noch die Gründungen weiterer Institutionen nennen: Asociación Española para la Exploración de África (1877), Sociedad Española de Africanistas y Colonistas (1883), Sociedad Española de Geografía Comercial (1885), Sociedad Geografía de Barcelona (1895), Centro Comerciales Hispano-marroquiés (1904), Sociedad de Geografía Comercial de Barcelona (1909), Liga Africanista Española (1913), Instituto de Estudios Africanos (1945) (vgl. Morales Lezcano 1986, Nogué/Villanova 1999).

eine militärische Eroberung Marokkos aussprachen, wobei Spanien zugleich verhindern sollte, dass dort jemals eine europäische Kolonie entstünde (vgl. Morales Lezcano 1986, S. 69 f). In diesem Zusammenhang ist ebenfalls auf die linke antikolonialistische Bewegung von Anfang des 20. Jahrhunderts bis zur franquistischen Machtübernahme hinzuweisen (vgl. Carabaza/De Santos 1992, S. 280 ff). Dennoch verwandelte sich der *africanismo* zwischen 1900 und 1936 von einem vorher eher akademischen Diskurs hin zu einem bürokratisch-militärischen Ausbeutungskolonialismus, und schließlich wurde Nordmarokko ab 1912 (bis zur Unabhängigkeit Marokkos 1956) auch spanische Protektoratszone (vgl. Morales Lezcano 1986, S. 73). Neben einem stark vorurteilsbehafteten, stereotypen Bild eines anarchischen, unzivilisierten und religiös-fanatischen Marokkos wurden seitens der „Afrikanisten" auch differenziertere, ethnologisch-geographische Sichtweisen hervorgebracht (vgl. Driessen 1992, S. 55 ff, Cohen 1999, S. 227 ff). Dieses Marokkobild entsprach dem eines Mosaiks verschiedener Rassen und Stämme mit ihren jeweiligen Territorien und typischen (teilweise abwertend dargestellten) Charakteristika bezüglich Sitten, Gebräuchen und Moralvorstellungen. Grundlegend wurde zudem die Einteilung Marokkos in das *Bled el Makhzen* - das vom Sultan kontrollierte Gebiet - und dem Bled es Siba - das Gebiet der Anarchie und des steuerlichen Ungehorsams. Daraus ergab sich auch die Beurteilung, dass sich aufgrund diese „Konglomerates" kein organischer Staat bilden könne, was mit der Floskel „*no conocen el amor a la patria*" (sie kennen keine Liebe zum Vaterland) noch unterstrichen wurde (vgl. Cohen 1999, S. 236). Trotz aller Differenzierungen erschien Marokko dennoch insgesamt als archaisch sowie die Regentschaft des Sultans als despotisch und grausam, und speziell die Bevölkerung des Rif-Gebirges wurde als anarchistisch, tribal und zurückgeblieben charakterisiert. Auch Ethnologen und Geographen trugen dazu bei, auf der Grundlage ontologischer Vorstellungen von Kultur und Ethnie den „Anderen" als etwas Geschlossenes und Homogenes zu konstruieren.

Besonders prägend für die Herausbildung bzw. Weiterentwicklung eines Bildes von den moros und von Marokko in der über akademische Zirkel hinausgehenden breiteren spanischen Bevölkerung waren sicherlich die Volksliteratur (Romane etc.), die neu aufkommende Photographie und das Kino, die Presse, klischeehafte Bildkarten und Drucke sowie alle möglichen Formen von Versen, Gedichten und Gesängen (vgl. Martín Corrales 1999a, S. 378 ff). Die dort hervorgebrachten Vorstellungen entsprachen vielfach dem Orientalismus der Künstler, Reisenden und Literaten, deren Menschenbild vom „Orientalen" bzw. vom moro durch Schlagworte wie Phantasie, Prunk, Sinnlichkeit, Trägheit, Gleichmut, Grausamkeit und Despotismus gekennzeichnet ist. In der ersten Hälfte des 20. Jahrhunderts prägten insbesondere die Kriege im Rif-Gebirge nach der Errichtung des spanischen Protektorats in Nordmarokko und der Bürgerkrieg in Spanien ein weit verbreitetes Bild vom *moro* - der Marokkaner und speziell der Rif-Bewohner -, wonach sie als wild, fanatisch, unzivilisiert und kriegerisch (*salvajismo y belicosidad*) galten (vgl. Martínez Veiga 1997, Martín Corrales 1999a). Durch Vergleiche mit Affen und ungezähmten Tieren wurde ihnen in extremen Fällen sogar jegliche Menschlichkeit abgesprochen, so dass ihre Ermordung bzw. die Darstellung ihrer Kadaver kein Mitgefühl nötig machten. Nach verlorenen Schlachten der Spanier (z.B. dem „Desaster" von Anual 1921 oder Scharmützeln) wurde das Bild der wilden, grausamen und kriegerischen *moros* noch bestätigt, und somit ein härteres militärisches Vorgehen begründbar. Durch die photographischen Darstellungen von Grausamkeiten an spanischen Soldaten wurde ein Klima der Rachelust in der spanischen Bevölkerung geschürt, dem antikolonialistische Kräfte nicht entgegenwirken konnten. Mit dem neuen Medium Kino entfaltete sich die „Macht der Bilder" sicherlich noch wirksamer; und so erfolgte in zahlreichen Filmen der 20er Jahre die Konstruktion eines einerseits patriotisches Bildes der mutigen spanischen Soldaten und andererseits der heimtückischen und verräterischen *rifeños* (Rif-Bewohner), die letztendlich doch besiegt werden (vgl. Martín Corrales 1999a, S. 383). Neben diesen kriegerischen Aspekten wurde der Gegensatz zwischen der höher stehenden, technologischen und modernen Zivilisation Spaniens und einer primitiven archaischen Kultur der Marokkaner als Stereotyp in den Vordergrund gestellt. Dadurch erschien die Kolonisierung und Zivilisierung des Nachbarlandes nur allzu berechtigt. Eine in diesem Sinne besonders verbreitete graphische Darstellung war das Bild eines auf einem Esel reitenden moro, während seine Frau mit Lasten schwer beladen hinter ihm herläuft (Martín Corrales 1999, S. 384). Die Rolle der Frau in der islamisch-marokkanischen Gesellschaft reduzierte sich hier auf die einer unterdrückten „Sklavin" des Mannes.

Während des Bürgerkrieges (1936-1939), der Spanien in das konservativ-franquistische und sozialistisch-kommunistische Lager spaltete, erfolgte entlang der gegnerischen Fronten eine weitere Ausdifferenzierung des Bildes vom *moro*. Die franquistische Bewegung unter General Franco hatte in Melilla ihren Ausgangspunkt genommen, und sie konnte neben den eher konservativen Streitkräften auch die Fremdenlegion sowie die in der Protektoratszone angeheuerten marokkanische Truppenverbände - die so genannten *regulares* - hinter sich vereinigen. Der Kampf gegen die politische Linke wurde von der franquistischen Propaganda im Einvernehmen mit der spanischen Kirche als Kreuzzug zur Verteidigung des christlichen Wesens Spaniens gegen die „Antispanier" ohne Gott - die „Bolschewiken" - erklärt (vgl. Bernecker 1995, S. 92 f, Manzano Moreno 1998, S. 100 ff). In dieser Rhetorik wurde auch immer wieder das ruhmreiche Bild der *Reconquista* bemüht, wobei die Beteiligung marokkanischer Truppenverbände durch deren dem Christentum nahestehende monotheistische Religion und daher anti-bolschewistischen Haltung begründet wurde. Darüber hinaus wurden von franquistischen Geschichtsschreibern die spanische und arabische Kultur nun zu Schwesterkulturen erklärt, wobei die spanische selbstverständlich die Rolle der großen Schwester einnahm. Die marokkanischen Soldaten in den franquistischen Reihen - die *moros amigos* bzw. *moros buenos* - wurden in der Propaganda nun ebenso stolz und würdevoll dargestellt wie die spanischen Infanteristen oder Legionäre (vgl. Martín Corrales 1999a, S. 392). Nach Carabaza/De Santos (1993, S. 286) kämpften ca. 100.000 Marokkaner auf der Seite der Franquisten, und sie standen bald in dem Ruf, besonders grausam vorzugehen. So entstand in der spanischen Linken neben antikolonialistischen Sympathien gegenüber der marokkanischen Bevölkerung sowie dem liberal-romantischen Bild des „*nuestro moro*" (unser *moro*) des Mittelalters (Al-Andalus) auch jenes nun

dominant werdende Image des verräterischen, grausamen, gewalttätigen, morden-
den und „saufenden" Marokkaners (vgl. Martín Corrales 1999a, S. 391 f, Madariaga
1999, S. 15, S. 341 f). Nach Martínez Veiga (1997, S. 98) verbreitete sich während
des Bürgerkriegs der Ruf der *moros* als Meuchelmörder und Vergewaltiger in der
spanischen Bevölkerung als ein Bild, das bis heute weiterwirkt, und eine Grundlage
für die Ablehnung der marokkanischen Zuwanderer in Spanien bildet.

2.1.4. Vom Katholizismus und Nationalismus unter Franco zur Herausbildung einer demokratischen Gesellschaft

In der Zeit nach dem Bürgerkrieg wurde unter der franquistischen Diktatur und
Zensur (1939 - 1975) nun hauptsächlich das Bild eines traditionellen und zurückgebliebenen Marokkos reproduziert, dass die zivilisatorischen Errungenschaften sowie
den Schutz Spaniens dringend benötige (vgl. Martín Corrales 1999a, S. 392 ff). Die
spanischen Okkupationen in Nordafrika wurden zudem als legitimes und natürli-
ches Recht der Verteidigung spanischer Interessen gerechtfertigt, die sich auch auf
die Kontrolle der Meerenge von Gibraltar - die kurzerhand als ein „Fluß Spaniens"
(*El Estrecho es un río de España.*) definiert wurde - bezogen (vgl. Arques 1942, S.
19). Der *africanismo español* existierte also in seiner kolonialistischen Ausprägung
unter dem *Caudillo* Franco weiter. Das nun propagierte spanische Selbstverständnis
bezog sich eindeutig auf die konservativ-christlichen Traditionen, und es zeich-
nete sich durch eine Vermischung von Nationalismus und Katholizismus aus.
Nationalstolz sowie christlich-katholische Moral- und Wertvorstellungen bildeten
die Leitlinien der franquistischen Politik und Propaganda. Die Religion durchdrang
nun wieder alle Lebensbereiche in der spanischen Gesellschaft, wobei zu den be-
deutendsten Rechten der Kirche die Kontrolle fast des gesamten Bildungswesens
gehörte (vgl. Bernecker 1995, S. 101). Noch in den 50er Jahren wurde in spanisch-
en Schulbüchern vom „falschen Propheten Muhammad" und seiner „falschen
Lehre" gesprochen (vgl. Navarro et. al. 1997, S. 27). Die Rolle der Kirche in Staat
und Gesellschaft wurde in einem Ausmaß gestärkt, dass Bernecker (1995, S. 104)
sogar von einer Re-Sakralisierung spricht. Im „Grundgesetz der Spanier" wurde die
katholische Religion nochmals als Staatsreligion bestätigt, und es durften keine anderen öffentlichen Zeremonien und Kundgebungen als die der katholischen Kirche
erfolgen (vgl. Bernecker 1995, S. 101).

Im Gefolge des sozioökonomischen Wandels, des zunehmenden Tourismus und
ständiger Kritik aus dem Ausland kam es im Jahre 1967 schließlich zur Verabschiedung eines „Gesetzes über Religionsfreiheit" (im Volksmund „Protestantenstatut"
genannt). Allerdings verlangte auch dieser neue Gesetzestext von den Angehörigen
anderer Religionen Respekt vor dem Katholizismus sowie vor der damit verbundenen Moral und öffentlichen Ordnung (vgl. Bernecker 1995, S. 122). Es sollte
zwar gleiches Recht für alle Spanier gelten; dennoch blieben Diskriminierungen
der nicht-katholischen Religionsgemeinschaften bestehen. Es konnte aber im Jahre
1971 auf nationaler Ebene die erste Vereinigung der Muslime Spaniens („*Asocia-*

ción Musulmana de España") gegründet werden (vgl. Planet Contreras 1998, S. 107 f). Erst in den letzten Jahren des Franco-Regimes, aber hauptsächlich während der Phase der *transición* (Übergang zu einer demokratischen Gesellschaft nach dem Tode Francos im Jahre 1975) und danach erfolgte ein tiefgreifender Umwandlungsprozess bezüglich der Rolle und der Privilegien der Kirche im Staat sowie innerhalb der Institution Kirche ganz im Sinne einer Umgestaltung Spaniens zu einer pluralistischen Demokratie. So wurde in der Verfassung von 1978 festgelegt, dass es keine Staatsreligion mehr gibt, zugleich sollte aber der Staat den religiösen Überzeugungen der spanischen Gesellschaft Rechnung tragen. Der Katholizismus erhielt folglich immer noch eine Ausnahmestellung, was bis heute faktisch eine klare Privilegierung der Katholischen Kirche bedeutet. Erst 1981 wurde ein Ehescheidungsgesetz erlassen. Im Jahre 1992 betonte der Justizminister im Rahmen eines Gesetzes zur Zusammenarbeit des Staates mit den evangelischen (300.000 Mitglieder), jüdischen (15.000) und islamischen (350.000) Religionsgemeinschaften, dass alle drei Konfessionen repräsentativ für die spanische Tradition und Kultur seien.[43] Das Gesetz soll die Gleichheit der Religionen garantieren, allerdings unter Beachtung der „logischen Unterschiede zur katholischen Kirche" (Bernecker 1995, S. 130 ff, S. 134).

2.1.5. Katholizismus heute, die Anerkennung kultureller Vielfalt und aktuelle Tendenzen im Umgang mit den *„moros"*

Mit der Demokratisierung und dem Wegfall des autoritären Drucks auf die Bevölkerung hat auch die Glaubenspraxis in Spanien nachgelassen, so dass nach Bernecker (1995, S. 135) für Ende der 80er Jahre von einer Dreiteilung der spanischen Bevölkerung gesprochen werden kann: Ein Drittel gilt als praktizierend; ein Drittel als gläubig, aber nicht praktizierend und ein weiteres Drittel als indifferent oder atheistisch. Die Kirche hat dennoch eine große Bedeutung in der spanischen Gesellschaft, was beispielsweise durch über 80% getaufte Kinder und über 90% kirchliche Ehen sowie durch die große Anteilnahme an religiösen Festen und Umzügen (z.B. die Prozessionen zur *Semana Santa*/Karwoche) zum Ausdruck kommt (vgl. Bernecker 1995, S. 135 ff).

Während unter der Diktatur Francos noch versucht wurde, eine einheitliche nationale Identität (*españolidad*) in Verknüpfung mit dem Katholizismus zu konstruieren, bekennt sich der spanische Staat seit Ende der 70er Jahren offiziell zu

---

43 So wurde ebenfalls im Jahre 1992 aus zwei unterschiedlichen islamischen Organisationen als nationaler Ansprechpartner die „*Comisión Islámica de España*" gebildet. Mit dieser Vereinigung wurde der stattliche Kooperationsvertrag geschlossen, in dem die Rechte und die Pflichten der Organisation des religiösen Lebens (Gottesdienst, Religionsunterricht, Friedhöfe etc.) festgelegt wurden. Zum genauen Gesetzestext siehe Planet Contreras (1998, S. 225 ff). Die muslimische Gemeinschaft in Spanien wird hauptsächlich von marokkanischen Immigranten (2001: 214.223 Personen) gebildet (vgl. Meyer 2002).

seiner kulturellen Vielfalt.[44] Die spanische Innenpolitik ist seitdem sehr nachhaltig durch die unter Franco verbotenen separatistischen Bewegungen in Katalonien und insbesondere im Baskenland gekennzeichnet. Zudem ermöglichte überhaupt erst die erfolgreiche Demokratisierung der Gesellschaft die Durchsetzung einer rechtlichen Integration (durch Einbürgerung) des größten Teils der Muslime in Ceuta und Melilla seit Mitte der 80er Jahre. Ausgelöst wurde sie durch Unruhen und Demonstrationen von Muslimen im Jahr 1985/86 aufgrund der beabsichtigten Einführung eines neuen Ausländergesetzes, wonach die Mehrheit der Muslime in Ceuta und Melilla hätte ausgewiesen werden können, da sie nicht über die spanische Staatsbürgerschaft verfügten (dazu genauer in Kap. 4.).

Aber ebensowenig wie man heute von der spanischen Identität sprechen kann, ist es möglich, ein einheitliches Bild der spanischen Bevölkerung von Marokko und den *moros* zu skizzieren. Wie bereits dargelegt, erfolgte nach der religiösen Homogenisierung in Spanien (Stichwort: *limpieza de sangre*) im 19. Jahrhundert eine erste politische und gesellschaftliche Liberalisierung sowie eine Aufwertung der islamischen Epoche von Al-Andalus. Es entwickelte sich also ein *Gegendiskurs*, was die Erinnerungskultur zu dem bis dahin üblichen negativem Zerrbild vom *moro* anbetrifft, auch wenn er durch den *africanismo*, die Kriege in Marokko, den Bürgerkrieg, die kolonialistische Ideologie sowie den katholischen Nationalismus unter Franco eher marginalisiert wurde. Die im Verlauf der Geschichte konstruierten überwiegend negativen Imaginationen vom *moro* und dem Nachbarland Marokko sind mit der Demokratisierung jedenfalls nicht völlig verschwunden; sie werden immer wieder in verschiedenen Kontexten sichtbar und wirksam. Für das heutige Spanien kann dennoch festgestellt werden, dass das Image Marokkos und der Marokkaner das weite Spektrum zwischen Akzeptanz und Toleranz auf der einen Seite sowie Ablehnung und Rassismus auf der anderen Seite umfasst. Oder etwas überspitzt ausgedrückt: Während spanische Touristen ihren Urlaub in Marokko verbringen, werden marokkanische Immigranten von Rassisten gejagt. Es muss davon ausgegangen werden, dass heute keine einheitlich verbreitete Erinnerungskultur im Sinne eines *ausschließlich* negativen Bildes von den Marokkanern existiert. Allerdings deuten viele Indizien darauf hin, dass vermutlich ein eher negatives Meinungsbild über den „Anderen" dominiert.

Als sehr nachhaltig wirksam für die Entwicklung von Weltbildern bei Menschen ist sicherlich deren Vermittlung im Schulunterricht einzustufen. Im Rahmen eines europäischen Forschungsprogramms mit dem Titel „ *International Research Projekt: Islam in Textbooks* " (unter der Leitung des mittlerweile verstorbenen Prof. Dr. Abdoldjavad Falaturi) haben in Spanien jeweils verschiedene Arbeitsgruppen in Andalusien, Galicien, Katalonien und im Baskenland insgesamt 217 Schulbücher aller Niveaus aus den Bereichen Sozialwissenschaft (überwiegend), Sprachen und

---

44   Der Begriff *hispanidad* - der nicht mit *españolidad* zu verwechseln ist - umfasst die Stiftung einer gemeinsamen Identität aller spanischsprachigen Länder. Die Propagierung der *hispanidad* bildete einen Schwerpunkt der franquistischen Außenpolitik (vgl. Spanien Lexikon 1990, S. 234 f).

Literatur, Religion, Ethik, Musik, Kunst und Philosophie die Darstellung des Islam, der Muslime und der arabischen Welt analysiert (vgl. Navarro et. al. 1997). Die Ergebnisse fielen recht eindeutig aus, indem die beteiligten Forscher die diesbezüglichen Inhalte der Schulbücher zu 95% wie folgt generalisierend charakterisieren: (a) Konfusion von Vorstellungen und Konzepten, (b) Reproduktion von Klischees und Stereotypen, (c) Manipulation und Auslassung historischer Tatsachen, (d) unkritischer Eurozentrismus, (e) implizite oder explizite Missachtung kultureller Vielfalt bzw. Unterschiede, (f) verdeckte oder offene Xenophobie (Furcht vor allem Fremden, Ablehnung von Fremdem), (g) übereinstimmende Rechtfertigung der europäisch-westlichen Gewaltanwendung (*Reconquista*, Kreuzzüge, Kolonisierung etc.), (h) Verteufelung jeglichen Ausdrucks von Gewalt seitens des arabisch-muslimischen Gegners, und Darstellung solcher Eigenschaften als ein spezifisches kulturelles, auch heute andauerndes Charakteristika der Muslime, (i) Widersprüche bezüglich der Analyse und Interpretationen, (j) Fehlen einer Ausrichtung der Lehrinhalte, die Solidarität, Respekt vor Unterschieden oder ethische Reife vermitteln könnten (vgl. Navarro et. al. 1997, S. 198 f). Die Inhalte in den Schulbüchern sind folglich tendenziell als „arabophob" und „islamophob" zu bezeichnen.

Ausgelöst durch die enorme Steigerung illegaler Zuwanderung aus Nordafrika (insbesondere aus Marokko) seit Anfang der 90er Jahre sowie die damit verbundene fast tägliche Berichterstattung in den Medien über Festnahmen oder die Anlandung von ertrunkenen *illegales* - wie sie in der Politik und in den Medien genannt werden - an der spanischen Südküste, hat auch der offene Rassismus in Spanien im letzten Jahrzehnt erheblich zugenommen (vgl. Malgesini/Fischer 1998, Corkill 2000). Damit verbundene Ereignisse stützen zusätzlich die Annahme, dass Vorurteile und Vorbehalte gegenüber den *moros* - aber auch anderen Minderheiten (Schwarzafrikaner, Zigeuner) - in der spanischen Bevölkerung immer noch verbreitet sind. So berichtete die spanische Tageszeitung El País am 29. August 1997 über die Ergebnisse einer Umfrage eines soziologischen Institutes (*Centro de Investigaciones Sociológicas*), dass die Spanier zu den Marokkanern im Vergleich zu den Angehörigen anderer Nationen am wenigsten Vertrauen hätten (28,5 % viel oder ausreichendes Vertrauen, 57,7 % wenig oder überhaupt kein Vertrauen, 13,8 % keine Angabe) und die allgemeine Meinung über Marokko überwiegend schlecht sei (26,8 % sehr gut oder gut, 25,2 % weder schlecht noch gut, 38,1 % schlecht oder sehr schlecht, 9,9 % keine Angabe). Es sind zudem die massiven rassistischen Übergriffe auf Marokkaner in El Ejido bei Almería im Februar 2000 zu erwähnen. Diese Ereignisse sowie andere rassistische Übergriffe haben in der spanischen Öffentlichkeit eine breite Debatte über den Rassismus im Lande ausgelöst und zu zahlreichen Aktivitäten antirassistischer Bewegungen geführt.

Obwohl der Ausländeranteil in Spanien im Jahre 2001 nur 2,33 % beträgt (davon etwa 23 % Marokkaner)[45], wird die aktuelle Zuwanderung, insbesondere aus Nordafrika, überwiegend als Bedrohung wahrgenommen. Hinzu kommen meist

---

45   Eigene Berechnungen nach Zahlen des Instituto Nacional de Estadístico (www.iue.es vom 19.07.2001).

problematisierende bzw. negative Berichterstattungen in den Medien über Marokko bzw. die spanisch-marokkanischen Beziehungen, in denen der Drogenhandel, der Islamismus, die mangelnde Demokratie, konkurrierende Agrarexporte sowie das im April 2001 gescheiterte neue Fischereiabkommen thematisiert werden. Dieses Marokkobild korrespondiert mit den Wahrnehmungen auf EU-Ebene, wonach hinsichtlich der Länder südlich des Mittelmeeres aufgrund von sozialer, ökonomischer und politischer Instabilität, Regionalkonflikten, islamischen Fundamentalismus, Terrorismus, Drogenhandel, Bevölkerungswachstum und Migration ganz allgemein von einer „Süd-Bedrohung" die Rede ist (vgl. Faath/Mattes 1995, Jünemann 1997 u. 1999, Meyer 2001).

Für Ceuta und Melilla wird in nationalistisch „gefärbten" Veröffentlichungen auch immer wieder der absolute kulturelle und soziale Unterschied zwischen den Städten - eben Spanien - und dem marokkanischen Hinterland herausgestellt, um so die *españolidad* der Städte zu bekräftigen (vgl. u.a. García Flóres 1999, S. 209). Um die unüberbrückbaren kulturellen Differenzen zwischen Christen (Spanier) und Muslimen (Marokkaner) zu beschreiben, bezieht sich der in Ceuta geborene Autor und ehemalige General Manuel Leria y Ortiz de Saracho (1991, S. 228 f) auf die Erinnerungen eines Spaniers (José María de Murga y Martitegui), der als Kommandant im spanisch-marokkanischen Krieg von 1860 kämpfte und darauf in die Dienste des marokkanischen Sultans eintrat. Leria y Ortiz de Saracho (1991, S. 228 ff) zitiert die Niederschriften dieses Spaniers - eine Gegenüberstellung völlig gegensätzlicher Gepflogenheiten bzw. Verhaltensweisen von Spaniern und Marokkanern - sehr ausführlich, und sie beziehen sich auf Bereiche des alltäglichen Lebens (Religion, Essen, Kleidung, Haartracht etc.) sowie insbesondere auf den Umgang mit Frauen. Die marokkanischen Gepflogenheiten erscheinen dabei als sehr archaisch und primitiv, wobei diese Darstellung aus dem 19. Jahrhundert von Leria y Ortiz de Saracho (1991, S. 228 f u. 230) zwar mit dem Hinweis versehen wird, dass einige Aspekte sicherlich exotisch, pittoresk und nicht mehr aktuell seien, sie aber dennoch den unüberwindbaren, seit Jahrhunderten existierenden und auch heute noch aktuellen kulturellen Graben bestätigen würden. Der Islam wird hier als sehr prägend und bestimmend für alle Lebensbereiche gesehen, weshalb die Muslime auch allenfalls erst in zweiter Linie ein Nationalgefühl entwickeln würden (vgl. Leria y Ortiz de Saracho 1991, S. 218 f).

Bereits im Vorwort wird die sehr nationalistisch-konservative ideologische Position des zitierten Buches sehr deutlich: „Wir Söhne von Ceuta - die „Makrelen", wie wir liebevoll genannt werden -, wir sind Leute der Grenze, und zwar dort, wo Spanien seine Grenzen markiert hat und wo - je nach Perspektive des Transitreisenden - nicht nur eine Einheit von Sprache, Blut und Religion, sondern auch das endet oder beginnt, was man die „westliche Zivilisation" nennt. Am Strand von Tarajal endet tatsächlich und in Realität Europa. Erwarten Sie jenseits der Grenzstationen keine christlichen Kirchenglocken und auch keine klare lateinische Sprache. Hier in Ceuta endet eine Art und Weise des Seins, Sprechens, Denkens und Fühlens. In

Ceuta endet Spanien, Europa und die Christenheit. Es ist nicht befremdend, dass die Söhne von Ceuta oftmals stärker als die Spanier des „inneren Territoriums" ihre Mission an der Spitze des Vaterlandes fühlen, ja, es sind leidenschaftliche Gefühle für das Spanische und den Stolz seines Blutes, seiner Sprache und seines Glaubens. Die ganze Geschichte von Ceuta ist ein kontinuierliches opfervolles Leben, um in ihren Grenztürmen mit den Fahnen des Vaterlandes standhaft zu bleiben" (Luis López Anglada in Leria y Ortiz de Saracho 1991, S.11) (2).

Dieses sehr pathetische und nationalistische Selbstbild zeigt aber dennoch eine Position, die in Ceuta und sicherlich auch in Melilla nicht nur in der Fremdenlegion und der Armee anzutreffen ist, sondern auch in konservativen Bevölkerungskreisen. Sehr überspitzt wird hier - wie erwähnt in einem Vorwort zu einem Buch, das 1991 (!) erschienen ist - die in der Vergangenheit konstruierte Identität bestehend aus einer „Einheit von Sprache, Blut und Religion" wieder reproduziert. Darüber hinaus sei bereits an dieser Stelle angemerkt, dass einige der bei Leria y Ortiz de Saracho (1991) formulierten Stereotype und Vorurteile gegenüber den Muslimen und dem Islam (insbesondere auf Marokko bezogen) ebenfalls in einigen Interviews mit christlichen Spaniern in Ceuta und Melilla zum Ausdruck kamen (vgl. Kap. 4.).

2.2. Der politisch-territoriale Konflikt, die spanisch-marokkanischen Beziehungen und der aktuelle Status der Städte

Aus den vorhergehenden Ausführungen ist deutlich geworden, dass im Zusammenhang mit spezifischen historischen Ereignisse in der spanischen Bevölkerung ein überwiegend negatives Bild vom *moro* sowie von Marokko entstanden ist. Dieses Menschenbild und die raumbezogenen Imaginationen wirken erwartungsgemäß auch in den aktuellen Begegnungen zwischen Spaniern und Marokkanern zumindest partiell nach. Die spanische Okkupation von Ceuta und Melilla setzte zu einem Zeitpunkt ein, als die *Reconquista* erfolgreich abgeschlossen war und das rein christliche, spanische Imperium im Sinne eines „rassisch-religiös homogenen Territoriums" politisch durchgesetzt werden sollte. Juden, Muslime und die so genannten *cristianos nuevos* (Konvertiten) wurden getötet, verfolgt und vertrieben. Ceuta und Melilla sind seitdem Grenzstädte und Vorposten zwischen dem christlichen Spanien und dem muslimischen Marokko. Der politisch-territoriale Konflikt um Ceuta und Melilla spiegelt folglich auch den in der Geschichte aufgebauten Gegensatz zwischen zwei scheinbar völlig unterschiedlichen Welten wieder. Dieser Konflikt und der konstruierte Gegensatz belasten bis heute trotz „Freundschaftsvertrag" die spanisch-marokkanischen Beziehungen und beeinflussen nicht unerheblich das Zusammenleben von Christen und Muslimen in den beiden Städten. Zudem ist Spanien seit 1986 ein Mitglied der EU, wodurch die Grenzziehung (und Abgrenzung) zu Marokko eher noch verstärkt wurde.

2.2.1. Von der Eroberung der Städte Ceuta und Melilla bis zur Unabhängigkeit Marokkos

Der politisch-territoriale Konflikt um Ceuta und Melilla beginnt mit deren Eroberung durch christliche Truppen von der Iberischen Halbinsel. Im Jahre 1415 wurde Ceuta zunächst von den Portugiesen erobert und dann 1580 an die spanische Krone übergeben; Melilla wurde im Jahre 1497 von spanischen Truppen eingenommen (vgl. Rézette 1976, López García 1991, Planet Contreras 1997). Beide Städte (*Plazas Mayores*) gehören seitdem ununterbrochen zu Spanien. Außerdem sind die in den Konflikt einbezogenen benachbarten Inseln (*Plazas Menores*) Peñón de Vélez de la Gomera (span. Eroberung 1508), Peñón de Alhucemas (span. Eroberung 1560 bzw. endgültig 1673) und Islas Chafarinas (span. Eroberung 1848) zu erwähnen; auf ihnen befinden sich heute ausschließlich kleine Militärstützpunkte (vgl. García Flórez 1999). Die Eroberung von Ceuta und Melilla ist in den historischen Kontext der abgeschlossenen *Reconquista* (Fall von Granada im Jahre 1492) und der folgenden spanischen (und portugiesischen) Expansion einzuordnen. Durch die Besetzung von Ceuta und Melilla sollte nicht zuletzt eventuellen Rückeroberungsversuchen der Iberischen Halbinsel seitens der Muslime bereits auf „muslimischen Boden" zuvorgekommen und entgegengewirkt werden können. Außerdem dienten die Hafenstädte als Stützpunkte christlicher Schiffe zur Bekämpfung muslimischer Piraten (vgl. Rézette 1976 und Carabaza/De Santos 1992).

Im Verlauf des 17. und 18. Jahrhunderts kam es immer wieder zu erfolglosen Rückeroberungsversuchen von Ceuta und Melilla seitens benachbarter Stämme aus dem Rif-Gebirge oder regulärer Truppen der jeweiligen Sultane von Marokko. Im Jahre 1859/60 brach erneut nach Angriffen auf die Bauarbeiten für neue Befestigungsanlagen in Ceuta durch benachbarte Stämme ein Krieg zwischen Spanien und Marokko aus. Nach dessen Ende wurden im Frieden von Wad-Rass (bei Tétouan) und folgenden Abkommen die heutigen Grenzen der Territorien von Ceuta und Melilla vertraglich festgelegt. Seitdem gehören auch außerhalb der ursprünglichen Befestigungsanlagen (siehe Abb. 4 und 5) erweiterte Flächen - die so genannten „*campo exterior*" - zu den beiden Städten (Rézette 1976, Carabaza/De Santos 1992 u. Madariaga 1999).

Bis weit in die zweite Hälfte des 19. Jahrhunderts hinein hatten Ceuta und Melilla keine andere Bedeutung als diejenige von befestigten Grenzstädten (*plazas de fuerzas de la frontera*) und Sträflingskolonien (*presidios*), so dass zwischen 1820 und 1850 u.a. aufgrund der hohen Unterhaltskosten eine Rückgabe der Besitzungen an Marokko ernsthaft diskutiert wurde (vgl. López García 1991, S. 169 f). Erst der erwähnte spanisch-marokkanische Krieg, weitere kriegerische Auseinandersetzungen, insbesondere mit Stämmen aus dem Rif-Gebirge in den Jahren danach, und schließlich der Rif-Krieg (bis 1925) in der Frühphase der Errichtung des spanischen Protektorats in Nordmarokko (1912-1956) erwiesen den Nutzen der beiden Städte als Brückenköpfe für spanische Expeditionstruppen, die von dort in das marokkanische Hinterland vorrücken konnten. Zudem wurde nach dem Krieg von 1859/60 - ausgelöst durch das bereits 1856 geschlossene marokkanisch-britische Handels-

Abb. 4: Ceuta um das Jahr 1850

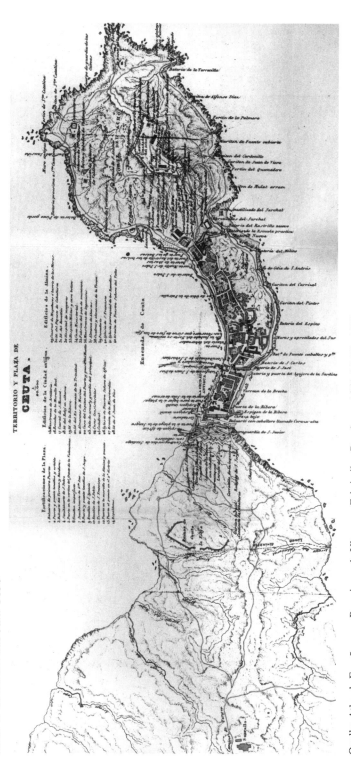

Quelle: Atlas de España y sus Posesiones de Ultramar. Faksimile - Druck von 1860. Melilla 1999

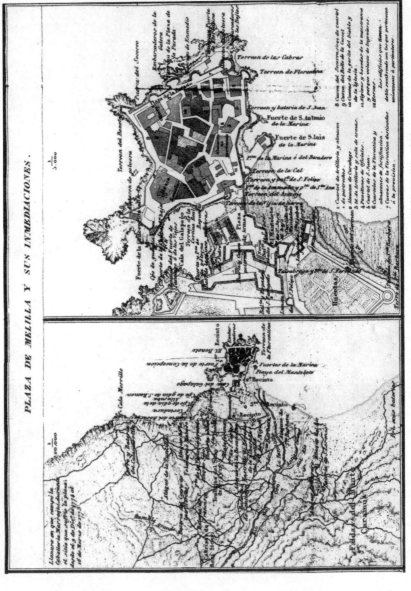

Abb. 5: Melilla um das Jahr 1850

Quelle: Atlas de España y sus Posesiones de Ultramar. Faksimile - Druck von 1860. Melilla 1999

abkommen, das eine Öffnung der marokkanischen Häfen für den europäischen Handel mit sich brachte - der mögliche ökonomische Nutzen von Ceuta und Melilla erkannt. So wurden Ceuta und Melilla durch Isabella II. per Dekret im Jahre 1863 zu Freihäfen erklärt, und nun war ein Warenfluss ohne die Erhebung von Zöllen möglich. Um die neue ökonomische Rolle überhaupt realisieren zu können, wurde das erste Mal in der Geschichte der Städte eine freie Niederlassung von Privatpersonen gestattet (vgl. Carabaza/De Santos 1992, S. 37, Driessen 1992, S. 48 ff).

Interessanterweise waren es nun hauptsächlich marokkanische Juden, die sich als Händler niederließen und sich in den Städten dem Im- und Export zwischen Marokko, Spanien, Frankreich und Großbritannien widmeten. Auf die ab jetzt beginnende zivile Bevölkerungsentwicklung in den Städten soll in Kapitel 3. noch detailliert eingegangen werden. In einem Abkommen von 1866 wurde dann die Einrichtung einer Zollstelle jeweils an der marokkanischen Grenze zu Ceuta und Melilla beschlossen (vgl. Rézette 1976, S. 43). Allerdings wirkte sich die jetzt einsetzende ökonomische Bedeutung der beiden *Presidios* auf die benachbarten marokkanischen Städte (z.B. Tétouan, sogar Fès war betroffen) negativ aus, da die Stämme im Norden des Landes (Rif-Gebirge und angrenzende Gebiete) nun einen intensiven Schmuggelhandel und zudem mit eigenen Schiffen einen direkten Handel mit Gibraltar sowie Algerien betrieben. Folglich büßten die Händler aus größeren Städten wie Tétouan und Fés wichtige Absatzmärkte im Norden des Landes und sogar im östlichen Mittleren Atlas ein.[46] Endgültig verloren Ceuta und Melilla ihre alte Bedeutung als Strafkolonien allerdings erst mit dem Abbau von Gefängnissen im Jahre 1906.

Die Städte entfalteten sich im ökonomischen, demographischen und baulichen Sinne aber erst während der Protektoratszeit (1912 - 1956), da sie in dieser Phase über das notwendige Hinterland verfügten. Nach Rézette (1976, S. 52f) reduzierten sich Ceuta und Melilla nach der Unabhängigkeit Marokkos (1956) mit der Rückgabe der Protektoratszone wieder auf ihre alte Funktion als „Wachposten", die von der spanischen Regierung finanziert werden müssen. Die Aufwendungen dieser Mittel wird von Rézette (a.a.O.) als Verschwendung betrachtet. Letztlich stellen sie gemäß dieser Einschätzung sowohl für Spanien als auch für Marokko „verlorene" Städte dar. Frei von nationaler Voreingenommenheit und zumindest aus rein ökonomischer Perspektive kann man dieser Beurteilung sicher auch heute zustimmen. Jedenfalls fließen große Summen an Subventionen seitens des spanischen Staates sowie Fördermittel der EU in die Städte, und dennoch ist die ökonomische Situation in beiden Städten ganz generell eher angespannt denn ausgeglichen. Zudem leidet die marokkanische Wirtschaft unter dem Schmuggelhandel, da durch den massiven

---

46 Ganz generell muss in diesem Zusammenhang angeführt werden, dass sich die imperialen Mächte Großbritannien, Frankreich und Spanien um die Mitte des 19. Jahrhunderts durch (weitgehend erzwungene) Handelsabkommen zollfreie Zugänge zu den marokkanischen Märkten verschafften, was erhebliche wirtschaftliche, soziale und politische Krisen in Marokko nach sich zog und als Einleitung der später folgenden Protektoratszeit zu verstehen ist (vgl. Miège 1961-1964, Brignon u.a. 1967, Carabaza/De Santos 1992, Madariaga 1999).

Zufluss von billigen Waren, die Produktion und der Verkauf von inländischen Produkten bzw. legal importierten Produkten gehemmt wird (vgl. Popp 1996, Berriane/Hopfinger 1997 u.a.).

2.2.2. Die Rückgabeforderungen Marokkos nach 1956 und nationalstaatliche Konstruktionen

Mit der Unabhängigkeit Marokkos und dem Ende des französischen und spanischen Protektorats im Jahre 1956 beginnt die jüngere Geschichte des politisch-territorialen Konfliktes um Ceuta und Melilla.[47] Während der Unabhängigkeitskämpfe blieben die Städte zwar von der marokkanischen Befreiungsarmee unangetastet, was vermutlich auf eine Absprache mit hohen Vertretern der marokkanisch-nationalen Unabhängigkeitsbewegung beruhte, die sich in der spanischen Zone frei bewegen konnten (vgl. Rézette 1976). Aber gleich nach der Unabhängigkeit wurde von Allal al Fassi, dem Führer der *Istiqlal*-Partei (Unabhängigkeits-Partei) eine Karte von „Groß-Marokko" veröffentlicht, worin die Forderung der marokkanischen Nationalisten nach territorialer Integrität ausgedrückt wurde, was auch die Rückgabe *aller* spanisch besetzten Gebiete (Tarfaya, Ifni, Seguiat el Hamra, Rio de Oro sowie Ceuta und Melilla) beinhaltete (vgl. Rézette 1976, Mattes 1987, García Flórez 1999).

Vom marokkanischen Königshaus und der marokkanischen Regierung wurde zur Umsetzung der Dekolonisation die Taktik der schrittweisen Marokkanisierung angewandt, was zur Rückgewinnung von Tarfaya (1958) und des Territoriums von Ifni (1969) führte. Die spanische Sahara konnte allerdings nicht mit diplomatischen Mitteln zurückgewonnen werden, so dass König Hassan II. im Jahr 1975 (dem Todesjahr Francos) den „Grünen Marsch"[48] initiierte, und somit die Dekolonisation dieses Gebietes durchsetzen konnte (vgl. Mattes 1987). Die ehemals Spanische Sahara (Westsahara) gehört heute de facto zu Marokko. Allerdings steht eine Entscheidung der UN und des Weltsicherheitsrates über den so genannten Baker-Plan, der eine weitestgehende Autonomie der Westsahara innerhalb des marokkanischen Territoriums vorsieht, noch aus.[49] Ob damit eine endgültige Lösung des Westsaharakonflikts erreicht werden kann, bleibt zunächst noch offen, jedenfalls dienten nach

---

47 Es ist nicht die Zielsetzung dieser Arbeit, die Geschichte der diplomatischen Vorgänge zwischen Spanien und Marokko bezüglich des politisch-territorialen Konfliktes über Ceuta und Melilla detailliert wiederzugeben. Hierzu sei auf Rézette (1976), Al-Maazouzi/Benajiba (1986), Mattes (1987) und García Flórez (1999) verwiesen.

48 Der „Grüne Marsch" war ein überraschender Schachzug des Königs indem 300.000 zivile Marokkaner nur mit dem Koran und der marokkanische Flagge in der Hand in das Gebiet der spanischen Sahara einmarschierten. Die regulären spanischen Truppen und die Fremdenlegion verließen überstürzt die besetzten Gebiete.

49 Vgl. El País vom 14.11.2001. Zur ehemaligen spanischen Sahara siehe Rézette (1975), Faath (1987) und Mattes (1995).

Mattes (1987, S. 337) Ceuta und Melilla auch bezüglich der Westsahara hauptsächlich als taktisches Druckmittel zur Durchsetzung außenpolitischer Forderungen. Dennoch kam es in den Jahren 1961 - mit dem ersten offiziell erhobenen Anspruch vor der Generalversammlung der UN -, 1974/75 - im Zusammenhang mit dem Westsaharakonflikt - und 1986 - im Zusammenhang mit Unruhen in Ceuta und Melilla[50] - zu verstärkten Rückgabeforderungen und in Folge zu außenpolitischen „Krisen" mit Spanien (vgl. Mattes 1987, García Flórez 1999).

Nach gescheiterten spanisch-britischen Verhandlungen über Gibraltar im Jahre 1987 veränderte die marokkanische Seite ihre Strategie, indem König Hassan II. nun die Verknüpfung einer eventuellen Rückgabe Gibraltars an Spanien mit den Dekolonisierungsforderungen von Ceuta und Melilla aufgab und ohne Bezugnahme auf Gibraltar die Einsetzung einer sogenannten „*cellule de réflexion* (frz.) / *célula de reflexión* (span.)" über die Konfliktsituation forderte.[51] Dies stieß jedoch seitens der spanischen Regierung auf Ablehnung, was ihre kompromisslose Haltung in dieser Frage nur untermauerte (vgl. Mattes 1987, García Flórez 1999). Ganz generell beinhaltet der Standpunkt der marokkanischen Regierung zur territorialen Zugehörigkeit Ceutas und Melillas bis heute folgende Argumente (vgl. Rézette 1976, S. 124 ff, García Flórez 1999, S. 136):

– Ceuta und Melilla bilden einen Bestandteil der territorialen Integrität und geographischen Einheit Marokkos (Argument der natürlichen Grenzen).

– Der marokkanische Staat geht in einer historischen Kontinuität auf die Zeit vor 1956 zurück, und er wurde als muslimischer Staat im 9. Jahrhundert durch die Dynastie der Idrissiden gegründet. Die Städte Ceuta und Melilla bildeten demnach bereits vor der spanischen Besetzung einen Bestandteil des marokkanischen Staates.

– Die Verträge über Ceuta und Melilla wurden unter Zwang und Gewaltanwendung unterzeichnet.

– Die ursprünglichen Einwohner wurden vertrieben und durch eine andere Bevölkerung ersetzt.

– Die spanische Herrschaft wurde von Marokko niemals anerkannt, und die beiden Städte waren in das spanische Protektoratsgebiet eingeschlossen (folglich sind sie ebenfalls zu dekolonisieren).

---

50 Der Anlass für die Unruhen im Jahr 1986 war die geplante Einführung eines neuen Ausländerrechts (*Ley de Extranjeria*) auf nationaler Ebene, wonach die muslimische Bevölkerung in Ceuta und Melilla mit allen anderen Ausländern in Spanien denselben Status erhalten hätte (vgl. Kap. 2.). In diesem Falle hätte die spanische Regierung fast alle Muslime in Ceuta und Melilla ausweisen können, da die Mehrheit von ihnen damals nicht über die spanische Nationalität bzw. eine andere anerkannte Dokumentation verfügte. Die Folge waren insbesondere in Melilla z.T. in Gewalt ausartende Demonstrationen, die internationales Aufsehen erregten. Von marokkanischer Seite wurden massive Vorwürfe des Rassismus erhoben.

51 Die „*cellule de réflexion*" - also eine „Zelle des Nachdenkens" über Ceuta und Melilla - sollte durch eine Gruppe unabhängiger Persönlichkeiten gebildet werden. Zum Konflikt über Gibraltar zwischen Großbritannien und Spanien siehe Meyer (1998) und Haller (2000).

Aus der marokkanischen Position wird deutlich, dass hier der *nation-building*-Prozess mit der ersten *muslimisch-arabischen* Herrschaftsdynastie der *Idrissiden* angesetzt wird. Gemäß dieser Vorstellung zählen auch alle Territorien derjenigen Stämme, die im Verlauf der Geschichte mehr oder weniger regelmäßig dem Sultan Huldigung (*bay'a*) geleistet haben, zum marokkanischen Staatsgebiet (vgl. Laroui 1977).[52] Aus spanischer Perspektive und nach europäischen Kriterien für das Verständnis von Nationalstaaten existiert ein marokkanischer Nationalstaat allerdings erst seit der Unabhängigkeit. Die zentralen Argumente der spanischen Regierung für die *españolidad* von Ceuta und Melilla lauten nun im Gegensatz wie folgt (vgl. Rézette 1976, S. 124 ff, García Flórez 1999, S. 136):

–   Die Eroberung und Besetzung der beiden Städte erfolgte vor der Existenz eines marokkanischen Nationalstaates.

–   Es gibt zahlreiche Verträge, die die marokkanische Anerkennung der spanischen Souveränität bestätigen.[53]

–   Es besteht eine tatsächlich vorhandene und kontinuierliche Besetzung und Verwaltung der Territorien seit ihren Anfängen.

–   Die Mehrheit der Bevölkerung ist spanischen Ursprungs.

–   Die Städte werden auch durch die UN nicht als Kolonien eingestuft.

Bei einer Gegenüberstellung der Positionen wird offensichtlich, dass die jeweiligen Argumentationsketten auf je einer ganz spezifischen Interpretation von Geschichte aufbauen. Allerdings bilden die spanisch-marokkanischen Verträge zur Frage der Anerkennung der spanischen Souveränität über Ceuta und Melilla eine wichtige juristische Grundlage, die - gemeinsam mit den anderen Argumenten - vor den Vereinten Nationen zu einer Nicht-Anerkennung als Kolonien führte (vgl. Rézette 1976, García Flórez 1999).

2.2.3. Der politisch-territoriale Konflikt und die spanisch-marokkanischen Beziehungen seit Ende der 80er Jahre

Seit dem Ende der 80er Jahre und bis zum Tod von König Hassan II. am 23.07.1999 kam es weiterhin zu regelmäßigen Anspruchserhebungen (z.T. wieder vor der UNO) auf die Rückgabe der - aus marokkanischer Sicht - „Kolonien" im Norden des Landes.[54] Gleichzeitig wurden in Folge der Demokratisierung des spanischen Staates wichtige Schritte zur Verbesserung der nachbarschaftlichen Beziehungen unternommen. Dennoch kam es erst im September 1989 zum ersten offiziellen Besuch von Hassan II. in Spanien (vgl. García Flórez 1999, S. 89). Dabei wur-

---

52   Zur Konstruktion nationaler Territorien im Maghreb siehe u.a. Baduel (1983).
53   Zu den jeweiligen Verträgen siehe Rézette (1976, S. 125 ff).
54   Zu den Rückforderungen seitens Marokkos und den spanischen Reaktionen bis 1997 siehe García Flórez (1999).

den Abkommen über militärische Zusammenarbeit, zur Förderung von bilateralen Investitionen in der Wirtschaft sowie zur Schaffung einer festen Verbindung (Brücke oder Tunnel) zwischen den Kontinenten Afrika und Europa beschlossen.[55] Darüber hinaus sollten von nun ab jährliche bilaterale Treffen zur Behandlung gemeinsamer Themen stattfinden. Im Dezember desselben Jahres erfolgte noch ein Besuch des marokkanischen Premierministers Azzedine Laraki in Spanien, anlässlich dessen Marokko ein größerer Kredit zugesagt wurde. Bei beiden Besuchen wurde der Konflikt um Ceuta und Melilla verständlicherweise nicht angesprochen. Auch in den folgenden Jahren kam es zu gegenseitigen Besuchen, wobei sich die Gespräche und Abkommen meistens um die Immigration von Marokkanern nach Spanien, den Drogenhandel aus Marokko (der auch über Ceuta und Melilla abgewickelt wird), die Fischerei in marokkanischen Hoheitsgewässern und Kredite drehten. Im Mai 1991 wurde die bereits für den März 1990 angekündigte Visapflicht für Marokkaner eingeführt, was seitdem einen raschen Anstieg illegaler Immigration nach Spanien nach sich zieht, wovon auch Ceuta und Melilla betroffen sind (vgl. Malgesini /Fischer 1998, Gold 1999, García Flórez 1999, S. 88, Faath/Mattes 1999). Allerdings dürfen die Bewohner der umliegenden Provinzen (Nador und Tétouan, siehe Abb. 1) beider Städte ohne Visa mit ihren Personalausweisen in die spanischen Exklaven einreisen.

Im Jahre 1991 wurde schließlich sogar trotz aller Differenzen zwischen Marokko und Spanien ein Freundschaftsvertrag (*Tratado de Amistad*) unterzeichnet, in dem die benachbarten Staaten als generelle Prinzipien die Respektierung internationalen Rechts, die gegenseitige Anerkennung staatlicher Souveränität, die Nicht-Intervention bei inneren Angelegenheiten, den Verzicht auf Bedrohung durch oder Anwendung von Gewalt, die friedliche Regelung von Konflikten (bzw. Meinungsverschiedenheiten), die Kooperation in Entwicklungsfragen (insbesondere zur Überwindung von ökonomischen Disparitäten), die Respektierung der Menschenrechte sowie den Dialog und das Verständnis zwischen den Kulturen und Zivilisationen beschlossen (vgl. Moha 1994, S. 125 f u. 187 ff, García Flórez 1999, S. 93). Zur Realisierung des Abkommen wurde zudem - vertraglich fixiert - die Absicht erklärt, einen festen Rahmen politischer bilateraler Zusammenkünfte auf unterschiedlichen Ebenen zu institutionalisieren. Die Kooperationsbeziehungen zwischen beiden Ländern sollen sich auf ökonomische, finanzielle und kulturelle Bereiche sowie auf die Entwicklung in vielfältigen sozioökonomischen Projekten (Fischerei, Landwirtschaft, medizinische Versorgung, Tourismus, Ausbildung, Energie), die Verbindung auf dem Landweg (*liaison fixe*) zwischen Marokko und Spanien und die militärische Verteidigung beziehen (vgl. Moha 1994, S. 191 ff). Seitens einiger spanischer Politiker kam mit dem Abkommen die Befürchtung auf, dass damit eine „heimliche" Installierung einer von marokkanischer Seite immer wieder geforderten *„célula de reflexión"* über Ceuta und Melilla möglich wäre, was die spanischen Empfindlichkeiten bezüglich dieses Themas nochmals unterstreicht. Dennoch wurde das Abkommen im Jahr 1993 vom spanischen Parlament ratifiziert.

---

55 Die Realisierung einer festen Verbindung - ob Tunnel oder Brücke - steht allerdings noch in weiter Ferne (vgl. Mattes 1991).

Im gleichen Jahr wurde zudem ein bilaterales Kooperationsabkommen zur Entwicklung des Nordens Marokkos beschlossen (vgl. García Flórez 1999, S. 93 ff). Zu stärkeren Protesten und Rückgabeforderungen der marokkanischen Regierung sowie aller politischen Parteien Marokkos kam es dann wieder im Vorfeld des spanischen Beschlusses über den Autonomiestatus für Ceuta und Melilla, der im Jahre 1995 gesetzlich verankert wurde. Außerdem erfolgten von marokkanischer Seite im Jahr 1995 aufgrund der Einbeziehung von Ceuta und Melilla in das Schengener Abkommen scharfe Proteste, wobei nationalistische Parteien auch der EU den Vorwurf machten, die spanische kolonialistische Politik zu unterstützen.[56] Ein weiterer Schritt zur gegenseitigen Annäherung wurde im Jahre 1996 auf einem spanisch-marokkanischem Gipfeltreffen in Rabat durch die Schaffung einer „Zelle des Dialogs" zur Vorbeugung von Konflikten sowie durch einen Schuldenerlass vollzogen. Nach dem Gipfel wurde das „comité Averroes" ins Leben gerufen, in dem unabhängige Persönlichkeiten über alle die spanisch-marokkanischen Beziehungen betreffenden Themen sprechen sollen (vgl. García Flórez 1999, S. 106). Dieses Komitee hat bisher allerdings kaum und nur mühsam Aktivitäten entfaltet. Insbesondere seit der „freundschaftlichen Annäherung" zwischen Spanien und Marokko besteht für die marokkanische Regierung und das scherifische Königshaus der diplomatische Balanceakt nun darin, die spanische Regierung nicht durch zeitlich unangebrachte Rückgabeforderungen von Ceuta und Melilla (beispielsweise bei Verhandlungen über Kredite oder Kooperationsabkommen) zu brüskieren, während gleichzeitig innenpolitisch die Stimmung im Parlament und in der Öffentlichkeit durch massive Dekolonisierungsforderungen seitens nationalistischer Parteien (z.B. die *Istiqlal*-Partei) geprägt wird. Dagegen versucht die spanische Regierung, den Marokkanern zumindest in anderen politischen oder ökonomischen Bereichen entgegenzukommen, und das nicht zuletzt u.a. aus dem Grunde, stärkere Rückgabeforderungen zu entschärfen und unmöglich zu machen.

Die spanisch-marokkanischen Beziehungen haben sich zwar seit dem Tode Francos im Jahr 1975 kontinuierlich verbessert, aber dennoch gibt es immer noch einige konfliktträchtige Differenzen zwischen beiden Ländern, wie z.B. die Fischereiabkommen, die marokkanischen Agrarexporte in die EU, die illegale Immigration aus Marokko und der Rassismus in Spanien, der Drogenhandel[57] und eben die Rückgabeforderungen bezüglich Ceuta und Melilla. Diese Themen werden in der spanischen und marokkanischen Presse regelmäßig aufgegriffen, und kontrovers bis polemisch diskutiert. Aufgrund der problembehafteten Beziehungen zwischen Spanien und Marokko kommen die spanischen Journalisten und Publizisten Masegosa und Valenzuela (1996) zu der Schlussfolgerung, dass die Grenze zu Marokko die „letzte echte Grenze" (*la ultima frontera*) Spaniens zu einem beunruhigenden bzw. besorgniserregenden Nachbarland (*el vecino inquietante*) darstellt. Dieses Bild deckt sich durchaus mit den Ansichten eines Großteils der Bevölkerung in Spanien (s.u.). Zudem wird Marokko als die geographische Vorhut Afrikas und der

---

56 Spanien ist allerdings bereits 1991 dem Schengener Abkommen beigetreten.
57 Im Norden Marokkos wird im Rif-Gebirge in großem Umfang Cannabis angebaut und hauptsächlich nach Europa geschmuggelt.

arabisch-muslimischen Welt gesehen; es ist demnach ein Land, das eine Gratwanderung zwischen ökonomischen und politischen Modernisierungen sowie seinen kulturellen Traditionen vollzieht (vgl. Masegosa/Valanzuela 1996, S. 13 ff). Marokko ist demnach ganz anders als das demokratische und ins entwickelte Europa integrierte Spanien, es ist unbekannt, undurchschaubar und konfliktträchtig (a.a.O., S. 13 u.18). In dieser Sichtweise auf den Nachbarn tauchen ein weiteres Mal Stereotype auf, die Marokko als etwas bedrohliches Fremdes erscheinen lassen. Hier zeigt sich die Kontinuität der Konstruktion des *moro* aus der Vergangenheit. Schließlich werden von Masegosa/Valanzuela (1996, S. 13) auch die Verflechtungen von Vergangenheit und Gegenwart angesprochen: „Die mit vergangenen Jahrhunderten verknüpften Beziehungen zwischen Spanien und Marokko sind kompliziert und stürmisch. (3)" In diesen „komplexen Beziehungen" wirkt auch der Streit um Ceuta und Melilla immer wieder belastend. Wie in der Einführung bereits erwähnt, entbrannte sich der territoriale Konflikt zuletzt im Juli 2002 an der marokkanischen Besetzung der unbewohnten „Petersilien"- Insel (Isla de Perejil, von marokkanischer Seite Djazirat Laila genannt), die in unmittelbarer Nähe der marokkanischen Küste liegt. Dieser Vorfall und die darauf folgende unblutige „Rückeroberung" der Insel durch spanische Streitkräfte löste eine ernsthafte über einige Monate andauernde diplomatische Krise zwischen Spanien und Marokko aus (vgl. Süddeutsche Zeitung 15.07.2002, El País 12.07/16.07./17.07./24.09.2002, Frankfurter Allgemeine Zeitung 22.08.2002).

Die schwierigen Beziehungen zwischen Spanien und Marokko sowie das Beharren auf der *españolidad* - also dem „Spanisch-Sein" - von Ceuta und Melilla korrespondieren durchaus mit den Ergebnissen von Meinungsumfragen in Spanien. Nach Martínez Isidoro (1997, S. 79 ff u. S. 83) - der sich auf Studien vom *Instituto de Cuestiones Internacionales y Política Exterior* (INCIPE) bezieht, in denen mit 1.200 Personen beiderlei Geschlechts ab einem Alter von 18 Jahren sowie mit 119 ausgewählten Führungskräften (*líderes*) Interviews durchgeführt wurden - stimmten in den Jahren 1994/1995 51,9 % (31,1 % der Führungskräfte) für die Beibehaltung des gegenwärtigen Status von Ceuta und Melilla, 15,1 % (56,3 % d. F.) für einen besonderen Status, 12,1 % (6,7 % d. F.) für eine Integration in das marokkanische Staatsgebiet, 2,8 % (3,4 % d. F.) für keine der Antworten und 18,2 % (2,5 %) wussten keine Antwort oder gaben keinen Kommentar. Aus den Umfragen ergab sich außerdem, dass die Instabilität der Länder des Maghreb (Marokko, Algerien, Tunesien) von 60 % der Befragten (100 % der Führungskräfte) als Bedrohung bzw. Risiko für die Sicherheit Spaniens wahrgenommen wird (a.a.O., S. 85). Neben dem öffentlichen Meinungsbild überwiegen in der spanischen Literatur über Ceuta und Melilla Arbeiten, die sich eindeutig für die *españolidad* der Städte aussprechen (z.B. Lería y Ortiz de Saracho 1991, Ministerio de Defensa 1997, Ribagorda Calasanz 1997 u. García Flórez 1999). Daneben sind Publikationen zu erwähnen, die diesbezüglich keine Position beziehen (z.B. López García 1991, Planet Contreras 1998) sowie als einzige mir bekannte Ausnahme die Arbeit von Carabaza/De Santos (1992), in der für die Dekolonisation Ceutas und Melillas plädiert wird.

Sogar für die im Grunde antikolonialistischen linken bzw. kommunistischen Parteien wurde im Jahr 1995 von Julio Anguita - dem Generalsekretär der PCE (*Partido Comunista de España*) und Generalkoordinator der *Izquierda Unida* (Vereinigte Linke) - eine Deklaration verbreitet, wonach die españolidad von Ceuta und Melilla für die Izquierda Unida eine unbestreitbare Tatsache darstellt (vgl. Remiro Brotóns 1999, S. 94). Nach Hippel (1996, S. 159) gibt es aber durchaus inoffizielle Stimmen spanischer Diplomaten, die Ceuta und Melilla aufgeben würden, wenn sie dafür die Souveränität über Gibraltar erhalten könnten. Zudem sollen angeblich insbesondere rechte und konservative Militärs an der *españolidad* der Städte festhalten (vgl. Kap. 2.3.).

Über das Meinungsbild zu Ceuta und Melilla bzw. die spanisch-marokkanischen Beziehung allgemein existieren in Marokko leider keine Meinungsumfragen, aber der öffentliche Diskurs in den Medien (Zeitungen, Zeitschriften, Fernsehen und Rundfunk) wird ohne (mir) bekannte Ausnahmen durch die Forderung nach Rückgabe der Städte geprägt (vgl. Martínez Isidoro 1997). Dieses eindeutige und Medien- sowie Parteien-übergreifende Meinungsbild findet sich auch in der Literatur zum Thema wieder (z.B. Al-Attar/Boutalib 1981, Al-Maazouzi/Benajiba 1986, Al-Attar 1996, Benjelloun 2001 u.a.). Zudem werden aus marokkanischer Perspektive die muslimischen Bewohner in Ceuta und Melilla auch eher als Marokkaner denn als spanische Staatsbürger angesehen.

2.2.4. Die Verflechtung politischer Ereignisse in Ceuta und Melilla mit marokkanischen Rückgabeforderungen

Trotz der verbesserten spanisch-marokkanischen Beziehungen kam es - meistens im Zusammenhang mit spezifischen Ereignissen in Ceuta und Melilla - auch in der jüngeren Vergangenheit zu wiederholten Rückgabeforderungen von marokkanischer Seite. So erfolgten aufgrund der 500-Jahrfeier der Eroberung und Zugehörigkeit Melillas zu Spanien am 17. September 1997 heftige Proteste in der marokkanischen Presse, wonach dieser Akt von den Oppositionsparteien (*Istiqlal*-Partei, USFP, PPS, OADP)[58] als koloniale Provokation und die „spanische Besetzung der marokkanischen Städte" als Anachronismus sowie Widerspruch zum marokkanisch-spanischen Freundschaftsabkommen dargestellt wurde (vgl. L'Opinion und Libération, 18.09.1997).[59] Bei dieser Gelegenheit veröffentlichten u.a. die Tageszeitungen L'Opinion und Libération am 18.09.1997 folgende von den Oppositionsparteien aufgestellten Forderungen: Beilegung des territorialen

---

58   *Istiqlal*-Partei: Unabhängigkeitspartei, die während der Protektoratszeit gegründet wurde und für die nationale Unabhängigkeit gekämpft hat (ein prominenter Anführer war Allal al Fassi); USFP: sozialistische Partei; PPS: kommunistische Partei; OADP: extreme Linke. Diese Parteien sind im Oppositionsbündnis „Kutla" zusammengeschlossen.

59   Die Zeitung L'Opinion ist ein Organ der *Istiqlal*-Partei, und die Libération vertritt die politischen Ansichten der sozialistischen USFP (vgl. Martínez Isidoro 1997, Clausen 1997).

Konfliktes durch einen Dialog im Sinne der neuen Ära der guten nachbarschaftlichen Beziehungen, Unterlassung der Unterstützung der kolonialen Praxis durch Verzicht der EU auf Einbindung von Ceuta und Melilla in das Schengener Abkommen sowie der Förderung durch Entwicklungsfonds, Respektierung der *marocanité* - also dem „Marokkanisch-Sein" - von Ceuta und Melilla durch die EU und Nichteinbindung der Territorien in den Verteidigungsraum der NATO. Mit besonders drastischen Worten wurde zum selben Anlass in der Zeitung Al Bayane (20.09.1997) - die der kommunistischen Oppositionspartei PPS nahe steht - die spanische Besetzung von Ceuta und Melilla als „Geschwüre" im nationalen marokkanischem Staatsgebiet bezeichnet, in denen sich die letzten Reste des „katholischen Hasses" auf Marokko konzentrieren würden (vgl. Popp 1998, S. 341). Aus (vermutlich) diplomatischen Gründen ist weder der spanische König Juan Carlos noch der Premierminister Aznar zu den 500-Jahr-Feierlichkeiten in Melilla erschienen, was wiederum von den lokalen Politikern in Melilla sehr kritisch aufgenommen wurde.

Die Verflechtungen der innenpolitischen Ereignisse in Ceuta und Melilla mit den bilateralen Beziehungen zwischen Marokko und Spanien wurden nach den lokalen Wahlen in beiden Städten am 13.06.1999 nochmals sehr deutlich. Aufgrund der aus den Wahlergebnissen entstandenen politischen Krisen in beiden Städten (vgl. Kap. 4.8.) machte der marokkanische Premierminister Abderrahman Yussufi den Vorschlag, über einen neuen Status von Ceuta und Melilla nachzudenken, da es ja schließlich so nicht weitergehen könne. In einem Interview mit einem spanischen Journalisten fügte er noch hinzu, den Eindruck zu haben, dass in Melilla - insbesondere von der PP und der PSOE[60] - alles versucht würde, die Präsidentschaft der *Asamblea* (Parlament) eines Melillensers marokkanischer Herkunft (Mustafa Aberchan) zu verhindern (vgl. El País Digital, 13.08.1999). Diese Äußerung des marokkanischen Premierministers wurden sogleich als Rückgabeforderung bezüglich Ceuta und Melilla sowie als Vorwurf des antimarokkanischen Rassismus gegenüber der PP und PSOE gedeutet, und sie führte teilweise zu heftigen Reaktionen sowohl seitens spanischer Politiker als auch in der nationalen und regionalen Presse (vgl. El País Digital, 13. u. 14.08.1999). Von der spanischen Regierung wurde das *statement* des marokkanischen Ministerpräsidenten als „nicht anders zu erwarten" bewertet, allerdings mit dem Hinweis, dass es sich bei den politischen Ereignissen in Ceuta und Melilla schließlich um innere Angelegenheiten handele. Der *delegado del Gobierno* (Vertreter der nationalen Regierung) in Ceuta wies in diesem Zusammenhang auf die bestehende *españolidad* der beiden Städte seit dem römischen Imperium hin (sic!). Diese sicherlich wenig wissenschaftliche Interpretation der Geschichte ist aber durchaus in den lokalen Diskurs über das historische Selbstverständnis in Ceuta und Melilla eingebettet, wonach die spanische Souveränität schließlich die europäischen bzw. christlichen Wurzeln unter römischer und später byzantinischer Herrschaft nach dem „muslimischen Intermezzo" fortführe (vgl. Kap. 2.4.).

---

60   PP = *Partido Popular* (konservative Volkspartei des derzeitigen Ministerpräsidenten José María Aznar); PSOE = *Partido Socialista Obrero Español* (sozialistische bzw. sozialdemokratische Partei, auf nationaler Ebene derzeit in der Opposition)

Der damalige Präsidentschaftsaspirant in Melilla - Mustafa Aberchan, der zugleich der Vorsitzende der sogenannten „Muslim-Partei" CpM (*Coalición por Melilla*) in Melilla ist - beurteilte die Äußerungen des marokkanischen Premiers dagegen als „ungelegen und nicht angemessen". Zur Frage der innenpolitischen Krisen in Ceuta und Melilla kommentierte der spanische Parlamentspräsident Federico Trillo - nach Bernecker (1997, S. 301) ein konservativer „*hardliner*" der *Partido Popular* - , dass es für beide Städte das Beste wäre, durch Parteien regiert zu werden, die deren *españolidad* garantieren könnten. Auf diese Art gab er zu verstehen, dass die CpM von Mustafa Aberchan dies nicht könne. Auf indirekte Weise wird damit die spanisch-nationale Loyalität der Muslime in den beiden Städten in Zweifel gezogen, was einen zumindest in nationalistisch-konservativ orientierten Bevölkerungskreisen von Ceuta und Melilla durchaus verbreiteten Standpunkt wiedergibt. Als völlig konträre Position kam durch den Vize-Generalsekretär einer katalanisch-nationalistischen Partei (*Esquerra Republicana de Catalunya*) eine Unterstützung der marokkanischen Rückgabeforderungen zum Ausdruck, indem er sich angesichts der „eskalierenden politischen Situation" in Ceuta und Melilla für ein Nachdenken über die Dekolonisierung der „*plazas africanas de Sebta y Mililla*" aussprach (vgl. El País Digital, 13.08.1999).

Kurz nach diesen Ereignissen erfolgte dann am 16. August 1999 - abgesehen von der Teilnahme an der Beerdigung von Hassan II. am 25. Juli desselben Jahres - der erste Besuch des spanischen Ministerpräsidenten Aznar beim neuen König Muhammad VI. in Rabat, wobei das Thema Ceuta und Melilla nach offiziellen Angaben nicht auf der Agenda stand. Die regierungstreue bzw. dem Königshaus nahe stehende marokkanische Tageszeitung „Le Matin du Sahara et du Maghreb" hatte im Vorfeld allerdings nochmals den Status von Ceuta und Melilla als kolonialen Anachronismus bezeichnet. Dennoch gab es nach Aznar nichts worüber man bezüglich Ceuta und Melilla hätte sprechen sollen, und er hob seine Sichtweise der Beziehung zwischen beiden Ländern als freundschaftliche und vertrauliche Kooperation hervor, ohne jedoch bestehende Probleme zu leugnen (vgl. El País Digital, 17.08.1999).

Ein erneuter diplomatischer Zwischenfall ereignete sich aufgrund eines Wahlkampfbesuches für die damals anstehenden nationalen Parlamentswahlen am 12. März 2000 von Ministerpräsident Aznar Anfang Januar desselben Jahres in Ceuta und Melilla (vgl. El País Digital 08./09./10.01.2000). Vermutlich wurde die Visite Aznars ausdrücklich als ein Wahlkampfbesuch des Vorsitzenden der *Partido Popular* begründet, um einen möglichst geringen diplomatischen Schaden anzurichten. Es sollte sich also nicht um einen offiziellen Besuch eines Ministerpräsidenten handeln. So wurde auch ein Treffen mit den beiden Bürgermeistern der Städte vermieden, was von ihnen - u.a. mit dem Hinweis, dass seit 19 Jahren kein Ministerpräsident mehr die Städte besucht hätte - stark kritisiert wurde.[61] Trotz aller diplo-

---

61   Der letzte offizielle Staatsbesuch erfolgte am 6. Dezember 1980 von Ministerpräsident Adolfo Suárez, der während der wichtigen Übergangsphase Spaniens zu einem demokratischen Staat (*transición*) die *españolidad* der beiden Städte bestätigte (vgl. El País Digital 08.01.2000).

matischer Balanceakte bestätigte Aznar während seines Besuchs die *españolidad* von Ceuta und Melilla. Eine offizielle Stellungnahme durch den marokkanischen Regierungssprecher viel relativ gemäßigt aus, indem lediglich großes Befremden ausgedrückt und die Äußerungen zur Fortsetzungen des Anachronismus (gemeint ist die „spanische Besetzung" der Städte) beklagt wurden (vgl. El País Digital, 16.01.2000). Als eine - offiziell nicht bestätigte - Reaktion von König Muhammed VI. wurde die Absage (bzw. Aufschiebung) eines für den 18. Januar 2000 geplanten Besuchs des Außenministers Abel Matutes in Rabat bewertet. Bei diesem Besuch sollten so wichtige und schwierige Themen wie das noch nicht unterzeichnete Fischereiabkommen, marokkanische Tomatenexporte nach Europa, Investitionen spanischer Unternehmen sowie Verträge und Neu-Verhandlungen über Schulden auf der Tagesordnung stehen.

In der regierungstreuen marokkanischen Tageszeitung „Le Matin du Sahara et du Maghreb" (11.01.2000) wurde der Besuch Aznars in Ceuta und Melilla als eine Vergeltungsmaßnahme wegen des bisher gescheiterten Fischereiabkommens interpretiert. In diesem Zusammenhang wurde in derselben Zeitung zudem der spanischen Seite aufgrund von Restriktionen gegenüber marokkanischer Tomatenexporte das Betreiben eines Wirtschaftskrieges über die EU gegen Marokko unterstellt.[62] Die sich aufgrund von rassistischen Übergriffen auf marokkanische Immigranten im spanischen El Ejido (bei Almería) sowie Streitigkeiten über das ausstehende Referendum über die Selbstbestimmung der Bevölkerung in der Westsahara (ehem. span. Sahara) weiterhin aufstauenden Spannungen zwischen Marokko und Spanien konnten erst durch einen überraschenden Besuch von König Muhammad VI. beim spanischen König Juan Carlos in Madrid - bei dem auch Ministerpräsident Aznar und andere Minister anwesend waren - (vorläufig) beschwichtigt werden (vgl. El País Digital, 29.02.2000). Dieses und die vorherigen Beispiele zeigen recht eindrücklich - trotz Freundschaftsvertrages - das gegenseitige Mißtrauen und die generelle Sensibilität der spanisch-marokkanischen Beziehungen, in denen Ceuta und Melilla sowie die politischen Ereignisse in beiden Städten eine wichtige Rolle spielen.

Ganz generell haben bisher keine diplomatischen Bemühungen seitens der marokkanischen Regierung zur Frage der Rückgabe von Ceuta und Melilla Früchte getragen. Die spanische Position bleibt unverändert, und sie beinhaltet folgende politische Handlungsmaximen (vgl. García Flórez 1999, S. 19 u. 176 f):

1.   Beibehaltung des Staus Quo der beiden Städte.

2.   Keine Akzeptanz von diplomatischen Vorschlägen, die davon abweichen könnten.

3.   Verfügbarkeit von militärischen Kräften, die eine mögliche gewalttätige Veränderung des Status Quo der Städte verhindern sollen.

---

62   Zu den politischen und ökonomischen Beziehungen zwischen der EU und Nordafrika siehe Meyer (2001).

4.   Unterstützung einer Verbesserung der Lebensverhältnisse der Bewohner beider Städte, Abwendung von Diskriminierungen und Konfrontationen zwischen den dort zusammenlebenden Gemeinschaften.

5.   Aufrechterhaltung konstruktiver Beziehungen mit Marokko bezüglich aller Bereiche, die die bisher genannten Punkte betreffen.

Da derzeit keinerlei Abweichung von dieser durchaus dogmatischen Strategie erkennbar ist, bleibt abzuwarten, ob zukünftig von marokkanischer Seite neue Taktiken in Erwägung gezogen werden. Auf spanischer Seite besteht allerdings seit längerem aufgrund der höheren Geburtenraten der muslimischen Bevölkerung in Ceuta und Melilla sowie des illegalen „Einsickerns" von Marokkanern die Befürchtung einer sukzessiven Marokkanisierung der Städte, da so langfristig die christliche Bevölkerung zur Minderheit werde (vgl. Hippel 1996, S. 168, sowie Kap. 3.). Muslimische politische Bewegungen könnten dann für eine Eingliederung in den marokkanischen Staat eintreten.

2.2.5. Der aktuelle rechtliche und politische Status von Ceuta und Melilla

Die spanische Politik hat nach dem Ende des franquistischen Regimes im Jahre 1975 für eine eindeutige und verbesserte rechtliche und politische Einbindung von Ceuta und Melilla in das nationale Territorium gesorgt. Die ersten spanischen Verfassungen im 19. und 20. Jahrhundert enthielten noch keine klaren Definitionen des nationalen Territorium Spaniens, und Ceuta und Melilla bildeten „lediglich" Territorien spanischer Souveränität in Nordafrika (vgl. Ribagorda Calasanz 1997, García Flórez 1999, S. 170 ff). In der Verfassung von 1978 wurde dann die *españolidad* der Städte gesetzlich verankert und zudem die Schaffung eines Autonomiestatus ermöglicht (vgl. García Flórez 1999, S. 171). Ceuta und Melilla bilden seitdem einen integralen Bestandteil des spanisch-nationalen Territoriums, und folglich sind sie mit dem Beitritt Spaniens im Jahre 1986 auch in die EG/EU eingebunden.[63] Damit tangiert der Streit um die nationale Zugehörigkeit der Städte nicht mehr ausschließlich die bilateralen Beziehungen zwischen Marokko und Spanien, da die EU die Souveränität Spaniens über Ceuta und Melilla formell anerkennt.

Wie bereits erwähnt, konnte der Autonomiestatus von Ceuta und Melilla nach einem langwierigen innenpolitischen Prozess und Verhinderungsversuchen von marokkanischer Seite erst im Jahre 1995 gesetzlich fixiert werden.[64] Der Autonomiestatus bedeutet für beide Städte eine größere Unabhängigkeit von der zentralstaatlichen Politik. Die Gesetzestexte der *Estatutos de Autonomía* sind für beide Städte - von einigen Details abgesehen - gleich, und im Artikel 1 wird zunächst

---

63   Auf den Sonderstatus von Ceuta und Melilla bezüglich der Anwendung bestimmter ökonomischer Übereinkünfte innerhalb der EU werde ich in Kapitel 3.2. noch eingehen.

64   Zu den Details dieses Prozesses siehe Planet Contreras (1998, S. 119 ff) und García Flórez (1999, S. 187 ff).

jeweils darauf hingewiesen, dass die Städte einen „integralen Bestandteil der unauflöslichen Einheit der spanischen Nation" bilden.[65] Des weiteren soll hier noch auf einige zentrale, in den Autonomiestatuten (Artikel 21) festgelegte Kompetenzen der Städte verwiesen werden: Raum- und Stadtplanung, Wohnungsbau, Infrastruktureinrichtungen (sofern sie nicht das generelle Interesse des Staates tangieren), Unterstützung der ökonomischen Entwicklung innerhalb staatlicher Ziele und Projekte, Förderung und Ordnung des Tourismus (Planung, Steuerung), kulturelles, historisches und architektonisches Erbe, Förderung und Unterstützung der Kultur in allen Ausdrucksformen, Sozialfürsorge, Gesundheit und Hygiene, städtische Statistiken sowie lokale Polizei. Hinzu kommen in Abstimmung mit staatlichen Institutionen nach Artikel 22 weitere Kompetenzen wie der Umweltschutz, der Binnenhandel, die Industrie, der Zivilschutz, die Energieversorgung (sofern nicht auch andere Gebiete betroffen sind) und die Medien. In Bindung an die Koordinationsprinzipien des Staatshaushaltes genießen Ceuta und Melilla außerdem Finanzautonomie (Artikel 34). Neben den Institutionen der Selbstverwaltung gibt es in den Städten noch die dem Innenministerium unterstellte *Delegación del Gobierno* (Vertretung der Regierung), in der die staatlichen Kompetenzen verwaltet bzw. vertreten werden. Dazu zählen insbesondere die Landesverteidigung, die Sicherheitskräfte (*Guardia Civil, Policía Nacional*), das Finanzamt (Steuereinziehung), die Bildung sowie die Arbeitsvermittlung und die Arbeitslosenhilfe (koordiniert durch das INEM/*Instituto Nacional de Empleo*). Die Bekämpfung der Arbeitslosigkeit unterliegt sowohl dem Staat als auch den Städten.

2.3. Das Militär in Ceuta und Melilla: alte und neue Feindbilder

Aufgrund ihrer historischen Tradition als „Frontstädte" (*plazas de fuerzas de la frontera*) an der Grenze zum islamischen Marokko, der strategischen Lage sowie des politisch-territorialen Konfliktes befinden sich auch heute noch in Ceuta und Melilla größere Truppenverbände (reguläre Armee und Fremdenlegion) mit entsprechenden infrastrukturellen Einrichtungen. Die beiden Städte sind folglich in ihrem Erscheinungsbild stark durch das Militär geprägt, was sich in sozioökonomischen Bereichen, in der Stadtplanung sowie im allgemeinen Stadtbild (alte Befestigungsanlagen, moderne Kasernen etc.) niederschlägt. Wie weiter oben bereits erwähnt, wurde erst Mitte des 19. Jahrhunderts eine freie Niederlassung von Privatpersonen in beiden Städten gestattet. Ceuta und Melilla spielten zudem für die kolonialistischen Abenteuer und Kriege Spaniens in Marokko eine Schlüsselrolle, und Melilla bildete 1936 für General Franco an der Spitze seiner afrikanischen Truppenverbände (Fremdenlegion und marokkanische *regulares*) den Ausgangspunkt seiner siegreichen Feldzüge gegen die Republikaner im

---

65 Zu den vollständigen Gesetzestexten siehe für Ceuta: Ley Orgánica 1/1995 (13.03.1995) www.ciceuta.es/TextosLegales/EstAutonom/ley-organica.htm; sowie für Melilla: Ley Organica 2/1995 (13.03.1995): Sociedad Pública V Centenario de Melilla, S.A. (1996), oder für beide Städte im Boletín Oficial del Estado (BOE) Nr. 62 vom 14.03.1995.

Bürgerkrieg.[66] Das Militär war während der franquistischen Diktatur - neben der Kirche und der Falange-Bewegung - eine der machterhaltenden Säulen im Staate, und es setzte der Demokratisierung nach Francos Tod teilweise massiven Widerstand entgegen (vgl. Agüero 1991, Bernecker 1995, Hippel 1996).

2.3.1. Militär und nationalistische Ideologie

Obwohl die spanischen Streitkräfte heute reformiert sind und demokratischen Entscheidungsprozessen unterliegen - sich also auch hier die spanische Demokratie formell konsolidiert hat -, identifiziert sich nach Agüero (1991, S. 167) dennoch ein großer Teil des Militärs im hohen Maße mit der franquistischen Vergangenheit. Dies kommt u.a. in militärischen Einrichtungen durch aushängende Portraits Francos und Standbildern seiner siegreichen Kämpfe sowie in der Ausbildung durch eine Verherrlichung des nationalistischen „Kreuzzuges" der Franquisten im Bürgerkrieg zum Ausdruck (vgl. Agüero 1991, S. 167). So ist es auch nach Hippel (1996, S. 159 ff) die konservativ-nationalistisch eingestellte Armee mit ihrem „harten Kern" von Anhängern pro-franquistischer Gefühle, die durch ihren Einfluss wesentlich zu dem Festhalten an der *españolidad* von Ceuta und Melilla beiträgt. Eine sehr nationalistische und islamfeindliche Grundeinstellung kommt - um ein Beispiel zu nennen - in der bereits in Kapitel 2.1.5. zitierten Arbeit über Ceuta und Melilla des in Ceuta geborenen Ex-Generals Leria y Ortiz de Saracho (1991) zum Ausdruck. Seine politische Position stellt sicherlich keinen Einzelfall dar.

Darüber hinaus kann ebenfalls von der Fremdenlegion - die in Ceuta und Melilla stationiert ist - behauptet werden, sie repräsentiere eine sehr nationalistische Ideologie. Die damit verbundenen Inhalte treten in dem 1978 in Ceuta eröffneten *Museo de la Legión* zu Tage, denn die Ausstellung vermittelt eine Verherrlichung der kriegerischen Vergangenheit der Fremdenlegion, deren Kommandanten und Soldaten als äußerste Verteidiger des Vaterlandes (mit echtem militärischem Geist versehen) gerühmt werden. In dem Museum befindet sich außerdem eine kleine Sammlung von Bildern, Photographien und anderen Erinnerungsstücken über General Franco. Für sich spricht auch ein Artikel in der El País vom 19.02.2001 über die Ablehnung des Verteidigungsministeriums (*Ministerio de Defensa*), in Melilla und Ceuta franquistische Symbole zu demontieren. In Melilla befinden sich als Stadt der nationalistischen Erhebung des Militärs im Jahre 1936 bis heute zahlreiche franquistische Monumente, Gedenktafeln und Symbole, wie beispielsweise auf einem zentralen Platz (*Plaza de los Héroes de España*/Platz der Helden Spaniens) im Stadtzentrum. Das gilt auch für Ceuta, wie die Gedenktafeln zu der nationalistischen und siegreichen Erhebung unter Franco an der Militärkommandantur zeigen. Darüber hinaus erinnern in Ceuta und Melilla jeweils 56 franquistische

---

66 Nach Saro Gandarillas (1996, S. 25) assoziieren bis heute die meisten Spanier der *península* mit Melilla die grausamen Kriege gegen „den *moro*".

Straßennamen an die Vergangenheit.[67] Von einer Gruppe Bürger unter der Führung des Parteimitglieds der *Izquierda Republicana* (Republikanische Linke) Enrique Delegado - so der Artikel in der El País vom 19.02.2001 - wurde ein Antrag auf Demontage an das Verteidigungsministerium gestellt. Das Verteidigungsministerium lehnte allerdings die Abnahme der Gedenktafeln an der Kommandantur in Ceuta mit der Begründung ab, dass diese lediglich als ein Vermächtnis der Vergangenheit betrachtet werden. Die in Symbolen manifestierte Erinnerungskultur bezüglich der franquistischen Vergangenheit erscheint in Ceuta und Melilla noch sehr lebendig und allgegenwärtig. Auch García Flórez (1999, S. 227) erwähnt ein Meinungsbild in Spanien, wonach dem Militär vorgeworfen wird, Ceuta und Melilla diene als Vorwand für „afrikanistische" Aktivitäten oder als Bollwerk für die Vertreter bzw. Fürsprecher von Nationalstolz und Vaterland (patria). Für den zitierten Autor - der selber keinen Zweifel an der *españolidad* der Städte läßt - spiegelt dies allerdings das Denken der spanischen Linken wieder, die dadurch völlig von den (notwendigen) militärischen Aspekten der Verteidigung der Territorien ablenken würden.

2.3.2. Ceuta und Melilla in der strategisch-militärischen Planung

Die militärische Verteidigung von Ceuta und Melilla erachtet García Flórez (1999, S. 309) als durchaus möglich, soweit der politische Wille besteht und entsprechende Mittel angewandt werden.[68] Es wird aber auch eingeräumt, dass seit Marokkos Unabhängigkeit nie eine konkrete militärische Bedrohung existiert hat. Dennoch soll die Präsenz des spanischen Militärs gegenüber jeglichen möglichen Angriffsversuchen abschreckend wirken (vgl. García Flórez 1999, S. 309 ff). In einer Meldung der marokkanischen Tageszeitung L'Opinion vom 31.03.1998 wird der hochrangige General und Oberbefehlshaber der spanischen Bodenstreitkräfte - José G. Martin - mit den Worten zitiert, dass es um Ceuta und Melilla keinen Krieg zwischen Spanien und Marokko geben werde. Dies hatte der General im spanischen Fernsehen geäußert und hinzugefügt, dass er in Ceuta geboren sei, seine Kindheit in Tétouan verbracht habe und somit freundschaftliche Gefühle für Marokko empfinde. Einen Krieg werde es seiner Meinung nach deshalb nicht geben, weil Marokko ein assoziierter Partner der EU sei, und außerdem trenne nicht das Mittelmeer Europa von Afrika, sondern die Sahara (!). Neben dem Weltbild des Generals offenbart die Zeitungsmeldung zudem, dass der politisch-territoriale Konflikte um Ceuta und Melilla sehr ernst genommen wird. Dies zeigt allein die Tatsache, dass überhaupt zum Ausdruck gebracht werden muss, eine kriegerische Auseinandersetzung um die beiden Städte sei ausgeschlossen.

In der strategisch-militärischen Planung Spaniens liegt nach García Flórez (1999, S. 255 ff) die Bedeutung von Ceuta und Melilla insbesondere in der Kontrol-

---

67 Zu den zahlreichen Straßen- und Viertelsnamen in Melilla mit militärischem oder franquist-
    ischem Bezug siehe Asociación de Estudios Melillenses (1997).
68 Zu der militärischen Verteidigung von Ceuta und Melilla im Detail siehe García Flórez (1999,
    S. 255 ff).

le der Straße von Gibraltar, deren Bedeutung sich zwar durch technische Entwicklungen seit dem Zweiten Weltkrieg relativiert hat, deren strategischen Punkte an der Meerenge sollten aber dennoch keinem anderen Staat - sprich Marokko - überlassen werden.[69] Zudem gehört Gibraltar seit dem 18. Jahrhundert zu Großbritannien, und unterliegt folglich nicht der Verfügung des spanischen Militärs. Die Bedeutung von Ceuta und Melilla, und die damit aus subjektiver Sicht verbundene Kontrolle der Meerenge, ist insbesondere vor dem Hintergrund der Wahrnehmung einer „Süd-Bedrohung" (*la amenaza del Sur*) zu sehen, die in spanischen Militärkreisen seit der Unabhängigkeit Marokkos und dem blutigen Unabhängigkeitskrieg in Algerien Anfang der 60er Jahre einen Bestandteil der strategischen Planung bildet (vgl. García Flórez 1999, S. 259).[70] Die Wahrnehmung einer Süd-Bedrohung, die bis heute besteht und von EU und NATO seit dem Ende des kalten Krieges zunehmend geteilt wird, hat auch nach García Flórez (1999, S. 259) in Spanien ihre Wurzeln in der Repräsentanz der *moros* als Feinde seit der Reconquista und seit den Kriegen in Afrika. Heute wird diese historische Feindschaft durch die Perzeption einer sozioökonomischen und möglichen politischen Instabilität Marokkos sowie Nordafrikas überlagert.

Die alten Feindbilder finden somit in der spanischen Politik sowie in Militärkreisen eine moderne Fortführung mit der Folge, dass der „vorgestellte Bedrohungsraum" Marokko und Nordafrika - neben der nationalistischen Argumentation - zu einem militärisch begründetem Festhalten an Ceuta und Melilla sowie zu einer relativ starken militärischen Präsenz in den Städten führt. Zudem hat nach García Flórez (1999, S. 264) die irakische Invasion von Kuwait und der folgende Golfkrieg der spanischen Öffentlichkeit vor Augen geführt, dass ein entsprechender Überfall im Bereich des Möglichen liegt, und somit das Unsicherheitsgefühl gegenüber dem südlichen Nachbarn noch verstärkt. Das Bedrohungsgefühl steht selbstverständlich mit dem 1991 geschlossenen Freundschaftvertrag im Widerspruch, wonach eben kriegerische Auseinandersetzungen grundsätzlich ausgeschlossen werden. Das Misstrauen gegenüber dem südlichen Nachbarn überwiegt offensichtlich das Vertrauen. Misstrauen existiert aber auch gegenüber den muslimischen Soldaten spanischer Nationalität, die bei den in Ceuta und Melilla stationierten Truppenverbänden ihren Dienst verrichten. Nach einem Artikel in der El País Digital (31.10.2001) hat der Anteil muslimischer Soldaten an den Truppenverbänden in Ceuta und Melilla mittlerweile ein Viertel erreicht, was im spanischen Verteidigungsministerium Besorgnis erregt, da diese Muslime oder deren Eltern aus Marokko stammen würden, und sie kulturelle und verwandtschaftliche Verbindungen mit dem Nachbarland hätten. Marokko ist schließlich das Land, welches die Rückgabe von Ceuta und Melilla fordert. Das Verteidigungsministerium hegt folglich Zweifel an der Loyalität der muslimischen Soldaten, obwohl diese über die spanische Staatsangehörigkeit verfügen und in den beiden Städten leben.

---

69 Die Kontrolle der Meerenge von Gibraltar erfolgt nach Carabaza/De Santos (1992, S. 172) von dem us-amerikanischen Militärstützpunkt in Rota.

70 In den Ausführungen des *Coronel de Infantería* Segarra Gestoso (1997) wird Ceuta und Melilla im Zusammenhang mit der Süd-Bedrohung eine stabilisierende Rolle zugeschrieben.

Während den Arbeiten von Hippel (1996, S. 159) und García Flórez (1999, S. 326) noch zu entnehmen ist, dass Ceuta und Melilla nicht in das Verteidigungsgebiet der NATO eingeschlossen sind, hat sich dies seit 1999 geändert. In einem Artikel der lokalen Tageszeitung El Pueblo De Ceuta vom 30.04.1999 wird über die Ergebnisse eines NATO-Gipfels in Washington wie folgt berichtet: „Die spanischen Streitkräfte müssen im Falle einer Destabilisierung Marokkos Ceuta und Melilla nicht mehr alleine verteidigen. Nach einer neuen Doktrin der NATO können auch außerhalb der geographischen Verteidigungszone militärische Interventionen erfolgen, sofern die Stabilität im Mittelmeerraum gefährdet erscheint. (4)" Das neue Verteidigungskonzept der NATO schließt also die beiden spanischen Städte nicht mehr aus, da die Sicherheit Europas mit der Sicherheit und Stabilität im Mittelmeerraum verknüpft wird. Sicherheitsoperationen der NATO können sich - nach diesem Artikel - gegen Terrorismus, Sabotage, organisierte Kriminalität und Probleme bezüglich lebenswichtiger Versorgungsquellen richten. Als neues Risiko in Nordafrika wird in dem strategischem Papier der NATO das Erscheinen des *islamismo* bezeichnet, wodurch die Instabilität in der Region zugenommen habe. Was die politische Stabilität von Marokko anbetrifft, so ist nach Auffassung spanischer Militärs auch dort alles möglich, wie die Erfahrungen in Jugoslawien gezeigt haben. Nach der lokalen Tageszeitung El Faro de Ceuta (30.04.1999) ist die Mehrheit der Politiker in Ceuta mit der Entscheidung der NATO sehr zufrieden, da sie nun nicht mehr vom Rest Spaniens ausgeschlossen sind.[71]

2.3.3. Die Folgen der Präsenz des Militärs in Ceuta und Melilla

Neben allen strategischen Aspekten hat die besondere Präsenz des Militärs in Ceuta und Melilla auch Auswirkungen auf das alltägliche Leben in den Städten. Schließlich sind in beiden Städten jeweils ca. 5.000 Soldaten stationiert, die sich auf mehrere Kasernen und sonstige militärische Einrichtungen verteilen (vgl. Hippel 1996, S. 165, García Flórez 1999, S. 299). Der Anteil der Fremdenlegionäre beträgt jeweils etwa 1.000 Mann. Die Berufssoldaten haben nach García Flórez (1999, S. 229) in Ceuta und Melilla ein großes (politisches) Gewicht; zudem stellen sie mit ihren Familien einen nicht unbedeutenden prozentualen Anteil an der Gesamtbevölkerung, der allerdings nicht genannt wird. Die gesellschaftliche Bedeutung des Militärs in den Städten zeigt sich auch an den regelmäßigen Berichten in den regionalen Tageszeitungen zu militärischen Themen, wie spezifische Feierlichkeiten oder Besuche von hochrangigen Generälen. In ökonomischer Hinsicht hat das Militär Bedeutung durch den Konsum der Soldaten sowie durch die verhältnismäßig hohen Investitionen des Verteidigungsministeriums. Hinzu kommen nach García Flórez (1999, S. 228) die touristischen Einnahmen durch den Besuch von Familienangehörigen bei den Vereidigungen der Rekruten, die in Spanien als Fahneneid (*Juro de Bandera*) bezeichnet werden. Der *Juro de Bandera*

---

71 Zu geostrategischen Details bezüglich Ceuta und Melilla siehe Carabaza/De Santos (1992), Argumosa Pila (1997), García Flórez (1999) sowie die Zeitung Pueblo De Ceuta (30.04.1999).

wird in Ceuta und Melilla regelmäßig öffentlich vollzogen, und neben hochrangigen Offizieren nehmen daran auch immer Vertreter der örtlichen katholischen Kirche sowie der städtischen Regierung teil (vgl. El Faro de Ceuta, 28.03.1999). Bei dieser Zeremonie scheint die alte Verbindung zwischen Nationalismus und Katholizismus wieder auf, indem die Rekruten mit dem Segen der Kirche auf die Verteidigung des Vaterlandes (*patria*) eingeschworen werden.[72] Der katholisch-nationale Geist des Militärs kommt auch in der *Semana Santa* (Karwoche) in Ceuta durch die Begleitung einer Prozession von einem im Stechschritt marschierenden Trupp von Fremdenlegionären zum Ausdruck.

Die im Jahre 1920 von General Millán Astray gegründete spanische Fremdenlegion kam hauptsächlich in Nordafrika zum Einsatz, und sie pflegt bis heute den spezifischen „Korpsgeist", zu den härtesten Truppenverbänden zu zählen. Dies beinhaltet - wie oben bereits angedeutet - eine Verherrlichung des Militärs und die ausdrückliche Bereitschaft, für das Vaterland zu sterben. In der Bevölkerung von Ceuta und Melilla haben die Fremdenlegionäre - die heute überwiegend aus Spaniern bestehen - den Ruf, sehr draufgängerisch und ein wenig verrückt zu sein. Nach Masegosa/Valenzuela (1996, S. 16 f) kommt es auch immer wieder zu handfesten Streitigkeiten zwischen Fremdenlegionären und Muslimen. So wird über einen Vorfall vom 10. März 1996 in Melilla berichtet, wonach etwa 300 Fremdenlegionäre über ein muslimisches Stadtviertel herfielen, während sich die Polizei passiv verhielt. Sie zogen durch das Viertel und riefen: „*No os escondáis, moros cobardes!*" (Ihr entkommt uns nicht, feige *moros*!) (vgl. Masegosa/Valenzuela 1996, S. 16). Diesem „Überfall" war der Mord eines muslimisch-spanischen Reservisten an einem Fremdenlegionär während einer Messerstecherei vorausgegangen. Die Muslime reagierten am nächsten Tag mit einer Demonstration, auf der sie riefen, dass sie ebenfalls Spanier seien, und zudem ein Ende der Diskriminierungen sowie den „Rauswurf" der Fremdenlegion aus Melilla forderten (vgl. Masegosa/Valenzuela 1996, S. 16). Bereits in den Jahren vorher (1977, 1979, 1991 und 1993) kam es zu gewalttätigen Übergriffen der Fremdenlegionäre.[73] Ebenso berichtet Driessen (1992, S. 168) von Gewaltausbrüchen seitens der Fremdenlegionäre gegenüber der Muslime im Viertel Cañada de la Muerte (Melilla). Aber auch die Muslime in Ceuta wurden nach Stallaert (1998, S. 140) zumindest noch in den 80er Jahren regelmäßig von Fremdenlegionären belästigt.

Von besonderer Bedeutung für die Stadtplanung und -entwicklung ist die Tatsache, dass in Ceuta und Melilla jeweils große Flächen innerhalb und außerhalb des bebauten Stadtgebietes im Besitz des Militärs bzw. des Verteidigungsministeriums

---

72   Zu den militärischen Ritualen in Melilla siehe insbesondere Driessen (1992, S. 111 ff).
73   Carabazas/De Santos (1992, S. 141) berichten über einen nächtlichen Überfall von Fremdenlegionären auf das muslimische Viertel Reina Regente am 20.05.1991. Etwa 100 Fremdenlegionäre zogen durch das Viertel, schlugen an Türen, prügelten wahllos auf Leute ein und ramponierten Autos. Die lokale Polizei (*Policía Local*) griff nicht ein, mit der Begründung, dass sie dafür nicht zuständig seien. In der Presse wurde der Vorfall als „Rache der Legionäre" (*Venganza legionaria*) für einen von den „*moros*" verprügelten Soldaten dargestellt.

sind (vgl. Karten im Anhang). Nach Schätzungen von Mitarbeitern des Stadtplanungsamtes in Ceuta befinden sich ca. 30% der gesamten Stadtfläche im Besitz des
Verteidigungsministeriums. In Melilla liegt der Anteil des Verteidigungsministeriums an der Stadtfläche mit 32,51 % in der gleichen Größenordnung, und hier gibt es
insgesamt 14 Kasernen (vgl. Ciudad Autónoma de Melilla 1999, S. 387). Bei dem
ganz generellen Mangel an Boden in den kleinen Territorien - in Ceuta kommen
noch starke reliefbedingte Schwierigkeiten hinzu - bedeutet dies eine weitere Einschränkung für den Bau von Wohnungen. Allerdings existieren nach Aussagen von
Stadtplanern in Melilla und Ceuta mittlerweile Abkommen mit dem Verteidigungsministerium, wonach ungenutzte Kasernen und z.T. auch Freiflächen aufgegeben
und verkauft werden sollen. Der Grundbesitz des Militärs erstreckt sich in beiden
Städten auch auf muslimische Stadtviertel, die weitgehend illegal errichtet wurden,
und deren Legalisierungen seit längerem diskutiert werden.

In Bezug auf die spanische Armee sollte an dieser Stelle deutlich gemacht
werden, dass (a) zumindest partiell konservativ-nationalistische bis franquistische
Weltbilder und Ideologien fortbestehen, (b) Marokko - bzw. Nordafrika insgesamt
- in geschichtlicher Kontinuität als „Bedrohungsraum" wahrgenommen und als
„neues" Feindbild konstruiert wird und (c) aus nationalen Gefühlen und strategischen Überlegungen zu einem Festhalten an der *españolidad* von Ceuta und Melilla
nicht unerheblich beigetragen wird. Diese drei Aspekte bewirken gemeinsam die
vergleichsweise starke militärische Präsenz in Ceuta und Melilla, wodurch einerseits konkrete räumliche Strukturen - mit z.T. für die Stadtplanung beschränkenden
sowie juristischen (für die Legalisierung muslimischer Viertel) Implikationen - produziert, und andererseits soziale und ökonomische Bereiche der städtischen Gesellschaften beeinflusst werden.

2.4. Stadtgeschichte und Erinnerungskultur in Ceuta und Melilla

Die Interpretation und Darstellung von Stadtgeschichte bzw. die lokale
Erinnerungskultur bilden - mehr oder weniger stark ausgeprägt - ein wichtiges Element im Selbstverständnis aller Bevölkerungsgruppen in Ceuta und
Melilla. Besonders hervorzuheben ist hier jedoch der dominante Diskurs über
die Stadtgeschichte seitens der christlichen Spanier, der zumindest teilweise mit
dem im Verlauf der Geschichte konstruiertem Bild von den *moros* und Marokko
in Beziehung steht. Die Konstituierung des Selbstverständnisses der christlichen
Spanier ist sehr stark mit der isolierten Grenzlage von Ceuta und Melilla auf
dem afrikanischen Kontinent sowie dem politisch-territorialen Konflikt um die
Städte bestimmt, so dass hier die Zugehörigkeit zu Spanien - die *españolidad*
- in Verbindung mit der Interpretation und Darstellung von Geschichte in einem
Maße betont und demonstriert wird, wie dies in anderen spanischen Städten
kaum anzutreffen ist. Die Gestaltung der Erinnerungskultur hat allerdings auch
Auswirkungen auf das Zusammenleben mit den anderen Religionsgemeinschaften,
insbesondere den Muslimen. Schließlich wird die spanische Geschichte der Städte

sehr stark mit dem Christentum in Verbindung gebracht, wodurch implizit die anderen Religionsgemeinschaften ausgeschlossen werden. Die starke Betonung der christlich-spanischen Geschichte und „Identität" der Städte bzw. ihrer Bewohner steht in einem besonderen Spannungsverhältnis zu den durch die Stadtverwaltungen initiierten Selbstdarstellungen einer kulturellen Vielfalt („vier Kulturen"). Die „offizielle" Geschichtsschreibung der Städte wird im wesentlichen von christlichen Spaniern betrieben, die somit in der Regel durch ihre Publikationen als Akteure zur Stiftung bzw. Stärkung einer historisch fundierten christlich-spanischen Identität in Erscheinung treten. In Ceuta und Melilla existieren zudem Institutionen für die Beschäftigung mit Stadtgeschichte (*Instituto de Estudios Ceutíes* und *Asociación de Estudios Melillenses*), in denen ebenfalls fast ausschließlich Christen zu den aktiven Mitgliedern zählen. Die Geschichte wird von Autoren in Geschichtsbüchern oder sonstigen Publikationen sowie Politikern beispielsweise bei Jahresfeiern als „Beweis" für und Erinnerung an die *españolidad* von Ceuta und Melilla instrumentalisiert. Es sollen im Folgenden einige Beispiele der „offiziellen" Versionen der Stadtgeschichte anhand von Literatur, Materialien zur 500-Jahr-Feier Melillas, Internet-Auftritten und sowie Pressediskursen über zwei Gedächtnisfeiern analysiert werden.

2.4.1. Einige Beispiele der lokalen Geschichtsschreibung

Zur Orientierung erfolgt zunächst eine von dem Verfasser rekonstruierte, sehr kurze Darstellung der rein zeitlichen Abfolge von Eroberungen bzw. Herrschaftsphasen bezüglich der Städte Ceuta und Melilla. Die Geschichte beider Städte kann bis zur muslimischen Eroberung in eine phönizische und später karthagische (etwa ab 1000 v. Chr.; für Ceuta keine Siedlung bestätigt, phönizischer Name von Melilla war Rusadir), römische (etwa ab dem 2. Jh. v. Chr., Ceuta leitet sich von dem ursprünglich lateinischen Namen Septem Fratres/sieben Hügel ab) sowie eine vandalische, westgotische und byzantinische Zeitphase (5. bis 7./8. Jh.) eingeteilt werden. Vom Ende des 7. bis Anfang des 8. Jahrhunderts erfolgte schließlich die arabisch-islamische Eroberung Nordafrikas - und somit auch von Ceuta und Melilla - sowie großen Teilen der Iberischen Halbinsel. Erst im 15. Jahrhundert werden die beiden nordafrikanischen Städte von portugiesischen bzw. spanischen Truppen eingenommen. Diese wechselnden Herrschaftsphasen bieten offensichtlich zur Beweisführung für eine spezifische nationale Zugehörigkeit der Städte viel Spielraum für Interpretationen.

So werden von einem christlich-spanischen Autor in einem Reiseführer über Melilla aus dem Jahr 1985 ganz im Stil afrikanistischer Darstellungen die Araber als kriegerische und fanatische Invasoren der Stadt dargestellt, die eine neue Religion und eine neue Form des Denkens mit sich brachten, die mit allen Mitteln und mit Grausamkeit implantiert wurden (vgl. Domínguez Sánchez 1985, S. 59 f). Hier wird die arabisch-muslimische Herrschaft als ein gewalttätiges Intermezzo aufgefasst, das letztendlich - wie derselbe Autor (vgl. Domínguez Sánchez 1993) in einer

„Geschichte Melillas" ausführt - nur die Kontinuität der *españolidad* der Stadt seit der Antike unterbrochen hat. Das Motiv dieser „historischen Kontinuität" wird auch von anderen Autoren verfolgt.

In dem zur 500-Jahr-Feier Melillas neu aufgelegtem „*Resumen de la Historia de Melilla*" von Mir Berlanga (1996) - dem offiziellen Chronisten der Stadt - wird die Geschichte vor der spanischen Eroberung in absoluter Kürze dargestellt.[74] Die Araber gelten dabei - im Gegensatz zu den späteren spanischen Eroberern (s.u.) - als Invasoren, auf die der Namenswechsel der Stadt von Rusadir zu Melilla zurückgeht (vgl. Mir Berlanga 1996, S. 8 f). Die folgenden 8 Jahrhunderte arabischer und berberischer Herrschaft werden in wenigen Absätzen abgehandelt, und es scheint so, als ob die Geschichte der Stadt eigentlich erst mit der spanischen Eroberung im Jahre 1497 beginnt. Das liegt daran, dass es einerseits über die Zeit des mittelalterlichen Melilla (8. bis 15. Jh.) nur sehr wenige erschlossene Quellen gibt (vgl. Gozalbes Cravioto 1998/99), und andererseits die Intention des Autors darin besteht, die *españolidad* von Melilla aufzuzeigen. Bereits vor den eigentlichen Darstellungen des „*Resumen...*" kommt der historische und politische Standpunkt des Autors deutlich zum Ausdruck, indem hier folgende Zeilen in großen Buchstaben vorangestellt werden: „Nachdem die ganze Provinz „hispania nova ulterior tingitana" durch die Invasion der Vandalen verloren ging, konnte Melilla am 17. September 1497 zurückerobert werden. Seitdem bildet Melilla endgültig einen Bestandteil von Spanien, 18 Jahre bevor das Königreich Navarra gegründet wurde, 162 Jahre bevor Rosellón französisch wurde, 279 Jahre bevor die Vereinigten Staaten von Amerika zu existieren begannen" (5) (Mir Berlanga 1996, S. 3). Die römische Provinz „*hispania nova ulterior tingitana*" wird von Mir Berlanga bereits als „spanische Provinz" verstanden, die durch die Invasion der Vandalen (5. Jh.) verloren ging, und zumindest Melilla konnte im 15. Jahrhundert *zurückerobert* werden. Um die lange Dauer der *españolidad* zu unterstreichen, werden die zeitlichen Vergleiche mit der Zugehörigkeit von Rosellón zu Frankreich und der Gründung der Vereinigten Staaten herangezogen.

Ganz in diesem Sinne wurde von Mir Berlanga (1993, S. 17) in einem früheren Werk bereits im ersten Satz des ersten Kapitels festgestellt, dass die spanische Präsenz in Nordafrika eine historische Konstante darstellt, die bereits einige Jahrhunderte vor dem Erscheinen bzw. der Invasion der Araber einsetzte. Folglich endete die Reconquista auch nicht mit der Eroberung von Granada im Jahre 1492, sondern sie wurde auf der anderen Seite des Ufers der alten spanischen-römischen Provinz (*Hispania Nova Ulterior* oder *España Transfretana*) fortgeführt (Mir

---

74 Francisco Mir Berlanga hat zahlreiche Geschichtsbücher zu Melilla veröffentlicht und gilt als der offizielle Chronist der Stadt. Er war Grundschullehrer, verfügt über ein Staatsexamen in Recht und ist pensionierter *Coronel* der Infanterie. Zudem hat Mir Berlanga auch als *Delegado de Gobierno* (Vertreter der Regierung) und von 1964 bis 1971 als Bürgermeister (*Alcalde*) der Stadt eine politische Karriere hinter sich. Zudem hat er das Stadtmuseum gegründet und war dort über viele Jahre als Direktor tätig. Außerdem ist er korrespondierendes Mitglied der Königlichen Akademie für Geschichte und Schöne Künste von San Telmo.

Berlanga 1993, S. 17/18). Nach dieser Interpretation von Geschichte könnten ja eigentlich noch weitere Teile Nordafrikas *zurückerobert* werden, was zu Beginn des 20. Jahrhunderts ja auch geschah. Der konservativ-nationalistische Standpunkt des offiziellen Chronisten der Stadt wird auch an vielen anderen Textstellen deutlich, indem beispielweise die Errichtung des spanischen Protektorats in Marokko als unumgänglich und der damit verbundene Krieg im Rif als „Pacificación" (Befriedung) gerechtfertigt werden (vgl. Mir Berlanga 1996, S. 28 f). Der spanische Charakter der Stadt ist für Mir Berlanga (1993, S. 21) nicht anzuzweifeln: „Melilla hat nichts Afrikanisches an sich, außer der geographischen Lage. Vor allem ist sie spanisch, westlich und lateinisch. Als Spanier verfügen ihre Bewohner über die vollen Rechte, wie über ihre Gewohnheiten und Lebensformen. Das ist eine historische Realität, sehr offensichtlich, so wie es aufrichtig kein Anlass zu Zweifel sein kann ... Wie man zu sagen pflegt, leben wir im Zeitalter der Dekolonisation. Aber man kann nur das dekolonialisieren, was einmal kolonialisiert war, und Melilla war dies niemals" (6).

Ganz im Gegensatz zu den historischen Arbeiten mit mehr oder weniger expliziten nationalistischen Absichten, die *españolidad* von Melilla hervorzuheben und dabei gleichzeitig alle anderen Möglichkeiten der Zugehörigkeit abzuwenden, existieren ebenfalls zahlreiche Publikationen, die auf jegliches nationalistische Pathos verzichten. Besonders hervorzuheben ist die seit Anfang der 90er Jahre bestehende Zeitschrift „El Vigía De Tierra" in der neben historischen Arbeiten zu Melilla beispielsweise auch Artikel über die Kultur, Sprache und Geschichte der Berber bzw. Imazighen der Region sowie kritische Auseinandersetzungen mit dem Kolonialismus erscheinen. Wie in Kapitel 4. noch gezeigt wird, besteht das Selbstbild der christlichen Bewohner von Melilla nicht ausschließlich aus nationalistisch geprägten Gefühlen für das spanische Vaterland (*patria*).

In Ceuta zeigen die Beispiele eines von der Stadt gesponsorten Bildbandes mit großem historischem Textteil (vgl. Gómez Barceló/Hita Ruiz/Valriberas Acevedo/ Villada Paredes 1998) sowie die Darstellung der Stadtgeschichte von Gómez Barceló des Instituto de Estudios Ceutíes auf der offiziellen *homepage* (www.ciceuta.es), dass „offizielle Geschichtsschreibung" auch ohne nationalistisches Pathos auskommen kann. Allerdings wird im Teil Altertum der Stadtgeschichte auf der *homepage* (www.ciceuta.es/historia/historia1.html) implizit ein Bogen von der römischen Vergangenheit zur heutigen (spanischen) Zeit gespannt: „In Rom liegen der Ursprung unserer Welt, die Wurzeln des kulturellen, multirassischen, ökumenischen und interethnischen Zusammenlebens. Die Meerenge ist folglich eine Straße der Kommunikation und keine Grenze. Die nördlichen und südlichen Provinzen gehören zusammen: Okzident" (7). Etwas expliziter formuliert besagt diese Textstelle, dass die kulturellen Wurzeln der Stadt im (antiken) Okzident (und damit eben nicht im „afrikanischen Orient") liegen, es bereits in römischer Zeit die auch heute noch bestehende *convivencia* verschiedener Menschen gab und die Meerenge keine natürliche Grenze bildet (weder früher noch heute). Mit dieser Aussage soll offensichtlich die aktuelle spanische Kontinuität historisch belegter westlicher Zugehörigkeit der Stadt dokumentiert werden, um jeglichen - geschichtlich begründeten - Rückgabe-

forderungen seitens Marokkos entgegenzuwirken. Ebenso wird damit dem Argument der natürlichen Grenzen Marokkos widersprochen, indem die Meerenge zur
bereits in historischer Zeit bestehenden „Straße der Kommunikation" erklärt wird.
Hier fügt sich auch wieder die in Kapitel 2.2.4. zitierte Aussage des *Delegado del
Gobierno* von Ceuta bezüglich marokkanischer Rückgabeforderungen ein, wonach
die *españolidad* von Ceuta (und Melilla) seit dem römischen Imperium bestünde
(vgl. El País Digital 14.08.1999). Ein weiterer wichtiger Bezugspunkt für das historisch begründete Selbstverständnis der (christlichen) *españolidad* Ceutas sind die
Reste einer vor einigen Jahren im Zentrum der Stadt gefundenen frühchristlichen
Basilika aus dem 4. Jahrhundert, womit bewiesen ist, dass bereits vor der arabischen Invasion eine kleine christliche Gemeinschaft in der Stadt lebte.

Das aktuelle politisch-offizielle Selbstverständnis von Ceuta kommt im Vorwort
des Präsidenten der autonomen Stadt zu dem bereits erwähnten Bildband sehr gut
zum Ausdruck (vgl. Gómez Barceló/Hita Ruiz/Valriberas Acevedo/Villada Paredes
1998). Darin werden folgende zentralen Aspekte einer Charakteristika der Stadt
hervorgehoben: die jahrhundertealte Verbundenheit bzw. Einheit des antiken Abyla
und Septem Fratres mit der Iberischen Halbinsel, die *convivencia* und Toleranz von
Christen, Muslimen, Juden und Hindus sowie die Kontinuität als Eingangstor Europas in Afrika (*la puerta de Europa en África*). So wie es sicherlich nicht anders
zu erwarten ist, werden in Ceuta und Melilla die Eroberungen der beiden Städte
als endgültige und unwiderrufliche Einbindungen in die „spanische Nation" verstanden. Neben diesem „Dogma" dominieren in den meisten Selbstdarstellungen
beider Städte das „friedliche und harmonische Zusammenleben der vier Kulturen"
(vgl. Kap. 4.6.).

2.4.2. Die 500-Jahr-Feier in Melilla: Wir sind und bleiben spanisch!

Ein besonderes Ereignis der gelebten Erinnerungskultur in Melilla stellte im Jahr
1997 die bereits erwähnte 500-Jahr-Feier zum Jahrestag der spanischen Eroberung
durch Pedro de Estopiñán am 17. September 1497 dar. Die Feierlichkeiten wurden 2 Jahre lang vorbereitet, und zu diesem Anlass erfolgte u.a. der Bau eines
Kongresszentrums sowie die Sanierung und der Bau von dauerhaften Ausstellungen
und Museen in der Altstadt im Rahmen von der EU geförderter umfassender
Sanierungsarbeiten des Kerns der spanischen Ansiedlung (*Melilla la Vieja* oder *El
Pueblo*). Diese Maßnahmen sollen für die Zukunft die Tourismusbranche in der
Stadt stärken. Bereits im Vorfeld der Feier kam es zu heftigen Protesten seitens der
marokkanischen Regierung und der dortigen Oppositionsparteien mit denen gleichzeitig Rückgabeforderungen erhoben wurden. Um keinen größeren diplomatisch-
en Schaden für die spanisch-marokkanischen Beziehungen anzurichten, erschienen
daraufhin weder der König Juan Carlos noch Ministerpräsident Aznar zu den
Feierlichkeiten, was von führenden Politikern in Melilla sehr kritisch aufgenommen wurde (vgl. El Mundo 15.09.1997, Melilla Hoy 18.09.1997). Als Vertreter der
nationalen Regierung erschien lediglich Mariano Rajoy, der Minister für öffentliche

Verwaltung (*Ministro para las Administraciones Públicas*). Zum Ausgleich wurde am Tag nach der offiziellen Feier dem König als Ehrenvorsitzenden der 500-Jahr-Feier in Madrid von Regierungsvertretern aus Melilla die Goldmedaille der Stadt überreicht.

Der Hauptfestakt wurde symbolträchtig in der kastellartigen Altstadt von Melilla (*Melilla la Vieja*) unter Anwesenheit des Präsidenten (Ignacio Velázquez Rivera von der *Partido Popular*) und weiterer Regierungsvertretern der Stadt, dem *Delegado de Gobierno*, dem erwähnten Minister aus Madrid, hochrangigen Militärs, Mitgliedern des Ehrenkomitees der 500-Jahr-Feier und zahlreichen anderen Persönlichkeiten u.a. mit Militärparaden sowie Fahnenhissen zelebriert (vgl. Melilla Hoy 18.09.1997). Weite Teile der Festrede des Ministers aus Madrid bezogen sich auf die sozialen und ökonomischen Folgen sowie Möglichkeiten und Herausforderungen, die mit dem Autonomiestatus der Stadt verbunden sind, und er hob insbesondere die zukünftige Bedeutung des Zusammenlebens (*convivencia*) und der Integration der Kulturen in Melilla hervor. Die diesbezügliche Schlagzeile in der konservativen lokalen Tageszeitung Melilla Hoy vom 18.09.1997 spricht für sich: „Die Regierung zieht es vor, die convivencia in Melilla gegenüber der *españolidad* der Stadt zur 500-Jahr-Feier hervorzuheben" (8) Ganz im Gegensatz dazu stand die Festrede des Präsidenten von Melilla, der den Stolz auf die *españolidad* der Stadt zum Ausdruck brachte und nochmals das Fehlen des Königs sowie hoher Regierungsvertreter aus Madrid kritisierte.

Zu den Feierlichkeiten zählten außerdem u.a. ein Galaabend, ein Feuerwerk und ein ökumenischer Festakt unter dem Motto „*Melilla por la tolerancia*" an dem religiöse Vertreter der „vier Kulturen" (Christen, Muslime, Hebräer und Hindus) teilnahmen und kurze Reden hielten, in denen das friedliche Zusammenleben bestätigt und gleichzeitig auch für die Zukunft beschworen wurde (vgl. Melilla Hoy 18.09.1997). Allerdings hatte zuvor ein Vertreter der *Comisión Islámica de Melilla* - die 1994 als Dachverband von 4 bereits bestehenden islamischen Organisationen gegründet wurde - die Teilnahme an dem ökumenischen Festakt abgesagt, mit der eigenwilligen Begründung, dass durch das Nichterscheinen von Vertretern der nationalen Regierung oder des Königshauses keine Garantien der *españolidad* von Melilla gewährleistet wären. Wie auch immer diese Begründung zu interpretieren ist, hatte sie heftige Kritik seitens der städtischen Regierung und des Präsidenten zur Folge, indem der *Comisión Islámica de Melilla* Intoleranz und ein Verhalten im Sinne der marokkanischen Politik vorgeworfen wurde. Vertreter der *Comisión Islámica* hielten dem entgegen, dass sie zu dem Festakt überhaupt nicht eingeladen worden wären (vgl. Melilla Hoy 18 u. 19.09.1997, El Telegrama de Melilla 19.09.1997). Allerdings nahm als Ersatz und Vertreter der muslimischen Gemeinschaft Sidi Driss Abdelkader, der Präsident der *Asociación Religiosa Musulmana de Melilla* an dem ökumenischen Festakt teil. Bei der Lektüre der lokalen Presse verbleibt ein verworrenes Bild über die tatsächlichen Hintergründe der Absage, wodurch die *Comisión Islámica* in ihrem Verhalten insgesamt eher negativ erscheint. Darüber hinaus ist deutlich geworden, dass innerhalb der muslimischen Gemeinschaft keine einheitliche politische Linie vertreten wird. Ganz generell nahmen allerdings sehr wenige

Muslime - die immerhin fast die Hälfte der Bevölkerung stellen - als Zuschauer an den Feierlichkeiten teil, sei es nun aus grundsätzlichem Desinteresse aufgrund eines mangelndem Zugehörigkeitsgefühls zur spanischen Nation, oder weil die *Comisión Islámica* ihre Teilnahme abgesagt hatte.

Konkrete Kritik an der Art und Weise der Durchführung der 500-Jahr-Feier artikulierte insbesondere Mustafa Hamed Aberchan von der CpM (*Coalición por Melilla*) - der so genannten Muslim-Partei - , wobei hauptsächlich die dazu vorgenommenen Investitionen angesprochen wurden. Nach Aberchan hätte das Geld in dringende Bereiche zum Ausbau mangelnder Infrastruktur investiert werden sollen, um so den Zusammenhalt der multikulturellen Gesellschaft in Melilla zu fördern. Dazu wäre es beispielsweise wichtiger gewesen, finanzielle Mittel für die Bekämpfung des Analphabetismus sowie für den Wohnungsbau zur Verfügung zu stellen (vgl. El Telegrama de Melilla, 17.09.1997 - Sonderausgabe zur 500-Jahres-Feier). Beides sind Bereiche, von denen die muslimische Gemeinschaft besonders betroffen ist. In der wissenschaftlichen Zeitschrift *Razón y Fe* veröffentlichte der geborene Melillenser Ali M. Laarbi aus Anlass der 500-Jahr-Feier einen Artikel, in dem er angesichts der schlechten sozialen und ökonomischen Situation in Melilla sowie einer damit verbundenen unsicheren Zukunft die provozierenden Fragen stellt: „Was soll tatsächlich gefeiert werden? Die zivilisatorische Mission der christlichen Religion? Die Abschaffung eines fruchtbaren Zusammenlebens der drei Kulturen, bedrängt durch die Anderen zu konvertieren oder das Testament der Königin Isabella mit ihrer Absicht, Nordafrika zu besetzen und christianisieren?" (9) (Laarbi1997, S. 156). Der wahre Sinn der 500-Jahr-Feier liegt nach Laarbi (1997, S. 164) darin, weiterhin einen „Wachturm" aufrecht zu erhalten, um den Feind (gemeint ist Marokko) bereits auf großer Entfernung an der südlichen Grenze erkennen zu können. Darüber hinaus wird durch die 500-Jahr-Feier, die über tausendjährige Geschichte der Stadt sowie der Region völlig ausgeblendet (vgl. Laarbi 1997, S. 164). Viel wichtiger wäre es, nach der Meinung des Autors, die Probleme der Stadt offen anzugehen.

2.4.3. Die große Belagerung von Melilla 1774/75: eine jährliche Feier zum Gedenken der Verteidiger der *españolidad*!

Als ein jährlich stattfindendes Ritual der gelebten Erinnerungskultur in Melilla wird der Jahrestag der Aufhebung einer schweren Belagerung der Stadt durch den Sultan von Marokko am 19. März 1775 regelmäßig zelebriert. Als die diesbezüglichen Feierlichkeiten im März 2000 zum 225ten Mal begangen werden sollten, kam es allerdings zu einem innenpolitischen Eklat in Melilla, weil der damalige Präsident der autonomen Stadt - mittlerweile war dies Mustafa Aberchan von der CpM (*Coalición por Melilla*) - die Erinnerung an dieses Ereignis einen Tag später (am 20. März) und zudem als ökumenischen Akt (in einer Kirche) ausgerichtet hatte (vgl. Telegrama de Melilla 20./21.03.2000, Melilla Hoy 20./21.03.2000, El Faro de Melilla 20./21.03.2000). Die Oppositionsparteien - PP (*Partido Popular*), UPM (*Unión del Pueblo Melillense*) und PSOE (*Partido Socialista Obrero Español*) - schlossen sich daraufhin zusammen und feierten inoffiziell den Jahrestag der

Aufhebung der Belagerung am 19. März 2000 mit einer Messe (in der *Iglesia de la Purísima Concepción*) und einer Kranzniederlegung an einem Gedenkstein in der Altstadt von Melilla. Als Begründung wurde angegeben, als Opposition bezüglich der Verlegung der Gedenkfeier nicht gefragt worden zu sein, und zudem - so teilten Sprecher der Parteien mit - können sie nicht zulassen, dass die Geschichte und damit verbundene Gewohnheiten verändert würden und die Traditionen verloren gingen, sondern es gelte sie zu respektieren. Ein Sprecher der PP erwähnte noch, dass die Gedenkfeier eine Bestätigung der *españolidad* von Melilla darstelle, als Konsequenz aus dem Widerstand einiger Helden (*la resistencia de unos héroes*) gegenüber der Belagerung durch fremde Streitkräfte (*de ante el sitio de unos fuerzas extranjeras*) (El Faro de Melilla 20.03.2000, S. 5).

Besonders heftig und polemisch fiel die Kritik an dem Vorgehen Mustafa Aberchans in der konservativ-nationalistischen lokalen Wochenzeitung *El Vigía* aus. Die folgende Schlagzeile über einem ausführlichen Artikel zum Thema bringt die Intention bereits ausreichend zum Ausdruck: „Aberchán versetzt der Geschichte der *españolidad* von Melilla einen Fußtritt und verändert ungestraft die traditionelle Feier der Aufhebung der Belagerung in einen „ökumenischen Akt"."(10) (El Vigía Nr. 6, Marzo 2000, S. 14). In dem Artikel wird insbesondere dem muslimischen Präsidenten der Stadt mangelnde Respektierung der Geschichte und mehr oder weniger explizit mangelndes Nationalbewusstsein vorgeworfen, aber auch die Koalitionspartei der Regierung (GIL/*Grupo Independiente Liberal*) entging nicht der Kritik.

Am 20. März 2000 erfolgte die offizielle ökumenische Gedächtnisfeier zur Aufhebung der Belagerung von 1775 mit einer Messe und einer Kranzniederlegung in der *Iglesia de la Purísima Concepción*. An der Feier nahmen der Vizepräsident der Stadt - Enrique Palacios -, fast alle Regierungsmitglieder, der *Comandante General de la Plaza* (der örtliche Generalkommandant) sowie zahlreiche andere hochrangige Militärangehörige teil. Die religiöse Zeremonie wurde von einem christlichen und einem islamischen Geistlichen vollzogen; die religiösen Vertreter der Hindus und Hebräer waren zwar anwesend, beteiligten sich aber nicht aktiv am Festakt. Der Präsident Mustafa Aberchan konnte aufgrund eine Reise auf die *Península* (Verhandlungen über eine Meerwasserentsalzungsanlage und der Einrichtung einer Schnellbootverbindung mit Málaga) nicht teilnehmen, der *Delegado de Gobierno* erschien ebenfalls nicht. Das Fehlen der beiden hochrangigen Persönlichkeiten wurde von der konservativen Zeitung Melilla Hoy (21.03.2000) ohne weitere Interpretationen als besonders bedeutsam bzw. symbolträchtig bewertet. Der Presse vom 21. März 2000 (vgl. Melilla Hoy, El Faro) konnte dann entnommen werden, dass der ökumenische Festakt nicht am 19. März in der *Iglesia de la Purísima Concepción* vollzogen werden konnte, weil an dem Tag die Abendmahlsfeier für den zweiten Sonntag der Fastenzeit (*segundo domingo de Cuaresma*) abgehalten wurde. Diese Feier hatte nach dem Oberen des Kapuzinerordens - der in der Kirche etabliert ist - absoluten Vorrang. Es ist aus der Presse nicht ersichtlich, an welcher Messe die Angehörigen Oppositionsparteien am 19. März in der *Iglesia de la Purísima Concepción* teilnahmen, aber vermutlich war dies die erwähnte Abendmahlsfeier, jedenfalls keine spezielle Messe für die Feierlichkeiten der Aufhebung der Belagerung. Die der Presse entnehmbaren Kritikpunkte der Regierungsparteien an der Opposition richtete sich auf deren konservatives Verhalten mit dem Hinweis, dass die Kirche mit dem ökumenischen Akt gezeigt hätte, wesentlich progressiver und zukunftsorientiert zu sein (vgl. Melilla Hoy 21.03.2000, El Faro 21.03.2000). Darüber hinaus wurde der Opposition destruktives Verhalten vorgeworfen, indem sie destabilisierend und konfrontierend zwischen Christen und den anderen Gemeinschaften wirken würde (vgl. El Telegrama 20.03.2000).

2.5. Zusammenfassung

Ausgehend von der muslimischen Herrschaft auf der iberischen Halbinsel („Al-Andalus") und der christlichen *Reconquista* hat sich im Verlauf der Geschichte die Religion zu einem zentralen Kriterium der Abgrenzung zwischen Kollektiven herausgebildet. Im neu entstandenen spanischen Königreich wurde ab dem 16. Jahrhundert auf der Grundlage der Ideologie eines *„catolicismo biológico"* - d.h. eines „Katholizismus reiner genealogischer Abstammung" - und der „Statuten für die Reinheit des Blutes" (*estatuto de limpieza de sangre*) eine Politik der religiösen Homogenisierung des staatlichen Territoriums praktiziert. Muslime, Juden und Konvertite wurden insbesondere von der Inquisition verfolgt, vertrieben, getötet oder als Ketzer verbrannt. Die Entstehung des spanischen Nationalstaates gründet schließlich auf einer Verknüpfung des Katholizismus mit einer nationalen Identität als Spanier. Insbesondere die *„moros"* - die Muslime - bildeten im Verlauf des spanischen *nation-building*-Prozesses ein „Subjekt" der kollektiven Abgrenzung, da sie das „Antispanische" schlechthin verkörperten. Der Kampf gegen die *moros* - die Reconquista - trug maßgeblich dazu bei, den neuen „Staat" zusammenzufügen. Und die eroberten nordafrikanischen Städte Ceuta und Melilla bildeten fortan Bollwerke zur Verteidigung der Christenheit, die sich - auch in territorialer *und* kulturräumlicher Abgrenzung - hauptsächlich gegen das Sultanat von Marokko als direkten Nachbarn richteten. Das negative Image bezog sich nicht nur auf die *moros* als Personen, sondern das ganze Land Marokko galt als wild und barbarisch. Die katholische Staatsreligion wurde von den Herrschern bis in die jüngste Vergangenheit als ein Mittel genutzt, den Staat zusammenzuhalten und nach außen abzuschotten. Einen diesbezüglich nationalistischen Höhepunkt stellte die franquistische Diktatur von 1939 bis1975 dar.

Als Konsequenz aus diesem nationalen Selbstverständnis konnte man als Nicht-Katholik auch kein Spanier sein, eine Vorstellung, die trotz der Demokratisierung und Liberalisierung des spanischen Staates seit Ende der 70er Jahre bis heute in Spanien verbreitet ist. Zwar ist der Katholizismus mit der neuen Verfassung von 1978 nicht mehr Staatsreligion, aber er stellt dennoch weiterhin für das „Spanischsein" bzw. die *españolidad* ein zentrales Kriterium dar. Zudem hat sich bis heute in der spanischen Bevölkerung ein überwiegend negatives Bild von den *moros* bzw. den Muslimen sowie von Marokko gehalten, das sich aus einer spezifischen Erinnerungskultur (z.B. Rif-Krieg, Einsatz von muslimischen Truppen im spanischen Bürgerkrieg) sowie einem aktuellen medienvermittelten „Feindbild Islam" (Fundamentalisten, muslimische Terroristen etc.) speist. In Ergänzung zu dieser Sicht auf den „Anderen" sind auch die bilateralen staatlichen Beziehungen zwischen Spanien und dem südlichen Nachbarland Marokko trotz Freundschaftsvertrag sehr ambivalent und eher durch Krisen und Konflikte gekennzeichnet. Innerhalb des spanischen Militärs besteht bezüglich Marokko bis heute eine Kontinuität als Feindbild (Stichwort „Südbedrohung"), was auch ein Grund für die starke militärische Präsenz in Ceuta und Melilla ist und sich zudem stark in den materiell-räumlichen Strukturen der Städte niederschlägt. Im Verlauf der jahrhundertealten Geschichte in der Region des westlichen Mittelmeeres entwickelte sich also eine konfliktreiche und scharfe Abgrenzung zwischen Christen und Muslimen, die auch auf nationalstaatlicher Ebene zwischen Marokko und Spanien zur Geltung kommt. Diese gemeinsame Geschichte wirkt bis heute durch ihre Ereignisse und durch eine sehr lebendige Erinnerungskultur in besonderem Maße hinsichtlich des politisch-territorialen Konfliktes zwischen Marokko und Spanien über Ceuta und Melilla nach. Sie ist zudem für das dortige Miteinander von Christen und Muslimen von großer Bedeutung.

Die *españolidad* beinhaltet auch territoriale Dimensionen bzw. Ansprüche, die die beiden nordafrikanischen Städte Ceuta und Melilla einbeziehen. Die nationalen Gefühle erscheinen bezüglich Ceuta und Melilla aufgrund des Konfliktes um die nationalstaatliche Zugehörigkeit dieser Grenzstädte auf spanischer und marokkanischer Seite besonders ausgeprägt. Dies zeigt sich einerseits an den diplomatischen Empfindlichkeiten bei den Regierungen in Madrid und Rabat, die neu formulierte Rückgabeforderungen von marokkanischer Seite oder politische Ereignisse in Ceuta und Melilla (Umgang mit den Muslimen, Autonomiestatus, Wahlen) nach sich ziehen. Andererseits zeigt sich dies aber auch an den stark in den Vordergrund gerückten nationalistischen Positionen von zahlreichen christlich-spanischen Akteuren vor Ort: (a) das Militär bzw. die militärische Elite trägt durch ihren Einfluss wesentlich zum Festhalten an der *españolidad* der Städte bei und inszeniert diese Position auch in der Öffentlichkeit bei Feierlichkeiten und Zeremonien; (b) Historiker, Politiker (insbesondere konservativer Parteien) und (ehemalige) Militärangehörige instrumentalisieren die Geschichte, um die *españolidad* der Städte historisch zu begründen; und (c) die katholische Kirche beteiligt sich an militärischen und nationalen Zeremonien, ebenso wie sich das Militär (insbesondere die Fremdenlegion) an religiösen Zeremonien beteiligt. Aufgrund der permanenten Rückgabeforderungen Marokkos sind - christlich fundierte - nationale Gefühle zumindest bei großen Teilen der christlich-spanischen Bevölkerung von Ceuta und Melilla besonders stark ausgeprägt. So kommt es auch vor, dass von konservativen christlich-spanischen Politikern (vor Ort und in Madrid) die spanisch-nationale Loyalität muslimischer Politiker bezweifelt wird. Die Beispiele der schriftlichen und gelebten Erinnerungskulturen in Ceuta und Melilla haben gezeigt, dass hauptsächlich Politiker und Historiker aber ebenso Militärangehörige und Geistliche als Vermittler und Träger einer nationalistisch gesinnten lokalen Erinnerungskultur auftreten. Symbolträchtige Rituale und Orte bilden wichtige Bestandteile der Inszenierungen. Dabei spielt die Presse eine doppelte Rolle, einerseits als Berichterstatterin von Ereignissen und Meinungsmacherin sowie andererseits ebenfalls - durch die Berichterstattung - als Vermittlerin und Trägerin von Erinnerungskultur.

3. Bevölkerungsentwicklung, Segregation und sozioökonomische Dimensionen des Zusammenlebens der „vier Kulturen"

Die starke Präsenz von Angehörigen nicht-christlicher Religionsgemeinschaften lassen Ceuta und Melilla im Vergleich zu spanischen Städten auf der Iberischen Halbinsel als Sonderfälle erscheinen. Die Muslime sind hier aufgrund ihres quantitativ sehr hohen Anteils an der Gesamtbevölkerung hervorzuheben; Hebräer und Hindus bilden dagegen - wie bereits erwähnt - nur kleine Minderheiten. Die besondere gesellschaftliche Konstellation in den beiden Städten liegt aber nicht allein an dem großen Anteil von Nicht-Christen, sondern auch darin, dass diese heute überwiegend über die spanische Staatsangehörigkeit verfügen, die nicht-christliche Bevölkerung in dem spanischen Teil der Iberischen Halbinsel im Gegensatz dazu mehrheitlich Ausländer, und hier wiederum überwiegend marokkanische Zuwanderer sind. Darüber hinaus sind Ceuta und Melilla die einzigen Städte in Spanien, die sich im offiziellen Selbstverständnis als multikulturelle Städte bzw. als „*die Städte der vier Kulturen*" verstehen. Dabei bildet im alltagsweltlichen Verständnis der Menschen vor Ort - wie bereits mehrfach betont - die Religion das Hauptkriterium für die Definition von Kultur.

In Ceuta und Melilla kommt es im alltagsweltlichen Diskurs vielfach zu einer Verknüpfung von kulturellen, religiösen und nationalen „Identitätsfragen" mit sozialen und ökonomischen Problemen. Die wirtschaftliche Situation ist in beiden Städten sehr angespannt, was durch sehr hohe Arbeitslosenzahlen zum Ausdruck kommt. Kulturelle und soziale „Konfrontationen" spielen sich allerdings hauptsächlich zwischen Muslimen und Christen ab. Die Hebräer und Hindus nehmen vergleichsweise eine untergeordnete Rolle für das alltägliche Leben in den beiden Städten ein, bilden beide Gruppen doch quantitativ eine Minderheit, deren Angehörige überwiegend zu den sozioökonomisch gehobenen Bevölkerungsschichten zählen, und die öffentlich wenig in Erscheinung treten. In diesem Kapitel werde ich mich mit der Bevölkerungsentwicklung, der soziokulturellen Segregation zwischen Muslimen und Christen und den sozioökonomischen Dimensionen des alltäglichen Lebens hinsichtlich ihrer Bedeutung für das Zusammenleben der „vier Kulturen" bzw. der alltäglichen Praxis von Zugehörigkeit und Ausgrenzung als Bestandteil der Konstruktion kollektiver Identitäten befassen.

3.1. Bevölkerungsentwicklung und die Entstehung soziokultureller Segregation

Die besondere geographische Lage von Ceuta und Melilla, ihre jahrhundertelange fast ausschließliche Bedeutung als militärische Bastionen zur Verteidigung des Christentums, die territorialen und politischen Veränderungen nach 1860 sowie

die Einbindung in ein Hinterland während der spanischen Protektoratszeit (1912 -
1956) und die erneute Isolation in der Zeit danach sind mit einer ganz spezifischen
Bevölkerungs- und Stadtentwicklung verbunden. Die Geschicke der Städte wurden noch bis weit in das 20. Jahrhundert hinein von Militärgouverneuren geleitet,
die die Stadterweiterungen des 19. und frühen 20. Jahrhunderts nicht nur nach
zivilen Bedürfnissen gestalteten. Die konkreten Planungen führten überwiegend
Militäringenieure durch, von denen auch verteidigungsstrategische Aspekte berücksichtigt wurden, was sich bis heute im Bild der Städte widerspiegelt (vgl. Gordillo
Osuna 1972, Saro Gandarillas 1996). Bis zur Mitte des 19. Jahrhunderts war die
Ansiedlung von Muslimen und Juden in Ceuta und Melilla verboten. Es durften
lediglich die sogenannten *„moros de paz"* zu Handels- und Versorgungszwecken
am Tage bestimmte Zonen der befestigten Städte aufsuchen (vgl. Driessen 1992, S.
32 ff, Planet Contreras 1998, S. 23ff). Basierend auf den seit 1860 durch territoriale
Zugewinne nun möglichen Stadterweiterungen legten zwei königliche Dekrete die
Grundlage für neue städtische Entwicklungen. Demnach wurden Ceuta und Melilla
im Jahre 1863 zu Freihäfen erklärt, und ab 1864 erhielten spanische Bürger sowie
Ausländer die Möglichkeit und das Recht auf freie Niederlassung in den Städten (vgl.
Driessen 1992). Bis dahin unterlagen selbst Spanier den militärischen Restriktionen
einer streng kontrollierten Ansiedlung. Aber der um die Mitte des 19. Jahrhunderts
einsetzende etwas liberalere Umgang mit anderen Religionsgemeinschaften er-
leichterte nun den Zuzug von ersten Muslimen, Hebräern und Hindus.

Die bis heute sehr stark ausgeprägte räumliche Segregation zwischen Muslimen und Christen in Ceuta und Melilla geht auf die ersten Ansätze der Ansiedlung
von Muslimen im *campo exterior* jenseits der alten Stadtmauern zurück. Die Segregation ist hier nicht nur als ein Phänomen der räumlichen Verteilung zu sehen,
sondern es ist ebenfalls das Produkt einer direkten oder indirekten „räumlichen
Zuweisung" an Muslime. Dabei wird das überwiegend negative Image der *„moros"*
bei der ökonomisch und politisch mächtigeren christlichen Bevölkerung wirksam.
Darüber hinaus bilden die dominant muslimischen bzw. christlichen Stadtviertel
einen wichtigen Bestandteil der wechselseitigen Wahrnehmung und der Vorstellung
vom jeweils anderen. Ich spreche hier deshalb von *soziokultureller Segregation* und
nicht von ethnischer, weil mit diesem Begriff m.E. die Situation in Ceuta und Melilla am treffendsten bezeichnet werden kann; und zwar aus folgenden Gründen: (1)
beruht die statistische Datengrundlage für die Darstellung der Segregation auf Religionszugehörigkeit, die im alltagsweltlichen Diskurs mit kultureller Zugehörigkeit
gleichgesetzt wird (deshalb soziokulturelle und nicht sozioreligiöse Segregation)
und (2) verbindet sich mit der kulturellen Segregation auch eine soziale Segregation, weil im Vergleich zu den Christen ein weitaus größerer Teil der Muslime den
sozioökonomisch unteren bzw. benachteiligten Lagen angehört.[75]

---

75   Die Ausdehnung der städtischen Flächen von Ceuta und Melilla vor 1860 können den Abb. 4
     und 5 entnommen werden. Zu der heutigen soziokulturellen Segregation siehe die Karten 1, 2
     und 3 im Anhang.

Für Ceuta und Melilla sind die Datengrundlagen und Quellen zur Bevölkerungsentwicklung und räumlichen Verteilung der Bewohner - wie im Kapitel zur Methodik bereist erwähnt - sehr heterogen, lückenhaft und zum Teil widersprüchlich, was sich in den folgenden Ausführungen auch deutlich widerspiegelt. Ich habe dennoch den Versuch gemacht, alle mir verfügbaren Daten zu einem Gesamtbild zusammenzustellen, wobei mir gelegentlich auftretende Unstimmigkeiten bewusst sind. Außerdem erlauben die Daten ausschließlich eine Darstellung der räumlichen Segregation von Christen und Muslime auf Stadtteilebene. Es kann darüber hinaus sehr kleinräumlich auch innerhalb der jeweiligen Viertel eine Segregation bestehen.

3.1.1. Die Stadt Ceuta: Entwicklung und Verteilung der christlichen und muslimischen Bevölkerung bis 1970

Trotz aller Restriktionen erfolgte die erste „Ansiedlung" von Muslimen in Ceuta bereits Ende des 18. Jahrhunderts. Es handelte sich um Angehörige algerischer Truppen aus Oran, die dort während der kurzen spanischen Besetzung 1791/92 rekrutiert worden waren. So ist in Ceuta für 1850 eine Zahl von ca. 20 Muslimen aus Oran nachgewiesen.[76] Die immer noch fast ausschließlich christliche Bevölkerung betrug im Jahre 1860 10.395 Personen, von denen der überwiegende Anteil Soldaten (4.844) oder Verbannte (1.498) und Inhaftierte (13) waren (vgl. Gordillo Osuna 1972, S. 30 u. 38 f). Für das Jahr 1875 - also nach dem spanisch-marokkanischem Krieg - sind 92 Muslime (56 „*tiradores del Rif*"/Militärangehörige und 36 Frauen) dokumentiert, denen die Möglichkeit zur Ansiedlung in den *murallas* (den alten Befestigungsanlagen, die das Stadtzentrum abgrenzen) oder im *campo exterior* (das gesamte Gebiet jenseits der *murallas*) zugewiesen wurde (vgl. Gordillo Osuna 1972, S. 132 f). Alle Niederlassungen von Muslimen erfolgten auch in den Jahrzehnten danach in der Regel im *campo exterior*, weil hier bereits Muslime lebten, man billig wohnen konnte und hier nach 1860 ausgedehnte Kasernenanlagen - viele der Muslime waren ja Soldaten - errichtet wurden. Die seit Jahrhunderten existierende Feindschaft zwischen Christen und Muslime bewirkte zudem, dass Muslime im christlichen Zentrum der Stadt nicht sonderlich willkommen waren. Für die „Wahl" der Wohnstandorte seitens der Muslime kann nicht eindeutig zwischen freiwilligen und erzwungenen Aspekten unterschieden werden, da vermutlich beide gleichzeitig von Bedeutung waren.

Ab 1912 - dem Beginn der spanischen Protektoratszeit in Nordmarokko (bis 1956) - setzte im Vergleich zu den vorherigen Zeiträumen eine starke Zunahme der muslimischen Bevölkerung in Ceuta ein, da die Stadt nun nicht mehr durch eine Grenze vom Hinterland getrennt war. Bereits seit 1900 erfolgte aber auch ein massiver Zuzug von Spaniern vom Festland - hauptsächlich aus Andalusien -, die sich in der prosperierenden Stadt eine bessere ökonomische Existenz erhofften. Für die

---

76   Zu diesen und allen folgenden Zahlen der Bevölkerungsentwicklung in Ceuta siehe Tab. 2.

umfangreichen Baumaßnahmen im gesamten Stadtgebiet wurden zahlreiche Arbeiter benötigt. Zusätzlich ist die starke Präsenz von Truppenverbänden zu erwähnen, die im Falle von Kriegen nochmals aufgestockt wurde.[77] In den 20er Jahren lebten im *campo exterior* gelegenen Stadtviertel (*barriada*) Príncipe Alfonso 216 Personen, und es bestand aus 40 Häusern, von denen allerdings 36 Baracken waren (vgl. Gordillo Osuna 1972, S. 512 ff). Ab 1920 hatten sich dort auch Immigranten von der *península* und nach der Unabhängigkeit Marokkos (1956) auch Zugezogene aus der nun aufgegebenen spanischen Protektoratszone angesiedelt. Die Muslime waren hauptsächlich als Soldaten oder Tagelöhner tätig, während die *peninsulares* (also die Spanier von der Iberischen Halbinsel) des Viertels fast ausschließlich als Tagelöhner arbeiteten. Nach Gordillo Osuna (1972, S. 512f) lebten in Príncipe Alfonso nur sehr wenige „*ceutis*", womit Bewohner der Stadt gemeint sind, die seit zumindest einer Generation in ihr leben und damit als „verwurzelt" betrachtet werden.[78]

Für die 30er Jahre des 20. Jahrhunderts sind Ansiedlungen von Muslimen fast ausschließlich im *campo exterior* in den Stadtteilen Hadú (San José), Príncipe Alfonso und Benzú dokumentiert. Im Stadtzentrum lebten lediglich 40 Muslime. Bei den Muslimen handelte es sich überwiegend um Angehörige einheimischer Truppenverbände, den „*fuerzas indígenas*" bzw. den „*regulares*". In Hadú lebten sie in ehemaligen Wohnhäusern für das spanische Militär. In Príncipe Alfonso und Benzú kamen zu den Soldaten noch muslimische Tagelöhner hinzu. Im Jahre 1935 waren bei einer Gesamtbevölkerung von etwa 55.000 Personen 2.717 Muslime sowie zusätzlich 1.323 muslimische Militärangehörige und im Jahre 1940 (Gesamtbev. 58.713) bereits 4.459 Muslime (incl. Militär; davon 3.466 Männer und 993 Frauen) in Ceuta registriert (vgl. Gordillo Osuna 1972, S. 133f, Ciudad Autónoma de Ceuta 1987). Die Herausbildung einer stark ausgeprägten räumlichen Segregation in Ceuta hängt mit den ersten Ansiedlungen von Muslimen im *campo exterior* zusammen. In diesem neu hinzu gewonnenem Stadtgebiet wurden nach 1860 zunächst nur Befestigungsanlagen und Kasernen errichtet; erst für die Zeit ab 1888, um die Jahrhundertwende und für 1920 sind erste kleinere Ansiedlungen dokumentiert. In den 20er Jahren setzte dann ein geplanter Neubau von Straßen, öffentlichen Gebäuden und Sozialwohnungen ein (vgl. Gordillo Osuna 1970, S.460 ff). Bis ca. 1935 wohnten im *campo exterior* fast ausschließlich Arbeiter, vom Militär einmal abgesehen.

Im Jahre 1940 lebten in Príncipe Alfonso 2.862 Personen. Im Zensus von 1950 wurden dagegen bereits 6.793 Bewohner und 1.980 Wohnungen/Häuser (*viviendas*) gezählt, von denen wiederum 1.080 Hütten oder Baracken waren, errichtet um einen Kern von soliden Häusern (mit der Kapelle „Ermita del Cristo" im Mittelpunkt). Nach der Unabhängigkeit Marokkos verringerte sich die Anzahl der Bewohner des

---

77 Leider waren mir bezüglich der Truppenstärken für Ceuta keine Zahlen zugänglich.
78 In Ceuta hatte sich offensichtlich bereits damals ein ausgeprägter Sinn für Familiengeschichte in Verbindung mit der Dauer der Ansässigkeit in Ceuta herausgebildet (vgl. dazu auch Stallaert 1998, S. 133ff). Somit bestanden auch innerhalb der christlichen Gemeinschaft gewisse Abgrenzungen, und zwar gegenüber den Neu-Ceutis.

Viertels auf 5.779 Personen (Gesamtzahl der Muslime in Ceuta: 7.102), da viele muslimische Soldaten aus spanischen Diensten ausschieden und nach Marokko gingen, um dort in der neuen marokkanischen Armee zu dienen (vgl. Gordillo Osuna 1972, S. 512f).

Während der Protektoratszeit kam es - wie bereits erwähnt - zu einer starken Zunahme der Gesamtbevölkerung in Ceuta und zwar auf ca. 57.000 im Jahre 1950, was im Vergleich zu den Zahlen von 1900 eine erhebliche Steigerung darstellt. Die Bevölkerung nahm allerdings nach dem Ende der Protektoratszeit (1956) aufgrund des Zuzugs von Spaniern aus den nun marokkanischen Gebieten (Ceuta und Melilla blieben ja spanisch) nochmals zu, so dass im Zensus von 1960 fast 65.000 Personen als Bewohner der Stadt gezählt wurden. Im Jahre 1960 sollen die Muslime bereits etwa 10% der Bevölkerung - also ca. 6.500 Einwohner - ausgemacht haben; von ihnen lebten 2.593 im Viertel Príncipe Alfonso, 690 in Hadú, 162 in Benzú und einige Hundert in anderen Stadtteilen. Lediglich 69 Muslime wohnten im Zentrum der Stadt (vgl. Gordillo Osuna 1972, S. 135). Die offensichtliche Unstimmigkeit der Zahlen (die Summe der für die Stadtteile angegebenen Muslime erreicht nicht 10% der Bevölkerung) wird von Gordillo Osuna weder problematisiert noch erläutert, allerdings ist die hier angegebene Gesamteinwohnerzahl der Muslime mit Angaben in anderen Quellen fast identisch (vgl. Tab. 2). Es bleibt also offen, in welchen Stadtteilen die übrigen etwa 2.000 bis 3.000 Muslime gelebt haben. In den 60er Jahren umfasste die christliche Bevölkerung in Príncipe Alfonso bei einer Gesamtzahl von 6.000 Personen noch ca. 50%. Für die 70er Jahre bezeichnet Gordillo Osuno (1972, S. 512ff) die beiden Stadtviertel Príncipe Alfonso und Benzú im *campo exterior* als *„nucleos satelites"*, in denen zu diesem Zeitpunkt bereits mehrheitlich Muslime lebten. Heute leben in Príncipe Alfonso nur noch zwei christliche Familien, und die Anzahl der Bewohner des Viertels stieg insgesamt auf ca. 10.000 Personen. Aber auch Benzú wird heute so gut wie ausschließlich von Muslimen bewohnt. Die genauen Gründe für den Wegzug von Christen insbesondere aus dem peripheren Stadtteil Príncipe Alfonso sind nicht bekannt. Vermutlich lag es daran, dass die Christen als spanische Staatsbürger im Gegensatz zu den Muslimen - die bis Ende der 80er Jahre mehrheitlich nicht über die spanische Staatsangehörigkeit verfügten (s.u.) - moderne Sozialwohnungen in anderen Stadtteilen beantragen und erhalten konnten, oder einen sozialen Aufstieg bewältigten und deshalb bessere Wohngebiete bevorzugten. Möglicherweise bewirkte auch die ständig zunehmende muslimische Bevölkerung eine Verdrängung von Christen, die eine dominant christliche Nachbarschaft favorieren.

Die Stadtviertel Príncipe Alfonso und Benzú waren nach Gordillo Osuna (1972, S. 462) vom sozialen Wohnungsbau ausgenommen, und sie werden von ihm generell als Arbeiterwohngebiete mit ärmlichen Häusern klassifiziert, deren Bewohner ungelernte Bauarbeiter oder Fischer sind. Bereits in den 60er Jahren galt Príncipe Alfonso als das Viertel mit dem meisten Elend in der Stadt, vergleichbar mit den „bidonvilles" („Kanisterstädte") in Marokko (vgl. Gordillo Osuna 1970, S. 462). Es hatte sich trotz des damals noch hohen christlichen Bevölkerungsanteils als muslimisches Stadtviertel etabliert.

Tab. 2: Die Bevölkerungsentwicklung in Ceuta (1648 - 1998)

Jahr	Christen	Muslime	Hebräer	Hindus
1648	1.900			
1787	7.076			
1857	7.114	~20		
1860	10.395			
1867			29	
1875		92	88	
1879		151[a]		
1888		204	134	
Jahr	**Gesamtbev.**	**davon: Muslime**	**Hebräer**	**Hindus**
1900	13.269		129	1
1910	24.249		~203	1
1920	35.453			
1930	50.293			
1935		2.717	296	15
1940	58.713	4.459	217	
1950	56.909		153[b]	112
1960	64.728	7.102	274	163
1970	62.610		386	~ 300 - 400
1986	65.151	12.177[c]		
1991	67.615			
1996	68.796	~ 16.000[d]		
1998	72.117		~ 600 - 700	~ 400

[a] Bei dieser Zahl handelt es sich um Muslime und Hebräer.
[b] Bei dieser Zahl handelt es sich nur um Hebräer ohne spanische Staatsangehörigkeit.
[c] Hier kann noch eine geschätzte Zahl von 2.825 nicht befragten Muslimen addiert werden. Von den Muslimen verfügten 2.007 Personen über die spanische Staatsangehörigkeit.
[d] Hinzu kommen noch 1.314 Marokkaner mit einem rechtlichen Status als Ausländer.

Quelle: Direccion General de Plazas y Provincias Africanas e Instituto de Estudios Africanos (1962), Anuario Estadistico De Ceuta 1987, 1996, 1997, 1999; Estudio Estadistico De Las Comunidades Musulmanas De Ceuta Y Melilla 1986; Gordillo Osuna 1972, Martínez López/Míguez Núñez 1976, Ramchandani 1999

Im Gegensatz zu den zahlreichen Baracken in Príncipe Alfonso war die Struktur des Stadtviertels Hadú (San José) in den 60er Jahren durch flache Einfamilienhäuser, die auf Initiative des Staates gebaut wurden, sowie private Wohnblöcke gekennzeichnet. In der Nähe einer dortigen Kaserne der *regulares* („einheimische" Truppenverbände) existieren seit den 20er Jahren kleine Wohnhäuser für Truppenangehörige, die von Muslimen bewohnt wurden. Für das Jahr 1950 ist im Stadtteil Hadú eine Anzahl von 10.039 Bewohnern dokumentiert (vgl. Direccion General de Plazas y Provincias Africanas e Instituto de Estudios Africanos 1962, S. 28). Während damals von den Bewohnern in Hadú nur ein sehr kleiner Anteil Muslime waren, hat heute die Anzahl der Muslime in dem Viertel die Hälfte überschritten (s.u.). Neben Bevölkerungszahlen werden bei Gordillo Osuna (1972) bezüglich der muslimischen Gemeinschaft für das Jahr 1960 eine Anzahl von 4 Moscheen, 7 Heiligengräber, 4 Bruderschaften und einem Friedhof angegeben. Daneben bestehen 7 Pfarrkirchen sowie zahlreiche christliche Bruderschaften (*cofradía, hermandad*).

Über den rechtlichen Status der Muslime in den 60er Jahren erfährt man bei Gordillo Osuna (1972, S. 135) wenig, außer dass im Stadtviertel Príncipe Alfonso von den 2.593 muslimischen Bewohnern im Jahre 1960 nur 1.226 Personen über die spanische Staatsangehörigkeit verfügten. Dieses Missverhältnis steigerte sich bis 1986 noch erheblich, indem die Gesamtzahl der Muslime in Ceuta auf etwa 15.000 anwuchs, aber nur 2.000 spanische Staatsangehörige waren. Auf die rechtliche Lage der Muslime werde ich an anderer Stelle noch genauer eingehen.

3.1.2. Die Entstehung einer hebräischen Gemeinschaft in Ceuta

Bereits zwischen 1415 und 1705 kam es in Ceuta immer wieder zu zeitlich begrenzten Niederlassungen von einigen Hebräern (z.B. Mitte des 16. Jh. die so genannten „*judíos de la Aduana*"), die Handel in der Stadt sowie mit dem marokkanischen Hinterland betrieben (vgl. Martínez López/Míguez Núñez 1976, Salafranca Ortega 1988, Posac Mon 1989). Sie traten also bereits recht früh als Zwischenhändler in Erscheinung. Die erste, in einem Zensus erfasste hebräische Familie ist nach Gordillo Osuna (1972, S. 136) allerdings erst für das Jahr 1866 nachgewiesen; es handelte sich um eine Händlerfamilie aus Tétouan. Dies ist auch der Beginn für eine nun legal mögliche und dauerhafte Ansiedlung von Hebräern in Ceuta. Erste genauere Zahlen existieren für 1867, wonach 30 hebräische Händler aus Gibraltar und Tétouan in Ceuta gezählt wurden, von denen aber einige bereits seit 1862 in der Stadt lebten. In den Jahren danach stieg die Anzahl der Hebräer weiter an und zwar von 88 (1875) auf 134 Personen (1888) (vgl. Martínez López/Míguez Núñez 1976). Es waren überwiegend Händler, die es aus Tétouan, Tanger und Gibraltar nach Ceuta zog, so dass die hebräische Bevölkerung im Jahre 1935 bereits 296 Personen umfasste.

Im Zensus des Jahres 1950 werden nur 153 Hebräer ohne spanische Nationalität extra erwähnt, d.h. viele von ihnen waren mittlerweile eingebürgert. Nach den Zahlen von 1960 waren von insgesamt 274 Hebräern 162 ohne spanische

Nationalität (vgl. Gordillo Osuna 1972, S. 136 ff). Die Hebräer betätigten sich hauptsächlich als Händler, und sie ließen sich von Anfang an ausschließlich im Stadtzentrum in einigen Straßen konzentriert nieder. Dort konnten sie sich am besten ihren Geschäften widmen; es entwickelte sich allerdings kein ausschließlich von Hebräern bewohntes Stadtviertel in Ceuta. Trotz einer räumlichen Mischung mit christlicher und später auch hinduistischer Bevölkerung waren schon damals gemischte Ehen mit Angehörigen anderer Religion äußerst selten, und sie sind bis heute eine Ausnahme geblieben (vgl. auch Kap. 4.5.). Auch heute noch leben die Hebräer vorzugsweise im Zentrum der Stadt, wobei Schätzungen - exakte Zahlen liegen nicht vor - zwischen 1.000 (vgl. Klecker De Elizalde 1997, S. 63) bzw. 1.500 (vgl. García Flórez 1999, S. 212) und 600 - 700 Personen (vgl. Rézette 1976, S. 69 u.Carbaza/De Santos 1992, S. 10) schwanken. Die letztgenannten Zahlen entsprechen allerdings angesichts des letzten Zensus von 1970 - wonach es 386 Hebräer gab - eher der Wirklichkeit, und selbst die könnten noch deutlich zu hoch gegriffen sein. In sozioökonomischer Hinsicht gehört der größte Teil der Hebräer - heute wie zumindest bereits in den 60er und 70er Jahren des 20. Jahrhunderts - zu den gehobenen Schichten der Gesellschaft Ceutas (vgl. Gordillo Osuna 1972, S. 138).

3.1.3. Die Hindus in Ceuta

Die Entstehung einer Hindu-*community* in Ceuta (und Melilla, s.u.) hängt mit dem britischen Kolonialreich in Pakistan und Indien zusammen. Im 19. Jahrhundert begannen Händler aus der Region Sindh, sich als britische „Untertanen" in England und anderen Teilen des Empires niederzulassen. Um die Mitte des 19. Jahrhunderts zogen erste Hindu-Händler auch nach Gibraltar, von wo der „Sprung" nach Ceuta nicht mehr weit war. Der erste Hindu in Ceuta ist für 1900 nachgewiesen, er soll allerdings bereits seit 1893 dort gelebt haben (vgl. Ramchandani 1999, S. 43). Von 1909 - dem Jahr der ersten *dauerhaften* Niederlassung eines Hindus in Ceuta - bis 1935 stieg die Anzahl der Hindus auf 15 Personen an (vgl. Gordillo Osuna 1972, S. 138 u. Ramchandani 1999, S. 50). Größere Zuwächse erfolgten erst nach der Unabhängigkeit Indiens im Jahr 1947 und der Entstehung des Staates Pakistan, was eine Vertreibung vieler Hindus auch aus der Region Sindh nach sich zog. Die Vertriebenen gingen nicht nur nach Indien, sondern sie immigrierten auch nach Großbritannien sowie in zahlreiche andere Länder, in denen zum Teil bereits Hindu-*communities* existierten (vgl. Ramchandani 1999, S. 35 ff). So belegt der Zensus von 1950 bereits 112 und derjenige für das Jahr 1960 eine Anzahl von 163 Hindus (101 Männer, 62 Frauen, von denen insgesamt 37 in Ceuta geboren wurden). Sie waren als Händler tätig und schlossen sich 1948 in einer Organisation (*Asociación de Comerciantes Hindúes*) zusammen. Die Hindus lebten weitgehend verstreut in der Innenstadt, und nur ein Anteil von 35 % konzentrierte sich dort auf zwei - nicht näher bezeichnete - Straßen (vgl. Gordillo Osuna 1972, S. 139). Noch bis Ende der 60er/Anfang der 70er Jahre verfügten die Hindus über ihre ursprüngliche nationale Zugehörigkeit (britisch oder indisch), aber ab 1972 nahm die Mehrzahl von ihnen die spanische Nationalität an (vgl. Ramchandani 1999, S. 83).

Aufgrund der ökonomischen Prosperität im Handelssektor der Stadt von den 50er bis zum Teil in die 80er Jahre des 20. Jahrhunderts stieg die Anzahl der Hindus nach Schätzungen von Gordillo Osuna (1972, S. 139) auf 300 - 400 Personen an. In Ceuta (und Melilla) konnten bis weit in die 80er Jahre hinein wesentlich preisgünstiger als auf der Iberischen Halbinsel elektronische Geräte, Photoapparate, Filmkameras, Uhren u.s.w. gekauft werden, was zahlreiche Spanier von der Halbinsel zum Einkaufen in die nordafrikanischen Städte zog (vgl. Kap. 3.2.). Die Hindus widmeten sich insbesondere dem Handel mit diesen Waren, die hauptsächlich aus Asien bezogen wurden. Bemerkenswert ist, dass es bereits in den 40er und 50er Jahren erste Mischehen zwischen Hindus und Christen gab, die in der damaligen Zeit allerdings noch von beiden Seiten eher abgelehnt wurden. Nach Ramchandani (1999, S.61 ff) hat sich diese Sichtweise im Verlauf der Jahre geändert, denn heute gibt es keine Hindu-Familie mehr, von der nicht wenigstens einige Angehörige mit Christen bzw. Christinnen verheiratet sind. Nach Aussagen in Interviews verfügen fast alle Hindus über die spanische Nationalität, und es gibt ca. 40% Mischehen, und zwar ausschließlich mit christlichen Partnern bzw. Partnerinnen (vgl. Kap. 4.5.). Darin unterscheiden sich die Hindus von Ceuta ganz wesentlich von den Hebräern und Muslimen, da es zwischen ihnen und den Christen nur verhältnismäßig wenig bzw. keine Mischehen gibt. Die Anzahl der Hindus beträgt heute in Ceuta ca. 400 Personen (vgl. Ramchandani 1999, S. 91), die überwiegend in der Innenstadt leben.

3.1.4. Melilla: Militär und städtische Expansionsphasen

Bis 1860 beschränkte sich das stark befestigte Melilla auf den Felsvorsprung - das heute Melilla la Vieja, El Pueblo oder offiziell Medina Sidonia genannt wird - sowie einige vorgelagerte Bastionen (siehe Abb. 5, vgl. Bravo Nieto 1996b). Das nach dem Krieg von 1860 hinzugewonnene Territorium wurde erst allmählich erschlossen, und die ersten Bauten darin waren Wachtürme, Militärforts und Kasernen zur Verteidigung gegen Überfälle aus dem benachbarten Feindesland. Erst Ende des 19. Jahrhunderts wurden die ersten neuen Stadtviertel gebaut, wie z.B. Mantelete und Polígono (beide etwa 1891 errichtet). Der größte Bevölkerungsanstieg setzte in Melilla - vergleichbar mit Ceuta - ebenfalls um die Jahrhundertwende ein, und zwar von ca. 13.000 um 1900 auf über 60.000 Einwohner im Jahre 1930 (vgl. Saro Gandarillas 1996, S. 25 f sowie Tab. 3). In diesem Zeitraum liegt folglich auch die größte städtische Expansionsphase, in der zahlreiche Arbeitskräfte benötigt wurden.

Die Errichtung der spanischen Protektoratszone (1912-1956) und der damit zusammenhängende Rif-Krieg mit den *rifeños* (Bewohner des Rif-Gebirges) der Region führten mehrfach zu einer ganz erheblichen Truppenverstärkung in Melilla. Im Jahre 1910 betrug die Truppenstärke 21.128 Soldaten, 1915 bereits 36.655 und 1925 sogar 41.110 (vgl. Bravo Nieto 1996a, S. 64 ff). Die Soldaten waren allerdings aufgrund von Einsätzen im Hinterland nicht permanent in ihren Kasernen anwesend. Die erhöhte Präsenz des Militärs verstärkte jeweils den Zuzug von ziviler Bevölkerung; denn schließlich mussten Kasernenanlagen gebaut und die Soldaten versorgt werden. So wundert es auch nicht, dass nach Bravo Nieto (1996a, S. 70 f) zumindest Teile der Bevölkerung in ihrem Verhalten sehr militaristisch waren.

Bis 1930 prägten hauptsächlich Militäringenieure die Stadtplanung, auch wenn die Innenstadt von Melilla ihre vielfach prachtvollen modernistischen Gebäude dem Architekten und Gaudí-Schüler Enrique Nieto y Nieto zu verdanken hat (vgl. Saro Gandarillas 1996 u. Bravo Nieto 1996b).[79] Zwischen 1909 und 1921 entfaltete sich die größte Expansionsphase der Stadt, in der die meisten heute existierenden Viertel angelegt wurden. Im Jahre 1905 wurde zudem die *Compañía Española de Minas del Rif* zur Ausbeutung der Eisenerzlagerstätten im Gebirgsmassiv der Bni Bouifrour gegründet (vgl. Popp 1996, S. 29). Zur Verschiffung des Roheisens wurde eine Schmalspurbahn von den Lagerstätten nach Melilla angelegt, und in den 20er Jahren erfolgte ein Ausbau und eine Modernisierung des Hafens. Aufgrund der Erzbergwerke entwickelte sich Melilla in ökonomischer Hinsicht zum „nordafrikanischen Eldorado", das viele spanische Arbeitskräfte anzog (vgl. Saro Gandarillas 1996, S. 100). Neben den Arbeiten am Hafen wurden in der Zeitphase zwischen 1921 und 1956 noch zahlreiche repräsentative Gebäude sowie größere, architektonisch prachtvolle Wohnhäuser errichtet.

3.1.5. Die Bevölkerungsentwicklung in Melilla und die anfängliche Dominanz von Christen und Hebräern

Nach Saro Gandarillas (1996, S. 306) hat es von der spanischen Eroberung im Jahre 1497 bis zum Ende des 19. Jahrhunderts in Melilla ausschließlich christliche Bevölkerung und einige Hebräer gegeben. Die christlichen Spanier kamen hauptsächlich aus Andalusien und hier wiederum insbesondere aus der Provinz Málaga, der Melilla zugeordnet war. Die christliche Bevölkerung hat bis in die Protektoratszeit hinein ganz überwiegend den Bevölkerungszuwachs ausgemacht. Allerdings spielte die hebräische Bevölkerung bis in die 50er Jahre des 20. Jahrhunderts zahlenmäßig ebenfalls eine bedeutsame Rolle (vgl. Tab. 3). Die Hebräer nahmen hauptsächlich im Handel eine dominante Stellung ein, wobei sie eine Mittlerposition zwischen dem marokkanischen Hinterland und der spanischen Enklave besetzten, denn Christen konnten bis zur Errichtung der Protektoratszone das marokkanische Territorium nicht ohne Gefährdung ihres Lebens betreten.

Auf der Grundlage des Vertrages von 1860 zwischen Spanien und Marokko, wonach das Territorium von Melilla durch das Gebiet des heutigen *campo exterior* erweitert wurde, musste der marokkanische Sultan die dort ursprünglich ansässige muslimische Bevölkerung gegen finanzielle Entschädigung „umsiedeln". Die Spanier zerstörten dort zudem eine Moschee, um den Bewohnern keinen Anlass zu ei-

---

79 Der so genannte spanische *modernismo* ist vergleichbar mit dem Jugendstil.

Tab. 3: Die Bevölkerungsentwicklung in Melilla (1729 - 1998)

Jahr	Gesamtbev.	Christen	Hebräer	Muslime	Hindus
1860	1.880				
1870	3.110		20 (~)		
1880	3.345		50		
1885	1.176 o.M.		157		
1897	9.353[a]	4.584	754	118	
1900	9.073[b]	4.892	950	95	6
1907	9.759		1.560	180	
1915	36.674[c]		2.132	307 (für 1917)	
1920	50.170[d]		3.511		
1925-1927	52.548[e]		3.343	180	
1928-1930	69.133[f]		3.269	294	
1940	69.384				16
1950	76.247		3.169	6.277	29 ind. Nat.
1960	72.430			7.626	
1970	60.843			12.933	73 (für 1965)
1981	53.593			11.607	
1986				17.027	110 (für 1980/83)
1991	56.600			17.647	
1998	60.108	~ 33.000	~ 700 - 800	~ 23.000 - 25.000	~ 50 - 60

M=Militär; o.M.=ohne Militär; ~ = Schätzung

[a] Diese Zahl beinhaltet 3.352 Soldaten und 545 Gefängnisinsassen, [b] Diese Zahl beinhaltet 2.751 Soldaten und 379 Gefängnisinsassen, [c] Hinzu kommen noch 36.655 Soldaten, [d] Diese Zahl beinhaltet 13.470 Soldaten, [e] Hinzu kommen 41.110 Soldaten, [f] Die Truppenstärke schwankten von 1928-1930 zwischen ca. 10.000 u. 27.000 Soldaten.

Quellen: Direccion General de Plazas y Provincias Africanas e Instituto de Estudios Africanos (1962), Instituto Nacional de Estadistica (1986), Liarte Parres (1989), Salafranca Ortega (1990), Driessen (1992), Jeminez (1993), Saro Gandarillas (1996), Bravo Nieto (1996), Planet Contreras (1998), Ciudad Autónoma de Melilla (1999), Schätzungen des Delegado Provencial de Melilla Instituto Nacional de Estadistica, unveröffentlichte Daten des Instituto Nacional de Estadistica Delegación Local de Melilla

ner eventuellen Rückkehr zu geben. Dennoch kam es in den Jahren 1871 und 1890 im Zusammenhang mit kleineren Angriffen von *rifeños* zu einer wiederholten Vertreibung von Muslimen in diesem Gebiet (vgl. Carabaza/De Santos 1992, S. 39 f).

Aufgrund der permanenten Spannungen und der latenten Feindschaft zwischen den Spaniern und der Rif-Bevölkerung der Region verwundert es nicht, dass es sich bei den ersten „offiziellen" muslimischen Niederlassungen in Melilla zunächst um arabischsprachige reiche Händler aus marokkanischen Städten (Fés, Tétouan u.a.) handelte. Erst später kamen verstärkt *rifeños* - zunächst überwiegend Militärangehörige (Söldner in spanischen Diensten) - hinzu. Die muslimische Bevölkerung hat erst in der Spätphase des Protektorats zahlenmäßig die Hebräer übertroffen (vgl. Tab. 3). Die sich seit etwa 1900 entwickelnde Hindu-Gemeinschaft in Melilla hat jedoch nie den Umfang und die Bedeutung erlangt, wie dies in Ceuta der Fall ist. Eine Ursache liegt darin, dass in Melilla aufgrund der Entfernung zur *península* der Handel mit preisgünstigen Elektroartikeln im Vergleich zu Ceuta nicht so ertragreich war.

Die Herkunft der hebräischen Bevölkerung läßt sich unterteilen nach Händlern aus Städten wie Tétouan oder Tanger - wobei es sich um sephardische, d.h. nach der Reconquista aus Spanien vertriebene Hebräer handelte - sowie um „alteingesessene" Hebräer aus den ländlichen Regionen Marokkos (Rif-Gebirge, Mittlerer Atlas). Die sephardischen Hebräer waren eher wohlhabend, pflegten eine städtische Kultur und Lebensweise und sie sprachen u.a. spanisch. Die Hebräer aus den ländlichen Regionen machten den ärmeren Teil der hebräischen Bevölkerung aus, sie sprachen Berber-Dialekte und waren in der Regel Analphabeten. So gab es innerhalb der hebräischen Gemeinschaft starke soziale und kulturelle Unterschiede (vgl. Driessen 1992, S. 82 ff, Bravo Nieto 1996a, S. 68). Im Jahre 1864 kamen die ersten Hebräer aus Tétouan (über Gibraltar) nach Melilla. Die hebräische Gemeinschaft wuchs nun kontinuierlich an, und zwar auf zunächst fast 1.000 Personen um 1900, eine Anzahl, die sich bis 1915 auf bereits über 2.000 verdoppelte.

Ein Höhepunkt der in einem Zensus erfassten Hebräer wurde 1920 mit 3.511 Personen erreicht. Zu diesem Zeitpunkt lebten erst einige Hundert Muslime in der Stadt. Insbesondere die Hebräer städtischer bzw. sephardischer Herkunft okkupierten - wie bereits erwähnt - bis zum Beginn des Rif-Krieges in den 20er Jahren fast monopolartig den Handel, d.h. den von Melilla ausgehenden Import und Export mit Marokko, Frankreich und England sowie weniger stark ausgeprägt mit der spanischen *península* (vgl. Saro Gandarillas 1996, S. 79).[80]

Im Jahre 1881 kam eine erste größere Anzahl jüdischer Familien aus der ländlichen Region von den Beni Sidel und anderen Berber-Stämmen der Umgebung nach Melilla, denen vom Militärgouverneur General Macías Platz für den Bau von Holzbaracken am Rande des neuen Viertels Mantelete unterhalb der alten Stadt-

---

80   Zur Geschichte der hebräischen Gemeinschaft in Melilla siehe insbesondere Salafranca Ortega (1990) und Driessen (1992).

befestigung zugewiesen wurde (einige Jahre später wurden hier 115 Baracken ge-
zählt; vgl. Saro Gandarillas 1996, S. 84). Nach Salafranca Ortega (1990, S. 93) - der
sich auf den Zensus von 1884 bezieht - lebten in diesem Jahr 95 Hebräer im Viertel
Mantelete, die hier 60% aller Bewohner ausmachten, und 50 in dem mehrheitlich
von Christen bewohntem El Pueblo (d.h. dem alten christlichen Siedlungskern).
Im Viertel El Pueblo lebten die Hebräer in bestimmten Gassen konzentriert. Die
Hebräer aus dem Barackenviertel in Mantelete sind allerdings später in das neue
Viertel Polígono gezogen, das sich damals noch in einer sehr isolierten Lage von
der übrigen Stadt befand. Dort wurde sehr viel Handel mit den umliegenden Rif-
Stämmen betrieben. In Polígono durften sich zunächst keine Christen ansiedeln,
da das Viertel als nicht zu verteidigen galt. Im Jahre 1893 lebten allerdings bereits 1.022 Personen - nicht nur Hebräer sondern auch Christen und einige wenige
Muslime - in Polígono. Ende des 19. Jahrhunderts umfasste die hebräische Bevölkerung ca. 700 Personen, und zu dieser Zeit kam es auch zu ersten Ansiedlungen
von Muslimen der umliegenden Stämme. Zudem zogen noch mehr Händler aus
der Region Tétouan und aus Fès nach Melilla, die sich im Viertel Polígono und in
zwei Handelshöfen etablierten. Mit der Zuwanderung von ca. 200 Hebräern aus
der Region Taza und Debdu am nördlichen Rand des Mittleren Atlas - es handelte
sich um Kriegsflüchtlinge aus der Region - wurde das Barrio Hebreo am Rande des
Viertels Polígono errichtet (vgl. Driessen 1992, S. 91, Saro Gandarillas 1996, S. 98,
S. 175 ff). Der Bau dieser heute noch existierenden, sehr einfachen Häuser wurde
von reichen hebräischen Händlern finanziert.

Im Jahr 1897 wohnten im noch neuen Viertel Polígono bereits 3.068 Personen,
von denen 2.426 Christen, 559 Hebräer und 83 Muslime waren. Für die Jahrhundertwende ist belegt, dass aufgrund von Krankheiten dort die Sterberate am höchsten war und die Bewohner des Viertels insgesamt einen niedrigen sozialen Status
aufwiesen. Es galt als Sammelbecken für alle neu Hinzugezogenen (vgl. Saro
Gandarillas 1996, S. 168 f). Auch im Jahr 1900 lebte der größte Teil der Hebräer
im Viertel Polígono, das gemeinsam mit Mantelete die am stärksten von Nicht-
Christen bewohnten Stadtteile bildeten (vgl. Tab. 4). Der Rückgang der Muslime
zwischen 1897 und 1900 auf 44 Personen wird bei Salafranca Ortega (1990, S. 98)
nicht begründet. In den Jahren danach entwickelte sich das Viertel Polígono allerdings immer stärker zum Viertel der Hebräer, die dort 1907 über 80% der Bewohner
stellten (vgl. Salafranca Ortega 1990, S. 96 ff).

Es bestand somit bereits Anfang des 20. Jahrhunderts eine relativ stark ausgeprägte residentielle Segregation zwischen Christen, Hebräern und den wenigen
Muslimen, zumal sich die hebräische Bevölkerung in den entsprechenden Vierteln
nochmals auf einige Straßenzüge konzentrierte. In sozioökonomischer Hinsicht gab
es ebenfalls signifikante Unterschiede. So waren im Jahre 1907 von den insgesamt
315 Händlern (*comerciantes*) der Stadt nur 69 Christen, dafür aber 220 Hebräer und
26 Muslime. Im Vergleich dazu waren von den 573 Tagelöhnern (*jornaleros*) 549
Christen, nur 22 Hebräer und 2 Muslime. Für das Jahr 1920 stellte sich ein ganz
ähnliches Bild dar: von 3.201 Tagelöhnern waren 3.153 Christen und lediglich 48
Hebräer. Im Handel hatte sich jedoch mittlerweile die Anzahl der Christen ver-

Tab. 4: Die räumliche Verteilung der Bevölkerung von Melilla nach Religionszuge-
        hörigkeit für das Jahr 1900

Stadtteil	Christen	Hebräer	Muslime	Hindus
Zona de la afueras (Polígono)	2.562	768	44	2
Alcazaba	648	keine	keine	keine
Mantelete	511	96	42	4
El Pueblo	1.171	86	3	keine
Insgesamt	4.892	950	89	6

Quelle: Salafranca Ortega (1990, S. 98)

vielfacht, und so gab es im Jahr 1920 481 christliche und 352 hebräische Händler. Unter den Gewerbetreibenden (584 Personen) und Angestellten (602) waren fast ausschließlich Christen vertreten (vgl. Salafranca Ortega 1990, S. 286 ff). Über die ökonomischen Aktivitäten der Muslime gibt es für das Jahr 1920 keine Angaben, vermutlich deshalb, weil sie aufgrund des Rif-Krieges in einem Lager interniert waren (s.u.). Einige der hebräischen Händler konnten im Verlauf der Zeit ein erhebliches Kapital akkumulieren, was z.T. in private Bauvorhaben investiert wurde. Hier ist insbesondere das Viertel Reina Victoria - heute Héroes de España (Stadtzentrum) - zu nennen, das ab 1910 in weiten Bereichen mit hebräischem Kapital errichtet wurde. Die wohlhabenden Hebräer ließen sich auch dort nieder. Im Jahre 1927 zählten 82 Christen, 30 Hebräer und immerhin 10 Muslime zu den großen Haus- und Grundbesitzern in Melilla (vgl. Salafranca Ortega 1990, S. 301 ff).

Im Jahre 1918 waren bereits viele der heute existierenden Stadtviertel angelegt. Die christliche Bevölkerung (36.188) verteilte sich auf alle 19 Viertel, während sich die Hebräer (3.290) auf die barrios Pueblo (49), Mantalete (77), Reina Victoria/ Héroes de España (645), Carmen (411), Polígono (2.044) und General Jordana (64) konzentrierten (vgl. Salafranca Ortega 1990, S.101 f). Der größte Teil der Muslime lebte ebenfalls in diesen Stadtvierteln (vgl. Tabelle 5). Die ausländische Bevölkerung betrug damals 229 Personen, es handelte hauptsächlich um Franzosen aus der benachbarten französischen Protektoratszone Marokkos.

Ab den Jahren 1923/24 wurden aufgrund des nicht nachlassenden Bevölkerungszuwachses schließlich die Viertel Cabrerizas Bajas - das einige Jahre später Crístobal Colón genannt wurde - und Reina Regente gebaut bzw. geordnet angelegt. Beide Viertel bildeten bereits damals (gemeinsam mit Batería Jota) sozial und baulich marginale Stadtteile, denen die Stadtverwaltung wenig Beachtung schenkte und die aus einer anarchischen Barackenbauweise entstanden waren (vgl. Saro Gandarillas 1996, S. 205 f). Im Jahr 1924 wurde zudem die Errichtung des Barrio Musulmán - also eines muslimischen Viertels - im Tal Cañada de la Muerte gestat-

Tab. 5: Die räumliche Verteilung der Bevölkerung in ausgewählten Vierteln von Melilla nach Religionszugehörigkeit für das Jahr 1918

Stadtviertel	Christen	Hebräer	Muslime
El Pueblo	1.711	49	38
Mantelete	353	77	81
Alcazaba	688	keine	keine
Reina Victoria (Zentrum)	3.566	645	61
Carmen	4.960	411	18
Polígono	2.397	2.044	33
übrige Viertel	22.858	64	31
insgesamt	36.533	3.290	262

Quelle: Salafranca Ortega 1990, S. 101 f

tet (vgl. Saro Gandarillas 1996, S. 113). Das Viertel ist durch den Eigenbau ihrer Bewohner - ohne städtische Kontrolle und Planung - entstanden, und die ersten Bewohner waren Angehörige der *Regulares Indígenas del Ejército* (d.h. der von den Spaniern rekrutierten marokkanischen Protektoratstruppen). In den folgenden Jahren wurden zwar noch weitere Viertel angelegt, aber die städtische Expansion hatte nicht mehr den Umfang und die außerordentliche Dynamik wie zuvor. Die große Bedeutung der hebräischen Gemeinschaft in Melilla kommt auch anhand der Anzahl von 11 Synagogen für das Jahr 1935 zum Ausdruck; sie verteilten sich auf die Stadtviertel Mantelete (1), Carmen (1), Jordano (1), Barrio Hebreo (2), Héroes de España (2) und Polígono (4). Im Jahre 1947 wurde die Hauptmoschee „Mezquita Principal" im Viertel El Polígono eingeweiht. Zu dieser Zeit war die Anzahl der muslimischen Bevölkerung bereits wesentlich höher als diejenige der Hebräer. Im Jahr 1950 umfasste die muslimische Gemeinschaft bereits 6.277 Personen, d.h. während der Protektoratszeit erfolgte hier eine enorme Zuwanderung aus der Region. Bis zum Jahr 1970 hatte sich die Anzahl der Muslime auf 12.933 Personen verdoppelt (siehe Tab. 3).

Das Leben der Hebräer in Melilla war allerdings nicht frei von Repressalien bzw. Diskriminierungen seitens der christlichen Bevölkerung, einschließlich offizieller Stellen. Nach Salafranca Ortega (1990, S. 367 ff) bildete beispielsweise die Einfuhr von geschächtetem Vieh einen Streitpunkt, wobei von der Stadtverwaltung mit Hygiene-Vorschriften argumentiert wurde. Außerdem wurde versucht, den Hebräern mit spanischer Nationalität den Handel im Rif-Gebirge zu verbieten, und den Zuzug von Hebräern zu reduzieren. Vorurteile gegenüber den Hebräern äußerten sich auch in dem Vorwurf, dass sie den Frieden mit den *rifeños* vor Ort bedrohen würden. Ihr Ziel sei es schließlich, an kriegerischen Konflikten durch Handel zu gewinnen, da in diesem Falle die Garnison verstärkt werden würde (vgl. Salafranca Ortega 1990, S. 370). Die Versorgung des Militärs war ja eine wichtige Einnahmequelle der Händler jener Zeit. Insbesondere die christlichen Zuwanderer von der *península* - deren Anzahl ab 1900 stark zunahm -, brachten sehr viele Vorurteile mit. Sie hatten noch nie einen Juden gesehen - in Spanien gab es ja keine mehr -, und hauptsächlich die Hebräer aus den ländlichen Regionen Marokkos wirkten mit ihrer Berber-Sprache und ihrer anderen Kleidung sehr fremdartig auf sie. So waren die Hebräer vielfältigen Beleidigungen vorwiegend von jungen Männern ausgesetzt, und es kam immer wieder vor, dass sich Soldaten mit Hebräern prügelten. Als ein Zeichen der Toleranz ist dagegen der Auftrag des Bischofs von Málaga an die Nonnen von Melilla im Jahre 1906 zu bewerten, die entgegen ihrer abweisenden Haltung angewiesen wurden, auch hebräische Jungen und Mädchen zu unterrichten. Dennoch bemerkt Salafranca Ortega (1990), dass es zumindest bis 1935 - dem Ende seines Untersuchungszeitraumes - insgesamt nur wenige antijüdische Repressalien gab. Allerdings sind ab 1936 während des spanischen Bürgerkriegs antijüdische Haltungen und Restriktionen stärker geworden, so dass es teilweise zu ernsthaften Übergriffen durch Falangisten und muslimische Soldaten kam. Die Belästigungen und Demütigungen dauerten bis in die späten 40er Jahre an (vgl. Driessen 1992, S. 96).

Nach dem Zweiten Weltkrieg erfolgte die erste große Auswanderungswelle von Hunderten ärmerer hebräischer Familien in den neu gegründeten Staat Israel. Eine zweite Auswanderungsphase setzte nach dem Ende der Protektoratszeit und der Unabhängigkeit Marokkos ein. Es gab sehr viele Hebräer, die aus ökonomischen Gründen die Stadt verließen und nicht nur nach Israel, sondern auch nach Venezuela (Caracas), Spanien (d.h. hauptsächlich nach Málaga, Madrid und Barcelona) und in andere europäische Länder gingen. Nach Driessen (1992, S. 93) lebten 1965 noch 1.200 Hebräer in Melilla, deren Anzahl bis 1998/99 auf etwa 800 zurückging. Derzeit gibt es allerdings keine weiteren Abwanderungen. Die Hebräer sind heute in Melilla immer noch sehr stark im Handel tätig, daneben dominieren aber mittlerweile Berufe wie Rechtsanwalt, Arzt, Lehrer oder städtischer Beamter. Es gibt daneben auch Barbesitzer, einfache Arbeiter und Handwerker. Bis in die 50er Jahre waren nach Driessen (1992, S. 102) den Hebräern die meisten akademischen Laufbahnen verwehrt, so dass insbesondere in der Zeit danach neue Berufsfelder erschlossen wurden. Außerdem durften die Hebräer mit dem Ende der franquistischen Restriktionen und der Demokratisierung Spaniens nun auch in den öffentlichen Dienst eintreten.

Bezüglich der inneren Strukturierung der hebräischen Gemeinschaft wird heute aufgrund von vielen Mischehen kaum mehr zwischen sephardischen und ländlich-marokkanischen Hebräern unterschieden. Außerdem ist die Gemeinschaft mittlerweile in sozialer Hinsicht relativ homogen, da insbesondere viele arme Hebräer ausgewandert sind. Im ärmlichen Viertel Barrio Hebreo leben heute nur noch 2 oder 3 hebräische Familien, ansonsten ist das Viertel überwiegend von Muslimen bewohnt. Von den ehemals 6 Synagogen im Barrio Hebreo und in Polígono sind heute noch 3 geöffnet. Insgesamt gibt es derzeit noch 8 genutzte Synagogen in Melilla. Nachdem in den 70er, 80er u. 90er Jahren in Melilla neue Wohnungen gebaut wurden, verließen viele Hebräer die Innenstadt mit den mittlerweile abgewohnten modernistischen Gebäuden (Héroes de España, vorher Reina Victoria) und zogen in die modernen und teuren Neubauten am Paseo Marítimo im Viertel Barrio Industrial. Dort leben heute ca. 50% aller Hebräer. Ein anderer großer Teil wohnt in den Wohnblöcken (*viviendas*) Rusadir im Viertel Virgen de la Victoria. Fast alle Hebräer verfügen über die spanische Staatsbürgerschaft, einige haben ihre Papiere allerdings erst nach 1985 erhalten. Mischehen zwischen Hebräern und Christen sind ein relativ junges Phänomen und bilden immer noch eine Ausnahme.

Die Hindus spielen - im Unterschied zu den Hebräern und den Muslimen - in der Bevölkerungsentwicklung von Melilla nur eine absolut marginale Rolle. Die ersten Hindu-Händler erschienen zwar bereits um 1900, aber eine größere Anzahl umfasste die Gemeinschaft erst um 1965 mit 73 Personen, die sich bis 1983 noch auf ca. 110 steigerte (vgl. Driessen 1992, S. 156). Aufgrund des Rückgangs der Bedeutung des Handels mit Elektroartikeln wanderten viele Hindus von Melilla auf die Kanarischen Inseln oder die *península* ab, so dass die Gemeinschaft heute nur noch 50 - 60 Personen umfasst. Die Zurückgebliebenen haben sich vielfach geschäftlich neu orientiert und beispielsweise in der Baubranche engagiert. Sie leben relativ stark zurückgezogen unter sich, und es gibt im Vergleich zu Ceuta auch wenig Mischehen. Nach Driessen (1992, S. 161) kehren zudem die meisten Hindus aus Melilla zum Ruhestand nach Indien zurück. Im Gegensatz zu der stark ausgeprägten emotionalen Ortsbindung vieler Hindus in Ceuta erscheint die Verbindung der meisten Hindus in Melilla mit ihrer Stadt eher ökonomischer Art. Die Hindus leben heute im Stadtzentrum (Héroes de España) oder am Paseo Marítimo im Barrio Industrial.

3.1.6. Das Muslim-Viertel Cañada de la Muerte in Melilla: Von der Entstehung bis Anfang der 80er Jahre

Der Name des Muslim-Viertels „*Cañada de la Muerte*" (Schlucht des Todes) leitet sich von einer blutigen spanischen Niederlage gegen die *rifeños* im Jahre 1893 ab (vgl. Driessen 1991, S. 83, Carabazas/De Santos 1992, S. 40). Dieser sogenannte *Guerra de Melilla* bzw. *Guerra Margallo* (nach dem Namen des gefallenen spanischen Gouverneurs) resultierte aus dem Eindringen spanischer Truppe in die Nähe eines muslimischen Friedhofs am Rande des *campo exterior*, um dort ein Fort zu bauen. Heute wird das Viertel auch weniger martialisch Barrio del Hídum (oder Cañada de Hídum) nach einer angrenzenden Straße (Carretera Hídum) genannt. Die Entstehung des Viertels geht auf die Internierung von Muslimen aus Melilla in Camps während der Feldzüge von 1909 und 1919 - 1922 in dem Tal *Cañada de la Muerte* zurück. Nach der „Befriedung" des Hinterlandes von Melilla wurden die internierten Muslime freigelassen, und die Holzhütten der Camps durften nun von muslimischen Soldaten aus dem Rif-Gebirge, die in Diensten der Protektoratsarmee (*regulares* u.a.) standen, sowie deren Familien bezogen werden (vgl. Driessen 1991, S. 83 f sowie 1992, S. 165 f). Sie errichteten dort im Laufe der Zeit einfache Steinhäuser, die im Jahre 1939 eine Anzahl von 53 erreichten. Nach einem Zensus von 1940 lebten 1.192 Bewohner in dem Viertel, von denen nur 108 Christen waren. Der Geburtsort aller Muslime lag im Territorium der *Iqar'ayen*, einem Berberstamm der umliegenden Region Melillas. Von den 299 berufstätigen Muslimen waren 82 Soldaten und 52 Straßenverkäufer. Insgesamt dominierten die unausgebildeten Tätigkeiten, wobei noch bedeutsam ist, dass insgesamt 56 Frauen als Wäscherinnen oder Hausdienstmädchen zum Lebensunterhalt der Familien beitrugen und ca. 30 % aller Haushalte von Witwen - vermutlich Kriegerwitwen - geführt wurden. Die letztgenannten bezogen nur eine magere Rente und mussten zusätzlich arbeiten gehen. Sozial und ökonomisch bedeutsam war sicherlich auch, dass nur 6 Muslime lesen und schreiben konnten (vgl. Driessen 1992, S. 165 ff).

Nach Driessen (1992, S. 166 ff) haben sich die sozioökonomischen Strukturen des Viertels Cañada de la Muerte bis 1980 kaum verändert; es dominierten weiterhin unqualifizierte Tätigkeiten (Arbeiter, Straßenverkäufer etc.). Nur ca. 25 % der Bewohner verfügten über ein regelmäßiges Einkommen einschließlich der Renten pensionierter Soldaten, und ein noch größerer Anteil an Frauen und Mädchen waren als Wäscherinnen und Haushälterinnen tätig. Darüber hinaus war der Anteil der Analphabeten sehr hoch. In dem Viertel lebten 1980/84 ca. 1.700 ausschließlich muslimische Bewohner, von denen 65% bereits in Melilla geboren waren, aber nur ein kleiner Teil verfügte über die spanische Nationalität. Die Christen hatten mittlerweile alle das Viertel verlassen. Die Häuser - überwiegend im traditionellem Rif-Stil der Region gehalten - wurden fast alle ohne offizielle Genehmigung der Stadtverwaltung auf militärischem Territorium errichtet. Nur vier Häuser waren offiziell als Eigentum ihrer Bewohner registriert. Die Existenz des Viertels basiert somit auf der „Duldung" durch die Stadtverwaltung und das Verteidigungsministerium, was bis heute ein größeres Problem darstellt (s.u.). Die Qualität der Häuser wird von Driessen (1992, S. 84) als klein und ärmlich beschrieben, zudem mußten sich ca. 25 % aller Familien ein Haus mit einer anderen Familie teilen. Sozioökonomische Unterschiede waren innerhalb des Viertels nicht sehr stark ausgeprägt. Bis in die späten 70er Jahre hatte sich die Stadtverwaltung überhaupt nicht um das Viertel gekümmert, und erst seit etwa 1980 wird seine Existenz offiziell wahrgenommen. Nun wurden 12 öffentliche Brunnen eingerichtet und die meisten Häuser mit Elektrizität versorgt. Außerdem wurde eine Grundschule eröffnet sowie eine Rot-Kreuz-Sanitätsstation eingerichtet, und die Bewohner bauten aus eigenen Mitteln eine kleine Moschee (vgl. Driessen 1992, S. 168). Im Jahre 1984 hat die muslimische Bevölkerung in Melilla nach Angaben der *Delegación del Gobierno* insgesamt 21.422 Personen umfasst, von denen nur 2.500 über die spanische Nationalität verfügten. Von der islamischen Organisation „*Comunidad Musulmana*" wurde die Anzahl auf 30.000 geschätzt (Driessen 1992, S. 218). Bis heute lebt nur der insgesamt kleinere Teil aller Muslime Melillas in dem Viertel Cañada de la Muerte, während sich der größere Teil hauptsächlich in benachbarten, fast ganz oder überwiegend von Muslimen bewohnten Vierteln konzentriert (s.u.).

3.1.7. Ceuta und Melilla: Die Unruhen von 1986, die Ergebnisse des „Muslim-Zensus" und aktuelle Zahlen

Erst seit Ende der 80er Jahre setzt in Ceuta und Melilla eine allmähliche rechtliche und teilweise auch soziale Verbesserung der marginalen Situation der meisten Muslime ein. Der Ausgangspunkt war im Jahr 1986 die geplante Einführung eines neuen Ausländerrechts (*Ley de Extranjería*) auf nationaler Ebene, wonach die muslimische Bevölkerung in Ceuta und Melilla mit allen anderen Ausländern in Spanien denselben Status erhalten hätte. In diesem Falle wäre eine Ausweisung der Mehrheit der Muslime in Ceuta und Melilla möglich gewesen, da sie nicht über die spanische Nationalität bzw. eine andere anerkannte Dokumentation verfügten (vgl. Mattes 1987, Carabaza/De Santos 1992, Planet Contreras 1998). Diese Situation wollten auch konservative und nationalistische Kreise in den Städten nutzen, um der aus ihrer Sicht „Überfremdung" der Städte durch Ausweisung entgegenzuwirken. Die Folge war, dass es in beiden Städten zu Demonstrationen und - insbesondere in Melilla - zu heftigen Unruhen kam. Die Ereignisse erregten internationales Aufsehen, und die marokkanische Presse erhob schwere Vorwürfe des Rassismus.[81]

Die Muslime in Ceuta und Melilla forderten dagegen sofortige Einbürgerung und die Aushändigung spanischer Pässe. Schließlich kam es zu einem Nachgeben der spanischen Regierung und zu einer Einbürgerung eines Großteils der Muslime. Zuvor wurde allerdings eine statistische Erhebung der muslimischen Bevölkerung in Ceuta und Melilla durchgeführt (Instituto Nacional de Estadistica/INE 1986). Danach betrug die Anzahl der Muslime in Ceuta im Jahr 1986 12.177 zuzüglich einer geschätzten Zahl von 2.825 nicht erfassten Personen (INE 1986, S. 14, vgl. Tab. 2). Von den gezählten 12.177 Muslimen wurden ca. 75 % in Ceuta geboren; aber nur 16,5% (2.007) verfügten über einen spanischen Personalausweis (*Documento Nacional de Identidad*/ D.N.I.), dagegen 50% (6.048) über eine *Tarjeta Estadística* (Erfassungsdokument; böswillig auch „Hundemarke" genannt) und der Rest über Geburtsscheine, andere oder keine Dokumente (vgl. INE 1986, S. 57). Die muslimische Bevölkerung von Melilla umfasste im selben Jahr 17.027 Personen, von denen 11.914 (70 %) in Melilla geboren wurden. Da bei 166 Haushalten keine Informationen erhoben werden konnten, ist noch eine geschätzte Anzahl von 797 Personen hinzuzurechnen (vgl. INE 1986, S. 16 u. 87). Von den 17.027 gezählten Muslimen verfügten 2.978 (17,5 %) über die spanische Nationalität, 5.477 (32,2 %) über die *Tarjeta Estadística* und wiederum der Rest über Geburtsscheine, andere oder keine Dokumente (vgl. INE 1986, S. 87). Darüber hinaus sind sowohl in Melilla mit 34 % als auch in Ceuta mit 35,5 % die Anteile der jungen Menschen zwischen 0 und 14 Jahren bei der muslimischen Bevölkerung als sehr hoch einzustufen.

---

81   Auf den Ablauf der Unruhen und die politische Mobilisierung der Muslime wird in Kapitel 4.2. genauer eingegangen.

Der „Muslim-Zensus" hat ebenfalls ergeben, dass insgesamt - übrigens bis heute - ein niedriges Aus- bzw. Schulbildungsniveau bei den Muslimen vorherrscht. Die Analphabetenquoten lagen in Melilla bei 26,5 % und in Ceuta bei 31,6 % (vgl. INE 1986, S. 39 ff). Die sozial marginale Stellung der Muslime kam auch in der sehr hohen Arbeitslosigkeit zum Ausdruck, die in Melilla 41 % und in Ceuta sogar 52 % betrugen. Die hauptsächlich ausgeübten Berufe bezogen sich in Ceuta (C) und Melilla (M) auf Handel und Verkauf (C: 26,5 %; M: 40 %) sowie Hotel/Gaststätten, Haushalts- und Wachdienste (C: 22,6 %; M: 25 %). Als sehr hoch erscheint bezüglich der Berufstätigkeit in der Statistik die Angabe „nicht bekannt", und zwar für Melilla mit 22,3 % und Ceuta mit 40 % (!) (vgl. INE 1986, S. 48 u. 78). Somit wird anhand dieser Zahlen deutlich, dass neben einer stark ausgeprägten residentiellen Segregation zwischen Muslimen und Christen außerdem erhebliche soziale und ökonomische Diskrepanzen bestehen. Es darf allerdings nicht vergessen werden, dass es ebenfalls auch sozial und ökonomisch schwache christliche Familien gibt. Die aktuellsten verfügbaren Daten weisen für Ceuta im Jahr 1991 in den Distrikten mit den höchsten Anteilen muslimischer Bevölkerung auch die höchsten Prozentangaben in bezug auf Arbeitslosenquote und Analphabetenquote auf (vgl. Karte 2). So betragen beispielsweise in Distrikt 6, zu dem auch das Viertel Príncipe Alfonso gehört, die Arbeitslosenquote 52,32% (!) und die Analphabetenquote 20,3% (!) (vgl. Anuario Estadistico de Ceuta 1997, S. 52 und S. 196f). Für Melilla existieren leider keine veröffentlichten differenzierten Zahlen der Arbeitslosen oder Analphabeten nach Distrikten. Hier kann lediglich die auch für spanische Verhältnisse sehr hohe Arbeitslosenquote von 23,3 % für 1998 angegeben werden (vgl. Ciudad Autónoma de Melilla 1999, S. 83). Es sind allerdings insbesondere Muslime von der hohen Arbeitslosigkeit betroffen. Zu der Analphabetenquote in Melilla waren keine aktuellen Zahlen zugänglich. Auch heute erstrecken sich die hauptsächlichen Tätigkeiten bei den Muslimen in beiden Städten auf den Handel, die Gastronomie (inkl. Hotelgewerbe) und das Baugewerbe.

Die oben erwähnte *Tarjeta Estadística* erhielten diejenigen Muslime, die über keine andere Dokumentation oder die spanische Nationalität verfügten. Die *Tarjeta Estadística* wurde 1958 von den spanischen Behörden zur Kontrolle der muslimischen Bewohner eingeführt (vgl. García Flórez 1999, S. 213). Aufgrund der Einbürgerung eines Großteils der Muslime in Folge der Ereignisse von 1986 besitzen nach Angaben der *Delegación del Gobierno* in Ceuta im Jahr 1999 nur noch 1.200 Personen eine *Tarjeta de Identidad y Residencia* (Nachfolgebezeichnung der *Tarjeta Estadística*).[82] Mit dieser Karte können die Inhaber ausschließlich in Ceuta bzw. in Melilla wohnen und arbeiten (Reisen auf die Iberische Halbinsel sind nur mit Passierscheinen der spanischen Behörden möglich), und mit ihr kann

---

82 Die „Vertretung der Regierung" ist in den autonomen Städten Ceuta und Melilla u.a. für Ausländer, Einbürgerung und Immigration zuständig. Erst im Jahre 1994 wurde in einem Urteil des spanischen Verfassungsgerichts (*Tribunal Constitucional*) die „*Tarjeta de Estadística*" als offizielle Aufenthaltsgenehmigung für Personen, die aus Ceuta und Melilla stammen oder dort verwurzelt und wohnhaft sind (...*personas originarias de Ceuta y Melilla o con arraigo y residencia en ambas ciudades...*), anerkannt (vgl. Moga Romero 2000, S. 183).

kein Erwerb von Haus- und Grundstückseigentum erfolgen. Ebensowenig sind die Inhaber dazu berechtigt, einen Antrag auf den Erhalt einer Sozialwohnung zu stellen, und sie beziehen keine Arbeitslosenunterstützung. Da es in Spanien nach der Verfassung gesetzlich verboten ist, in Volkszählungen nach Religionszugehörigkeit zu unterscheiden, gibt es seit 1986 für Melilla und Ceuta keine veröffentlichten exakten Daten mehr über die Anzahl der Muslime und den Angehörigen anderer Religionsgemeinschaften (vgl. Planet Contreras 1998, S. 40 f). Eine Ausnahme bildete die zitierte Zählung in Ceuta und Melilla aus dem Jahre 1986, allerdings wurden die erhobenen Zahlen von Vertretern der muslimischen Gemeinschaft als viel zu niedrig eingestuft.

Nach García Flórez (1999, S. 212) - der sich ohne die Angabe eines bestimmten Jahres auf Angaben der *Delegación del Gobierno* und der *Comandancia* (Militärkommandatur) bezieht - leben etwa 20.000 Muslime in Ceuta, von denen 3.418 über die marokkanische und 600 zudem über die spanische Staatsangehörigkeit verfügen. Außerdem halten sich schätzungsweise 800 Marokkaner illegal in Ceuta auf, von denen bei der letzten staatlichen Legalisierungskampagne im Frühjahr 2000 sicherlich einige eine offizielle Aufenthaltserlaubnis erhalten haben.[83] Diese Zahlen beziehen sich vermutlich auf einen Zeitraum Mitte bis Ende der 90er Jahre. Allerdings ist bezüglich der marokkanischen Staatsbürger in Ceuta den offiziellen Statistiken für das Jahr 1996 eine Anzahl von 1.314 Personen zu entnehmen (vgl. Anuario Estadístico de Ceuta 1999, S. 41). Wenn man aufgrund der bisher genannten Zahlen den muslimischen Bevölkerungsanteil (ohne Marokkaner) auf ca. 25 % schätzt, dann ergibt sich für das Jahr 1998 bei einer Gesamtbevölkerung von 72.117 eine absolute Zahl von etwa 18.000 Personen.

In Melilla stammen die aktuellsten mir zugänglichen und zuverlässigen Daten über die muslimische Gemeinschaft aus dem Jahre 1991; sie nennen eine Gesamtzahl von 17.647 Personen (unveröffentlichte Daten des *Instituto Nacional de Estadística Delegación Local de Melilla*). Im Verhältnis zu der de-jure Gesamtbevölkerung von 56.600 des gleichen Jahres lag damit der Anteil der Muslime bei 31,2 % (vgl. Ciudad Autónoma de Melilla 1999). Nach Schätzungen des Delegierten des lokalen Statistischen Amtes von Melilla (*Delegado Provencial de Melilla Instituto Nacional de Estadística*) betrug die Anzahl der Muslime im Jahr 1998 zwischen 23.000 und 25.000 Personen, das wären ca. 40 % der Gesamtbevölkerung (60.108). Im Jahr 2000 verfügten nach Angaben der *Delegación de Gobierno* etwa 1.000 Muslime über eine Arbeits- und Aufenthaltsgenehmigung (*permiso de trabajo y residencia*) und ca. 7.000 über die *Tarjeta de Identidad y Residencia* (auch „gelbe Karte"/*tarjeta amarillo genannt*). Daneben existiert noch eine kleine muslimische Minderheit (maximal 70 Personen), die als Gastarbeiter in Frankreich, Holland, Deutschland oder anderen europäischen Ländern waren, dort die Staatsbürgerschaft

---

83 Da sich in Spanien aufgrund der Grenzlage insbesondere seit Anfang der 90er Jahre sehr viele illegale Einwanderer hauptsächlich aus Marokko aufhalten, werden immer wieder Legalisierungskampagnen durchgeführt, um die Kontrolle zu behalten und einem Abrutschen in die Kriminalität entgegenzuwirken.

angenommen haben und nun in Melilla leben. Somit ist die Anzahl der nicht-spanischen Muslime in Melilla wesentlich höher als diejenige in Ceuta.

Aufgrund der starken Bevölkerungszunahme der Muslime, die auf hohe Geburtenraten und in beschränkten Umfang auch auf illegale Zuwanderung zurückgeht, kursiert seit Anfang der 80er Jahre in christlich-spanischen Kreisen auch das Bonmot von der „*marcha de la tortuga*" (Marsch der Schildkröte). Damit ist eine langsame „demographische Invasion" der Muslime und die Gefahr einer sukzessiven „Marokkanisierung" von Ceuta und Melilla gemeint, und genau davor haben sehr viele christliche Spanier Angst (vgl. Popp 1997, S. 343 u. Planet Contreras 1998, S. 40). Die Sicherung der eigenen Heimat wird also nicht nur permanent durch Rückgabeforderungen der marokkanischen Regierung in Frage gestellt, sondern auch innerhalb der Städte besteht nach dieser Wahrnehmung in den muslimischen Vierteln ein „demographisches Bedrohungspotenzial". In der Tat liegt das natürliche Bevölkerungswachstum jeweils pro 1.000 Einwohner für das Jahr 1996 in Ceuta mit 6,60 und in Melilla mit 11,71 wesentlich höher als der gesamt-spanische Durchschnitt mit 0,24 (Ciudad Autónoma de Ceuta 1999, S. 40 u. Ciudad Autónoma de Melilla 1999, S. 58). Dieser Unterschied liegt - nach Aussagen von lokalen Fachleuten für die Erstellung der Statistiken (INE/Melilla u. PROCESA/Ceuta) - an den wesentlich höheren Geburtenraten bei der muslimischen Bevölkerung, was außerdem durch den großen Anteil von Kindern und Jugendlichen zwischen 0 und 15 Jahren in den von Muslimen dominierten Distrikten sehr deutlich wird (vgl. Ciudad Autónoma de Ceuta 1999, S. 36 f). Dennoch ist die Wahrnehmung dieser demographischen Entwicklung als Bedrohung ausschließlich das Produkt einer sehr spezifischen Einstellung gegenüber den Muslimen, wonach deren Loyalität als spanische Bürger angezweifelt wird. Es ist gleichwohl sehr fraglich, ob die Muslime in Ceuta und Melilla mehrheitlich tatsächlich den Anschluss der Städte an Marokko wünschen (vgl. Kap. 4.2.). Die Angst vieler Christen liegt allerdings auch in der wahrgenommenen Gefahr einer Bedrohung der „eigenen" (begrenzten) ökonomischen Ressourcen in Ceuta und Melilla durch Forderungen nach Partizipation seitens der Muslime.

Die illegale Zuwanderung von Menschen aus Marokko nach Ceuta und Melilla kann an den Grenzen kaum verhindert werden, weil Marokkaner aus der Provinz Tétouan (Ceuta) bzw. Nador (Melilla) im kleinen Grenzverkehr ohne Visum einreisen können. Hier kommt es täglich zu mehreren Tausend Grenzübergängen, da - wie bereits erwähnt - in den spanischen Städten billig eingekauft werden kann und Schmuggelhandel betrieben wird (dazu genauer in Kap. 3.2). Die geschätzte Zahl der sich illegal in den beiden Städten aufhaltenden Marokkaner lag Anfang der 90er Jahre für Ceuta bei 800 Personen und für Melilla zwischen 2.000 und 3.000 Personen (vgl. Sainz de la Peña 1997, S. 168). Allerdings sind es nicht nur Erwachsene, die sich illegal in Ceuta und Melilla aufhalten, sondern auch sehr viele Kinder und Jugendliche. Aufgrund zerrütteter familiärer Verhältnisse, von den Eltern dazu angehalten oder auf Druck von Schlepperbanden schleichen sie sich durch die Grenzübergänge oder Kanalisationen von Marokko aus ein. Sie streunen bettelnd durch die Straßen, putzen Schuhe, verkaufen auf der Straße Zigaretten oder Kaugummis, verüben kleine Diebstähle, durchsuchen den Müll nach essbaren Lebensmittelresten oder schnüffeln Klebstoff (vgl. El País 31.08.1997, 27.03.2001, 01.04.2001). Die von der Polizei aufgegriffenen Jugendlichen und Kinder werden in Auffanglagern untergebracht, und sie sollen eigentlich nach Marokko zurückgeschickt werden. Im Zeitraum von Januar bis August 1997 wurden 7.038 minderjährige Marokkaner in Melilla aufgegriffen (vgl. El País, 31.08.1997). Bevor die Jugendlichen und Kinder zu ihren Eltern in Marokko zurückgeschickt werden können, muß zunächst einmal deren Wohnort gefunden werden. Solange werden sie in Auffanglagern untergebracht. In Melilla gibt es mittlerweile vier Heime, in denen sich je ca. 100 Minderjährige aufhalten und von denen insgesamt 70 über eine Aufenthaltsgenehmigung verfügen und zur Schule gehen (vgl. El País 01.04.2001). So konnten die kriminellen Aktivitäten der Kinder erheblich reduziert werden. In Ceuta leben derzeit etwa 200 - 300 Jugendliche und Kinder (zwischen 9 und 16 Jahren) aus Marokko auf der Straße (vgl. El País 27.03.2001). Es werden nur einige von ihnen in einem Jugendzentrum betreut, das allerdings geschlossen werden soll. Mittlerweile hat sich in Ceuta eine islamische Hilfsorganisation (*Luna Blanca*) dazu bereit erklärt, sich um die minderjährigen Marokkaner zu kümmern (vgl. El País 29.03.2001).

Neben der illegalen Einwanderung von Marokkanern nach Ceuta und Melilla, stellten die beiden Städte von Anfang der 90er Jahre bis 1999 ein wichtiges Etappenziel für illegale Immigranten vorwiegend aus Algerien und Staaten südlich der Sahara (z.B. Senegal, Kongo, Kamerun) nach Europa dar (vgl. Faath/Mattes 1999, Meyer 2002). Im Jahre 1999 wurden allerdings in beiden Städten die Arbeiten an neuen und hochmodernen Befestigungen (doppelte Zäune, Stacheldraht, Überwachungskameras, Bewegungsmelder u.s.w) entlang der gemeinsamen Grenze mit Marokko fertiggestellt, um der als Bedrohung wahrgenommenen Zuwanderung entgegenzuwirken. In Ceuta und Melilla lebten in den Jahren 1998 und 1999 bis zu 9.000 Menschen hauptsächlich aus Ländern südlich der Sahara - die so genannten *subsahareños* - und aus Algerien in notdürftigen Lagern (unveröffentlichte Zahlen von IMSERSO in Melilla). Die Zahlen sind heute auf einige Hundert zurückgegangen, und die Unterbringung erfolgt mittlerweile in gut ausgestatteten Lagern. Infolge der neuen und wirksamen Grenzbefestigungen in Ceuta und Melilla hat sich die Migration der *subsahareños* - gesteuert durch Schlepperbanden - auf die Kanarischen Inseln verlagert, die von der südlichen Atlantikküste Marokkos mit kleinen Booten angesteuert werden. Außerdem werden nun auch zunehmend *subsahareños* über die Straße von Gibraltar geschleust.[84]

84   Die illegale Einwanderung von Marokkanern nach Spanien (d.h. auf die Iberische Halbinsel) erfolgt überwiegend mit *pateras* - kleinen Fischerbooten - über die Straße von Gibraltar. Diese sehr gefährlichen Passagen über die Straße von Gibraltar werden seit 1991, dem Jahr der Einführung der Visa-Pflicht für Nordafrikaner, durchgeführt und z.T. von Ceuta aus organisiert (vgl. Malgesini/Fischer 1998). Es handelt sich dabei um ein sehr lukratives Geschäft für die Schlepper, wobei die Ankunft auf der anderen Seite der Meerenge ungewiss ist. Es werden immer wieder Leichen von Migranten in der See oder an der spanischen Küste geborgen. Neben der Fahrt in den *pateras* wird von jungen Marokkanern vielfach versucht, sich auf Lastwagen einzuschleichen, die mit einer Fähre von Ceuta oder Melilla aus auf die Iberische Halbinsel übersetzen.

Es kann nur vermutet werden, in welchem Maß die illegale Migration Auswirkungen auf das Zusammenleben der „vier Kulturen" hat. Aufgrund permanenter Pressemeldungen ist die illegale Zuwanderung im öffentlichen Diskurs allgegenwärtig und verursacht bei vielen Menschen sicherlich ein Gefühl der Bedrohung und Überfremdung. Der Bau der neuen Befestigungsanlagen an den Grenzen zu Marokko hat in Ceuta und Melilla das Gefühl in einer „bedrängten Festung" zu leben zusätzlich gesteigert.

3.1.8. Die heutige soziokulturelle Segregation in Ceuta und Melilla

Die Herausbildung einer bis heute sehr stark ausgeprägten soziokulturellen Segregation, insbesondere zwischen Christen und Muslimen, geht auf die zweite Hälfte des 19. Jahrhunderts zurück. Aus den bisherigen Darstellungen lässt sich folgendes vereinfachtes Schema skizzieren: In den seit der Eroberung rein christlichen Siedlungskernen innerhalb der alten Stadtmauern beider Städte haben sich zunächst zusätzlich nur einige sephardisch-hebräische Händler niedergelassen, in der Regel in einigen Straßenzügen konzentriert. In Melilla bildeten sich dann um 1900 und den folgenden Jahrzehnten größere hebräische Viertel in zunächst randlichen Lagen der expandierenden Stadt heraus. Hier erfolgte nicht nur eine „kulturelle" Segregation zwischen Christen und Hebräer, sondern auch innerhalb der Religionsgemeinschaften waren soziale Unterschiede wirksam. So lebten vorwiegend ärmere Hebräer aus den ländlichen Regionen Marokkos im Barrio Hebreo bzw. im Viertel Polígono, während sich die reicheren Hebräer im Viertel Reina Victoria (Héroes de España) im Stadtzentrum konzentrierten. In Polígono und Reina Victoria lebten natürlich auch zahlreiche Christen, allerdings zum überwiegenden Teil in anderen Bereichen innerhalb der Viertel. Dabei ist anzumerken, dass sich in Reina Victoria ebenfalls die eher gehobenen sozialen Gruppen der christlichen Bevölkerung niederließen. Heute hat sich die räumliche Segregation der Hebräer in Melilla weitgehend aufgelöst, da sehr viele von ihnen - insbesondere die ärmeren Schichten - nach Israel abgewandert sind und sich die relativ kleine Anzahl der Zurückgebliebenen auf mehrere, sozial gehobene Stadviertel verteilt. In Ceuta entwickelte sich im Vergleich zu Melilla nie eine größere hebräische Gemeinschaft, so dass sich die hier zunächst ebenfalls hauptsächlich im Handel tätigen Hebräer konzentriert auf einige Straßen in sozial gehobenen Teilen des Stadtzentrum niederließen. Für die heute in Ceuta und Melilla lebenden Hebräer war es offensichtlich auch weniger schwierig als für die Muslime, die spanische Nationalität zu erhalten. Ganz ähnlich verhält es sich mit den Hindus in Ceuta und Melilla, die als Händler kamen, und bis heute den gehobenen sozialen Bevölkerungsgruppen angehören. Sie leben nur sehr gering konzentriert in den Stadtzentren oder anderen Vierteln mit hohem sozialen Status.

Die Mehrheit der zugewanderten Muslime waren in Ceuta und Melilla anfänglich Angehörige der einheimischen Truppenverbände, die auf Seiten der Spanier im Rif-Krieg kämpften und die später auch im Bürgerkrieg von den Franquisten gegen

die Republikaner eingesetzt wurden. Hinzu kamen einige Händler aus den größeren
Städten (Tétouan, Fés u.a.) des Sultanats Marokko. Die große Masse der muslimischen Zuwanderer kam in die beiden Städte allerdings erst während der spanischen
Protektoratszeit, und sie stammten vorwiegend aus den jeweils umgebenden ländlichen Regionen. Im Falle von Ceuta handelt es sich überwiegend um arabophone
Muslime aus der angrenzenden Region Jebala und daneben um berbersprachige
Bewohner des westlichen Rif-Gebirges. In Melilla sind fast ausschließlich ta-
mazight-sprachige Berber bzw. Imazighen aus dem östlichen Rif-Gebirge und
dessen Ausläufern zugewandert. Bei den Muslimen handelte es sich von Anfang
an überwiegend um ärmere Bevölkerung, die bereits zu Beginn in beiden Städten
zu den unteren sozialen Gruppen gehörten. Reiche muslimische Händler bildeten
insgesamt betrachtet eher die Ausnahme. Die Niederlassung der Muslime erfolgte
zum Teil auf Zuweisung im *campo exterior*, wo sich dann als extreme Pole schon
damals die heute rein muslimischen Viertel Príncipe Alfonso in Ceuta und Cañada
de la Muerte in Melilla herausbildeten. Daneben gibt es zahlreiche andere Stadtteile
mit überwiegend oder einem bedeutenden Anteil muslimischer Bevölkerung (vgl.
Karte 1 und 3 im Anhang). Bis heute befindet sich ein Großteil der Muslime räumlich (in zentral-peripherer Abfolge) und sozial in einer marginalen Situation, so
dass von einer stark ausgeprägten soziokulturellen Segregation gesprochen werden
kann.

Der ehemals ungeregelte rechtliche Status der Muslime und die geringe Anzahl
von Muslimen mit spanischer Nationalität waren ein wichtiger Grund dafür, dass
in den Vierteln Príncipe Alfonso und Benzú in Ceuta sowie Cañada de la Muerte in
Melilla fast alle Häuser illegal gebaut wurden. Schließlich können nur Spanier und
EU-Bürger ohne Schwierigkeiten Hauseigentum erwerben; mit allen anderen Formen der persönlichen Dokumentation ist dies nach wie vor nicht möglich. Als Ausländer - also Nicht-EU-Bürger - braucht man für den Erwerb von Immobilien eine
spezielle Genehmigung der *Delegación del Gobierno*. Allerdings gibt es hier eine
Quote, wonach ausländisches Privateigentum an Wohnungen bzw. Häusern 5% der
Gesamtheit nicht überschreiten darf. Ist dieser Anteil erreicht, werden keine Geneh-
migungen mehr erteilt. Diese Regelung beruht auf einem Gesetz von 1978, mit der
Begründung, dass Ceuta und Melilla spezielle Zonen der nationalen Verteidigung
darstellen. Dieses Gesetz richtet sich de facto hauptsächlich gegen Marokkaner,
die in den beiden Städten sonst - so die Befürchtung - zahlreiche Wohnungen bzw.
Häuser aufkaufen könnten. So kann eine eigentumsrechtliche „Marokkanisierung"
der Städte verhindert werden. Außerdem kann bis heute eine Sozialwohnung nur
von spanischen Staatsangehörigen (oder Bürgern eines anderen EU-Mitgliedsstaa-
tes) beantragt werden. Eine *Tarjeta de Identidad y Residencia* (s.o.) reicht dazu
also nicht aus. Um eine Wohnung mieten zu können, ist - zumindest offiziell - eine
Arbeits- und Aufenthaltserlaubnis notwendig. Somit können Arbeitspendler aus
Marokko, die nur über eine Arbeitserlaubnis verfügen, in den Städten legal keine
Wohnung anmieten. Zudem ist das Mietpreisniveau in Ceuta und Melilla aufgrund
des beengten Raumes und der folglich begrenzten Anzahl von Wohnungen sehr
hoch, was natürlich auch sozial schwache christliche Familien besonders stark betrifft. In Ceuta kommt noch hinzu, dass die sehr hügelige Struktur des Territoriums

in vielen Gebieten eine Bebauung verhindert bzw. stark einschränkt. Aus sozialen und juristischen Gründen blieb sehr vielen Muslimen bis weit in die 80er Jahre hinein nichts anderes übrig, als sich in den erwähnten segregierten Vierteln (Príncipe Alfonso, Cañada de la Muerte) illegalen Wohnraum zu verschaffen. Hier wurden zunächst einfache Baracken errichtet, und, je nach ökonomischem Erfolg, im Laufe der Zeit in gemauerte Häuser umgewandelt.

Dem wild wucherndem Hausbau in Príncipe Alfonso und Cañada de la Muerte begegnete man seitens der Stadtverwaltung und der Regierungsvertretung (*Delegación del Gobierno*) lediglich mit einer laisser-faire-Politik. Daraus resultiert, dass heute die anarchischen Strukturen mit zum Teil extrem engen Gassen in beiden Stadtvierteln kaum zu verändern sind. In Príncipe Alfonso existieren nur eine recht schmale Durchgangsstraße und zwei Nebenstraßen, die für den Autoverkehr geeignet sind (vgl. Abb. 6). Verkehrsstaus sind hier die alltägliche Folge. Insgesamt ist in Príncipe Alfonso und in Cañada de la Muerte Bebauungsdichte sehr hoch, wodurch sich Brände sehr schnell ausbreiten können. Außerdem wurden bei starken Regenfällen immer wieder Baracken bzw. Häuser mit schlechter Bausubstanz zerstört. Die nachträgliche und bis heute sehr mangelhafte Einrichtung von Infrastruktur (Strom, Wasser, Abwasser, Straßenbau etc.) gestaltet sich folglich als sehr schwierig, und sie wird bezeichnenderweise überhaupt erst seit den 80er Jahren vorgenommen.

Der Grund, auf dem sich das Viertel Príncipe Alfonso befindet, gehört jeweils zu Teilen der Stadt und dem Militär bzw. dem Verteidigungsministerium. Nach Auskunft des Vorsitzenden des Nachbarschaftsvereins (*Asociación de Vecino*)[85] in Príncipe Alfonso erhalten die Leute in dem Viertel auch keine Kredite für Renovierungen, weil ihre Häuser nicht im Grundbuch eingetragen sind. Dasselbe gilt natürlich auch für Melilla. Strom und Wasser müssen sie allerdings bezahlen, sofern sie am Netz angeschlossen sind. Viele Bewohner haben - so der Vorsitzende - zudem hohe Strafen für die illegalen Bauten bezahlt, jedoch ohne dadurch legalisiert zu sein. In Cañada de la Muerte (Melilla) sind die Besitzverhältnisse am Grund und Boden etwas anders, da dort die Eigentümer je zu einem Teil das Militär (bzw. das

85 Die *Asociaciones de Vecinos* (*AA.VV.*) sind Bürger- bzw. Nachbarschaftsvereine auf Stadtteilebene (barrios, barriadas), die versuchen soziale und ökonomische Verbesserungen zu erreichen und städtebauliche, kulturpolitische oder ökologische Mängel zu beseitigen. Die Nachbarschaftsvereine sind in Spanien zwischen 1966 und 1968 in allen größeren Städten des Landes von den Einwohnern als Basisgruppen gegründet worden, um gegen die Wohnungsnot und andere soziale Probleme vorzugehen. Es gibt etwa 3.000 Büros der Nachbarschaftsvereine in Spanien, sie sind parteipolitisch und ideologisch nicht gebunden und erhalten keine finanzielle Unterstützung vom Staat. In einigen Städten Spaniens (z.B. Madrid) bilden sie eine politisch bedeutsame basisdemokratische Bewegung (vgl. Spanien Lexikon 1990, S. 27). In Ceuta sind die Vereinigungen der einzelnen Stadtteile nochmals in einer übergeordneten lokalen Vereinigung zusammengeschlossen (*Federación Provincial de Asociaciones de Vecinos*) - wie in vielen anderen Städten Spaniens auch -, und sie üben immer wieder starken Druck auf die lokalen Politiker aus, um ihre Forderungen durchzusetzen. In Melilla gibt es zwar ebenfalls eine lokale Dachorganisation, aber es ist nur eine von vier durch Muslime geführte Vereinigung darin eingebunden. Die Nachbarschaftsvereine treten in Melilla generell nicht so stark in Erscheinung, wie dies in Ceuta der Fall ist.

Abb. 6: Das Stadtviertel Príncipe Alfonso: die bauliche Struktur um das Jahr 2000

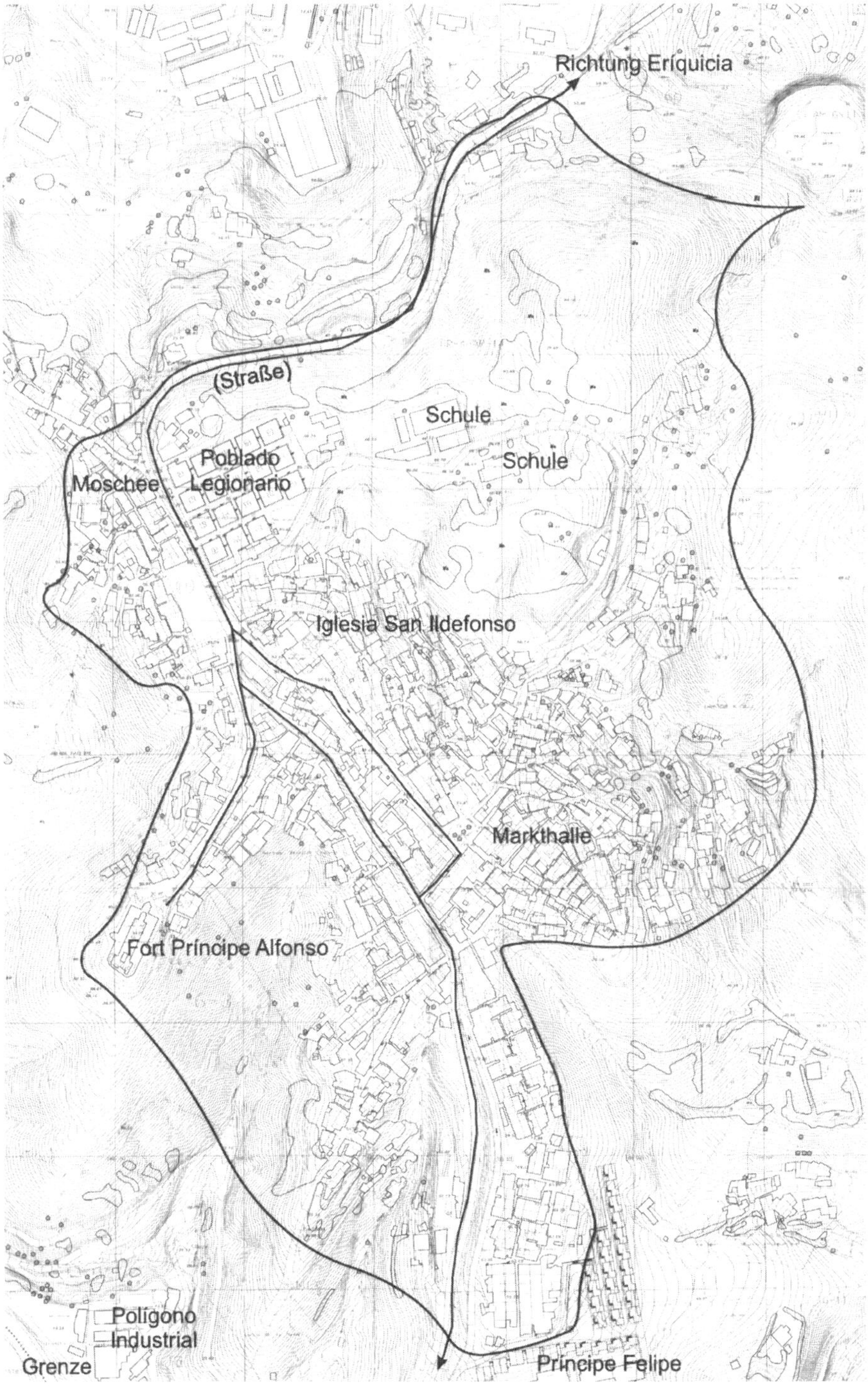

Quelle: Städtische Wohnungsbaugesellschaft EMVICESA

Verteidigungsministerium) und eine christliche Familie sind (s.u.).

Die soziokulturelle Segregation in Ceuta

In dem Viertel Príncipe Alfonso leben heute nach inoffiziellen Schätzungen über 10.000 Menschen, einschließlich eines vermutlich sehr kleinen Anteils illegaler Zuwanderer aus Marokko. Während in den 60er Jahren von den damals ca. 6.000 Bewohnern noch 50 % Christen waren, leben dort heute nur noch zwei christliche Familien. Vor etwa 25 Jahren - so der Vorsitzende des Nachbarschaftsvereins (*Asociación de Vecinos Príncipe Alfonso*) - begannen die Christen in bessere Stadtviertel zu ziehen. Von Vertretern des Vereins werden im Viertel - von der rechtlichen Situation einmal abgesehen - hauptsächlich die fehlende und mangelhafte Infrastruktur, fehlende Freizeiteinrichtungen und Kinderspielplätze scharf kritisiert. Der Vorsitzende der A.V. (*Asociación de Vecinos*) sieht die Ursachen der Mängel bereits in der Vergangenheit angelegt: „*Hier sind sehr wenige Häuser und Wohnungen Eigentum der Bewohner. (...) Dies ist Militärgelände. Ich bin ein Enkel des Militärs, mein Großvater, der Vater meines Vaters, war Soldat. Er fiel im Spanischen Bürgerkrieg. In dieser Zeit lebten sie [die muslimischen Soldaten, d. Verf.] gewissermaßen im Zentrum, im Graben der alten Stadtbefestigung, dort lebten hauptsächlich die Frauen und Kinder der Soldaten, die im Jahre 1936 an der Front waren. Dort war alles sehr beengt, und sie zogen in dieses Viertel, so erzählte mein Vater. Sie versprachen ihnen, dass sie Wohnungen bauen würden, sie improvisierten Blechhütten und nach 40 Jahren blieben wir immer noch in Blechhütten. Wir leben noch genauso.*"

Diese Aussage soll nicht darüber hinwegtäuschen, dass Príncipe Alfonso heute in sozialer Hinsicht sehr heterogen strukturiert ist. Obwohl die Arbeitslosigkeit in dem Viertel extrem hoch ist - Schätzungen liegen bei 80 % (der Gesamte Distrikt 6, zu dem auch noch einige andere Stadtviertel zählen, wies für das Jahr 1991 eine Arbeitslosenquote von über 52 % auf; vgl. Karte 2) -, gibt es dennoch zahlreiche große und zum Teil prachtvoll ausgestaltete Wohnhäuser in dem Viertel. Die Häuser wurden zwar in Eigenbau bzw. vorwiegend mit billigen marokkanischen Bauarbeitern errichtet. Aber diese Tatsache verweist trotzdem auf einen nicht unerheblichen Anteil durchaus wohlhabender Muslime in dem Viertel, die mit der weit verbreiteten Armut stark kontrastiert. Der Verdacht, dass hier Drogengelder im Spiel sind, ist durchaus begründet. Schließlich gilt Príncipe Alfonso als der Ort des Drogenhandels schlechthin. So ist hier auch eine sehr hohe Kriminalitätsrate zu verzeichnen, und es kommen immer wieder Schießereien verfeindeter Banden vor. Ganz generell erscheinen fast täglich in der lokalen Presse Meldungen über Drogenfunde, immer Verbindung mit Marokkanern oder Muslimen aus Ceuta (vgl. Kapitel 3.2.4.). Allerdings muss auch hervorgehoben werden, dass selbstverständlich nicht alle wohlhabenden Muslime in Príncipe Alfonso etwas mit dem Drogenhandel zu tun haben. Vermutlich handelt es sich nur um eine Minderheit. Príncipe Alfonso hat aber aufgrund der Drogenkriminalität und der gelegentlichen Schießereien zwischen Banden einen besonders schlechten Ruf in der Öffentlichkeit. Insbesondere von nicht-muslimischen Bewohnern der Stadt wird das Viertel gemieden, und ich wurde immer wieder davor gewarnt, das Viertel alleine zu besuchen. In Begleitung dort lebender Muslime konnte ich mich indes in dem Viertel unbehelligt aufhalten, vom Fotografieren wurde mir allerdings dringend abgeraten. Ein wichtiges Problem ist in Príncipe Alfonso die mangelnde Kontrolle durch die Polizei, die - so wird gesagt - selber ungern in dem Viertel patrouilliert, auch aus Angst vor dem Vorwurf rassistischen Handelns.

Es gibt auch sozial gehobenen Muslime, die aufgrund der Kriminalität und den dortigen sozialen Missständen aus Príncipe Alfonso weggezogen sind. Zudem stellt der generelle Wohnungsmangel in der Stadt bei der Heirat von jungen Menschen ein Problem dar, das vielfach durch die (wiederum illegale) Aufstockung des Hauses im Viertel gelöst wird. Seitens einiger Muslime gibt es den Vorwurf, dass die preisgünstigen Sozialwohnungen bevorzugt an Christen vergeben werden. Dagegen besteht umgekehrt seitens einiger Christen die Meinung, dass sich viel Muslime die Sozialwohnungen „erschleichen würden", indem sie ihr tatsächliches Einkommen verschleierten. So hat aus vielfältigen Gründen das illegale Bauen in dem Viertel bis heute nicht nachgelassen. Zudem gilt die Regelung, dass dort zwar Hütten aus Blech und Holz gebaut werden dürfen, aber nicht aus Mauerwerk. Aus der Hütte wird dennoch - in vielen Fällen - irgendwann ein größeres, gemauertes Haus. Ein Bewohner beschreibt den Baustil des Viertels wie folgt: „*El Príncipe ist eine Fortsetzung Marokkos, nur dass es dazwischen eine Grenze gibt. Die Bauarbeiter sind marokkanisch und die Mentalität der Eigentümer der Häuser ist es auch. Sie reisen nach Marokko und finden die marokkanischen Häuser schön, weil sie nie so ein Haus gehabt haben. (...) Das Muster von hier [Ceuta/Spanien] gefällt ihm nicht. Der Muslim hat wegen seiner Gewohnheiten bestimmte Bedürfnisse: große Wohnzimmer, den typischen Bogen, einen Innenhof....*" Die Häuser entsprechen allerdings nicht den traditionellen Wohnformen Marokkos vor der Protektoratszeit, sondern es handelt sich um moderne Gebäude, die mit als „marokkanisch" identifizierten Stilelementen versehen sind. Zudem sind vermutlich die meisten muslimischen Haushalte (in Ceuta und Melilla) durch eine Mischform marokkanischer und spanischer Einrichtungsgegenstände gekennzeichnet, deren Verhältnis natürlich vom individuellen Geschmack und Selbstverständnis der jeweiligen Personen abhängig ist.[86]

Nach Aussagen von Vertretern des Stadtplanungsamtes in Ceuta wurde im Jahre 1996 in Príncipe Alfonso eine kartographische Bestandsaufnahme des Baubestandes durchgeführt, um zum ersten Mal exaktere Kenntnisse über das Viertel zur Verfügung zu haben. Es gab sogar Pläne, Príncipe Alfonso ganz abzureißen und dort 3.500 neue Wohnungen zu errichten. Diese Überlegungen wurden allerdings als nicht finanzierbar verworfen. Zudem würden umfangreiche Veränderungsmaßnahmen dieser Art in dem Viertel sicherlich zu einer Rebellion führen. Mittlerweile

---

86 Eine umfassende Untersuchung der entsprechenden materiellen Kultur existiert allerdings nicht, so dass ich mich auf eigene Beobachtungen und Aussagen von befragten Muslimen stütze.

versucht man einen Weg der kleinen Schritte, indem nur Gebäude in schlechtem Zustand sukzessive entfernt werden. Erst vor einigen Jahren wurde in Príncipe Alfonso erstmals eine Straßenbeleuchtung installiert. Nach Aussagen von Mitarbeitern der 1986 gegründeten Wohnungsbauförderungsgesellschaft EMVICESA besteht derzeit die Planung auf einer Freifläche zwischen den Vierteln Los Rosales und Príncipe Alfonso, neue Wohnungen, ein kleines Gewerbegebiet sowie verschiedene infrastrukturelle Einrichtungen (Krankenhaus, Schule) zu bauen. Príncipe Alfonso soll dadurch die extreme Randlage genommen und besser in die Stadt integriert werden. Während der lokalen Wahlkampfperiode im Mai 1999 wurden den Stadtvierteln Príncipe Alfonso und Benzú sowie den Wohnblöcken Juan XXIII (an der südlichen Küste Ceutas im 4. Distrikt gelegen) von der durch die Partido Popular regierten Stadtverwaltung für Sanierungsarbeiten über 9 Millionen Pesetas zugestanden (vgl. El Pueblo de Ceuta, 25.05.1999). Es versteht sich von selbst, dass damit auch Stimmen gefangen werden sollten. Denn in der Stadtplanung von Ceuta wurde in den vergangenen Jahren ganz pioritär die Perspektive einer Verbesserung und Aufwertung der Innenstadt (z.B. Parque Marítimo del Mediterráneo, Gran Vía, Promenada Vía Española) - finanziert durch EU-Strukturfonds - realisiert, um dadurch zugleich den Tourismussektor zu stärken. Hier setzt auch die permanente Kritik der Nachbarschaftsverbände der randlichen Wohnquartiere an, die der Stadt vorwerfen, zu wenig für den Ausbau und die Verbesserung der Infrastruktur in den marginalen Vierteln getan zu haben.

Die Unzufriedenheit vieler Muslime mit der mangelhaften Wohnsituation in Príncipe Alfonso, führte sogar im Oktober 1999 zu Unruhen im Rathaus (vgl. El País 14.10.1999, El Faro 14.10.1999, El Pueblo 14.10./20.10.1999). Der Anlass war eine Demonstration von Bewohnern des Viertels, die aufgrund starker Regenfälle ihre Häuser bzw. Baracken in dem muslimischen Stadtteil nicht mehr bewohnen konnten und nun in einer Notunterkunft in einem Sportzentrum untergebracht waren. Von dort sollten sie wieder in ihre Häuser zurückgeschickt werden, als man behauptete, die Häuser seien jetzt in Ordnung. Die Bewohner waren allerdings anderer Meinung. Im Zuge der Demonstration prügelten schließlich Polizisten die Demonstranten aus dem Rathaus, was zu 17 Verletzten führte. Dieser Konflikt ist letztendlich als eine extreme Variante des generellen Streitpunktes zwischen Muslime und der durch Christen dominierten Stadtverwaltung zu beurteilen. Sehr viele Muslime werfen der Verwaltung vor, ihnen nicht genügend Wohnraum in Form von Sozialwohnungen zur Verfügung zu stellen bzw. die Zuweisung zu erschweren und zudem Christen zu bevorzugen: Eine Sichtweise, die von den Behörden natürlich bestritten wird.

Der 1986 durchgeführte „Zensus der Muslime" zeigt für Ceuta eine klare zentral-periphere Abfolge hinsichtlich der prozentualen Zunahme der muslimischen Bevölkerung (vgl. Karte 1). Die am wenigsten von Muslimen bewohnten Stadtteile sind das Stadtzentrum (Centro Ciudad, 1. Distrikt) und die direkt jenseits der alten Stadtmauern angrenzenden Wohnviertel des 3. Distriktes. Hier dominieren Mehrfamilienhäuser und Wohnblöcke. Die höchsten Anteile muslimischer Bevölkerung wurden für die peripheresten Viertel Príncipe Alfonso und Benzú verzeichnet, wobei hier - wie bereits erwähnt - mittlerweile (fast) ausschließlich Muslime leben. Die Viertel des 4. und 5. Distriktes weisen sehr hohe Anteile muslimischer Bevölkerung auf, die die Prozentangaben von 1986 mittlerweile überschritten haben dürften. Jedenfalls leben in dem Stadtviertel San José (Hadú) nach Schätzungen von Vertretern der dortigen Nachbarschaftsvereinigung heute bereits zwischen 60 und 70% Muslime.[87] In diesem Viertel gibt es Wohnblöcke und kleinere Einfamilienhäuser. Hadú ist zwar ein sozial gemischtes Viertel, es gilt aber aus der Perspektive der überwiegend von Christen bewohnten Innenstadt bereits als Beginn der muslimischen Außenbezirke.

Im Viertel Hadú - so ein Vertreter der lokalen Nachbarschaftsvereinigung - ist mittlerweile eine Abwanderungstendenz von Christen aus sozialen Gründen festzustellen. Als unmittelbarer Anlass dafür werden insbesondere steigende Unsicherheit und eine allgemeine konfliktgeladene Atmosphäre des Viertels angegeben. Auch in Hadú gibt es mittlerweile Drogenhandel, Geldwäsche und Schießereien. Die alteingesessenen Muslime sind allerdings bestrebt, die Christen in dem Viertel zu halten, da es als reines Muslimviertel in der Öffentlichkeit ein noch stärkeres Image der „Unsicherheit" bekommen würde. Zudem bildet das Viertel ein wichtiges dezentrales Zentrum für den lokalen Einzelhandel; sehr viele Geschäfte werden dort auch von Muslimen geführt. Die Händler haben natürlich ein vitales Interesse daran, dass Hadú in sozialer Hinsicht nicht weiter absteigt. Nach Ansicht von Vertretern der Nachbarschaftsvereinigung interessieren sich die Politiker nur oberflächlich und oft nur zu Wahlkampfzeiten für die Probleme in den Stadtvierteln. Auch hier mangelt es an der Infrastruktur, der Sauberkeit und - wie bereits erwähnt - der Sicherheit (Kriminalität, Drogen).

Neben Príncipe Alfonso gilt der östlich am Stadtzentrum anschließende Stadtteil Pasaje Recreo Alto als „Armenviertel". In dem hier gelegenen zentrumsnahen 2. Distrikt ist zudem ein signifikant höherer Prozentsatz an Muslimen zu verzeichnen. In dem Viertel Pasaje Recreo leben ca. 6.000 Menschen, jeweils zur Hälfte Muslime und Christen. Das Viertel ist durch kleine, z.T. barackenähnliche Einfamilienhäuser in vielfach schlechtem baulichen Zustand und einer mangelhaften Infrastruktur gekennzeichnet. Zudem herrscht dort im Vergleich zum Zentrum eine eindeutig höhere Arbeitslosigkeit vor, die insbesondere unter den Muslimen stark verbreitet ist. Abschließend sei noch das sehr periphere und kleine Viertel Benzú erwähnt, wo fast ausschließlich Muslime in überwiegend eingeschossigen Einfamilienhäusern leben. Außerdem existiert dort ein kleiner Grenzübergang zu einem ansonsten sehr isoliert gelegenen marokkanischen Dorf, der allerdings nur von Fußgängern passiert werden darf. An dem Strand des Dorfes liegen zahlreiche kleine Holzboote (*pateras*), die von marokkanischen „Schleppern" für die Überquerung der Straße von Gibraltar mit illegalen Migranten genutzt werden.

---

87   Die Nachbarschaftsvereinigung in Hadú wird von einem muslimischen und einem christlichen Vorsitzenden geleitet. Ganz generell sind die Muslime dort sehr stark in der Vereinigung engagiert.

Die soziokulturelle Segregation in Melilla

In Melilla liegen die Viertel mit den höchsten Anteilen muslimischer Bevölkerung - ganz analog wie in Ceuta - eher in peripherer Lage zum überwiegend von Christen bewohntem Stadtzentrum (Héroes de España) und den südlich anschließenden Wohnquartieren (vgl. Karte 3). Diesbezüglich sind die Stadtviertel Cañada de la Muerte, Reina Regente, Crístobal Colón, Cabrerizas Altas, El Príncipe, Barrio Hebreo, El Polígono und Carmen zu nennen. Nach unveröffentlichten Daten des Zensus aus dem Jahre 1991 liegt der prozentuale Anteil der Muslime in den angeführten Vierteln zwischen 30 und weit über 60% (Instituto Nacional de Estadística, Delegación Local de Melilla, unveröffentlichte Daten). In Cañada de la Muerte leben sogar ausschließlich Muslime. Aus der Perspektive des Generaldirektors für Architektur und Stadtplanung liegen die Gründe für die soziokulturelle Segregation an der mangelnden Integrationsbereitschaft der Muslime: *„Der muslimischen Gemeinschaft fällt es schwer, sich zu integrieren, da sie einige sehr tief verwurzelte Sitten und Gebräuche hat. Aber das ist nicht nur in Melilla so, sondern auch in Spanien und allen anderen Orten. Das ist auch in Frankreich und Deutschland so. Das Phänomen ist das gleiche. Es ist wesentlich schwieriger, dass die muslimische Gemeinschaft sich in die europäischen Sitten und Gebräuche integriert, selbst für diejenigen, die es wollen, als das wir Europäer uns in ihre Sitten und Gebräuche integrieren. Ebenso gibt es Bräuche, die unvereinbar sind, weil sie [die Muslime] eine Wesensart haben, eine Art zu denken, die sich völlig von der unsrigen unterscheidet. Die Größe Melillas liegt darin, dass wir gegenseitig unsere Bräuche tolerieren. Aber es ist eine Tatsache, dass eine Integration nicht erreicht wird. Das zeigt sich auch in der Stadtstruktur. Aber nicht nur hier, sondern auch in Frankfurt. Eine muslimische Gemeinschaft lässt sich normalerweise in einem muslimischen Viertel nieder, in einem muslimischen Ghetto. Das heißt, sie müssen immer gemeinsam dort hingehen. Normalerweise ist es schwierig, dass sie sich in der Stadt ausbreiten und mit anderen zusammenleben. Sie müssen immer gemeinsam leben. Mit den Juden besteht dieses Problem nicht. Die Juden sind völlig verstreut. Die Juden leben in der ganzen Stadt. Mit den Hindus ist es ebenso. Die Muslime sind die einzigen, die eigene Viertel bilden. Und so gibt es in Melilla Viertel, die praktisch zu 100% von Muslimen bewohnt werden."* Nach dieser sehr einseitigen und monokausal „kulturalistischen" Erklärung liegen die Ursachen für die Segregation letztendlich in der „wesenhaften Andersartigkeit" der Muslime, die sich gegenüber den anderen Bevölkerungsgruppen auch räumlich abgrenzen. Die aufgezeigten historischen, rechtlichen und sozialen Ursachen sowie die Ausgrenzung der Muslime durch die christliche Bevölkerung stehen dazu klar im Widerspruch. In der zitierten Argumentation bleibt zudem völlig unberücksichtigt, dass es ja auch sehr viele gemischte Viertel gibt, und Muslime letztlich in allen Teilen der Stadt leben.

In Melilla gelten die Viertel des IV. und V. Distriktes - zu denen alle oben genannten Viertel außer Carmen gehören - als die am stärksten benachteiligten Gebiete der Stadt. Nach Aussagen von leitenden Mitarbeitern des 1998 gegründeten und von der EU geförderten Beschäftigungspaktes (*Pacto Territorial por el Empleo en Melilla*) erstrecken sich die Benachteiligungen auf eine generell

schlechte sozioökonomische Integration in den Rest der Stadt, mangelhafte Infrastruktur, den schlechten baulichen Zustand vieler Wohnungen bzw. Häuser und sozioökonomische Aspekte, wie hohe Analphabeten- und Arbeitslosenquoten, hohe
Schulabbrecherraten, mangelnde Berufsausbildung, insgesamt niedrigen Bildungsstand, Armut und Drogenkonsum. Die gesellschaftliche Konfliktträchtigkeit dieser
sozialen Missstände wurde der Stadtverwaltung und der Regierungsvertretung in
Melilla auch durch die Demonstrationen und Unruhen der Muslime in den Jahren
1985/86 vor Augen geführt. Jedenfalls wurde seitdem verstärkt begonnen, in den
marginalen Vierteln und insbesondere in Cañada de la Muerte - z.T. über EU-Fonds
finanziert - Verbesserungen der Infrastruktur (Strom, Wasser, Kanalisation) vorzu-
nehmen. Allerdings gestehen auch Mitarbeiter des Stadtplanungsamtes ein, dass die
Maßnahmen bei weitem noch nicht ausreichen. Seitens des Beschäftigungspaktes
(*Pacto Territorial por el Empleo*) ist vorgesehen, ein Alphabetisierungs- und Ar-
beitsbeschaffungsprogramm durchzuführen. Bei der Planung und Umsetzung wird
eine partizipativer Ansatz verfolgt, der die Bewohner der Viertel (beispielsweise
über Nachbarschaftsvereinigungen), die Stadtverwaltung und verschiedene Ver-
bände wie z.B. die Gewerkschaften (*UGT* und *CC.OO*) und den Unternehmerver-
band (*Confederación de Empresarios*) einbezieht. Als ein direkter Kontaktpunkt
für die betroffene Bevölkerung sollte zum Zeitpunkt der Untersuchung in zentraler
Lage zu den betroffenen Vierteln ein Förderzentrum für Beschäftigung und soziale
Unterstützung eröffnet werden. In wie weit das Projekt erfolgreich sein wird, können erst die nächsten Jahre zeigen.

Auch der soziale Wohnungsbau bildet ein wichtiges Instrument der sozialen
Entspannung in Melilla. So wurden Anfang des Jahres 2000 ca. 250 Sozialwohnungen fertiggestellt, auf die allerdings 1.200 bis 1.300 Bewerbungen entfielen, die zu
80% von Muslimen gestellt wurden. Aufgrund der hohen Nachfrage sollen innerhalb der nächsten 6-7 Jahre weitere 1.300 Sozialwohnungen gebaut werden. Einen
sozialen Brennpunkt bilden noch die so genannten „Caracolas", die westlich des
Barrio Real nahe der marokkanischen Grenze liegen. Hier handelt es sich um barackenähnliche Notunterkünfte, die 1985/86 für Bewohner aus marginalen Vierteln
errichtet wurden, deren Häuser aufgrund eines heftigen Unwetters beschädigt worden waren. Diese Menschen leben dort heute nicht mehr, sondern inzwischen fast
ausschließlich sozial schwache muslimische Familien, die dort keine Miete zahlen
und sich keinen anderen Wohnraum leisten können. Allerdings ist vorgesehen, diese
Wohnanlage bald abzureißen, da der bauliche Zustand sehr schlecht ist.

Als besonders kompliziert bezüglich infrastruktureller Verbesserungen, urba-
ner Einbindung und sozialer Maßnahmen stellt sich die Situation im Viertel Cañada
de la Muerte dar. Dort gibt es nach einer Schätzung des Generaldirektors für Architektur und Stadtplanung ca. 800 illegal errichtete Häuser, in denen etwa 5 - 6.000
Menschen leben. Die ebenfalls geschätzten Zahlenangaben des *Viceconsejero de
Bienestar Social y Sanidad* (Vizereferent für sozialen Wohlstand und Gesundheit),
der selber in Cañada de la Muerte wohnt, belaufen sich auf nur ca. 650 Familien
bzw. zwischen 3.000 und 4.000 Personen. Aber unabhängig von der korrekten
Anzahl der Bewohner wurden die in dem Viertel stehenden Häuser weitgehend

illegal gebaut (in der Regel von illegalen Bauarbeitern aus Marokko), sie verfügen vielfach über kein ausreichendes Fundament und sind infrastrukturell unzureichend erschlossen. Es mangelt immer noch an Wasserleitungen, Elektrizitätsversorgung und einer Asphaltdecke der Straßen bzw. der meist sehr engen Gassen. Allerdings gibt es auch in Cañada de la Muerte (wie in Príncipe Alfonso in Ceuta) große und prachtvoll gestaltete Häuser, die auf einen gewissen Wohlstand ihrer Eigentümer schließen lassen. Das Viertel ist also in sozioökonomischer Hinsicht heterogen. Wie oben bereits erwähnt, hatte sich die Stadtverwaltung bis Anfang der 80er Jahre überhaupt nicht um das Viertel gekümmert, und nach den teilweise gewalttätigen Demonstrationen von 1985/86 geht man auch nicht gegen die seitdem wachsende Anzahl illegaler Häuser vor, um Unruhen zu vermeiden. Im Jahre 1991/92 wurde jedoch der Bau einer um das Viertel herumführenden Straße geplant und schließlich realisiert. Damit wird eine weitere Expansion des Viertels jenseits der Straße verhindert und gleichzeitig eine bessere Verkehrsanbindung gewährleistet. Da es bei starken Regenfällen infolge der Hanglage des Viertels immer wieder zu Beschädigungen von Häusern kommt, sollen außerdem besonders baufällige oder gefährdete Häuser abgerissen werden. Von zentraler Bedeutung für eine soziale Aufwertung von Cañada de la Muerte ist die Absicht der Stadtverwaltung, die Häuser zu legalisieren.

Als erster Schritt zur Legalisierung wurde 1996/97 eine Veränderung des Flächennutzungsplans von Melilla durchgeführt, da die Flächen, auf denen diese Häuser stehen, ursprünglich als „ländliches Gebiet" (suelo rústico) vorgesehen waren. Die Flächen mussten zunächst als städtisches Gebiet ausgewiesen werden, um überhaupt eine Legalisierung vornehmen zu können. Als zweiten Schritt war man seitens der Stadtverwaltung bzw. des Stadtplanungsamtes im Frühjahr 2000 bereits dabei, mit der Architektenkammer eine Vereinbarung über eine kostengünstige bautechnische Überprüfung und Genehmigung der Häuser zu erreichen. Auf der Basis dieser technischen Studien, für die Gelder aus einem EU-Fonds bereit stehen, sollen dann die (nachträglichen) Baugenehmigungen erteilt werden. In einem weiteren Schritt müssen noch die Besitzverhältnisse des Grundes in Cañada de la Muerte neu geregelt werden. Bisher ist es noch so, dass das dortige Land sich jeweils zu einem Teil in Besitz der (christlichen) Familie Alcaráz und dem Verteidigungsministerium bzw. dem spanischen Staat befindet. Die Familie Alcaráz hat sich mittlerweile bereit erklärt, ihre von der illegalen Bebauung betroffenen Grundstücke für einen angemessenen Preis zu verkaufen. Die Stadtverwaltung beabsichtigt allerdings, den Kauf der Grundstücke für ärmere betroffene Familien zu subventionieren. Das Verteidigungsministerium wird seine Grundstücksanteile nur gegen einen symbolischen Preis abgeben, so dass hier keine Verhandlungsprobleme zu erwarten sind. Der Prozess der Legalisierung soll bis zum Jahre 2005/06 abgeschlossen sein. Außerdem ist beabsichtigt, die noch andauernde illegale Bautätigkeit durch Kontrollen und bestimmtes Auftreten seitens der Stadtverwaltung einzuschränken. Angesichts möglicher sozialer Unruhen in dem Viertel bleibt abzuwarten, in wie weit die Planung umgesetzt werden kann.

Erfolg und Misserfolg des Projektes hängen letztendlich in hohem Maße von der Kooperationsbereitschaft der Bewohner von Cañada de la Muerte ab. Seitens der Mitarbeiter des Beschäftigungspaktes (*Pacto Territorial por el Empleo en Melilla*) wurde bereits die Erfahrung gemacht, dass die Bewohner in der Regel zunächst alles ablehnen, was von außen kommt. Es existiert ein weit verbreitetes Misstrauen gegenüber dem spanischen Staat oder der Stadtverwaltung, schließlich wurde das Viertel bisher stark vernachlässigt, und viele Muslime fühlen sich ganz allgemein im Vergleich zur chrislichen Bevölkerung der Stadt sozioökonomisch benachteiligt. Es stellt sich also für die Bewohner die Frage, welche Vorteile sie von einer Kooperation mit der als dominant christlich wahrgenommenen Stadtverwaltung haben würden. Zudem hat sich in Cañada de la Muerte im Verlauf der Jahre ein starker innerer Zusammenhalt, ein ausgeprägtes Wir-Gefühl und eine viertelsbezogene Gruppenidentität herausgebildet (vgl. Driessen 1992, S. 168). Interne Meinungsbildungsprozesse - insbesondere zu Wahlkampfzeiten - werden hier recht stark von der muslimisch religiösen Vereinigungen *Asociación Islámica Badr*, der „Muslim-Partei" *Coalición por Melilla* (CpM) und dem Vorsitzenden der Nachbarschaftsvereinigung As-Salam beeinflusst.[88] Der Vorsitzende der Nachbarschaftsvereinigung erfüllt zudem eine Rolle als Ansprechpartner bei Problemen im Viertel sowie als Konfliktschlichter.

Obwohl in Cañada de la Muerte nur ein kleiner Teil der gesamten muslimischen Bevölkerung Melillas lebt, dient dieses Viertel immer wieder als Projektionsfläche von Vorurteilen und Stereotypen seitens Angehörigen der christlichen Bevölkerung gegenüber den Muslimen. In deren Sichtweise wächst das Viertel unaufhörlich, und es werden Bevölkerungszahlen vermutet, die oft wenig mit der Realität zu tun haben. Das Viertel bildet demnach den Kern eines muslimischen Bevölkerungsdrucks, der - so die Angst vieler Christen - die christliche Bevölkerung bald zur Minderheit werden lässt. Weiterhin hat Cañada de la Muerte das Image, ein Ort der Illegalität und Kriminalität bzw. des Drogenhandels zu sein; es gilt ganz allgemein als ein „gefährliches Viertel", das man besser meidet. Cañada de la Muerte verkörpert den Prototyp vieler negativer Eigenschaften, die *den* Muslimen zugeschrieben werden. Die Vorurteile gegenüber das Viertel sind allerdings nicht völlig aus der Luft gegriffen. Der illegale Status der dortigen Häuser wurde ja bereits angesprochen, die Ursachen werden aber kaum reflektiert. Weder in den lokalen Zeitungen noch in Gesprächen mit leitenden Mitarbeitern des Stadtplanungsamtes wurde zwischen der mangelnden juristischen (zumindest bis weit in die 80er Jahre hinein) und sozioökonomischen Integration vieler Muslime sowie dem illegalen Hausbau in Cañada de la Muerte ein Zusammenhang hergestellt. Der Generaldirektor des Stadtplanungsamtes vertritt die Ansicht, dass im Zusammenhang mit den Unruhen von 1985/86 den Muslimen zu viel Rechte - bzw. sogar mehr Rechte als den Christen - zugestanden wurden, was wiederum den illegalen Wohnungsbau begünstigte. Der Staat wollte nicht gegen den illegalen Wohnungsbau vorgehen, um keine Spannungen zu erzeugen. Nach Aussagen von Mitarbeitern des Beschäftigungspaktes (*Pacto Territorial por el Empleo*) gibt es in Cañada de la Muerte selbst keine Probleme

---

88   Auf die religiösen Vereinigungen *VIAS* und *Badr* werde ich im Kapitel 4.3. genauer eingehen.

mit Kriminalität, allerdings - so wird eingeräumt - wohnen dort durchaus Leute, die von Diebstahl oder Drogenhandel leben. Der Drogenhandel hat in Melilla jedoch bei weitem nicht die Ausmaße, wie dies in Ceuta der Fall ist. So kommen hier keine Schießereien von rivalisierenden Drogenbanden vor. Das Viertel wird dennoch aus Angst vor Überfällen von vielen Taxifahrern gemieden.

Das schlechte Image von Cañada de la Muerte begründet sich auch in den Unruhen von 1985/86, da von hier aus eine starke Mobilisierung der Muslime ausgegangen war. Das Viertel gilt auch heute noch als ein Herd sozialer Unruhen. Der schlechte Ruf des Viertels wird folglich immer wieder durch negative Ereignisse, wie beispielsweise einzelne Steinwürfe von Jugendlichen auf öffentliche Autobusse, bestätigt und damit reproduziert. Allerdings bleibt es nicht immer bei einzelnen Steinwürfen, sondern im März 2000 kam es zum Bau von Barrikaden mit brennenden Müllcontainern sowie heftigen Auseinandersetzungen mit Polizei und Feuerwehr. Diese „Straßenschlachten" erstreckten sich allerdings auch auf andere Vierteln mit überwiegend muslimischer Bevölkerung. Der Anlass war ein Importverbot der sonst üblichen Lieferung von Lämmern aus Marokko für das islamische Opferfest am Ende des Ramadans. Das Verbot erfolgte durch die spanische Regierung, weil eine Gefahr der Übertragung der Maul- und Klauenseuche bestand. Die Unruhen verurteilte der damalige muslimische Bürgermeister Mustafa Aberchan scharf und schrieb sie radikalen Gruppen zu, die - seiner Meinung nach - während des zu der Zeit laufenden Wahlkampfes die *convivencia* (d.h. das friedliche Zusammenleben zwischen den Religionsgemeinschaften) trüben und sein Ansehen beschädigen wollten (vgl. El Pais Digital, 01.03.2000). Aus den Ereignissen wird deutlich, dass Grenzziehungen und Konflikte nicht nur zwischen Muslimen und Christen bestehen, sondern auch innerhalb der vermeintlichen Kollektive. Die religiös bzw. kulturell definierten kollektiven Identitäten bilden - wie bereits mehrfach deutlich wurde - einen wichtigen Bestandteil der lokalen Politik (in Melilla *und* Ceuta).

In der bisherigen Darstellung der Bevölkerungsentwicklung und der soziokulturellen Segregation lag der Fokus stärker auf den räumlich und sozioökonomisch trennenden Aspekten des Zusammenlebens der „vier Kulturen", insbesondere der Christen und Muslime, die hier ja im Zentrum der Analyse stehen. Das darf jedoch nicht darüber hinwegtäuschen, dass es trotz aller Polarisierung zwischen den reinen muslimischen Vierteln und den fast ausschließlich von Christen sowie Hebräern und Hindus bewohnten Teilen der Stadt große „Übergangsgebiete" existieren, die durch „Vermischung" und ein räumliches „Miteinander bzw. Nebeneinander" charakterisiert sind. Hier sind all jene Stadtviertel zu nennen, die zwischen diesen Polen liegen, und in denen Muslime und Christen miteinander bzw. nebeneinander wohnen und leben (vgl. Karte 1 u. 3 im Anhang). Zwischen Ceuta und Melilla besteht allerdings der Unterschied, dass der prozentuale Anteil und die absolute Bevölkerungszahl der Muslime in Melilla höher liegen als in Ceuta. Deshalb erscheint die Präsenz der Muslime in den Stadtteilen von Melilla auch stärker. Räumliche Polarisierung und Vermischung sind in beiden Städten als gleichzeitige Tatbestände des Zusammenlebens der „vier Kulturen" zu nennen. So gibt es zwar einerseits im

öffentlichen Leben (z.B. im Beruf, in der Schule, beim Einkauf, auf der „Straße")
vielfältige Berührungspunkte zwischen Christen, Muslimen, Hindus und Hebräern,
aber im privaten Leben (z.B. Heirat, Familienleben, Freundschaftskreise) bewegt
man sich meistens innerhalb der eigenen Religionsgemeinschaft. Die relativ stark
ausgeprägte soziale Distanz im Privatleben zeigt sich auch an den eher seltenen
Mischehen zwischen den Angehörigen der verschiedenen Religionen (eine Ausnahme bilden die Hindus in Ceuta, vgl. Kap. 4.5.2.).[89] In sozioökonomischer Hinsicht ist es noch wichtig hervorzuheben, dass die Muslime zwar im Durchschnitt
und im Vergleich zu den Christen (sowie Hebräern und Hindus) eindeutig benachteiligt sind, es aber dennoch ebenso arme bzw. sozial schwache Christen gibt wie
Muslime gehobener sozialer Lagen.

3.2. Die ökonomischen und sozialen Dimensionen des Zusammenlebens der „vier Kulturen"

Zur Beantwortung der zentralen Frage, wie und mit welchen Inhalten in Ceuta
und Melilla Zugehörigkeit und Ausgrenzung gelebt werden, ist es notwendig, sich
auch mit den sozioökonomischen Grundlagen bzw. Dimensionen des alltäglichen
Lebens zu beschäftigen. In dem vorangegangenen Kapitel wurde ja bereits deutlich,
dass sowohl die quantitative Bevölkerungsentwicklung als auch die Zuwanderung
und Herausbildung der vier Religionsgemeinschaften sehr eng mit ökonomischen
Aspekten verknüpft sind. Darüber hinaus ist die residentielle Segregation der
Bevölkerung nach Religionszugehörigkeit, insbesondere zwischen Christen und
Muslimen, nicht nur ein Resultat von eingeschränkter Wohnortwahlmöglichkeit,
mangelnder rechtlicher Integration (überwiegend bis 1986) und Ausgrenzung der
„*moros*", sondern sie ist ebenfalls sehr stark mit ökonomischen und sozialen Faktoren

---

89 Für Mischehen wirkten bis zur Einführung der spanischen Verfassung vom 1978 allerdings
    auch rechtliche Vorschriften beschränkend, da bis dahin keine Trennung zwischen der zivilen
    und kirchlichen Ehe bestand. Zudem spielen bis heute religiöse Normen im Judentum und Is-
    lam für die Frage der interkonfessionellen Eheschließung eine wichtige Rolle. So ist eine Ehe
    zwischen einem männlichen Juden und einer Christin (oder generell einer andersgläubigen
    Frauen) allein deshalb problematisch, weil konservative bzw. orthodoxe Juden die Meinung
    vertreten, dass ein Jude nur sein kann, wer von einer jüdischen Mutter abstammt. Die Kinder
    aus einer solchen Ehe wären folglich keine Juden. Aber auch im Islam gibt es hinsichtlich der
    Ehe spezifische Normen. Ein Muslim darf zwar Frauen anderer Buchreligionen (Christentum
    und Judentum) heiraten - Frauen hinduistischen Glaubens sind folglich ausgeschlossen-, die
    Kinder werden jedoch automatisch als Muslime angesehen. Dagegen ist die Heirat zwischen
    einem Nicht-Muslim und einer muslimischen Frau nach islamischen Recht nicht erwünscht
    bzw. verboten, was die Möglichkeit einer zivilen Ehe in einem säkularen Staat natürlich nicht
    ausschließt. Eine solche Ehe wäre aber nach islamischem Recht nicht anerkannt, und die Frage
    der Religionszugehörigkeit der Kinder bliebe zunächst offen. So können also unabhängig von
    persönlichen Vorbehalten gegenüber den Angehörigen anderer Religionen auch religiöse Nor-
    men für interkonfessionelle Ehen sehr hemmend wirken, insofern nicht zivilrechtlich geheiratet
    oder der Religion keine persönliche Bedeutung beigemessen wird. Darüber hinaus kommen
    Konversionen in Ceuta und Melilla sehr selten vor.

verbunden. Die Muslime bilden im Vergleich zu den Christen, Hebräern und Hindus im Durchschnitt die sozioökonomisch schwächste Bevölkerungsgruppe. Deshalb ist das politisch viel beschworene friedliche „Zusammenleben der vier Kulturen" nicht nur eine Frage der religiösen oder kulturellen Toleranz, sondern auch eine Frage der sozialen und ökonomischen Kohäsion und Ausgeglichenheit. So kann das Gefühl einer religiösen bzw. kulturellen Diskriminierung in Verbindung mit sozialer und ökonomischer Benachteiligung sehr stark zur Mobilisierung kollektiver Identität und einer damit verbundenen Polarisierung und Konfrontation beitragen. Zudem bilden unterschiedliche soziale Lagen auch einen wichtigen Bestandteil der jeweiligen Selbst- und Fremdsicht. Hier stellt sich die Frage, welche ökonomischen Grundlagen das alltägliche Leben in den Städten prägen, warum es zu den starken sozioökonomischen Ungleichheiten kommt und welche Folgen sich daraus ergeben. Die im Kapitel zur Bevölkerungsentwicklung und Entstehung soziokultureller Segregation angesprochenen sozioökonomischen Aspekte werden hier je nach Relevanz nochmals aufgegriffen und vertieft.[90]

3.2.1. Wirtschaftstruktur und Arbeitsmarkt

Zunächst muss hervorgehoben werden, dass die besondere geopolitische Lage der Städte auch spezifische Wirtschaftsstrukturen zur Folge hat. Bis zur Mitte des 19. Jahrhunderts spielten Ceuta und Melilla lediglich eine Rolle als militärische Bastionen und Gefängnisse, in denen nichts erwirtschaftet wurde und die der spanische Staat folglich vollständig finanzieren musste. Erst die territorialen Erweiterungen nach 1860 und die Erklärung zu Freihäfen 1863 initiierten eine eigenständige ökonomische Entwicklung in Ceuta und Melilla, die mit Errichtung der spanischen Protektoratszone von 1912 bis 1956 aufgrund der Anbindung an ein Hinterland einen absoluten Höhepunkt erreichte. So wurden in der Zeitspanne von 1900 bis 1950 in Ceuta und Melilla im Vergleich zu den Jahren vorher und nachher die meisten Wohngebäude errichtet (vgl. López García 1991, S. 172). Es waren die Jahre der intensivsten Stadterweiterungsmaßnahmen. Der Handel und das Baugewerbe bildeten in beiden Städten wichtige Säulen der Wirtschaft. Aber auch die städtische Verwaltung, das Militär, der Warenumschlag im Hafen, die kleinen Industriebetriebe und die Fischerei spielten eine bedeutende Rolle. In Melilla kam noch die Ausbeutung der Minen und die Verschiffung von Eisenerz hinzu (vgl. Rézette 1976 u. Popp 1996).

Wichtige Maßnahmen zur Förderung der Wirtschaft waren zudem die Einführung der Steuerfreiheit für den Im- und Export im Jahre 1929 sowie insbesondere die bis heute gültige Modifizierung des Freihafengesetzes und dessen Ausdehnung auf das gesamte Territorium der beiden Städte im Jahre 1955 (vgl. Núñez Villa-

---

90 Für eine umfassendere Beschreibung der ökonomischen Situation in Ceuta und Melilla siehe Rézette (1976), Liarte Parres (1989), Núñez Villaverde (1997), Planet Contreras (1998) und García Flórez (1999).

verde 1997, S. 119 u. Planet Contreras 1998, S. 43). Das damit angesprochene
Gesetz zur Regelung von Wirtschaft und Finanzen in Ceuta und Melilla beinhaltet
Steuererleichterungen von 50 % bei der Einkommens- und Vermögenssteuer und
der von Unternehmen zu entrichtenden Körperschaftsteuer sowie die Befreiung von
der Erhebung der Mehrwertsteuer und von Steuern auf alkoholische Getränke und
Kohlenwasserstoffe. Des weiteren bestehen 50 % Steuerermäßigung auf Immobilien, Kraftfahrzeuge sowie Baumaßnahmen und die Wertsteigerung von Grund
und Boden (vgl. Planet Contreras 1998, S. 46, García Flórez 1999, S. 237 f). Da
aufgrund des Beitritts Spaniens zur EU (1986) die Produktion von Gütern in Ceuta
und Melilla gegenüber den Importen benachteiligt waren, wurde in einem Gesetz
von 1991 eine neue Regelung festgelegt, wonach auf importierte und in den Städten
produzierte Güter eine Besteuerung (IPSI = *impuesto sobre producción, servicios
e importación*) zwischen 0,5 und 10 % erhoben wird. Die damit verbundenen Einnahmen bilden heute die wichtigste Finanzquelle der Stadtverwaltungen in Ceuta
und Melilla und begründen einen soliden Haushalt (vgl. Planet Contreras 1998, S.
44).

Die Gesetzgebung von 1955 und insbesondere die damit verbundene Erweiterung des Freihafens auf das gesamte Territorium der Städte hatte trotz des Verlustes
des Hinterlandes durch die Unabhängigkeit Marokkos (1956) ab Anfang der 60er
Jahre bis in die 80er Jahre hinein eine Phase der ökonomischen Prosperität zur
Folge. Ceuta und Melilla entwickelten sich zu Einkaufsparadiesen sowohl für die
spanische Bevölkerung der Iberischen Halbinsel als auch für Bewohner des marokkanischen Umlandes. So berichtet Rézette (1976, S. 96 f) vom Schmuggel in beide
Richtungen, wobei er allerdings die Aktivitäten der Spanier für die damalige Zeit
deutlich hervorhebt. Aufgrund der schlechten wirtschaftlichen Situation und struktureller Schwächen im franquistischen Spanien sowie der Zeit danach bis Mitte der
80er Jahre bildeten Ceuta und Melilla attraktive Anziehungspunkte zum Erwerb
von Produkten, die auf der *península* nur wesentlich teurer und z.T. mit erheblicher
zeitlicher Verzögerung erhältlich waren.[91] Insbesondere Ceuta wurde aufgrund seiner Nähe zur Iberischen Halbinsel von spanischen „Tagestouristen" stark frequen-
tiert, die sich hier mit spezifischen Produkten wie Elektrogeräten, Fotoapparaten,
Filmkameras, Armbanduhren, Taschenrechnern, Regenschirmen, alkoholischen
Getränken etc. versorgten (vgl. Rézette 1976, S. 97 u. Ramchandani 1999, S. 82).
Hinzu kam damals noch der Warenschmuggel mit Fischerbooten über die Straße
von Gibraltar. Einen besonderen Boom in dem so genannten Bazarhandel erlebten
Ceuta und Melilla in den 70er Jahren nach der Schließung der Grenze zwischen
Spanien und Gibraltar 1969, da auch dort entsprechende Steuerfreiheiten bestehen
und ebenfalls billig eingekauft werden kann (vgl. Ramchandani 1999, S. 71 ff u.
Meyer 1998). Der Handel mit den steuerfreien Produkten wurde sehr stark von Hin-
dus dominiert, die über sehr gute Geschäftsbeziehungen mit Asien (insbesondere

91   Spanien war bis Anfang der 70er Jahre im europäischen Kontext ein wichtiges Entsendeland
     von Gastarbeitern, da das Land im Vergleich zu anderen Ländern Europas nur sehr schwach
     industrialisiert war (vgl. Meyer 2002). Zur ökonomischen Entwicklung Spaniens siehe Lang
     (1991).

Japan) verfügten, von wo die Elektro- und Fotoartikel hauptsächlich bezogen wurden. Entsprechend stieg - wie im vorherigen Kapitel bereits erwähnt - die Hindubevölkerung insbesondere in Ceuta stark an. Allerdings waren auch viele Hebräer in dieser Handelsbranche tätig. In Melilla beherrschten die Hindus monopolartig den Handel mit Asien: Sie importierten 60 % der Waren für den Bazarhandel, während sie nur 5 % aller Importeure stellten (vgl. Driessen 1992, S. 158)

Der Niedergang des Bazarhandels mit Spaniern von der Iberischen Halbinsel setzte Mitte der 80er Jahre ein. Als Ursachen sind hier die schrittweise erfolgte Wiedereröffnung der Grenze zu Gibraltar (1982/85) und die damit verbundene räumlich näher gelegene Konkurrenz im zollfreien Warenverkauf, Fahrpreiserhöhungen im Fährverkehr[92] zwischen der Halbinsel und den beiden Städten sowie der Beitritt Spaniens zur EU 1986 (Wegfall besonderer Zollregelungen), das spanische „Wirtschaftswunder" (seit 1985) und damit zusammenhängende strukturelle Veränderungen der gesamten spanischen Wirtschaft zu nennen (vgl. Planet Contreras 1998, S. 63, Ramchandani 1999, S. 85 u. Meyer 1998, S. 333; außerdem Aussagen von Händlern und dem Präsidenten der Handelskammer von Ceuta). Seitdem haben Ceuta und Melilla kaum mehr Vorteile gegenüber der Halbinsel, da dort große Warenhäuser ebenfalls zu günstigen Preisen Elektroartikel und andere Produkte in Asien einkaufen können. Es besteht heute nur noch ein Preisvorteil in dem kleinen Marktsegment Schmuck und Markenuhren. Folglich hat sich die Einzelhandelsstruktur in Ceuta und Melilla stark verändert, indem man sich wieder stärker auf den lokalen Markt konzentriert. Die Umstrukturierung hat auch dazu geführt, dass viele Hindu-Händler - insbesondere in Melilla - auf die Iberische Halbinsel oder die Kanarischen Inseln abgewandert sind. Dagegen hat sich der Handel mit Marokko - der weitgehend als Schmuggelhandel abläuft - seit den 60er Jahren prächtig entwickelt. Dieses Geschäft wird allerdings von Großhändlern in unmittelbarer Nähe zu den jeweiligen Grenzübergängen bestimmt.

Neben dem Wandel in der Handelsstruktur von Ceuta und Melilla hat sich gleichzeitig eine noch stärkere allgemeine Dominanz des Dienstleistungssektors vollzogen, d.h. die in den 60er und 70er Jahren vorhandenen Arbeitsplätze in der Fischerei, der Industrie und dem Baugewerbe sind erheblich zurückgegangen (vgl. Carabaza/De Santos 1992, S. 76 ff). Parallel dazu sind die Arbeitslosenraten in Ceuta von 8,37 % im Jahre 1977 auf 26,28 % 1987 kontinuierlich angestiegen (vgl. Ilustre Ayuntamiento de Ceuta 1987, S. 64). Ganz ähnlich ist die Entwicklung in Melilla verlaufen: Während die Arbeitslosenquote 1971 nur 3,51 % betrug, so stieg sie 1981 bereits auf 14,18 % und erreichte 1990 eine Höhe von 30,6 % (vgl. Liarte Parres 1989, S. 426, Ciudada Autónoma de Melilla 1999, S. 82). Im Jahr 1960 waren der überwiegende Anteil aller Beschäftigten in Ceuta mit 53,2 % und in Melilla bereits mit 72 % im Dienstleistungsbereich (einschließlich Handel) tätig (vgl. Tab. 6). Insbesondere in Ceuta hatten der primäre und sekundäre Wirtschaftssektor als Arbeitgeber noch eine größere Bedeutung, als dies heute der Fall ist. In Ceuta

---

92   Die wichtigsten Häfen für den Fährverkehr mit Ceuta und Melilla sind Algeciras und Málaga.
     Almería spielt nur eine untergeordnete Rolle

Tab. 6: Die Anzahl der Beschäftigten in Ceuta und Melilla nach Wirtschaftssektoren für das Jahr 1960

Wirtschafts-sektoren	Anzahl der Beschäftigten (absolut) in Ceuta	Anteil in %	Anzahl der Beschäftigten (absolut) in Melilla	Anteil in %
Dienstleistung	8.065	28,9	10.969	48,9
Handel	4.395	15,8	3.761	16,9
Transport, Kommunikation, Warenlagerung	2.376	8,5	1.391	6,2
Dienstleistung insgesamt	14.836	53,2	16.121	72
Industrie	4.747	17,0	2.709	12,1
Baugewerbe	3.678	13,2	1.158	5,2
Fischerei, Agrar- und Forstwirt-schaft	3.554	12,8	1.427	6,4
Anderes	1.046	3,8	1.015	4,6

Quelle: Rézette (1976), S. 69 ff

entfielen 12,8 % aller Arbeitnehmer auf die Fischerei, Land- und Forstwirtschaft, 17,0 % auf die Industrie und 13,2 % auf das Baugewerbe. In Melilla spielten bereits 1960 der primäre Sektor (6,4 %) und das Baugewerbe (5,2 %) als Arbeitgeber nur noch eine relativ bescheidene Rolle. Aber in der Industrie waren immerhin noch 12,1 % aller Beschäftigten tätig (vgl. Rézette 1976, S. 69 ff).

Heute ist die Wirtschaftstruktur in Ceuta und Melilla noch stärker durch den Dienstleistungssektor bestimmt. Nach den aktuellsten Zahlen für Ceuta sind 1993 in diesem Wirtschaftsbereich 86,36 % aller Beschäftigten tätig (vgl. Tab. 7). Der Dienstleistungssektor ist wiederum hauptsächlich durch den öffentlichen Dienst (ohne die Bereiche Gesundheit und Ausbildung 40,12 % aller Beschäftigten) und den Handel (18 % aller Beschäftigten) geprägt. Dagegen arbeiten in der Industrie und im Baugewerbe nur noch jeweils rund 6 % der Beschäftigten, und die Fischerei und Agrarwirtschaft hat mit 1,65 % kaum mehr eine Bedeutung (Ciudad Autónoma de Ceuta 1999, S. 93 ff). Die Arbeitslosenquote lag 1993 bei 19,6 %, und sie ist bis 1999 auf 27,6 % angestiegen (vgl. Ciudad Autónoma de Ceuta 1997, S. 58 u. Ciudad Autónoma de Ceuta 1999, S. 55).

Für die aktuelle Wirtschaftsstruktur in Melilla ergibt sich ein ganz ähnliches Bild, wobei ich aus Gründen der Vergleichbarkeit ebenfalls die Zahlen von 1993 nennen möchte. Die neuesten Daten für 1998 sind jeweils in Klammern angegeben.

Tab. 7: Die Anzahl der Beschäftigten in Ceuta und Melilla nach Wirtschaftssektoren für das Jahr 1993

Wirtschaftssektoren	Anteil der Beschäftig-ten in Ceuta (absolut)	Anteil in %	Anteil der Beschäftig-ten in Melil-la (absolut)	Anteil in %
öffentlicher Dienst (ohne Gesundheit u. Ausbildung)	8.246	40,12	8.527	45,70
Handel	3.699	18	3.294	17,65
Transport und Kommunikation	1.599	7,78	1.111	5,95
Dienstleistung insgesamt	*17.749*	*86,36*	*16.602*	88.98
Industrie	1.211	5,89	769	4,12
Baugewerbe	1.254	6,1	1.122	6,01
Fischerei, Agrar- und Forstwirtschaft	339	1,65	166	0,89

Quelle: Ciudad Autónoma de Ceuta 1999 u. Ciudad Autónoma de Melilla 1999

Demnach sind 88,98 % (1998: 89,57 %) aller Beschäftigten im Dienstleistungs-sektor, 6,01 % (6,06 %) im Baugewerbe, 4,12 % (3,65 %) in der Industrie und 0,89 % (0,72 %) in der Fischerei, Agrar- und Forstwirtschaft tätig. Innerhalb des Dienstleistungssektors bilden - vergleichbar mit Ceuta - der öffentliche Dienst und der Handel die größten Arbeitgeber (vgl. Tab. 7). Die Fischerei ist in Melilla mit-lerweile nicht mehr existent. Die Arbeitslosenquote lag 1993 bei 33,3 %, und sie konnte bis 1998 immerhin auf 23,33 % reduziert werden (vgl. Ciudad Autónoma de Melilla 1999, S. 81 ff). Die Arbeitslosenquoten in Ceuta und Melilla zählen zu den höchsten in Spanien und der EU.

3.2.2. Arbeitsmarkt und Ausbildung

Von der Umstrukturierung der Wirtschaft seit den 60er Jahren, den damit verbun-denen Veränderungen auf dem Arbeitsmarkt und der hohen Arbeitslosigkeit sind insbesondere die weniger qualifizierten Arbeitskräfte in Ceuta und Melilla betrof-fen. Ein zentrales Problem des Arbeitsmarktes in Ceuta und Melilla besteht eben darin, dass mehr als 50 % der Arbeitslosen keine berufliche Qualifikation haben (vgl. Núñez Villaverde 1997, S. 112 f). Der größte Anteil der unqualifizierten und schlecht qualifizierten Arbeitskräfte wird von den Muslimen gestellt, die folglich auch die höchsten Arbeitslosenzahlen aufweisen. Die Folgen sind fortschreitende soziale Marginalisierung und weit verbreitete Armut. So handelt es sich in Melilla bei den von CARITAS versorgten armen Menschen zu 90% um Muslime; wirklich arme christliche Familie gibt es dort - nach Aussage des Präsidenten der christlichen Hilfsorganisation - fast gar nicht.

Im vorherigen Kapitel wurde bereits für Ceuta dargelegt, dass die höchsten Arbeitslosenquoten in den Stadtteilen bzw. Distrikten mit den größten Anteilen muslimischer Bevölkerung bestehen (vgl. Karte 2 im Anhang). Nach Aussagen von leitenden Mitarbeitern des Beschäftigungspaktes (*Pacto Territorial por el Empleo en Melilla*), Gewerkschaftsfunktionären und des Geschäftsführers der städtischen Gesellschaft für Wirtschaftsförderung (Promesa S.A.) ist auch in Melilla die Arbeitslosigkeit bei den Muslimen besonders hoch. Die Ursachen dafür liegen in beiden Städten in der bis 1986 bestehenden mangelnden rechtlichen Integration der großen Mehrheit der Muslime und der damit verknüpften schlechten sozioökonomischen Integration. Aber auch nach 1986 wurden nicht sogleich alle Muslime eingebürgert, sondern dieser Prozess verlief über mehrere Jahre (vgl. Planet Contreras 1998). Auch heute noch leben viele Muslime in Ceuta und Melilla, ohne über die spanische Nationalität zu verfügen (vgl. vorheriges Kapitel). Mit der mangelhaften rechtlichen und sozioökonomischen Integration verband sich ehemals außerdem eine sehr niedrige Einschulungsquote, so dass sich über schlechte oder nicht vorhandene Ausbildung die marginale soziale Situation vieler Muslime permanent reproduziert hat.

Heute kommen zwar weitgehend alle Muslime in Ceuta und Melilla der allgemeinen Schulpflicht nach, aber die Quote der Schulabbrecher ist sehr hoch, nur ein kleiner Teil der muslimischen Schüler absolviert eine höhere schulische oder gar akademische Ausbildung. Es gibt nur sehr wenige Muslime, die über Ausbildung einen sozialen Aufstieg erreichen. In Ceuta sind 46 % aller Grundschüler Muslime, von denen allerdings nur 29 % die weiterführende Schule ab der 7. Klasse (ESO/*educación secundaria obligatoria*) besuchen. Von diesen Schülern brechen wiederum 17 % die ESO ab, und nur einer von 600 muslimischen Schülern erreicht die *selectividad*, d.h. absolviert einen Schulabschluss, der auch ein Studium ermöglichen würde (vgl. El País Digital 16.11.2000). Dieser Zustand wird in Ceuta mittlerweile als ein alarmierendes soziales Problem bewertet, aber von einer Lösung ist man noch weit entfernt. In Melilla stellt sich die Situation ganz ähnlich dar. Bei einer allgemeinen Abbruchquote während der *enseñanza básica obligatoria* (Schulpflicht bis zur 10. Klasse) von 24,34 % liegt der Anteil der zweisprachigen Schüler (Tamasight/bzw. Berber-Dialekt und Spanisch; womit die Muslime gemeint sind) daran bei 70 % (vgl. Arroyo Gonzáles 1997, S. 41 ff). Auch in Melilla werden weiterführende Schulen nur noch zu einem geringen Anteil von Muslimen besucht. Das Schulproblem der Muslime liegt zum Teil an der Zweisprachigkeit, mit der sie aufwachsen. Während im öffentlichen Leben Spanisch dominiert, wird in den meisten Familien daheim eher Arabisch oder Tamasight gesprochen. Deshalb spricht eine hohe Anzahl muslimischer Kinder bei der Einschulung kein oder nur ein sehr rudimentäres Spanisch. Viele, nicht nur jugendliche Muslime kommunizieren untereinander oftmals in einer Mischform, d.h. man wechselt permanent in der Sprache oder es werden jeweils einzelne Wörter entlehnt. Diese Situation führt dazu, dass viele muslimische Jugendliche weder die eine noch die andere Sprache richtig beherrschen.

Eine vermutlich bedeutendere Ursache für die hohe Abbruchquote muslimischer Schüler bildet jedoch der sozioökonomische Hintergrund. Sehr viele Kinder stammen aus sozial schwachen Familien, in denen die schulische Förderung keine besondere Priorität hat. Der Gebrauch von Drogen und Kriminalität sind unter - nicht nur muslimischen - Jugendlichen weit verbreitet, und damit verbundene Konflikte erstrecken sich auch auf die Schulen. So berichtete sogar die Zeitung El País (26.03./18.04.2001) mehrfach über die ausartende Kriminalität und Gewalt an den Schulen von Ceuta. Mittlerweile schicken sehr viele besorgte Eltern ihre Kinder auf Privatschulen, wobei in Ceuta bereits 23 % der Schüler entsprechende Einrichtungen besuchen (vgl. El País Digital 16.11.00). Aufgrund der damit verbundenen Kosten handelt es sich überwiegend um Schüler aus christlichen, hebräischen und hinduistischen Familien gehobener sozialer Lagen. Es gibt allerdings auch vereinzelte muslimische Eltern, die es sich leisten können und ihre Kinder auf private Schulen schicken. Der schulische Misserfolg, Drogenkonsum und Kriminalität sind auch ein Resultat gesellschaftlicher Missstände. Sehr viele - und hier wiederum insbesondere muslimische - Jugendliche erleben am Beispiel ihrer Eltern und dem sozialen Umfeld, dass sie keine berufliche Zukunftsperspektive haben. Bei dieser Sichtweise spielen die Wahrnehmung einer kulturellen und sozialen Diskriminierung durch die christliche Bevölkerung eine wichtige Rolle. Man fühlt sich bei der Arbeitssuche benachteiligt. So sehen hauptsächlich in Ceuta offensichtlich viele muslimische Jugendliche im Drogenhandel die Chance für ein materiell abgesichertes Leben.

Der hohe Anteil der Muslime ohne Schulausbildung führt wiederum zu einer starken Benachteiligung auf dem Arbeitsmarkt, da immer weniger unqualifizierte Arbeitskräfte gebraucht werden. Der größte Arbeitgeber in Ceuta und Melilla, d.h. der öffentliche Dienst (*servicios publicos*) - zu dem die Stadtverwaltung und der staatliche Bereich zählen -, blieb den Muslimen bisher weitgehend verschlossen. Dort arbeiten nach Angaben von Gewerkschaftsfunktionären sowie Bediensteten der Stadtverwaltung und der *Delegación del Gobierno* fast ausschließlich Christen, wobei diese Tendenz in Ceuta noch stärker ausgeprägt erscheint. Im staatlichen Sektor wie z.B. in der *Delegación del Gobierno*, der Schule, den Gerichten oder der Guardia Civil stammen die meisten Beamten bzw. Angestellten von der Halbinsel, also nicht aus Ceuta oder Melilla. Die Bediensteten kommen meist nur für einige Jahre in die Städte und lassen sich dann wieder versetzen. So erzählte einer der Befragten aus der Abteilung Finanzen und Steuern der *Delegación del Gobierno* in Ceuta, dass er die Erfahrungen mit der besonderen Situation in der Stadt für eine Weile sehr interessant fände, aber ein Bleiben käme nicht in Frage, da der Kontakt mit den vielen ungebildeten Jugendlichen schlecht für die Erziehung der eigenen Kinder sei. Die Fluktuation der staatlichen Bediensteten ist in beiden Städten sehr hoch. Der große Anreiz im öffentlichen Dienst (staatlich oder lokal) in Ceuta und Melilla tätig zu sein, besteht in den höheren Gehältern und den geringen Steuern im

Vergleich zur *península*. Um in den Genuss einer Anstellung im öffentlichen Dienst der Stadtverwaltung zu gelangen, müssen sich die Bewerber einem Auswahlverfahren unterziehen. Für eine erfolgreiche Absolvierung ist selbstverständlich eine entsprechende Ausbildung nötig, über die viele Muslime wiederum nicht verfügen. Es gibt allerdings auch Stimmen, die eine strengere Bewertung muslimischer Bewerber nicht ausschließen. Inwieweit der hauptsächlich von Muslimen erhobene Vorwurf der Diskriminierung in den Auswahlverfahren zutrifft, kann sicherlich kaum überprüft werden. Die berechtigte Wahrnehmung einer absoluten christlichen Dominanz im öffentlichen Dienst (Verwaltung etc.) vermittelt allerdings bei zahlreichen Muslimen ein Gefühl des Beherrschtwerdens, der Ausgrenzung und Diskriminierung.

Die Branchen Baugewerbe und Gastronomie, in denen bereits sehr viele Muslime tätig sind, bieten mittlerweile nur noch begrenzte Arbeitsmöglichkeiten. Hinzu kommt, dass im Bau durch Arbeiter von der Iberischen Halbinsel und illegalen Arbeitern aus Marokko große Konkurrenz besteht. Die Arbeiter von der *península* sind in der Regel besser qualifiziert und werden deshalb je nach Bedarf den muslimischen Bauarbeitern aus Ceuta und Melilla vorgezogen. Dagegen sind die illegalen Arbeiter aus Marokko zwar nicht qualifizierter, aber dafür billiger als die Muslime. Das Phänomen der illegalen Arbeiter wird von den Gewerkschaften (UGT/*Unión General de Trabajadores* und CC.OO/*Comisiones Obreras*) - in denen auch viele Muslime aktiv sind - als ein großes Problem gesehen, zudem es nur wenig Kontrollen durch das Arbeitsministerium gibt. So hat die UGT in Ceuta gefordert, an den Grenzen stärkere Kontrollen bezüglich der illegalen Arbeiter durchzuführen (vgl. El Faro de Ceuta 25.07.1999). Die Dunkelziffer der illegalen Arbeiter wird als sehr hoch eingeschätzt. Außer den männlichen Arbeitern kommen in beiden Städten nach Schätzungen auch je zwischen 1.000 und 3.000 marokkanische Frauen alltäglich über die Grenze, um in Familien für spanische Verhältnisse geringe Bezahlung als Haushälterinnen zu arbeiten. Nach Informationen von zuständigen Mitarbeitern der *Delegación del Gobierno* in Ceuta verfügen dort nur ca. 300 Marokkanerinnen über eine offizielle Arbeitserlaubnis als Haushälterinnen.

Neben der illegalen Beschäftigung gibt es insgesamt weit über 1.000 Marokkaner/innen die über eine Arbeitserlaubnis in Ceuta verfügen; in Melilla sind es ca. 2.040 Personen die als Tagespendler einer legalen Tätigkeit in der Stadt nachgehen. Die Gewerkschaften sind hier sehr darum bemüht, die Rechte der Grenzarbeiter bezüglich sozialer Absicherungen mit denjenigen der spanischen Arbeiter gleichzustellen. Dann würde die Einstellung von Grenzarbeitern wahrscheinlich für Arbeitsgeber in Ceuta und Melilla an Attraktivität verlieren. Die desolate Lage auf dem Arbeitsmarkt führt in Ceuta auch zu gelegentlichen Demonstrationen von arbeitslosen Muslimen vor der Stadtverwaltung. In einem Fall wurde die - aus der Sicht der Vereinigung der Arbeitslosen (*Asociación de Parados*) - ungerechte Verteilung von Jobs zur Straßenreinigung in einigen Stadtteilen angeklagt (vgl. El Faro de Ceuta 27.04.1999). Es handelte sich dabei um Arbeitsbeschaffungsmaßnahmen durch den Beschäftigungspakt in Ceuta (*Pacto Territorial por Empleo*). Dieses Beispiel spiegelt die Sensibilität der Betroffenen und den Kampf um die knappe

Ressource Arbeit sehr gut wieder. Darüber hinaus ist der Arbeitsmarkt in Ceuta und Melilla durch einen hohen und weiter steigenden Anteil junger Menschen gekennzeichnet (vgl. Núñez Villaverde 1997, S. 112 f). Hier wird es auch zukünftig schwer sein, den Jugendlichen berufliche Perspektiven zu bieten, zudem in beiden Städten ein Mangel an berufsbildenden Schulen besteht.

Angesichts der steigenden Arbeitslosenzahlen seit Ende der 70er Jahre und des strukturell bedingt beschränkten Arbeitsmarktes verwundert es nicht, dass sich viele Muslime als Händler selbstständig gemacht haben.[93] Diese Entwicklung setzte um 1980 ein und erhielt eine besondere Dynamik, nachdem ab 1986 sehr viele Muslime eingebürgert wurden und nun keine rechtlichen Hindernisse mehr bestanden. Der „Muslim-Zensus" von 1986 ergab - wie bereits im vorherigen Kapitel erwähnt -, dass von den muslimischen Beschäftigten in Ceuta 26,5 % (430 Personen) und in Melilla 40 % (1.211 Personen) im Handel, Verkauf und ähnlichen Aktivitäten (*comerciantes, vendedores y similares*) tätig waren (vgl. INE 1986, S. 48 u. 78). Diese Zahlen beziehen sich jedoch nicht ausschließlich auf selbständige Händler, sondern auch auf angestellte Verkäufer und vermutlich ambulante Händler. Im Jahre 1994 waren jedenfalls in der Handelskammer (*Cámara de Comercio, Industria y Navegación*) von Melilla unter den Muslimen 106 Großhändler (31 % der Gesamtzahl), 633 Einzelhändler (42,4 %) und 188 Händler anderer Kategorien (26 %) registriert; in der Handelskammer von Ceuta waren es 76 Großhändler (17 %), 281 Einzelhändler (17 %) und 99 Händler (23,2 %) anderer Kategorien (vgl. Planet Contreras 1998, S. 65). Nach Aussage des Präsidenten der Handelskammer in Ceuta sind dort sehr viele Muslime auf den Handel mit Marokkanern (Schmuggelhandel s.u.) spezialisiert, da sie den Vorteil der Sprachkenntnis und kulturellen Nähe hätten. In Melilla sind zwar Angehörige aller Religionsgemeinschaften an diesem Handel beteiligt, aber tendenziell sind es auch dort mehrheitlich Muslime. Darüber hinaus - so der Geschäftsführer der Wirtschaftsförderungsgesellschaft Promesa S.A. in Melilla - entfällt der größte Teil der neu gegründeten Unternehmen bzw. Geschäfte auf die Muslime.

Die unterschiedliche Anzahl der Händler zwischen Ceuta und Melilla spiegelt natürlich auch die verschieden hohen Gesamtzahlen der Muslime in den Städten wieder. Dennoch scheint es so, dass zumindest im Einzelhandel die Muslime in Melilla stärker beteiligt sind. So gibt es auch nur in Melilla seit 1987 eine Vereinigung muslimischer Händler (*Asociación de Comerciantes Musulmanes de Melilla*). In Ceuta ist der berufliche Organisationsgrad der muslimischen Händler insgesamt sehr gering, da von allen Mitgliedern der Unternehmervereinigung (*Confederación de Empresarios de Ceuta*) nur 3 % Muslime sind (vgl. Planet Contreras 1998, S. 67). Dagegen sind die Händler in Ceuta und Melilla in den verschiedenen sozio-

---

93   Es gibt auch eine vermutlich größere Anzahl Muslime aus Melilla, die als Gastarbeiter in Holland bzw. Deutschland tätig sind. Genaue Daten sind allerdings nicht bekannt. Diese Migration steht im Zusammenhang mit der traditionellen Gastarbeiterwanderung aus der Region Nador nach Deutschland und Holland (vgl. Berriane 1996).

kulturellen und religiösen Vereinigungen der muslimischen Gemeinschaft sehr aktiv und unterstützen diese finanziell.

3.2.3. Der „kleine" Grenzverkehr mit Marokko

Da die *españolidad* von Ceuta und Melilla durch die marokkanische Regierung nicht anerkannt wird, bestehen auch keine normalen Beziehungen im Grenzverkehr zwischen den Städten und dem marokkanischen Hinterland. So wird von marokkanischer Seite offiziell lediglich der Personenverkehr, nicht aber der Transport von Gütern über die Grenze zugelassen (vgl. Planet Contreras 1998 u. García Flórez 1999). Die Grenze wird nicht als Zollgrenze anerkannt, und alles was an Gütern fließt, hängt vom „guten Willen" der Marokkaner ab. Der Schmuggelhandel mit Marokko wird von Rézette (1976) bereits für die 60er Jahre erwähnt, vermutlich setzte er schon sehr bald nach der Unabhängigkeit Marokkos (1956) ein. Eine besondere Dynamik hat dieses Geschäft wahrscheinlich seit Anfang der 80er Jahren entwickelt, jedenfalls haben seitdem zumindest in Ceuta die Importe erheblich zugenommen (vgl. Ilustre Ayuntamiento de Ceuta 1987, S. 167 u. Ramchandani 1999, S. 86). Die Ursachen für den Schmuggel liegen an dem Preisgefälle zwischen den steuerlich begünstigten Städten und Marokko, das mit seiner Wirtschaftspolitik zudem versucht die einheimische Produktion durch Zölle vor dem Import billiger ausländischer Produkte zu schützen.

Die unmittelbare Nachbarschaft der Städte und die seit Einführung der Visapflicht für Marokkaner in Spanien bedeutsame Sonderregelung, wonach die Bewohner der umliegenden Provinzen Tétouan und Nador nur mit ihren Personalausweisen in Ceuta und Melilla einreisen dürfen, ermöglichen einen kleinen Grenzverkehr von enormen Umfang. Nach Schätzungen von Mitarbeitern der *Delegación del Gobierno* (Regierungsvertretung) in Ceuta werden täglich ca. 20.000 Grenzüberschreitungen verzeichnet, die hauptsächlich über den Grenzübergang Tarajal einreisen. In Benzú befindet sich noch ein kleiner Übergang zum ansonsten sehr isoliert gelegenem marokkanischen Dorf Beliones, der allerdings nur von Fußgänger passiert werden darf. In der *Delegación del Gobierno* von Melilla wurden etwas genauere Angaben (gerundete Zahlen) gemacht, und zwar kamen am 05. April 2000 am Übergang Beni Enzar 27.000 Personen und 2.800 KFZ über die Grenze, am Übergang Ferkhana waren es 11.000 Personen und 2.800 KFZ. Es gibt noch zwei weitere Grenzübergänge von untergeordneter Bedeutung, da hier nur Fußgänger zugelassen sind und sie abseits von den marokkanischen Hauptverkehrsstraßen gelegen sind. Im Durchschnitt werden in Melilla täglich bis zu 30.000 und mehr Grenzgänger gezählt.

Die Einkaufsbereiche liegen in Ceuta und Melilla direkt hinter den Hauptgrenzübergängen (Tarajal und Beni Enzar) und umfassen sehr große, zum Teil erst vor einigen Jahren neugebaute bzw. erweiterte Areale. In beiden Städten werden die Bereiche Polígono Industrial (Gewerbegebiet) genannt, wobei es in Melilla erst seit 1995 existiert und aus dem EFRE-Fonds der EU kofinanziert wurde. In beiden Gebieten gibt es jedoch kaum produzierendes Gewerbe, sondern es dominiert der Großhandel für die marokkanischen Einkäufer. Der eigentliche Schmuggel über die Grenze wird dann von Marokkanern durchgeführt; in Ceuta und Melilla wird die Ware ganz legal verkauft. Für die Region Nador - also dem Umland von Melilla - wird eine Anzahl 20.000 Schmugglern geschätzt. Der Schmuggelhandel kann hier nach vier Typen unterschieden werden: der Gelegenheitsschmuggel, der Schmuggel zur Bestreitung des Lebensunterhaltes der Familie (kleiner Umfang), der Schmuggel in großem Maßstab (professionell organisiert, mit Schmugglernetzwerken zum Weiterverkauf) und der „wissenschaftliche" Schmuggel (großer Maßstab, Lücken in Zollbestimmungen werden ausgenutzt, „Zusammenarbeit" mit Zöllnern) (vgl. Zaïm 1992, S. 53 ff, Popp 1996, S. 38 ff, Berriane/Hopfinger 1997, S. 531 f, Driessen 1999, S. 121 f). Bei den verkauften und geschmuggelten Waren handelt es sich überwiegend um Artikel aus dem unteren Preissegment. Die Spannbreite der unterschiedlichen Waren umfasst Lebensmittel, Zigaretten und alkoholische Getränke, Drogerieartikel, Textilien und Schuhe, Altkleider, Haushaltswaren (Geschirr, Wolldecken etc.), Baumaterialien, Autoersatzteile, Elektroartikel (vom Kofferradio bis zum Kühlschrank) sowie Schreibwaren und Schultaschen. An dem lukrativen Geschäft sind zu einem großen Teil muslimische Händler beteiligt, aber - wie bereits oben erwähnt - nicht ausschließlich. Über die Härte der Konkurrenzkämpfe, die eventuell auch mit der religiösen bzw. kulturellen Zugehörigkeit zusammenhängen, existieren keine Informationen. Allerdings erzählte ein muslimischer Händler im Polígono Industrial von Ceuta, dass die Geschäfte sich derzeit schwierig gestalten. Als Grund gab er an, dass noch vor der Einführung des Euro im Jahr 2002 sehr viel Schwarzgeld aus dem Drogenhandel in den Geschäften „gewaschen" wird. Dazu werden Läden aufgezogen, die eigentlich unrentabel sind und in Konkurrenz zu den legal arbeitenden Händlern treten.

Der Schmuggelhandel hat einen enormen Umfang erreicht, so dass Marokko heute den wichtigsten - inoffiziellen - Handelspartner von Ceuta und Melilla darstellt. Auch wenn es keine exakten Daten zu diesem Handel gibt, so sprechen doch die Außenhandelsbilanzen beider Städte für sich, denn hier besteht eine große Diskrepanz zwischen den Im- und Exporten. Nach dem Handelswert stehen für Ceuta im Jahre 1999 Importe in Höhe von 30.114,7 Mill. Peseten den Exporten von nur 1.657,6 Mill. Peseten gegenüber (vgl. Ciudad Autónoma de Ceuta 1999, S. 176). Für Melilla gestaltet sich dieses große Missverhältnis ganz ähnlich, indem 1998 für 35.253,85 Mill. Peseten Waren importiert, aber nur für 3.014,92 Mill. Peseten exportiert wurde (vgl. Ciudad Autónoma de Melilla 1999, S. 241).[94] Zwar ist die Versorgung der beiden Städte mangels eines eigenen produktiven Sektors weitgehend von außen abhängig, aber diese Mengen werden natürlich nicht ausschließlich in Ceuta und Melilla konsumiert. Der größte Teil fließt als Schmuggelware nach Marokko weiter und erscheint nicht mehr in den offiziellen Zahlen. Der Handelssektor von Ceuta und Melilla steht also in relativ großer Abhängigkeit von den

---

94   Von den Importen stammt der größte Teil aus Asien.

marokkanischen Kunden. Es wurde bereits die Erfahrung gemacht, dass bei Grenz-
schwierigkeiten der Handelsfluss erheblich abnimmt und damit auch die Importe
zurückgehen.[95] Ein Rückgang der Importe bedeutet aber gleichzeitig eine Reduktion der Steuereinnahmen für die städtischen Haushalte, die sich in Ceuta und Melilla
zu einem erheblichen Teil auf eine spezielle Steuer für Importe (*impuesto sobre
producción, servicios e importación*) gründen. Darüber hinaus werden von Marokko bereits sukzessive die Zölle auf die Importe bestimmter Waren reduziert, und bis
2010 ist zwischen der EU und Marokko die Schaffung einer Freihandelszone vorgesehen (vgl. Meyer 2001). Langfristig werden die Preisvorteile eines Einkaufs in
Ceuta und Melilla für Marokkaner also sehr wahrscheinlich verschwinden. Damit
ist absehbar, dass der Schmuggelhandel mit Marokko keine Zukunftsperspektive
für die Wirtschaft der Städte bietet. Derzeit spielt er allerdings noch eine zentrale
Rolle. In Marokko wirkt sich der Schmuggelhandel zwar nachteilig für die eigene
Produktion und die staatlichen Zolleinnahmen aus, aber für die Menschen in den
die beiden Städte umliegenden Provinzen bildet er eine wichtige Quelle zur Bestreitung des Lebensunterhalts (vgl. Naciri 1987, Popp 1996, Berriane/Hopfinger 1997
u. 1999). Unabhängig von der Korruption marokkanischer Zöllner und Polizisten
erklärt sich dadurch auch das ambivalente Verhalten des marokkanischen Staates
gegenüber dem Schmuggel, schließlich könnte mit entschiedenem Willen diesen
Aktivitäten ein Ende bereitet werden. Zumindest bestünde die Möglichkeit, den
Schmuggel durch ernsthafte Kontrollen an den Grenzen sehr stark einzuschränken.

Der Warenfluss verläuft allerdings nicht nur in die eine Richtung, sondern von
marokkanischer Seite aus werden Ceuta und Melilla zu einem guten Teil mit Obst,
Gemüse, Milchprodukten sowie Fisch und Fleisch versorgt. Da es sich auch hier
wiederum nicht um offizielle Einfuhren handelt, existieren ebenfalls keine exakten
Zahlen. Allerdings schätzt Núñez Villaverde (1997, S. 127), dass 80% des kon-
sumierten Fischs in Ceuta aus Marokko stammt, und ähnliche Größenordnungen
treffen zumindest auch für Obst und Gemüse zu. Da es in Melilla keine Fischerei
mehr gibt, wird dort der gesamte Fisch aus Marokko geliefert. Schließlich befindet sich im Hafen von Beni Enzar eine relativ große Fangflotte. In Ceuta und
Melilla kommen alltäglich am frühen Morgen scharenweise ambulante Händler
bzw. Händlerinnen (oft handelt es sich um Frauen) über die Grenze, um Obst und
Gemüse oder auch Fisch in den Straßen insbesondere der peripheren Stadtteile zu
verkaufen (vgl. Carabaza/De Santos 1992, S. 80). In der städtischen Markthalle
des Stadtviertels Príncipe Alfonso haben nur noch wenige Geschäfte geöffnet,
weil die Konkurrenz der zahlreichen Marktfrauen aus Marokko zu groß ist. Die
Lieferungen von Fleisch (bzw. lebenden Tieren) und Milchprodukten werden jedoch des öfteren wegen der Gefahr von Maulen- und Klauenseuche verboten (vgl.
El Faro de Ceuta 15.10.1999). Neben den Lieferungen mit frischen Lebensmitteln
besteht ausschließlich in Melilla noch die informelle Regelung, dass Baustoffe aus

---

95 Nach dem Anschlag vom 11. September 2001 wurden in Melilla strengere Grenzkontrol-
len durchgeführt, was sogleich den Protest der Händler nach sich zog (vgl. El País Digital
12.11.2001)

Marokko eingeführt werden dürfen. In Ceuta werden dagegen alle Baustoffe von der Iberischen Halbinsel geliefert. Von den erwähnten Handelsaktivitäten einmal abgesehen, findet kein Gütertransport bzw. Handel zwischen Marokko und Spanien oder anderen Nationen über die Seehäfen von Ceuta und Melilla statt.

Neben dem Schmuggelhandel, der Versorgung mit frischen Lebensmitteln sowie den legalen und illegalen Arbeitskräften werden aber auch gegenseitig Dienstleistungen in Anspruch genommen. Für die Marokkaner sind die Krankenhäuser und Ärzte von größerer Bedeutung. So kommen beispielsweise in Melilla jährlich im Durchschnitt ca. 1.200 Frauen in die dortigen Krankenhäuser, um ein Kind zur Welt zu bringen. Im Jahre 1998 betrafen 17,33 % aller Krankenhausaufenthalte in Melilla marokkanische Staatsbürger, die sich hier eine bessere ärztliche Versorgung erhofften (vgl. El País Digital 05.09.2000). Als ein Beispiel der Inanspruchnahme von Dienstleistungen marokkanischer Firmen in den Städten ist das Catering von Hochzeiten spanischer Muslime zu erwähnen. Insbesondere bei großen Hochzeiten werden Stühle und Geschirr (Teegläser etc.) in großen Mengen sowie ein Hochzeitessen für eine hohe Anzahl von Gästen benötigt. Diese Dienstleistung wird in Ceuta und Melilla bisher nicht in befriedigender Weise angeboten, so dass auf Spezialisten in Marokko zurückgegriffen wird. Außerdem gibt es noch - bedingt durch den Grenzverkehr - im Ausmaß eher unbedeutende Erscheinungen wie verarmte Marokkaner, die Mülltonnen durchsuchen, und - zumindest in Melilla - marokkanische Prostituierte, die in bestimmten Bars, Nachtclubs und Diskotheken ihrem Gewerbe nachgehen.

Im Rahmen des „kleinen Grenzverkehrs" bildet der Schmuggelhandel zwar einen wichtigen ökonomischen Faktor in Ceuta und Melilla, aber die damit verbundenen Aktivitäten und Folgen, wie die große Anzahl an Marokkanern, die alltäglich über die Grenze kommen, die Verkehrsstaus und Warteschlangen an den Grenzposten, das herumliegende Verpackungsmaterial der Schmuggelwaren usw. sind zumindest in Teilen der Bevölkerung schlecht angesehen und tragen zu einem negativen Image der Marokkaner bei. Der Vertreter der Regierung (*Delegado del Gobierno*) in Ceuta - Luis Vicente Moro Díaz - vertrat sogar gegenüber einer lokalen Zeitung die Meinung, dass die Grenzzone bzw. das Polígono eine Schande für die Stadt sei, und zudem ein großer Teil der Kriminalität durch die Grenzgänger verursacht werden würde (vgl. El Faro de Ceuta 23.07.1999). In der Zeitung Melilla Hoy wurde auf der Meinungsseite geradezu rassistisch über die „skandalösen Zustände" am Grenzübergang Beni Enzar berichtet: „*Aquello es una especie de Monte-Arruit pobre, maloliente e insalubre.* (Übers.: Dort handelt es sich um eine Gattung vom Monte Arruit [damit sind die Marokkaner der Region gemeint], die arm, stinkend und ungesund ist.)" (Melilla Hoy 20.03.2000, S. 3). Der Autor des Artikels beschwert sich in sehr drastischen Worten über den Schmutz im Gebiet des Grenzüberganges sowie über das - aus seiner Sicht - kriminelle und asoziale Verhalten der Marokkaner. Die derzeitigen Aktivitäten der Polizei wären ineffizient, da die „Plage" (*plaga*) bzw. das „Gesindel" (*maleantes*) alltäglich wiederkäme. Die Polizei müsse schließlich härter durchgreifen. Dazu ist noch das Photo einer völlig verdreckten Straße mit drei Marokkanerinnen abgebildet. In dem Artikel kommt die Verachtung des Autors gegenüber den Marokkanern sehr deutlich zum Ausdruck, und es spricht sicher für sich, dass ein solcher Beitrag in der Zeitung abgedruckt wird.

Durch den „kleinen Grenzverkehr" wird das Bild eines bedürftigen und korrupten Marokkos permanent bestätigt. Man erlebt ja alltäglich, dass es sich jenseits der Grenze um ein armes Dritte-Welt-Land handelt, in dem staatliche Willkür und Korruption herrschen, denn wie sonst erklärt sich das enorme Ausmaß des Schmuggels. Dieses Bild taucht in der individuellen Fremdsicht der interviewten christlichen Spanier immer wieder auf, und es führt vielfach dazu, dass Marokko nicht besucht und den Marokkanern nicht viel Sympathie entgegengebracht wird. Das eher negative Image von Marokko und den Marokkaner bestärkt wiederum das generell negative Bild vom *moro*. Unter diese Kategorie fallen auch die spanischen Muslime in Ceuta und Melilla, deren Herkunft und kulturelle Zugehörigkeit in Marokko gesehen wird. Erschwerend kommt noch hinzu, dass rein physiognomisch im Straßenbild oft nicht zwischen Marokkanern und spanischen Muslimen unterschieden werden kann, was wiederum einer undifferenzierten Sichtweise entgegenkommt.

3.2.4. Drogenhandel und Kriminalität

Im öffentlichen Diskurs bilden Drogenhandel und Kriminalität in Ceuta und Melilla ein zentrales Themenfeld. Insbesondere in Ceuta vergeht kaum eine Woche, in der nicht von Drogenfunden durch die Polizei bzw. ganz allgemein von Drogenkriminalität in den lokalen Zeitungen berichtet wird. In Melilla existiert dieses Phänomen zwar auch, aber bei weitem nicht in dem Ausmaß wie in Ceuta. Über Melilla verläuft „nur" ein sekundärer Vermarktungsstrom von Drogen (vgl. Carabaza/De Santos 1992, S. 88 u. Popp 1996, S. 40 f). Allerdings gilt Melilla ebenso wie Ceuta als Ort der „Wäsche" von Drogengeldern. Ceuta ist aufgrund seiner Lage viel besser als Drehscheibe für den Drogenhandel geeignet. Die Iberische Halbinsel ist in sichtbarer Nähe, und die großen Anbaugebiete der Kif-Pflanzen (Cannabis sativa) liegen nicht weit entfernt in der marokkanischen Region Ketama und darüber hinaus in großen Teilen des westlichen Rif-Gebirges. Die Anbauflächen haben dort seit den 70er Jahren stark zugenommen (vgl. Popp 1996 u. Ahmadane 1998). Nach Schätzungen umfasste der Anbau von Kif Ende der 60er Jahre 3.000 ha und Anfang der 90er Jahre 70.000 ha (vgl. Driessen 1999, S. 122). Die letztgenannte Zahl wird durch einen Bericht in der spanischen Tageszeitung El País bestätigt, in dem von einer Anbaufläche zwischen 60.000 und 80.000 ha die Rede ist (vgl. El País Digital, 22.08.2000).

Der Anbau von Kif ist in der Region Ketama in geringem Ausmaß bereits für Ende des 19. Jahrhunderts nachgewiesen (vgl. Ahmadane 1998). Der Konsum von Kif[96] war hauptsächlich in Nordmarokko und den größeren Städten des Landes in relativ begrenztem Ausmaß und überwiegend in sozial weniger angesehenen Bevölke-

---

96 Der Kif - d.h. Marihuana - wird in Marokko traditionellerweise für den Konsum klein geschnitten, mit Tabak vermischt und dann in kleinen Pfeifen geraucht.

rungskreisen verbreitet (vgl. Meyer 1992). Die Ausweitung des Anbaus von Kif und die Weiterverarbeitung zu Haschisch steht in direktem Zusammenhang mit der seit den 50er und 60er Jahren steigenden Nachfrage aus Europa und Nordamerika. Im Rahmen der Hippie-Jugendkultur gab es einen regelrechten Haschisch-Tourismus nach Marokko. Aber auch in der marokkanischen Gesellschaft nahm der Konsum von Haschisch und Kif durch Jugendliche zu, was auf eine Mischung der Adaption westlicher Handlungsmuster, eigener Traditionen (Kif-Pfeife) und sozialen Schwierigkeiten zurückzuführen ist. Nach Ahmadane (1998) bildeten die schlechte ökonomische Situation der Bauern im Rif-Gebirge, der starke Bevölkerungsdruck und die steigende inländische und ausländische Nachfrage die Grundlage für die starke Ausweitung der Anbauflächen. Der Kif stellt hauptsächlich im westlichen Rif-Gebirge die *cash crop* schlechthin dar, zudem in Marokko nur der Verkauf, nicht aber der Anbau von Kif verboten ist (vgl. Popp 1996, S. 40).[97]

In Spanien hat in der Dekade der 80er Jahre der Drogenkonsum - u.a. auch Haschisch und Marihuana - ganz erheblich zugenommen (vgl. Spanien Lexikon 1990, S. 133 f). Mit der Liberalisierung und Demokratisierung seit dem Ende des Franquismus wurde im Jahre 1983 per Gesetz die Straffreiheit für den Konsum und den Besitz kleiner Drogenmengen eingeführt. Das kam dem mittlerweile weitverbreiteten Genuss von Haschisch und Marihuana in der spanischen Gesellschaft entgegen. Trotz strenger staatlicher Maßnahmen und einzelner spektakulärer Polizeiaktionen nimmt Spanien als Durchgangsland für den Drogengroßhandel (insbesondere aus Marokko und Südamerika) bis heute eine führende Rolle ein (vgl. El País, 21.04.2000). Die Stadt Ceuta spielt in diesem Netzwerk sicherlich eine bedeutende Rolle. Nach inoffiziellen Angaben von Mitarbeitern der *Delegación del Gobierno* agieren in Ceuta etwa 8 große Drogenbanden, die die Vermarktung von Haschisch und Marihuana aus dem Rif-Gebirge nach Europa und die Wäsche der zurückfließenden Drogengelder organisieren. Ceuta ist - wie bereits erwähnt - aufgrund seiner Lage ein idealer Standort, um zwischen Marokko und Spanien bzw. anderen europäischen Ländern entsprechende Geschäfte abzuwickeln. Bei den Mitgliedern der Drogenbanden in Ceuta handelt es sich fast ausschließlich um Muslime. Aber auch in Melilla liegt das im Ausmaß weitaus unbedeutendere Drogengeschäft in den Händen von Muslimen.

Der Drogenhandel in Ceuta und Melilla scheint sich allerdings erst seit Ende der 70er oder Anfang der 80er Jahre in größerem Umfang entwickelt zu haben, jedenfalls findet er bei Rézette (1976) noch keinerlei Erwähnung. In beiden Städten bildet die schlechte sozioökonomische Situation vieler Muslime - hohe Arbeitslosigkeit und Schulabbrecherquoten, mangelnde Berufsausbildung, niedriger Bildungsstand und Armut - einen idealen Nährboden für Drogenkonsum, Drogenhandel und Kriminalität. Aufgrund dieser Situation besteht für viele Jugendliche nicht die Möglichkeit, durch eine berufliche Position eine Stabilität ihrer Persönlichkeit zu entwickeln. Die Drogenbosse haben folglich keine Probleme, jugendlichen Nachwuchs für ihre Geschäfte zu rekrutieren. Die Verlockung ist einfach zu groß, in

---

97   In Marokko werden keine harten Drogen wie Heroin oder Kokain produziert.

kurzer Zeit eine halbe Million Peseten oder mehr zu verdienen. Während der größte Teil der Drogen per Schiff geschmuggelt wird, lassen sich auch immer wieder Jugendliche auf die gefährliche Variante ein, mit einem Wasserjet und mehreren Kilo Drogen im Rucksack die Straße von Gibraltar zu überqueren. Das schnell verdiente Geld wird dann in teure Autos oder Motorräder umgesetzt, mit denen man protzend durch die Straßen von Ceuta fährt.

Nach Aussagen von Mitarbeitern der Gewerkschaften (UGT und CC.OO), der Stadtverwaltung und der Nachbarschaftsvereinigungen (*Asociaciones de Vecinos*) sowie anderen Bürger hat der Drogenhandel und insbesondere die Drogenkriminalität in Ceuta in den letzten Jahren erheblich zugenommen. In den meisten Interviews wurde dieses Thema oft auch ohne direkte Frage angesprochen. In dem Dachverband der Nachbarschaftsvereinigungen der Stadt (*Federación Provincial de Asociaciones de Vecinos*) steht das Drogenproblem und die Sicherheit der Bürger (*seguridad ciudadana*) ganz oben auf der Agenda, und es werden immer wieder Forderungen an die Stadtverwaltung gerichtet, der untragbaren Situation durch mehr Polizeipräsenz entgegenzuwirken (vgl. El Faro de Ceuta, 16.07./05.09./ 09.09.1999). Als besonders stark vom Drogenhandel und mangelnder Sicherheit betroffen gelten die peripheren Stadtviertel Los Rosales, Juan Carlos I, Erquicia, Príncipe Felipe und Príncipe Alfonso (vgl. El Faro de Ceuta, 22.08.1999). Aber auch auf das Viertel Hadú (San José) greift diese Problematik mehr und mehr über, so dass dort nach Aussage des Vorsitzenden der lokalen A.V. (*Asociaciones de Vecinos*) bereits vermehrt christliche Bevölkerung wegzieht. Die Sicherheit der Bürger bildete auch im Wahlkampf für die Wahl eines neuen Stadtparlaments im Juni 1999 eine zentrales Thema. Die konservativ-populistische Partei GIL konnte davon profitieren und die Wahl gewinnen (vgl. Kap. 4.8.).

Der Drogenhandel und damit verbundene Kriminalität haben in Ceuta offensichtlich erschreckende Dimensionen erreicht. Die in einem einzigen Jahr sichergestellte Drogenmenge belief sich nach einem Bericht der lokalen Zeitung El Faro de Ceuta (06.10.1998) auf 4.000 kg Haschisch im Wert von ca. 4 Milliarden Peseten. Im Zeitraum zwischen dem 11.03. und dem 17.04.1999 konnten in der Zeitung El Faro de Ceuta und El Pueblo insgesamt 21 Berichte über Drogendelinquenz festgestellt werden. Es handelte sich um Drogenbeschlagnahmungen, Verhaftungen von Drogenhändlern und Schießereien im Drogenmilieu. Der Ort des Geschehens war in vielen Fällen Príncipe Alfonso, und die verhafteten Personen waren meistens spanische Muslime oder Marokkaner, aber es kamen auch Namen von christlichen Spaniern vor.[98] Hinzu kommen noch Berichterstattungen über Schießereien, die nicht mit Drogenhandel in Zusammenhang gebracht wurden, sowie Raubüberfälle und Diebstahl. Hier handelte es sich bei den Tätern ausschließlich um Marokkaner oder spanische Muslime, die in den Artikeln über ihre arabischen Namen oder einer erwähnten Zugehörigkeit erkennbar sind. Nach einer Meldung in der Zeitung el Faro de Ceuta (16.05.99) ist das häufigste Delikt das Aufbrechen und Ausrauben

---

98 (vgl. El Faro de Ceuta 11.03./17.03./19.03./20.03./22.03./24.03./25.03./26.03./27.03./01.04/ 17.04.1999; El Pueblo de Ceuta 17.03./19.03./20.03./04.04./11.04.1999)

von Autos.

Von dem Vertreter der Regierung (*Delegado del Gobierno*) in Ceuta wurde das Viertel Príncipe Alfonso - also das Viertel, in dem ausschließlich Muslime leben - als Wurzel eines Netzwerkes von Verbrechen in der Stadt bezeichnet, allerdings mit den Hinweis, dass dort auch ehrenhafte bzw. anständige Menschen leben würden (vgl. El Faro de Ceuta und El Pueblo de Ceuta 06.04.1999). Der *Delegado* rief die Bevölkerung zur Ruhe auf, nachdem zuvor in Príncipe Alfonso die Gewalt mit einem Toten und vier Verletzten eskaliert war (vgl. El Faro de Ceuta 05.04./ 06.04.1999, El Pueblo 06.04.1999). Eine große Aufmerksamkeit auch in der nationalen Presse hatte die Festnahme wegen Mordverdachts des 23jährigen Drogenbosses Mohamed Taieb Ahmed - genannt *El Nene* - ausgelöst (vgl. El País 14.03.1999). Die berechtigte Angst der Bürger in Ceuta vor der Kriminalität wird durch einen Bericht im El Pueblo de Ceuta (25.06.1999) nochmals sehr deutlich, wonach bei einer Schießerei am hellen Tage zwischen rivalisierenden Banden im Viertel Los Rosales zwei Schwerverletzte zu beklagen waren, und ein voll besetzter Linienbus eine Kugel abbekommen hatte. Die Bewohner des Viertels protestierten daraufhin vor dem Kommissariat, und warfen der Polizei vor, nichts getan zu haben. Seit 1995 soll es in Ceuta 54 Schießereien zwischen Drogenhändlern gegeben haben, mit dem makabren Ergebnis von 9 Toten und 46 Verletzten (vgl. El País Digital 14.02.2000). Die Schießereien in Ceuta werden in der nationalen Tageszeitung El País als alltäglich bezeichnet. Drogenbosse haben die Stadt unter sich aufgeteilt, und zwei von ihnen kontrollieren die Stadtteile Príncipe Alfonso und Hadú. Allerdings wurden in letzter Zeit vier Drogenbosse verhaftet, da sich betroffene muslimische Zeugen gefunden hatten, gegen sie auszusagen. Diese neue Entwicklung wurde von der El País auch gleich als eine „Rebellion" gegen die Drogenmafia bezeichnet, das sonst immer Schweigegelder und Angst vor Gewalt ihre Wirksamkeit gezeigt hatten (vgl. El País Digital, 14.02.2000). Der Einfluss der Drogenmafia reicht selbst bis in die lokale Polizei und das Gefängnis hinein. Deshalb wurden die Drogenbosse auf der Halbinsel in Haft genommen. Nun hofft man auf ruhigere Zeiten in Ceuta. Dennoch stellt sich die Frage, ob ein erhöhtes Polizeiaufgebot, der Einsatz einer nationalen Spezialeinheit der Polizei (*Unidad de Intervención Policial*) und die Wiedereröffnung eines Kommissariats in den Außenbezirken langfristig etwas bewirken werden, solange sich nicht die soziökonomischen Rahmenbedingungen in der Stadt eindeutig verbessern.

Die Aktivitäten der Drogenbosse beschränken sich allerdings nicht auf Drogenhandel und Schießereien mit rivalisierenden Banden, sondern einen wichtigen Bereich nimmt die Geldwäsche und Investition insbesondere im Baugewerbe und in Immobilien ein. Nach Aussagen von Bediensteten der *Delegación del Gobierno* in Ceuta hat die Schattenwirtschaft einen großen Umfang erreicht, wobei das Schwarzgeld bzw. Drogengeld auf 1 Milliarde Peseten geschätzt wird. Das Ausmaß der Geldwäsche in Ceuta wurde auch bei einer Polizeiaktion deutlich, indem bei der Aufdeckung eines Netzwerkes u.a. verschiedene Devisen im Wert von 70 Millionen Peseten, eine Pistole, 18 Autos, drei Computer, 16 Wohnungen, die Baustelle eines Gebäudes, ein Baugelände, 21 Einzelhandelsgeschäfte, 40 Garagenplätze und eine

Villa beschlagnahmt bzw. sichergestellt wurden (vgl. El País Digital 06.07.2000). Außerdem verhaftete die Polizei 11 Mitglieder des Geldwäschenetzwerkes, die alle zu einer Großfamilie gehören. Drogengelder spielen vermutlich nicht nur in der Wirtschaft von Ceuta eine Rolle, sondern es kursiert auch der Verdacht, dass die islamischen Organisationen und der Bau von Moscheen von muslimischen Drogenhändlern finanziert werden. Diese Vorwürfe werden allerdings nicht nur von Christen erhoben, sondern es scheint als Tatsache vielen Muslimen bekannt zu sein. Ein muslimischer Interviewpartner äußerte sich dazu wie folgt: *„Die muslimischen Vereinigungen unternehmen nichts gegen den Drogenhandel. Viele ihrer Mitglieder sind daran beteiligt. Für mich ist das alles wirklich lächerlich. Es gibt eine muslimische Vereinigung gegen die ich starken Widerwillen habe, sie geben sich sehr religiös. Die Vereinigung hat etwa 20 wichtige Mitglieder, von denen die Hälfte Drogenhändler sind."*

Neben einer Verurteilung und Ablehnung des Drogenhandels seitens vermutlich der meisten Muslime gibt es aber auch extreme Ansichten, die den Drogenhandel mit dem Argument rechtfertigen, dass die christlichen Spanier die Muslime durch ihren Rassismus und ihre Ausgrenzung zu diesen Aktivitäten regelrecht zwingen würden. Die führenden Vertreter einer muslimischen Vereinigung äußerten sich diesbezüglich eindeutig: *„Die Demokratie ist nicht nach Ceuta gekommen, es ist nur ein Hauch der Demokratie, der uns hier in Ceuta erreicht hat. Das ist nicht für uns [Muslime], das ist für sie [die Christen], d.h. sie haben die schönsten Umgebungen und die schönsten Straßen und was uns bleibt ist nur der Rest, was davon übrigbleibt. Und wenn sie [die Christen] einer fragt: Warum ist das so? Dann sagen sie: Wir [die Muslime] haben die Entwicklung und die Kultur nicht verdient. Sie [die Christen] behaupten auch, wir sind keine kultivierten Menschen und wir haben auch keine Kultur und dies und jenes nicht. Das [die Muslime] sind die Haschisch-Händler und Räuber und Schleuser und die Schmuggler. Aber sie [die Christen] sind die Schmuggler, das sind diejenigen, die das verursacht haben. Das ist nicht was Marokko oder Deutschland oder Frankreich aus mir gemacht hat, nein, das ist von denen [den Spaniern] gemacht worden, das sind diejenigen die das machen, das sind die Verbrecher."* Aus dieser Interviewsequenz wird sehr deutlich, dass der Drogenhandel und die Kriminalität nicht nur an sich ein Problem darstellen, sondern sie sind verknüpft mit der jeweiligen Sicht auf den Anderen bzw. mit kulturalistischen Zuschreibungen. In dieser binären Denkweise sind immer die Anderen - je nach Perspektive die Christen oder die Muslime - die Schuldigen: Entweder die Muslime sind die Verbrecher und die Christen die Opfer bzw. Leidtragenden oder anders herum, die Christen sind die Rassisten und Verbrecher und die Muslime sind die Opfer.

Der Drogenhandel und die Kriminalität produzieren und reproduzieren - unabhängig von den Ursachen - ein sehr negatives Image der Muslime bei der übrigen, mehrheitlich christlichen Bevölkerung. Dadurch verschärft sich das Misstrauen vieler Christen gegenüber den Muslimen, man weiß nicht, ob der muslimische Lebensmittelhändler oder Sportgeschäftinhaber doch etwas mit der Drogenmafia zu tun hat. Ein Vertreter der Gewerkschaft CC.OO führt die sozialen Spannungen zwischen Christen und Muslime auch auf den Drogenhandel zurück, er bildet demnach einen Bestandteil von gegenseitigem Misstrauen und Rassismus. Von fast allen - nicht nur christlichen - Gesprächspartnern wird das Drogenproblem als eines der größten Probleme der Stadt wahrgenommen. Dabei haben nicht nur die kriminellen Aktivitäten, sondern auch das Verhalten der Drogenhändler im öffentlichen Leben der Stadt eine besonders nachhaltige Wirkung für das schlechte Image *der* Muslime. Ein ca. 40jähriger Bewohner des Viertels Príncipe Alfonso erzählte in diesem Sinne sehr anschaulich über das alltägliche Leben: „*Der Drogenhandel ist in den letzten 8 oder 10 Jahren sehr, sehr schlimm geworden. Der Drogenhandel hat hier einen sozialen Maßstab erreicht, weil, stell Dir vor, die vielen jungen Kerle mit aus Deutschland importierten Autos, viele BMW, viele Audi, viele Mercedes, sehr große Motorräder, Anzüge von Armani. Die Leute sind wie in der Fernsehserie Miami Vice. Es ist so, dass die Jugendlichen glauben, was sie sehen und so leben. Sie leben das Bild aus den amerikanischen Filmen: die Pistolen, das Auto, die Ausdrucksweise, die Mädchen. Ein Leben wie im Film, nur dass sie es hier leben. Ceuta ist sehr klein, und es gibt viele Autos und viele Jungs mit viel Geld. (...) Und dies ist ein Problem, an dem wir Muslime von hier leiden, wir sind Leute, die sich an das Gesetz halten. Wir sind normale Leute. Ebenso leiden die Christen darunter, es sind auch normale Leute. So, und was passiert? Es steigert sehr die rassistischen Gefühle gegen uns. Weil die Jungs, die Drogenhandel betreiben, sich um niemanden kümmern. Sie leben wie in einer anderen Welt: sie überfahren die Verkehrsampeln, sie beachten nicht die Passanten, sie verursachen ein totales Verkehrschaos. Sie beachten keinerlei Verkehrssicherheit, kurzum, sie machen, was sie wollen. Und die Anderen, die Christen fühlen sich gestört und angegriffen, weil der ganze Drogenhandel von den Muslimen betrieben wird. Es gibt zwar auch einige Christen, aber die benehmen sich anständig. (...) Diese Personen meinen, dass sie alles mit Geld regeln können, sie fühlen sich überlegen, sie respektieren kein Gesetz, weder sozial, noch zivil, noch religiös, das geht alles an ihnen vorbei. Das erzeugt eine wirkliche soziale Unruhe zwischen den Christen und den Muslimen, weil innerhalb von drei Tagen hat es dort, wo ich lebe, eine Schießerei, einen Toten und Verletzte gegeben.*" Für den Interviewpartner ist das Drogenproblem insbesondere auch ein Problem des Werteverlusts in der muslimischen Gemeinschaft, indem die Autorität der Väter sowie die religiösen Werte und Normen bei den Jugendlichen an Bedeutung verloren haben. Nach dieser Insider-Sicht aus dem Viertel Príncipe Alfonso haben diese Jugendlichen keine neuen Werte, außer dass sie sich an dem orientieren, was sie im Fernsehen sehen.

Die Situation ist in Melilla ganz ähnlich gelagert, allerdings gestaltet sich dort - wie bereits erwähnt - der Drogenhandel weitaus weniger umfangreich und dramatisch. Melilla nimmt im Vergleich zu Ceuta in der Drogenvermarktung nur eine sekundäre Rolle ein (vgl. Popp 1996, S. 40 f). Entsprechend weniger stark ausgeprägt sind hier auch die Probleme mit der Drogenkriminalität, was von allen Gesprächspartnern in der Stadt bestätigt wurde. Dennoch stellt der weit verbreitete Drogenkonsum in den marginalen Stadtvierteln ein soziales Problem dar, und der Drogenhandel spielt sich im wesentlichen in den muslimischen Stadtvierteln (Cañada de la Muerte, Reina Regente etc.) ab. In Melilla gibt es zwar gelegentliche

Pressemeldungen über den Fund von größeren Mengen Haschisch, aber es kommen beispielsweise keine Schießereien zwischen rivalisierenden Banden vor. Aber auch in Melilla ist das Image der Muslime u.a. durch Drogenhandel und Kriminalität gekennzeichnet.

Insbesondere in Wahlkampfzeiten kommen Drogenfunde wie gerufen, um dieses Image wieder zu bestätigen bzw. in Erinnerung zu rufen und die „Muslim-Partei" CpM (*Coalición por Melilla*) mit der Drogenkriminalität in Verbindung zu bringen. So wurde einen Monat vor der Wahl für ein neues Stadtparlament (13.06.1999) bei einem Spezialeinsatz der Guardia Civil in dem Viertel Cañada de Hidum (Cañada de la Muerte) der Inhaber eines Cafés (*cafetín del parque público*) festgenommen, der ein aktives Mitglied der CpM ist und von dem Vorsitzenden der Partei - Mustafa Aberchan - als dieser noch zuständiger Referatsleiter (*consejero de medio ambiente*) im Rathaus war, die Konzession für dieses Café erhielt (vgl. Melilla Hoy.14.05.1999). Die aufgedeckte kriminelle Handlung bestand darin, das an einen marokkanischen Kurier aus Málaga 25 kg Haschisch im Wert von 45 Millionen Peseten übergeben werden sollten. Es wurden einige Muslime aus Melilla und Marokkaner festgenommen. Der verhaftete Inhaber des Cafés - Hassan A. „*El Chino*" - ist außerdem Besitzer zahlreicher Immobilien in Melilla und eines kleinen Grundstücks, auf dem die Hammel aus Marokko für das religiöse Fest am Ende des Ramadans untergebracht werden (vgl. Melilla Hoy 14.05.1999). In der Sicht des Zeitungsberichtes läßt sich somit eine pikante Verknüpfung von Kriminalität, Religion und Politik erschließen. Einige Tage später wurde in derselben Zeitung berichtet, dass die *Guardia Civil* ihre groß angelegte Aktion gegen den Drogehandel mit insgesamt 22 Festnahmen in Melilla, Málaga, Granada, Almeria und Murcia beendet hätte. Es wurden zwei Organisationen aufgedeckt, die einen „*carácter familiar*" aufwiesen, und deren Anführer aus Melilla und der näheren Umgebung stammen würden, darunter ein Unternehmer mit „Beziehungen" zur CpM (vgl. Melilla Hoy 20.05.1999). Unabhängig davon, inwieweit die Verknüpfungen zwischen Drogenkriminalität und der muslimischen Partei CpM gerechtfertigt sind, wird durch die Berichterstattung in der als gelegentlich sehr radikal und der PP (*Partido Popular*) nahe stehend bekannten Tageszeitung Melilla Hoy ein entsprechendes Bild aufgebaut. Von der Zeitung wurde insbesondere während der Wahlkampfzeit immer wieder versucht, die CpM zu diffamieren (vgl. Kap. 4.8.2.).

Die alltägliche Gegenwart von Kriminalität und das Misstrauen gegenüber den *moros* kam in einem zufällig mitgehörten Gespräch in einer von christlichen Spaniern betriebenen Buch- und Schreibwarenhandlung in Melilla sehr gut zum Ausdruck. Während eine Gruppe Marokkaner im Geschäft misstrauisch beobachtet wurde, sagte eine Verkäuferin zu einer christlichen Kundin, dass man zwar in Marokko sein Auto offen auf der Straße stehen lassen könne, und nichts würde passieren, aber im Geschäft in Melilla würden sie einem die Kugelschreiber vor der Nase weg klauen. Als Begründung wurde angegeben, dass sie in Marokko Angst hätten, dass ihnen die Hand abgehackt wird, und in Melilla - wo Demokratie herrscht - trauen sie sich alles. Bei diesem Anlass wurde auch gleich erzählt, dass sich die 21jährige Tochter im Stadtzentrum (!) - nicht in irgendeinem peripheren Viertel -

von zwei muslimischen Jungen bedroht fühlte. Die Angst der Tochter sei berechtigt gewesen, schließlich wisse man ja, dass sie immer ein Messer bei sich hätten. Die Kundin wusste daraufhin zu berichten, dass in den Schulen viele Schüler Messer bei sich trügen würden, und im Collegio Juan Carlos gäbe es bereits einen Schrank voller Waffen. Außerdem wird ein neues Gymnasium in einem peripheren Stadtviertel bereits die Bronx von Melilla genannt, und dort sei kürzlich ein Tisch durch ein Fenster geflogen. Dieses Gespräch zeigt die alltägliche Wahrnehmung von Gewalt und Kriminalität in Melilla, die überwiegend den *moros* - Marokkanern und spanischen Muslimen - zugeschrieben wird. Die damit verbundene Angst und das Misstrauen schüren Rassismus und Ausgrenzung.

3.2.5. „Entwicklungshilfe" der Europäischen Union und Zukunftsperspektiven

Seit dem Beitritt Spaniens zur EU im Jahre 1986 gehören auch Ceuta und Melilla zur Gemeinschaft, allerdings mit einigen Ausnahmeregelungen. So sind die beiden Städte nicht in die Zollunion, die Agrarpolitik und gemeinsame Finanzpolitik der EU eingebunden, aber die europäischen Struktur- und Kohäsionsfonds kommen bei ihnen zur Anwendung (vgl. Núñez Villaverde 1997, S. 120 f; García Flórez 1999, S. 249). Ceuta und Melilla sind Ziel 1-Gebiete der europäischen Strukturfonds (FEDER, FEOGA, Interreg) und erhalten seit 1989 entsprechende Fördermittel. Die beiden Städte gehören in Spanien zu den Regionen, die pro Einwohner am meisten Unterstützung von der EU erhalten. Für den Zeitraum von 1994-1999 wurde Ceuta mit 4.480 Millionen Peseten und Melilla 7.200 Millionen Peseten durch EU-Strukturfonds unterstützt (vgl. García Flórez 1999, S. 250 f). Für den Zeitraum 2000 - 2006 wurden sogar Ceuta und Melilla als Ziel 1- Gebiete jeweils 117 Millionen Euro (19.467 Millionen Peseten) zugebilligt (vgl. El País Digital 27.07.2000).

    Die Gelder wurden bisher überwiegend für Infrastrukturmaßnahmen verwendet, seit einigen Jahren erfolgen aber auch konkretere Maßnahmen zur Schaffung von Arbeitsplätzen (z.B. *pacto por empleo*), zur Steigerung der Produktivität sowie zum Bau und zur Ausstattung sozialer Einrichtungen. Die Gelder der EU haben allerdings noch zu keiner Reduktion der sozialen Ungleichheit zwischen Christen und Muslimen geführt. Die Einbindung in die EU seit Mitte der 80er Jahre und die Einführung des Autonomiestatus für beide Städte haben insbesondere bei der christlichen Bevölkerung ein größeres Sicherheitsgefühl gegenüber den marokkanischen Rückgabeforderungen bewirkt. Insbesondere in Melilla, das sich ja in einer wesentlich isolierteren Lage zur Iberischen Halbinsel als Ceuta befindet, haben diese politischen Veränderungen die Nachfrage nach Wohnraum gesteigert und einen „Bauboom" verursacht. Durch EU-Fonds kofinanziert wurden beispielsweise große Projekte wie die Errichtung eines Gewerbegebietes nahe der Grenze (dort befindet sich allerdings zu einem großen Teil der Großhandel für die marokkanischen Einkäufer bzw. Schmuggler), die Restaurierung der Altstadt und der Bau eines Sporthafens. Zuvor waren noch sehr viele Mellilenser bestrebt, sich auf der Iberischen

Halbinsel aus Sicherheitsgründen einen Zweitwohnsitz zuzulegen (vgl. El País Digital 04.03.2000). Aber auch in Ceuta haben die Baumaßnahmen (Infrastruktur, Wohnungen) seitdem zugenommen. Die Nachfrage nach Wohnraum steigerte sich in beiden Städten seit 1986 auch durch die Einbürgerung eines großen Teils der Muslime, die ja nun Anträge auf Sozialwohnungen stellen und legal Wohneigentum erwerben können. Eine vermutlich nicht unerhebliche Rolle spielt zumindest bei privaten Baumaßnahmen auch das Waschen von Drogengeldern. Dennoch sind in beiden Städten die Arbeitslosenquoten (s.o.) sehr hoch und mit denen von so genannten „Entwicklungsländern" vergleichbar.

Angesichts der ökonomischen Krise in beiden Städten wurden städtische Gesellschaften zur Wirtschaftsförderung geschaffen, und zwar 1987 Promociones de Ceuta S.A. (Procesa) sowie Anfang der 90er Jahre Promociones de Melilla S.A. (Promesa) (vgl. García Flórez 1999, S. 238). Die Gesellschaft Procesa in Ceuta und Promesa in Melilla sind u.a. für die Verwaltung der EU-Fonds zuständig. Die Geschäftsführer beider Gesellschaften sind gemeinsam mit Führungskräften anderer Institutionen (Gewerkschaften, Handelskammern etc.) sowie den Politikern der Städte darum bemüht, die Ökonomien zu diversifizieren. Man ist sich der dominanten Bedeutung des öffentlichen Dienstes bewusst. Der private Sektor spielt im Vergleich dazu nur eine sekundäre Rolle, zumal der Handel in großer Abhängigkeit von den marokkanischen Kunden steht. Darüber hinaus werden von Marokko bereits sukzessive die Zölle auf die Importe bestimmter Waren reduziert, und bis 2010 ist - wie bereits erwähnt - zwischen der EU und Marokko die Schaffung einer Freihandelszone vorgesehen (vgl. Meyer 2001). Langfristig werden die Preisvorteile eines Einkaufs in Ceuta und Melilla für Marokkaner sehr wahrscheinlich verschwinden. Damit ist absehbar, dass der Schmuggelhandel mit Marokko keine langfristige Zukunftsperspektive für die Wirtschaft beider Städte bietet. Derzeit spielt er allerdings noch eine wichtige Rolle.

Die steuerlichen Erleichterungen in beiden Städten haben bisher nicht dazu geführt, Kapital oder Unternehmen anzuziehen (vgl. García Flórez 1999, S. 238). Nach Núñez Villaverde (1997, S. 123) sind für die Entwicklung eines industriellen Sektors in Ceuta und Melilla die Transport- und Lohnkosten zu hoch. In Melilla kommt noch die isolierte Lage bzw. die große Entfernung zur Iberischen Halbinsel hinzu. Schließlich sei noch daran erinnert, dass die Grenze zwischen Marokko und den beiden Städten offiziell nur für den Personenverkehr zugelassen ist. In Ceuta und Melilla wurden seit einigen Jahren Strategiepläne entwickelt, den Tourismus auszubauen und sich stärker als Brückenkopf für Unternehmen, die in Marokko investieren wollen, zu positionieren. Die Probleme liegen jedoch an der mangelnden Kooperationsbereitschaft auf marokkanischer Seite, da die *españolidad* der beiden Städte nicht anerkannt wird. So hätte beispielsweise der Tourismus in beiden Städten nur dann eine Zukunft, wenn das marokkanische Hinterland mit einbezogen werden könnte. Um die Entwicklung des Tourismus voranzutreiben wurde in Melilla vom 11. bis zum 13. April 2000 eine Tourismus-Tagung - gefördert durch den *Pacto Territorial por el Empleo en Melilla* und die Strukturfonds der EU - organisiert. Es sollten mögliche Potenziale, Strategien sowie Kooperationen mit der marokkanischen Seite diskutiert werden, wozu eben auch der Direktor des marokkanischen Fährunternehmens *Ferrimaroc* aus Nador und der Bürgermeister von Nador eingeladen waren. Sie standen bereits im Programm, sagten aber kurzfristig ab. Solange es keine für die marokkanische Regierung zufriedenstellende Lösung über den Status von Ceuta und Melilla gibt, finden auch keine grenzübergreifenden Kooperationen statt. So ist beispielsweise auch eine Interreg-Initiative zwischen den beiden Städten und Marokko gescheitert. Insbesondere im Falle Melillas wird von Marokko seit Jahren eine Politik der „ökonomischen Isolation" betrieben, indem durch den Ausbau eines großen Hafens (Beni Enzar/Nador) in direkter Nachbarschaft der Hafen von Melilla in absolute Bedeutungslosigkeit abgesunken ist (vgl. Popp 1996).

Die Ansiedlung von Unternehmen in Ceuta und Melilla wird durch die schwierige Grenzsituation (Nicht-Anerkennung als Zollgrenze durch die Marokkaner), die - zumindest in Melilla - isolierte Lage, mangelnden Baugrund (große Teile des Bodens gehören dem Verteidigungsministerium) und vergleichweise hohen Immobilienpreisen gehemmt. Die steuerlichen Vorteile scheinen die erwähnten Nachteile nicht aufzuwiegen. Hinzu kommt noch das schlechte Image von Ceuta und Melilla als Grenzstädte, das durch die illegale Migration, die Unruhen von 1986, Kriminalität und Drogenhandel sowie ein in nationalen Zeitungen (insbesondere der El País) oft negativ dargestelltes Bild des Zusammenlebens der Kulturen geprägt ist. So ist in der Zeitung El País bei Berichten über die Städte Ceuta und Melilla eher von Rassismus und einer Neigung zum Misstrauen die Rede als vom „harmonischen Zusammenleben" der Kulturen (z.B. El País 29.08.1999, El País Digital 04.03.2000). Das wirtschaftliche Leben von Ceuta und Melilla steht derzeit noch in großer Abhängigkeit vom Schmuggelhandel (Steuereinnahmen!) und der „Entwicklungshilfe" durch die EU sowie staatlicher Investitionen. Die ökonomischen Zukunftsperspektiven der beiden Städte sehen nicht sehr gut aus. Damit bleibt auch ungewiss, ob die sozialen Ungleichheiten insbesondere zwischen Christen und einem großen Teil der muslimischen Bevölkerung abgebaut werden können. Falls nicht, so besteht die Gefahr, dass soziökonomische Unzufriedenheit noch stärker über kulturelle bzw. religiöse Differenzen ausgetragen wird.

3.3. Zusammenfassung

Die aktuelle Bevölkerungszusammensetzung in Ceuta und Melilla hat sich erst im Verlauf der letzten 150 Jahre herausgebildet, da sich bis zur Mitte des 19. Jahrhunderts außer Christen keine Angehörigen anderer Religionsgemeinschaften in den Städten niederlassen durften. Die größten Bevölkerungszuwächse - insbesondere von Christen und Muslimen - sowie städtischen Expansionsphasen erfolgten während der spanischen Protektoratszeit in Nordmarokko (1912 - 1956) und den ersten Jahren nach der Unabhängigkeit Marokkos. Die heute sehr stark ausgeprägte räumliche Segregation zwischen Muslimen und Christen entwickelte sich im Verlauf des 20. Jahrhunderts. Die wichtigsten Ursachen für die Segregation liegen (a) an dem historisch gewachsenen Gegensatz zwischen Christen und Muslimen in der Region und dem damit zusammenhängenden grundsätzlichen Mechanismus von Zugehörigkeit und Ausgrenzung, (b) an der kolonialen Behandlung der Muslime sowie ihrer bis Ende der 1980er Jahre andauernden mangelnden rechtlichen Integration, (c) an dem von Anfang an überwiegend sozioökonomisch niedrigen Status der Muslime und (d) an der bereits existierenden christlichen Dominanz im Stadtzentrum. Diese Rahmenbedingungen führten seit Mitte bzw. Ende des 19. Jahrhunderts zu einer vorwiegenden Ansiedlung von Muslimen in den Außenbezirken (*campo exterior*) von Ceuta und Melilla. Die mangelnde rechtliche Integration des größten Teils der Muslime - die wenigsten verfügten bis Ende der 80er Jahre über die spanische Staatsbürgerschaft - war für ihren Ausschluss vom regulären Wohnungs- bzw. Immobilienmarkt von besonderer Bedeutung. Als Reaktion darauf verfolgen die betroffenen Muslime in Ceuta und Melilla z.T. bis heute die Strategie des illegalen Wohnungsbaus in den Außenbezirken bzw. in den mittlerweile fast ausschließlich von Muslimen bewohnten Vierteln. Nach massiven Protesten der Muslime gegen die geplante Einführung eines neuen Ausländergesetzes, wonach die Mehrheit von ihnen hätte ausgewiesen werden können, kam es ab 1986 zu einer allmählichen Einbürgerung eines Großteils der Muslime. Die damit verbundene Verbesserung der rechtlichen Situation vieler Muslime hat jedoch nichts an der ausgeprägten räumlichen Segregation zwischen Muslimen und Christen geändert.

Der illegale Wohnungsbau wird von den spanischen Behörden stillschweigend geduldet, und man hat die muslimischen Viertel in der äußersten Peripherie (hauptsächlich Príncipe Alfonso in Ceuta und Cañada de la Muerte in Melilla) bis in die 90er Jahre hinein weitgehend sich selbst überlassen. Die Folge ist eine katastrophale infrastrukturelle Ausstattung sowie ein kaum geregelter und wild wuchernder Hausbau. Erst seit einigen Jahren gibt es seitens der Stadtverwaltungen (Stadplanung etc.) in Ceuta und Melilla erste Ansätze zur Verbesserung der Wohnsituation und der sozialen Situation (hohe Arbeitslosigkeit und Analphabetenquoten, hohe Geburtenraten), der Infrastruktur sowie Ansätze zu einer nachträglichen Legalisierung der Häuser. Dies ist sicherlich als eine Reaktion auf die wachsende politische Bedeutung der Muslime zu bewerten, die ja nun mehrheitlich über die spanische Nationalität verfügen. Neben den problematischen sozialen und städtebaulichen Aspekten stehen die überwiegend von Muslimen bewohnten Viertel in dem Ruf, Orte der Drogenkriminalität zu sein. Insbesondere das Stadtviertel Príncipe Alfonso in Ceuta wird in Pressemeldungen der lokalen Zeitungen immer wieder mit Drogendelikten in Verbindung gebracht, und als Straftäter werden fast ausschließlich Marokkaner oder Muslime aus Ceuta benannt. In Melilla ist die Drogenkriminalität zwar weitaus weniger ausgeprägt, aber sie wird auch dort ausschließlich mit den Muslimen in Verbindung gebracht. So haben die überwiegend von Muslimen bewohnten Viertel bei der übrigen Bevölkerung - und hier wiederum hauptsächlich bei den Christen - ein sehr negatives Image. Sie gelten als Orte, die man meidet. So ist die stark ausgeprägte räumliche Segregation zwischen Christen und Muslimen einerseits als ein Produkt der sozialen Praxis von Zugehörigkeit und Ausgrenzung zu verstehen. Andererseits verstärkt die räumliche Segregation wiederum das Denken in Kollektiven und damit verbundener Aus- bzw. Abgrenzungen. Es besteht also ein Zusammenhang zwischen räumlicher Wahrnehmung (z.B. das negative Image der muslimischen Viertel) und alltäglichem Handeln (z.B. das Meiden dieser Viertel, Wegzug), so dass man im Sinne von Lefebvre (1981; vgl. Kap. 1.3.2.) auch von räumlicher Praxis sprechen kann. Im Gegensatz zum negativen Image der muslimischen Viertel symbolisieren die hauptsächlich von Christen bewohnten zentralen Stadtteile für die muslimische Bevölkerung die christliche Dominanz, deren ökonomische und politische Macht sowie die eigene Ausgrenzung und sozioökonomische Benachteiligung.

Die Segregation zwischen Muslimen und Christen hat jedoch nicht nur räumliche Dimensionen, sondern sie besteht - wie bereits angedeutet - auch in sozioökonomischer Hinsicht. Im Durchschnitt und im Vergleich zu den Christen sowie Hindus und Hebräern haben die Muslime einen sozioökonomisch niedrigen Status, was sich an den Arbeitslosenzahlen der Analphabetenquote und der hohen Zahl an Schulabbrechern zeigt. Zudem besetzen die Muslime tendenziell spezifische Segmente im Arbeitsmarkt (Handel, Gastronomie, Haushalts- und Wachdienst, Baugewerbe), wobei ihnen bisher der größte Arbeitgeber der beiden Städte, der öffentliche Dienst (hauptsächlich Verwaltung, Staatsdienst), weitgehend verschlossen blieb. Dort arbeiten fast ausschließlich christliche Spanier. Die Konstruktion kollektiver Identitäten erfolgt in Ceuta und Melilla nicht nur entlang kultureller Grenzen, sondern sozioökonomische Faktoren spielen dabei ebenfalls ein wichtige Rolle. So ist das stark verbreitete Gefühl der sozialen Benachteiligung seitens der Muslime eine Ursache der kollektiven Mobilisierung als Muslime gegen die - im Durchschnitt - ökonomisch besser gestellten und politisch mächtigeren Christen. Da nur sehr wenige Muslime im öffentlichen Dienst (z.B. Stadtverwaltung) - dem großen Arbeitgeber in Ceuta und Melilla - tätig sind, besteht seitens der Muslime der Vorwurf, dass die Christen hier kollektiv eine wichtige Ressource nur für sich reservieren würden.

4. Die „vier Kulturen" und die Politik kollektiver Identitäten oder: christlich fundierte *españolidad* versus muslimische Ansprüche

Für die Schaffung und Bewusstmachung kollektiver Identitäten sind - ganz im Sinne des Begriffs der „*politics of identity*" - ihre Organisation und Mobilisierung von zentraler Bedeutung. Schließlich sind kollektive Identitäten nur so stark oder so schwach, wie sie im Denken, im Bewusstsein und in der Vorstellung von Menschen lebendig sind und für Handlungen wirksam werden (vgl. Assmann 1992/ 2000, S. 132). Die Organisation und Mobilisierung kollektiver Identitäten ist in Ceuta und Melilla als Prozess zu verstehen, der zumindest teilweise in Beziehung zum politisch-territorialen Konflikt um die beiden Städte zwischen Spanien und Marokko steht, und der vor Ort von verschiedenen Akteuren sowie Institutionen, Vereinigungen und Parteien betrieben wird. Dabei handelt es sich letztlich auch um eine Fortführung der historischen Praxis einer innergesellschaftlichen Differenzierung anhand von religiöser Zugehörigkeit, die in Ceuta und Melilla eine große Bedeutung hat. Allein die von den städtischen Verwaltungen gestifteten Images eines „harmonischen Zusammenlebens der vier Kulturen" spiegelt die große gesellschaftliche Relevanz des Denkens in entsprechenden Kollektiven (Christen, Muslime, Hebräer und Hindus) wieder. Die zentrale Problematik der dennoch existierenden gesellschaftlichen Spannungen betrifft hauptsächlich den Gegensatz zwischen einerseits der - noch - machtvollen Position der christlichen Bevölkerung in Politik und Wirtschaft sowie einer permanenten Betonung der - letztlich christlich fundierten - *epañolidad* der Städte, und andererseits des Kampfes vieler Muslime bzw. Imazighen um kulturelle Akzeptanz und Gleichberechtigung sowie Überwindung sozioökonomischer Ungleichheit.

4.1. Die Dominanz des Christentums und der *españolidad* in Ceuta und Melilla

Zum Zeitpunkt der ersten Niederlassung von Angehörigen anderer Religionsgemeinschaften in Ceuta und Melilla gegen Ende 19. Jahrhunderts war dort die christlich-katholische Bevölkerung bereits fest etabliert und organisiert. Dieser historische Ausgangspunkt begründet in den beiden Städten die Dominanz des Christentums (bzw. des „Katholischsein") in Verknüpfung mit der *españolidad*, die gemeinsam als Selbstverständnis für das Verhältnis zu den Angehörigen der anderen Religionsgemeinschaften (insbesondere den Muslimen) grundlegend sind. Deshalb werden an dieser Stelle nochmals einige bereits dargelegte Gedanken in zusammengefasster Form aufgegriffen. In historischer Perspektive ist es zunächst wichtig hervorzuheben, dass Ceuta und Melilla seit ihrer Eroberung durch die Spanier über Jahrhunderte Vorposten zur Verteidigung der Christenheit gegen die Muslime in Nordafrika darstellten (*fronteras de Africa*). Hier verlief die vorgeschobene Bastion und Grenze zwischen den nach der Reconquista und den Verfolgungen der Inquisition nun räumlich getrennten Christen und Muslimen, die sich gegenseitig als Ungläubige bzw. Anhänger einer verfälschten Lehre (Christen) oder Anhänger eines falschen Propheten (Muslime) verstanden. In Ceuta und Melilla durften sich - von zeitweiligen Ausnahmen einmal abgesehen - erst wieder ab 1863 Angehörige anderer Religionsgemeinschaften als der katholischen Kirche niederlassen (vgl. Kap. 3.1.). Die koloniale Behandlung der Muslime und ihre von Anfang an sozioökonomisch marginale Situation führten zu der bis heute stark ausgeprägten soziokulturellen Segregation. Allerdings wohnten zumindest in Melilla auch die Hebräer teilweise in eigenen Vierteln, und sie lebten bis in die späten 40er Jahre des 20. Jahrhunderts hinein nicht frei von Repressalien bzw. Diskriminierungen seitens der christlichen Bevölkerung einschließlich offizieller Stellen (vgl. Salafranca Ortega 1990, S. 367 ff, Driessen 1992, S. 96).

Ebenso wie auf der Iberischen Halbinsel erlangte auch in den spanischen Territorien Ceuta und Melilla die Vermischung von Katholizismus und Nationalismus als staatliches Selbstverständnis in franquistischer Zeit (1939 - 1975) nochmals eine neue Blüte. In beiden Städten zeugen bis heute zahlreiche heroisierende Monumente bzw. Denkmäler und Gedenksteine von dieser innenpolitisch repressiven und extrem nationalistischen Phase. Bis 1978 war das nationale Selbstverständnis zumindest offiziell christlich geprägt, was sich natürlich auch auf Ceuta und Melilla bezog. Erst mit der Einführung der neuen Verfassung setzte neben der Demokratisierung auch eine Säkularisierung der spanischen Gesellschaft ein; der Katholizismus ist seitdem nicht mehr Staatsreligion. Allerdings besteht eine klare Privilegierung der katholischen Kirche, was u.a. durch die besonderen Beziehungen zum Staat und eine staatlich garantierte Finanzierung (neben den selbst erwirtschafteten kirchlichen Einkünften) zum Ausdruck kommt. Auch wenn die Glaubenspraxis in Spanien stark zurückgegangen ist, spielt die katholische Kirche immer noch eine bedeutende Rolle in Staat und Gesellschaft (vgl. Bernecker 1995).

Seit der Unabhängigkeit Marokkos und dem Ende des Kolonialismus in Marokko im Jahre 1956 befinden sich Ceuta und Melilla erneut in einer isolierten Grenzlage, umgeben von einem jungen Nationalstaat mit dem Islam als Staatsreligion, der die *españolidad* der beiden Städte in Frage stellt. Die regelmäßig wiederkehrenden Rückgabeforderungen Marokkos und seine Weigerung, die *españolidad* von Ceuta und Melilla anzuerkennen, verursachen als Reaktion ein erhöhtes Nationalbewusstsein zumindest von Teilen der christlichen Bevölkerung der Städte. Eine weitere Herausforderung für das Selbstverständnis der christlichen Spanier bildet bis heute die starke Präsenz der Muslime in Ceuta und Melilla. Die Hebräer und Hindus spielen diesbezüglich nur eine untergeordnete Rolle, da sie quantitativ nur kleine Gruppen bilden, und ihnen keine kulturelle Verbundenheit mit Marokko unterstellt wird. Vor diesem Hintergrund erklärt sich das Bedürfnis der christlichen Spanier, ihre Anwesenheit in Ceuta und Melilla durch ihre dortige historische Verwurzelung (*arraigo*) zu legitimieren; die beiden Städte werden über die Interpretation und Darstellung von Geschichte zu okzidentalen, europäischen und christlichen Städten (vgl. Kap. 2.4.; Stallaert 1998, S. 147).

Die nicht zu hinterfragende *españolidad* der Städte wird von christlichen Politikern des gesamten Parteienspektrums (außer der extremen Linken) und in den lokalen Medien bei entsprechenden Gelegenheiten stets in den Vordergrund gestellt (vgl. Kap. 2.4. sowie folgende Kapitel). Dabei erfolgt auch eine latente bis offene Verknüpfung der *españolidad* mit dem christlichen Glauben. So werden historische Jahresfeiern in der Regel mit Messen in der Kirche begangen; beim Fahneneid der Rekruten sind Vertreter der katholischen Kirche zugegen; bei den Prozessionen der Karwoche (*Semana Santa*) ziehen nicht nur geistliche Würdenträger mit, sondern auch die Präsidenten der Städte, Vertreter des Stadtparlaments und hochrangige Militärangehörige in Uniform (einige Prozessionen werden auch von marschierenden Soldaten der Fremdenlegion begleitet). Es gibt zahlreiche Feste und Zeremonien, die unter dem Zeichen von Militarismus, Nationalismus und Christentum stattfinden. Die belgische Anthropologin und Hispanistin Stallaert (1998, S. 139 f) bringt diesen Zusammenhang beispielhaft für Ceuta wie folgt zum Ausdruck: „In Ceuta ist die Kultur eine militärische und/oder eine christliche Kultur. Die Feste und Zeremonien werden ganz unter dem Zeichen dieser beiden Säulen zelebriert. Die militärischen Feierlichkeiten sind mit religiösen Feiern zu Ehren des jeweiligen heiligen Patrons der Truppe verknüpft. Im Unterschied zur Halbinsel hat die militärische Präsenz in Ceuta so große Bedeutung, dass die zivile Bevölkerung an den militärischen Feierlichkeiten aktiv teilnimmt, und ebenso andersherum. Die Verschmelzung zwischen militärischen und zivilen Bereichen kennzeichnet die alltägliche Realität in der Stadt. Große Teile der Freizeitinfrastruktur stützen sich auf private militärische Clubs. Die aktuelle Politik versucht durch »Demilitarisierung« der Institutionen und Strukturen diese Situation zu verändern. Im Februar 1991 beschloss die Ratsversammlung von Melilla bestimmte militärische Straßennamen durch zivile zu ersetzen. (11)"

Der Schutz der Stadt Ceuta unterliegt auch heute noch einer christlichen Patronin - der *Virgen de Africa* (die Jungfrau von Afrika) -, der im Verlauf der Geschichte die Rolle einer Hüterin und Beschützerin im Kampf gegen die *moros* zugekommen ist. Sie stellt ein Symbol der Verteidigung der Christenheit und der *españolidad* dar. Alljährlich findet im August eine Feier zu Ehren der *Virgen de Africa* statt, bei der wiederum die *españolidad* von Ceuta demonstriert wird (vgl. Stallaert 1998, S. 140 f). In Melilla gestaltet sich die Verknüpfung von Nationalismus, Christentum und Militär ganz ähnlich. Auch dort gibt es ein Fest zu Ehren der Schutzpatronin der Stadt (*Virgen de Rocío*) - an dem allerdings auch Muslime teilnehmen[99]- und öffentliche Flaggenzeremonien, die die christlich-spanische Hegemonie demonstrieren (vgl. Driessen 1992, S. 111 ff). Die Angehörigen anderer Religionsgemeinschaften müssen sich folglich mit einem christlich dominierten gesellschaftlichem Umfeld

---

99   Die Muslime nehmen an den Feierlichkeiten im Anschluss an die Prozession der Schutzpatronin *Virgen de Rocío*, die in ein kleines Pinienwäldchen am Stadtrand führt, teil.

arrangieren, und es fällt vielen von ihnen schwer, sich mit der christlich-spanischen Symbolik der Stadt zu identifizieren. Zudem sind ausschließlich christliche Feiertage - wie in ganz Spanien - nationale Feiertage. Die Organisation des religiösen Lebens erfolgt über die Kirchen bzw. Pfarrgemeinden und den zahlreichen christlich-religiösen Laienbruderschaften (*cofradía, hermandad*), die insbesondere die Prozessionen der *Semana Santa* (Karwoche) langfristig vorbereiten.[100] Sie erscheinen auch als Akteure der Mobilisierung und Festigung einer christlichen kollektiven Identität, deren Verknüpfung mit der *españolidad* auch von Ihnen insbesondere bei Feierlichkeiten symbolisch hergestellt wird.

Darüber hinaus führen die starke Präsenz der nicht-christlichen Religionsgemeinschaften und der Diskurs über das Zusammenleben der „vier Kulturen" in Ceuta und Melilla zu einem expliziteren und damit stärkeren Bewusstsein einer spezifischen Religion anzugehören - beispielsweise Christ zu sein -, auch wenn damit nicht bei *jedem* eine ausgeprägtere Glaubenspraxis verbunden ist. Zu dem religiösen Leben und der christlichen Identität in Ceuta äußerte sich der Vikar der katholischen Kirche wie folgt: „*Der Katholizismus ist in Ceuta sehr stark. Hier beobachte ich, dass die Religion stärker praktiziert wird als auf der Halbinsel, weil das Christentum sich zum Zeichen der Identität gewandelt hat. Eine Prozession ist eine Prozession, aber gleichzeitig ist sie ein Ausdruck seiner Identität [des Christen] gegenüber den Anderen. Also klar, hier werden die Traditionen fortgeführt, damit sie nicht absorbiert werden. Es gibt unterschiedliche Niveaus, das Niveau der Kirchengemeinde, wo die Leute ihren Glauben leben, teilnehmen, dann gibt es noch das andere Niveau während der Semana Santa. Es ist die Prozession des Medinaceli, die viele Leute mit sich zieht. Aber es ist seltsam, dass niemand auf den Gedanken kommt, den Medinaceli [d.h. die Statue des Christus von Medinaceli] nach unten zu verlagern,- weil selbst die Muslime sagen dir, er soll nicht weggeschafft werden, denn, ich glaube, sie sind sehr abergläubig, und denken, wenn der Medinaceli nach unten gebracht wird, dann wird man sie [die Muslime] bald vergessen. (...) Die äußerlichen Ausdruckformen der Religion werden manchmal zum Sinnbild der Identität, um zu zeigen, dass die christliche Präsenz immer noch stärker ist als die anderen......*"

Nach dieser Wahrnehmung ist also die religiöse Praxis der Christen in Ceuta durchschnittlich ausgeprägter als auf der Iberischen Halbinsel, und sie wird zudem als Zeichen der eigenen Identität und der starken Präsenz gegenüber den Angehörigen der anderen Religionsgemeinschaften eingesetzt. Aus Interviews, informellen Gesprächen und Beobachtungen läßt sich für Melilla auf eine ganz ähnliche Praxis schließen. Die Prozession des *Cristo de Medinaceli* während der *Semana Santa* in Ceuta bezeichnet den Auszug einer großen Jesusfigur - sie wird von den Mitgliedern einer *cofradía* getragen - aus der Kirche Iglesia de San Ildefonso, die sich im Zentrum des mittlerweile rein muslimischen Stadtteils Príncipe Alfonso befindet, in eine andere Kirche des Stadtteils Hadú. Alljährlich kommen zu diesem Anlass mehrere Tausend Christen aus allen anderen Stadtteilen zu der Kirche Iglesia de San

---

100 Ceuta ist der Diözese von Cádiz und Melilla der Diözese von Málaga zugeordnet.

Ildefonso und begleiten - wie üblich - langsamen Schrittes die Figur (*imagen*) zum Zielpunkt des entfernter gelegenen Viertels. Bemerkenswert sind dabei mehrere Aspekte. Erstens findet diese Prozession zu einem großen Teil in einem Stadtviertel statt, dass sonst von Christen in der Regel gemieden wird. Man hat Angst dorthin zu gehen, und sogar der Vikar sucht die dortige Kirche - aus Sicherheitsgründen wie er angab - nur in Begleitung einer weiteren Person auf. Die vergleichsweise massive Teilnahme der christlichen Bevölkerung an dieser Prozession kann zweitens als Ausdruck einer Manifestation christlicher „Ansprüche" auch auf dieses muslimi-sche Viertel interpretiert werden. Seitens der muslimischen Bevölkerung in dem Viertel gibt es - drittens - *gegen* diese Prozession dennoch keinerlei offensichtliche *Reaktionen*, im Gegenteil, der Vikar vertritt sogar die Ansicht, dass die Muslime die Gegenwart der Kirche und die alljährliche Prozession als wichtige - vielleicht letzte - Verbindung des peripher gelegenen (muslimischen) Viertels Príncipe Alfonso mit der übrigen (christlichen) Stadt betrachten. Wenn dieses Band nicht mehr wäre, würden sie sich möglicherweise völlig „abgekoppelt" (eben vergessen) fühlen. Ein Bewohner aus Príncipe Alfonso hob besonders hervor, dass die Christen bei der Prozession normalerweise nicht belästigt werden, und ehemals vorgekommene Steinwürfe von Jungen deshalb nicht überbewertet werden sollten. Die Prozession des *Cristo de Medinaceli* in Príncipe Alfonso wird von den Muslimen mehrheitlich wahrscheinlich nicht als Provokation wahrgenommen, man respektiert die *religiöse Praxis* der Anderen, ein Tatbestand, der ebenso auf Melilla zutrifft.

4.2. Die Anfänge der religiösen und politischen Organisation der Muslime, das spanische Ausländergesetz von 1985/86 und der „Aufstand der Ausgegrenzten"

Bis Mitte der 80er Jahre galten die Muslime in Ceuta und Melilla - unabhängig davon, ob sie dort geboren wurden oder nicht - als Marokkaner und damit als Ausländer, aber nicht als gleichberechtigte spanische Bürger.[101] Erst seit 1986/87 kommt es sukzessive zu einer rechtlichen und teilweise auch sozialen Verbesserung der marginalen Situation der Muslime. Der zentrale Ausgangspunkt war im Jahr 1985 die geplante Einführung eines neuen Ausländerrechts (*Ley de Extranjería*) auf nationaler Ebene, wonach die muslimische Bevölkerung in Ceuta und Melilla hätte ausgewiesen werden können, da die Mehrheit von ihnen - in beiden Städten jeweils

---

101 Die spanischen Autoren Carabaza/De Santos (1992, S. 93 ff) sprechen bezüglich der Muslime sogar von *„esclavos en su propia tierra"* (Sklaven auf ihrem eigenen Boden) sowie *„una etnia de apátridas, de explotados, de perseguidos"* (einer staatenlosen, ausgebeuteten und verfolgten Ethnie). Diese sicherlich etwas überzogene Sichtweise bildet einen Baustein in der Argumen-tation der Autoren für die Dekolonisierung von Ceuta und Melilla (vgl. Carabaza/De Santos 1992). Die zu der Zeit zumindest als untragbar und ungerecht zu bezeichnende rechtliche und soziale Situation einer großen Mehrheit der Muslime wird in der Publikation anhand von zahl-reichen Beispielen eindrücklich dokumentiert. Sie alle zeigen den durchaus kolonialistisch zu nennenden Umgang mit den Muslimen.

über 80% - nicht über die spanische Nationalität verfügte (vgl. Mattes 1987, S. 346 ff, Carabaza/De Santos 1992, S. 106 ff, Driessen 1992, S. 169 ff, Planet Contreras 1998, S. 85 ff).[102] Es wurde ja bereits dargelegt, dass ein großer Teil der Muslime nur eine statistische Erfassungskarte (*Tarjeta de Estadística*) besass, die keinen Erwerb von Haus- und Grundstückseigentum erlaubte (vgl. Kapitel 3.1.). Mit dieser Karte hatte man ferner kein Anrecht auf Sozialwohnungen, man durfte nur in Ceuta und Melilla arbeiten und wohnen (Reisen auf die Iberische Halbinsel waren nur mit besonderem Passierschein möglich), man erhielt keine Arbeitslosenunterstützung und für die „billigen" muslimischen Arbeitskräfte entrichteten die Unternehmen keine Beiträge zur Sozialversicherung (vgl. Moga Romero 1997, S. 185). Ziel des neuen Gesetz - das im April 1986 in Kraft treten sollte - war es, den Ausländern mit besonderer kultureller und historischer Verbundenheit zu Spanien eine bevorzugte Behandlung für den Erhalt der spanischen Staatsbürgerschaft zuzugestehen. Zu diesen Ausländern zählten Lateinamerikaner, Portugiesen, Philippinen, Andorraner, Äquatorial-Guineer, sephardische Juden und Gibraltarstämmige, aber weder „Marokkaner" aus den ehemaligen Kolonien (Nordmarokko und West-Sahara) noch muslimische Bewohner von Ceuta und Melilla (vgl. Planet Contreras 1998, S. 85).

Mit dem neuen Ausländergesetz sollte angesichts des EG-Beitritts Spaniens zudem der heimlichen Einwanderung von Portugiesen und Lateinamerikanern entgegengewirkt und längere Aufenthalte von Nicht-EG-Staatsangehörigen in Spanien stark eingeschränkt werden (vgl. Mattes 1987, S. 346). Allerdings wurde dabei die Situation der Muslime in Ceuta und Melilla völlig übersehen. Das neue Ausländergesetz und die damit verbundene drohende Ausweisung vieler Muslime bildete schließlich den Ausgangspunkt einer erstmaligen politischen Mobilisierung der Muslime in beiden Städten, mit dem Ziel, die Anwendung des Gesetzes auf sie zu verhindern und den als diskriminierend empfundenen Status nicht gleichberechtigter und vollwertiger Bewohner der Städte zu überwinden.[103]

Zwar wurden in Ceuta und Melilla bereits 1937 religiöse Vereinigungen der Muslime gegründet (*Comunidad Musulmana de Ceuta, Comunidad Musulmana de Melilla*), aber sie sollten lediglich in den Städten während der Protektoratszeit das Verwalten der muslimischen Bevölkerung erleichtern (vgl. Planet Contreras 1998, S. 87). Die Vereinigungen dienten ausschließlich der besseren und von der spanischen Kolonialverwaltung kontrollierten Abwicklung sowie Organisation muslimisch-religiöser Angelegenheiten, und sie vertraten - zumindest in der Öffentlichkeit - keine politischen Positionen. Das wäre in franquistischer Zeit auch kaum möglich gewesen. Mit der Unabhängigkeit Marokkos lösten sich die Vereinigungen wieder auf. In Ceuta wurde erst im Jahr 1968 wieder eine muslimische

---

102 Die Reform des Ausländerrechtes wurde aufgrund des bevorstehenden Beitritts Spaniens zur EU notwendig (vgl. García Flórez 1999, S. 213).

103 Für detaillierte Beschreibungen der Ereignisse zwischen 1985 und 1987 siehe Carabaza/De Santos (1992) und Planet Contreras (1998). Hier werden nur die wichtigsten Aspekte insbesondere bezüglich der Mobilisierung, Organisation und politischen Positionen der Muslime hervorgehoben.

Vereinigung - die „*Zaouia Musulmana de Mohammadia*" - gegründet.[104] In Melilla erfolgte bereits 1964 die erneute Gründung einer muslimischen Vereinigung - der „*Asociación Musulmana de Melilla*" -, die 1968 offiziell registriert wurde (vgl. Planet Contreras 1998, S. 87). Der Vorsitzende dieser Vereinigung ist mit kurzer Unterbrechung bis heute Si Driss Abdelkader. Die „*Asociación Musulmana de Melilla*" war die erste muslimische Vereinigung, die sich in Spanien konstituierte und eintragen ließ.[105] Die Vereinigung wurde von muslimischen Händlern finanziert und gegründet; sie hatte einen religiösen Charakter und legte in ihren Statuten u.a. fest, die muslimische Gemeinschaft zu repräsentieren und für die Deckung der Kosten in den Moscheen zu sorgen. Nach Driessen (1992, S. 170) vertrat diese *Asociación* in den 80er Jahren hauptsächlich die Interessen einer relativ kleinen Gruppe von Muslimen, die bereits über spanisch-nationale Identitätsdokumente verfügten.

4.2.1. Der gemeinsame Kampf der Muslime gegen die Anwendung des Ausländergesetzes in Melilla bis Ende der 80er Jahre

Erst einige Jahre nach dem Ende der Franco-Diktatur erfolgte 1982 die Gründung der „*Gestora de la Comunidad Musulmana*", aus der dann im April 1985 die sozio-kulturelle Vereinigung „*Terra Omnium*" hervorging. Der erste Vorsitzende von *Terra Omnium* - Aomar Mohammedi Dudú - war in Melilla eine der Hauptfiguren im Kampf der Muslime gegen die Anwendung des Ausländergesetzes. Er war nach Carabaza/De Santos (1992, S. 110 f) zum damaligen Zeitpunkt der einzige in Melilla wohnende Muslim mit einem universitären Abschluss (in Wirtschaftswissenschaften). Darüber hinaus war Dudú Mitglied in der PSOE (*Partido Socialista Obrero Español*), von der er jedoch aufgrund seines in der nationalen Tageszeitung *El País* am 11.05.1985 veröffentlichten Meinungsartikels (*articulo de opinion*) ausgeschlossen wurde. In diesem Artikel mit dem Titel „*Legalizar Melilla*" (Melilla legalisieren) klagte Dudú die koloniale Haltung der Christen und den Rassismus an, er sprach von einem Mythos der Integration (es gäbe nur Toleranz bzw. Duldung, aber kein Zusammenleben/*tolerancia sin convivencia*) und forderte die Einbürgerung der in Melilla „illegal" lebenden Muslime (vgl. Carabaza/De Santos 1992, S. 110 ff, Planet Contreras 1998, S. 88 f u. S. 201 ff). Als weitere Folge dieses Artikels erweckten die Ereignisse in Melilla zunehmend das Interesse der nationalen Tageszeitungen, wobei in der linksorientierten *El País* die Situation in den nordafrikanischen Städten mit Begriffen wie „*Racismos español*", „*apartheid*" und „*Chapas de perro*" (Hundemarken, womit die statistischen Erfassungskarten der Muslime gemeint waren) kommentiert wurde (vgl. Planet Contreras 1998, S. 89).

---

104 An anderer Stelle erwähnt Planet Contreras (1998, S. 111) widersprüchlicherweise die Gründung einer ersten muslimischen Vereinigung in Ceuta (nach der Unabhängigkeit Marokkos) mit dem Namen „*Zauia Musulmana de Mohammadia-Mahoma*" für das Jahr 1971!

105 Auf nationaler Ebene erfolgte etwas später im Jahre 1971 die erste institutionelle Vereinigung der Muslime Spaniens („*Asociación Musulmana de España*").

Terra Omnium war allerdings gemäß ihrer Statuten keine religiös-muslimische Vereinigung - der Generalsekretärs war zudem ein spanischer Christ -, sondern die Zielsetzung bestand in der Verbreitung und Verbesserung der kulturellen Entfaltung aller Gemeinschaften in Melilla, und es wurde unabhängig vom Geschlecht, der Religion und der sozialen Klasse ein integrativer Ansatz für ein freieres, demokratischeres und gerechteres Melilla verfolgt (vgl. Planet Contreras 1998, S. 87 f). Angesichts der drohenden Anwendung des Ausländergesetzes schlossen sich im Oktober 1985 in Melilla die *Asociación Musulmana*, *Terra Omnium* und die spontan gebildeten *Comités de Barrio* (Stadtteilausschüsse) zu einer Einheit mit dem Namen „*Comité Organizador del Pueblo Musulmán*" (Organisationskomitee des muslimischen Volkes) für gemeinsame Aktionen zusammen (vgl. Carabaza/De Santos 1992, S. 110). Im November 1986 kam es unter der Führung von Ahmed Moh zu der Gründung einer weiteren Vereinigung - der „*Agrupacíon de la Comunidad Musulmana de Melilla*" -, die sich wiederum unter der Präsidentschaft von Ahmed Moh mit der *Asociación Musulmana de Melilla* zusammenschloss. Si Driss Abdelkader nahm die Position des Vize-Präsidenten ein (vgl. Planet Conteras 1998, S. 89 u. 105). In Melilla traten die Muslime unter der Führerschaft von Aomar Mohammedi Dudú bis zu dessen „selbstgewähltem" Exil in Nador (Marokko) Ende Januar 1987 zumindest phasenweise sehr geschlossen auf. Es erfolgte deshalb eine wesentlich stärkere Mobilisierung der Muslime, als dies in Ceuta der Fall war, wo die verschiedenen Gruppierungen kein einheitliches Vorgehen organisieren konnten.

Im November 1985 erfolgte in Melilla die erste große Demonstration der Muslime gegen die Durchführung des Ausländergesetzes. Mehrere Tausend Menschen zogen mit Sprüchen wie „*No a la Ley de Extranjería. Somos Melillenses*" („Nein zum Ausländergesetz. Wir sind Melillenser.") durch die Straßen der Stadt. Die Anzahl der Demonstranten unterschied sich zwischen 22.000 nach Angaben der Organisatoren und 7.000 nach Angaben der Polizei ganz erheblich (vgl. Carabaza/De Santos 1998, S. 112). An der Demonstration beteiligten sich nicht nur Muslime, sondern auch christliche Gewerkschaftsfunktionäre der linksorientierten CC.OO (*Comisiones Obreras*), Mitglieder linker Parteien wie der PCE (*Partido Comunista de España*) und der MC (*Movimiento Comunista*) sowie Repräsentanten der *Asociación de Derechos Humanos* (Vereinigung für Menschenrechte). Nur einige Tage später kam es zu einer nationalistisch motivierten Gegendemonstration, an der sich fast alle lokalen politischen Kräfte und Parteien von der sozialdemokratischen PSOE (*Partido Socialista Obrero Español*) über konservative Parteien bis zur rechten, ultrakolonialistischen Partei PNEM (*Partido Nacionalista Español de Melilla*) beteiligten und für die Anwendung des Ausländergesetzes aussprachen. Nach offiziellen Angaben nahmen ca. 40.000 Menschen an der Demonstration teil, wodurch die sehr stark verbreitete Nicht-Akzeptanz der Muslime als gleichberechtigte spanische Bürger zum Ausdruck kam (vgl. Planet Contreras 1998, S. 90 f). Als Reaktion darauf schlossen die Muslime am nächsten Tag in den Märkten der Stadt ihre zahlreichen Obst- und Gemüseläden.

Die geplante Umsetzung des neuen Ausländergesetzes wollten insbesondere konservative Kreise in Melilla sowie Ceuta nutzen, um aus ihrer Sicht der „Überfremdung" der Städte durch Ausweisung der ungeliebten *moros* entgegenzuwirken. Besondere Spannungen erzeugten in Melilla die Aktivitäten extrem rechter nationalistischer Gruppierungen (z.B. APROME/Asociación Pro Melilla), die gegenüber den Forderungen der Muslime Front machten und einige Militärangehörige dazu anstachelten, die Muslime „zu belästigen" bzw. einzuschüchtern (vgl. García Flórez 1999, S. 215). Im Verlauf der Auseinandersetzungen kam es immer wieder zu Gegendemonstrationen von militanten christlichen Nationalisten, die Parolen wie „Lang lebe Spanien" und „Moros raus" riefen. So wurde auch der Muslimführer Dudú in seinem Haus von militanten christlichen Spaniern beschimpft und bedroht (vgl. Driessen 1992, S. 173).

Aufgrund der spannungsreichen Situation in Melilla erfolgte im Dezember 1985 der Besuch eines Vertreters des spanischen Innenministeriums, der die Vorteile des Ausländergesetzes für die Muslime ohne Ausweispapiere (*los indocumentados*) erläutern sollte. Nach Gesprächen mit Muslimen machte er außerdem den Vorschlag, eine gemischte Kommission mit Regierungsvertretern und Repräsentanten der Muslime (*Comisión Mixta Gobierno-musulmanes*) zu bilden, um einen Plan zu Verbesserung der Infrastruktur in den muslimischen Vierteln zu entwickeln (vgl. Planet Contreras 1998, S. 91). Dennoch intensivierten sich die Proteste der Muslime, und im Januar 1986 kam es sogar zum Hungerstreik einiger Muslime in der Hauptmoschee (*Mezquita Central*), um die Anwendung des Gesetzes zu verhindern. Im selben Monat erfolgte eine Demonstration muslimischer Frauen vor dem Rathaus (*Ayuntamiento*) von Melilla, die von der Polizei brutal aufgelöst wurde.[106] Es gab zahlreiche Verletzte, und das Ereignis führte zu einem großen Presseecho in den nationalen spanischen und marokkanischen Zeitungen.

Als Reaktion darauf sprach sich die von der PSOE geführte spanische Regierung dafür aus, in Melilla (und parallel dazu auch in Ceuta) eine gemischte Kommission mit Repräsentanten der Muslime zusammenzustellen, um nun nicht mehr ausschließlich über Verbesserungen der Infrastruktur, sondern endlich über die Gewährung einer Einbürgerung für Muslime zu verhandeln. Dieser Entschluss wurde allerdings von allen christlich dominierten politischen Parteien und Bewegungen in Melilla - einschließlich der lokalen PSOE - einheitlich abgelehnt, da nur die Muslime und nicht alle örtlichen politischen Kräfte an der Kommission teilnehmen sollten. Die gemischte Kommission trat das erste Mal im Februar 1986 zusammen. An ihr beteiligten sich Vertreter des spanischen Innenministeriums, die beiden Delegierten der Regierung (*Delegado del Gobierno*) aus Ceuta und Melilla, als Repräsentanten der Muslime Aomar Mohammedi Dudú und Si Driss Abdelkader aus Melilla sowie Mohamed Ali und Ahmed Subaire aus Ceuta. Während der Verhandlungen gingen die Demonstrationen und Proteste der Muslime in Ceuta und insbesondere in Melilla weiter, und zwar das ganze erste Halbjahr 1986 (vgl. Planet Contreras 1998, S. 92). Angesichts der nationalen Kongress- und Senatswahlen vom 22. Juni 1986 gründete Dudú eine eigene Partei - die PDM (*Partido de los Demócratas Melillenses*) -, deren Konzept sich völlig von demjenigen der

---

106 Die Frau von Dudú hatte maßgeblich die Mobilisierung der muslimischen Frauen organisiert.

christlichen Parteien unterscheiden sollte. Mit dem Motto „alle sind gleich" (*todos son iguales*) richtete er sich gegen alle anderen Parteien, die sich einheitlich gegen die Forderungen der Muslime der Stadt gestellt hatten. Da der größte Teil der Muslime noch kein Wahlrecht hatte, forderte Dudú die wenigen mit Wahlrecht auf, die Wahlen aus Solidarität und Protest zu boykottieren. Während in Melilla die PSOE aufgrund ihres Entgegenkommens gegenüber den Muslimen bezüglich der Anwendung des Ausländerrechts nun bei den Wahlen zugunsten konservativer Parteien starke Verluste hinnehmen musste, konnte sie in Ceuta ihr Ergebnis im Vergleich zu den Wahlen von 1982 halten (vgl. Planet Contreras 1998, S. 133 ff)

Die auch nach den Wahlen von der PSOE geführte spanische Regierung in Madrid war weiterhin zu Konzessionen gegenüber den Muslimen bereit, während die lokalen politischen Kräfte dagegen ankämpften und sogar die Ausstellung bereits zugestandener Staatsbürgerschaften verschleppten (vgl. Mattes 1987, S. 348 ff). Es gab immer wieder neue Versprechungen, die letztendlich nicht eingehalten wurden. Im September 1986 wurde Dudú sogar zum *„asesor del Ministerio del Interior para las minorías étnicas"* (Berater des Innenministeriums für ethnische Minoritäten) ernannt; er blieb aber nur kurze Zeit im Amt, da es ihm erschien, dass die Regierung trotz aller Verhandlungen das neue Ausländergesetz anwenden wollte (vgl. Planet Contreras 1998, S. 93). Mittlerweile wurden auch die Ergebnisse des vom INE (*Instituto Nacional de Estadística*) durchgeführten „Muslim-Zensus" bekannt, deren Zahlen von den muslimischen Vereinigungen in Melilla und Ceuta allerdings nicht akzeptiert wurden, da sie ihrer Meinung nach zu niedrig ausfielen und somit nicht der Realität entsprächen.

Ab November 1986 setzte ein Verschärfung der Auseinandersetzung um die Anwendung des Ausländergesetzes ein. Auf einer Versammlung der Muslime in Melilla verkündete Dudú seinen Rücktritt vom Amt des *asesor* und es wurde u.a. beschlossen bei internationalen Organisationen die Nicht-Einhaltung der Menschenrechte in Melilla anzuzeigen und in der Hauptmoschee einen Hungerstreik durchzuführen. Außerdem formulierten die Muslime in einem Kommuniqué das Recht auf den arabischen und muslimischen Charakter der Stadt (*„el carácter árabe y musulmán de la ciudad"*), den Anspruch auf eine doppelte (d.h. spanische und marokkanische) Staatsbürgerschaft der Melillenser (*„la doble nacionalidad española y marroquí para los melillenses"*) und die Forderung nach einem arabischen und muslimischen Melilla (*„una Melilla árabe y musulmana"*) (vgl. Stallaert 1998, S. 147; Planet Contreras 1998, S. 94). Die politischen Parteien der Stadt stuften - wie zu erwarten - diese Verlautbarung als provokant und sehr beunruhigend ein.

Der Vorschlag der Regierung, zunächst ein provisorisches D.N.I. (*Documento Nacional de Identidad*) einzuführen, lehnten die Muslime ab. Dudú sprach sich weiterhin für eine doppelte Staatsbürgerschaft der Muslime und gegen die Anwendung des Ausländergesetzes aus. Die Regierung akzeptierte den Rücktritt Dudús auch von der gemischten Kommission. Er wurde durch Ahmed Moh, den Führer der *„Agrupación de la Comunidad Musulmana"*, ersetzt. Es folgten weitere Kundgebungen, Proteste und mehrfache Schließungen der Geschäfte der Muslime. Allerdings gab es auch Stimmen der Händler, die an der Wirksamkeit dieses Druckmittels zweifelten und zudem hohe Einkommensverluste befürchteten. Der Regierungsvertreter in Melilla drohte mit Sanktionen gegen die ihre Geschäfte schließenden Händler. Ein Muslimführer wurde mit dem Vorwurf verhaftet, als Streikposten tätig zu sein. Die Spannungen in der Stadt steigerten sich, und Kundgebungen sowie Ladenschließungen fanden auch im Jahr 1987 ihre Fortführung (vgl. Planet Contreras 1998, S. 95 f). Ein Dekret der spanischen Regierung vom Dezember 1987, das die Anwendung des Ausländergesetzes in Ceuta und Melilla aufhob, kam zu spät und blieb ohne Wirkung, da die Spannungen bereits einen Kulminationspunkt erreicht hatten und zudem in der spanischen Verwaltung darüber diskutiert wurde, Dudú wegen „Landesverrats" die spanische Staatsbürgerschaft zu entziehen (vgl. Mattes 1987, S. 353).[107]

Ende Januar 1987 patrouillierten schwer ausgerüstete Polizeikräfte in den muslimischen Stadtvierteln von Melilla, um eine Eskalation der Proteste zu verhindern. Ganz im Gegensatz zu dieser Absicht kam es dennoch zu schweren Auseinandersetzungen mit zahlreichen Verletzten auf beiden Seiten sowie zerstörten Autos und Wohnungen. Es wurden viele Muslime verhaftet und 26 von ihnen mit dem Vorwurf des Aufruhrs in Gefängnisse auf die Halbinsel gebracht. Unter ihnen befand sich auch der Vizepräsident von *Terra Omnium*, Abdelkader Mohamed Ali. Der Muslimführer Si Driss Abdelkader wurde zwar ebenfalls verhaftet, allerdings kurz darauf wieder vorläufig freigelassen. Dudú hatte sich dagegen mit seiner Familie nach Marokko abgesetzt, um einer Verhaftung zu entgehen. Das „*Comité coordinador del Pueblo Marroquí de Melilla*" veröffentlichte daraufhin eine Verlautbarung, wonach Dudú aus Sicherheitsgründen nach Marokko gegangen ist, und man den Kampf für die Befreiung vom kolonialen Joch (*la liberación del yugo colonial*) in Melilla fortführen werde. Zu einer letzten Massenkundgebung der Muslime in Melilla kam es am 07.02.1987 aus Anlass des Begräbnisses eines bei den Unruhen verletzten und darauf gestorbenen Muslim (vgl. Planet Contreras 1998, S. 98 f).

Diese Ereignisse bildeten den Ausgangspunkt für eine Spaltung der Muslimbewegung in Melilla, die bisher trotz aller inhaltlichen Unterschiede recht geschlossen agiert hatte. Im Februar 1987 formierten sich zwei Gruppen, die Moderaten unter Si

---

107 Im Januar 1987 machte König Hassan II. bei einem Besuch des spanischen Innenministers in Marokko den Vorschlag, eine spanisch-marokkanische „*célula de reflexión*" zu gründen, die sich angesichts der innenpolitischen Krise mit der Zukunft der beiden Städte beschäftigen sollte. Der Vorschlag wurde zwar nicht akzeptiert, er zeigt aber dennoch, dass die marokkanische Regierung sich die Situation in den beiden Städten zu nutzen machen wollte. Der Generalsekretär der marokkanische *Istiqlal*-Partei (Unabhängigkeits-Partei) - Mohamed Bucetta - drohte sogar mit einem „*marcha verde*" (grünen Marsch) auf Ceuta und Melilla. Er drohte außerdem den Muslimen damit, davon auszugehen, dass diejenigen, die die spanische Nationalität erwerben damit den Islam zurückweisen würden. Bucetta fand allerdings bei der marokkanischen Regierung keinerlei Unterstützung (vgl. García Flórez 1999, S. 217). Dennoch kam es in den marokkanischen Medien zu heftigen Vorwürfen des Rassismus, kolonialer Verhaltensweisen und Forderungen nach Rückgabe der beiden Städte (vgl. Lamalif Nr. 174, Février 1986).

Driss Abdelkader, der sich für Verhandlungen bezüglich der Verhafteten aussprach, und den radikalen Gefolgsleuten von Dudú, die ein Ultimatum stellen wollten. Die verhafteten und auf die Halbinsel transportierten Muslime selbst sprachen sich für ein friedliches, harmonisches und einträchtiges Melilla aus, und sie wandten sich gegen jegliche fanatische Haltung („*actidudes fanáticas*"). Außerdem brachten sie ihr volles Vertrauen gegenüber der spanischen Justiz zum Ausdruck, die ihre Unschuld schließlich erkennen würde (vgl. Planet Contreras 1998, S. 97). Nach Mattes (1987, S. 350) hatte bereits die spanische Verwaltung (*Delegación del Gobierno*) in Melilla (und ebenso in Ceuta) versucht, die Aktionseinheit der muslimischen Bewegung zu spalten. So sollten Si Driss Abdelkader und Ahmed Moh in Melilla für neue spanische Vorschläge gewonnen werden, während Dudú von seinen Maximalforderungen nicht abrückte. Im Februar 1987 wurde Dudú in Abwesenheit des Aufruhrs und der Gründung einer subversiven Bewegung angeklagt (vgl. Planet Contreras 1998, S. 98).

Während der bereits erwähnten Beerdigungsfeier des verstorbenen Muslim auf dem einzigen jedoch auf marokkanischem Territorium gelegenen muslimischen Friedhof Melillas warf Dudú seinem Konkurrenten Si Driss Abdelkader Verrat vor. Dieser beschuldigte daraufhin Dudú, nur seine persönlichen Interessen zu verfolgen, aber nicht die der Muslime zu vertreten. Si Driss Abdelkader disqualifizierte in seinen Äußerungen zudem den Muslimführer Ahmed Moh. Die später erfolgte Versöhnung zwischen Si Driss und Dudú in der marokkanischen Grenzstadt Nador rief wiederum bei den spanischen Autoritäten Zweifel und Misstrauen gegenüber Si Driss Abdelkader als Gesprächspartner der muslimischen Gemeinschaft sowie bezüglich seines beschwichtigenden Einflusses gegenüber den Anhängern Dudús hervor. Kurz darauf nahm Si Driss Abdelkader gemeinsam mit Dudú an dem Thronfest von König Hassan II teil, wobei sie ihm - nach Planet Contreras (1998, S. 98) - die Treue schworen. Si Driss blieb noch bis Ende 1988 außerhalb von Melilla, in der - bestätigten - Erwartung, dass die Anschuldigung des Aufruhrs gegen ihn zurückgezogen würde. Dazu beteuerte er, keine speziellen Beziehungen mit Dudú - dem „Verräter" aus spanischer Sicht - zu pflegen. In dieser Zeit versuchte Ahmed Moh - der Vorsitzende der „*Agrupación de la Comunidad Musulmana*" -, einen Beitrag zum Dialog mit der spanischen Verwaltung und zur Beruhigung der Lage zu leisten, indem er erklärte, dass es den Verhafteten gut ginge, und vorschlug, eine gemeinsame Plattform für die Repräsentanten der verschiedenen Vereinigungen zu schaffen. Einen erneuten Streik der muslimischen Geschäftsinhaber sagte Dudú aus seinem Exil in Nador ab, nicht zuletzt auch aufgrund der mangelnden Unterstützung durch die mittlerweile neu gegründete „*Asociación de Comerciantes Musulmanes*" (Vereinigung der muslimischen Händler). Die Lage beruhigte sich zunehmend und einige Tage später wurden die verhafteten Muslime in Almería auf der Iberischen Halbinsel freigelassen. Muhamed Abdelkader Ali - der Vizepräsident von *Terra Omnium* - und Abdelkader Mohamed Moh - der Generalsekretär der PDM (*Partido de los Demócratas Melillenses*) distanzierten sich daraufhin öffentlich von Dudú (vgl. Planet Contreras 1998, S. 99).

4.2.2. Die gespaltene Bewegung der Muslime und der Kampf gegen die Anwendung des Ausländergesetzes in Ceuta bis Ende der 80er Jahre

In Ceuta konstituierte sich während des gesamten Kampfes gegen die Anwendung des Ausländergesetzes keine politische Aktionseinheit der unterschiedlichen muslimischen Gruppierungen. Das war nach Carabaza/De Santos (1992, S. 124) auch der Grund, warum es im *„gran ghetto del Barrio del Príncipe"* (großen Ghetto des Stadtviertels Príncipe Alfonso) zu keiner *„explosión étnica"* (ethnischen Explosion) kam. Die Gründung von muslimischen politischen und religiösen Vereinigung setzte ebenso wie in Melilla Mitte der 80er Jahre ein. Die Muslime vertraten ganz grundsätzlich die Ansicht, dass man als Ceutí - was sich mindestens auf alle Muslime bezog, die in Ceuta geboren wurden - nicht als Ausländer gelten könne (vgl. Stallaert 1998, S. 145). Für die Bewegung, die die Anwendung des Ausländergesetzes verhinderte, waren drei Vereinigungen von maßgeblicher Bedeutung (vgl. dazu Planet Contreras 1998, S. 101 ff). Die *„Comunidad Musulmana de Ceuta"* wurde von Ahmed Subaire - einem Händler - geführt und konnte die meisten Anhänger hinter sich vereinigen. Diese Vereinigung vertrat moderate Positionen, eine friedfertige Einstellung und sprach sich eindeutig für die Einbürgerung der Muslime aus. Innerhalb dieser Vereinigung wurde die Meinung vertreten, dass man sich im Vergleich zu den christlichen Spaniern nur bezüglich der Religion unterscheide, man identifiziere sich in allen anderen Aspekten mit ihnen und würde sich in Marokko als Fremde fühlen (vgl. Stallaert 1998, S. 146). Für sie bestand kein Widerspruch darin, gleichzeitig Muslim und Spanier zu sein. Man war sich aber darüber hinaus bewusst, dass dies insbesondere von konservativen Kreisen christlicher Spanier in Ceuta anders gesehen wurde (und bis heute wird). Ihnen warf man folglich vor, die Gesellschaft in Einheimische bzw. Staatsangehörige (*nacionales*) und Ausländer (*extranjeros*) zu spalten. Der Vorsitzende der *„Comunidad Musulmana de Ceuta"* - Ahmed Subaire - vertrat die Muslime von Ceuta in der gemischten Kommission (*Comisión Mixta Administración/musulmanes*) in Madrid. Später gründete er außerdem die Partei *„Iniciativa por Ceuta"* (INCE), die allerdings nur kurz Zeit existierte.

Eine weitere Vereinigung - die *„Asociación Musulmana de Ceuta"* - mit dem Vorsitzenden Mohamed Hamed Alí vertrat dagegen vergleichsweise radikale Positionen. Die Anhängerschaft von Mohamed Hamed Alí konzentrierte sich hauptsächlich auf das Viertel Príncipe Alfonso (vgl. Planet Contreras 1998, S. 101). Er war ebenfalls in der gemischten Kommission vertreten und außerdem führendes Gründungsmitglied in der linken Partei *„Partido Socialista de los Trabajadores"* (Sozialistische Arbeiterpartei) (vgl. Kap. 4.8.1.). Ab 1987 vertrat er verstärkt eine Position, wonach Muslim und Spanier zu sein, zwei unvereinbare und widersprüchliche Dinge seien (vgl. Stallaert 1998, S. 146). So gab es auch viele, insbesondere ältere Muslime, die aus religiösen Gründen eine Einbürgerung verweigerten. Mohamed Alí definierte sich (und die Muslime) in erster Linie als *Ceutí* mit einer hauptsächlichen kulturellen Bezugsebene in Marokko, und er lehnte es ab, zwischen einer spanischen Nationalität oder einem Status als Ausländer wählen zu müssen. Somit stellte er die Forderung nach einem demokratischen Status für die Muslime, die nicht die spanische Nationalität annehmen wollten. Dieser Status sollte soziale Rechte (z.B. Arbeitsrecht), lokales Wahlrecht und die Anerkennung der „Verwurzelung" (*arraigo*) der Muslime in Ceuta beinhalten. Die Muslime mit ablehnender Haltung gegenüber der Einbürgerung (*naturalización*) brachten zudem das Argument vor, dass ohne die offizielle Anerkennung der muslimischen Kultur nur eine Masse von „*pseudo-españoles*" geschaffen werden würde. Das Problem der Zugehörigkeit und Identität der Muslime von Ceuta (und damit auch von Melilla) brachte Mohamed Alí in einem in einer lokalen Zeitung veröffentlichten Artikel wie folgt zum Ausdruck: „*Ich war immer der Meinung, dass die Integration der Muslime in die spanische Gesellschaft ein heuchlerisches Volk schaffen wird, mit entsprechenden und schlimmen Problemen für die spanische Regierung und die muslimische Gemeinschaft. Der Islam ist nicht nur eine Religion, bei der man fünfmal täglich betet, sondern es handelt sich um eine Institution, die u.a. soziale, politische und ökonomische Aspekte beinhaltet. Die spanische Verfassung und die Gesetze berücksichtigen logischerweise viele Aspekte der muslimischen Gesetzgebung nicht, wie z.B. die Polygamie. Ich würde die Muslime, die die spanische Nationalität angenommen haben, fragen, ob sie das Recht haben, zwei oder drei Frauen zu heiraten. Haben sie das Recht auf die Regelung von Erbschaftsangelegenheiten im Sinne der islamischen Gesetzgebung, die sich von der spanischen sehr wohl unterscheidet? Und ich würde die Muslime, die die spanische Nationalität angenommen haben, weiterhin fragen, ob sie bereit sind, Spanien gegenüber der Aggression einer arabischen Nation zu verteidigen? Wenn sie beten, wie es im Islam vorgeschrieben ist, und um das Wohlergehen für alle islamischen Regierenden bitten, bitten sie dann für den christlichen König oder für den muslimischen? Wenn sie mir antworten, dass sie Spanien verteidigen werden, dann ist das gut, wenn sie es aber nur sagen, um in den Genuss der Staatsangehörigkeit zu kommen, sage ich, dass es Heuchelei ist, und dies ist folglich gegen den Islam. Um diese Probleme zu lösen, müssten die spanischen Gerichte neue Gesetze schaffen, und das ist sehr schwierig.* (Mohamed Alí, in El Faro, 23.01.1987, aus Stallaert 1998, S. 146 f)"

Aus dieser Stellungnahme werden die Zweifel von Mohamed Alí an der Vereinbarkeit der Lebensweisen von Muslimen und christlichen Spaniern deutlich. Der Islam wurde hier von Mohamed Alí als ein alle Lebensbereiche umfassendes „System" verstanden. Ihm erschien eine nationale Loyalität „spanischer Muslime" gegenüber dem spanischen Staat unglaubwürdig, und er unterstellte ihnen Heuchelei, die sich schließlich gegen den Islam richtet. Somit wurde von ihm den Muslimen, die die spanische Staatsbürgerschaft angenommen haben, der schwere Vorwurf gemacht, gegen den Islam zu handeln. Dies zeigt die großen Differenzen innerhalb der muslimischen Gemeinschaft bezüglich der Frage nach ihrer nationalen Zugehörigkeit und Identität.

Hasan Mohamed Yasin führte die dritte Vereinigung - das „*Colectivo Musulmán de Ceuta*" - an, die jedoch die kleinste Anhängerschaft hatte. Sie vertrat dieselben Positionen wie *Terra Omnium* in Melilla, deren Führer Dudú sich ab Ende 1986 für den arabisch-muslimischen Charakter Melillas und eine doppelte Staatsangehörigkeit der Muslime ausgesprochen hatte. Somit waren sich die Positionen von

Hasan Mohamed Yasin, Mohamed Alí und Dudú sehr nahe. Die umfassenden Ladenschließungen in Melilla begleitete in Ceuta allerdings nur das „*Colectivo Musulmán de Ceuta*" mit einer Solidaritätskundgebung, die von den anderen beiden Vereinigungen nicht mitgetragen wurde. Im Verlauf der Auseinandersetzungen und Verhandlungen zogen sich sowohl Mohamed Alí als auch Ahmed Subaire aus der gemischten Kommission zurück, da sie zu keinem Ergebnis führte. Ahmed Subaire distanzierte sich zudem von den Positionen und Aktivitäten des Muslimführers Dudú in Melilla. Die Auseinandersetzungen um die Anwendung des Ausländergesetzes verliefen in Ceuta insgesamt wesentlich friedlicher und weniger spannungsreich, als dies in Melilla der Fall war.

4.2.3. Das Ende der Unruhen, der Prozess der Einbürgerung und die Gründung neuer Vereinigungen bis 1990

Mit dem Beginn eines umfangreichen außerordentlichen Prozesses der Einbürgerung (*concesión de nacionalidades*)[108] für Muslime ohne Papiere in Melilla und Ceuta im Juli 1987 nahmen auch die Protestaktionen der Muslime ein Ende. Als Anforderung für die Vergabe der Staatsangehörigkeit galt die Geburt in Melilla bzw. Ceuta und eine nachweisbare Verwurzelung (*arraigo*) in der jeweiligen Stadt. Der Begriff „Verwurzelung" blieb hier allerdings sehr diffus, denn in der Polemik zwischen Christen und Muslimen war damit zwar eindeutig die Auseinandersetzung über die jeweilige historische Legitimität der jeweils eigenen Präsenz in den beiden Städten, sowie die Frage nach deren muslimischen oder christlichen Charakter gemeint. Aber in der Anwendung auf konkrete Fragen der Einbürgerung bezog sich der Begriff eher auf die sozialen und ökonomischen Bindungen der muslimischen Antragsteller in Ceuta bzw. Melilla. Man wollte verhindern, dass illegal eingewanderte Marokkaner eine spanische Staatsbürgerschaft erhielten.

Während in Melilla im Jahre 1986 nur 860 spanische Nationalitäten vergeben wurden, so waren dies zwischen Januar und Mai 1987 bereits 2.500; bis Ende 1987 steigerte sich die Zahl auf 3.500 neue Staatsangehörigkeiten, und weitere 3.500 Anträge waren in Bearbeitung (vgl. Planet Contreras 1998, S. 99 f).[109] Dieser außerordentliche Prozess der Vergabe von Staatsangehörigkeiten endete im Dezember 1988 mit einem Ergebnis von insgesamt mehr als 5.000 Einbürgerungen in Melilla

---

108 Der hier durchgeführte *außerordentliche* Prozess der Einbürgerung stellte gegenüber der sonst üblichen Einbürgerungspraxis eine zeitlich verkürzte und vereinfachte Form eines ansonsten langwierigen und komplizierten Verfahrens dar, damit in einem begrenzten Zeitraum an möglichst viele (berechtigte) Muslime die spanische Staatsangehörigkeit vergeben werden konnte.

109 In der Zeit nach der marokkanischen Unabhängigkeit und der erneuten Isolation von Ceuta und Melilla wurde die spanische Staatsangehörigkeit an Muslime nur sehr spärlich vergeben. Für Melilla sind folgende Zahlen dokumentiert: 961 Vergaben von 1961 bis 1975 sowie 1.474 für den Zeitraum von 1976 bis 1985 (vgl. Planet Contreras 1998, S. 100).

sowie über 1.000 Anträgen, die weiterhin auf normalem Wege bearbeitet wurden. Bis zum Juni 1999 verfügten 5.212 Muslime über die neue Staatsbürgerschaft (vgl. Planet Contreras 1998, S. 100). In Ceuta wurden zwischen 1986 und 1990 insgesamt 6.342 spanische Nationalitäten vergeben, wobei der wesentliche Anteil auf die Zeit nach 1987 entfällt (1986 nur 762 Vergaben) (vgl. García Flórez 1999, S. 221). Von der außerordentlichen Vergabe der Staatsbürgerschaften profitierten auch einige Hindus und Hebräer, die noch nicht über den spanischen Pass verfügten.

In Melilla kam es 1987/88 infolge der nur schrittweisen Vergabe spanischer Staatsbürgerschaften an Muslime sowie der Führungslosigkeit von „*Terra Omnium*" nach Dudús Flucht zu einer weiteren Aufspaltung der Bewegung. Die Vereinigung „*Terra Omnium*" verlor weitgehend ihre bisherige Bedeutung, obwohl 1988 ein neuer Vorstand gewählt wurde. Unter dem neuen Vorsitzenden Abderrahman Mohamed bezog man zwar einerseits Position gegen den vorherigen Führer Dudú, der zur *Persona non grata* erklärt wurde (mit der Begründung, dass er sich durch finanzielle Unterstützung der marokkanischen Regierung für *Terra Omnium* ökonomische Vorteile verschafft habe), andererseits wurde aber Melilla weiterhin als Stadt mit „kolonialem Charakter" (*carácter colonial*) bezeichnet (vgl. Carabaza/ De Santos 1992, S. 138 f; Planet Contreras 1998, S. 104). Der letztgenannte Standpunkt veranlasste die lokale *Partido Popular* in Melilla, einen Antrag auf Verbot der Vereinigung zu stellen. *Terra Omnium* existiert zwar weiterhin, allerdings ohne besondere Bedeutung im Vergleich zu anderen Vereinigungen oder Parteien (wie der „Muslim-Partei" *Coalición por Melilla*).[110]

Im Jahre 1987 wurden zwei neue soziokulturelle Vereinigungen gegründet, und zwar „*Averroes*" mit dem Repräsentanten Uariachi Mohamed sowie „*Neópolis*" unter der Führerschaft des ehemaligen Vizepräsidenten von *Terra Omnium* Abdelkader Mohamed Alí. Die Vereinigung *Averroes* vertrat wohltätig-soziale Ziele und kümmerte sich um Schwierigkeiten beim Prozess der Integration der Muslime sowie um die als zu langsam angesehene Vergabe von spanischen Staatsangehörigkeiten. Abdelkader Mohamed Alí verfolgte mit *Neópolis* das vorrangige Ziel, eine Annäherung zwischen den verschiedenen Ethnien und Kulturen („*acercamiento entre las distintas etnias y realidades culturales que coexisten en Melilla*") zu erreichen (vgl. Planet Contreras 1998, S. 105). Er sprach sich für eine Integration der muslimischen Bevölkerung in allen Aspekten des Lebens der Stadt aus. In Melilla existierte weiterhin die „*Agrupación del la Comunidad Musulmana*" unter dem Vorsitz von Ahmed Moh und die „*Asociación Religiosa Musulmana de Melilla*" mit dem 1988 wiedergewählten Präsidenten Si Driss Abdelkader (er hatte sich seit Mitte 1987 in Marokko aufgehalten). Seine Rückkehr wurde als neue Phase eines „Friedensprozesses in Melilla" bewertet (Planet Conteras 1998, S. 106) Im Jahre

---

110 Während des Golfkrieges im Jahr 1991 beteiligte sich *Terra Omnium* maßgeblich an Kundgebungen der Muslime gegen die US-amerikanischen Bombardements und der spanischen Teilnahme am Konflikt. In Ceuta fanden aus diesem Anlass ebenfalls Proteste und Kundgebungen seitens der Muslime statt (vgl. Carabaza/De Santos 1992, S. 139; García Flórez 1999, S. 91).

1989 kam es zu einem einmonatigen Zusammenschluss der Vereinigungen *Averroes*, *Neópolis* und der *Agrupación del la Comunidad Musulmana*, wobei sie sich für den Fortschritt in einem spanischen Melilla aussprachen, ohne den aktuellen Status von Melilla in Zweifel zu ziehen („*...queremos el progreso de Melilla dentro de la realidad española sin poner en tela de juicio su status actual*") (vgl. Carabaza/ De Santos 1992, S. 138).[111]

4.2.4. Zusammenfassung: die wichtigsten Vereinigungen, der Muslime, ihre politischen Positionen, Strategien und Aktivitäten bis Ende der 80er Jahre

Mit dem neuen Ausländergesetz wurde in Ceuta und Melilla die Frage nach der nationalen Zugehörigkeit der Muslime aufgeworfen, und es hat eine erstmalige politische Mobilisierung und Organisation der Muslime initiiert. Dies war nach den Jahren des Kolonialismus und Franquismus auf der Basis der neuen demokratischen Verfassung Spaniens von 1978 erstmals möglich. Das Ausländergesetz hat zwar einerseits den Antagonismus zwischen *moros* und *cristianos* offen zutage treten lassen und zu einer direkten Konfrontation geführt. Aber es hat andererseits auch gezeigt, dass innerhalb der scheinbar einheitlichen Kollektive recht unterschiedliche Positionen, Strategien und Vorstellungen bezüglich der nationalen Zugehörigkeit und der Identität der Muslime - bis heute - vorherrschen (vgl. Tab. 8 und 9 sowie die folgenden Kapitel).

Die Metapher der „Verwurzelung" als Kriterium einer legitimen Anwesenheit in Ceuta und Melilla

Einen wichtigen Aspekt der Auseinandersetzung zwischen Muslimen und Christen bildet die Vorstellung der „Verwurzelung" (*arraigo*) in Ceuta und Melilla. Hierbei werden räumliche und zeitliche Dimensionen als über die „Vorfahren" historisch weit zurückreichende Verbundenheit mit einem spezifischen Territorium in Beziehung gesetzt. Sowohl Christen als auch Muslime begründen mit der Metapher ihrer historischen „Verwurzelung" in den Städten die Legitimität ihrer Präsenz (vgl. Stallaert 1998, S. 147 f und folgende Kapitel). Es dreht sich letztlich um die Frage, wessen Vorfahren zuerst in Ceuta und Melilla gelebt haben.

Dbei wird von christlicher Seite die Sichtweise vertreten, bereits vor den Muslimen dort gewesen zu sein und/oder unbewohntes Gebiet erobert zu haben (vgl. Kap. 2. 4.). In der christlich-spanischen Bevölkerung von Ceuta und Melilla dominiert ein Meinungsbild, wonach die Muslime keine „richtigen" Spanier sind bzw. sein können, und es herrscht ein weit verbreiteter Zweifel an ihrer national-spanischen Loyalität.

---

111 Die drei Vereinigungen zerstritten sich über die Verteilung von Mitteln für sozial schwache Bevölkerungsgruppen (vgl. Planet Contreras 1998, S. 105).

Tab. 8: Die wichtigsten Vereinigungen der Muslime in Melilla, ihre politischen Positionen, Strategien und Aktivitäten bis Ende der 80er Jahre

Vereinigung (Gründungsjahr)	Akteure (im Text erwähnt)	politische Position/Strategie Aktivitäten
Comunidad Musulmana de Melilla (1937; ca. 1956 aufgelöst)		ausschließlich Organisation des religiösen Lebens
Asociación Musulmana de Melilla (1964, 1968 offizielle Registrierung)	Vorsitzender: Si Driss Abdelkader	Organisation relig. Lebens; von muslimischen Händlern finanziert; vertrat die Interessen von den wenigen Muslimen, die bereits über spanische Identitätsdokumente verfügten; eher zurückhaltend, moderate Position
Terra Omnium (1985, ging aus der 1982 gegründeten Gestora de la Comunidad Musulmana hervor)	Vorsitzender: Aomar Mohammadí Dudú; Vizepräsident: Abdelkader Mohamed Alí ab 1988 neuer Vorsitzender: Abderrahman Mohamed	Einbürgerung der in Melilla „illegal" lebenden Muslime; Recht auf den arabischen bzw. muslimischen Charakter der Stadt, Anspruch auf doppelte (spanische und marokkanische) Staatsbürgerschaft aller Muslime, Forderung nach einem arabischen und muslimischen Melilla; sehr offensiv; Demonstrationen etc.; ab 1988: Distanzierung von Dudú; Melilla wird aber weiterhin als Stadt mit kolonialem Charakter aufgefasst
Einheitsfront der Muslime: Comité Organizador del Pueblo Musulmán (1985)		Aktionseinheit der Asociación Musulmana de Melilla, Terra Omnium und den Comités de Barrios (Stadtteilausschüssen); Demonstrationen etc.
Agrupación de la Comunidad Musulmana de Melilla (1986-1988; Zusammenschluss mit der Asociación Musulmana)	Vorsitzender: Ahmed Moh	Demonstrationen etc.; zunächst radikal und gemeinsame Position mit Terra Omnium, später moderat und Distanzierung von Dudú
Averroes (1987)	Uariachi Mohamed	wohltätig-soziale Ziele, Hilfe beim Prozess der Integration bzw. Einbürgerung der Muslime
Neópolis (1987)	Abdelkader Mohamed Alí	Annäherung zwischen den Kulturen, für eine Integration der Muslime in allen Lebensbereichen

Quelle: eigene Zusammenstellung nach Planet Contreras 1998

Tab. 9: Die wichtigsten Vereinigungen der Muslime in Ceuta, ihre politischen Positionen, Strategien und Aktivitäten bis Ende der 80er Jahre

Vereinigung (Gründungsjahr)	Akteure (im Text erwähnt)	politische Position/Strategie Aktivitäten
Comunidad Musulmana de Ceuta (1937; ca. 1956 aufgelöst)		ausschließlich Organisation des religiösen Lebens
Zaouia Musulmana de Mohammadia (Mahoma) (1968)		Organisation des religiösen Lebens; religiöse Praxis
Comunidad Musulmana de Ceuta (Mitte der 80er Jahre)	Ahmed Subaire	größte Anhängerschaft; moderate Position für die Einbürgerung der Muslime ohne Papiere; der Unterschied zu den christlichen Spaniern wurde nur hinsichtlich der Religion gesehen; Identifikation mit Spanien; kein Widerspruch Spanier und Muslim zu sein
Asociación Musulmana de Ceuta (1985)	Mohamed Hamed Alí	Anhängerschaft hauptsächlich im Viertel Príncipe Alfonso; radikale Position; Muslim und Spanier zu sein ist unvereinbar und widersprüchlich; Forderung nach demokratischen Status für Muslime auch ohne spanische Staatsangehörigkeit
Colectivo Musulmán de Ceuta (Mitte der 80er Jahre)	Hasan Mohamed Yasin	kleinste Anhängerschaft; Position wie Terra Omnium in Melilla (für arabisch-muslimischen Charakter Ceutas und doppelte Staatsangehörigkeit der Muslime)

Quelle: eigene Zusammenstellung nach Planet Contreras 1998

Schließlich wird die *kulturelle Zugehörigkeit* der Muslime und ihre Herkunft eindeutig in Marokko verortet (vgl. folgende Kapitel). Auch in jüngeren Veröffentlichungen christlich-spanischer Autoren über Ceuta und Melilla kommt vielfach die Nicht-Akzeptanz der Muslime als vollwertige spanische Bürger mehr oder weniger offen zum Ausdruck. Als ein Beispiel sei aus der Arbeit von García Flórez (1999, S. 212 f) zitiert, der die Muslime mit Immigranten gleichsetzt: „*Ebenso verhält es sich, dass ein großer Teil der muslimischen Bürger, die sich in Ceuta und Melilla niedergelassen haben, wie jeder andere Immigrant auf der Suche nach besseren Lebensbedingungen ist. Aber es gibt auch Personen, die ihren Wohnort in den beiden Städten nur deshalb gewählt haben, um daraus ökonomischen oder politischen Nutzen zu ziehen.* (13)" Mit dieser Aussage wird den Muslimen implizit mangelnder Patriotismus vorgeworfen, da sie ausschließlich auf ökonomischen oder politischen Vorteil bzw. Nutzen bedacht seien. Der Autor des zitierten Werkes über die Frage des Status von Ceuta und Melilla arbeitet am Forschungsinstitut für Sicherheit und Internationale Kooperation der Universidad Complutense in Madrid, er war früher am Zentrum für Studien zur Nationale Verteidigung (Centro Superior de Estudios de la Defensa Nacional) tätig und tritt eindeutig für die - auch militärisch zu verteidigende - *españolidad* von Ceuta und Melilla ein. Es sei allerdings darauf hingewiesen, dass die Muslime insbesondere im linken Parteienspektrum sowie durch politische Vertreter spanischer Provinzen, die im Konflikt zur Zentralregierung stehen (z.B. Baskenland, Katalonien) und für eine starke eigene regionale bzw. kulturelle Identität eintreten, Unterstützung für ihren Kampf um Gleichberechtigung fanden (vgl. Mattes 1987, S. 355).

Im Gegensatz zu dem *arraigo*-Verständnis vieler Christen gab es aus muslimischer Perspektive kontinuierlich in allen Epochen muslimische Bevölkerung in den beiden Städten. Ceuta und Melilla haben gemäß dieses Geschichtsbildes schon immer auch einen arabisch-muslimischen bzw. berberisch-muslimischen Charakter. Die Muslime fordern deshalb die vollständigen Rechte als gleichberechtigte Bürger von Ceuta und Melilla. Allerdings wurden zumindest Ende der 80er Jahre ebenso Positionen vertreten, die mit diesen Rechten nicht automatisch eine spanische Staatsbürgerschaft verbanden. In dem Standpunkt, dass eine muslimische Identität und eine spanische Staatsangehörigkeit nicht miteinander vereinbar seien, treffen sich paradoxerweise extreme muslimische und christliche Sichtweisen.

4.3. Die Organisation muslimischer Gemeinschaft und Identität seit 1990

Die Ereignisse von 1985 bis 1987 haben starke Veränderungen in den Gesellschaften von Ceuta und Melilla bewirkt. Sie bildeten den Ausgangpunkt der politischen Mobilisierung sowie politischen und religiösen Organisation der Muslime. Der größte Teil der Muslime verfügt heute über die spanische Staatsbürgerschaft, und die damit verbundenen Rechte bedeuten auch größere politische Einflussnahme und Macht. Die Muslime stellen als neue Wähler einen nicht zu übersehenden Faktor für die lokalen politischen Parteien dar. Seit dem „Aufstand der Muslime" ist auch zunehmend in den Medien und als offizieller Diskurs von einem „friedlichen Zusammenleben der Kulturen" (*convivencia*) in Ceuta und Melilla die Rede, und es begann eine sukzessive Anerkennung der kulturellen Pluralität (vgl. Moga Romero 1997, S. 181 ff; Stallaert 1998, S. 154 ff). Diese Entwicklung ist wiederum in einen nationalen rechtlichen Rahmen eingebettet. Nach der Anerkennung der Religionsfreiheit in der spanischen Verfassung von 1978 und weiteren Gesetzen der Jahre 1980 und 1981, worin u.a. die Organisation und Funktion der Eintragung religiöser Körperschaften rechtlich geregelt wurden, erfolgte 1989 auf Gesuch der „*Asociación Musulmana de España*" die offizielle Anerkennung des Islam als „*re-*

ligión de notorio arraigo en España" (Religion mit unzweifelhafter Verwurzelung in Spanien) seitens der spanischen Regierung (vgl. Planet Contreras 1998, S. 108; Stallaert 1998, S. 148). Im selben Jahr wurde dann die *„Federación de Entidades Religiosas Islámicas"* und 1991 die *„Unión de Comunidades Islámicas de España"* gegründet, die sich 1992 kurz vor den notwendigen Verhandlungen mit dem spanischen Staat über ein Kooperationsabkommen zur *„Comsión Islámica de España"* zusammenschlossen (vgl. Planet Conteras 1998, S. 108).

Im Jahr 1992 betonte dann der Justizminister im Rahmen der Einführung des Gesetzes zur Zusammenarbeit des Staates mit den evangelischen, jüdischen und islamischen Religionsgemeinschaften, dass alle drei Konfessionen die spanische Tradition und Kultur repräsentieren. Das Gesetz soll zwar die Gleichheit der Religionen garantieren, allerdings unter Beachtung der „logischen Unterschiede zur katholischen Kirche" (vgl. Bernecker 1995, S. 130 ff, S. 134). Schließlich wurde zwischen dem spanischen Staat und der *„Comisión Islámica de España"* ein Kooperationsvertrag geschlossen, in dem die Rechte und die Pflichten der Organisation des religiösen Lebens der Muslime (Gottesdienst, Religionsunterricht, Friedhöfe etc.) festgelegt wurden (vgl. Planet Contreras 1998, S. 108 f u. 225 ff).

In Melilla setzte in den 90er Jahren im Spektrum muslimischer Vereinigungen eine wesentliche Veränderung ein. Während sich im Zusammenhang mit den Ereignissen von 1985/87 hauptsächlich soziale und kulturelle Vereinigungen mit politischen Zielen - eben des Kampfes gegen die Anwendung des Ausländergesetzes - organisierten, so wurden nun zunehmend aus überwiegend religiösen Motiven Vereine gegründet. Die Vereine verfolgen die Absicht, die aus ihrer Sicht mangelhafte religiöse Praxis der Muslime zu verbessern. Die Aktivitäten dieser religiösen muslimischen Vereinigungen beziehen sich insbesondere auf die Wahrung und den Erhalt kultureller Traditionen sowie der islamischen Religion, die Verbreitung religiöser Vorschriften unter den Jugendlichen und der Verwaltung islamischen Kulturerbes in den Städten, den Moscheen und Friedhöfen. Die Statuten einiger Vereinigungen lassen auch Spielräume für politische Fragen, während in anderen lediglich das Interesse an sozialen Fragen der muslimischen Gemeinschaft formuliert wurde (vgl. Planet Contreras 1998, S. 109).

Die 1968 gegründete *„Asociación Religiosa Musulmana de Melilla"* wurde 1988 von Si Driss Abdelkader wieder in das Verzeichnis religiöser Körperschaften des Justizministeriums eingetragen. Neben einigen - hier nicht bedeutsamen - Änderungen der Statuten wurde 1991 innerhalb dieser *Asociación* ein *„Consejo Religioso de Mezquitas"* (religiöser Moschee-Rat) gegründet. Im Jahre 1990 konstituierte sich die *„Comunidad Musulmana de Melilla"* - durch Förderung von Ahmed Moh -, sowie im selben Jahr eine weitere religiöse Vereinigung mit dem Namen *„Consejo Religioso Musulmán de Melilla"* (Präsident: Mohamed Buyemaa, Sekretär: Uariachi Mohamed). Die *„Asociación Religiosa Badr"* wurde ebenfalls 1991/92 mit streng religiösen Zielen gegründet (z.B. Pflege der muslimischen Einheit und religiösen Praxis, Verbreitung des islamischen Glaubens). Ein prominentes Mitglied dieser mittlerweile machtvollen Vereinigung ist Abdelkader Mohamed Alí, der ehemalige Vizepräsident von *Terra Omnium*. Schließlich kam im Jahre 1995 noch die Gründung einer ersten sozialen islamischen Hilfsorganisation - der *Voluntariado Islámico de Acción Social* (*VIAS*) - hinzu. Es handelt sich zwar um eine eigenständige Organisation, sie steht aber in enger Verbindung mit der „*Asociación Religiosa Badr*" (s.u.).

Die vier religiösen Vereinigungen - von *VIAS* einmal abgesehen - unterscheiden sich nur unwesentlich in ihren Statuten bzw. Zielsetzungen, was eine erhebliche Konkurrenzsituation unter ihnen verursacht. Hinzu kommen noch die erwähnten sozialen und kulturellen Vereinigungen, deren Repräsentanten und Führer z.T. mit denjenigen der religiösen Vereinigungen eng verbunden bzw. dieselben sind. In der Anfangsphase bestand ein wichtiger Streitpunkt der religiösen Vereinigungen im Unterhalt der „*Mezquita Central*" (Hauptmoschee) der Stadt sowie der Verwaltung der Beerdigungsdienste (vgl. Planet Contreras 1998, S. 110). Nach dem Abschluss des Kooperationsabkommens zwischen dem spanischen Staat und der „*Comisión Islámica de España*" erfolgte in Melilla ebenfalls die Schaffung einer lokalen Dachorganisation der religiösen Vereinigungen unter dem Namen „*Comisión Islámica de Melilla*", die im Rahmen des Kooperationsabkommen mit dem spanischen Staat als lokaler Ansprechpartner dient. An ihrer Konstituierung beteiligten sich die bereits erwähnten vier religiösen Vereinigungen, die durch jeweils drei Vertreter im Beirat (*consejo consultivo*) repräsentiert sind. Der ehemalige Generalsekretär Ahmed Moh wurde mittlerweile durch Abderrahman Benyaya abgelöst. Die „*Comisión Islámica de Melilla*" wurde 1994 im Verzeichnis der religiösen Körperschaften offiziell registriert, und sie vertritt ebenfalls rein religiöse Ziele, wie die Anregung und Ermöglichung religiöser Glaubenspraxis sowie die Verwaltung des islamischen Kulturerbes (vgl. Planet Contreras S. 233 ff).[112]

Die *Comisón* hat außerdem den Auftrag, für den Unterhalt und die Verwaltung der islamischen Kultstätten zu sorgen. In Melilla existieren nach Planet Contreras (1998, S. 113) sieben Moscheen, in Interviews wurde allerdings eine Anzahl von neun Moscheen genannt. Im Jahre 1989 hatte es dagegen erst fünf Moscheen gegeben; ihre Zahl wächst demnach beständig. In den Moscheen wird auch Koranunterricht für Kinder erteilt. In Melilla besteht außerdem seit 1961 ein Institut für „*Estudiantes Marroquíes*" (marokkanische Schüler), das vom marokkanischen Bildungsministerium unterhalten und in dem Unterricht in Religion sowie arabisch-muslimischer Kultur erteilt wird. Diese Institution erfüllte insbesondere bis zur Einbürgerung der Mehrzahl der Muslime eine wichtige Rolle für die Schulausbildung von Kindern, die aufgrund mangelnder Ausweisdokumente als „Ausländer" galten und keine spanische Schule besuchen konnten. Bis heute ist die Frage des islamischen Religionsunterrichts in den Schulen von Melilla nicht geklärt und weiterhin Gegenstand von Kontroversen. Die Muslime betrachten das als einen Akt der Diskriminierung, da die christlichen und hebräischen Kinder einen entsprechenden Unterricht erhalten (vgl. Planet Contreras 1998, S. 114).

---

112 Die *Comisión Islámica* de Melilla gibt außerdem eine spanischsprachige Zeitschrift mit dem Titel *Al Yamaa* heraus.

In Ceuta erfolgte die Gründung der ersten religiösen Vereinigung 1968/71 nach der Unabhängigkeit Marokkos (1956) mit dem Namen „*Zaouia Musulmana de Mohammadia-Mahoma*". Sie blieb die einzige bis zur Konstituierung der „*Asociación Musulmana de Ceuta*" unter der Führerschaft von Mohamed Alí im Jahre 1985 (vgl. Planet Contreras 1998, S. 111). Obwohl die *Asociación* sich gemäß ihrer Statuten als strikt religiöse Vereinigung verstand und politische Aktivitäten ausschloss, war Mohamed Alí einer der führenden Köpfe während des Kampfes der Muslime für ihre Bürgerrechte. Aufgrund der starken Politisierung der *Asociación Musulmana de Ceuta* unter Mohamed Alí sowie einer Vermischung von Nationalismus und Religion haben sich schließlich einige Mitglieder abgespalten und im Jahre 1988 die rein religiöse Vereinigung „*Asociación Religiosa Musulmana Masyid An-Noor*"gegründet. Diese Vereinigung widmet sich neben den religiösen Aktivitäten der Fürsorge bedürftiger Menschen sowie dem Kampf gegen Gewalt und Drogenkonsum.

Etwa sieben Jahre später erfolgte dann die Gründung der religiösen Vereinigungen „*Comunidad Islámica de Ceuta*" - mit dem Präsidenten Mohamed Alí - sowie der „*Comunidad Islámica de Ceuta-Al Bujari*", wobei sich letztgenannte durch den Anhang „*Al Bujari*" aus personellen und inhaltlichen Gründen ausdrücklich von der erstgenannten Vereinigung distanziert und unterscheidet. Die *Comunidad Islámica de Ceuta-Al Bujari* mit ihrem Vorsitzenden Abdesalam Hamadí Hamed ist sehr stark in der Öffentlichkeit präsent; sie ist aus der *Asociación Religiosa Musulmana Masyid An-Noor* speziell für Medien- bzw. Öffentlichkeitsarbeit hervorgegangen, und sie sollte als lokaler Ansprechpartner der *Comisión Islámica de España* für Kooperationsabkommen mit dem spanischen Staat dienen. Abdesalam Hamadí Hamed ist gleichzeitig Vorsitzender der Nachbarschaftsvereinigung „*Pasaje Recreo*" (s.u.). Als Ansprechpartner für religiöse Angelegenheiten der muslimischen Gemeinschaft fungiert außerdem noch Hamed Liazid; er ist Imam der Hauptmoschee Sidi Embarek und Präsident der dort ansässigen und 1994 gegründeten religiösen Wohltätigkeitsorganisation „*Consejo Benéfico Religioso Luna Blanca*". Die islamische Wohltätigkeitsorganisation „*Luna Blanca*" will sich derzeit um illegal eingewanderte marokkanische Jugendliche und Kinder kümmern (vgl. El País Digital 29.03.2001). Hamed Liazid unterstützt zudem den von der Stadtverwaltung initiierten Diskurs der harmonischen *convivencia* der „vier Kulturen", indem er auf einer speziellen Internetseite der Stadtverwaltung als Vertreter der muslimischen Gemeinde in Form einer Videoaufnahme (www.premio-convivencia.org/2.htm, 2208.01) den Islam vorstellt und zudem Mitglied im Beratungsgremium für die Vergabe des Preises „*Premio de Convivencia*" ist (vgl. Kap. 4.6.). Die Sidi Embarek Moschee befindet sich mit dem dazugehörigen muslimischen Friedhof im Stadtteil Eriquicia (nördlich des Viertels Princípe Alfonso). Zu der erfolgreichen Gründung eines Dachverbandes aller religiösen Vereinigungen kam es in Ceuta aufgrund interner Streitigkeiten bisher nicht. Die genannten muslimischen Vereinigungen sind jedoch alle Mitglieder in der *Comunidad Islámica de España*. Nach Mohamed Stitou, einem Mitglied der *Asociación Musulmana de Ceuta* und Vorsitzenden eines Nachbarschaftsvereins (s.u.), gibt es in Ceuta insgesamt 14 Moscheen, wobei in zehn von ihnen das Freitagsgebet mit Predigt abgehalten wird (Interview in *País*

Islámico Nr. 0, Juni 1998). Die übrigen Moscheen dienen den normalen alltäglichen Gebeten. Einige der Moscheen werden vom marokkanischen Habous-Ministerium[113] finanziert - wie auch einige Imame aus Marokko kommen -, während andere Moscheen ausschließlich durch Spenden der muslimischen Gemeinschaft vor Ort Unterstützung finden. Allerdings existiert nicht nur bei Christen die Meinung, dass viele der Moscheebauten mit Drogengeldern finanziert wurden, so auch die 1999 abgeschlossene Renovierung der Sidi Embarek-Moschee. Solche Vorwürfe sind jedoch - sofern sie stimmen - kaum nachzuweisen.

Die Gründung der zahlreichen religiösen Vereinigungen in Ceuta und Melilla seit Mitte der 80er Jahre entspricht der Zielsetzung vieler engagierter Muslime, die religiöse Praxis der Glaubensbrüder zu organisieren und zu aktivieren sowie das Bewusstsein einer religiösen Identität als Muslime stärker in den Vordergrund zu rücken. Dabei strebt man ebenfalls an, als Religionsgemeinschaft gleichberechtigt akzeptiert zu werden. Auch wenn die Vereinigungen sich explizit als bloß religiös verstehen, gibt es dennoch de facto vielfältige Verflechtungen mit der Politik bzw. sozialpolitischen Aktivitäten. Das liegt zunächst ganz allgemein an der hohen Bedeutung der Religion bzw. des „Diskurses der vier Kulturen" für das alltägliche Leben und der Politik; schließlich war der Kampf gegen die Anwendung des Ausländergesetzes von 1985/86 ein *politischer* Kampf der *Muslime* um Gleichberechtigung und rechtliche Anerkennung. Darüber hinaus gibt es einige personelle Verflechtungen zwischen religiösen Vereinen, soziokulturellen Vereinigungen, Nachbarschaftsvereinen und politischen Parteien. Politik und Religion sind in Ceuta und Melilla aber auch deshalb schwer zu trennen, weil entlang religiöser Unterschiede auch soziökonomische Bruchlinien verlaufen. So konzentriert sich der politische Kampf der Anfang der 90er Jahre in Ceuta und Melilla von Muslimen gegründeten Parteien sehr stark auf die Behebung sozialer und ökonomischer Ungleichheiten (siehe Kap. 4.8.). Aber auch die Aktivisten der seit den 90er Jahren in Melilla entstandenen Berber-Vereine setzen sich nicht nur für die Förderung der Imazighen-Kultur ein, sondern ebenso für eine Verbesserung der schlechten sozialen Situation vieler Muslime (siehe Kap. 4.4.).

Bezüglich der institutionellen Organisation der Muslime sind noch die Nachbarschaftsvereine (*Asociaciones de Vecinos*) auf Stadtteilebene zu nennen. Die in den vorherigen Kapiteln bereits mehrfach erwähnten Nachbarschaftsvereine werden auch von vielen Muslimen genutzt, um sich für eine Verbesserung ihrer sozialen Lage sowie der Wohnverhältnisse einzusetzen. Als Motivation der Aktivisten kommt die Wahrnehmung als Muslim benachteiligt zu werden mit der schlechten sozialen Situation sowie zum Teil erschreckend mangelhaften infrastrukturellen Ausstattung muslimischer Stadtviertel zusammen. In Ceuta gibt es insgesamt 39 Nachbarschaftsvereinigungen, wobei bei neun Vereinigungen Muslime die Vorsitzenden stellen. Es handelt sich dabei um Stadtteile, die fast ausschließlich oder überwiegend von Muslimen bewohnt werden (Príncipe Alfonso, Píncipe Felipe,

---

113 Das arabische Wort *Habous* bezeichnet fromme religiöse Stiftungen in Marokko; sie werden in anderen islamischen Ländern *Waqf* genannt.

Benzú, Patio Castillo, Pasaje Recreo, República Argentina, V. Martinéz, B. Sorriano II, Poblado Regulares). Es sind außerdem zwei Muslime im Vorstand der lokalen Dachorganisation (*Federación Provincial*) vertreten. In Melilla gibt es vier Nachbarschaftsvereine, die von Muslimen geführt werden, und zwar in den Vierteln Cañada de la Muerte, Reina Regente, Cabrerizas und Monte Christiana. Von ihnen ist aber nur eine Vereinigung in der lokalen Dachorganisation vertreten. Die Nachbarschaftsvereine streben auch dort an, soziale und ökonomische Verbesserungen zu erreichen sowie städtebauliche, kulturpolitische oder ökologische Mängel zu beseitigen. Insbesondere in Ceuta üben die Nachbarschaftsvereine - auch die von Muslimen geführten - immer wieder starken Druck auf die lokalen Politiker aus, um ihre Forderungen durchzusetzen. So hob der Vorsitzende des Dachverbandes in Ceuta die gute Zusammenarbeit mit den Muslimen hervor. In Melilla treten die Nachbarschaftsvereine in der politischen Öffentlichkeit nicht so stark in Erscheinung, wie dies in Ceuta der Fall ist. Politische Forderungen von Muslimen werden in Melilla derzeit hauptsächlich von der größten Muslim-Partei - der CpM - öffentlich artikuliert (vgl. Kap. 4.8.).

Zur genaueren Darlegung des Selbstverständnisses von Führern bzw. Mitgliedern muslimischer Vereinigungen und von Muslimen geführten Nachbarschaftsvereinigungen sowie ihrer politischen Positionen, Strategien und Aktivitäten wurden einige Fallbeispiele ausgewählt, die derzeit sehr stark an der Mobilisierung islamischer Identität und dem Kampf um kulturelle Anerkennung sowie der Beseitigung sozialer Ungleichheiten beteiligt sind. Da in Melilla die Berber-Vereine hinzukommen (vgl. Kap. 4.4.), wurden dort lediglich eine muslimische Vereinigung - die seit einigen Jahren sehr aktive und dominante *Asociación Islámica Badr* - und eine eng mit ihr verbundene islamische soziale Hilfsorganisation zur näheren Analyse ausgewählt. Die meisten Vereinigungen werden oft sehr stark von einzelnen Persönlichkeiten getragen, deren Meinungsbild allerdings als durchaus repräsentativ für die Mitglieder und zumindest eines jeweiligen mehr oder weniger großen Teils der muslimischen Bevölkerung zu betrachten ist. Die Vereinigungen und die Führungspersönlichkeiten wirken innerhalb der muslimischen *community* als Meinungsmacher; sie sind an der Gestaltung von Diskursen und Sichtweisen sowie der „Politik des Zusammenlebens" mit den anderen Religionsgemeinschaften beteiligt.

4.3.1. Die „Comunidad Islámica de Ceuta-Al Bujari" und die Nachbarschaftsvereinigung „Pasaje Recreo" in Ceuta

Die *Comunidad Islámica de Ceuta-Al Bujari* wurde 1995 federführend von ihrem Vorsitzenden Abdesalam Hamadí Hamed gegründet. Sie hat die wesentliche Aufgabe, den Islam nach außen zu öffnen, d.h. eine größere Kenntnis über ihn zu vermitteln, und als „Ableger" der *Asociación Religiosa Musulmana Masyid An-Noor* den Bereich der Öffentlichkeitsarbeit zu übernehmen. Damit spiegelt sie auch die Ansichten der Muslime dieser *Asociación* wieder. Ein großes und positives Presseecho erfolgte auf ein öffentliches Zusammentreffen von Vertretern der

„vier Kulturen" im Konferenzraum eines großen Hotels, das Abdesalam Hamadí im
März 1999 kurz vor dem großen Opferfest der Muslime (*Aid al Adha*) als Symbol
der gegenseitigen Solidarität und Toleranz organisierte (vgl. El Faro de Ceuta,
26.03.1999, El Pueblo de Ceuta 26.03.1999). Es wurde als herausragendes Beispiel
für das „harmonische Zusammenleben der vier Kulturen" - der positiven *convivencia* - besonders gelobt. Hamadí tritt mit seiner Vereinigung aktiv für die *convivencia*
ein, denn für ihn ist die einzige Form gegen den Rassismus anzukämpfen diejenige,
Gemeinsamkeit und Zusammenhalt aller Religionsgemeinschaften zu demonstrieren.

Es war ebenfalls Abdesalam Hamadí Hamed, der nach dem Abkommen über
islamischen Religionsunterricht zwischen dem spanischen Ministerium für Bildung
und Kultur und der *Comisión Islámica de España* an einer Pressekonferenz in Ceuta
teilnahm. Abdesalam Hamadí beurteilte das Abkommen als einen wichtigen Schritt
im Sinne des Zusammenlebens der vier Kulturen in Ceuta und als eine rechtliche
Gleichstellung mit der katholischen Kirche (vgl. El Faro de Ceuta, 19.08.1999). In
Ceuta konnten im Rahmen eines Pilotprojektes im Schuljahr 1997/98 über den Zeitraum von zwei Monaten bereits 1.300 Schüler in islamischer Religion unterrichtet
werden. Allerdings gibt es erst sehr wenige muslimische Lehrer für die Durchführung des Unterrichts. Bei einer anderen Gelegenheit stellte der Präsidenten der
Comunidad Islámica de Ceuta-Al Bujari gegenüber der nationalen spanischen Presse die Forderung auf, in Ceuta auch Arabisch als Unterrichtssprache einzuführen
und den Anteil zweisprachiger Lehrer zu erhöhen (vgl. El País Digital, 16.11.2000).
Schließlich gäbe es in Ceuta (und Melilla) einige Schulen, die ausschließlich oder
fast ausschließlich von Muslimen besucht werden.[114] Abdessalam Hamadí und seine Vereinigung setzen sich für Unterricht in Arabisch sowie Arabisch-Unterricht
an den Schulen deshalb ein, damit die „Muttersprache" nicht verloren geht, weil
die muslimischen Kinder aufgrund des Umfeldes wesentlich schneller Spanisch
lernen. Die arabische Sprache wird als ein wesentlicher Bestandteil der eigenen
muslimischen Identität angesehen. Darüber hinaus betrachtet Hamadí die arabische
Sprache für die Kultur und die *convivencia* als Bereicherung. Zur Förderung der
religiösen Praxis erteilen die *Comunidad Islámica de Ceuta-Al Bujari* - sowie die
anderen muslimischen Vereinigungen - auch privaten Koran-Unterricht. Hamadí ist
der Meinung, dass der islamische Religionsunterricht positive soziale Folgen hat,
da dadurch das Gewaltpotenzial und die Drogendelinquenz der Jugendlichen eingeschränkt werde. Der Religionsunterricht an den Schulen würde - so Hamadí - ganz
allgemein in sozialer Hinsicht das Zusammenleben in Ceuta verbessern.

Abdesalam Hamadí hatte sich 1985/86 an dem Kampf der Muslime gegen die
Anwendung des Ausländergesetzes beteiligt und war konstituierendes Mitglied sowie Vizepräsident der *Asociación Musulmana de Ceuta* unter der Führerschaft von

---

114 Trotz der vergleichsweise besonderen Situation der Bevölkerung in Ceuta und Melilla wird dort
    dieselbe Schulpolitik (Lehrpläne etc.) wie auf der Iberischen Halbinsel verfolgt. Mittlerweile
    gibt es allerdings auch christlich-spanische Pädagogen, die hier Veränderungen verlangen und
    ein interkulturelles Curriculum vorschlagen (vgl. Arroyo Gonzáles 1997).

Mohamed Alí. Aus politischen Gründen kam es 1988 zur Abspaltung und Gründung der *Asociación Religiosa Musulmana Masyid An-Noor*, als deren Präsident Hamadí viele Jahre wirkte. Im Gegensatz zu der bereits dargelegten Position von Mohamed Alí sowie einigen religiösen Führern bzw. Autoritäten (z.B. ein Imam im Viertel Pasaje Recreo) trat Hamadí mit seiner Vereinigung für die Akzeptanz spanischer Staatsangehörigkeiten und deren Vergabe an die Muslime ein. Hamadí repräsentiert also die große Mehrheit der Muslime, die trotz ihrer muslimischen Religionszugehörigkeit die spanische Staatsangehörigkeit akzeptieren und für eine gleichberechtigte Behandlung eintreten. Für ihn ist die Religionszugehörigkeit nicht zu nationalisieren, zudem die Muslime ein historisches Recht haben, in Ceuta zu leben: „*Wir [die Muslime] sind alle von hier aus Ceuta. Alles andere ist eine politische Ausrede. Es gibt hier eine große Angst vor den Rückgabeforderungen aus Marokko. Niemand möchte sich in diese Angelegenheiten einmischen, weil das Fragen der hohen Politik sind. Die Muslime in Ceuta fühlen sich als Spanier. Diejenigen, die hier regieren, die Christen, wollen uns dieses Recht nicht anerkennen. Gut, jetzt müssen sie es notgedrungen. Der Prozess ist langsam, ein wenig kompliziert, und er ist anfällig für Manipulationen jeden Typs. Aber wir sind von hier, seit jeher. Ceuta war muslimisch, es hat eine große islamische Geschichte, und, klar, das Problem ist wie bei den Gibralteños, viele dort fühlen sich nicht als Spanier. Sie fühlen sich mehr als Engländer, und das ist eine vergleichbare Sache. Es ist auch nicht so, dass wir Marokko hassen würden, das ist es nicht.... (...) Hier leben seit dem 7. Jahrhundert Muslime. Wir leben seit langem hier. Es gab hier große Wissenschaftler. Ceuta war im Mittelalter eine der großen Städte, die für ihre Kultur und Wissenschaft bekannt war. Das ist eine Tatsache, die man hier nicht verbreiten will, es wird geleugnet, und sie [die Christen] unterstützen das Wissen um die portugiesische Eroberung stärker.*"

Für Hamadí hat das religiöse Glaubensbekenntnis nicht zwingend etwas mit nationaler Zugehörigkeit zu tun, deshalb kann man als muslimischer Spanier auch Sympathien für Marokko bzw. die marokkanische Bevölkerung hegen. Der Vergleich mit Gibraltar soll aufzeigen, dass es dort eine ähnliche Situation, d.h. ein Leben *zwischen* zwei eindeutigen nationalen Zugehörigkeiten gibt. Die Menschen fühlen sich weder als „richtige Spanier" noch als „richtige Engländer" sondern als Gibralteños.[115] Die Muslime leiten ihr Recht bzw. ihre Legitimität in Ceuta zu leben - ebenso wie die Christen - aus der Geschichte ab. Hier zeigt sich wieder das Verständnis der „*arraigo*" (Verwurzelung) der Muslime, wonach das Territorium von Ceuta durch die historische Kontinuität ihrer Anwesenheit eben auch muslimisch ist. Nach Hamadí muss folglich die muslimische Vergangenheit von Ceuta stärker gewürdigt werden, anstatt nur den christlich-spanischen Charakter der Stadt in den Vordergrund zu stellen. Dem entsprechenden Umgang mit Geschichte seitens der Christen unterstellt Hamadí ein politisches Kalkül, was wiederum auf die *arraigo*-Polemik seit Mitte der 80er Jahre und die Argumente einer historisch begründeten *españolidad* von Ceuta (und Melilla) verweist.

---

115 Zur Identität der Bevölkerung in Gibraltar siehe Meyer (1998) und Haller (2000).

Hamadí vertritt mit seiner Vereinigung eine Politik des Ausgleichs zwischen den Religionsgemeinschaften; sie wollen als Muslime und Spanier gleichsam akzeptiert werden. Für ihn ist es notwendig, sich gegenseitig zu respektieren und sich nicht jeweils für den Besseren zu halten. Das Misstrauen zwischen Muslimen und Christen sowie der Rassismus müssen überwunden werden, auch wenn damit ein langsamer Prozess verbunden ist: *„In Ceuta erleben wir fast eine Art Diktatur. Erst seit kurzer Zeit hat sich [in Spanien] die Diktatur zu einer Demokratie gewandelt, aber hier [in Ceuta] scheint es etwas später erfolgt zu sein. Es gibt immer noch einige Personen, die die Demokratie nicht angenommen haben. Heute drängen wir auf unsere Rechte als spanische Bürger und gleichzeitig als Muslime. Wir wollen, dass die Verwurzelung in unserer Kultur bestehen bleibt, und sie [die christlichen Spanier] müssen das akzeptieren, weil es so die Verfassung fordert. Es gefällt uns nicht, dass sie uns für minderwertig oder anders halten, schließlich hatte der Christ einen muslimischen Nachbarn, und sie haben gemeinsam gespielt und haben gemeinsam von ihren Eltern eine Tracht Prügel bezogen. Nachher gehen sie [die Christen] anmaßend am Ort des Nachbarn, des Freundes aus der Kindheit, vorbei und grüßen nicht einmal mehr. So kommt es in einigen Fällen vor. Aber trotzdem, zwischen den Hindus, Hebräern und Muslimen gibt es keinen Unterschied, wir leben gut zusammen. Das kann man auch von den Christen sagen, aber manchmal vergiftet politisches Interesse die Stimmung. (...) Es war Anfang der 80er Jahre als der Kampf um das Ausländerecht begann, aber sie [die Christen] waren schuld. Heute wird bevorzugt zu sagen, dass wir zusammenleben können. Was ist passiert? Sie sahen einige Jugendliche, die ihre Rechte als spanische Bürger forderten, und andere, die dies anders sahen, sagten, sie seien Moros. Dies ist eine Beleidigung, und die Jugendlichen haben es abgelehnt, weniger wert zu sein als die Anderen, d.h. die Christen, weil sie hier geboren wurden und es dieselbe Kultur ist, nur die Religion ist unterschiedlich. (...) Es gibt Familien, die sagen zu ihren Kindern, wenn Du nicht isst, dann rufen wir den Moro, dass er Dich holt. Und klar, die Kinder.... Heute fordert die Jugend ihre Rechte und ich denke, dass es eine Frage der Zeit ist, bis man sich [gegenseitig] akzeptiert."*

Insbesondere in den 70er und 80er Jahren hat es nach Hamadí in Ceuta einen sehr rassistischen Journalismus gegeben, wobei sehr oft Fotos mit einem minderwertigen Eindruck von Muslimen - z.B. neben Müllcontainern oder als Faulenzer - gezeigt wurden. Die lokale Presse zeichnet heute sehr stark ein Bild der straffälligen Muslime; für Hamadí ist aber zwischen der Kategorie „Muslim" und „Straftäter" streng zu unterscheiden: *„Ein Straftäter ist ein Straftäter - unabhängig von seiner Religion."* Hamdí kommt es sehr darauf an, im Dialog mit politischen Entscheidungsträgern oder Repräsentanten der anderen Religionsgemeinschaft Probleme zu lösen. Allerdings erweisen sich dabei unterschiedliche politische Positionen innerhalb der muslimischen Gemeinschaft oft als Hindernis: *„Wir hatten im vergangenem Jahr [1998] einen zivilen Diskussionskreis [Plataforma cívica contra la marginación social][116] gegründet, um eine Integrationsmöglichkeit für*

---

116 Diese zivile Plattform wird im folgenden Fallbeispiel aus anderer Perspektive nochmals angesprochen.

alle Kulturen zu finden. Wir mussten ihn allerdings auflösen, weil sich diese Person - Mohamed Alí - einmischte und den zivilen Diskussionskreis, der nur für soziale Themen gedacht war, politisierte und ihn nach und nach für seine absurden und billigen nationalistischen Zwecke missbrauchte. Wir mussten ihn auflösen, weil er nichts einbrachte, und heute sind wir zu einer anderen Formel zurückgekehrt, z.B. zum Zusammentreffen der vier Kulturen. Die Bewertung der organisierten Runden Tische war bisher sehr positiv. Es hat auch Leute an den runden Tischen gegeben, die uns angegriffen haben, weil es ihre Art ist, aber wir haben geantwortet. Es war eine Atmosphäre des Dialogs, es gab keine Beleidigungen, kein Geschrei oder sonst etwas. Du sagst dieses und ich zeige Dir einen anderen Gedankengang. Es war gut, es war eine Art Öffnung, es scheint so, als ob die Christen anfangen, mehr Vertrauen zu entwickeln."

Abdesalam Hamadí Hamed ist nicht nur als Vorsitzender der *Comunidad Islámica de Ceuta-Al Bujari* aktiv, sondern er engagiert sich auch seit 1997 als gewählter Präsident der Nachbarschaftsvereinigung *"Pasaje Recreo"* für soziale und infrastrukturelle Verbesserungen in seinem Viertel. Das Viertel *Pasaje Recreo* - am Rande des Stadtzentrums gelegen (siehe Karte 1) - hat ca 6.000 Bewohner, je etwa zur Hälfte Muslime und Christen. Hamadí setzt sich ohne expliziten Bezug auf irgendeine Religionszugehörigkeit für das Viertel ein, allerdings vertritt er die Ansicht, dass die Muslime im Vergleich zu den Christen in sozialer Hinsicht noch schlechter dastehen (z.B. Arbeitslosigkeit). Außerdem werden die Muslime - so Hamadí - bei der Vergabe von Sozialwohnungen gegenüber den Christen eindeutig benachteiligt, was allerdings schwer zu beweisen sei. Dennoch leiden auch die Christen unter der schlechten infrastrukturellen Ausstattung des Viertels. Seitens der Nachbarschaftvereinigung *"Pasaje Recreo"* wurden folgende Forderungen an die Stadtverwaltung gestellt: Erneuerung der öffentlichen Beleuchtung, Verbesserung der Sicherheit gegen Kriminalität und Vandalismus, Schaffung einer Grünzone sowie eines Sozialraumes für Treffen der Nachbarschaftsvereinigung und eines kleinen Sportgeländes (vgl. El Faro de Ceuta 07.09.1999). Hamadí setzte sich mit der Nachbarschaftvereinigung zudem dafür ein, dass im Rahmen einer durch die EU finanzierten Beschäftigungsinitiative (*Pacto Territorial por el Empleo*) auch im Viertel Pasaje Recreo Arbeitsplätze geschaffen werden. Mit zwanzig neu entstandenen Arbeitsplätzen für Renovierungsarbeiten im Viertel konnte hinsichtlich dieser Initiative ein kleiner Erfolg verbucht werden.

4.3.2. Zwei militante Muslime aus den Vierteln „República Argentina" und „Benzú" in Ceuta

Im Gegensatz zu dem vorherigen Fallbeispiel repräsentieren Mohamed Stitou und Abdelkarim militantere und radikalere Positionen. Mohamed Stitou ist Mitglied in der von Mohamed Alí gegründeten *Asociación Musulmana de Ceuta*, und er ist darüber hinaus seit 1993 Präsident der Nachbarschaftsvereinigung *Asociación de Vecinos República Argentina* sowie des in dem Viertel ansässigen und 1998 gegründeten muslimischen Kulturvereins *Asociación Cultural Al Kádi Ayyád*. An dem Aufbau und der inhaltlichen Ausgestaltung der letztgenannten kulturellen Vereinigung wirkt auch Abdelkarim mit, der sich zum Zeitpunkt des Interviews stark für den Bau einer neuen Moschee mit dem Namen „Ibn Rushd" im sehr peripher gelegenen Stadtteil Benzú engagierte.[117] Mohamed und Abdelkarim waren beide aktiv an dem bereits erwähnten zivilen Diskussionskreis gegen soziale Ausgrenzung (*plataforma cívica contra la marginación social*) beteiligt. Nach Mohamed Stitou erfolgte 1998 die Bildung des Diskussionskreises auf Druck durch eine Demonstration mit etwa 3.000 überwiegend muslimischen Teilnehmern, die hauptsächlich Nachbarschaftsvereinigungen und religiösen Vereinigungen organisiert hatten. Es wurde die Forderung aufgestellt, der marginalen Situation und Diskriminierung der Muslime ein Ende zu machen. Außerdem trat man ganz grundsätzlich dafür ein, dass weder die Religion noch die Hautfarbe oder die Rasse ein Grund für Diskriminierung sein sollte. Der Diskussionskreis wurde allerdings nicht weitergeführt, da eine grundsätzliche politische Forderung von Mohamed Alí sowie Mohamed Stitou und weiteren Mitstreitern nicht erfüllt wurde: *„Wir haben einige Dinge angeklagt, darunter die Tatsache, dass der Präsident der Comunidad Musulmana de Ceuta förmlich zur Persona non grata in der Stadt Ceuta erklärt wurde, weil er eine Meinung zum Ausdruck gebracht hat, mit der man einverstanden sein kann oder nicht. Aber eine institutionelle Erklärung gegen diesen Bürger wegen einer freien Meinungsäußerung ist eine nicht zu tolerierende Ungerechtigkeit. In diesem Punkt waren wir völlig uneinig, die Partido de Ceuta Unida, die Partido Popular, die Sozialisten, die Partido por el Pueblo de Ceuta, die einen von der [politischen] Linken, die anderen von der Rechten. (...) Es gibt Medien, die unsere Worte [Ansichten] nicht wiedergeben können. Es ist bedauerlich, dass alle Parteien jeglichen Dialog zurückgewiesen haben, jegliche Möglichkeit des Herrn Mohamed Alí, seine Sichtweise zu verteidigen. Seine Worte waren in dem Sinne, dass es interessant wäre, einen Dialog mit König Hassan II von Marokko über Ceuta und Melilla zu eröffnen, um mögliche Vereinbarungen, die für beide Seiten zufriedenstellend wären - einschließlich eines Tauschs oder irgendeines Ausgleichs - zu prüfen. Ich kann mit diesem Vorschlag nicht einverstanden sein, aber ich gebe zu Bedenken, dass Herr Mohamed Alí, wie jeder andere Bürger, das Recht hat, seine Meinung über Angelegenheiten zu äußern, die uns alle betreffen, ohne dafür gleich in seinem eigenen Land stigmatisiert zu werden. (14)"* (Mohamed Stitou in einem Interview mit der Zeitschrift *País Islámico*, Nr. 0, 1998, S. 30 - herausgegeben von der *Comunidad Islámica en España*)

Diese Interviewsequenz aus der Zeitschrift *País Islámico* weist auf eine politische Position von Mohamed Stitou hin, wonach man sich in Ceuta als Muslim

---

117 Es wurde mit Mohamed Stitou und Abdelkarim ein gemeinsames Interview auf Arabisch geführt, beide sprechen jedoch auch fließend Spanisch. Die z.T. etwas seltsame Diktion der zitierten Interviewsequenzen erklärt sich aus der eng am arabischen Sprachfluss orientierten deutschen Übersetzung. Die hier zitierten Aussagen entsprechen - sofern nicht anders vermerkt bzw. erschließbar - der politischen Position beider Interviewpartner. Außerdem wurde noch ein in spanischer Sprache in der Zeitschrift *País Islámico* veröffentlichtes Interview mit Mohamed Stitou zur Analyse herangezogen.

nicht nach rechtsstaatlichen Maßstäben behandelt fühlt. Der Fall von Mohamed Alí[118] wird hier als ein Beispiel für die Einschränkung der Meinungsfreiheit gesehen, zudem den lokalen Medien eine gegen die Interessen der Muslime gerichtete Parteilichkeit vorgeworfen wird. Auch wenn Mohamed Stitou nicht die Ansichten von Mohamed Alí in Bezug auf einen Dialog über den Status von Ceuta und Melilla teilt, so ist er zumindest in der Verteidigung spezifischer Rechte mit ihm solidarisch. Ein Dialog mit Marokko über Ceuta und Melilla stellt jedenfalls für Mohamed Stitou kein Tabuthema dar, wie es für die von christlichen Spaniern dominierten politischen Parteien der Fall ist. Allerdings ist er der Meinung, dass alle Muslime in Ceuta dafür stimmen würden, weiterhin zu Spanien zu gehören

Mohamed und Abdelkarim haben bereits während der „Unruhen" in den Jahren 1985/87 aktiv für die Rechte der Muslime gekämpft. Diesen „Kampf" führen sie bis heute weiter, da sie sich weiterhin benachteiligt und diskriminiert fühlen: *„Wir leben ein Leben, ein Leben, dafür gibt es kein Beispiel. Aber die Regierung interessiert sich nach 20 Jahren Demokratie immer noch nicht für unsere Rechte. Und mit jeder möglichen Kraft gewährt sie den Muslimen nicht ihre Rechte. Wir haben die spanische Staatsbürgerschaft. Aber die spanische Staatsbürgerschaft, was bedeutet sie? Ist die Staatsangehörigkeit alles? Macht sie das Leben eines Menschen aus? Das menschliche Leben umfasst viele Bereiche. Man hat Rechte als Mensch. Die Würde des Menschen steht an erster Stelle, dann kommt die Freiheit. Die Würde des Menschen ist seine Freiheit. Das heißt, wenn der Mensch seine Würde verliert, dann verliert er alles. Und wenn er seine Freiheit verliert, dann verliert er alles. Warum lebt er auf dieser Welt?"* Hier wird die Auffassung vertreten, die spanische Regierung verweigere den Muslimen in Ceuta trotz gewährter Staatsangehörigkeit weiterhin ihre Rechte und schränke damit ihre Freiheit und Würde ein. Die Beschneidung der Meinungsfreiheit wurde ja bereits angesprochen.

Darüber hinaus wird - nach Mohamed Stitu und Abdelkarim - den Muslimen das Recht auf Ausbildung vorenthalten, da 90% der muslimischen Jugendlichen keinen Schulabschluss erlangen. Gemäß dieser Argumentation liegen die Ursachen dafür darin, dass die (christlich) spanischen Lehrer die Muslime in ihrer Ausbildung behindern, indem sie ihnen keine Aufmerksamkeit schenken und sich nicht um sie kümmern. Folglich gibt es kaum Muslime, die als Ärzte, Rechtsanwälte oder Ingenieure tätig sind. Eine weitere Einschränkung der Rechte der Muslime erfolgt - so Mohamed und Abdelkarim - durch die Verweigerung des Zugangs zu Tätigkeiten in Ministerien oder der Stadtverwaltung. Dahinter wird die Absicht vermutet, Muslime nicht in gehobene Positionen zuzulassen. Sogar mit einer höheren Ausbildung, so ein weiterer Vorwurf, bekommen Muslime keine Arbeit. Aufgrund mangelnder beruflicher Perspektiven werden schließlich viele jugendliche Muslime kriminell (Drogenhandel). Diese Folgewirkungen werden nach Mohamed Stitou und Abdelkarim eindeutig von der spanischen Regierung verschuldet, die somit ihre Pflichten nicht erfüllen würde. Die größten Probleme in Ceuta werden von beiden hinsicht-

---

118 Mohamed Alí hält sich heute sehr oft in Marokko auf, weshalb mit ihm kein Interview geführt werden konnte.

lich der Jugendlichen in den Bereichen Arbeitslosigkeit, Wohnungsnot, Drogen und Kriminalität gesehen. Sie fühlen sich mit ihren Forderungen immer wieder vertröstet, wodurch die Probleme weiter anwachsen würden, bis sie eines Tages explodieren: *„Der Mensch sollte sich und den Anderen gleiches Recht zugestehen. Das ist es, was wir von der Regierung verlangen. Aber sie schließen die Augen bezüglich unserer Rechte. Wie lange müssen wir diesen Weg noch gehen? Eines Tages werden wir explodieren! (...) Wir glauben, dass das Recht nicht gegeben, sondern genommen wird. Haben sie in irgendeiner europäischen Stadt gesehen, dass ihnen das Recht gegeben wurde? Nein, sie haben es sich genommen und zwar mit Kraft. Sie sind auf die Straße gegangen und haben gegen die Polizei und die Regierung gekämpft bis sie ihr Recht bekamen. Trotzdem stellt Europa - meiner Meinung nach - immer noch die Menschenrechte an den Rand. Die Demokratie ist noch nicht vollständig."* Hier kommt sehr klar die von Mohamed und Abdelkarim als berechtigt angesehene kämpferische Haltung bezüglich der Umsetzung ihrer Rechte zum Ausdruck.

Die Probleme der Muslime in Ceuta werden allerdings auch in einen größeren Rahmen eingeordnet; man sieht sich nicht allein auf der Welt, sondern es gibt auch viele andere, die von den Schwächen und Mängeln der Demokratie bzw. der mangelhaften Umsetzung der Menschenrechte oder der Verfassungen einzelner Länder betroffen sind: *„Heute verspotten die Spanier die Muslime, die aus Marokko kommen, sie müssen sogar in Spanien in den kleinen Ortschaften sterben. Sie [die Spanier] verspotten das [die Migration der Marokkaner nach Spanien], obwohl das eigentlich ihr Werk ist. Weil sie [die Spanier und andere Kolonialmächte] sind diejenigen, die in unsere Länder kamen und sie zerstört haben. Sie haben den ganzen Reichtum mit sich genommen. Das ist ihr Werk. Warum verspotten sie uns jetzt? Warum lassen sie die gewaltigen Herrscher in diesem Kontinent und in diesem Land an der Macht? Weil sie ein Interesse daran haben. Alle Herrscher in Afrika und im arabischen Osten sind Diktatoren, und das ist ihr Werk! Sie wollen das so, damit sie ihre Interessen weiterhin bewahren können, sie wollen das Geld der Muslime auch noch bekommen. Aber so Gott will, werden wir langsam aufwachen! Wir sind wie ein kleines Kind, das versucht zu stehen, aber wenn Gott will und wir aufstehen, dann werden wir stark. In dem Moment werden wir - so Gott will - uns bemühen, und ich sage immer, dass die Muslime mit den Europäern sehr gut umgehen müssen. Weil die Europäer nichts dafür können, das sind die Regierungen, die das machen."* In dieser Sequenz wird die Schuld an der schlechten ökonomischen Lage in Afrika und dem Vorderen Orient Europa bzw. dem „Westen" ganz allgemein zugeschrieben, schließlich hätten sie die Länder während der Kolonialzeit ausgebeutet und stützten heute Diktaturen zur Bewahrung ihrer eigenen Interessen. Die Muslime - und hier sind kollektiv alle Muslime der entsprechenden Regionen gemeint - würden ausgebeutet, aber sie werden sich schließlich erheben und die Europäer besiegen. Allerdings wird die europäische Bevölkerung von Mohamed und Abdelkarim nicht an sich als feindlich betrachtet, sondern es gilt die Regierungen Europas zu bekämpfen. Es wird also unterschieden zwischen dem europäischen Volk, das an sich gut ist, und den Herrschern, die ungerecht sind und anderen nicht dieselben Rechte einräumen. Für sie sind aber alle Religionen nach dem Recht und

Gesetz gleich zu behandeln. Bei Mohamed und Abdelkarim kommt mehrfach ein staatenübergreifendes kollektives Bewusstsein als Muslim zum Ausdruck, wobei gleichzeitig alle angesprochenen Regierungen als entweder diktatorisch oder diskriminierend, ausbeuterisch und ungerecht betrachtet werden.

Als ein weiteres Beispiel für ihre ungerechte Behandlung durch den spanischen Staat prangert Abdelkarim den persönlich erfahrenen Umgang mit Grund und Boden an: „*Ich habe ein Problem. Ich bin hier in diesem Haus groß geworden, hier war das Haus meiner Eltern. Mein Großvater und meine Mutter wurden auch hier geboren. Nur mein Vater wurde in Al Hoceima geboren, er ist dort zur Zeit des spanischen Kolonialismus groß geworden. Er ist dann mit meinem Großvater hierher gekommen. Wer hat nun einen Fehler gemacht? Mein Vater, der aus 200 km Entfernung hergekommen ist, oder derjenige, der das Meer überquert hat, um hierher zu kommen? Von einem Kontinent zu einem anderen Kontinent! Und heute behaupten sie [die Christen], dass es ihr Land ist, und wir haben kein Recht darauf. Dann kommt ein Soldat aus Spanien, z.B. Madrid, und dann sagt er mir, das Haus darf hier nicht gebaut werden, sie haben kein Recht hier zu bauen! Sie kommen und sagen, dass ich nicht der Eigentümer von dem Land und dem Haus bin. Wie kann man sich das vorstellen, ich war hier als Junge, ich bin hier groß geworden. Jetzt bin ich alt und jetzt kommen die Soldaten, es ist ungefähr ein Jahr her. Wir haben in diesem Land kein Recht, ein Haus zu bauen. Wie kann es sein, dass ich eine Baugenehmigung beim Militär beantragen muss? Ist das Demokratie? Wer hat ihnen das Recht gegeben, dieses Land zu verwalten? Wer hat ihnen das Land gegeben, dass sie jetzt die Eigentümer sind? Der einzige Eigentümer bin ich! Weil hier auf dem Kontinent gibt es Millionen von Menschen, die Arabisch sprechen. Gibt es hier auch nur einen Spanier, der Arabisch spricht? Nein, den gibt es nicht. Wenn wir das der Regierung sagen, dann sagen sie, wir würden die Position Marokkos verteidigen. Ich verteidige nicht Marokko. Ich verteidige mein Recht, und ich wohne hier nicht unter marokkanischer Flagge, nicht unter dem marokkanischem Staat. Ich wohne hier unter der spanischen Flagge, und sie müssen mir mein Recht und allen Muslimen ihr Recht geben! (...) Mein Vater hat hier 60 Jahre gearbeitet und mein Großvater hat hier auch als Wächter gearbeitet. Aber leider sagen sie [die Christen], dass wir Ausländer in unserer eigenen Stadt sind. Aber meiner Meinung nach gibt es keine Ausländer in dieser Welt!*“

Das Haus von Abdelkarim steht offensichtlich in einem der ausgedehnten Bereiche der Stadt, dessen Boden dem Verteidigungsministerium gehört. Folglich wird ihm das Eigentumsrecht verweigert. Genau an diesem Punkt setzt nun auch bei Abdelkarim die bereits angesprochene Polemik der „Verwurzelung" (*arraigo*) an, wonach sie als Muslime und Araber schließlich ein historisches Recht hätten, dort zu wohnen und zu leben. Nach dem Verständnis von Abdelkarim - das ebenso von Mohamed Stitou geteilt wird - ist das Recht der Araber bzw. Muslime auch daraus abzuleiten, dass Ceuta auf einem Kontinent liegt, der von Millionen von Arabern bewohnt wird. Es handelt sich folglich um ein *an sich* arabisches Land, dass sich die Spanier angeeignet haben, und die nun den rechtmäßigen Eigentümern nicht ihr Recht dort zu wohnen zugestehen wollen. Sie werden zu Ausländern in ihrer eigenen Stadt gemacht. Darüber hinaus gibt es in der vom Islam geprägten Logik Abdelkarims sowieso keine Ausländer auf der Welt. Dabei wird größter Wert darauf gelegt, nicht missverständlicherweise als Verteidiger marokkanischer Rückgabeforderungen dazustehen, sondern man tritt lediglich für seine demokratischen Rechte im spanischen Staat ein.

Da ihnen von der städtischen Verwaltung sowie von der spanischen Regierung aus ihrer Sicht nicht ihr Recht zugebilligt wird, muss man es sich eben erkämpfen bzw. ertrotzen. In diesem Sinne wurde im Jahre 1998 aufgrund der Ablehnung mehrfacher Anträge ohne offizielle Genehmigung mit dem Bau der Moschee „Ibn Rushd" in Benzú begonnen, woraufhin die Polizei ihnen hohe Strafen androhte. Sie haben dagegen mit Unruhen gedroht, falls sie am Bau behindert werden. Da nun von offiziellen Stellen nicht weiter eingegriffen wird, betrachten sie es als eine Art inoffizielle Genehmigung und bauen weiter. Das Druckmittel „Unruhen" hätten sie auch schon in anderen Fällen angewendet, so Mohamed Stitou. Die fehlende Unterstützung bei ihren Aktivitäten - sei es der Bau und der Unterhalt einer Moschee oder die Einrichtung eines Kulturzentrums - beklagen Mohamed und Abdelkarim ganz grundsätzlich, und sie sind zudem der Meinung, dass Gelder der EU, die für sie bestimmt sind, ihnen vorenthalten werden. Sie fühlen sich in ihren - aus ihrer Sicht - berechtigten Aktivitäten von der Stadtverwaltung oder der spanischen Regierung sogar noch behindert oder bestraft: „*Also alle Moscheen in Ceuta bekommen überhaupt kein Geld, außer was von den guten Leuten gespendet wird. Aber die spanische Regierung in Ceuta hat beschlossen, für die Restaurierung einer Kirche 60 Millionen Pesetas auszugeben. Aber wenn wir vom Rathaus eine Spende bzw. Geld verlangen, dann sagen sie uns, dass sie keine Geld haben. Mich haben sie für den Bau einer Moschee [im Viertel República Argentina] bestraft. Ich soll eine Geldstrafe von 250.000 Pesetas bezahlen. (...) Und vom Rathaus besteht ein Beschluss, dass unser Kulturzentrum [im Viertel República Argentina] abgerissen werden soll. Aber ich habe gesagt, wenn sie das tun, dann werden sie sehen was passiert. Was wird passieren? Sie wissen schon, was passieren wird! Sie alle wissen, was passieren wird. Aber die Strafe hängt mir immer noch am Hals - 250.000 Peseten. Sie tun nichts. Aber wenn du etwas tust, dann wirst du bestraft.*"

Die Strafen und Behinderungen seitens der Stadtverwaltung sind für Mohamed Stitou und Abdelkarim besonders frustrierend, da sie sich von ihrem Engagement mit dem Kulturzentrum und dem dazugehörigen Kulturverein „*Asociación Cultural al Kádi Ayyád*" sehr viel positive Aspekte für ihre soziale Arbeit erhoffen. So wird der Religionsunterricht (Koran, Lehre in der Rezitation des Korans, Überlieferungen des Propheten etc.) als wichtiger Grundstein gesehen, um die Jugendlichen auf den rechten Weg zu bringen, sozial zu handeln und keine Drogen zu nehmen. Kenntnisse des Koran bzw. der eigenen Religion und der arabischen Sprache - die ebenfalls unterrichtet wird - werden als grundlegende Elemente der eigenen Identität, sowie als verbindendes Element der Kinder und Jugendlichen zu ihren Eltern gesehen. Wenn die Kinder nur spanisch sprechen und keine Kenntnisse der Religion haben - so Mohamed und Abdelkarim -, dann verlieren sie den Respekt und die Verbindung zu ihren Eltern. Im Kulturzentrum wird aber auch Englisch-Unterricht erteilt. Darüber hinaus will Mohamed eine Schreinerwerkstatt einrichten, um die Jugendlichen von der Straße wegzuholen. Aber das Kulturzentrum ist deshalb bisher nicht genehmigt - so seine Meinung -, weil der Leiter Mohamed heißt und nicht Pedro Rosales. Für den Bau des Zentrums hat Mohamed etwa 6 Mill. Peseten gesammelt, er hat kein Geld von der Regierung bekommen, wohingegen ein christliches Kulturzentrum mit 22 Mill Peseten unterstützt wurde. Das ist für Mohamed Rassismus. Im Gegensatz dazu unterstützen auch die Christen des Viertels die Arbeit von Mohamed als Präsident der Nachbarschaftsvereinigung, wie beispielsweise die Forderungen zur Verbesserung der Infrastruktur (z.B. Kanalisation). In dem Stadtviertel República Argentina leben 600-700 Menschen, von denen etwa 150 Christen sind. Man kommt - so Mohamed - gut miteinander aus, auch wenn die nichtreligiösen Angebote des Kulturzentrums wie Stick- oder Kochkurse von den Christen (noch) nicht angenommen werden.

Die Enttäuschung und Wut von Mohamed und Abdelkarim richtet sich nicht gegen die christliche Bevölkerung, sondern gegen die „Regierenden": *Wir sind gegen die Regierung, gegen die Herrscher, aber nicht gegen das Volk. Das christliche Volk ist gut und nett, d.h. wir arbeiten mit denen, und sie arbeiten auch mit uns zusammen.*" Für Mohamed Stitou und Abdelkarim ist nach dem Ende des Franquismus nur ein Hauch von Demokratie nach Ceuta gekommen, was auch dadurch zum Ausdruck kommt, dass die christlichen Spanier in den schöneren und besser ausgestatten Vierteln wohnen und für die Muslime nur der Rest bleibt. In diesem Zusammenhang würdigen sie zwar die Arbeit des Parteiführers der „Muslim- Partei" PDSC (*Partido Democrático y Social de Ceuta*) - Mustafa Mizzian -, aber die Ergebnisse sind nach ihrer Meinung nicht ausreichend, schließlich hat er nicht genügend Macht im Rathaus (vgl. Kap. 4.8.1.). Die Stadtplanung und die Politik der infrastrukturelle Ausstattung der Viertel in Ceuta betrachten sie als Rassismus: *„Wir denken, es ist eine Art Rassismus, wenn z.B. bestimmte Straßen dreimal im Jahr erneuert werden, und Straßen in muslimischen Vierteln innerhalb von 30 Jahren nicht einmal restauriert oder asphaltiert werden. (...) Das sind rassistische Pläne, die gegen die Muslime gemacht werden"*.

Angesicht der ganzen Ungerechtigkeiten und Diskriminierungen werden von Mohamed Stitou und Abdelkarim Radikalität und Rassismus seitens der Muslime als verständliche Reaktion betrachtet. Allerdings wollen sie den Islam nicht unter Anwendung von Gewalt vertreten, dies lehnen sie strikt ab. Man versteht sich auch nicht als Fundamentalist, da dies als eine westliche und nicht zutreffende Kategorie angesehen wird: *„Wir sind nicht erst seit heute Muslime, wir sind seit langer Zeit Muslime. Seit ungefähr 1420 Jahren praktizieren wir den Islam. Wir benehmen uns islamisch, aber heute sagt der Westen, dass wir Fundamentalisten sind, dass wir gegen dies und gegen jenes sind. Das ist natürlich falsch, und das macht die Sache noch schlimmer.*" Sie fühlen sich von Nicht-Muslimen bzw. vom „Westen" missverstanden, schließlich ist ihre Auffassung von Islam und Gesellschaftsordnung durch friedliche und tolerante Eigenschaften gekennzeichnet: *„Im Koran und im Islam lernt man den Respekt vor den Menschen, den Respekt vor der Natur, den Respekt vor den Sachen, den Respekt vor der Religion. Das ist die wahre Gesellschaft, die* *wir uns für Ceuta vorstellen. Und wenn unsere Führer das so planen würden, dann wäre Ceuta - bei Gott - eine der ersten Städte der Welt, über die man sprechen würde. Mehr als einmal habe ich gegenüber den Zeitungen gesagt, wir wollen ein internationales Ceuta. Wir wollen Ceuta als Vorbild für die internationale Gesellschaft. Ein Zusammenleben der vier Kulturen. Aber im Rathaus achten sie nicht darauf, sie haben kein Interesse dafür.*" Ganz grundsätzlich ist es für Mohamed und Abdelkarim ein Fehler, die Gesellschaft in Ceuta in vier Kulturen einzuteilen, da schließlich jeder gleichbehandelt werden sollte.

4.3.3. Die islamische Vereinigung „Asociación Islámica Badr" in Melilla

Die *Asociación Islámica Badr* wurde im Jahre 1992 aufgrund einer Initiative von mehreren Personen zur Wiederbelebung des islamischen Lebens in Melilla gegründet. Aus der Perspektive eines Mitglieds stellten sich die Anfangsphase sowie der Fortschritt und die Ergebnisse der Arbeit ihrer Vereinigung wie folgt dar: *„Es waren junge Leute, die sich zusammentaten, um zunächst grundlegende und einfache Aktivitäten zu praktizieren, wie die Rezitation des Korans, die Lehren der Ahadith [Überlieferungen des Propheten], tafsir al-quran [Auslegung des Koran]. Sie machten auch dhikr [spirituelle Übungen], was an die Natur Allahs erinnert, des Gesandten Allahs, sie sprachen über das Leben des Propheten,...solche Dinge, so fing Badr an, wie ich sagte, vor acht Jahren. (...) Man kann sagen, dass in einem Zeitraum von 7 oder 8 Jahren der Kenntnisstand über den Islam seitens der Muslime in Melilla, besonders der Jugend, merklich gewachsen ist. Die Kenntnisse sind gewachsen, aber auch die Praxis hat zugenommen, und außerdem, was das wichtigste ist, das Interesse hat zugenommen. Zuvor haben die jungen Muslime den Glauben nur mehr oder weniger ... praktiziert, auch wenn sie sich als Muslime empfunden haben.*" Die Arbeit und die Umsetzung der Ziele der *Asociación Islámica Badr*, die religiöse Praxis zu verbessern bzw. wiederzubeleben, werden hier sehr positiv bewertet. Religiosität und die Hinwendung zum Islam haben demnach in Melilla deutlich zugenommen. Das liegt sicherlich auch an den zahlreichen Aktionen, die von der *Asociación Islámica Badr* regelmäßig durchgeführt werden, wie religiöse Feste zum islamischen Jahreswechsel oder zum Ende des Ramadan sowie Kinderfeste. Es erfolgt auch in der lokalen Presse eine Berichterstattung über diese Aktionen (z.B. El Telegrama de Melilla 06.04.2000, El Faro de Melilla 06.04.2000). Darüber hinaus bietet *Badr* religiöse Ausbildungskurse für Kinder an, und es werden beispielsweise im Fastenmonat Ramadan Konferenzen bzw. Vorträge z.B. über die islamische Bewegung der Gegenwart oder historische Themen, wie die Geschichte Andalusiens, abgehalten. Mittlerweile wurde von *Badr* auch der erste islamische Buchladen, die *„Librería Islámica Yamal"*, in Melilla eröffnet.

Von nicht zu unterschätzender Bedeutung für die Verbreitung genauerer Kenntnisse über den Islam sowie spezifischer religiöser und politischer Weltbilder (s.u.) ist die von *Badr* in spanischer Sprache herausgegebene Zeitschrift *„Al-Quibla"* (Die Gebetsrichtung), von der im April 2000 bereits die dritte Nummer erschienen ist.

Darin werden hauptsächlich religiöse Themen behandelt, um bessere Kenntnis über den Islam zu vermitteln; es gibt aber auch Berichte über die islamische Welt sowie insbesondere über politische oder gesellschaftliche Ereignisse, die sich gegen Muslime und islamische Länder richten (z.B. Krieg in Tschetschenien, islamophobe Aktivitäten von Hollywood und Disney, rassistische Übergriffe auf marokkanische Immigranten in Spanien usw., vgl. *Al-Quibla* Nr. 2, 2000). Die Zeitschrift wird außerhalb von Melilla auf der spanischen Halbinsel und in Lateinamerika (Mexiko, Argentinien und Peru) vertrieben, außerdem erhält sie eine Gruppe lateinamerikanischer Muslime in New York (auf Absprache mit der in Englisch und Spanisch zweisprachig erscheinenden Zeitschrift „*The Voice of the Islam*"). Die Zeitschrift richtet sich explizit an Muslime in der spanischsprachigen Welt. Die *Asociación Islámica Badr* verfügt folglich über ein ausgedehntes Netzwerk außerhalb Melillas. Die Struktur der Vereinigung stellte das interviewte Mitglied bezüglich der Entscheidungen als sehr „demokratisch" bzw. partizipativ dar. Dennoch gibt es einen Präsidenten, einen Sekretär sowie eine Person, die für die Finanzen zuständig ist. Die Vereinigung hat ca. 60 Mitglieder und einen erweiterten Personenkreis, der gelegentlich Aktivitäten unterstützt. Die Finanzierung erfolgt durch Beiträge der Mitglieder sowie Spenden. Außerdem haben sie in der Vereinigung einen Imam, der aus Nador stammt und in Fes (Marokko) ausgebildet wurde. Sie kooperieren sowohl mit den Moschee-Räten in Melilla, die jeweils für die Organisation der Arbeit in den Moscheen zuständig sind, als auch mit der Dachorganisation (*Comisión Islámica de Melilla*) der islamischen Vereinigungen. Die *Asociación Islámica Badr* wurde von einigen interviewten christlichen Spaniern als fundamentalistisch sowie von der Zeitung *El País* als extremer Flügel innerhalb der *Comisión Islámica de Melilla* bezeichnet (vgl. *El País Digital* 20.09.2001).

Seit 1999 ist mit Abdelkader Mohamed Alí ein in politischer Hinsicht sehr prominenter Muslim Mitglied in der *Asociación Islámica Badr*. Abdelkader war während des Kampfes der Muslime gegen die Anwendung des neuen Ausländergesetzes Mitte der 80er Jahre Vizepräsident von *Terra Omnium*. Er war zudem auf der Halbinsel inhaftiert und gründete nach seiner Distanzierung von dem Muslimführer Dudú die mittlerweile nicht mehr bestehende Vereinigung *Neópolis*. Im Jahre 1996 wurde er in Melilla als Abgeordneter der *Izquierda Unida* (Vereinigte Linke) für das Europäische Parlament gewählt und kehrte nach Ende der Legislaturperiode 1999 nach Melilla zurück. Während seiner Tätigkeit im Europäischen Parlament hat er an der Ausarbeitung eines Berichtes über den „Islam und Europa" mitgewirkt. In der *Asociación Islámica Badr* nimmt er den wichtigen Posten des Chefredakteurs der Zeitschrift *Al-Quibla* ein. Somit ist Abdelkader Mohamed Alí einer der „Meinungsmacher" in der Vereinigung. In einer Ausgabe der Zeitschrift *Al-Quibla* (Nr. 1, 1999, S. 24 -27) wurde ein Interview mit ihm veröffentlicht, dass sehr gute Einsichten in sein Weltbild und seine politischen Positionen vermittelt. Abdelkader Mohamed Alí spricht sich darin eindeutig gegen den Neoliberalismus und die in kultureller Hinsicht homogenisierenden Aspekte der Globalisierung aus, zudem sich seiner Ansicht nach die 1.200 Millionen Menschen der islamischen Welt nicht marginalisieren lassen wollen und gegen diese weltweiten Entwicklungen eine kräftige Opposition bilden: „*Und es ist offensichtlich, dass diese so große Gemeinschaft [der Muslime] nicht am Rande dieser weltumspannenden Homogenisierung bleiben möchte. Dieser Anpassungsprozess trifft in Ländern mit mehrheitlich muslimischer Bevölkerung einfach deshalb auf großen Widerstand, weil die Werte der islamischen Welt - ohne mit einem großen Teil der technischwissenschaftlichen Entwicklung des Westens unvereinbar zu sein - dennoch der Zerstörung autochthoner und kollektiver nicht-moderner Identitäten wie der islamischen Identität repräsentiert durch die Umma, entgegenstehen. Es ist offensichtlich, dass die Globalisierung, die der Neoliberalismus mit sich bringt, ein System ist, das abgrundtiefe Ungleichheiten, gewaltiges Ungleichgewicht, die systematische Zerstörung des Ökosystems und somit die Zerstörung der wesentlichsten Werte des Menschen verursacht, uns zu einer schrecklich individualistischen und egoistischen Gesellschaft führt, eine Situation, die dem brüderlichen und solidarischen Geist der UMMA AL ISLAMIA völlig entgegensteht. (15)"*(Abdelkader Mohamed Alí in *Al-Quibla* Nr. 1, 1999, S. 24)

Die gesellschaftlichen Veränderungen, die Globalisierung und Neoliberalismus mit sich bringen, stehen demnach den islamischen Werten der Brüderlichkeit und Solidarität konträr gegenüber. Folglich ist es nach Abdelkader wichtig, dass sich die islamische Welt - die Gemeinschaft aller Muslime (*Umma al-Islamiya*) - mit ihren eigenen Werten dagegen behauptet. Allerdings spricht er sich nicht für eine islamische Gesellschaftsordnung aus, sondern plädiert für einen gesunden Laizismus[119], den er als Konzept bereits im Islam verankert sieht, und der den Respekt gegenüber anderen Religionen ohne jegliche Formen der Diskriminierung beinhaltet. Als ein wichtiges Beispiel für diesen Laizismus nennt Abdelkader die Epoche von Al-Andalus („*la España musulmana*"). Im Gegensatz dazu richtet sich der Laizismus, so wie er derzeit in Europa verstanden und praktiziert wird, nach den Erfahrungen von Abdelkader Mohamed gegen den Islam: „*Der Laizismus ist der Panzer, den das Christentum braucht, sei es in seiner katholischen oder protestantischen Ausprägung, um seine Privilegien gegenüber den anderen konfessionellen Minderheiten - insbesondere des Islams - zu schützen. (16)*"(Abdelkader Mohamed Alí in *Al-Quibla* Nr. 1, 1999, S. 25) Mit der „Waffe" des Laizismus werden demnach von den Christen normale muslimische religiöse Praktiken als „fundamentalistisch" diffamiert.

Der Umgang des „Westens" mit den Muslimen bzw. der islamischen Welt resultiert - so Abdelkader Mohamed Alí - aus eigennützigen orientalistischen, afrikanistischen und ethnozentrischen Weltbildern, die durch neue Vorurteile und Stereotypen permanent reproduziert werden: „*Auf jeden Fall bleiben die Kenntnisse, die der Okzident vom Islam und den Muslimen heute hat, mit den alten Doktrinen verknüpft, die schon Orientalisten und in jüngerer Zeit die Afrikanisten (africanistas) begründet haben. Doktrinen, die alle Sichtweisen teilen, die bestenfalls paternalistisch sind und die aus der Position einer angenommen Überlegenheit beanspruchen, die Muslime zu „zivilisieren". Diese alten Klischees und mentalen*

---

119 Laizismus bedeutet die Forderung nach Freiheit des öffentlichen Lebens von religiöser Bindung.

Haltungen existieren weiterhin, angereichert mit Vorurteilen und Stereotypen neu-
er Prägung. Schließlich ist die Trägheit des Okzidents bezüglich der Bemühungen,
die muslimische Welt zu verstehen, absolut eigennützig. (17)"(Abdelkader Mohamed Alí in *Al-Quibla* Nr. 1, 1999, S. 25)

Nach Abdelkader Mohamed wurden die europäischen Muslime - und dazu
zählen auch diejenigen in Melilla - jahrelang ignoriert, weil man fälschlicherweise
annahm, dass sie sich in der neoliberal geprägten kulturellen Mehrheitsgesellschaft
transformieren und auflösen würden. Jetzt bemerke man in Europa, dass die Muslime an ihren Traditionen und Werten festhalten und trotzdem Europäer sein wollen:
„Nun wird Europa gewahr, dass die europäischen Muslime darauf bestehen, ihre
traditionellen kulturellen und religiösen Werte weiterhin bewahren zu wollen, ohne
aufzuhören Europäer zu sein. Mehr noch, sie beteiligen sich an dem Aufbau Euro-
pas, ohne ihre eigene Identität und ihr eigenes Wesen zu verlieren. Diese Herausfor-
derung, die wir europäischen Muslime aufwerfen, hat zu einer neuen Debatte über
den Islam in Europa geführt. Das aufgestellte Manifest, das ich in den vergangen
Jahren als Europaabgeordneter vorgebracht habe, beinhaltet, dass die Interkultu-
ralität als Standarte der Toleranz, mit der Europa und der Okzident im allgemeinen
so geprahlt haben, in Wahrheit ein Mythos und Trugbild ist. Einfach deshalb, wie
Huntington in seinem berühmten Zusammenprall der Zivilisationen gesagt hat,
weil das System der Märkte, aufgezwungen durch den neuen Kapitalismus, vom
Christentum mit sich gebracht wurde, oder wenigstens passt es besser zum Neolibe-
ralismus. Der Islam als eigenständige Zivilisation formuliert Einwände und Kritik,
die dem System diametral gegenüberstehen, wegen der Ungleichheiten, die dieses
hervorbringt, wegen des zerstörerischen Konsums, wegen der schwerwiegenden
Folgeerscheinungen, die es für das Ökosystem hervorbringt usw.. (18)" (Abdelkader Mohamed Alí in *Al-Quibla* Nr. 1, 1999, S. 25/26) Aus dieser Sequenz wird sehr
deutlich, dass Abdelkaders politische Position sehr stark einem dichotomen Denken
entspricht, wonach auf der einen Seite das Christentum mit seinen neoliberalen, kapitalistischen Werten steht, und auf der anderen Seite der Islam bzw. die islamische
Welt als oppositionelle Kraft, die - ganz im Sinne von Huntington - als autonome
Zivilisation verstanden wird. Diese „Trennung" zwischen Muslimen bzw. islamischer Identität und westlicher Welt vollzieht sich nach Abdelkader Mohamed Alí
auch innerhalb Europas, indem sich die Muslime trotz entsprechender Erwartungen
eben nicht anpassten.

Europa wird von Abdelkader zwar als multikulturell bezeichnet, aber es ist
noch weit davon entfernt interkulturell zu sein. Interkulturalität würde wenigstens
bedeuten, dass der Entfaltung und Entwicklung einer eigenen kulturellen Identität,
der eigenen Religion und Sprache keine Schwierigkeiten entgegengestellt werden.
Eine echte Toleranz - so Abdelkader Mohamed Alí - ist in Europa und ebenso in
Melilla noch nicht erreicht. Die nach 500 Jahren Verbot des Islams in Spanien nun
theoretisch wieder mögliche soziale und kulturelle Entfaltung der Muslime ist dem-
zufolge in der Realität noch weit von einem idealen Zustand entfernt. Abdelkader
Mohamed bleibt diesbezüglich dennoch optimistisch: *„Die Multikulturalität ist*
offenkundig und nicht zu leugnen, da die Gesellschaft in Melilla aus verschiede-

nen Kulturen zusammengesetzt ist. Von heute an bleibt, wie ich schon früher sagte, und Melilla macht da keine Ausnahme, eine lange Wegstrecke, um jenes Ideal der interkulturellen Gesellschaft zu erreichen. (19)" (Abdelkader Mohamed Alí in *Al-Quibla* Nr. 1, 1999, S. 25/26).

Aus den zitierten Interviewsequenzen wird deutlich, dass das dichotome Weltbild von Abdelkader Mohamed Alí - durchaus vergleichbar mit den Ansichten von Mohamed Stitou und Abdelkarim des vorherigen Fallbeispiels aus Ceuta - wenig differenziert ist, da sich bei seinen Gedankengängen der christliche Westen und die islamische Welt gegenüber stehen. Dabei kämpfen die Muslime - nicht nur in Melilla, sondern weltweit - für die Bewahrung ihrer kulturellen Traditionen und Werte sowie ihrer islamischen Identität. Das islamische Selbstverständnis und die modernen neoliberalen bzw. kapitalistischen Entwicklungen, die der christliche Westen hervorbringt, werden als unvereinbar betrachtet. Abdelkader Mohamed Alí sieht die Muslime also nicht nur in einer *kulturellen Opposition*, sondern auch in einer *sozialen* und *ökonomischen*.

4.3.4. Die islamische soziale Hilfsorganisation „Voluntariado Islámico de Acción Social" in Melilla

Die islamische soziale Hilfsorganisation *Voluntariado Islámico de Acción Social* (*VIAS*) existiert informell seit 1995; eine offizielle Gründung erfolgte 1997. Ein zentraler Aufgabenbereich bezieht sich auf die mangelnden Behandlungsmöglichkeiten von Krankheiten (z.B. Krebs) insbesondere bei der muslimischen Bevölkerung aufgrund von Armut und sozialer Ausgrenzung. Die *VIAS* ist zwar eine eigenständige Vereinigung, aber es bestehen dennoch sehr enge persönliche Kontakte zu den Mitgliedern der *Asociación Islámica Badr*. Es gibt zwischen 60 und 70 Personen, die ehrenamtlich für *VIAS* arbeiten, und die je spezielle Zuständigkeitsbereiche übernommen haben. Sie beschränken sich mit ihren Aktivitäten allerdings nicht nur auf Melilla, sondern sie kümmern sich zudem um einige marokkanische Dörfer in der näheren Umgebung. So wurden beispielsweise von der *VIAS* 27 jugendliche Marokkaner, die an Krebs oder an einem Herzleiden erkrankt sind, in ein Krankenhaus nach Málaga transferiert. Darüber hinaus unterstützt *VIAS* sehr arme Familien beim Kauf lebensnotwendiger Nahrungsmittel; sie leisten Hilfe bei der Beschaffung von Dokumenten; sie übersetzen für Menschen, die kein Spanisch sprechen; und sie leisten die Betreuung von zwei Aufnahmezentren für derzeit ca. 60 minderjährige Immigranten aus Marokko. In dem letztgenannten Bereich arbeitet *VIAS* mit dem städtischen Referat für soziale Wohlfahrt und Gesundheit (*Consejería de Bienestar Social y Sanidad*) zusammen, von dem die Jugendzentren finanzielle Unterstützung erhalten. Alle anderen Aktionen finanziert *VIAS* über Spenden.

Die islamische Hilfsorganisation verfügt außerdem über ein weites Netzwerk an Kooperationspartnern wie der spanischen Vereinigung gegen den Krebs (*Asociación Española contra el Cáncer*), *Melilla Acoge* und *Andalucía Acoge* (eine

Vereinigung/NGO, die sich in ganz Spanien um illegale Immigranten kümmert), verschiedenen Krankenhäusern (*Hospital Comarcal de Melilla*, *Hospital Carlos de Málaga*, *Hospital Valle de Bron de Barcelona*), Médicos Mundi und einer Hilfsorganisation in Nador/Marokko („*Jamiat as-Salam*"). Mit der katholischen Hilfsorganisation CARITAS in Melilla - die sich nach ihrem Präsidenten zu 90% ihrer Fälle um Muslime kümmern - gibt es jedoch keine Kooperation, sondern nur einen gelegentlichen Informationsaustausch. Die islamische Hilfsorganisation hat innerhalb der muslimischen Gemeinschaft eine nicht zu unterschätzende Bedeutung, da ihre Mitarbeiter durch ihre sozialen Aktivitäten einen wohltätigen Islam demonstrieren, und so das religiöse Bewusstsein der Muslime zu stärken versuchen.

4.3.5. Zusammenfassung: die wichtigsten Vereinigungen der Muslime, ihre politischen Positionen, Strategien und Aktivitäten um 1999/2000

Seit den 80er Jahren ist bei den Muslimen in Ceuta und Melilla eine zunehmende Politisierung - als Kampf gegen Benachteiligung und Diskriminierung - sowie gleichzeitig eine verstärkte Organisation des religiösen Lebens zu verzeichnen. Dabei engagieren sich viele Muslime in religiösen sowie sozialen und kulturellen Vereinigungen, Nachbarschaftsvereinen und politischen Parteien (siehe Kap. 4.4 u. 4.8). Von den *religiösen Vereinigungen* wird als zentrale Aufgabe die *religiöse Praxis der Muslime organisiert und aktiviert* sowie das *Bewusstsein einer kollektiven muslimischen Identität gefördert*. Die religiösen Vereinigungen differieren allerdings sehr stark hinsichtlich ihrer Mitglieder- bzw. Anhängerzahlen sowie des Umfangs und der inhaltlichen Ausgestaltung ihrer Aktivitäten. Sie stehen außerdem, zum Teil politisch begründet, in starker Konkurrenz bzw. Rivalität zueinander. Darüber hinaus sind es vielfach einzelne Persönlichkeiten (bzw. Akteure), die die Vereinigungen dominieren und anführen. Die Vereinigungen und die Führungspersönlichkeiten wirken innerhalb der muslimischen *community* als Meinungsmacher; sie sind an der Gestaltung von Diskursen und Sichtweisen sowie der „Politik des Zusammenlebens" mit den anderen Religionsgemeinschaften sehr aktiv beteiligt. Die Fallbeispiele haben gezeigt, dass die Arbeit der Vereinigungen sich nicht nur auf rein religiöse Bereiche beschränkt, sondern sie sind auch durch ein starkes soziales Engagement (z.B. Hilfe bedürftiger Muslime) und politische Aktivitäten (z.B. Organisation von Demonstrationen, Artikel in Zeitschriften) gekennzeichnet. Einige der Akteure sind neben den religiösen Vereinigungen gleichzeitig in Nachbarschaftsvereinen tätig, über die Verbesserungen der Wohnsituation, der infrastrukturellen Einrichtung der Stadtviertel sowie der sozioökonomischen Marginalisierung gefordert werden. Bei der Beschreibung der Fallbeispiele wurde zudem deutlich, dass Religion, Politik und soziales Engagement eng miteinander verknüpft sind. Die Muslime führen mit ihren Vereinigungen einen politischen Kampf für religiöse und kulturelle Akzeptanz und Gleichberechtigung sowie gegen sozioökonomische Benachteiligung.

Tab. 10: Die wichtigsten Vereinigungen der Muslime in Ceuta, ihre politischen Positionen, Strategien und Aktivitäten um 1999/2000

Vereinigung (Gründungsjahr)	Akteure (im Text erwähnt)	politische Position/Strategie Aktivitäten
Asociación Musulmana de Ceuta (1985)	Mohamed Hamed Alí; Mohamed Stitou	freie Meinungsäußerung für Mohamed Hamed Alí, der zur persona non grata in Ceuta erklärt wurde; Dialog mit Marokko über Ceuta und Melilla ist kein Tabuthema; Kampf gegen Diskriminierung der Muslime
Asociación Religiosa Musulmana Masyid An-Noor (1988)	Abdesalam Hamadí Hamed	Organisation des religiösen Lebens, rein religiöse Ziele; Fürsorge bedürftiger Menschen, Kampf gegen Gewalt und Drogenkonsum
Comunidad Islámica de Ceuta (auch Comunidad Musulmana de Ceuta genannt) (1995)	Mohamed Hamed Alí; ein Imam im Viertel Pasaje Recreo	Organisation des religiösen Lebens; Muslim und Spanier zu sein ist unvereinbar
Comunidad Islámica de Ceuta-Al Bujari (1995)	Vorsitzender: Abdesalam Hamadí Hamed	Organisation des religiösen Lebens; Förderung der religiösen Praxis (z.B. Koran-Unterricht); enge Verbindung zur Asociación Religiosa Musulmana Masyid An-Noor; Öffentlichkeitsarbeit; Dialog der Kulturen; unterstützt den offiziellen Diskurs des „harmonischen Zusammenlebens"; Forderung nach islamischen Religionsunterricht und Arabisch als zweite Unterrichtssprache; Vereinbarkeit von muslimischer Religionszugehörigkeit und spanischer Staatsangehörigkeit
Consejo Benéfico Religioso Luna Blanca (1994)	Hamed Liazid (Imam der Hauptmoschee Sidi Embarek)	religiöse Wohltätigkeit; Organisation des religiösen Lebens; unterstützt den Diskurs des „harmonischen Zusammenlebens der Kulturen"
Asociación Cultural Al Kadí Ayyád (1998)	Vorsitzender: Mohamed Stitou; Abdelkarim	Organisation religiösen Lebens; Bau einer Moschee; Bau eines Kulturzentrums für den Verein; Religionsunterricht; Arabischunterricht; Kampf gegen Drogen; Sozialarbeit mit Jugendlichen; Kampf gegen Ungerechtigkeiten und Diskriminierung gegenüber den Muslimen

Quelle: eigene Erhebung

Tab. 11: Die wichtigsten Vereinigungen der Muslime in Melilla, ihre politischen Positionen, Strategien und Aktivitäten um 1999/2000

Vereinigung (Gründungsjahr)	Akteure (im Text erwähnt)	politische Position/Strategie Aktivitäten
Asociación Religiosa Musulmana de Melilla (1968)	Vorsitzender: Si Driss Abdelkader	Organisation des religiösen Lebens; Förderung religiöser Praxis; Moscheen-Rat; 1988 Eintrag in das Verzeichnis religiöser Körperschaften des Justizministers
Comunidad Musulmana de Melilla (1990)	Ahmed Moh	Organisation des religiösen Lebens; Förderung religiöser Praxis
Consejo Religioso Musulmán de Melilla (1990)	Präsident: Mohamed Buyemaa; Sekretär: Uariachi Mohamed	Organisation des religiösen Lebens; Förderung religiöser Praxis
Asociación Religiosa Badr (1991/92)	prominentes Mitglied: Abdelkader Mohamed Alí	Organisation des religiösen Lebens; Förderung religiöser Praxis; Herausgabe der Zeitschrift Al Quibla; Betonung einer übernationalen islamischen Identität (Umma Islamiya); Betreibung eines islamischen Buchladens; Betonung der ausschließlich religiösen Ziele (Pflege der muslimischen Einheit und religiösen Praxis, Verbreitung des islamischen Glaubens); Kampf gegen Diskriminierung der Muslime
Voluntario Islámico de Acción Social (1995)		soziale islamische Hilfsorganisation, auch in einigen marokkanischen Dörfern aktiv; Betreuung minderjähriger illegaler Immigranten aus Marokko; steht in enger Verbindung mit der Asociación Religiosa Badr
Comisión Islámica de Melilla (1992; 1994 Aufnahme im Verzeichnis der religiösen Körperschaften)	Generalsekretär: Abderrahman Benyaya	Dachorganisation der religiösen Vereinigungen in Melilla; lokaler Ansprechpartner für den Staat; Organisation des religiösen Lebens; Unterhalt und Verwaltung der islamischen Kultstätten (rein religiöse Ziele); Forderung nach religiöser Gleichberechtigung (z.B. Religionsunterricht in der Schule; Trennung von Politik und Religion

Quelle: eigene Erhebung

4.4. Die Imazighen-Bewegung in Melilla

Die Organisation und Mobilisierung einer Imazighen/Berber-Bewegung hat in Melilla seit Anfang der 90er Jahre erste Konturen angenommen. In Ceuta gibt es dagegen kein Äquivalent, da dort der berberophone Anteil der muslimischen Bevölkerung sehr gering, und im Umland von Ceuta der marokkanisch-arabische Dialekt dominant ist. Im Gegensatz dazu liegt Melilla in einer berberophonen Region, und die muslimische Bevölkerung spricht hauptsächlich das dort verbreitete Tarifit bzw. Taqer'act als einen Dialekt des Tamasight. Der Ausgangspunkt einer verstärkten Rückbesinnung auf die „eigene" Kultur und Sprache der Muslime/Imazighen von Melilla geht einerseits auf den Kampf der Muslime gegen die Anwendung des neuen Ausländergesetzes 1985-87 zurück, der eine allgemeine Bewusstwerdung und institutionelle Organisation der eigenen, muslimischen Identität mit sich brachte, die u.a. eine Voraussetzung für die folgende Entstehung zahlreicher explizit berberischer Vereinigungen bildete. Andererseits gab es Impulse bzw. Vorbilder aus Marokko, wo es bereits seit den 70er Jahren zu einer langsam wachsenden Rückbesinnung berberophoner Bevölkerung auf ihre berberische Identität kam, und seit Mitte der 90er Jahre ein expandierendes Vereinswesen im Rahmen der Berberbewegung einsetzte (vgl. Kratochwil 1999 u. 2002).[120]

In Melilla kam es im Zusammenhang mit den politischen Auseinandersetzungen über die Inhalte der Autonomiestatuten Anfang der 90er Jahre u.a. zu einem Streit, ob das Tamasight darin als zweite Sprache erwähnt werden soll. In dem Vorentwurf zu den Autonomiestatuten wurde nur sehr vage auf die kulturelle Vielfalt der Stadt verwiesen. Die Reaktionen bzw. der politische Druck seitens der Muslime auf die Erwähnung des Tamasight in den Autonomiestatuten blieb jedoch relativ zurückhaltend, da aus islamisch-religiöser Perspektive Arabisch einen höheren Stellenwert einnimmt, und dieser Punkt zumindest zu der Zeit vielen Muslimen nicht sehr wichtig war. Kritische Stellungnahmen erfolgten u.a. von dem damaligen lokalen Führer der *Izquierda Unidad* (Vereinigte Linke) und späteren Europaabgeordneten Abdelkader Mohamed Alí, der vor einer zukünftigen sozialen Instabilität warnte, falls das Tamasight vom Text der Autonomiestatuten ausgeschlossen wür-

---

120 Das Ethnonym für Berber, d.h. die mit dialektalen Unterschieden in ganz Nordafrika verbreitet Selbstbezeichnung *amazigh* (pl. *imazighen*) geht auf die Sprachwurzel «mzR» zurück und bedeutet „freier Mensch bzw. Mann" (vgl. Tilmatine 1998/99, S. 66 ff). Die Sprache der *imazighen* kann mit dem Begriff «tamasight» bezeichnet werden, wobei die korrekte Form nach Tilmatine (1998/99, S. 69 f) allerdings «amazighe» wäre. Da jedoch von den Interviewpartnern in Melilla in der Regel der Begriff «tamasight» verwendet wurde, und dieser Begriff auch in der deutschsprachigen Literatur (vgl. Popp 1990) eingeführt ist, werde ich ihn hier - groß geschrieben wie Spanisch oder Arabisch - ebenfalls verwenden. Es gibt allerdings sehr viele unterschiedliche Dialekte des Tamasight, wobei in Melilla und der Region «taqer'act» (die Stammeskonföderation der Region heißt *Iqer'ayen*) als lokale Variante des im ganzen Rifgebirge verbreiteten «tarifit» gesprochen wird (vgl. Tilmatine, El Molghy, Castellanos, Banhakeia 1998).

de.[121] Kritik an dem Vorentwurf erfolgte ebenfalls von dem Sprecher der *Comisión Islámica de Melilla*, der ihn als diskriminierend und xenophob bezeichnete. Die sehr kurzlebige „Berber-Partei" PIHB (*Partido Independiente Hispano Bereber de Melilla*) sowie die zu der Zeit aktiven kulturellen Berber-Vereine (*Asociación de Amigos del Tamazight, Asociación Cultural Pueblo y Democracia*) lehnten den Vorentwurf ebenfalls ab (vgl. Moga Romero 2000, S. 194). Schließlich wurde zwar nicht das Tamasight explizit in die Autonomiestatuten von Melilla aufgenommen, aber dafür die kulturelle und *sprachliche* Vielfalt der Stadt (vgl. Kap. 4.6.).[122]

Die reale Existenz einer anderen Sprache und Kultur wurde von den lokalen politischen Parteien erst 1991 auf einem Kolloquium im *Centro Cultural Fedrico García Lorca* offiziell zur Kenntnis genommen (vgl. Moga Romero 2000, S. 195). Eine erste öffentliche Darstellung der Tamazight-Kultur erfolgte durch die „*Jornadas Abiertas sobre la Cultura Tamazight*" („Offene Tage der Tamasight-Kultur"), die von den damals aktiven kulturellen Vereinigungen *Averroes, Neópolis* und *Al-Qalam* organisiert wurden (vgl. Moga Romero 2000, S. 195). Seit der Einführung der Autonomiestatuten sind seitens der Stadtverwaltung von Melilla zwei größere Aktivitäten bezüglich der Tamasight-Kultur initiiert worden, zum einen die Einrichtung eines permanenten Sprachseminars zur Lehre und Erforschung des Tamasight im Jahre 1995 (s.u.), und zum anderen die Errichtung eines Tamasight-Museums (*Museo Tamasight*) in der Altstadt von Melilla im Rahmen dort durchgeführter umfassender Sanierungsarbeiten (von der EU teilfinanziert). Das Museum wurde 1997 eröffnet, es war allerdings zum Zeitpunkt der Erhebungen aufgrund von Renovierungsarbeiten nach massiven Wassereinbrüchen bis auf weiteres geschlossen (vgl. El Telegrama de Melilla 05.04.2000).

In den Schulen Melillas erkannten Pädagogen bereits Mitte der 80er Jahre die Problematik der Zweisprachigkeit der muslimischen Schüler (vgl. Arroyo Gonzáles 1997). Seit 1988 wurden in einigen Schulen von Melilla Programme und Pilotprojekte zum zweisprachigen Unterricht und Sprachunterricht in Tamasight durchgeführt. Außerdem erfolgten von 1988 - 1994 Programme zur Alphabetisierung von erwachsenen Muslimen sowie Ausbildungsprogramme. Als ein weiterer kleiner Schritt zur Akzeptanz der Zweisprachigkeit in Melilla ist sicherlich auch das seit 1994 vom *Televisión Municipal* jeden Freitag ausgestrahlte Programm in Tamasight sowie die seit 2000 gesendeten Kurznachrichten in Tamasight zu verstehen. Seitens

---

121 Diese Stellungnahme bezeichnet einen starken Wandel bei Abdelkader Mohamed Alí, der sich 1987 als einer der Führer von *Terra Omnium* für die arabische Sprache als kulturelles Erbe der Muslime ausgesprochen hatte (vgl. Moga Romero 2000, S. 195).

122 Nach García Flórez (1999, S. 205) haben für die Entscheidung, das Tamasight nicht explizit in die Autonomiestatuten aufzunehmen, auch Proteste aus Marokko beigetragen. Dort ist trotz der sehr hohen Anzahl an berberophoner Bevölkerung ausschließlich das Arabisch offizielle Landessprache, und die Regierung in Rabat versucht ganz grundsätzlich jeglichen regionalistischen Bewegungen entgegenzuwirken, damit die nationale Einheit nicht gefährdet wird. Seit einigen Jahren hat sich in Marokko allerdings eine gemäßigte Politik gegenüber der „Berber-Bewegung" durchgesetzt, so dass im Fernsehen sogar Programme und Kurznachrichten in den verschiedenen Berber-Dialekten des Landes ausgestrahlt werden.

der Berber-Vereinigungen und einiger christlich-spanischer Förderer der Tamasight-Kultur wird die Sprache als ein wesentliches Kennzeichen der Identität und als fundamentale Stütze der Kultur der Imazighen verstanden (vgl. Moga Romero 2000, S. 185).

Einer der erwähnten Förderer ist Máximo de Santos[123], der aus Melilla stammt und als Grundschullehrer in Málaga tätig ist. Er hat in einem Forschungsprojekt über die Sprache Tamazight und das Schulwesen mitgearbeitet, in dem auch Vorschläge für ein interkulturelles Schulmodell erarbeitet wurden. In einem in der Zeitung *Melilla Hoy* (10.03.2000) veröffentlichtem Interview sprach sich Máximo de Santos ganz grundsätzlich für den Erhalt kultureller und sprachlicher Vielfalt und speziell für eine Förderung (Forschung und Lehre) des Tamasight in Melilla bzw. auf spanisch-nationaler Ebene aus.[124] Aus den bisher durchgeführten Studien an den Schulen Melillas ergaben sich nach de Santos für die befragten Schüler folgende vorläufige Erkenntnisse: ein relativ gutes Hörverständnis und eine relativ schlechte sprachliche Beherrschung des Tamasight, eine vergleichsweise bessere Beherrschung des Verständnisses und des Ausdrucks der spanischen Sprache, eine gleiche Wertschätzung der Muttersprache und des Spanischen, eine dominante Stellung des Tamasight im familiären Bereich sowie eine ähnlich dominante Stellung des Spanischen außerhalb der Familie. Darüber hinaus ist es nach Máximo de Santos sehr Besorgnis erregend, dass ein bedeutender Anteil der befragten Schüler eine schlechte mündliche Beherrschung des Tamazight und des Spanischen gleichzeitig aufweisen. Für de Santos ist das derzeitige Schulmodell neben den sozialen Problemen Schuld an der sehr hohen Quote schulischen Versagens der muslimischen Kinder in Melilla. Deshalb fordert er, dass das Tamazight während der gesamten Ausbildungsphase - insbesondere während der Grundschule - präsent sein muss.

Eine Förderung der Kenntnisse über die Tamasight-Kultur erfolgt zudem durch den Publikationsdienst der Stadt Melilla (unter der Leitung von V. Moga Romero). So erscheinen in der von ihm herausgegebenen Zeitschrift „*El Vigía de Tierra*", regelmäßig wissenschaftliche Artikel über die Sprache, Kultur und Geschichte (einschl. Kolonialgeschichte) der Imazighen (z.B. Hart 1996/97, Valderrama Martínez 1996/97, Cammaert 1996/97, Aignesberger 1996/97, Gozalbes Cravioto 1996/97, Tilmatine 1996/97 u.1998/99, El Gamoun 1998/99). Von dem städtischen Publikationsdienst wird außerdem die Reihe „Biblioteca Amazige" herausgegeben, von der bereits zwei Bände erschienen sind, und zwar ein Sprachlehrbuch des Tarafit (vgl. Tilmatine, El Molghy, Castellanos, Banhakeia 1998), sowie ein didaktisches Handbuch als Anleitung, um Kindern im Sinne multikulturellen Lernens das traditionelle Leben in den Häusern der Iqer'ayen der umliegenden Region Melillas zu vermitteln

---

123 De Santos hatte als Co-Autor in einem Buch über Ceuta und Melilla für die Dekolonisation der beiden Städte plädiert und die diskriminierende Behandlung der Muslime/Imazighen durch die Christen angeprangert (Carabaza/De Santos 1992).

124 Das Interview wurde von Vertreterinnen der *Asociación de Cultura Tamazight de Melilla* (s.u.) durchgeführt. Die Vereinigung publiziert in der Zeitung Melilla Hoy (10.03.2000) eine regelmäßig erscheinende Seite für Belange der Imazighen.

(vgl. Vidal García, Abderraman, Moreno Martos 1998). Unter den von der Stadt geförderten Publikationen sind u.a. noch ein Sammelband über die Berber-Frauen und über die Berber allgemein (vgl. Moga Romero u. Raha Ahmed 1998 u. 2000) sowie die spanische Übersetzung eines Buches über das alltägliche Leben der Frauen im Rif von Ursula Kingsmill Hart (1998) hervorzuheben. Trotz dieser zahlreichen Aktivitäten (Sprachseminar, Museum, Publikationen usw.) herrscht nach Moga Romero (2000, S. 196) in der christlich-spanischen Bevölkerung bis heute eine große Unkenntnis über die Tamasight-Kultur vor. Die derzeit aktiven Berber-Vereinigungen sowie der Leiter des *Seminario de Tamasight* treten allerdings nicht nur für eine gleichberechtigte Akzeptanz der Tamasight-Kultur bei der christlichen Bevölkerung ein, sondern sie versuchen auch das Bewusstsein für eine Pflege und Belebung insbesondere der Sprache innerhalb der muslimischen Bevölkerung zu mobilisieren. In Melilla stehen in gewisser Weise die muslimische, berberische und spanische Identität in „Konkurrenz" zueinander. Das zeigt sich auch in der Selbstbezeichnung bzw. der Frage, ob man sich nun eher als Muslim, Imazighen oder Spanier bezeichnet. Die Aktivisten der Berbervereinigungen sprechen - wie nicht anders zu erwarten - hauptsächlich von Imazighen. Allerdings ist die religiöse Vereinsbewegung der Muslime stärker ausgeprägt als diejenige der berberischen Kulturvereine, und die Selbst- wie Fremdbezeichnung „Muslim" ist im öffentlichen Diskurs wesentlich dominanter. Die folgenden Fallbeispiele sollen insbesondere das Selbstverständnis sowie die politischen Positionen einiger derzeit führender Aktivisten bzw. Aktivistinnen der Berber-Bewegung in Melilla aufzeigen.

4.4.1. Das „Seminario de Tamasight": Die Sprache als „Trägerin" der Kultur

Das *Seminario* wurde 1995 gegründet und als permanentes Seminar für die Sprache und Kultur des Tamasight im Kongresszentrum der Stadt eingerichtet. Der Leiter ist Jahfar Hassan Yahia, der seitdem regelmäßig Sprachkurse abhält. Bisher sind es ausschließlich christliche Spanier, die am Unterricht teilnehmen. Das Interesse hat sich mittlerweile sehr gesteigert, so dass sich beim letzten Kurs (2000) ca. 100 Personen angemeldet hatten, von denen - so Yahia - aufgrund der Schwierigkeit der Sprache nur 50 bis zum Ende dabeigeblieben sind. Das fehlende Interesse der Imazighen, ihre eigene Sprache gründlich zu erlernen, sieht Yahia in ihrem mangelnden Bewusstsein und ihrer mangelnden Sensibilisierung für die eigene Kultur. Yahia ist die einzige Lehrkraft, und er erhält - wie er hervorhebt - keinerlei Unterstützung von den Tamasight-Kulturvereinen. Das liegt möglicherweise daran, dass er auf keinen Fall die Sprachausbildung mit politischen Aspekten vermischen will. Von der Stadtverwaltung ist Yahia ziemlich enttäuscht, da keine weiteren Gelder zum Ausbau des Seminars genehmigt werden, obwohl es eine große Nachfrage für die Sprachkurse gibt. Ein großes Problem der jugendlichen Imazighen sieht Yahia, ebenso wie der oben genannte Máximo de Santos, in der nicht bewältigten Zweisprachigkeit, was für ihn einen wichtigen Grund für das schulische Versagen ausmacht. Yahia ist darüber hinaus der Meinung, dass die mangelnde offizielle Akzeptanz des Tamasight als zweite Sprache und das Fehlen der

Sprache im Unterricht bei den Jugendlichen ein Minderwertigkeitsgefühl bzw. ein Gefühl der Unterlegenheit der eigenen Kultur verursachen würde, was wiederum zu mangelndem Selbstvertrauen führt.

Das Kulturverständnis von Yahia könnte man als „klassisch-geographisch" bezeichnen, da für ihn die kulturellen Ausdrucksformen des Menschen sehr eng mit seiner territorialen Umgebung bzw. „seiner Geographie" verbunden sind. Gleichzeitig spielt in dieser Vorstellung aber auch die historische „Verwurzelung" der Menschen und ihrer Kultur in einem spezifischen Raum eine zentrale Rolle. Allerdings sieht Jahfar Hassan Yahia die Kultur und damit die Identität der Imazighen durch die Missachtung der christlichen Spanier bedroht: *„Es gibt sehr viele Definitionen, aber was ich persönlich bezüglich der Tamasight-Kultur verstehe, ist der Mensch und seine Umgebung. Der Mensch: seine Geschichte, seine Sprache; die Umgebung: die Geographie. Und diese zwei Verbindungen der Umgebung, Geographie und Mensch, können uns etwas über sein Leben sagen, wovon er lebt, wie er lebt, welche Traditionen das Leben des Amasight-Menschen hervorbringt, wie er den Boden bearbeitet, wie er die Ernte bearbeitet, wie seine Reisen sind, wie seine Gastronomie ist, woraus seine Häuser bestehen, wie er baut, warum wir hier sind, wer wir sind, unsere Geschichte, d.h. die alte und die moderne.(...) Und man veranstaltet [in Europa] große Ausstellungen, was einen gewissen Stolz hervorbringt, bestimmte Wurzeln zu haben, an einer Vergangenheit anzuknüpfen und die Fortführung der eigenen Vergangenheit zu sein. Sie [die christlichen Spanier] nehmen und verstümmeln uns unsere Geschichte, das was sie tun ist... unsere Kultur und unsere Sprache, was sie uns antun ist, dass sie uns unsere Wurzeln, über die wir mit unserer Vergangenheit kommunizieren, verstümmeln. Das ist unverzeihlich. Man kann einem Volk nicht seine Kultur, seine Sprache und seine Geschichte wegnehmen. Man lässt sie so ohne Wurzeln zurück. So kann man ihm sagen, dass er ein Niemand ist, und von keinem Ort abstammt. Und wir wollen verhindern, dass sie das mit uns machen."* Der Leiter des *Seminario de Tamasight* sieht sich folglich in Opposition zu der christlich-spanischen dominierten „Kulturpolitik", für die eine Förderung der *españolidad* von Melilla an erster Stelle steht. Allerdings kann man sich - so Yahia - in Spanien immerhin auf die Verfassung berufen und seine Rechte einfordern, was in Marokko nicht möglich wäre. Dennoch verstößt der spanische Staat seiner Meinung nach gegen die Gesetze zum Schutz der Minderheiten; und seitens der autonomen Stadt Melilla tut man nicht genug, um das Tamasight zu fördern und zu schützen.

Für Jahfar Hassan Yahia ist die Sprache von fundamentaler Wichtigkeit, und das Tamasight stellt für ihn die *„Trägerin"* der Kultur dar. Ohne Sprache würde folglich auch die Kultur verschwinden. Tamasight ist - so Yahia - die alteingesessene und bodenständige Sprache in ganz Nordafrika: *„Das Tamasight ist die autochthone Sprache in Nordafrika, von den westlichen Grenzen Ägyptens bis zum Atlantik. Und vom Mittelmeer bis zum Süden des Tschad oder Mali. Das ist alles der geographische Raum des Tamasight."* In diesen Sprach-und Kulturraum des Tamasight ist schließlich mit der Islamisierung und Eroberung aus dem Osten die arabische Sprache eingedrungen, die das Tamasight in eine marginale Position verwiesen hat, was

Yahia sehr bedauert. Er betrachtet aber das Arabisch in Marokko als eine Misch-sprache, da Arabisch und Tamasight sich gegenseitig stark beeinflusst haben. Nach Yahia ist das Tamasight auch in der Geographie von Melilla verwurzelt: *„Der Name der Stadt Melilla ist bereber, er ist nicht spanisch. Er stammt von einem Wort aus dem Tamasight, von thamlilt ab, und aus der arabischen Abkürzung mlilt entstand später Melilla, und es bedeutet in tamasight „die Weiße". Wie kann das Tamasight etwas fremdes in dieser Stadt sein? Das Tamasight ist hier in seiner Geographie, in seiner natürlichen Umgebung. Es ist kein fremdes Element, dass von außen kam."*[125] Das Tamasight hat dennoch eine historische Berechtigung in Melilla, allerdings verweist der Name der Stadt auch auf ihren hybriden Charakter, denn in ihm kommt folglich Tamasight, Arabisch und Spanisch zusammen.

Trotz der verbindenden Elemente bezüglich der Sprache und Kultur fehlt nach Yahya den Imazighen in Nordafrika ein Zusammengehörigkeitsgefühl und das Be-wusstsein einer gemeinsamen Identität oder Nation. Eine Begründung ist seiner Meinung nach darin zu sehen, dass die Imazighen immer Individualisten waren, und ihre Lebensweise als Nomaden oder Halbnomaden sowie das nicht entwickelte Städtewesen dem nicht entgegen kamen. Aber schließlich hätten sie den Islam und die Araber in sich aufgenommen. In Bezug auf seine eigene Person fühlt sich Yahia als Amazighe, aber gleichzeitig ist er sich seiner väterlicherseits arabischen Vor-fahren bewusst; zudem empfindet er sich als Muslim und Spanier. Die schwierige Frage nach der heutigen Identität der Imazighen in Melilla beantwortete Yahia eher ausweichend wie folgt: *„Du erinnerst mich an meinen Neffen in Belgien. Er hat sich diese Frage gestellt: Was bin ich? Belgier? Rifeño, Araber, Muslim, Spanier? Es ist ein echtes Problem der Identität. Für einen Jungen von 18, 19 oder 20 Jahren stellt das ein schwieriges psychisches und seelisches Problem dar. Und ich sagte mir...es verging einige Zeit und ich fragte ihn: Wie hast du das Gefühl des Fehlens einer Identität überwunden? Und er sagte mir: Mit einem einzigen Wort. Und ich sagte ihm: Mit welchem Wort hast du das ernsthafte Thema einer Identitätskrise über-wunden? (...) Und er sagte mir: Universalität! Das bedeutet, das [Kulturelle] von ihnen, das von den anderen, ist nicht nur eine Erbe für den einzelnen, sondern für alle. Und das von mir ist nicht nur ein Erbe für mich, sondern für alle. Mit diesem Wort hat er die ernsthafte Identitätskrise gelöst. Lassen wir es dabei: Universali-tät!"*

4.4.2. „Wir sind an einem Ort des Nichts" - Die Berbervereinigung „Asociación Cultural Numidia"

Die Vereinigung *Asociación Cultural Numidia* besteht seit 1998 und ist von den Mitgliedern einer Musikgruppe (*Itri Moraima*) gegründet worden. Die Stilrichtung ihrer Musik beschreiben sie selbst als eine Mischung aus Flamenco und tradi-

---

125 Nach Tilmatine et.al. (1998, S. 36) lautet die Bezeichnung für Melilla auf Tarifit allerdings „Mric".

tioneller Berber-Musik. So erstrecken sich auch ihre Aktivitäten zum Teil auf Musikveranstaltungen; das letzte größere Konzert gaben sie gemeinsam mit einer Musikgruppe aus Nador im Januar 2000.[126] Es wurde als *„Concierto Musical Amazigh"* angekündigt. Darüber hinaus ist der Präsident der Vereinigung, Mimón Mohamed Hamed, Mitarbeiter am *Museo Tamazight*. Ein Mitglied der Vereinigung nahm im Mai 2000 an einem internationalen Kongress (*„Encuentro de Artistas y Escritores de Cuba"*) in Kuba teil, auf dem er einen Vortrag über die orale Berberliteratur und die besondere Rolle der Frauen hielt (El Telegrama de Melilla 13.4.2000, Melilla Hoy 13.04.2000). Allerdings beklagen sich die Vereinsmitglieder der *Asociación Cultural Numidia* darüber, dass sie von der Stadtverwaltung für ihre Aktivitäten, die auf eine große Resonanz in der Öffentlichkeit stoßen, kaum finanzielle Unterstützung erhalten.[127] Deshalb haben sie bisher auch erst ein großes Konzert in Melilla geben können.

Nach der Meinung der interviewten Vereinsmitglieder mangelt es an Anerkennung der Tamasight-Kultur, und die Einrichtung eines Seminars für das Tamasight sowie andere Aktivitäten für das Studium und die Erforschung des Tamasight sind nur Dekoration ohne tieferen Hintergrund. Wenn sie als Kulturverein Geld bekommen, dann geschieht dies meistens kurz vor den Wahlen. Bei den letzten lokalen Wahlen zum Stadtparlament haben die Vereinsmitglieder die „Muslim-Partei" CpM (*Coalición por Melilla*) mit einem Lied unterstützt (vgl. Kap. 4.8.). Aber der daraus als (kurzzeitiger) Präsident hervorgegangene Mustafa Aberchan hat - so die Mitglieder der Vereinigung *Numidia* - an der Kulturpolitik auch nichts geändert, obwohl er es versprochen hatte. Schließlich betrachten sie es als ein gängiges Vorurteil, dass die christlichen Spanier sie für minderwertig halten, und Begriffe wie *convivencia* (im Sinne eines gleichberechtigten Zusammenlebens der vier Kulturen) und *integración* (Integration) lehnen sie als „schöne Worte" ab: *„Sie sprechen von den vier Kulturen, die in Melilla leben, sie sprechen von Integration. Aber wo ist sie? Das fragen wir uns. Wo ist die kulturelle Pluralität in Melilla? Welche Gelder stehen dafür bereit? Keine. Jedoch für ihre Kultur gibt es Geld, genügend. (...) Wenn man von Kulur spricht, meint man die christliche Kultur. Es gibt einen Haushaltsposten für christliche Feste und Feierlichkeiten, wie die Semana Santa, der nicht gerade unbedeutend ist. Aber für die Tamasight-Kultur gibt es bezüglich solcher Dinge gar nichts."*

Ebenso wie in dem vorherigen Fallbeispiel betrachten die Mitglieder der Vereinigung *Numidia* die Tamasight-Kultur als ein alle Bereiche der Lebensäußerung umfassendes Gefüge und als bedroht durch die mangelnde Förderung: *„Die Tamasight-Kultur ist die alles umfassende Kultur eines Volkes. Das geht von der Art*

---

126 Sie haben mit ihrer Musikgruppe bereits in den 80er Jahren in Marokko auf zwei Musikfestivals Preise gewonnen. Außerdem hatten sie Auftritte in Frankfurt, wo es eine große marokkanische *community* aus der Provinz Nador gibt.

127 Die vorliegenden Aussagen und Zitate entstammen einem Gruppeninterview, das mit dem Präsidenten der *Asociación Cultural Numidia* sowie drei weiteren Mitgliedern durchgeführt wurde. Sie spiegeln das Meinungsbild aller Interviewpartner wieder.

zu sein,...bis zur Art sich zu kleiden,... bis zum Tod, wo alles endet. Es geht also um die transzendentalen Werte eines Volkes. Es ist das verbindende Element von allem, was mit der Tradition und den Bräuchen der Imazighen zusammenhängt. Es ist die Art der Kleidung und die Art zu essen. Es ist eine Sprache, die Geschichte eines Volkes.(...) Diese Kultur muss hier in Melilla gefördert werden, da dies in § 8 [tatsächlich ist es der § 5, d.V.] des Autonomiestatuts verankert ist. (...) Es ist eines der Grundprinzipien in der spanischen Verfassung. Die Förderung der Kultur aller Spanier. Wir als Spanier haben unsere Kultur, und trotzdem sehen wir, dass keine Fortschritte gemacht werden. In Melilla kann man feststellen, dass es eine dominierende Gemeinschaft und eine dominierte gibt. In diesem Fall ist die dominierte Kultur diejenige der Tamasight-Gemeinschaft. Es gibt einen Kampf dafür, dass diese Kultur gefördert und bekannt gemacht wird. (...) In bezug auf die Kultur sprechen die Politiker immer von Interkulturaltät und so etwas. Hier bleibt es jedoch lediglich bei dem Begriff. Sie existiert in Wirklichkeit nicht. Man spricht von Integration, während man in Wirklichkeit die Kultur absorbiert. Sie wird nicht integriert. (...) Es scheint so, als ob man nur Spanier sein kann, wenn man auf seine eigene kulturelle Identität verzichtet." Trotz ihrer in der Verfassung garantierten Rechte haben sie den Eindruck, als Imazighen nicht Spanier sein zu können. Man würde sich mit seiner Kultur gerne einbringen, aber dem stehen - so wird vermutet - politische und ökonomische Interessen entgegen. Man fühlt sich deshalb wie an einem „*Ort des Nichts*", weil man weder das eine noch das andere sein kann. Man kann sich nicht als Imazighen entfalten und als Spanier wird man auch nicht akzeptiert.

Die Schwierigkeiten, die eigene Kultur zu leben, reichen nach den Erfahrungen der interviewten Vereinsmitglieder in die Vergangenheit zurück. Das Tamasight war demnach zwar nicht offiziell verboten, aber sie wurden als Imazighen beispielsweise am Arbeitsplatz von den Spaniern darauf hingewiesen, gefälligst Spanisch zu sprechen, da sie schließlich in Spanien seien: „*Die Kultur war in Melilla so gut wie verschwunden. Bis vor 15 Jahren wurde in Melilla praktisch kein Tamasight gesprochen. Es war ein Tabuthema.*" Heute ist es ihrer Ansicht nach nicht mehr so, aber die Diskriminierung ist subtiler geworden. Man spricht sie zwar nicht mehr als *moro* an, aber die Mentalität der christlichen Spanier hat sich in ihrer Wahrnehmung dennoch nicht geändert. Die Bewahrung des Tamasight würden sie allein ihren Müttern und Großmüttern verdanken. Auch in der *Asociación Cultural Numidia* wird die Meinung vertreten, dass die wichtigste Ausdrucksform der Tamasight-Kultur die Sprache ist. Sie bedarf deshalb einer besonderen Förderung, da sie im spanischen Umfeld Melillas weniger stark ausgeprägt ist, und der schulische Misserfolg der Kinder und Jugendlichen auf die Zweisprachigkeit zurückzuführen ist. Für sie ist die Muttersprache das fundamentale Element der eigenen Identität, ein Mensch ohne Muttersprache ist für sie ein „Niemand": „*Man muss ihnen [den Jugendlichen] ihre [eigenen kulturellen] Werte vermitteln, damit sie ihre eigene Persönlichkeit erlangen. Eine Person ohne eigene Sprache, die von einer anderen Sprache dominiert wird, hat für mich weder Persönlichkeit noch Bewusstsein. (...) Sie hat keine Identität. Wenn man kein Bewusstsein von der Geschichte seines Volkes hat, dann hat man auch keine Identität. Wenn ich mich in ein Land integriere, dann muss ich mich auch mit meiner Kultur und meinen eigenen Werten integrieren.*

(...) Ich denke, aufgrund meiner Erfahrungen und der Gespräche, die ich mit Leuten geführt habe, die in Melilla geboren wurden, gibt es ein Problem mit der Identität. Ich glaube, es gibt einen enormen Mangel an Identität. Es gibt eine Gemeinschaft, die gerne wäre, was sie ist, aber sie sieht sich einer unüberwindbaren Barriere gegenüber, die sie nicht sein lässt, was sie ist." Das Problem der Identität einer ganzen Gemeinschaft sowie insbesondere der Jugendlichen liegt demnach an der Behinderung von Entfaltungsmöglichkeiten der eigenen Kultur sowie an der Dominanz der christlich-spanischen Kultur. Aber es kommt noch der Vorwurf hinzu, dass die islamisch-religiösen Vereinigungen sich auch nicht um die Tamasight-Kultur kümmern würden. Die Mitglieder der *Asociación Cultural Numidia* kämpfen allerdings nicht nur gegen ihre kulturelle Diskriminierung, sonder auch gegen die soziale. So fühlen sie sich trotz der seit Mitte der 80er Jahre verbesserten Situation weiterhin in ökonomischer und sozialer Hinsicht benachteiligt.

4.4.3. Die Delegation der „Asociación de Cultura Tamazight": ein Kampf gegen das Vergessen der Kultur und für die Gleichberechtigung der Frauen

Die Vereinigung *„Asociación de Cultura Tamasight"* besteht auf spanisch-nationaler Ebene mit Hauptsitz in Granada seit 1995, und sie wird von Rashid Raha als Präsident geleitet.[128] Im Jahre 1999 wurde eine Delegation der Vereinigung in Melilla etabliert, weil dort die Probleme der Imazighen anders gelagert sind als in Barcelona oder Granada. In der Exekutive von Melilla sind sechs Frauen tätig, es gibt aber auch männliche Mitglieder.[129] Als zentrale Problemfelder werden der Analphabetismus insbesondere der Imazighen-Frauen, das - bereits mehrfach angesprochene - Scheitern der Kinder in der Schule sowie die schlechten Kenntnisse des Tamasight in der jüngeren Generation betrachtet. Die aktuellen Aktionen der Delegation bestehen in der Gestaltung einer monatlich erscheinenden Extraseite über die Tamasight-Kultur in der lokalen Tageszeitung *Melilla Hoy* sowie in der Erteilung von Unterricht an junge Imazighen-Frauen in Tamasight und Spanisch.

Das Nicht-Beherrschen des Tamasight bedeutet für die Aktivistinnen der Delegation auch gleichzeitig einen Kulturverlust, da die Kultur über die gesprochene Sprache[130] vermittelt wird, und die Frauen für die Weitergabe der oralen Kultur eine zentrale Rolle spielen. Dabei sind sie sich der Schwierigkeit bewusst, eine eigene

---

128 Rashid Raha ist der Gründer der Berberbewegung in Spanien. Er war außerdem der Präsident eines Weltkongresses Tamsight, der in Frankreich veranstaltet wurde. Er hat in Melilla gemeinsam mit V. Moga Romero zwei Sammelbände zur Berberkultur herausgegeben (vgl. Moga Romero/Raha Ahmed 1998 u. 2000).

129 Es wurde mit fünf Frauen der Exekutive ein Gruppeninterview durchgeführt. Die hier wiedergegebenen Meinungen und Zitate werden von allen Interviewpartnerinnen geteilt.

130 Das Tamasight verfügt über keine eigene Schrift; es gibt allerdings seit einigen Jahren Bemühungen, eine schriftliche Standardisierung mit lateinischen Buchstaben durchzusetzen. Darüber hinaus gibt es auch Versuche, die Schriftzeichen des Tifinagh (Tuareg-Schriftzeichen) zu übertragen oder das arabische Alphabet zu verwenden (vgl. Basset 1991).

Identität angesichts der westlichen/spanischen Kultur zu bewahren: *„Wenn ein Mädchen unserer Generation nicht mehr die Sprache bewahrt, dann bewahrt sie auch nicht mehr die orale Kultur, die unsere Basis ausmacht...Was passiert? Die Kinder werden in einigen Jahren vollständig unsere Tamasight-Identität verlieren. (...) Gut, zuerst das Tamasight und zur gleichen Zeit Spanisch, und so beginnen wir mit der Ausbildung der Kinder...unsere Grundlage ist dabei immer die Kultur, aber ohne dabei die aktuelle Kultur, die westliche, abzulehnen, sondern wir schauen, wie wir beides miteinander verbinden können. Das Problem der Kinder liegt darin, dass sie es täglich leben müssen und manchmal macht es sie verrückt und sie sagen: Zu Haus wird mir dieses gesagt, und auf der Straße treffe ich auf etwas anderes. Und was sollen sie mit dieser Unkenntnis, fehlenden Kontrolle und Desorientierung machen? Die einen lassen die eine Kultur und lassen sich mit der anderen ein, und so kommt es zur Assimilation und sie verlieren den Kontakt zur eigenen Kultur. Oder es kommt zum Gegenteil, sie verschließen sich in ihre Kultur und haben keinen Kontakt zu der von außen kommenden Kultur. Und was wir machen ist, dass wir beiden Kulturen folgen, wir bleiben Tamasight, Berber, und wir können in der westlichen Kultur sein, ohne die eigene zu verlieren. (...) Der Begriff Berber wurde immer in abwertender Form benutzt, obwohl es sich etwas gewandelt hat, und Berber heute ein wenig besser klingt. Die Geschichte der Imazighen wurde immer von Fremden geschrieben. Wir müssen in einer ruhigen Form fordern, dass wir als Imazighen anerkannt werden. Wir sind eine Kultur, die mehr als 6.000 Jahre alt ist und so viele Werte hat, wie jede andere auch. (...) Die Kinder entdecken ihre Sprache nur dann, wenn die Mutter ein Bewusstsein dafür hat.“*

Um einem Identitätsverlust entgegenzuwirken, gilt es folglich Bewusstsein für die Tamasight-Kultur zu stiften. Hier sehen die Frauen der *Asociación de Cultura Tamasight* den hauptsächlichen Ansatzpunkt ihrer Arbeit. Dabei werden wiederum die Frauen der Imazighen als die wichtigsten Ansprechpartnerinnen gesehen, da sie es sind, die im Haus bei der Erziehung der Kinder eine Schlüsselrolle für die Weitergabe des Tamasight einnehmen. Die Mütter werden als die tragenden Säulen für die Vermittlung der Kultur betrachtet, und sie kämpfen auch aus diesem Grund für eine Gleichberechtigung der Frauen in der Familie und im Beruf. Allerdings ist ihnen bewusst, dass bereits viele Dinge der eigenen Kultur vergessen wurden und es zudem schwer ist, die Jugendlichen für die Tamasight-Sprache und Kultur zu interessieren. Schließlich begegnen sie auf der Straße und in den Lehrbüchern der Schule hauptsächlich der spanischen Kultur. Dieses „Leben in zwei Welten" führt - so die Erfahrung der Frauen - bei den Kindern zu Orientierungsschwierigkeiten: *„Die Kinder haben ständig Komplexe, weil sie ihre Kultur außerhalb des Hauses nicht vorfinden. Wenn man seine Kultur nicht wiederfindet, dann sagt man sich, dass seine Kultur nichts wert ist und seine Sprache zu nichts taugt. Wenn ein Kind sich bewusst ist, dass es eine Kultur hat, Werte und eine eigene Identität, dann wird es ihm in Zukunft besser gehen."* Um einer Ablehnung der Tamasight-Kultur seitens der Kinder und Jugendlichen entgegenzuwirken, muss - so eine Forderung - die Sprache standardisiert werden, damit sie Eingang in die Schulen finden kann.

Das Kulturverständnis der Frauen der *Asociación de Cultura Tamasight* hat - ebenso wie bei den vorherigen Fallbeispielen - eindeutige räumliche Bezüge: *„Der*

Ursprung ist eine Erde, auf der schon immer Tamasight gesprochen wurde. Einmal sagten wir der Presse, wer in Melilla geboren wurde, ist Amazghi, so wie jemand, der im Baskenland geboren wurde, Baske ist. Dies ist das Gesetz des Bodens." Aussagen dieser Art sind für viele christliche Spanier provokant, insofern sie Melilla als spanisches Territorium betrachten. Und genau hier wird die Problematik einer Verknüpfung von Kultur und Boden sowie der damit verbundenen Praxis von Zugehörigkeit und Ausgrenzung nur allzu offensichtlich. Von offizieller Seite wird versucht, dieses Problem über den Diskurs der „vier Kulturen" bzw. einer multikulturellen Stadt zu überbrücken (siehe Kap. 4.6.). Das wird von den Aktivistinnen der Vereinigung allerdings als eine Farce angesehen, da man in Wirklichkeit „*Rücken an Rücken*" lebt: „*Die Kulturen kennen sich nicht untereinander. Wenn man sich nicht kennt, wie kann man dann eine multikulturelle Stadt fördern, wenn es diese gar nicht gibt. (...) Sie sagen dir: Wir sind interkulturell, weil ich auf einer moruna-Hochzeit war, das ist es nicht...ich hab Pastilla gegessen, ich habe Kouskous gegessen, so nicht. Man versucht herauszufinden, wie man Kouskous macht oder wie man eine Pastille macht, weil es sind typische Gerichte von uns. Aber es ist nicht nur ein typisches Gericht zu essen oder zu probieren. Das ist es nicht, das kann man auch in Nationalparks machen.*" Ihrer Meinung nach reicht es nicht aus, auf einer Hochzeit der Imazighen gewesen zu sein oder sich für besondere Gerichte zu interessieren. Sondern sie fordern ein gleichberechtigtes Zusammenleben: „*Wir haben mit unserer Vereinigung nie für die Integration gearbeitet. Wir wollen keine Integration, weil wir nicht an das Wort Integration glauben. Wir arbeiten für ein Zusammenleben mit gegenseitigem Respekt. Und wenn wir von gegenseitig sprechen, dann meinen wir, dass wir über niemandem stehen, weder über den Zigeunern noch über den Sefardis oder sonst jemandem, genauso wie niemand über uns stehen soll. Wir wollen nicht, dass diese enorme Ungleichheit weiterhin besteht.*"

In den Gefühlen und im Denken der Frauen wirkt die Vergangenheit immer noch nach. Vor dem Kampf gegen die Anwendung des neuen Ausländergesetzes von 1985 bis 1987 wurden sie schließlich von den Spaniern zu Fremden im eigenen Land gemacht. So ist ihnen noch sehr gegenwärtig, dass die Spanier den Imazighen früher spanische Namen gaben. Sie wurden Pepe, Juanito oder Manolo genannt, statt Mohamed oder Mimón, und selbst die Ehefrauen haben diese Praxis übernommen und nannten ihre Männer ebenfalls so. Dies wird von den Frauen der Vereinigung heute als der Ausdruck eines Herr-Diener-Verhältnisses betrachtet. Aber diese Zeiten sind noch nicht vollständig überwunden: „*In Melilla ist noch immer der Geist der Kolonialzeit vorhanden. (...) Die Geschichte wird so dargestellt, dass die Spanier kamen, und hier zuvor niemand gelebt hat.*" Aus dieser mentalen Grundhaltung ergibt sich das Gefühl und der Anspruch vieler Spanier, eigentlich mehr Rechte zu haben als die Imazighen, die beispielsweise immer noch im Berufsleben benachteiligt werden. Dennoch - so die Frauen -haben sie in allen Kulturen Freunde und Bekannte, mit denen sie gut zusammenleben.

Tab. 12: Die wichtigsten Vereinigungen und Einrichtungen der Imazighen-Bewegung in Melilla im Jahr 1999/2000

Vereinigung/Einrichtung (Gründungsjahr)	Akteure (im Text erwähnt)	politische Position/Strategie Aktivitäten
Seminario de Tamasight (1995)	Jahfar Hassan Yahia	Seminar für Sprache und Kultur des Tamasight; Erhaltung der Sprache bedeutet Erhaltung der Kultur; Melilla wird als Bestandteil des Territoriums der Imazighen betrachtet
Asociación Cultural Numidia (1998)	Mimón Mohamed Hamed; Musikgruppe Itri Moraima	Musikveranstaltungen; Mitarbeit am Museo Tamasight; Pflege der Sprache (Tamasight), Unterstützung der „Muslim-Partei" CpM (Coalición por Melilla); für eine Stärkung der Tamasight-Kultur gegenüber der spanischen Dominanz; Kampf gegen soziale und kulturelle Benachteiligung
Asociación de Cultura Tamasight (1999)	hauptsächlich Frauen	Delegation der seit 1995 bestehenden spanisch-nationalen Vereinigung (Präsident Rachid Raha); Kampf gegen Analfabetismus insbesondere der Imazighen-Frauen; für die Gleichberechtigung der Frauen; Förderung des Tamasight (Sprache trägt die Kultur); monatlich erscheinende Extraseite über die Tamasight-Kultur in der Zeitung Melilla Hoy; Kampf gegen Kulturverlust der Imazighen sowie gegen alle Formen der Diskriminierung; Melilla wird als Bestandteil des Territoriums der Imazighen betrachtet

Quelle: eigene Erhebung

4.4.4. Zusammenfassung: die Imazighen-Bewegung in Melilla und der Kampf für den Erhalt einer Kultur

Neben dem *Semenario de Tamasight* (Seminar für Sprache und Kultur des Tamasight), das von einer Person geleitet wird, bestehen in Melilla derzeit zwei aktive Vereinigungen die für den Erhalt und die Pflege der Kultur der Imazighen eintreten. Im Vergleich zu den religiösen Vereinigungen der Muslime haben sie jedoch nur eine eher untergeordnete Bedeutung. Dennoch bemühen sich die Akteure der „Berber-Vereine" mit einer ausgeprägten inneren Überzeugung und sehr viel Enthusiasmus um eine stärkere Rückbesinnung der Muslime auf die „eigene" Kultur als Imazighen. Die Vereinigungen bzw. die Akteure versuchen das Bewusstsein einer (kollektiven) Identität als Imazighen bei den Muslimen zu mobilisieren und gegenüber einer Identität als Muslim oder Spanier stärker in den Vordergrund zu rücken. Imazighen zu sein beinhaltet für die Akteure allerdings gleichzeitig eine Identität als Muslime; die Betonung liegt jedoch auf einer Identität als Imazighen. Der Kulturbegriff der Akteure der Vereinigungen umfasst alle Bereich des menschlichen Lebens (Traditionen, Gewohnheiten, Kleidung etc.) und beinhaltet auch eine räumliche Dimension, indem die Kultur der Imazighen in ausgedehnten Territorien Nordafrikas verortet wird. Melilla liegt demnach im Territorium der Imazighen, und es ist folglich eine „natürliche" Heimatstadt der Imazighen. Da das Tamasight von den Mitgliedern der Vereinigungen als ein zentrales Element der Kultur der Imazighen betracht wird, bildet die Pflege und Förderung dieser Sprache einen zentralen Bereich ihrer Aktivitäten. Man ist sich allerdings bewusst, dass das Tamasight insbesondere von den jüngeren Generationen kaum noch beherrscht wird, da Spanisch die dominante Sprache (Schule, Berufseben etc.) ist. Die Akteure der Vereinigungen sehen sich als „Kämpfer" für den *Erhalt* der Kultur der Imazighen in einem dominant spanischen Umfeld. Aus ihrer Sicht kämpfen sie sowohl gegen eine kulturelle als auch gegen eine sozioökonomische Benachteiligung der Imazighen.

4.5. Die Organisation der hebräischen und hinduistischen Gemeinschaft und Identität

Bei den Hebräern und Hindus in Ceuta und Melilla handelt es sich jeweils nur um sehr kleine Gemeinschaften, deren Angehörige fast ausschließlich zu den mittleren und gehobenen sozialen Lagen der Gesellschaft gehören (vgl. Kapitel 3.2.).[131] In sozioökonomischer Hinsicht sind sie also nicht wie ein großer Teil der Muslime marginalisiert. Die Hebräer und Hindus stehen darüber hinaus außerhalb des

---

131 Ich möchte - wie in dem Kapitel zur Fragestellung und Zielsetzung bereits erwähnt - darauf hinweisen, dass die Darstellung der Organisation der hebräischen und hinduistischen Gemeinschaft und Identität lediglich einen kontrastierenden Stellenwert im Vergleich zu den größeren Bevölkerungsgruppen der Christen und Muslime, die ja im Zentrum der Arbeit stehen, einnehmen. Deshalb fällt dieses Kapitel nicht so ausführlich aus.

spanisch-marokkanischen Konfliktes um Ceuta und Melilla, da es sich nicht um einen jüdischen bzw. hinduistischen Staat handelt, der Rückgabeforderungen stellt. Bei den Hebräern spielt es diesbezüglich keine Rolle, dass sie ursprünglich als sephardische oder ländliche Juden aus Marokko zugewandert sind. Ihnen wird im öffentlichen Diskurs - anders als den Muslimen - keine kulturelle Nähe zu Marokko unterstellt. Schließlich heben nur die Muslime provokanterweise den muslimischen bzw. berberischen Charakter von Ceuta und Melilla hervor. Seitens der hebräischen und hinduistischen Gemeinschaften, die alle über nur jeweils eine Vereinigung verfügen, gibt es keine kämpferische Einstellung; sie klagen keine Benachteiligungen oder Diskriminierungen an, und sie treten gegenüber der Stadtverwaltung oder Regierungsdelegation eher diskret mit Forderungen oder Anfragen auf. Es existieren außerdem keine von Hindus oder Hebräern dominierten Parteien, und sie sind in der lokalen Politik generell zurückhaltend. Nur eine relativ kleine Anzahl einzelner Personen engagiert sich in Parteien verschiedener politischer Lager. So mangelt es der „*politics of identity*" der Hindus und Hebräer an politischer Brisanz, man kümmert sich ausschließlich um die Bewahrung und Einhaltung religiöser Normen und kultureller Traditionen in einer ansonsten fremdreligiösen Umgebung.

Die hebräischen Gemeinschaften in Ceuta und Melilla gelten aus der Perspektive der befragten Angehörigen anderer Religionszugehörigkeit in sozialer Hinsicht als sehr verschlossen. Mischehen bilden - wie im Grunde auch bei den Christen und Muslimen - eher eine Ausnahme. Das trifft ebenso auf die sehr kleine und nur noch 50-60 Personen umfasssende hinduistische Gemeinschaft in Melilla zu.[132] In Ceuta brachte ein Angestellter der Regierungsvertretung den aus seiner Sicht unauffälligen und sozial zurückgezogenen Charakter der hebräischen Gemeinschaft wie folgt auf den Punkt: „*Niemand kennt sie, und niemand sieht sie.*"[133] Diese Wahrnehmung hängt vermutlich auch mit der vergleichsweise geringen Anzahl der Hebräer zusammen, da sie schon allein aus diesem Grunde weniger auffallen als die Muslime. Die hinduistische Gemeinschaft in Ceuta erscheint dagegen in sozialer Hinsicht offener, was u.a. der hohe Anteil an Mischehen mit Katholiken zeigt (s.u., vgl. Kap. 3.1.). Im folgenden werden als Fallbeispiele die Gemeinschaft der Hebräer in Melilla und die der Hindus in Ceuta vorgestellt.

132 Für die in den 1980er Jahren wesentlich größere hinduistische Gemeinde von Melilla siehe Driessen (1992).

133 So hat der Vorsitzende der *Comunidad hebrea de Ceuta* ein Interview mit dem Hinweis verweigert, dass man in Spanien sehr gut mit den Angehörigen anderer Religionen auskommen würde, und dass die Geschichte der Hebräer von Ceuta in Büchern nachzulesen sei. Allerdings gibt es von einigen wenig inhaltsreichen Artikeln (z.B. Salafranca Ortega 1988 u. Posac Mon 1989) sowie einer Sozialgeschichte über die Hebräer von Ceuta (vgl. Míguez Núñz/Martínez López 1976), die nur als unveröffentlichtes Manuskript existiert, meines Wissens keine weitere spezielle Literatur.

4.5.1. Die Organisation der hebräischen Gemeinschaft und Identität in Melilla

Das religiöse Leben der Hebräer in Melilla wird ausschließlich von der *Comunidad Israelita de Melilla* organisiert. Sie gehört zu einer spanischen Dachorganisation der hebräischen Gemeinschaften von Madrid, Barcelona, Valencia, Málaga, Sevilla, Ceuta und den Kanarischen Inseln. Die *Comunidad Israelita de Melilla* betreut den eigenen Friedhof und die acht Synagogen der Stadt, von denen die größte mit dem Gemeindezentrum in der Innenstadt (*Héroes de España*) liegt. Im Gemeindezentrum wird außerhalb der normalen Schulzeiten Unterricht in Religion, Hebräisch und jüdischer Geschichte erteilt. Neben dem Rabbiner gibt es im Gemeindezentrum noch Lehrer und sogenannte *matarife*, die für das rituelle Schächten des Viehs zuständig sind. Das koschere Fleisch wird in drei Metzgereien verkauft. Die meisten koscheren Lebensmittel werden allerdings aus Holland, Frankreich, England und Israel bezogen, da eine eigene Produktion für die Gemeinde zu aufwendig und nicht rentabel wäre. So wird sogar das ungesäuerte Brot aus Holland importiert. Lediglich in einer kleinen koscheren Bäckerei wird in Melilla Gebäck herstellt, und dort werden auf Bestellung auch andere Lebensmittel zubereitet. In der Gemeinde gibt es außerdem noch einen *mojel*, der die Beschneidung der Jungen am 7. Tag nach der Geburt durchführt. Die *jebrá* - eine Art Laienbruderschaft - übernimmt den geistlichen Beistand von Hinterbliebenen verstorbener Gemeindemitglieder sowie die Organisation der Beerdigung. Die *Comunidad* begleitet und organisiert in religiöser Hinsicht alle Lebensabschnitte ihrer Mitglieder. Im Gemeindezentrum gibt es zudem ein rituelles Bad (*nirvé*), das insbesondere von Frauen für die religiös vorgeschriebene Reinigung nach der Menstruation genutzt wird.

In Melilla kann man jedoch keine Ausbildung zum Rabbiner erhalten. Bis zur Mitte des 20. Jahrhunderts war die geographisch nächstgelegene Möglichkeit dazu in Marokko gegeben. Da dort aber die Gemeinden zum Teil verschwunden oder stark geschrumpft sind, kann die Ausbildung heute nur noch in England oder Israel absolviert werden. Der derzeitige Rabbiner in Melilla stammt aus der Stadt; er hat in England und Israel studiert und war vor seiner Rückkehr längere Zeit in Kopenhagen tätig. Da nicht alle aus Melilla stammenden Rabbiner wieder in ihre Heimatstadt zurückkehren können, sind sie in den weltweit zerstreuten jüdischen Gemeinden tätig. Neben der *Comunidad Israelita de Melilla* gibt es noch zwei Jugendgruppen, die aber keinen explizit religiösen Charakter haben. Sie dienen dem gegenseitigen Kennenlernen der Jugendlichen, und sie sind in sozialer Hinsicht in der wohltätigen Hilfe bedürftiger Menschen aktiv. Eine hebräische Frauengruppe engagiert sich ebenfalls in sozialen Bereichen. Sie haben beispielsweise eine Modenschau mit kleinen Kindern veranstaltet, um mit den gesammelten Einnahmen der jüdischen Gemeinde von Sarajewo zu helfen. In diesem Zusammenhang ist auch Yamin Benarroch zu erwähnen, für den ein Gedenkstein auf einem nach ihm benannten Platz im Zentrum der Stadt errichtet wurde. Yamin Benarroch war eine wichtige jüdische Persönlichkeit in Politik und Wirtschaft, der der jüdischen Gemeinschaft im Jahr 1924 die große Synagoge im Stadtzentrum stiftete und sich nicht nur gegenüber den Hebräern sehr für wohltätige Zwecke einsetzte. Soziales Engagement hat in der hebräischen Gemeinschaft also Tradition, aber nicht mehr dieselbe Bedeutung wie dies noch vor dem Ende des Zweiten Weltkriegs der Fall war, weil danach insbesondere ärmere Juden in großer Anzahl nach Israel und Venezuela ausgewandert sind (vgl. Kap. 3.1.).

Mitte der 80er Jahre hat Driessen (1992, S. 97 ff) während seiner Feldforschung in Melilla festgestellt, dass es sich bei den Hebräern um eine sehr religiöse Gemeinde handelt. Als Begründung gibt Driessen an, dass sie gemäß den religiösen Vorschriften am Sabbat und anderen religiösen Feiertagen ihre Geschäfte schließen, und dass die Gottesdienste gut besucht werden. Ein interviewtes Mitglied der Gemeinde erinnerte sich demgegenüber allerdings, dass noch vor ca. 15 - 20 Jahren - also Anfang bis Mitte der 80er Jahre - wesentlich weniger auf die Einhaltung religiöser Vorschriften geachtet wurde. Damals hat man fast alle Hebräer am Samstag/Sabbat Auto fahren oder in einer Bar Bier trinken sehen können. Beides ist am Sabbat verboten. Seit 10 - 15 Jahren hat eine Rückbesinnung auf die Religion stattgefunden, und man achtet nun wesentlich stärker auf die religiösen Normen. Dennoch gibt es eine innere Differenzierung der hebräischen Gemeinschaft, die nicht entlang des ehemaligen Unterschiedes der Abstammung von sephardischen oder ländlichen Juden verläuft, da es - wie in Kap. 3.1. bereits erwähnt - zu einer starken Abwanderung von Hebräern und damit zu einer Verkleinerung der Gemeinschaft kam und sich beide Gruppen über Eheschließungen stark vermischt haben. Vielmehr verläuft der Unterschied heute entlang den Zuschreibungen konservativ versus liberal, bzw. fromm versus säkular. Dennoch sind die meisten Hebräer Mitglieder in der *Comunidad Israelita de Melilla*.

Die streng gläubigen Hebräer pflegen ihre sozialen Kontakte bzw. Beziehungen hauptsächlich innerhalb der eigenen religiösen Gemeinschaft, während die säkularen aufgeschlossener gegenüber Freundschaften und Beziehungen zu Angehörigen anderer Religionsgemeinschaften sind. Zu der letztgenannten Gruppe gehören auch die Partner/innen von etwa 12 Mischehen zwischen Hebräern und Katholiken (vgl. Driessen 1992, S. 98). Allerdings sind Eheschließungen zwischen Katholiken und Hebräern ein junges und eher seltenes Phänomen. Driessen (1992, S. 105) berichtet über die erste Ehe zwischen einem Hebräer und einer Christin für Anfang der 1950er Jahre, die sowohl familiär als auch bürokratisch auf große Probleme stieß. Hebräer und Christen waren damals vor dem spanischen Gesetz nicht gleichgestellt, und es gab noch keine Trennung der zivilen und kirchlichen Ehe. Die Ehen zwischen männlichen Hebräern und Christinnen (oder generell andersgläubigen Frauen) sind auch deshalb schwierig, weil konservative bzw. orthodoxe Hebräer die Meinung vertreten, dass ein Jude nur sein kann, wer von einer jüdischen Mutter abstammt. So wären also die Kinder aus diesen Ehen keine Juden. Mit Angehörigen der muslimischen oder hinduistischen Religionsgemeinschaften gibt es keine Mischehen.

Die Hebräer von Melilla verstehen sich selbst als die „Verwalter" bzw. Bewahrer der jüdischen Tradition in Spanien, und man ist stolz darauf, die älteste und frommste jüdische Gemeinschaft in Spanien zu sein (vgl. Driessen 1992, S. 97 f). Das Selbstverständnis der meisten Hebräer ist dennoch zweigeteilt. Es verfügen zwar fast alle über die spanische Staatsangehörigkeit, und man spricht untereinander Spanisch[134], es bestehen aber gleichzeitig auch starke emotionale und spirituelle Bezüge zu Israel. So gibt es beispielsweise ältere Hebräer, die im Ruhestand nach Israel emigrieren möchten, um u.a. im Heiligen Land beerdigt zu werden. Zudem haben die meisten Hebräer Verwandte oder Freunde in Israel und waren dort auch schon zu Besuch (vgl. Driessen 1992, S. 101). Die besonderen Verbindungen der hebräischen Gemeinschaft von Melilla mit Israel kommen auch in einem dreitägigen Besuch der Stadt durch den damals neuen israelischen Botschafter in Spanien im April 2000 zum Ausdruck. Dem Besuch lag eine offizielle Einladung der Stadt und der Wunsch des Botschafters nach einer Fortführung der Begegnung und des Kontaktes mit der jüdischen Gemeinschaft vor Ort zugrunde (vgl. El Faro de Melilla 03.04.2000, Melilla Hoy 03.04.2000).

Mit dem Staat Israel besteht folglich eine Heimstatt, zu der man jederzeit aus der jahrhundertelangen Diaspora „zurückkehren" kann. Heute gehen auch viele jugendliche Hebräer aus Melilla zum Studium nach Israel, da sie dort in einem entsprechenden religiösen Umfeld studieren können. In Granada wäre das beispielsweise nicht möglich, da dort keine jüdische Gemeinde existiert. Diejenigen, die in Israel studieren, kommen oft nicht wieder nach Melilla zurück, im Gegensatz zu denjenigen die in einer spanischen Stadt das Studium durchgeführt haben. Große jüdische Gemeinden gibt es in Spanien nur noch in Madrid, Málaga und Barcelona, von denen wiederum viele Angehörige aus Melilla stammen bzw. deren Nachkommen sind. Nach den großen Abwanderungswellen nach dem Zweiten Weltkrieg ist die Gemeinschaft in Melilla erheblich geschrumpft, aber sie gilt heute als relativ stabil. Es wandern nur noch wenige Hebräer ab. Nach Driessen (1992, S. 101) werden die Hebräer von den katholischen Spaniern zwar als Melillenser akzeptiert, da sie schon seit Generationen dort leben, aber in letzter Konsequenz dennoch nicht als „echte" Spanier. Die alltägliche Bezeichnung als Hebräer (*hebreos*) oder Juden (*judíos*) ist nach Driessen ein Hinweis darauf, dass sie weiterhin eher als Fremde betrachtet werden. Sie sind zwar Spanier, aber sie weichen dennoch von der nationalen Norm ab, gleichzeitig katholisch zu sein. Die Vor- und Zunamen der Hebräer weisen ja schon darauf hin, sie klingen meistens „fremdartig" und nicht „spanisch".

Die sozialen Grenzen zwischen den Religionsgemeinschaften erzeugen Distanz, so wie es auch von einem hebräischen Interviewpartner wahrgenommen wird. Er vertritt die Meinung, dass es ein Zusammenleben der vier Religionsgemeinschaften bzw. „Kulturen" in der Praxis nicht gäbe, sondern lediglich ein „miteinander aushalten": *„Wir leben nicht zusammen, wir halten es miteinander aus. Das ist meine persönliche Meinung. Das ist eine Sache [das Zusammenleben der vier Kulturen], die sich sehr gut nach außen verkauft. Wir leben alle ein wenig in unseren eigenen Kreisen, wir haben Beziehungen zu den anderen, aber jeder lebt in seiner eigenen Gruppe. (...) So leben wir alle, und wir begegnen uns auf der Straße. Wir haben*

---

134 Hebräisch hat ausschließlich für die religiöse Praxis Bedeutung. Es gibt außerdem noch einige Hebräer, die Arabisch bzw. etwas Tarifit sprechen.

alle Beziehungen und Freundschaften, aber jeder lebt mehr oder weniger in seiner Gemeinschaft. Und es gibt ein Bild, das von der hohen Politik nach außen exportiert wird." Der Diskurs der „vier Kulturen" wird somit als politische Schönfärberei gesehen, schließlich lebt jeder hauptsächlich in den Kreisen der eigenen Religionsgemeinschaft, trotz „dazwischen" liegender Begegnungen und Bekanntschaften. Diese Sichtweise widerspricht zudem der verbreiteten Meinung, dass insbesondere die Hebräer in sozialer Hinsicht sehr verschlossen seien, denn demnach sind es die Christen, Muslime und Hindus ebenfalls.

4.5.2. Die Organisation der hindustischen Gemeinschaft und Identität in Ceuta

Nachdem sich in der ersten Hälfte des 20. Jahrhunderts in Ceuta eine zunächst kleine Gemeinschaft hinduistischer Händler gebildet hatte, schlossen sie sich 1948 in der *Asociación Comerciantes Hindúes* zusammen (vgl. Kap. 3.1.). Die Asociación hat sich mit dem Anwachsen der Gemeinschaft, der heute nicht mehr ausschließlichen Tätigkeit der Hindus im Handel sowie neuen, über ökonomische Aspekte hinausgehenden Aufgaben Anfang der 90er Jahre in die *Comunidad Hindú de Ceuta* umbenannt. Die *Comunidad* fungiert mit ihrem derzeitigen Präsidenten Ramesh Chandiramani als Ansprechpartner der gesamten Gemeinschaft und vertritt nun auch explizit religiöse bzw. kulturelle Aspekte des alltäglichen Lebens der Hindus beispielsweise gegenüber der Stadtverwaltung oder der Regierungsvertretung (*Delegación del Gobierno*). So hat die *Comunidad* einen Antrag für den Bau eines kleinen Tempels (*mander*) bei den lokalen Behörden gestellt. Der Ausübung gemeinschaftlicher religiöser Praktiken dienen bisher das Vereinslokal der *Comunidad* im Stadtzentrum und private Wohnungen. Nach Aussage des Präsidenten unterstützt die *Comunidad* die Vemittlung der Lehren der Religion und der hinduistischen Kultur. Der Präsident legte besonderen Wert darauf zu betonen, dass man seit jeher mit den „anderen Kulturen" sehr gut zusammenleben würde. Dabei ist sicherlich auch von Bedeutung, dass zwischen den Hindus und den anderen Religionsgemeinschaften keine historisch bedingten Vorbelastungen existieren, wie dies zwischen Christen und Muslimen der Fall ist. Die Hindus kamen als „neue Fremde" nach Ceuta und Melilla. Sie meiden Konflikte mit Angehörigen anderer Religionsgemeinschaften und versuchen ein positives Image von Gemeinschaft zu produzieren.

Als Ausdruck dieser Bemühungen und gleichzeitig ihres Erfolgs können beispielhaft zwei Ereignisse genannt werden. Im Jahr 1998 wurde das 50jährige Bestehen der *Comunidad* mit einem Festakt im Rathaus der Stadt begangen, wobei u.a. der Regierungsvertreter (*Delegado del Gobierno*), der Präsident der Stadt und der Generalkommandant der militärischen Einheiten in Ceuta sowie ein Abgesandter der indischen Botschaft in Spanien anwesend waren (vgl. Ramchandani 1999). Dabei erfolgten gegenseitige Ehrungen und Würdigungen. Einige Tage später war zudem eine Photoausstellung über die Hindugemeinschaft im Museum von Ceuta zu besichtigen. Im Juni 1999 kam es zu einem Besuch des Bischofs der Diözese Cádiz, zu der auch Ceuta gehört, im Vereinslokal und Tempel der Comunidad, wobei man sich gegenseitig ein gutes religiöses Einvernehmen bestätigte. Dabei kam es noch zu dem wichtigen Hinweis seitens des Präsidenten Chandiramani, dass die großen hinduistischen Lehrmeister Jesus als universellen geistlichen Lehrer betrachteten (vgl. El Faro de Ceuta 18.06.1999). Im Gegensatz dazu kam es während dieses Besuchs lediglich zu einem informellen Gespräch des Bischofs mit einem Vertreter der muslimischen Gemeinschaft. Von einem Treffen mit Vertretern der jüdischen Religionsgemeinschaft ist darin überhaupt nicht die Rede. Die Jahresfeier und der Besuch des Bischofs symbolisieren im hohen Maße die erfolgreichen Bemühungen der Hindus um Akzeptanz und Integration in die christlich-spanische Gesellschaft von Ceuta. Für ihre Bestattungszeremonien erhielten die Hindus allerdings erst nach 1995 von der Stadtverwaltung ein Krematorium, bis dahin mussten sie ihre Verstorbenen nach rituellem Brauch am Strand unterhalb der Mülldeponie (!) verbrennen, was von Ramchandani (1999, S. 91) als „unter unmenschlichen Bedingungen" bezeichnet wird.

Im Sinne der erwähnten Bemühungen um Akzeptanz und als Zeichen des Willens zu Integration ist auch ein Buch von Juan Carlos Ramchandani (1999) mit dem bezeichnenden Titel „*Corazones de la India - Almas en Ceuta*" (Herzen aus Indien - Seelen in Ceuta) zu verstehen. Darin werden jeweils recht knapp aber mit vielen Illustrationen und Photos eine Geschichte der Herkunftsregion Sindh (im heutigen Pakistan gelegen), eine Geschichte der Hindu-*community* von Ceuta, Erläuterungen zur Religion sowie Kochrezepte typischer Speisen dargestellt. Die Intention des Buches liegt offensichtlich darin, einerseits den Angehörigen der anderen Religionen die eigene Geschichte, Kultur und Religion Nahe zu bringen, sowie andererseits, die Verbundenheit der Hindus mit Ceuta und ihrer Gesellschaft aufzuzeigen. Allein der erwähnte Titel drückt das Selbstverständnis des Autors sowie sicherlich einer Mehrheit der Hindus aus: Man fühlt sich sowohl Indien als auch Ceuta und damit Spanien verbunden. Der Autor Ramchandani hat selber einen hinduistischen Vater und eine christliche Mutter, und er begann als Jugendlicher sich sehr stark für Indien und den Hinduismus zu interessieren.

Aufgrund dieses persönlichen Interesses schreibt Ramchandani (1999, S. 102) auch über die religiöse Organisation der hinduistischen Gemeinschaft von Ceuta. Erst Ende der 60er/Anfang der 70er Jahre kamen demnach die ersten Gurus (geistliche Lehrer) und spirituellen Meister nach Ceuta, um religiöse Vorträge und Sitzungen in *Sindhi* und *Hindi* abzuhalten. Seitdem hat nach Ramchandani die religiöse Praxis in verschiedenen Gruppen erheblich zugenommen. Die Gemeinschaft ist heute unter dem Dach des Hinduismus in verschiedene religiöse Gruppen bzw. Anhängerschaften (z.B. Satnam Sakhi, Vaisnavas/Hare Krishna, Anandpur, Radha Swami, Sai Baba und Dada Sham) differenziert, wobei die verschiedenen Gruppierungen sich gegenseitig respektieren und nach Ramchandani (1999, S. 102) einen herzlichen Umgang sowie gegenseitige Teilnahme bei religiösen Übungen pflegen. Zur Ausübung von Gebeten oder anderen religiös-rituellen Zeremonien (auch Hochzeiten) vereint man sich -wie bereits erwähnt - in den Wohnungen bzw. Häusern oder im Vereinssitz der *Comunidad* im Zentrum der Stadt. Als großes gemeinsames Fest wird alljährlich das Neujahrfest (*Diwali*) im Oktober oder November begangen. Aus diesem Anlass treffen sich alle Mitglieder der Gemeinschaft in der Regel in einem großen Hotel in Ceuta, um dort zu feiern, wozu dann auch eine indische Musikgruppe aus Indien oder London geladen wird. Die meisten Hindus in Ceuta haben zudem kaum Kontaktschwierigkeiten mit der christlichen Religion. Sie sehen kein Problem darin, beispielsweise eine Kirche zu betreten oder Weihnachtslieder zu singen und den Weihnachtsbrauch mit Baum und Krippe daheim zu pflegen. Das betrifft nicht nur die zahlreichen Mischehen zwischen Hindus und Katholiken, sondern auch andere Familien. In diesem Zusammenhang ist die aktive Teilnahme eines jungen hinduistischen Händlers als Träger der Statue des *Cristo de Medinacelli* während einer Prozession der *Semana Santa* (Karwoche) besonders bemerkenswert. Allerdings ist der interviewte Händler sich bewusst, diesbezüglich einen Einzelfall darzustellen. Der Händler nimmt - wie er erzählte - an allen christlichen Gebräuchen teil, und während der *Semana Santa* schmückt er sein Schaufenster mit der christlichen Symbolik. Dagegen unterbleibt bei ihm an hinduistischen Feiertagen eine entsprechende Dekoration in seinem Geschäft. Zudem erwähnte eine Interviewpartnerin explizit, dass bei weitem nicht von allen Hindus die religiösen Vorschriften eingehalten werden, wie beispielsweise das Verbot des Verzehrs von Rindfleisch. Die Angehörigen der Hindu-Gemeinschaft sind folglich bezüglich der Einhaltung religiöser Normen ebensowenig homogen wie die Christen, Muslime und Hebräer.

Die hohe Anzahl von Mischehen, die ausschließlich zwischen Hindus und Katholiken existieren, trägt sicherlich mit dazu bei, dass die Hindus gegenüber der christlichen Religion sehr offen sind. Immerhin kommen seit den 40er Jahren Mischehen vor, und heute soll es keine Hindu-Familie mehr geben, in der nicht wenigstens einige Angehörige christliche Partner bzw. Partnerinnen haben (vgl. Kap. 3.1.4.). In einem Interview äußerte ein junger Händler sogar eine Schätzung von 40% Mischehen in der Generation der ca. 20 - 40 Jährigen! In den meisten Mischehen vertreten die Partner die Meinung, dass die Kinder - wenn sie erwachsen sind - entscheiden sollen, welcher Religion sie angehören wollen: „*Ich habe zum Beispiel einige sehr gute Freunde, mit denen wir essen gehen oder Urlaubsreisen unternehmen und so etwas, und er ist Hindu und sie Christin. Und dann, wenn der Junge zur Kirche gehen muss, zu einer Hochzeit oder einer Taufe, dann geht der Junge. Er ist dreieinhalb Jahre alt. Und zum Hindutempel geht er ebenfalls. Das heißt, ihm werden beide Religionen beigebracht. Wenn der Junge später älter ist und mehr versteht, dann kann er sich für die eine oder andere entscheiden.*" Dieser Umgang mit der Religionszugehörigkeit der Kinder aus Mischehen erscheint sehr tolerant, insbesondere wenn man einen Vergleich zu Mischehen mit jüdischen oder muslimischen Partnern zieht. Nach jüdischen Vorstellungen ist nur das Kind einer jüdischen Mutter als Jude anerkannt. Aber auch im Islam existieren Normen, wonach die Kinder aus einer Ehe zwischen einem Muslim und der Angehörigen einer Buchreligion (Judentum oder Christentum) automatisch als Muslime verstanden werden.

Als ein wichtiger Aspekt der Bewahrung eigener Kultur und Identität wird von vielen Hindus die Sprache gesehen. Allerdings ist man sich der diesbezüglichen Schwierigkeiten bewusst. Aufgrund seines großen Interesses für den Hinduismus und der Geschichte und Kultur des *Sindh* stellt Ramchandani (1999, S. 116 f) die Frage nach der Zukunft des *Sindhi*, als Sprache ihres Herkunftslandes: *„Im speziellen Falle des Sindhi in Ceuta ist die Zukunft auch nicht sehr hoffnungsvoll, denn das Sindhi wird von den älteren Personen, die im Sindh geboren wurden und von Personen mittleren Alters, die aus Indien kommen, gesprochen. Die neuen Generationen, die in Ceuta geboren wurden, sprechen und wählen natürlich Spanisch, Englisch und die Nationalsprache Indiens, das Hindi, auch wenn viele von ihnen Sindhi verstehen. So kommt es oft zu der komischen Situation, dass eine Konversation, die zweckmäßigerweise in einer Sprache sein sollte, eine Mischung aus Sindhi, Hindi, Spanisch und Englisch ist. (20)"* Die Probleme des Erhalts der Sprache in der Diaspora bestehen nach Ramchandani nicht nur in der Vielsprachigkeit der jüngeren Generation, sondern auch darin, dass erstens die nachfolgenden Generationen nur die gesprochene Sprache und nicht die Schriftsprache gelernt haben, und zweitens das *Sindhi* heute weder in Pakistan noch in Indien eine offizielle und/oder in der Schule unterrichtete Sprache darstellt. Es existiert also keine Möglichkeit des Rückbezugs auf eine Nationalsprache. Darüber hinaus gibt es zwei verschiedene Schreibmöglichkeiten, und zwar mit arabisch-persischen Schriftzeichen oder mit der in Indien verbreiteten *Devnagari*-Schrift (Sanskrit). Für Ramchandani (1999, S. 117) stellt das Überleben der Sprache allerdings nicht nur ein linguistisches Problem dar, sondern sie bildet einen fundamentalen Bestandteil für die Bewahrung der Identität und den Erfolg einer Gemeinschaft in der Diaspora. Tatsache ist allerdings, dass die Hindus auch untereinander sehr viel Spanisch sprechen, und lediglich zu Hause versuchen *Sindhi* oder *Hindi* zu praktizieren, wobei das Erlernen der letzteren durch die Satellitenübertragung von Fernsehprogrammen aus Indien etwas erleichtert wird.

Während die ältere Generation noch stärker darauf geachtet hat, dass ihre Kinder *Sindhi* lernen, so ist dies in den jüngeren Generationen nicht mehr allgemein üblich. Es gibt Familien, in denen den Kindern neben Spanisch und Englisch auch *Sindhi* beigebracht wird, und solche, in denen *Sindhi* nicht mehr vermittelt wird. Über die Problematik von Sprache, Kultur und Identität in ihrer eignen Familie erzählte eine hinduistische Schreibwarenhändlerin wie folgt: *„Und jetzt haben wir Kinder, und sie haben sehr die Gewohnheiten von hier angenommen. Wenn du heute nach Indien gehen willst, dann wollen sie nicht mit nach Indien gehen. Es gefällt ihnen nicht. Gut, wir versuchen sie dazu zu bringen, ihr Heimatland kennen zu lernen, und dass sie nicht das Ihre verlieren (...). In meiner Wohnung habe ich ein Zimmer, in dem man betet, und in dem die Gebräuche praktiziert werden, damit sie nicht verloren gehen. (...) Zu Hause sprechen wir kein Sindhi, dass ist unser Fehler. Und so wie wir in Spanisch denken, sprechen wir auch in Spanisch. Zum Beispiel, meine Mutter und meine Schwiegermutter schelten uns immer, weil meine Kinder nicht die Sprache verstehen. Und so kommt es, dass sie wie in Indien Englisch miteinander sprechen, wenn du in Indien Englisch sprichst, dann verstehen dich alle. (...) Englisch ist die wichtigste Sprache auf der ganzen Welt, weil alle Englisch sprechen. Und so achten wir darauf, dass unsere Kinder Englisch lernen. Aber meine Mutter und meine Schwiegermutter sagen, sie müssen Sindhi sprechen. Es ist das wenige, was uns geblieben ist. Man kann sagen, dass die neuen Generationen es vielleicht*

verlieren werden, weil selbst, wenn du nach Indien gehst, dann sprechen die Ju-
gendlichen dort kein Sindhi, sondern sie sprechen Englisch, weil es schöner ist, es
ist in Mode. Und wenn sie dich Sindhi sprechen hören, dann sagen sie: Schau nur,
diese dummen Bauern."

Das Problem des Spracherhalts liegt also auch darin, dass viele Kinder Sindhi
nicht mehr als einen wichtigen Bestandteil ihrer Kultur und Identität betrachten,
zudem Indien für sie ein fremdes Land ist. Neben Spanisch ist vielmehr Englisch
als Weltsprache von größerer Bedeutung. Hinzu kommt noch, dass Englisch auch
eine wichtige Verkehrssprache zwischen den - nach Schätzungen des Präsidenten
der *Comunidad* - ca. 5,5 Millionen weltweit verstreut lebenden Hindus aus der
Region *Sindh* darstellt. Von ihnen leben die meisten in England (London) und in
bestimmten Regionen in Indien. Es gibt aber auch größere *communities* z.B. in
Singapur, Hongkong, Japan, dem Vorderen Orient, den Vereinigten Staaten, Europa
(u.a. in Hamburg und Frankfurt), Lateinamerika, Afrika und Australien (vgl. Ramchandani 1999, S. 38). In Spanien existieren Hindu-Gemeinschaften außer in Ceuta
und Melilla noch in Las Palmas de Gran Canaria, Madrid, Barcelona, Málaga und
Valencia.

Zumindest in Ceuta haben sich die Hindus sozial und ökonomisch sehr gut etabliert, so dass kaum Abwanderungswünsche bestehen und lediglich in den letzten
Jahren aus geschäftlichen Gründen einige Hindus auf die Kanarischen Inseln oder
in spanische Städte der Iberischen Halbinsel abgewandert sind, allerdings nicht in
dem Umfang, wie es in Melilla der Fall war (vgl. Kap. 3.2.). So verwundert es auch
nicht, dass ein junger Händler sein Selbstverständnis wie folgt beschrieb: „*Zu aller*
erst fühle ich mich als Ceutí. Und Ceutí zu sein bedeutet logischerweise auch Spa-
nier zu sein, unabhängig davon, dass ich auch Hindu bin. Aber ich habe meinen
Personalausweis, ich habe meinen Reisepass, ich bin eingebürgert. Ich lebe nach
den Normen, die die spanische Regierung vorschreibt. Und schließlich fühlen wir
uns, ich glaube wie fast alle, die hier in der Stadt leben, spanisch. (...) Ich kenne
verschiedene Muslime, die ganz normal mit anderen zusammenleben. Nicht wahr?
Aber schauen wir mal, du weißt ja, dass es innerhalb jeder Gemeinschaft Leute
gibt, ebenso wie es auch Hindus gibt, die sich nicht sehr spanisch fühlen, oder Spa-
nier, die sich nicht sehr danach fühlen, das sie aus Sevilla oder Málaga kommen,
die sich sehr mit hier verbunden fühlen. Das ist verschieden, in jeder Gemeinschaft
und in jeder Kultur hängt es davon ab, wie dich die Älteren erzogen haben. Und vor
allem erhält man die Erziehung von seinen Eltern." Als Händler in der Fremde war
natürlich den meisten Hindus sehr daran gelegen, mit den Spaniern gut auszukom-
men, sich zumindest soweit wie nötig anzupassen, was natürlich auch als wichtige
Voraussetzung für gute Geschäfte zu sehen ist. Unabhängig davon inwieweit die
christlichen Spanier die Hindus als „echte" Spanier akzeptieren, fühlen sie sich
selbst als zugehörig. Sie sind Ceutis, Spanier und Hindus - und manchmal auch
Christen!

4.5.3. Zusammenfassung: Hindus und Hebräer -
ein Leben in der Diaspora

Die Angehörigen der sehr kleinen Gemeinschaften der Hindus und Hebräer leben - im Gegensatz zu der Selbstsicht der Muslime - in Ceuta und Melilla in der Diaspora, d.h. sie leben in der „Zerstreuung" in Gebieten andersgläubiger Bevölkerung. Bei den Hebräern (bzw. den Juden) hat die Diaspora eine jahrhundertealte Geschichte, wobei ihre Ansiedlung in Ceuta und Melilla - von wenigen kurzzeitigen Ausnahmen in Ceuta abgesehen - auf das 19. Jahrhundert zurückgeht (vgl. Kap. 3.1.2. u. 3.1.5.). Nach der Gründung des Staates Israel im Jahre 1948 kam es jedoch zu einer größeren Abwanderung von Hebräern dorthin. Mit dem Staat Israel besteht eine Heimstatt, zu der man jederzeit aus der Diaspora „zurückkehren" kann. Neben starken emotionalen und spirituellen Verbindungen zu Israel beinhaltet das Selbstverständnis der meisten Hebräer auch intensive Bezüge zu Spanien (fast alle verfügen über die spanische Staatsangehörigkeit, und man spricht untereinander Spanisch) sowie zu Ceuta bzw. Melilla (man lebt dort schließlich seit einigen Generationen). Die hebräischen Gemeinschaften in Ceuta und Melilla wirken auf viele Angehörige der anderen Religionsgemeinschaften sehr verschlossen. Innerhalb der hebräischen Gemeinschaften bestehen jeweils konservative bzw. sehr religiöse sowie liberale und säkulare Gruppierungen.

Die Zuwanderung von Hindus nach Ceuta und Melilla fand Anfang des 20. Jahrhunderts statt, wobei die größten Zuwächse der Gemeinschaften erst nach der Unabhängigkeit Indiens im Jahr 1947 und der Entstehung des Staates Pakistan erfolgte, da diese historischen Ereignisse eine Vertreibung vieler Hindus auch aus der Region Sindh nach sich zog (vgl.Kap. 3.1.3.). Die Vertriebenen gingen nicht nur nach Indien, sondern immigrierten auch nach Großbritannien sowie in zahlreiche andere Länder, in denen zum Teil bereits Hindu-*communities* existierten. Zwischen den einzelnen Gemeinschaften in der Diaspora bestehen vielfache, soziale und ökonomische Netzwerke, die sich beispielsweise dann als besonders hilfreich erweisen, wenn eine Familie aus ökonomischen Gründen einen Ortswechsel vornimmt. Die meisten Angehörigen der Hindu-Gemeinschaft in Ceuta sind in sozialer und religiöser Hinsicht gegenüber der christlichen Bevölkerung sehr offen, was sich an der vergleichsweise hohen Zahl an Mischehen sowie den geringen Kontaktängsten mit religiösen Riten des katholischen Glaubens zeigt. Diese Verhaltensweisen könnten auch als spezifische Handlungsstrategien in einer Diasporasituation interpretiert werden. Die kulturelle Identität der Hindus ist - verallgemeinernd gesprochen - als „bewusst hybrid" anzusprechen, man lebt in der Regel sehr reflektiert in verschiedenen kulturellen Bezügen. Darüber hinaus wird die differenzierte hinduistische religiöse Praxis durch verschiedene Gruppen bzw. Anhängerschaften repräsentiert. Sowohl die hinduistischen als auch die hebräischen Gemeinschaften und Vereinigungen vertreten keine „kämpferischen" Positionen gegenüber der christlichen Bevölkerung bzw. den Stadtverwaltungen, und sie stellen auch nicht die christlich fundierte *españolidad* von Ceuta und Melilla in Frage.

4.6. Der Diskurs des „harmonischen Zusammenlebens der vier Kulturen" in Ceuta und Melilla: eine Strategie der Stadtverwaltungen

Seit Mitte der 80er Jahre begann sich im öffentlichen Diskurs von Ceuta und Melilla das Schlagwort des „Zusammenlebens (*convivencia*) der vier Kulturen" sowie der „multikulturellen Gesellschaft" zur Beschreibung der eigenen gesellschaftlichen Situation mehr und mehr durchzusetzen. Zuvor war bezüglich der Muslime, Hebräer und Hindus ausschließlich von ethnischen Minoritäten (*las minorías étnicas*) die Rede (vgl. Gordillo Osuna 1972). Der Begriff der „multikulturellen Gesellschaft" war in Europa vor 1970 noch nicht üblich, sondern wurde erst in den 80er und insbesondere in den 90er Jahren im Zusammenhang mit Zuwanderung Gegenstand der Diskussion (vgl. Bade 1996, Mintzel 1997 sowie Kap. 1.3.4.). Mit dem Begriff ist eine Reflexion über das eigene gesellschaftliche bzw. nationale Selbstverständnis verbunden, und dies ist in Spanien offiziell überhaupt erst seit dem Ende des Franquismus und der Einführung der Verfassung (1978) möglich. Seitdem ist der Katholizismus nicht mehr Staatsreligion, die Religionsfreiheit ist anerkannt, und die kulturelle Pluralität der spanischen Gesellschaft (Basken, Katalanen etc.) wird offiziell akzeptiert. (vgl. Mintzel 1997). Weitere wichtige rechtliche Schritte als Rahmenbedingungen und Anzeichen für Veränderungen des nationalen Selbstverständnisses waren die offizielle Anerkennung des Islams als „Religion mit offenkundiger Verwurzelung in Spanien" (1989) und die staatlichen Kooperationsabkommen mit anderen Religionsgemeinschaften (1992) (vgl. Kap. 4.3.). Eine Diskussion über multikulturelle Gesellschaften im Zusammenhang mit Zuwanderung existiert in Spanien erst seit Anfang der 90er Jahren, nachdem nun auch in dieses europäische Land eine erhöhte Immigration - insbesondere aus Marokko - erfolgt (vgl. Meyer 2002).

In Ceuta und Melilla ging der Diskurs über die „multikulturelle Gesellschaft" zunächst von Schulpädagogen aus, die spezifische Probleme von Kindern mit anderem kulturellen bzw. sprachlichen Hintergrund erkannt hatten. Die Schulpädagogen versuchten „multikulturelle Unterrichtsformen" zu entwickeln, die sich - von Pilotprojekten abgesehen - bisher in den Lehrplänen aber noch nicht durchsetzen konnten (vgl. Arroyo Gonzáles 1997, Moga Romero 2001, Melilla Hoy 26.03.2000). Zudem führte - es sei hier nochmals darauf hingewiesen - der Kampf der Muslime gegen die Anwendung des neuen Ausländergesetz von 1985 bis 1987 und die folgende umfangreiche Vergabe von neuen Staatsbürgerschaften zu veränderten gesellschaftlichen Konstellationen in den beiden Städten, da jetzt die meisten Muslime zumindest rein rechtlich zu gleichberechtigten Bürgern wurden. Die Liberalisierung der spanischen Gesellschaft, die rechtliche Zulassung von kultureller Pluralität, die zumindest offizielle Auflösung der Verknüpfung von Katholizismus und nationaler Identität, die Forderungen nach kultureller Akzeptanz (hauptsächlich) seitens der Muslime sowie das schlechte bzw. rassistische Image von Ceuta und Melilla insbesondere in der politisch linksorientierten nationalen Presse (z.B. El País) und im Nachbarland Marokko machten eine neue „Formel" für das gesellschaftliche Selbstverständnis in den beiden Städten notwendig. Nun wurde mehr und mehr von christlich-spanischen Politikern sowie in der lokalen Presse von einer friedlichen, herzlichen oder harmonischen und traditionsreichen *convivencia* zwischen den Religionen (*religiones*) oder - wie man sich in der Anfangsphase des Diskurses oft ausdrückte - den Rassen (*razas*) bzw. Ethnien (*étnias*) gesprochen und geschrieben (vgl. Stallaert 1998, S. 154 ff).

Der Begriff der *convivencia*, der übersetzt zunächst nur „Zusammenleben" bedeutet, beinhaltet in Spanien allerdings eine darüber hinaus gehende Semantik, indem damit das vielfach idealisierte Zusammenleben von Muslimen, Christen und Juden in der Epoche von Al-Andalus bezeichnet wird (vgl. Kap. 2.1.). In diesem Sinne ist der Begriff *convivencia* bereits positiv besetzt. Der Diskurs der *convivencia* hat in Ceuta und Melilla jeweils die gesamte Gesellschaft durchdrungen, und er umfasst die Medien, medienvermittelte öffentliche Diskussionen sowie Politik und Wissenschaft (vgl. Planet Contreras 1997, Moga Romero 2000). Er wurde allerdings von vielen Gesprächspartnern - insbesondere von Muslimen - sehr kritisch gesehen und als eine Farce bezeichnet. Die Existenz einer echten *convivencia* wurde vielfach bestritten, und man sprach lediglich von einer Koexistenz (*coexistencia*), d.h. einem friedlichen *Nebeneinander*. Dennoch wird der politische Diskurs der *convivencia* bei aller Kritik an den realen Umständen auch von Führern muslimischer Vereinigungen sowie muslimischen Politikern zumindest im Sinne eines anzustrebenden Ideals akzeptiert (vgl. Kap. 4.3. sowie Stallaert 1998, S. 154 ff). Mit den Autonomiestatuten von 1995 verpflichten sich die offiziellen Institutionen der Städte Ceuta und Melilla ihre Kräfte zur Verwirklichung verschiedener grundlegender Ziele einzusetzen, so auch für die Förderung der kulturellen Pluralität - in Melilla zusätzlich für die sprachliche Pluralität - ihrer Bewohner: *„Die Förderung und der Anreiz von Werten wie Verständnis, Respekt und Achtung gegenüber der kulturellen (Melilla: und sprachlichen) Pluralität der Bewohner von Ceuta/Melilla.* (21)" (Estatuto de Autonomía de Ceuta/Melilla, Ley Orgánica 1/2-1995, jeweils Artikel 5) Als Konsequenz ist in den 90er Jahren von den Stadtverwaltungen in Ceuta und Melilla das Bild des „harmonischen Zusammenlebens der vier Kulturen" in die offizielle Selbstdarstellung aufgenommen worden.

4.6.1. Ceuta - ein „positives Beispiel des Zusammenlebens verschiedener Kulturen"

In der Selbstdarstellung der Stadt Ceuta auf der offiziellen Homepage wird das Bild eines positiven Beispiels für das Zusammenleben (*ejemplo de convivencia*) von Menschen unterschiedlicher kultureller Herkunft präsentiert, wobei ein Bogen von der Vergangenheit zur Gegenwart gespannt wird: *„Ceuta, ein Beispiel für das Zusammenleben. Im Laufe der Geschichte haben sich viele Völker in unserer Stadt niedergelassen. Seit mehr als 2000 Jahren war Ceuta ein Hafen von besonderer strategischer Bedeutung für den Handel im Mittelmeerraum, was zahllose Kulturen anzog: Karthager, Römer, Griechen, Türken, Tunesier, Araber..., sie haben in Ceuta in verschiedenen Epochen zusammengelebt und so eine Landkarte der kulturellen Vielfalt und der verschiedenen Rassen gezeichnet, die immer von*

Respekt und friedlicher Koexistenz charakterisiert war. Einige Kontingente haben eine größere Rolle gespielt als andere, wie im Fall des Arabischen Reiches, aber durch all diese Völker wurde Ceuta kulturell und sozial bereichert. Die Toleranz, die unsere Stadt historisch erlebt hat, ist die wichtigste Gewährleistung des derzeitigen Zusammenlebens der vier Kulturen - der christlichen, muslimischen, hebräischen und hinduistischen - in vollkommener Harmonie. (22)" (www.ciceuta.es/ orgturismo/Tur2000/tur2005.htm, 22.08.2001) Anhand dieses Textes wird deutlich, dass historische Exaktheit nur von untergeordneter Bedeutung ist - Kriege bleiben beispielsweise unerwähnt -, vielmehr wird durch eine spezifische Interpretation und Repräsentation von Geschichte eine Kontinuität des friedlichen Zusammenlebens verschiedener Kulturen von der Vergangenheit bis in die Gegenwart suggeriert.

Das friedliche Zusammenleben verschiedener Kulturen wird als ein spezifisches Charakteristikum der Stadt präsentiert, das ein nachahmenswertes Beispiel für die übrigen Völker der Erde (!) darstellt. Deshalb vergibt die autonome Stadt seit 1997 auf internationaler und seit 1999 auf lokaler Ebene einen Preis - den *Premio Convivencia* - an Personen oder Institutionen, die sich auf beispielhafte Weise für menschliche Beziehungen etc. einsetzen: *„Da eine der besonderen Charakteristika der Autonomen Stadt Ceuta das Zusammenleben von vier verschiedenen Kulturen in ihrem Territorium ist, die in Frieden und Harmonie zusammenleben und ein nachahmenswertes Beispiel für die übrigen Völker der Erde (sic!) darstellen, verleiht man jährlich den Premio Convivencia de la Ciudad Autónoma de Ceuta und den Premio Convivencia Local*, mit dem jene Personen oder Institutionen eines Landes ausgezeichnet werden, deren Arbeit auf relevante und beispielhafte Weise zu den menschlichen Beziehungen beigetragen hat und Werte fördert wie Recht, Brüderlichkeit, Frieden, Freiheit, Zugang zu Kultur und Gleichheit zwischen den Menschen. (Abkommen der Versammlung der Autonomen Stadt Ceuta vom 5.März 1997. * Abkommen der Versammlung der Autonomen Stadt Ceuta vom 1.Dezember 1999.)(23)"* (www.premio-convivencia.org/1.htm, 22.08.2001) Das Beratungskomitee zur Verleihung des Preises besteht aus 19 Personen, von denen vierzehn christliche Spanier sind. Hinzu kommen zwei Vertreter der muslimischen sowie je ein Vertreter der jüdischen und hinduistischen Religionsgemeinschaften. Die Preisvergabe wird alljährlich mit einem großen Echo in den lokalen und zum Teil auch nationalen Medien zelebriert. Als Preisträger wurden bisher ausschließlich christlich-spanische Persönlichkeiten oder christliche Friedensorganisation ausgewählt. Auf lokaler Ebene ging der Preis bisher an zwei katholische Institutionen (*Hermanos de la Cruz Blanca de Ceuta, Residencia Nazareth de Ceuta/Fraternidad de Cristo*). Zum Anlass der Preisverleihung im Jahr 1999 wurde zudem eine Ausstellung der „vier Kulturen" im Rathaus veranstaltet, auf der typische religiöse, gastronomische und sonstige alltägliche sowie historische Aspekte bzw. Gegenstände der verschiedenen Kulturen gezeigt wurden (vgl. El Faro de Ceuta 19.04.1999, El Pueblo de Ceuta 20.04.1999).

Im Zusammenhang mit dem *Premio Convivencia* präsentiert sich die Stadt Ceuta auf den Seiten ihrer Homepage als „Schmelztiegel der Kulturen" (*crisol de culturas*), wobei man wiederum die Vergangenheit bemüht (www.premio-convivencia.org/2.htm). Schließlich war Ceuta in diesem Sinne aufgrund der besonderen Lage „Zeuge der Ankunft" (*testigo de paso*) von Berbern, Karthagern, Römern, Mauren, Vandalen, Westgoten, Byzantiner, Araber, Portugiesen, Spanier, Hebräer und Hindus. Von diesen Rassen (*razas*), Kulturen (*culturas*) und Religionen (*religiones*) sind - so die Selbstdarstellung - heute noch vier vor Ort und leben friedlich miteinander. Es wird jedoch hervorgehoben, dass die christliche Kultur seit dem 4. Jahrhundert durchgängig präsent und somit die älteste der heute noch anwesenden ist. Hier tritt wieder das bereits in Kap. 2.4. beschriebene historische Selbstverständnis der christlichen Spanier zu Tage, wonach die (christliche) *españolidad* von Ceuta älter ist, als die Periode der muslimisch-arabischen Herrschaft. Alle anderen Kulturen sind nach diesem Verständnis erst später hinzu gekommen, folglich - so lässt sich diese Sichtweise interpretieren - haben die christlichen Spanier eine ältere „Verwurzelung" in Ceuta.

Neben dieser Selbstdarstellung im Internet, die mit identischem Inhalt in der Tourismuswerbung erfolgt, sowie der werbewirksamen Preisverleihung des *Premio Convivencia* erscheinen in der lokalen Presse regelmäßig Artikel über die religiösen Feste der anderen Kulturen und ganz allgemein lobende Hervorhebungen der *convivencia* bzw. des multikulturellen Lebens: „*Multikulturelle Stadt. Das Beispiel der multikulturellen Stadt, das in jüngerer Zeit zum Identitätsmerkmal auf unserem heimatlichen Boden geworden ist, erfuhr gestern ein perfektes Beispiel des Zusammenlebens der vier Religionen. Genau gesagt, feierten gestern Christen und Muslime zwei wichtige Feierlichkeiten ihres jeweiligen Glaubens. Für die Katholiken begann gestern die Osterwoche mit dem Palmsonntag oder der Ankunft Jesu in Jerusalem. Für die Muslime das „Osterfest des Hammels" (Pascua del Borrego). Ein Beispiel für die Toleranz und das Zusammenleben, die in anderen Teilen der Welt fehlen.* (24)" (El Faro de Ceuta 29.03.1999) In der lokalen Presse erfolgen keine kritischen Reflexionen hinsichtlich der euphemistischen Selbstdarstellung, sondern im Gegenteil, Ceuta wird ebenfalls als ein Beispiel des friedlichen Zusammenlebens dargestellt, das anderswo in der Welt seines Gleichen sucht.

Ein wichtiges Ziel des Diskurses der *convivencia* umfasst die Imageverbesserung der Stadt, mit der versucht wird, den Vorwürfen des Rassismus und generell negativer Schlagzeilen (Drogen, illegale Einwanderung), insbesondere seitens der linksorientierten nationalen Presse (z.B. El País) sowie Vorwürfen der marokkanischen Regierung und der dortigen Presse, entgegenzuwirken. Dieses Anliegen wird auch in Artikeln der lokalen Presse zum Ausdruck gebracht: „*Ceuta, Stadt des multikulturellen Zusammenlebens - Es ist notwendig, sich die multikulturellen Bedingungen unserer Stadt und den Sinn für Zusammenleben ihrer Bewohner vor Augen zu halten, um die Notwendigkeit zu verstehen, dass dieser Umstand und diese Besonderheit auch außerhalb unserer Grenzen in gleichem Maße verstanden werden. Diejenigen, die uns aus Ignoranz oder Abneigung diskreditieren, indem sie sagen, Ceuta sei eine intolerante Stadt, disqualifizieren sich selbst. Gestern wurde eine Ausstellung über die vier Kulturen eingeweiht, die auf diesen 20 km² zusammenleben. Diese Ausstellung ist nur eine kleine Kostprobe der Eigenschaft, die man in unserer Stadt hat und des Geistes des Zusammenlebens, den man hier schon immer hatte.* (25)" (El Faro de Ceuta, Editorial, 20.04.99) Die Empfindsamkeit gegenüber Vorwürfen, es gäbe so etwas wie Intoleranz oder gar Rassismus in Ceuta, wird hier nur allzu deutlich. Man fühlt sich falsch verstanden und diskreditiert. Die gesellschaftliche Realität, nämlich dass auch die eigene Stadt nicht frei von Rassismus ist, wird zumindest von einigen Spaniern offensichtlich nicht wahrgenommen. Das schöne Bild der *convivencia* darf nicht gestört werden, schließlich wird sie mittlerweile durchaus als Schlüssel für die Zukunft der Stadt und Grundstein ihrer Entwicklung gesehen. Deshalb muss - so in einem anderen Zeitungsartikel - alles getan werden, um ein negatives Meinungsbild sowie negative Informationen zu verhindern (vgl. El Pueblo de Ceuta, Rubrik „Opinión"/Meinung, 02.09.1999).

Von dem Bemühen um Darstellung eines friedlichen Zusammenlebens der Kulturen in Ceuta ist auch das von einer Lehrerin Ende der 90er Jahre veröffentlichte Buch über die Riten, Lieder und Traditionen der Kulturen in Ceuta (*Ritos, cánticos y tradiciones de las culturas residentes en Ceuta*) gekennzeichnet (vgl. Díaz Fernández, o.J.). Darin werden in populärwissenschaftlicher Weise und zum Teil mit inhaltlichen Fehlern die Musik, religiöse Riten (Geburt, Hochzeit, Bestattungen, Feste), traditionelle bzw. typische Bekleidung und Gastronomie der „vier Kulturen" vorgestellt.[135] Bezeichnenderweise wird dabei die christliche Kultur nicht als solche benannt, sondern als „spanische Kultur" (*cultura española*), im Gegensatz zu den anderen Kulturen, die als muslimisch, hinduistisch und hebräisch gekennzeichnet werden. Daraus lässt sich schließen, das die anderen Kulturen eben nicht als spanische Kulturen verstanden werden, sondern als fremde. Dies zeigt wieder einmal beispielhaft die Problematik auf, die Angehörigen der anderen Religionsgemeinschaften als Spanier zu akzeptieren, wenn Katholizismus wie selbstverständlich mit *españolidad* gleichgesetzt wird.

4.6.2. Melilla - die Stadt der „einzigartigen Verschiedenheit"

In ähnlicher Weise wie in Ceuta wird auch in Melilla das „Zusammenleben der Kulturen" idealisiert bzw. beschönigt und zur Imageaufwertung mit besonderer Zielrichtung auf den Tourismus eingesetzt. Allerdings ist man in der Selbstdarstellung etwas bescheidener als dies in Ceuta der Fall ist. Man präsentiert sich nicht als ein für die ganze Welt nachahmenswertes Beispiel, sondern als eine Stadt, in der vier Kulturen leben, und die außerdem zwischen zwei Welten (Europa/Spanien - Afrika/Marokko) besteht, und die deshalb eine „einzigartige Verschiedenheit an Farbtönen" aufweist. In einem gebundenen und mit vielen Bildern aufwendig gestaltetem Werbeheft zur 500-Jahr-Feier der Stadt im Jahre 1997 liest sich die Selbstdarstellung wie folgt: „*Vier Kulturen leben in einer spanischen,*

---

135 Ein Beispiel für eine fehlerhafte und vereinfachende Darstellung ist die Gleichsetzung des Imam (Vorbeter bzw. Vorsteher einer muslimischen Gemeinde) als religiösen Repräsentanten mit so verschiedenen Titeln wie *Cadí* (Richter), *Muftí* (Rechtsgelehrter, Gesetzesausleger), *Ulema* (religiöser Gelehrter) und *Morabito* (deutsches Wort: Marabut; in etwa „muslimischer Asket", „ein an Gott gebundener") (vgl. Díaz Fernández o.J., S. 47).

mediterranen und afrikanischen Stadt zusammen. - Melilla zwischen zwei Welten
- Als Tor zu einem Kontinent bietet Melilla seinem Besucher ein Leben zwischen
zwei Welten: ihre europäische Organisation/Ordnung stellt nur wenige Kilometer
vom Exotismus des Maghreb entfernt einen attraktiven Kontrast dar, der nochmals
durch die Zusammensetzung ihrer eigenen Bewohner betont wird. In Melilla leben
vier Kulturen zusammen, die sich, ohne auf ihre Bräuche und Traditionen zu
verzichten, gegenseitig durch den täglichen Kontakt und gemeinsamen Bemühungen
bereichern. Man kann versichern, dass ein und dieselbe Stadt verschiedene Melilla
enthält: das hinduistische, das hebräische, das muslimische und das christliche;
aber in Wirklichkeit gibt es nur ein einziges [Melilla], das sich ergänzt, um dem
Besucher eine Vielfalt an Farbtönen anzubieten, die schwierig in anderen Teilen
der Welt zu finden sind. (26) (Sociedad Publica V Centenario, S.A., Melilla 500
Años juntos)" Auch wenn man in Melilla ausschließlich die *españolidad* und nicht
die *„africanidad"* der Stadt feiert, so wird an dieser zu touristischen Werbezwecken
sicherlich überzogen formulierten Selbstdarstellung dennoch deutlich, dass man
sich gleichzeitig als etwas „Vielfältiges" versteht. Die spanische Zugehörigkeit und
„europäische Ordnung" sind sozusagen mit „kulturellen Farbtupfern" versehen.
Man bildet zwar eine Einheit, ist aber dennoch nach Kulturen getrennt. Dieser
Widerspruch wird letztendlich nicht aufgelöst. Darüber hinaus wird hier der
Gegensatz zwischen der europäischen Organisation bzw. Ordnung in Melilla
und des Exotismus im Maghreb jenseits der Grenze als klassische Stereotype
reproduziert und für den Tourismus vermarktet.

Ebenso wie in Ceuta beinhaltet die Selbstdarstellung in Melilla die Metapher des
„Schmelztiegels der Kulturen" (*crisol de las culturas*). Die Kulturen werden auf der
offiziellen Homepage und in dem bereits zitierten touristischen Werbeheft (sowie
in Flyern) jeweils sehr kurz beschrieben (vgl. www.melilla500.com/05.09.2000).
In einigen wenigen Sätzen wird für jede Gemeinschaft eine Charakterisierung vorgenommen und auf deren wichtigsten Feiertage verwiesen. Die *Comunidad Hindú*
gilt trotz der kleinen Anzahl ihrer Angehörigen aufgrund ihrer Gastronomie und
ihrer zurückhaltenden aber offenen Art gegenüber anderen als nicht zu übersehen,
und sie sind demnach immer zur Kooperation mit der Stadt bereit. Im Falle der
Comunidad Judía (sie wird sonst überwiegend *Comunidad Hebrea* genannt) wird
ihre jahrhundertealte Präsenz in Melilla, ihre perfekte Integration (auch christliche
Schüler dürfen dem Hebräisch-Unterricht besuchen) und die Verbundenheit mit den
Traditionen des hebräischen Volkes hervorgehoben. Bezüglich der muslimischen
Gemeinschaft wird zunächst ihre Herkunft von den Berbern Nordafrikas genannt.
Weiterhin erfolgt die Zuschreibung spezifischer Bräuche und eines besonderen
Charakters, die - im Bewusstsein eine multiethnische Stadt zu sein - zunehmend
anerkannt werden: *„Muslimische Gemeinde - Es ist die zweitgrößte in bezug auf die*
Größe. Die Mehrheit sind vom Ursprung her Berber, mit einigen Charakteristika,
die sie von den restlichen Muslimen Nordafrikas unterscheiden. Ihre integrieren-
de Anwesenheit und ein eigener Charakter bewirken, dass ihre Bräuche, vorher
gewohnheitsmäßig, in der Gegenwart zunehmend als Unterscheidungsmerkmal,
aber im integrativen Bewusstsein der multiethnischen Vielfalt in der Stadt aner-
kannt werden. Ihr Kalender ist ein Mondkalender und ihre wichtigsten Feste, die

zusammen mit dem Rest der Stadt gefeiert werden, sind die folgenden: Ramadán, Id El Fitre, Id El Kebir, Achra und Neujahr. (27)" In dieser Darstellung wird klar die „Differenz" der Muslime betont, und implizit zugegeben, dass ihre Bräuche und ihr eigener Charakter erst in jüngerer Zeit bzw. nach und nach akzeptiert werden, d.h. dies war früher nicht der Fall.

Bezüglich der christlichen Gemeinschaft wird - wie nicht anders zu erwarten - ihre 500jährige Anwesenheit in Melilla unterstrichen, und ihre Herkunft aus allen Regionen Spaniens erwähnt: *„Christliche Gemeinde - Es ist die zahlenmäßig größte Gemeinde und seit 500 Jahren in Nordafrika beheimatet. Melilla war der Schmelz-tiegel, in dem Personen aus allen Regionen Spaniens - sowohl von der Halbinsel als auch von den Inseln - zusammengekommen sind, wodurch diese Gemeinschaft ein Spiegelbild dieser Vielfalt darstellt. Man richtet sich nach dem Sonnenkalender, weshalb die Feiertage zeitlich stärker fixiert sind als die der anderen Gemeinden. Als religiöse und meist tief katholische Feierlichkeiten feiert man in der Stadt: Die Semana Santa, Weihnachten, Neujahr, das Dreikönigsfest, das Fest der Schutzheili-gen der Stadt, Ntra Señora de la Victoria, und das Volksfest.* (28)" Die Gesamtdar-stellung der „vier Kulturen" macht deutlich, dass nur die christliche Gemeinschaft - die außerdem die zahlenmäßig größte ist - als wirklich spanische Gemeinschaft verstanden wird, und die anderen Kulturen trotz zugestandener Integration eben fremder Herkunft sind.

Neben diesen Formen der offiziellen Selbstdarstellung erscheinen auch in den lokalen Tageszeitungen von Melilla regelmäßig Artikel bzw. Berichte über religiöse Feste der „vier Kulturen". Allerdings wurde in Melilla bisher kein *Premio Con-vivencia* wie in Ceuta ausgeschrieben. Statt dessen gibt es in Melilla eine andere Besonderheit, und zwar in Form einer seit 1988/89 bestehenden interdisziplinären Forschergruppe an der Zweigniederlassung der Universität Granada in Melilla, die sich mit dem Thema des multikulturellen Schulunterrichts beschäftigt. Der For-schungsschwerpunkt wird von einem Wissenschaftler der Abteilung für Didaktik und schulische Organisation (*Departamento de Didáctica y Organización Escolar de la Escuela de Formación del Profesorado*) geleitet. Für die Umsetzung eines multikulturellen Curriculums mangelt es allerdings noch an Unterstützung seitens des Bildungsministeriums (vgl. Melilla Hoy 26.03.2000). Eine weitere Besonder-heit in Melilla ist zudem die Existenz einer kleinen Gruppe von Zigeunern (*Gi-tanos*), weshalb des öfteren auch von den „fünf Kulturen" gesprochen wird (vgl. Moga Romero 2000).

4.6.3. Fazit: die „*convivencia*" zwischen Vermarktung, Euphemismus und Akzeptanz kultureller Pluralität

Ob mit dem euphemistischen Diskurs der *convivencia* tatsächlich eine gewün-schte Imageverbesserung von Ceuta und Melilla erreicht wird, sei einmal dahin-gestellt. Jedenfalls ist offensichtlich, dass beispielsweise die Vergabe des *Premio Convivencia* in Ceuta einer großen PR-Aktion für die Stadt gleicht, mittels derer ein positives Bild des Zusammenlebens der Kulturen nach außen getragen werden soll. Der Diskurs und die Inszenierung kultureller Vielfalt dienen zudem dem Zweck, den Tourismussektor zu beleben. Die „Buntheit" der Kulturen wird bewusst vermarktet, und die muslimischen, hebräischen und hinduistischen Gemeinschaften werden dabei zu kulturell Fremden bzw. zu Exoten stilisiert, die das Leben der Städte bereichern. Sie dienen als besondere Attraktion für Touristen.

Mit dem Diskurs der *convivencia* erfolgt gleichzeitig eine erstmalige offizielle Anerkennung und damit Aufwertung der anderen, nicht-christlichen „Kulturen", wobei die Dominanz der christlich-spanischen Kultur und die *españolidad* der beiden Städte weiterhin hervorgehoben werden. So verbleibt zwischen dem Selbstverständnis der *españolidad* und der multikulturellen Gesellschaft bzw. dem Diskurs der „vier Kulturen" ein gewisses Spannungsverhältnis. Immerhin, so könnte man ironischerweise anmerken, ist es nun nicht mehr *political correct* von „den *moros*" zu sprechen, sondern es sind jetzt „die *musulmánes*". Durch das regelrechte Beschwören der friedlichen *convivencia* erscheint es so, als ob - sozusagen präventiv - mögliche Konflikten bzw. Konfrontationen entgegengewirkt werden soll. Der Begriff *convivencia* wird - so Stallaert (1998, S. 154) - in Ceuta und Melilla als eine „Säule der Gesellschaft" betrachtet und stark mystifiziert.

Allerdings mangelt es in dem Diskurs an einer ehrlichen Auseinandersetzung mit existierenden Problemen wie Diskriminierung und Rassismus. Sie werden von offizieller Seite sogar heruntergespielt oder negiert, schließlich gibt es ja die harmonische *convivencia*. Die nicht wahrgenommene Realität der Diskriminierungen und sozialen Ungleichheit wird wiederum insbesondere von den Muslimen kritisiert. In Anbetracht der kaum zu übersehenden sozialen Wirklichkeit wurde in einem Artikel der El País das Zusammenleben der vier Kulturen in Melilla „mit einer Neigung zum gegenseitigen Misstrauen" charakterisiert (vgl. El País Digital 04.03.2000). Das gilt sicherlich auch für Ceuta. Die *convivencia* - insbesondere zwischen Muslimen und Christen - lässt sich, überspitzt formuliert, auf die Tatsache reduzieren, dass man sich nicht gegenseitig die „Köpfe einschlägt". Aber auch das kommt gelegentlich einmal vor, wie die Prügelei zwischen Muslimen und Sicherheitskräften bzw. der Polizei vor und im Rathaus von Ceuta im Oktober 1999 sowie der Bau von Barrikaden und Kämpfe mit der Polizei im März 2000 in muslimischen Vierteln von Melilla gezeigt haben (vgl. Kap. 3.1.8.).

Zu Störungen des harmonischen Bildes kam es in Ceuta auch im Oktober 2000, als ca. 1.500 Muslime gegen das israelische Vorgehen in Palästina demonstrierten und dabei anti-israelische Parolen riefen sowie israelische Nationalflaggen verbrannten. Der Demonstrationszug kam aus dem Viertel Princípe Alfonso und sollte bis zur Synagoge von Ceuta vordringen. Bei Konfrontationen mit der Polizei kam es zu fünf Verletzten. Als Verantwortliche machte der Regierungsvertreter (*Delegado del Gobierno*) Mitglieder einer Gruppe pro-marokkanischer Radikaler aus, die die muslimische Gemeinschaft infiltriert hätten. Außerdem sollte diese Gruppe durch Drogenhändler und islamische Fundamentalisten - unter ihnen auch Imame, die die Moscheen zu politischen Aufrufen benutzen würden - unterstützt werden (vgl El País Digital 21.10.2000/24.10.2000). Die muslimischen Vereinigungen und Nachbarschaftsvereine distanzierten sich allerdings in einem Schreiben an die Regierungsvertretung von der Demonstration. Bereits einige Tage zuvor kam es zu Steinwürfen und Beschädigungen der Glastüren der Synagoge in Ceuta, woraufhin die hebräische Gemeinschaft um erhöhten Schutz während der anstehenden Feiertage des Yom Kippur bat (vgl. El País Digital 13.10.2000). Es soll sich um die ersten Anschläge auf das Gebäude seit 30 Jahren gehandelt haben. Nach dem 11. September hat es in Ceuta Eierwürfe auf die Synagoge und einen Brandanschlag auf eine Kirche gegeben (vgl. El País Digital 21.09.2001). In Melilla kam es zu Wandschmierereien für Osama Bin Laden und gegen die Hebräer gerichtet, u.a. auch auf dem hebräischen Friedhof (vgl. El País Digital 23.09.2001/24.09.2001).

Trotz der vielbeschworenen *convivencia* gibt es in Ceuta keinen und in Melilla erst seit dem September 2001 einen institutionalisierten interreligiösen bzw. interkulturellen Dialog. In Ceuta kam es bisher lediglich zu einigen einmaligen Zusammenkünften von Vertretern der verschiedenen Religionsgemeinschaften, aber es wurde nichts Dauerhaftes etabliert. In Melilla wurde ein interreligiöser Dialog (*diálogo interconfesional*) ins Leben gerufen, um eine bessere Kooperation zwischen den Religionsgemeinschaften und ein besseres Zusammenleben zu erreichen (vgl. El País Digital 20.09.2001). So wird beispielsweise beabsichtigt, noch offene Fragen in der rechtlichen Gleichstellung der Religionsgemeinschaften - wie den Religionsunterricht an öffentlichen Schulen - zu klären. Während der Generalsekretär der *Comisíon Islamica de Melilla* - Abderramán Benyaya - optimistisch ist, bleibt der Vertreter der *Asociación Islámica Badr* - Abdelkader Mohamed Alí - eher skeptisch, hofft aber, dass die Dialogrunde nicht nur der Schönfärberei dient. Darüber hinaus beklagen beide Muslime ganz grundsätzlich die „schreckliche Unkenntnis" (*terrible desconocimiento*) der westlichen Gesellschaft gegenüber den Islam.

Neben den bisher erwähnten Auswirkungen bzw. Bedeutungen des Diskurses der „vier Kulturen" wird durch ihn auch das Denken in Kollektiven permanent reproduziert. Diese Kollektive gibt es im Sinne einer inneren Homogenität allerdings ausschließlich in der Vorstellung, denn tatsächlich sind die christlichen, muslimischen, hebräischen und hinduistischen Gemeinschaften in vielerlei Hinsicht sehr heterogen. Der Diskurs lässt keinen Zwischenraum zu, man ist auf seine Identität als Muslim, Christ, Hebräer oder Hindu festgelegt und gleichzeitig reduziert, unabhängig davon, ob man überhaupt religiös ist oder andere Identifikationen vielleicht bedeutsamer sind. An diesem Diskurs ist folglich sehr problematisch, dass Kultur in dominanter Weise mit Religion gleichgesetzt wird. Andere „Seins-Möglichkeiten" oder mehrfache Identitäten spielen in diesem Diskurs überhaupt keine Rolle. Dagegen ist die Identität der meisten Muslime, Hebräer und Hindus durch ein Leben in zwei oder mehr miteinander verflochtenen „Kulturen" gekennzeichnet.

4.7. Individuelle Beispiele der Selbst- und Fremdwahrnehmung: Stereotype und Reflexionen

In den bisherigen Ausführungen ist sicherlich deutlich geworden, dass das Zusammenleben der Menschen in Ceuta und Melilla durch Fremdheit und Nähe gleichzeitig gekennzeichnet ist. Das Spannungsfeld zwischen Fremdem und Eigenem kommt auch in der Wahrnehmung des Selbst und der Anderen zum Ausdruck. Diese Wahrnehmungen werden alltagsweltlich artikuliert, und sie beinhalten Elemente eines Selbstbildes (ebenso einer Eigenidentifikation) in Verknüpfung mit Vorstellungen von der „eigenen" Gruppe und den Anderen. Dabei bestehen die Vorstellungen bzw. Imaginationen einerseits aus Reflexionen, also dem prüfenden Nachdenken über die eigenen Gedanken, aus Empfindungen und Handlungen, sowie andererseits auch häufig aus Stereotypen, d.h. sehr feststehenden, unveränderlichen, ständig wiederkehrenden und formelhaften Meinungen, die zum Teil auch Vorurteile sind. Stereotype und Reflexionen können natürlich in Wechselwirkung stehen, d.h. Reflexionen können Stereotype enthalten, hervorbringen oder verwerfen. Das Problem im Umgang mit Stereotypen ist allerdings, dass sie nicht immer völlig aus der Luft gegriffen sind, dass sie sozusagen Teilwahrheiten enthalten können, indem sie vielleicht auf eine spezifische Personengruppe zutreffen. Stereotype Vorstellungen sind darüber hinaus häufig in spezifische Diskurse eingebettet, und werden von vielen anderen ebenso geteilt. Im Falle von Ceuta und Melilla sind als Diskurse einerseits das in Spanien allgemein verbreitete und tendenziell eher schlechte Image der *moros*, des Islams und des Nachbarlandes Marokko (vgl. Kap. 2.1. - 2.3.) sowie andererseits die Vorwürfe des Rassismus sowie der kulturellen und sozialen Diskriminierung seitens der muslimischen und berberischen Vereinigungen zu nennen (vgl. Kap. 4.3. - 4.4.). Über Stereotype wird zugleich das Denken in Kollektiven reproduziert, indem beispielsweise verallgemeinernd von den Anderen die Rede ist. Dinge, die man an einzelnen Personen oder einer kleinen Gruppe wahrnimmt - wozu auch die Wahrnehmung in den Medien zählt -, werden im Diskurs bzw. in der Kommunikation auf das ganze Kollektiv übertragen. Das Sprechen über Kollektive bedeutet auch immer eine Homogenisierung, eine undifferenzierte Betrachtungsweise; und durch Kommunikation wird ja gerade Realität konstruiert (vgl. Berger/ Luckmann 1997).

In Ceuta und Melilla sind insbesondere die aufeinander bezogenen Sichtweisen von Christen und Muslimen durch zahlreiche Stereotype und Vorurteile gekennzeichnet. Die Hebräer und Hindus stehen aus bereits genannten Gründen etwas außerhalb der christlich-muslimischen Spannungen, und sie sind sozioökonomisch integriert, was zusammengenommen vielleicht ihre geringe Beachtung mit Stereotypen, Vorurteilen oder abwertenden Äußerungen seitens der Christen und Muslime erklärt. Aber auch die interviewten Hindus und Hebräer äußerten gegenüber den Muslimen und Christen keine Vorurteile oder Stereotype, was möglicherweise nicht heißt, dass es diese überhaupt nicht gäbe. So werde ich im folgenden ausschließlich einige individuelle gegenseitige Wahrnehmungen von Christen und Muslimen darlegen, jedoch ohne in Form von Unterkapiteln zwischen Ceuta und Melilla zu unterscheiden. Eine entsprechende Differenzierung unterbleibt deshalb, weil die

Sichtweisen überwiegend austauschbar sind, d.h. die abstrahierten Inhalte individueller Sichtweisen sind in beiden Städten verbreitet.

Während der Interviews und Gespräche mit Christen und Muslime konnte festgestellt werden, dass in den Erzählungen jeweils eine stark akzentuierte Trennung zwischen *ellos* (ihnen) und *nosotros* (uns) vollzogen wurde. Allein diese sprachliche Unterscheidung spiegelt das stark ausgeprägte Denken in Kollektiven wieder. Dennoch gibt es auch differenzierte Sichtweisen, indem auf Unterschiede („*nicht alle sind so*") innerhalb der Kollektive „Muslime" oder „Christen" hingewiesen wurde. Das Denken in Kollektiven wird dadurch zwar relativiert, aber dennoch nicht aufgelöst. Schließlich sei noch darauf verwiesen, dass negative Stereotype oder Vorurteile gegenüber einem Kollektiv nicht notwendigerweise bedeuten, dass es keine Freundschaften zu einzelnen Personen gibt. Die Meinungen über den jeweils anderen sind oft nicht frei von Widersprüchen, sie sind nicht absolut zu setzen und sind selbstverständlich veränderbar (prozesshaft). Obwohl die meisten Gesprächspartner Toleranz und Akzeptanz gegenüber den jeweils anderen für sich in Anspruch nahmen, und gelegentlich auch auf Freundschaften verwiesen, so dominierten im Spektrum der einzelnen Sichtweisen doch Vorwürfe, Kritik und Vorurteile. Zu den zentralen Themen zählten insbesondere Rassismus bzw. Diskriminierung und die Frage der Integration. Die im folgenden zitierten Fallbeispiele spiegeln einige, zum Teil häufig angetroffene Facetten eines umfangreichen Spektrums gegenseitiger Wahrnehmungen wieder.

4.7.1. Selbstreflexionen und die Sicht auf „den Anderen" in der christlichen Bevölkerung

In vielen Gesprächen und Interviews mit christlichen Spaniern in Ceuta und Melilla wurden rassistische oder diskriminierende Praktiken gegenüber den Muslimen zugegeben und der Begriff *convivencia* als Euphemismus, Lüge und Tourismuswerbung entlarvt. So fällt die Wahrnehmung des Umgangs mit den Muslimen von einem Vertreter der katholischen Kirche in Ceuta, der selber von der Halbinsel stammt, sehr kritisch aus: „*Ceuta geht mit den moros rassistisch um. Die Leute in Ceuta und die moros, ich sage dazu, ich sage dazu: schlecht. Normalerweise höre ich nichts, aber wenn du die Leute in Ceuta bezüglich der moros ein wenig anstichst, dann sagen sie dir: „ el candado" [das Sicherheitsschloss], sie [die Muslime] werden als sehr verschlossen gesehen, und die moros werden normalerweise nicht sehr gut akzeptiert. (...) Ich glaube die Ceutis trauen den moros nicht. Sie halten sie für hinterhältige Lumpensammler.*" Die Bezeichnung *el candado* für die Muslime scheint in Ceuta sehr verbreitet zu sein, jedenfalls wurde sie mehrfach - auch von Muslimen - erwähnt. Damit soll die in den Augen vieler Christen sehr verschlossene Mentalität der Muslime sowie deren Weigerung sich zu integrieren zum Ausdruck gebracht werden. Nach Moga Romero (2000, S. 199) wird diese Bezeichnung in Melilla nicht verwendet, sondern andere wie „*turcos*" (Türken), „*caimanes*" (Kaimane, hinterlistige Menschen) oder „*cafres*" (Kaffer, rohe gemeine Menschen, Dummköpfe). Diese Fremdbezeichnungen drücken sehr stark das Misstrauen gegenüber den Muslimen und eine rassistische Abwertung aus.

Das Phänomen des Rassismus wird allerdings nicht nur sich selbst zugeschrieben, sondern auch den Muslimen. Sie werden von einigen christlichen Spaniern sogar als die größeren Rassisten angesehen. Ein leitender Mitarbeiter von Caritas in Melilla bezeichnete sich selber zwar nicht als Rassisten, er räumte aber ehrlicherweise ein, nicht zu wissen, ob er sich in allen Situationen völlig frei von entsprechenden Gefühlen halten könne. Zudem hat er an seinem eigenen Sohn gemerkt, wie schwer es sein kann, sich keinen rassistischen Gefühlen hinzugeben: *„Es gibt Leute...Hass, Hass, ja, es gibt Rassismus.(...) Aber wir sagen, wir sind keine Rassisten. Weißt du, wann das Problem auftaucht? Wenn meine Tochter einen moro heiraten will. (...) Es gibt keine Integration. Sie sagen, dass wir integriert sind. Das ist eine Lüge. (...) Es gibt nur eine Koexistenz. (...) Wir Spanier sind Rassisten, aber auf eine höfliche Art. Die Muslime sind noch rassistischer als die Spanier. (...) Ich bin nicht rassistisch, aber wir werden es sehen, wenn meine Tochter heiraten will. (...) Mein Sohn ist 13 Jahre alt. Gestern war er in der Schule, am Nachmittag. Er kam um fünf Uhr zurück, und es war im Zentrum der Stadt. Vier ältere Jungs, etwa 15 Jahre alt, haben ihn mit einem Messer bedroht und versucht ihn auszurauben. Als er nach Hause kam, weinte er und hatte Angst. Muslime, es waren vier Muslime, und das passiert oft. (...) Es ist schwer für meinen Jungen, nicht rassistisch zu sein, ich versuche es ihm zu vermitteln. Er sagt: alle moros sind moros."* Spannungen zwischen christlichen und muslimischen Jugendlichen scheint es auch in Diskotheken zu geben, wie der Inhaber eines entsprechenden Lokals in Ceuta erzählte. In Melilla wurde ich darauf aufmerksam gemacht, dass es Nachtlokale gäbe, die keine Muslime einließen, um so Schlägereien zu vermeiden

Rassismus, Diskriminierung und Ausgrenzung sind folglich Themen, mit denen man alltäglich konfrontiert wird. Ein Lehrer und Mitglied der *Partido Socialista Obrero Español* (*PSOE*) in Melilla - der sich selber als Nordafrikaner *und* Spanier empfindet - hält dagegen die Rassismusvorwürfe von Muslimen für nicht gerechtfertigt, zudem es schließlich an ihnen liegen würde, etwas aus sich zu machen. Außerdem würde Ablehnung nur nicht integrationswilligen Muslimen entgegengebracht werden: *„Ich kenne Muslime, die machen absolut gar nichts. Sie sitzen nur in ihrem Viertel...ein schlechtes Viertel. Wenn man es im Leben zu etwas bringen will, dann erfordert das Arbeit und Anstrengung. Wie integriert man einen Muslim, der einige Spielregeln nicht akzeptieren will? Die Spielregeln sind überall gleich, hier, in Madrid oder in Frankfurt. Zuerst muss der politische Rahmen festgelegt werden, d.h. die Rechte und Pflichten werden festgelegt, dass das Gesetz dich beschützt, dass du Zugang zu Ausbildung hast, gratis, Zugang zur Krankenversorgung, gratis, Zugang zu allen Dienstleistungen eines europäischen Staates. Und von diesem Punkt aus musst du deine eigene Anstrengung einbringen, um Deine Kultur zu bewahren, um dafür zu kämpfen, arbeiten, investieren, und auf der anderen Seite muss man die andere Kultur des Landes in dem man sich befindet assimilieren. Wenn man in Spanien ist, muss man die Sprache erlernen, um sich zu integrieren. (...) Ich sehe* *viele [Muslime] mit einem Minderwertigkeitskomplex, in dem Sinne, dass es viele Leute gibt, die keine Anstrengung machen, das Spiel mitzuspielen, oder die Regeln zu akzeptieren. Du musst die Spielregeln akzeptieren, um schließlich Erfolg zu haben, Erfolg als Muslim, und du musst deine Kultur verteidigen. Aber mit Klagen kommt man nicht weiter. (...) Die Ablehnung erfolgt gegenüber einer Person, die keine Anstrengungen macht, sich zu integrieren, und die hier in Melilla lebt, wie sie in Nador leben würde, es gibt viele davon. Sie wollen in Melilla leben, aber ... wie der spanische Emigrant, der von der Arbeit kommt und in den spanischen Club geht, wo er nur Flamenco hört, und das 30 Jahre lang.*"

In dieser zitierten Interviewsequenz wird - nach dem Motto „jeder ist seines Glückes Schmied" - vielen Muslimen eine eigene Schuld an ihrer Ausgrenzung und schlechten sozioökonomischen Situation zugewiesen. Demnach stünden den Muslimen alle Möglichkeiten offen, sie müssten sich nur an die „Spielregeln" halten, sich integrieren und entsprechend anstrengen. Die Sichtweise, dass die Benachteiligung vieler Muslime an ihrem mangelnden Willen zur Integration läge, wird u.a. auch von Politikern geteilt, die oft gleichzeitig das Zusammenleben der „Kulturen" als beispielhaft loben und die Existenz von Rassismus verneinen bzw. als marginal einstufen. Den Muslimen wird zum Vorwurf gemacht, dass sie keine Schulen besuchen, keine Ausbildung haben und sich vom Rest der Gesellschaft abschotten. Ein Politiker der *Partido Popular* in Ceuta befand, dass die Muslime sich noch nicht in die christliche, demokratische Gesellschaft eingegliedert hätten, und zudem noch starke Verbindungen nach Marokko pflegten: „*Nachdem sie die Staatsbürgerschaften erhielten, kam das Problem auf, dass sie ihre sprachliche Verbindung nicht aufgeben wollten, mit ihrem Hinterland, mit ihrem Land, mit ihrer Muttersprache, das ist Arabisch, die Sprache, die in Marokko gesprochen wird.*" Aus dieser Sequenz wird neben der als problematisch eingestuften Integration der Muslime deutlich, dass sie als Einwanderer aus Marokko gesehen werden. Der zitierte Politiker ist zudem der Ansicht, dass die Muslime nur aus ökonomischer Notwendigkeit die spanische Nationalität angenommen hätten. In seinen Augen sind sie keine richtigen Spanier, und er unterstellte, dass es viele Muslime gäbe, die zwei Pässe hätten und diese je nach Bedarf nutzten. Unabhängig davon, in wie weit dies den Tatsachen entspricht, besteht jedoch kein Abkommen über doppelte Staatsangehörigkeit zwischen Spanien und Marokko.

Das Thema der „kulturellen Integration" wurde von vielen Gesprächspartnern im Zusammenhang mit dem Zusammenleben der „vier Kulturen" angesprochen. Es dominiert die Vorstellung, dass sich die Muslime an die europäische oder spanische Kultur anzupassen hätten (vgl. dazu auch Stallaert 1998, S. 156 ff). Dabei kommt es auch vor, dass die eigenen Essgewohnheiten als Maßstab herangezogen werden. So sind für eine Verkäuferin in Ceuta die Muslime in Melilla besser integriert, weil sie auch Alkohol tränken und Schweinefleisch äßen. Eine Politikerin der *Partido Popular* aus Ceuta bescheinigt den Muslimen bezüglich ihrer Integration durchaus Erfolge, aber ihre Gewohnheiten seien dennoch marokkanischer Herkunft: „*Integration heißt zum Beispiel, das der Muslim, auch wenn er Spanier ist, weil er in Ceuta geboren wurde, und somit Europäer ist, ... aber trotzdem kommen seine Gewohn-*

heiten, seine Kultur aus einem anderen Land, welches Marokko ist. Sie integrieren sich gut, d.h. sie nehmen die europäische Kultur gut an, die Mehrheit jedenfalls. (...) Das Problem ist das Hammelfest!" Das Hammelfest - also das große oder kleine islamische Opferfest - wurde von vielen Gesprächspartnern als problematisch angesprochen. Es gilt nach der Aussage eines führenden Gewerkschaftsfunktionärs (*Comisiones Obreras*) und Mitglieds der *Partido Socialista del Pueblo de Ceuta* (*PSPC*) in Ceuta als ein Grund für zumindest einige christlich-spanische Familien, warum sie ungern mit muslimischen Familien in einem Haus wohnen: *„Wenn man in demselben Gebäude wohnt..., gut sie haben unterschiedliche Gebräuche wie wir. Stell dir vor, zum Hammelfest, und ein Herr bringt seinen Hammel mit nach Hause. Und das in einer westlichen Gesellschaft wie der unsrigen, wo niemand diese Art Tier nach Hause bringt. Das schafft Probleme des Zusammenlebens. (...) Sie haben ein wesentlich stärker extrovertiertes Verhalten, für unseren westlichen Charakter ist das schockierend."*

Das Meinungsbild einer Inkompatibilität von Gebräuchen und Gewohnheiten der Christen und Muslime im Sinne einer absoluten Differenz sowie einer unzureichenden Integrationsbereitschaft seitens der Muslime gab auch ein leitender Angestellter im Stadtplanungsamt von Melilla wieder: *„Der muslimischen Gemeinschaft fällt es sehr schwer, sich zu integrieren, weil sie einige sehr verwurzelte Gebräuche haben. (...) Es ist viel schwieriger, dass sich die muslimische Gemeinschaft in europäische Gebräuche integriert, einschließlich derjenigen, die es wollen, als dass wir Europäer uns in ihre Gebräuche integrieren. Außerdem gibt es Gebräuche die inkompatibel sind, weil sie eine Eigenart haben, eine Art zu denken, die sie sehr von uns unterscheidet. Jedoch das Großartige an Melilla ist, dass wir diese Gebräuche tolerieren, sie unsere und wir ihre. Aber Integration wird nicht erreicht. Das zeigt sich auch im Stadtbild. Eine muslimische Gemeinschaft lässt sich normalerweise immer in einem eigenen muslimischen Viertel nieder, einem muslimischen Ghetto."* Eine so wahrgenommene oder vorgestellte grundsätzliche Andersartigkeit und tief verwurzelte Kultur der Muslime gelten auch diesem Gesprächspartner als zentrale Hemmnisse für Integration.

Eine der selten geäußerten Kritiken am Denken in Kollektiven - allerdings ohne es aufzulösen - erfolgte von dem bereits zu Wort gekommenen Lehrer in Melilla: *„Es gibt hier keine christliche Gemeinschaft, nicht in dem Sinne, dass man sie bestimmen könnte. Der Sektor spanischer Herkunft ist sehr verschieden, mit sehr unterschiedlichen Interessen. Es handelt sich nicht um eine Karikatur, nicht um eine Gruppe. Und der muslimische Sektor ist ebenfalls nicht so, wie er erscheint, monolithisch mit gleichen Interessen. So gibt es Fälle absoluter Selbstmarginalisierung bis zur absoluten Integration und einem Zwischenstück, der großen Mehrheit, die hin und her pendelt."* Daran wird deutlich, wie schwierig es ist, nicht in den Kategorien Christen, Muslime, Hebräer und Hindus zu denken. Wie sollte man auch sonst die anderen benennen, wenn man nicht ganz darauf verzichten will. Besonders schwierig wird es dann, wenn man sich nicht zu einer der dominanten Kategorien für Zugehörigkeit bekennen möchte, so wie dies ein Angestellter des städtischen Archivs in Melilla tut: *„Ich bin kein Christ, ich kann mich nicht als*

Christ definieren. Ich habe keine Religion. Ich bin ein wenig Agnostiker, ein wenig Bahai, ein wenig Muslim, ein wenig Christ." So läuft dieser Angestellte dennoch Gefahr, in Melilla von anderen Personen der christlich-spanischen Bevölkerung zugeordnet zu werden, schließlich trägt er einen entsprechenden Namen und seine Vorfahren stammen von der *península* (Halbinsel).

Der oben zitierte Gewerkschaftsfunktionär und Politiker der *PSPC* erkennt die meisten Muslime entgegen der erwähnten Skepsis und festgestellten kulturellen Andersartigkeit dennoch als Spanier an: „*Ein Teil der muslimischen Bevölkerung fühlt sich spanisch, sie sind spanische Bürger geworden, und sie integrieren sich auch in den Parteien. Und es gibt einen Teil der sich nicht in dieser Form integriert, viele fühlen sich marokkanisch und unterstützen radikale Kandidaten, die den marokkanischen Rückgabeforderungen sehr nahe stehen.*" Auch nach dieser Vorstellung von Integration müssen sich die Muslime als Spanier fühlen, um als integriert und zugehörig zu gelten. Die *españolidad* bildet - wie mehrfach ausgeführt - einen zentralen und wichtigen Bezugspunkt für Identität in Ceuta und Melilla, was ein Angestellter in der Stadtverwaltung von Ceuta wie folgt auf den Punkt brachte: „*Wir sind alle Spanier. Das ist das Gefühl. Es ist eine spanische Stadt.*" Eine junge Buchhändlerin in Ceuta sieht das stark ausgeprägte Gefühl der *españolidad* eher kritisch bzw. ironisch, indem sie ihre Stadt für den „patriotischsten Teil" von Spanien hält. Vielfach waren es auch von der Halbinsel zugezogene Spanier, die den Nationalismus als überzogen empfinden und Ceuta bzw. Melilla für gesellschaftliche Unikate in Spanien halten.

Eine der am stärksten verbreiteten Wahrnehmungen von den Muslimen in Ceuta und Melilla ist diejenige, dass sie aufgrund ihrer vielen Kinder eine hohe Wachstumsquote haben. Dies führt zumindest in Teilen der christlichen Bevölkerung zu „Bedrohungsängsten", wie es der bereits zitierte Mitarbeiter von Caritas in Melilla erzählte: „*Während ein Spanier geboren wird, gebären sie zehn Muslime. Und schließlich, was wird das Ende der Geschichte sein? Ob es uns gefällt oder nicht, man wird sehen, dass es eine muslimische Stadt wird. Das wissen wir schon immer. Aber die Ereignisse haben sich überschlagen. Mit dem [muslimischen] Bürgermeister, niemand hat damit gerechnet, dass es so schnell geht. Wir dachten, das geschieht erst in 20 oder 30 Jahren. (...) Das besorgt und stört mich nicht, aber es gibt viele Leute, die es stört.*" Hier kommt die Angst vor einer sukzessiven „Machtübernahme" der Muslime zum Ausdruck, die auch mit den Schlagwörtern *nos comen* („Sie essen uns auf") oder dem bereits erwähnten *marcha de la tortuga* („Marsch der Schildkröte") umschrieben werden (vgl. Kap. 3.1.8. u. 4.8.).

Ebenfalls stark verbreitete Stereotype sind, dass die Muslime den Staat mit Schwarzgeldern betrügen, sich Sozialwohnungen erschleichen und nur ihre Rechte fordern, aber nicht ihre Pflichten erfüllen. Es werden vielfach ihre Rechtsvorstellungen in Frage gestellt, und hauptsächlich in Ceuta haben die Muslime - wie bereits erwähnt - aufgrund des Drogenhandels ein schlechtes Image. Die Christen stört insbesondere die Prahlerei, mit der viele jugendliche Muslime ihre aus illegalen Tätigkeiten bezahlten Luxusgegenstände - hauptsächlich große Autos und Motorräder

- zur Schau stellen. Ein Angestellter in der Stadtverwaltung von Ceuta bescheinigte den Muslimen generell eine schlechte Erziehung und ein mangelndes Interesse an kulturellen Dingen: *„Die allgemeine Beschwerde [gegenüber den Muslimen] richtet sich an die Erziehung: die Autos, das Geschrei, das Streiten, die Saufereien... Sie wissen nicht, wie man [Alkohol] trinkt, sie haben keine Trinkkultur und sie machen es schlecht. Sie haben keine Erziehung. Wenn sie Geld haben und vorher nie welches besessen haben, dann kommen sie auf die Idee das Geld gleich Macht ist. Jetzt habe ich Geld, ich habe Macht, jetzt schreie ich herum, und jetzt schlage ich gegen die Tür.... Es ist alles ein Problem der Erziehung und der Wirtschaft. Diese Generation hat Geld und die nächste Generation hat Erziehung. (...) Sie kümmern sich nur darum Moscheen zu bauen. (...) Sie haben immer noch kein Interesse an Kultur."* Das Kulturverständnis des Interviewpartners umfasst hier den Bereich der Bildung bzw. jenseits der Religion liegende hochkulturelle Aspekte (Theater, Literatur etc.). Bei aller Kritik hat er dennoch die Hoffnung, dass der von ihm beschriebene Mangel an Erziehung bzw. „Kultur" in Zukunft verschwinden wird.

Ein weiterer Teil der Stereotype bzw. Vorurteile richtet sich gegen den Islam als Religion sowie den mit ihm in Verbindung gebrachten Praktiken. So wurde das Problem des Fundamentalismus angesprochen, und einige Interviewpartner unterstellten den Muslimen sogar religiösen Fanatismus, was sich bei einem Verwaltungsangestellten in Ceuta wie folgt äußerte: *„Sie wollen immer noch, dass die ganze Welt islamisch wird. Das muss uns nicht befremden. Wir wissen, dass sie heute Ceuta und Melilla fordern und morgen Córdoba. Das ist nicht fremd, das ist ein Teil ihrer Eigenart. (...) Die arabische Welt denkt immer, dass ihre Religion die einzige ist, und wer das nicht glaubt, wird geköpft."*

Insbesondere das Geschlechterverhältnis wird sehr kritisch gesehen, und so äußerte ein Händler in Ceuta das Vorurteil, die muslimischen Männer würden ihre Frauen schlagen und für sich arbeiten lassen: *„Warst Du schon mal in Marokko? Wer sitzt in den Cafés? Die Männer, die Frauen arbeiten und die Männer sitzen im Café und trinken Tee."* Mischehen mit Muslimen wären - so dieser Interviewpartner - deshalb sehr schlecht angesehen, weil man Angst hätte, dass die Tochter zur „Sklavin" würde: *„Wenn er Muslim ist und sie Spanierin, dann kannst du dir das Problem vorstellen, weil der muslimische Mann seine Frau immer noch schlecht behandelt, er schlägt seine Frau. Er behandelt sie wie eine Sklavin. Er nimmt sie mit in sein Haus, schließt sie ein und verschleiert sie. (...) Der Islam und das Christentum sind sehr unterschiedlich, und die Gebräuche der beiden Gesellschaften sind sehr unterschiedlich."* In ähnlicher Weise wurden in den Interviews immer wieder Stereotype und Vorurteile gegenüber Marokko formuliert. Demnach wird Marokko eindeutig als ein Drittwelt-Land klassifiziert, in dem Willkür, Korruption und Rechtsunsicherheit herrschen. Einige Gesprächspartner gaben dies auch als Gründe dafür an, worum sie selbst oder Bekannte und Freunde nicht nach Marokko führen. In Ergänzung dazu ergab sich aus den Interviews, dass es allerdings ebenso viele christliche Spanier gibt, die zumindest keine ausgeprägte Abneigung gegenüber dem Nachbarland empfinden und die ihren Urlaub beispielsweise in marokkanischen Ferienhäusern verbringen.

4.7.2. Selbstreflexionen und die Sicht auf „den Anderen" in der muslimischen Bevölkerung

Bei den muslimischen Gesprächspartner gab es kaum jemanden, der nicht von Diskriminierungen oder Rassismus sprach. Einige von ihnen erwähnten diesbezüglich eigene Erlebnisse oder diejenigen von Freunden und Bekannten. Oft waren es lediglich kleine Ereignisse, wie die Bevorzugung einer Christin auf der Polizeistation, obwohl man selber an der Reihe gewesen wäre, oder die Äußerung eines Arbeitskollegen, der nur einen toten *moro* für einen guten *moro* hält. Ein muslimischer Händler erzählte von einem für ihn traumatischen Erlebnis, wobei er auf Anweisung der spanischen Polizei in Algeciras nur aufgrund seines muslimischen Namens in Ceuta unter Mordverdacht verhaftet wurde. In der Kartei eines ermordeten Geschäftsmanns aus Algeciras hatte man seinen Namen entdeckt, woraufhin er mehrere Tage in der Polizeistation von Algeciras auf erniedrigende Art und Weise festgehalten wurde. Ein junger Mann beklagte sich mir gegenüber darüber, dass er seine christliche Freundin nicht zu Hause besuchen dürfe, weil ihre Eltern keinen muslimischen Freund akzeptierten.

Eine besondere Enttäuschung bewirken sicherlich Diskriminierungen von Menschen, mit denen man über Jahre in Freundschaft gelebt hat, wie dies ein junger Mann, der bei einer lokalen Tageszeitung in Ceuta jobbt, erzählte:*„Ich habe mein ganzes Leben lang mit spanischen Jungen gelebt, aber irgendwann sagt dein bester Freund, der bei dir übernachtet hat, bei dem du übernachtet hast, bei dem du gegessen hast, etwas Abschätziges, und plötzlich bin ich minderwertig, ein Scheißmaure. Je älter man wird, desto weniger hat man solche Beziehungen. Man hatte diese Freundschaft ernst genommen, und am Schluss wird man immer auf die eine oder andere Art und Weise diskriminiert."* So scheinen es diese kleinen oder auch größeren persönlichen Erlebnisse zu sein, die in der muslimischen Bevölkerung ein Gefühl der Diskriminierung und Benachteiligung wach halten. Allerdings gab es auch Muslime, die den Begriff Rassismus ablehnten, und nur von einem „fremdenfeindlichen Umfeld" und Diskriminierungen im ökonomischen Bereich sprachen. Zudem wurde eingeräumt, dass viele Muslime ebenso Rassisten seien, und die Christen bis auf den Tod hassten. Durchaus gängige Schimpfworte sind hier *giauri* (Arab. für Ungläubige), *semidesnudos* (Halbnackte) und *hijos de putas* (Hurensöhne).

In den vorherigen Kapiteln kam ja bereits zum Ausdruck, dass die Mitglieder muslimischer und berberischer Vereinigungen in kultureller und sozialer Hinsicht sehr nachdrücklich Diskriminierungen beklagen (vgl. Kap.4.2. - 4.4.). Man fühlt sich vielfach nicht seinen Rechten entsprechend behandelt und an den Rand gedrängt. So existiert ein durchgängig angetroffenes Meinungsbild - ein Stereotyp -, wonach den Christen als Kollektiv koloniales Gebaren vorgeworfen wird, was durch folgende, von verschiedenen Musliminnen und Muslimen in Ceuta und Melilla geäußerten Meinungen deutlich wird: *„Sie sind von einem anderen Kontinent gekommen, und heutzutage behaupten sie, dass es ihr Land ist, und wir kein Recht darauf haben."* - *„Sie sehen dieses Land als das ihre an, und wir sind hier nicht* *mehr als Invasoren, wie Komparsen in den Filmen. Sie sind die Hauptdarsteller, und wir füllen den Rest der Szene aus." - „Die dominierende Bevölkerungsgruppe sind die Weißen, und die dominierten sind die Dunkleren." - „Die Christen haben immer gedacht, dass ihre Kultur die Beste ist, das heißt, sie unterwerfen immer die Anderen." - „Es gibt eine Kultur, die herrscht, und eine andere, die beherrscht wird." - „Sie haben zum Teil noch immer dieses Überlegenheitsgefühl, und zwar deshalb, weil wir es ihnen leicht gemacht haben, überheblich zu sein. Man muss bedenken, dass wir schon immer in ihren Häusern gearbeitet und ihre Autos chauffiert haben."*

Außer den Vorwürfen der Diskriminierung und Ausgrenzung kam es in den Interviews und Gesprächen fast nie zu abwertenden Ansichten oder Stereotypen gegenüber spezifischer kultureller, religiöser oder sozialer Praktiken der christlichen Bevölkerung. Das mag auch daran gelegen haben, dass ich selber als Deutscher der christlichen Religion zugeordnet wurde. Das bereits erwähnte Schimpfwort *semidesnudos* (Halbnackte), was auf die zum Teil als unmoralisch empfundene Kleidung der Christen Bezug nimmt, weist allerdings darauf hin, dass durchaus auch kulturell bzw. religiös begründete Vorbehalte gegenüber der christlichen Bevölkerung existieren. Allerdings wurden mir gegenüber nur einmal von einer muslimischen Sozialarbeiterin in Melilla, als es um das Thema Gastfreundschaft ging, in kritischer Weise kulturelle Differenzen festgemacht: „*Vielleicht laden wir sie häufiger ein, als sie uns, aber das liegt an unserer Gastfreundschaft. Wir sagen immer: Wo fünf essen, können auch zehn essen. Sie denken nicht so. Sie sind fünf Personen und wenn einer mehr kommt, soll er vorher Bescheid sagen, dass er kommt. Es ist eine Lebensart. Die Gastfreundschaft ist in uns. Wir laden unsere christlichen Nachbarn ein, obwohl wir uns nicht sonderlich vertragen. Aber wenn wir eine Feier für unseren Sohn oder unsere Tochter geben, dann müssen wir sie einladen, auch wenn sie nicht mehr als Hallo und auf Wiedersehen sagen, wenn ich sie vor dem Haus sehe. Sie sehen das anders, aber es ist eine Art zu denken, ein philosophisches Denken, das in unseren Genen steckt. Sie nähern sich aber auch schon dieser Lebensart an, auch wenn sie nicht wollen. Sie sind gastfreundlicher geworden, öffnen sich mehr und zeigen einem ihr Haus. (...) Es ist nur so, dass ich fast nie in ihrem Haus war, und sie 18.000 Mal in unserem Haus.*" Neben der Kritik an der mangelnden Gastfreundschaft wird in dieser Aussage noch Frustration über eine ausbleibende Reziprozität deutlich: Man würde zwar immer wieder auf sie zugehen, aber es käme wenig zurück.

Neben Rassismus und Diskriminierung hat das Thema der Integration und Identität einen wichtigen Stellenwert, wobei alle befragten Muslime Schwierigkeiten mit dem Begriff Integration haben, soweit er die Aufgabe der eigenen Kultur bedeutet. Diese Position wurde ja bereits in den vorherigen Kapiteln bei den muslimischen und berberischen Vereinigungen deutlich (vgl. Kap. 4.2. - 4.4.). Sofern allen Christen unterstellt wird, dass für sie Integration beispielsweise die Übernahme von Essgewohnheiten bedeutet, dann ist dies allerdings auch als Stereotype zu bewerten. In der folgenden Aussage eines Angestellten einer städtischen Institution in Ceuta kommt dessen Ablehnung eines solchen stereotyp unterstellten Integrationsverständnisses zum Ausdruck: „*Sie sagen immer, dass wir, die Muslime uns nicht integrieren. Aber wir haben keinen Grund uns zu integrieren. Wir sind hier. Sich integrieren heißt für sie, nicht deine eigenen Gebräuche zu übernehmen. Sich integrieren heißt Wein zu trinken und Schinken zu essen. Wenn du keinen Wein trinkst, dann bist du ein rückständiger moro, du lebst noch im 15. Jahrhundert.*" Die Muslime sehen sich in Ceuta und Melilla nicht als Zuwanderer, sondern als angestammte Einwohner. Folglich müsse man sich auch nicht anpassen oder integrieren, wie es als Erwartung seitens der Christen von den Muslimen wahrgenommen wird.

Dennoch wird in der Selbstwahrnehmung zugestanden, dass zahlreiche Muslime auch als spanisch identifizierte Aspekte der Lebensführung angenommen hätten. Dies dürfe jedoch nicht zu einer völligen Aufgabe der eigenen Gewohnheiten führen, wie ein aktives Mitglied einer Nachbarschaftsvereinigung in Ceuta meint: „*Es gibt viele Muslime, die einen spanischen Lebensstil haben, aber nur bis zu einer gewissen Grenze. Wenn man seine Gewohnheiten völlig aufgibt, dann fühlt man sich nicht mehr mit sich im Reinen, denn man lebt teils außerhalb von einem selbst und das wird von den anderen schlecht betrachtet. Meiner Meinung nach sind diejenigen, die ihre Gewohnheiten aufgeben, keine Muslime mehr, sie sind nichts für mich.*" So spielt in der muslimischen Gemeinschaft die soziale Kontrolle bezüglich der Einhaltung insbesondere religiös begründeter Normen eine wichtige Rolle. Als generalisierte Selbstsicht erklärten die meisten Muslime, dass „die Muslime" sich zwar nicht als Marokkaner fühlten, es ihnen aber auch nicht gefiele, wenn schlecht über Marokko gesprochen werde. So sind angeblich auch alle Muslime Fans der Fußballmannschaft des FC Barcelona, da sich die Katalanen nicht als Spanier fühlen und dennoch spanische Bürger sind. Die Sympathie gilt hier also denjenigen, von denen angenommen wird, dass sie am ehesten Verständnis für die „Problematik" der eigenen aufgespaltenen Identität hätten. Ein Mitglied der von Muslimen geführten *Partido Democrático y Social de Ceuta* (*PDSC*) in Ceuta versucht die mehrfache Zugehörigkeit durch eine Trennung von Identität und Nationalität zu lösen, und macht gleichzeitig den Christen den Vorwurf, diese Unterscheidung nicht zu akzeptieren: „*Ich kann nicht leugnen, dass ich Araber bin, dass ich eine arabische Kultur habe. (...) Ich mache alles auf arabisch, aber ich habe einen spanischen Personalausweis. Ich kann nicht meine Identität leugnen. Man muss zwischen Identität und Nationalität unterscheiden, und das ist das, was die hispanoceutíes [die christlichen Spanier] nicht wollen. Ceuta ist etwas besonderes, es gibt zwei Identitäten und eine Nationalität, und das ist es, was sie nicht verstehen wollen. Sie haben eine Identität, die mit ihrer Nationalität übereinstimmt, aber wir nicht.*" Die generalisierte Selbstsicht kann allerdings auch recht eindeutig ausfallen, so wie dies ein Kellner in Melilla formulierte: „*Wir wurden hier geboren, wir leben zusammen in Spanien. Wir haben spanisch gelernt, wir fühlen uns als Spanier.*"

Dennoch erklärten die meisten Muslime, kein ausgeprägtes oder überhaupt kein nationalistisches Gefühl als Spanier zu haben. In dem folgenden Zitat wird von einem Händler noch der wichtige Aspekt angesprochen, dass man als Muslim keinen als typisch spanisch identifizierten Namen trage, wodurch - so lässt sich interpretieren - man auch nicht der nationalen Norm entspreche: „*Ich habe wirklich*

keine nationalistischen Gefühle, ich fühle mich ehrlich gesagt nicht als Spanier.
Gut, es ist nicht so, dass ich mich nicht spanisch fühle, ich bin Spanier, ich habe
meinen spanische Reispass, nur dass ich nicht Juan Carlos heiße. Es ist so, dass ich
kein Gefühl für die Nationalflagge habe, vielleicht ist es deshalb, weil ich Muslim
bin, ich habe nicht dieses nationalistische Gefühl von „meinem Ceuta". Mir geht es
gut in Ceuta. Das ist mein Gefühl." Das Hin-und-Her Gerissen-Sein zwischen den
einzelnen Identitäten und den Problemen, die mit eindeutiger nationaler Zugehörigkeit verbunden sind, kamen in den Interviews immer wieder zum Vorschein.

Einem anderen Händler in Ceuta erscheint die Festlegung auf eine nationale
Identität sogar absurd und lächerlich: *„Ich bin vor allem Muslim. Danach bin ich*
ein normaler Mensch wie alle anderen. Ich habe kein nationalistisches Gefühl. Ich
bin spanischer Staatsbürger. Ich habe meine Rechte und erfülle meine Pflichten, und
versuche die Regeln des Zusammenlebens und des Rechts zu achten. Aber ich bin
Spanier, ich bin Muslim, und in dieser Hinsicht gibt es für mich kein Rangverhält-
nis. (...) Ich bin einfach ein Mensch und ich denke und lebe wie ein Muslim. (...) Also
in Marokko fühlen wir uns spanisch. Das sehe ich an meinen Kindern, die zu hause
fast ständig spanisch sprechen. (...) Ich fühle mich als ein Mensch der Welt, ich
fühle mich spanisch, auch und gleichzeitig fühle ich mich marokkanisch. Ich denke
mal, dass das alles möglich ist, und keines dieser Gefühle ist miteinander unver-
einbar. Ich liebe Marokko, ich liebe Spanien, ich liebe die spanische Kultur und ich
liebe die marokkanische Kultur, und kurz gesagt liebe ich die muslimische Kultur.
Jemanden zu zwingen, sich mit einer bestimmten Staatsangehörigkeit zu identifizie-
ren, ist lächerlich und sinnlos." Die Identitätsprobleme der Muslime liegen folglich
darin, nicht der vielfach vorgestellten Norm „Marokkaner ist gleich Muslim und
Spanier ist gleich Katholik" zu entsprechen. Sie sind Muslime, Imazighen, Araber,
Ceutí, Melillenser, Marokkaner und Spanier, und entziehen sich damit eindeutiger
Kategorien. Die Vorstellung, dass nur ein Mensch, der Juan Carlos oder Lourdes
heißt Spanier bzw. Spanierin sein kann, erscheint tief verwurzelt. Bei einem Mohamed oder einer Fatima wird vermutet, dass zumindest die Eltern oder Großeltern
aus einem arabischen Land stammen.

4.7.3. Zusammenfassung: *ellos* und *nosotros* - das stark ausgeprägte Denken in Kollektiven

Die dargelegten Selbsreflexionen und Sichtweisen auf den jeweils „Anderen"
bei Christen und Muslimen beinhalten einerseits zahlreiche - z.T. bis weit in
die Geschichte zurückreichende - Stereotype, andererseits spiegeln sie aber
auch ein problemorientiertes Nachdenken über das Zusammenleben der beiden
„Kollektive" (z.B. über Rassismus) wieder. Sie zeigen zudem, dass das Denken in
Kollektiven (sie/*ellos* und wir/*nosotros*) kaum durchbrochen wird. Hinsichtlich der
Stereotype dominieren in der christlichen Bevölkerung folgende Sichtweisen auf
die Muslime: sie sind verschlossen, sie tun nicht genug für einen sozialen Aufstieg,
sie assimilieren bzw. integrieren sich nicht ausreichend und halten zu stark an

Traditionen fest, viele fühlen sich als Marokkaner, sie vermehren sich sehr stark (hohe Geburtenraten), sie sind kriminell, sie können sich nicht benehmen, sie sind religiöse Fanatiker (Fundamentalisten) und sie behandeln ihre Frauen schlecht. Seitens der muslimischen Bevölkerung dominiert eine stereotype Sichtweise auf die Christen, wonach sie die Muslime diskriminieren und viele von ihnen Rassisten sind. Sofern religiöse Vorbehalte gegenüber den Christengeäußert werden, so gelten diese als Ungläubige. Aus religiöse-moralischer Perspektive existiert auch der stereotype Vorwurf, dass die Christen wie Halbnackte herumlaufen würden. Zwei wichtige, miteinander zusammenhängende Themen der Selbstreflexion sind bei vielen Muslimen die Konkurrenz verschiedener Identitäten (Spanier, Ceuti bzw. Mellinenser, Muslim) und die Probleme, die mit eindeutiger nationaler Zugehörigkeit verbunden sind (Kann man als Muslim Spanier sein? Was verbindet mich mit Marokko?). Die stereotypen Sichtweisen der Christen und der Muslime tragen in einer nicht zu unterschätzenden Weise zur Konstruktion kollektiver Identitäten bei, sie stellen diesbezüglich eine wichtige kommunikative und diskursive Dimension dar.

4.8. Politische Parteien, Machtkämpfe und die Bedeutung der „Kulturen"

Für die Organisation und Mobilisierung kollektiver Identitäten in Ceuta und Melilla sind auch die politischen Parteien und die Wahlen von Bedeutung. Über sie werden zum Teil Machtkämpfe zwischen Christen und Muslime ausgetragen, wobei jedoch keine klaren Fronten entlang der Zugehörigkeit zu einer religiösen Gemeinschaft im Sinne von (vermeintlichen) Kollektiven verlaufen. Muslime sind beispielsweise nicht nur in den fast rein muslimischen Parteien organisiert, sondern auch in anderen, von Christen dominierten Parteien, die ihrerseits wiederum Koalitionen mit muslimischen Parteien eingehen. Es gibt zwar keine konfessionellen Parteien, aber die religiöse bzw. kulturelle Zugehörigkeit und das christlich-muslimische Verhältnis spielen in der lokalen Politik von Ceuta und Melilla eine große Rolle. Seit der umfangreichen Vergabe von spanischen Staatsbürgerschaften an den größten Teil der Muslime Ende der 80er Jahre ist diese Bevölkerung durch ihr Wahlrecht zu einem erheblichen Machtfaktor geworden, den die christlich dominierten Parteien zunehmend in ihren Strategien berücksichtigen müssen. Die Parteienlandschaft und die lokale Politik haben sich seitdem stark gewandelt.

Mit dem Ende des Franquismus im Jahr 1975 setzte auch in Ceuta und Melilla eine Demokratisierung ein, so dass wieder - wie in ganz Spanien - verschiedene politische Parteien ihre Arbeit aufnehmen konnten. Bis etwa 1980 wurde der politische Diskurs der Parteien in Ceuta und Melilla von der so genannten *transición* (der Übergangphase vom Franquismus zur Demokratie) sowie insbesondere von der Frage der *españolidad* der beiden Städte geprägt. Den Hintergrund bildeten hier der „grüne Marsch" der Marokkaner in die Spanische Sahara im Jahre 1975 sowie massive marokkanische Rückgabeforderungen von Ceuta und Melilla nach dem

Ende des franquistischen Regimes und den damit verbundenen kurzfristigen Unsicherheiten diesbezüglicher politischer Standpunkte (vgl. Planet Contreras 1998, S. 117 ff, Kap. 2.2.). Dabei sprachen sich alle Parteien, außer der kommunistischen *Partido Communista de España* (*PCE*) mit unterschiedlichen Akzentuierungen für die *españolidad* der Städte aus. Von Anfang der 1980er Jahre bis 1995 kam zu diesem politischen Diskurs schließlich die Erlangung der Autonomie von Ceuta und Melilla als zentrales Thema hinzu. Einen Streitpunkt zwischen Muslimen und Christen in Melilla bildete dabei - wie bereits erwähnt - die Aufnahme des Tamasight als offizielle Sprache in den Autonomiestatuten, was auf den Kompromiss einer Erwähnung der sprachlichen Vielfalt hinauslief (vgl. Kapitel 4.4.). Die Autonomie wird von den Parteien auch als eine wichtige Garantie für die Bewahrung der *españolidad* der Städte gesehen, da sie so über mehr Selbstbestimmung und politisches Mitspracherecht auf nationaler Ebene verfügten. Ab Anfang der 90er Jahre beginnen zunehmend lokale Parteien in der Politik der Städte eine wichtige Rolle zu spielen, die mit den nun entstehenden, von Muslimen geführten Parteien die Bipolarität und Dominanz der großen nationalen Parteien (*Partido Popular/PP* und *Partido Socialista Obrero Español/PSOE*) aufbrechen (vgl. Planet Contreras 1998, S. 127 ff). Die „muslimischen Parteien" haben in Melilla jedoch eine größere Bedeutung als in Ceuta, weil dort der Anteil der muslimischen Bevölkerung höher liegt. Allerdings hat der Islam als Charakteristikum für die „muslimischen Parteien" oder für deren Parteiprogramme in Ceuta und Melilla keine Bedeutung, d.h. es gibt keine sozialen, ökonomischen oder politischen Projekte islamischen Zuschnitts. Aber sie setzen sich hauptsächlich für eine Verbesserung der soziökonomischen Situation der Muslime ein, denn diese bilden ihr Wählerpotenzial. Seit 1987 ist nach Planet Contreras (1998, S. 117) in Ceuta und Melilla der politische Diskurs sehr stark durch die „muslimische Frage" (*la cuestión musulmana*) geprägt.

4.8.1. Politische Parteien und die Wahlen von 1999 in Ceuta: drei Muslime ziehen ins Stadtparlament

Die ersten Gründungen von Parteien durch Muslime erfolgten in Ceuta ab Mitte der 1980er Jahre. Hier ist zunächst die von dem bereits erwähnten Muslimführer Mohamed Alí gegründete *Partido Socialista de los Trabajadores* (*PST*) zu nennen, die sich selbst als muslimische und promarokkanische Partei definiert. Sie hat bei den Wahlen bis Anfang der 1990er Jahre nie mehr als 150 Stimmen erhalten und ist heute völlig bedeutungslos (vgl. Planet Contreras 1998, S. 123). Im Jahre 1991 wurde von einem anderen, während des Kampfes gegen die Anwendung des Ausländergesetzes aktiven Muslimführers - Ahmed Subaire - die Partei *Iniciativa por Ceuta* gegründet, die es aber ebenfalls nicht schaffte, die muslimischen Wähler für sich zu mobilisieren. Nach Misserfolgen bei den Wahlen löste sie sich 1993 wieder auf, obwohl sie zu dem Zeitpunkt 380 Mitglieder hatte. Zwischen 1991 und 1995 kam es noch zu mehrfachen missglückten Versuchen, eine gemeinsame Partei oder Plattform zur Konzentration der muslimischen Wähler zu schaffen. Die einzige bis heute sehr erfolgreiche „muslimische Partei", die *Partido Democrático y Social de*

Ceuta (*PDSC*), konstituierte sich Anfang der 90er Jahre und trat das erste Mal 1995 zu den Wahlen zum Stadtparlament (*elecciones municipales-autonómicas*) an, wo sie mit 5 % Stimmenanteil einen Sitz erringen konnte. Nach diesen Wahlen stellte die liberal-konservative *Partido Popular* mit 30,8 % der Stimmen und 9 Sitzen im Stadtparlament gemeinsam mit zwei lokalen Parteien (*Progreso y Futuro de Ceuta* und *Ceuta Unida*) die Regierung.[136] Für die PDSC zog Mustafa Mizzian Amar ins Stadtparlament ein, und er galt während der Legislaturperiode als Ansprechpartner insbesondere der Muslime, die Probleme bei dem Erhalt einer Sozialwohnung hatten. Obwohl die PDSC sich nicht als muslimische Partei versteht, ist sie es de facto dennoch, da sie derzeit nur muslimische Mitglieder hat.

Die letzten Wahlen zum Stadtparlament vom 13. Juni 1999 waren durch die Besonderheit gekennzeichnet, dass zum ersten Mal eine Partei antrat, die bisher lediglich in der andalusischen, stark vom Tourismus geprägten Stadt Marbella existierte und dort den Bürgermeister stellte. Es handelt sich um die *Grupo Independiente Liberal* (GIL) mit ihrem Präsidenten Jesús Gil y Gil, der bis heute Bürgermeister in Marbella ist. Nach ihrem Erfolg in Marbella versuchte die Partei nun bei den kommunalen Wahlen in einigen anderen andalusischen Städten sowie in Ceuta und Melilla die Rathäuser zu erobern. Mit Wahlsprüchen wie „*En Ceuta y Melilla queremos el Hong Kong español*"(In Ceuta und Melilla wollen wir ein spanisches Hong Kong) wurde die Möglichkeit einer wirtschaftlich blühenden Zukunft entworfen (vgl. El Pueblo de Ceuta 01.05.1999). Das Wahlprogramm der GIL für Ceuta beinhaltete als zentrale Punkte den Kampf gegen die Unsicherheit in den Straßen (Schießereien, Messerstechereien, Zerstörung von Glasscheiben, Raub etc.), das Eintreten für Sauberkeit in den Straßen, den Bau von Wohnungen, die umfangreiche Förderung des Tourismus sowie zahlreiche Infrastrukturmaßnahmen und zum Teil gigantische Großprojekte, wie den Bau eines Flughafens auf einer aufzuschüttenden Meeresoberfläche an der Küste des Monte Hacho (vgl. Programa Electoral 1999, El Faro de Ceuta 05.06.1999).

Insbesondere die Themen Unsicherheit und Sauberkeit (*inseguridad y limpieza*) stießen angesichts der realen Probleme im Zusammenhang mit der Drogenkriminalität bei den Bürgern auf große Resonanz. Mit dem Schlagwort *limpieza* (Sauberkeit) war allerdings nicht nur die Sauberkeit der Straßen von Schmutz und Abfall gemeint, sondern sie bezog sich auch auf die vagabundierenden Marokkaner und illegalen Einwanderer, die nach dieser Auffassung ausgewiesen werden sollten. Die *Grupo Independiente Liberal* war mit den Schlagwörtern *inseguridad y limpieza* bereits in Marbella sehr erfolgreich gewesen, und sie hatte als regierende Partei schließlich die Straßen von Drogenabhängigen, Dealern, Prostituierten, Stadtstreichern etc. „gesäubert". Aufgrund dieser Politik, und weil sie in Ceuta ausschließlich die *moros* für die Kriminalität verantwortlich machte, galt die GIL in den Augen vieler Muslime als rassistisch. Diese Meinung vertrat auch der Generalsekretär der

---

136 Ich werde für Ceuta und Melilla hauptsächlich auf die Wahlen zum Stadtparlament eingehen, da die lokalen Parteien bei den Wahlen zum nationalen Kongress und Senat sowie zum Europaparlament von untergeordneter Bedeutung sind.

PSOE in einem Interview, der noch hinzufügte, dass es auch in früheren Zeiten in Ceuta Parteien gegeben hätte, die sich rassistische Gefühle zu nutze machten. Die GIL führte insgesamt einen sehr aufwendigen Wahlkampf, wozu auch die monate-lange Verteilung einer kostenlosen parteieigenen Zeitung (*La Tribuna de Marbella*) gehörte.

In der lokalen Tageszeitung El Pueblo, die der *Partido Popular* sehr nahe steht, erfolgte vor und nach der Wahl eine permanente negative Berichterstattung (Steuer-hinterziehung, Beziehungen zur Mafia etc.) über die GIL und ihren Präsidenten in Marbella. Die *Partido Popular* versuchte nun selbst als noch regierende Partei, das Thema der Sicherheit zu besetzen, und bekam von dem damaligen Innenminister Jaíme Mayor Oreja (PP) während eines Besuches in der Stadt Schützenhilfe, in dem er versprach, die Sicherheit in der Stadt zu verbessern. Als erste Maßnahmen wurde die Eröffnung eines neuen Polizei-Kommissariats in dem peripheren Stadtteil Los Rosales sowie die Einführung einer neuen Spezialeinheit gegen den Drogenhandel und das organisierte Verbrechen (*Unídad contra el Narcotráfico y el Crimen Or-ganizado*) präsentiert (vgl. El Pueblo de Ceuta 25.05.1999). Auch der Regierungs-vertreter (*Delegado del Gobierno*) der Stadt verpflichtete sich, die Sicherheit zu verbessern und stärker gegen den Drogenhandel, die illegale Immigration sowie die Arbeitslosigkeit vorzugehen (vgl. El Pueblo de Ceuta 07.05.1999). Der Wahlkampf aller Parteien richtete sich insbesondere gegen die GIL, der zudem als politisches Sakrileg vorgeworfen wurde, die *españolidad* von Ceuta in Frage zu stellen (vgl. El Pueblo de Ceuta 07.06.1999).

Die PDSC trat unter der Führung von Mustafa Mizzian für einen Kampf gegen soziale Ungleichheiten unter besonderer Berücksichtigung der peripheren (haupt-sächlich von Muslimen bewohnten) Stadtteile an, und man sprach sich für eine offene, multikulturelle Stadt sowie ein friedliches Zusammenleben (*convivencia*) aus (vgl. El Pueblo 05.06.1999). Das Wahlprogramm der PDSC umfasste neben sozialen und infrastrukturellen Verbesserungen der peripheren Stadtteile auch die Förderung des Wohnungsbaus einschließlich der Errichtung von neuen Wohnun-gen, die mehr als bisher den spezifischen kulturellen Bedürfnissen der Bewohner der Stadt gerecht werden sollten. Damit wurden klar die Bedürfnisse muslimischer Familien nach größeren Wohnungen bzw. Wohnungen mit einem anderen Grundriss angesprochen. Im Bereich der Ausbildung und Kultur beinhalteten die Forderungen u.a. die Bekämpfung der hohen Anzahl an Schulabbrecher, die Einführung von Ara-bischunterricht in den Schulen, die Schaffung eines hispano-arabischen Institutes sowie Kulturzentren in allen Stadtteilen. Mustafa Mizzian und seine Partei führten einen sehr intensiven Wahlkampf, bei dem sie in den peripheren Stadtteilen von Haus zu Haus zogen. Die Hochburg der Partei liegt im Stadtteil Hadú, in dem der Parteiführer Mustafa Mizzian auch wohnt und geboren wurde. Die Wahlliste der PDSC umfasste nur Muslime (davon eine Frau), und der Wahlkampf war speziell auf die muslimische Bevölkerung ausgerichtet. Die GIL hat dagegen in den peri-pheren Stadtteilen kaum Wahlkampf betrieben, und in ihrer Wahlliste waren keine Muslime vertreten, jedoch ein Hindu. Die *Partido Popular* stellte ebenfalls keine Muslime auf, ihre Liste enthielt aber zwei hebräische Kandidaten. Nur einige linke

Parteien stellten auch muslimische Kandidaten auf (z.B. die *Partido Socialista del Pueblo de Ceuta*).

Die Wahl vom 13. Juni 1999 erbrachte schließlich für die *Grupo Independiente Liberal* mit 38,1 % der Stimmen als erstmals angetretene Partei und für die PDSC mit 9,8 % als „muslimische Partei" einen jeweils sehr großen Erfolg. Die *Partido Popular* musste mit 27 % im Vergleich zur letzten Wahl nur geringe Verluste hinnehmen - im Gegensatz zu fast allen anderen Parteien, die zum Teil nahezu ihre gesamte Wählerschaft verloren und in die Bedeutungslosigkeit absanken. Der sehr hohe Stimmenanteil für die GIL, war ein eindeutiger Hinweis darauf, dass ein großer Teil der Bürger sich mit seinen Ängsten vor einer Unsicherheit in Ceuta und seinen Bedenken gegenüber der illegalen Einwanderung aus Marokko insbesondere von den lokalen Parteien nicht ernst genommen fühlte. Von den 25 Sitzen im Stadtparlament entfielen 12 auf die GIL, 8 auf die PP, 3 auf die PDSC und nur 2 auf die PSOE als zweite große nationale Partei (vgl. El Pueblo de Ceuta 14./15./17.06.1999). Somit war nur noch die PDSC als einzige rein lokale Partei im Stadtparlament vertreten; ihr war es gelungen, einen großen Teil der Muslime für sich zu mobilisieren. Zur Regierungsbildung kam es schließlich zwischen der PP, PDSC und PSOE, wobei die PDSC zwei von acht Regierungsposten bzw. Ratsstellen (*consejería*) und eine von elf Vizeratsstellen (*viceconsejería*) erhielt. Somit waren Muslime erstmals an der Macht beteiligt, vorher war von ihnen ja nur ein Abgeordneter in der Opposition vertreten. Die Abgeordneten der GIL bewerteten die Regierungsbildung aufgrund der Beteiligung der PDSC indirekt als Verrat, indem sie mit der kampflosen Übergabe der Stadt durch den westgotischen Herzog Don Julián an die *moros* im Jahre 711 verglichen wurde (vgl. El País Digital 13.08.1999). Zu direkten Rassismusvorwürfen gegenüber der GIL kam es von Mustafa Mizzian, nachdem deren lokaler Parteiführer Sampietro dem alljährlichen Volksfest (*fería*) von Ceuta immer mehr Ähnlichkeit mit der marokkanischen Stadt Tétouan unterstellte (vgl. El País Digital 13.08.199). Er wollte damit offensichtlich sein Missfallen über die zahlreichen *moros* in Ceuta ausdrücken. Die Partei wies - wie kaum anders zu erwarten - die Vorwürfe eines Rassismus zurück.

Die neue Regierung hielt allerdings nicht lange, da die GIL einen Misstrauensantrag (*moción de censura*) stellte, der dank einer übergelaufenen Abgeordneten von der PSOE am 23.08.1999 positiv beschieden wurde (vgl. El Pueblo de Ceuta 24.08.1999). Das Verfahren und der Sturz der Regierung erregten in der lokalen und nationalen Presse großes Aufsehen; und es war von politischer Prostitution und Bestechung die Rede. Es gab keinen Tag, an dem die lokale Presse die übergelaufene Abgeordnete und die GIL nicht attackierte. Außerdem wurde ein juristisches Verfahren wegen Verdachts auf Bestechung eingeleitet. Während dessen bildete die GIL eine neue Regierung, die allerdings nur bis zum Februar 2001 hielt (vgl. El País Digital 06./07.11.02.2001). Die Partei hatte zuerst in Melilla aufgrund von internen Streitigkeiten - insbesondere mit der Parteizentrale in Marbella - begonnen, sich durch Parteiaustritte von Abgeordneten aufzulösen. Dieser Prozess setzte sich in Ceuta fort, indem auch dort Abgeordnete die Partei verließen und im Parlament die parteilose gemischte Gruppe (*grupo mixto*) bildeten. Hintergrund waren die Unzufriedenheit von Abgeordneten und Räten über den Regierungsstil, Differenzen mit der Parteiführung in Marbella und eine unklare Haushaltsführung. Die Partei löste sich in Ceuta mehr oder weniger auf, und es wurde erneut ein Misstrauensantrag gestellt, der diese Regierung ebenfalls stürzte. Seit Februar 2001 regiert wieder die PP mit der Unterstützung ehemaliger Abgeordneter der GIL und der PDSC, die in der neuen Regierung wieder zwei Ratsstellen einnimmt (*Consejera de Obras Públicas*/Rat für öffentliche Arbeiten und *Consejería de Bienestar Social*/Rat für Wohlfahrt und Soziales).

4.8.2. Melilla und die beginnende Umkehrung der Machtverhältnisse

Die erste von Muslimen geführte Partei - die *Partido de los Demócratas Melillenses* (PDM) - gründete in Melilla 1986 der Muslimführer Dudú, deren Generalsekretär sich allerdings 1987 öffentlich von ihm distanzierte (vgl. Kap. 4.2.3.). Die Partei ist nie zu einer Wahl angetreten, und sie hat sich mittlerweile aufgelöst. Die Konstituierung einer „muslimischen Partei" von etwas größerer Bedeutung erfolgte im Jahre 1991 mit der *Partido Independiente Hispano-Bereber* (PIHB). Die PIHB verstand sich selbst allerdings nicht als muslimische Partei, sondern sie trat für ein Gleichgewicht zwischen den Religionsgemeinschaften und die offizielle Anerkennung des Tamasight ein. Das hauptsächliche Ziel der Partei galt der Lösung sozialer Probleme. Sie konnte bei den Wahlen zum Stadtrat im Jahr 1991 allerdings nur 3,1 % der Stimmen erringen und trat zu den folgenden Wahlen nicht mehr an (vgl. Planet Contreras 1998, S. 178). Zu diesen Wahlen hatte die PSOE drei muslimische Kandidaten in ihrer Wahlliste aufgenommen, da sie das Wählerpotenzial der muslimischen Bevölkerung erkannt hatte. Aber auch die PP versuchte muslimische Stimmen zu gewinnen, indem sie für die Schaffung eines muslimischen Friedhofs eintrat (der bisherige Friedhof lag außerhalb des Stadtgebietes in der Grenzzone zu Marokko). Dennoch war es vor allem die PSOE, die viele muslimische Stimmen für sich gewinnen konnte. Die PP kam auf 42,2 % der Stimmen und die PSOE auf 40,5 %, was zeigt, dass zu diesem Zeitpunkt die Bipolarität der beiden großen nationalen Parteien noch nicht aufgebrochen war. Die PSOE stellte sogar bei den nationalen Senatswahlen im Jahr 1993 eine muslimische Kandidatin auf, was bei allen anderen Parteien sowie der Öffentlichkeit große Überraschung auslöste (vgl. Planet Contreras 1998, S. 140). Dieser Schritt wurde überwiegend als Strategie interpretiert, muslimische Stimmen zu fangen. Ein Politiker der PIHB hielt die Aufstellung einer Muslimin für mutig, da die PSOE so Gefahr liefe, Stimmen von christlichen Wählern zu verlieren. Die muslimische Kandidatin konnte dennoch sehr viele Stimmen auf sich vereinigen, und sie verfehlte nur sehr knapp den Einzug in den Senat.

Die bis heute sehr erfolgreiche *Coalición por Melilla* (CpM) mit ihrem Vorsitzenden Mustafá Aberchan wurde 1995 gegründet, und der Name *Coalición* (Koalition) ergab sich aus dem Zusammenschluss der PIHB und einer kleinen linksgerichteten Partei, der *Partido del Trabajo y el Progreso*. Die CpM versteht sich nicht als muslimische Partei, auch wenn die ca. 800 Mitglieder fast ausschließlich Muslime sind. Die Hochburgen der Partei liegen in den hauptsächlich von Muslimen bewohnten Vierteln Cañada de la Muerte (bzw. Hidúm), Reina Regente und Monte María Cristina. Die wichtigste Zielsetzung der Partei umfasst die Verbesserung der sozioökonomischen Situation der Muslime sowie die Überwindung von Diskriminierung und Marginalisierung. Das Wahlprogramm hat bisher keine religiösen Themen beinhaltet. Dennoch erhielt die CpM bei den Wahlen zum Parlament der autonomen Stadt Melilla im Jahr 1995 massive Unterstützung seitens der *Comisión Islámica de Melilla*, was ihr von den anderen Parteien den Vorwurf der Vermischung von Politik und Religion einbrachte (vgl. Planet Contreras 1998, S. 126). Die Wahlen von 1995 ergaben für die PP mit 42,7 % im Vergleich zu 1991 einen Stimmenzuwachs; der eigentliche Gewinner war aber mit 15,6 % die CpM und mit 10 % die im Vorjahr nicht zur Wahl angetretene lokale *Unión del Pueblo de Melilla* (UPM) (vgl. Planet Contreras 1998, S. 129). Die rechtsextreme *Partido Nacionalista Melilla* (PNM) errang immerhin 3,8 %, was gegenüber der Wahl von 1991 (8,6 %) jedoch einen größeren Verlust bedeutete. Hauptsächlich aufgrund der nun eingetretenen Konkurrenz mit der CpM verlor die PSOE im Vergleich zur vorherigen Stadtratswahl gut die Hälfte ihrer Wähler und erhielt nur noch 20,1 % der abgegebenen Stimmen. Die CpM konnte also in ganz erheblichem Maße die muslimischen Wähler für sich mobilisieren und zog mit vier von insgesamt 25 Abgeordneten ins Stadtparlament ein. Somit waren dort - ebenso wie in Ceuta - das erste Mal auch Muslime vertreten. Die PP konnte mit einer knappen Mehrheit von 14 Abgeordneten eine Regierung bilden, die allerdings durch die Abspaltung von Abgeordneten und einen Misstrauensantrag von PSOE, CpM sowie UPM im Jahr 1998 abgelöst wurde. An der neuen Regierungsbildung wurden erstmals auch Muslime der CpM beteiligt.

Die Wahlen zum Stadtparlament am 13. Juni 1999 waren nun auch in Melilla von dem Erscheinen der *Grupo Independiente Liberal* geprägt. Diese Partei vertrat ebenso wie in Ceuta eine Law-and-Order-Politik und nahm für sich in Anspruch, die Stadt ökonomisch voran zu bringen, wobei die andalusische Stadt Marbella als glänzendes Beispiel für ihre erfolgreiche Politik diente. Die GIL trat in starke Konkurrenz zu den etablierten Parteien insbesondere zur konservativen PP, die sich zudem von der machtvoll gewordenen CpM bedrängt fühlte. Der Wahlkampf in Melilla wurde zudem durch das Antreten einer weiteren „muslimischen Partei" - der *Partido Socialdemócrata de Melilla* (PSDM) - angeheizt, da sie die CpM in besonderem Maße herausforderte. Die PSDM wurde von Mohamed Bussian mit der Zielsetzung gegründet, soziale Benachteiligungen und Diskriminierungen zu überwinden und muslimische Wähler als Alternative zur CpM anzusprechen. Der Begriff Muslime wird von ihnen ausdrücklich nur im sozialpolitischen und nicht im religiösen Sinne verwendet (vgl. Melilla Hoy 11.05.1999). Für die Wahlliste wurde an erster Stelle der Generalsekretär der Partei, ein Christ sowie ehemaliges PSOE-Mitglied, aufgestellt, an zweiter Stelle folgte Mohamed Bussian und an dritter Stelle die Ehefrau (Saida Mohamed) des ehemaligen Muslimführers Dudú, die sich bei dem Kampf der Muslime gegen die Anwendung des Ausländergesetzes Mitte der 80er Jahre als Aktivistin der Frauen einen Namen gemacht hatte (vgl. Melilla Hoy

07./11./12.05.1999). Zudem kehrte Dudú nach zwölfjähriger Abwesenheit wieder nach Melilla zurück und unterstützte die Kandidatur seiner Frau (vgl. Melilla Hoy 13.06.1999). Die übrigen 22 Kandidaten der Wahlliste der PSDM waren bis auf eine Ausnahme alle Musliminnen bzw. Muslime. Der Wahlkampf der PSDM richtete sich hauptsächlich gegen die CpM, indem sie sich selber als die „wahren Muslime" (*estamos los verdaderos musulmanes*) mit den „sauberen Händen" (*con las manos limpias*) präsentierten und der CpM mit ihren Führern Selbstbereicherung, dem Missbrauch der Religion für politische Zwecke, Parteinahme für die Einführung des Ausländergesetzes Mitte der 80er Jahre sowie indirekt Verbindungen zum Drogenhandel vorwarfen (vgl. Melilla Hoy 11./21.05.1999).

Neben der GIL und der PSDM trat noch eine weitere neue Partei zu den Wahlen an, und zwar die *Partido Independiente de Melilla* (PIM). Zwei aus der PP ausgetretene Abgeordnete gründeten diese Partei 1998, und für sie kandidierte auf Platz 3 nach den zwei (christlichen) Parteiführern eine Nichte des ehemaligen Muslimführers Dudú sowie weitere fünf Muslime (vgl. Melilla Hoy 01.05.1999). Von der PSOE wurde ebenfalls auf Platz 3 der Wahlliste eine Muslimin (Malika Mohamed) platziert sowie einige andere Muslime auf weiter zurückliegenden Positionen. Für die PP kandidierte nur ein Muslim auf Platz 7 der Wahlliste. Von der GIL wurden keine Muslime aufgestellt. Dagegen wies die Wahlliste der linken, auf nationaler Ebene verbreiteten Partei *Izquierda Unidad* (IU)10 Muslime auf, wobei sogar Platz 1 von einem Muslim besetzt wurde (vgl. Melilla Hoy 08.05.1999). Trotz der vielfältigen Versuche der meisten Parteien, auch Muslime in ihrer Partei zu integrieren und muslimische Wähler zu gewinnen, stand die PSDM im Zentrum der Angriffe durch die CpM, da von ihr die größte Gefahr einer möglichen Spaltung der muslimischen Wählerschaft ausging. Die wichtigsten Botschaften des Wahlprogramms der CpM beinhalteten Solidarität und Gerechtigkeit, und sie trat im speziellen für den Bau von 2000 Sozialwohnungen innerhalb der nächsten vier Jahre, eine Verstärkung der lokalen Polizei (zur Abdeckung des Themas Sicherheit), eine Lösung des Wasserproblems sowie eine Verbesserung der öffentlichen Beleuchtung ein (vgl. Melilla Hoy 09.05.1999). Die CpM mobilisierte insbesondere die Bewohner der Viertel Cañada de la Muerte und Reina Regente, wobei sie den Beistand und die Mitarbeit der dortigen Nachbarschaftsvereine fand. Außerdem unterstützten Mitglieder und Musiker der *Asociación Cultural Numidia* (vgl. Kap. 4.4.2.) die CpM, indem die Gruppe *Itri Moraima* eine Hymne auf Spanisch und Tamasight für die CpM komponierte, die auf Kassetten aufgenommen verteilt wurde.

Die CpM und insbesondere ihr Führer Mustafa Aberchán wurden allerdings in zum Teil sehr diffamierender Weise regelmäßig in Artikeln der PP-nahestehenden und größten lokalen Tageszeitung Melilla Hoy angegriffen. Der Partei und ihrem Führer warf man darin vor, antidemokratisch zu sein (weil keine Abstimmung über die Kandidaten auf der Wahlliste erfolgte), Religion und Politik zu vermischen (in der Hauptmoschee wurden Flugblätter verteilt), politische Inhalte zu verdunkeln, öffentliche Mittel irregulär verwaltet zu haben (das bezog sich auf die Beteiligung Abercháns an der letzten Regierung), extrem islamischen bzw. fundamentalistischen Gruppen nahe zu stehen und in den Drogenhandel verwickelt zu sein (vgl.

Melilla Hoy 09./15./29.30.05./05.06.1999). In einem umfangreichen Artikel erfolgte gegen Mustafa Aberchán sogar der Vorwurf des Betrugs, weil er als 1987 einge-
bürgerter Spanier (er wurde jedoch im Umland von Melilla in Marokko geboren)
für sein Studium der Medizin in Granada von 1987 bis 1990 ein Stipendium aus
einem spanisch-marokkanischen Kooperationsabkommen erhielt, indem er sich als
Marokkaner ausgab (vgl. Melilla Hoy 05.06.1999).[137] Darüber hinaus wurde die
Familie von Mustafa Aberchán in dem Artikel als wenig in Melilla verwurzelt (*con
poco arraigo*) und mit einigem Einfluss in Marokko bezeichnet. Der Artikel ent-
hüllt und prangert an, dass eine Schwester von Mustafa Aberchán und ihr Ehemann
zwar über einen spanischen Pass verfügen und in Melilla leben, aber in Nador als
marokkanische Beamte in dortigen Ministerien arbeiten. Die beiden sollen demnach aufgrund ihrer Stellung in Marokko auf ihren Bruder und dessen Partei starken
Druck ausüben. Somit wurde Aberchán unterstellt, aus Marokko beeinflusst und
illoyal gegenüber dem spanischen Staat zu sein.

Etwa zwei Wochen vor den Wahlen begann der Wahlkampf allmählich zu es-
kalieren. Der CpM wurde unterstellt, einen „Heiligen Krieg" (*guerra santa*; *yihad*)
gegen diejenigen Muslime zu führen, die sie nicht unterstützen. Händler hatten sich
beschwert, dass sie die Wahlplakate der CpM nicht von ihren Geschäften entfernen dürften, wenn sie keinen Ärger haben wollten (vgl. Melilla Hoy 29.05.1999).
Kandidaten der PSDM beschuldigten Aberchán und seine Partei, beim Plakatkle-
ben in gewalttätiger Weise von ihnen bedroht worden zu sein (vgl. Melilla Hoy
31.05.1999). Der Generalsekretär der Comisión Islámica de Melilla - Abderramán
Benyahya - beschuldigte die CpM, einen „muslimischen Faschismus" (*fascismo
musulmán*) zu repräsentieren, weil sie verhinderten, dass Muslime sich anderen
Parteien anschlössen. Er drohte an als Generalsekretär der Dachorganisation islamisch-religiöser Vereinigungen zurückzutreten, wenn die CpM weiterhin Moscheen
und Friedhöfe für die Wahl missbrauche. Des weiteren sollen Wahlplakatkleber der
PSOE in Cañada de la Muerte beschimpft worden sein, und die PP zeigte im selben
Viertel vorgefallene Angriffe auf ein Auto mit Megaphon für die Verbreitung von
Wahlkampfparolen an (vgl. Melilla Hoy 01.06.1999). Mustafa Aberchán bewertete
die Anschuldigungen der anderen Parteien - laut Melilla Hoy (02.06.1999) - als
große Verschwörung gegen ihn und seine Partei. Es wurden allerdings weitere Vor-
fälle gemeldet, so das regelmäßige, nächtliche Abreißen von Wahlplakaten der PP,
GIL, UPM, PSDM, PSOE, IU sowie einer unbedeutenden nationalistischen Partei
(APROME) durch Jugendliche und das Anzünden und Verbrennen des Privatautos
eines muslimischen Mitglieds der PP (vgl. Melilla Hoy 03./06.06.1999). Einen
Höhepunkt bildete der gewalttätige Angriff von angeblich 300 (!) Jugendlichen auf
Kandidaten der PSDM und Polizisten mit dem Ergebnis von fünf Verletzten und
fünf beschädigten Autos (vgl. Melilla Hoy 10.06.199). Einen Tag später meldete
die Melilla Hoy (10.06.1999) weitere Übergriffe auf Autos von PSDM-Mitglieder
sowie deren Verwandten.

---

137 Der Bruder von Mustafa Aberchan - Ahmed Moh, der moderate Muslimführer der 80er Jahre
(vgl. Kap.4.2.1.) - hatte sich demnach für dessen Einbürgerung bei der Regierungsvertretung
eingesetzt.

Am 13. Juni 1999 fand endlich die Wahl statt, die der GIL 25,9 % der Stimmen (7 Abgeordnete), der CpM 20,4 % (5 A.), der PP 18,7 % (5 A.), der UPM 11, 4 % (3 A.), der PIM 10,3 % (3 A.) und der PSOE 9,4 % (2 A.) erbrachten. Die PSDM konnte lediglich 1,7 % der Stimmen erringen und die IU nur 0,89 %, weshalb beide Parteien keinen Sitz im Stadtparlament erhielten (vgl. Melilla Hoy 14.06.1999, Ciudad Autónoma de Melilla 1999, S. 376). Das Ergebnis der Wahl war, dass einerseits die GIL auf Anhieb zur stärksten Partei wurde, aber dennoch nicht den gleichen Erfolg wie in Ceuta errang, und dass andererseits die CpM einen großen Teil der Muslime für sich mobilisieren und so einen noch größeren Erfolg als bei der letzten Wahl verbuchen konnte. Die großen Verlierer waren die PP und die PSOE, die im Vergleich zur Wahl von 1995 jeweils mehr als die Hälfte ihrer Wähler eingebüßt hatten! Die GIL konnte in den überwiegend von Christen bewohnten Vierteln die meisten Stimmen für sich gewinnen (vgl. Melilla Hoy 15.06.1999). Aber nun stellt sich das Problem der Regierungsbildung bei fehlender Mehrheit für eine einzige Partei. Eine zunächst angestrebte Anti-GIL-Koalition kam nur kurzfristig zustande, und Streitigkeiten zwischen den Parteien führten schließlich im November 1999 zu einer Regierungsbildung zwischen der CpM, GIL und PIM unter der Präsidentschaft von Mustafa Aberchán, der aber nach der Hälfte der Legislaturperiode von einem GIL-Politiker in seinem Amt abgelöst werden sollte (vgl. El País Digital 05./06./07./08./09./10./11.07.-23.11.1999). Damit wurde das erste Mal ein Muslim in Melilla Präsident bzw. Bürgermeister der Stadt!

Der Austritt zweier Abgeordneter aus der GIL im Mai 2000 war nach kurzer Zeit bereits der Anfang vom Ende der neuen Regierung (vgl. El País Digital 06.05.2000). Nachdem auch noch ein Abgeordneter der PIM die Partei und Regierung verließ, war von der Opposition im Juli ein erfolgreicher Misstrauensantrag wegen schlechter Geschäftsführung eingebracht worden (vgl. El País digital 08.07.2000). Zudem hatten interne Streitigkeiten bei GIL immer mehr zu deren Auflösung in Melilla geführt. Von Mustafa Aberchán wurde der Misstrauensantrag als ein rassistischer Akt bewertet, der sich gegen einen muslimischen Bürgermeister richtete und der die Stadt in ein „Pulverfass" verwandeln würde. Aberchán stützte sich bei seiner Bewertung u.a. auf eine Aussage des Präsidentschaftskandidaten der Opposition von der UPM, wonach dieser die Stadt noch nicht auf einen muslimischen Bürgermeister vorbereitet sah und anfügte, dass der „soziale Extrakt" (*extracto social*) der Stadt verändert werden müsse (vgl. El País Digital 12.07.2000). Aberchán kündigte außerdem eine Demonstration an, an der etwa 2.000 Muslime teilnahmen und von der Hauptmoschee zum Rathaus zogen (vgl. El País Digital 15.07.2000). Darüber hinaus gab es Protestnoten einer Menschenrechtsvereinigung (*Asociación de Derechos Humanos Mediterránea*) aus Nador/Marokko, und nach dem erfolgreichen Misstrauensantrag und der Wahl des neuen (christlichen) Präsidenten der UPM kam es zu weiteren Äußerungen der Entrüstung aus Nador und der Region (vgl. El País Digital 22.07.2000). So erklärte der Bürgermeister der Stadt Nador sein Unverständnis gegenüber PP und PSOE über ihre Wahl des als extrem rechts stehend bekannten Präsidenten der UPM, dem er rassistische Äußerungen gegenüber der Rif-Bevölkerung vorwarf. Berber-Kulturvereine aus dem Rif, Melilla und verschiedenen europäischen Städten erklärten ebenfalls ihre Entrüstung und kündigten an, eine Rif-Vereinigung gründen zu wollen, um die Interessen der Bevölkerung der Region besser verteidigen zu können (vgl. El País Digital 22.07.2000).

4.8.3. Zusammenfassung: Politik, Macht und kollektive Identitäten

In den vorherigen Kapiteln ist bereits deutlich geworden, dass das Zusammenleben von Christen und Muslimen sehr stark durch politische Faktoren gekennzeichnet ist. Ausgehend von dem Kampf der Muslime gegen die Anwendung eines neuen Ausländergesetzes Mitte der 80er Jahre haben sich in Ceuta und Melilla ab Anfang/Mitte der 90er Jahre die ersten erfolgreichen von Muslimen gegründeten Parteien etabliert. Seitdem sind auch die von Christen dominierten nationalen und ausschließlich lokalen Parteien stärker herausgefordert, da die Muslime seit dem Prozess der Einbürgerung (ab Mitte/Ende der 80er Jahre) ein zunehmend wichtiges Wählerpotential bilden. In Ceuta existiert derzeit nur eine „muslimische Partei" (die *Partido Democrático y Social de Ceuta/PDSC* mit Mustafa Mizzian an der Spitze), die zudem seit den Wahlen von 1995 auch im Stadtparlament vertreten ist und seit der letzten Regierungsbildung 2001 mit ihren Kandidaten sogar zwei Verwaltungsreferate leitet. In Melilla ist es die *Coalición por Melilla/CpM* mit dem Vorsitzenden Mustafá Aberchan, die als mehr oder weniger rein muslimische Partei sehr erfolgreich ist, und nach den letzten Wahlen sogar bis zum Zusammenbruch der Koalition mit anderen Parteien den Bürgermeister stellen und mehrere Verwaltungsreferate leiten konnte. Die zweite muslimische Partei in Melilla, die *Partido Socialdemócrata de Melilla/PSDM*, ist dagegen bisher kaum von Bedeutung. Von allen muslimischen Parteien in Ceuta und Melilla wird jedenfalls die Strategie verfolgt, über die Themen „soziale Gerechtigkeit" und „Überwindung von Diskriminierung" die Muslime möglichst kollektiv für sich zu mobilisieren.

Demgegenüber stehen die von Christen dominierten Parteien, die mittlerweile fast alle auch Muslime zu ihren Mitgliedern zählen. Dennoch sind es hauptsächlich die Parteien der politischen Mitte und des linken Spektrums, die auch Muslime als Kandidaten in den Wahllisten führen (z.B. die *Partido Socialista Obrero Español/ PSOE* und die *Izquierda Unidad/IU* in Ceuta und Melilla sowie die *Partido Independiente de Melilla/PIM* in Melilla). Sie können dadurch auch muslimische Wähler an sich binden. Die große nationale konservative Partei, die *Partido Popular/PP*, hat dagegen nur in Melilla bei den letzten Wahlen lediglich einen Muslim als Kandidat in der Wahlliste aufgeführt. Von einigen lokalen konservativen und nationalistischen Parteien abgesehen stellt sich insbesondere die PP als Hüterin der *españolidad* von Ceuta und Melilla dar und versucht so hauptsächlich die christliche Wählerschaft für sich zu mobilisieren. Von der PP wird auch der (direkt oder indirekte) Vorwurf, die *españolidad* in Frage zu stellen, als Waffe gegen politische Gegner eingesetzt. Der große Erfolg der - mittlerweile nicht mehr existierenden aus der spanischen Stadt Marbella stammenden - konservativen Partei *Grupo Independiente Liberal/GIL* bei den Wahlen von 1999 hat jedoch gezeigt, dass viele, hauptsächlich christliche Wähler mit der lokalen Politik unzufrieden sind. Diese Partei konnte insbesondere mit dem Thema „mehr Sicherheit auf den Straßen" - was sich gegen die Drogenkriminalität richtete, die fast ausschließlich mit Muslimen und Marokkanern verbunden wird - viele Stimmen für sich gewinnen.

Die politischen Ereignisse in Ceuta und Melilla haben gezeigt, dass die Religionszugehörigkeit für die Politik eine erhebliche Rolle spielt. Hier werden für die Erlangung oder den Erhalt politischer Macht kollektive Identitäten mobilisiert. Die Wahlen und der Kampf um die Macht spiegeln das christlich-muslimische Spannungsverhältnis eindrücklich wieder, auch wenn die Grenzlinien zwischen den Religionen hier nicht eindeutig verlaufen. Dennoch gibt es sowohl in Ceuta als auch in Melilla je eine Partei, die dazu in der Lage ist, einen großen Teil der Muslime für sich zu mobilisieren, was wiederum die anderen Parteien vor große Herausforderungen stellt. So bleibt abzuwarten, wie sich das Wahlverhalten in Zukunft entwickeln wird, wobei eine zukünftig weitere Machtzunahme der muslimischen Bevölkerung von Ceuta und Melilla allein schon aus demographischen Gründen so gut wie sicher ist. Mustafa Aberchán war sicherlich nicht der letzte muslimische Bürgermeister in Melilla.

5. Die empirischen Ergebnisse und der theoretische Rückbezug

> „Das Problem ist es, im Individuellsten das Allgemeinste sichtbar werden zu lassen, sich in das Besondere so zu versenken, dass in ihm das abstrakte Allgemeine in anschaulicher Konkretheit aufscheint." (Schiffauer 1991, S. 26)

Die Konstruktionen kollektiver Identitäten auf der Basis von Religion, Kultur und Nationalität sind in den spanisch-nordafrikanischen Städten Ceuta und Melilla sehr lebendig und allgegenwärtig. Die Präsenz von Angehörigen verschiedener Religionen (Christen, Muslime, Hindus und Hebräer bzw. Juden) spielt im sozialen, ökonomischen und politischen Leben der Städte eine sehr bedeutende Rolle. Denn das Denken in religiös definierten Kollektiven ist stark im Bewusstsein der Menschen verankert, und die damit verbundenen Eigenidentifikationen sowie gegenseitigen Klassifizierungen bestimmen in Ceuta und Melilla in vielfältiger Weise das Zusammenleben der Menschen. Der politische Konflikt um die spanischen Territorien in Nordafrika zwischen Marokko und Spanien hat dabei eine verstärkende Wirkung, indem durch ihn über die Religionen die alltägliche Praxis von Zugehörigkeit und Ausgrenzung mit ihren sozialen Mechanismen akzentuierter hervortritt. Der politisch-territoriale Konflikt beeinflusst jedoch hauptsächlich das Miteinander von Christen und Muslimen. Einerseits erscheint das über Jahrhunderte hinweg christlich untermauerte spanische Nationalbewusstsein in Ceuta und Melilla sehr stark ausgeprägt - schließlich soll die *españolidad* (das „Spanisch-Sein") der Städte verteidigt werden. Andererseits sprechen die Muslime den Städten in für die Christen als provokant empfundener Art und Weise einen gleichberechtigt vorhandenen muslimischen, arabischen oder berberischen Charakter zu.

Hinter diesem ideologisch scheinbar unüberwindbaren Gegensatz steht die Frage: Wer ist fremd in Ceuta und Melilla? Diese Frage ist in beiden Städten als ein sehr brisanter politischer und kultureller bzw. kulturräumlicher Konfliktpunkt zwischen Christen und Muslimen zu verstehen. Fremdsein heißt hier, über keine historisch weit zurückreichende kulturelle Verbundenheit mit den Städten zu verfügen, über die territoriale Verfügungsgewalt begründet und legitimiert werden kann. Allerdings sehen sich sowohl Christen als auch Muslime mit ihrer jeweiligen Kultur in Ceuta und Melilla historisch verwurzelt (*arraigo*) und unterstreichen damit die Berechtigung ihrer Anwesenheit und die Fremdheit des jeweils anderen. Die Territorien der Städte werden von Christen bzw. Muslimen als „an sich" christlich-spanisch bzw. muslimisch und/oder berberisch definiert. Der Streitpunkt dreht sich letztlich um die ideologisierte Frage, wer in Ceuta und Melilla die älteren Rechte hat, dort zu sein.

Hebräer und Hindus stehen dagegen außerhalb des spanisch-marokkanischen Konfliktes um die beiden Städte, da es sich nicht um einen jüdischen bzw. hinduistischen Staat handelt, der Rückgabeforderungen stellt. Sogar bei den Hebräern spielt es diesbezüglich keine Rolle, dass sie ursprünglich als sephardische oder ländliche Juden aus Marokko zugewandert sind. Ihnen wird von christlichen Spaniern - anders als den Muslimen - keine kulturelle Nähe zu Marokko zugeschrieben. Im Gegenteil, sie werden als Juden mit dem Staat Israel in Verbindung gebracht und sie haben in ihrer Selbstsicht auch eine sehr starke emotionale und spirituelle Verbindung zu diesem Land. Im Vergleich zu den Muslimen mangelt es der „*politics of identity*" der Hindus und Hebräer an politischer Brisanz, denn sie kümmern sich ausschließlich sehr diskret jeweils innerhalb ihrer Gemeinschaft um die Bewahrung und Einhaltung religiöser Normen und kultureller Traditionen. Die sehr kleinen Gemeinschaften der Hindus und Hebräer leben in Ceuta und Melilla in der Diaspora, d.h. sie leben in der „Zerstreuung" in Gebieten andersgläubiger Bevölkerung. Im Gegensatz dazu verstehen die Muslime ihre Anwesenheit in den beiden nordafrikanischen Städten nicht als ein Leben in der Diaspora. Sie verstehen sich nicht als Fremde, die zugewandert sind, sondern die Territorien der beiden Städte gelten - wie bereits erwähnt - aus ihrer Sicht neben den christlich-spanischen Ansprüchen als mindestens gleichberechtigt muslimisch bzw. berberisch. Außerdem zählen die Angehörigen hinduistischen und hebräischen Gemeinschaften überwiegend zu den gehobenen sozioökonomischen Gruppen der Städte, was sie ebenfalls von den Muslimen unterscheidet.

Die Muslime treten im Gegensatz zu den Hebräern und Hindus sehr offensiv und kämpferisch für kulturelle und religiöse Gleichberechtigung und Akzeptanz ein, und sie stellen damit die christlich-kulturelle Hegemonie in Frage. Diese Position der Muslime wird von vielen christlichen Spaniern als Bedrohung der *españolidad* der Städte empfunden, wobei auch die große Anzahl der Muslime und ihre größere demographische Zuwachsrate eine wichtige Rolle spielen. Insbesondere in Melilla sehen sich die Christen in naher Zukunft im Vergleich zu den Muslimen in der Minderheit, und die sich daraus ergebenden möglichen Folgen eines machtvollen Wählerpotenzials sind bereits jetzt deutlich spürbar.

5.1. Die alltagsweltlich dominante *Realität* kollektiver Identitäten

In der sozial- und kulturwissenschaftlichen theoretischen Diskussion um kollektive Identitäten wird deren konstruktiver und imaginärer bzw. vorgestellter Charakter sowie die Abhängigkeit ihrer Existenz von dem Bewusstsein der Menschen sehr stark betont.[138] Dagegen vertreten die Bewohner von Ceuta und Melilla die Auffassung, die Kollektive seien *real* und *an sich gegeben*. Im alltäglichen Leben bzw. in der Wahrnehmung der Menschen sind die kollektiven Identitäten durch viele Aspekte gegenwärtig und spürbar; es seien nur einige Beispiele genannt:

---

138 Siehe dazu den theoretischen Teil. Es sei aber nochmals auf die einschlägige Literatur verwiesen: Uzarewicz/Uzarewicz 1998, Straub 1999, Wagner 1999, Niethammer 2000, Assmann 1992/2000 u.a..

(a) die physische Präsenz von als religiös und kulturell anders - eben nicht christlich-spanisch oder muslimisch etc. - wahrgenommenen Menschen (z.B. über Bauten wie Moscheen und Kirchen, oder einer spezifischen Körperlichkeit, Kleidung etc.), (b) die Existenz verschiedener Sprachen (Spanisch, Tamasight, Arabisch, Sindhi), (c) die tatsächliche (nicht nur vorgestellte) Zugehörigkeit zu einer anderen Religion und die zum Teil augenfälligen rituellen Praktiken (*Semana Santa*, Opferfest, Ramadan etc.), (d) der offizielle Diskurs der „vier Kulturen", das Gefühl der kollektiven Diskriminierung (seitens der Muslime), (e) das Gefühl einer „muslimischen Bedrohung" (höhere Geburtenraten, illegale Zuwanderung aus Marokko, Kriminalität) sowie (f) die relativ stark ausgeprägte Differenzierung zwischen „muslimischen" und „christlichen" Parteien mit der entsprechenden Mobilisierung zu Wahlkampfzeiten.

Die kollektiven Identitäten haben für das alltägliche Leben der Menschen in Ceuta und Melilla, für ihre Selbst- und Fremdsicht und ihre Handlungen eine *sehr große Bedeutung*, und vor diesem Hintergrund verschwindet ein differenziertes Denken um den konstruktiven und imaginären Charakter von Kollektiven fast völlig. Der reale Charakter erscheint sehr dominant, und selbst bei differenzierten Betrachtungen („*es sind nicht alle so*") der jeweils anderen wird das Denken in Kollektiven nicht aufgelöst und auf die Kategorien Christen, Muslime, Hindus und Hebräer immer wieder zurückgegriffen. Das Denken in Kollektiven und das Sprechen über Kollektive (*die* Christen, *die* Muslime, bzw. *ellos*/sie und *nosotros*/wir - „*die Christen/Muslime sind so und so*") bzw. die kollektiven Vereinheitlichungen oder Stereotypen bedeuten auch eine alltagsweltlich regelhafte Reduktion der komplexen Wirklichkeit. Damit verbundene Vereinfachungen dienen der Orientierung in einer komplexen Welt. Zudem sind nach De Levita (1971, S. 22) *Verschiedenheit* und *Gleichheit* Grundbegriffe des menschlichen Denkens, sie sind vermutlich unüberwindbar und werden auch auf Gruppen von Menschen übertragen.

Eine echte Gemeinsamkeit der Menschen innerhalb der alltagsweltlich auf der Basis von religiös-kulturellen Kriterien bestimmten Kollektive Christen, Muslime, Hindus und Hebräer besteht jedoch lediglich darin, dass sie derselben Religion angehören. Nur darin sind sie *identisch*; es existiert aber *kein einheitliches Wir-Bewusstsein aller Angehörigen* im Hinblick auf eine spezifische, zielgerichtete Organisation und Mobilisierung. So wird zum einen die Religion - wie überall auf der Welt auch in Ceuta und Melilla - von den jeweiligen Angehörigen unterschiedlich ausgelegt und gelebt (dabei sei auch auf die Existenz atheistischer Weltbilder hingewiesen), und zum anderen gibt es vielfältige Fraktionierungen in religiöse Vereinigungen (hauptsächlich bei den Muslimen), soziale und kulturelle Vereine, Nachbarschaftsvereine, politische Parteien und sonstige organisierte Gruppierungen. Dabei kommt es auch zu religiöser Zugehörigkeit übergreifenden Verbindungen und Gruppierungen sowie Verfolgungen von gemeinsamen Zielen und Interessen. Es gibt also religiöse Identitäten, aber keine in sich homogenen Kollektive, wie sie beispielsweise durch den Diskurs der „vier Kulturen" oder durch das stereotype Sprechen von dem „eigenen" Kollektiv und *den* Anderen suggeriert werden. Auf diese Weise wird identisch gesehen und gemacht, was nicht identisch ist.

5.2. Historische Traditionen kollektiver Identitäten: Erinnerungskultur *und* Ereignisgeschichte zugleich

Das Denken in „religiösen Kollektiven" hat eine sehr lange historische Tradition, d.h. der Bezug auf sie ist nicht neu oder beliebig. Seit es die verschiedenen Religionen gibt, und hier sind zunächst das Christentum, der Islam und das Judentum zu nennen, bilden sie ein kontinuierliches Kriterium für Zugehörigkeit und Ausgrenzung. So ist überhaupt erst das katholisch fundierte spanisch-nationale Selbstverständnis in Abgrenzung von und Ausgrenzung zu den *moros* und den Juden entstanden. Allerdings spielten die *moros* als Entwurf eines Gegensatzes zur katholisch-spanischen Identität eine bedeutendere Rolle als die Juden. Schließlich standen im Mittelalter große Teile der Iberischen Halbinsel unter muslimischer Herrschaft - die es während der Reconquista zu vertreiben galt -, und im benachbarten Nordafrika hatten sich seit langem muslimische Reiche etabliert. Das südliche Nachbarland war Feindesland, und in der ersten Hälfte des 20. Jahrhunderts wurde Nordmarokko sogar spanische Protektoratszone (de facto eine Kolonie). Die Begegnungen zwischen den Muslimen Nordafrikas (bzw. Marokkos) und den Christen der Iberischen Halbinsel waren bis weit in das 20. Jahrhundert hinein durch Krieg und Gewalt geprägt. Außerdem wurde im Verlauf der Geschichte (z.B. während der Kriege in Nordafrika sowie des spanischen Bürgerkriegs) die Bezeichnung *moro* überwiegend negativ aufgeladen; sie wird bis heute umgangssprachlich verwendet und hat hauptsächlich eine abwertende und vorurteilsbehaftete Semantik. Der jahrhundertealte muslimisch-christliche Gegensatz findet darüber hinaus seit Ende der 70er Jahre durch weit verbreitete islamophobe Sichtweisen, die zum großen Teil durch das medienvermittelte Schreckgespenst des islamischen Fundamentalismus gespeist sind, eine Auffrischung.

Eine rigorose Abgrenzung gegenüber Nicht-Katholiken erfolgte auf der Iberischen Halbinsel hauptsächlich im 16. und 17. Jahrhundert auf der ideologischen Grundlage eines genealogisch reinen Katholizismus (*catolicismo biológico*). Die Inquisition setzte die Statuten zur Reinheit des Blutes (*limpieza de sangre*) ganz im Sinne einer religiös-rassischen Homogenisierung mit Feuer *und* Schwert um. Spanien etablierte sich folglich im Verlauf der Geschichte mehr und mehr als ein rein katholisches Reich (vgl. Bernecker 1995, Stallaert 1998). Mit der damit verbundenen sozialen und räumlichen Grenzziehung konnte überhaupt erst in *eindeutigen* Unterteilungen wie „das Eigene" und „das Fremde" gedacht werden, da nun auch jegliche Mischformen und muslimisch-arabische Einflüsse ausgemerzt werden sollten. Die Muslime - aber ebenso die Juden - wurden explizit zu Feinden und Vertretern einer falschen Lehre erklärt. Gemäß dem neuen Verständnis bzw. der Idee eines *catolicismo biológico* konnte man als Nicht-Katholik auch kein Spanier sein. Der Prozess der *nation-building* Spaniens war sehr stark durch eine Verknüpfung von Nationalismus und Katholizismus gekennzeichnet, und Ceuta und Melilla bildeten in diesem Zusammenhang über Jahrhunderte die Vorposten und Frontstädte zur Verteidigung der Christenheit.

Dennoch kam es seit dem Ende des 19. Jahrhunderts in diesen Frontstädten erstmalig innerhalb des spanischen nationalstaatlichen Territoriums wieder zu einem Zusammenleben von Christen, Muslimen und Juden.[139] Ab 1930/40 trafen schließlich noch in nennenswerter Anzahl die Hindus ein, die sich nun als „neue Fremde" etablierten. Das „Zusammenleben" der Religionsgemeinschaften fand allerdings über Jahrzehnte unter kolonialen Bedingungen statt, denn Muslime, Hindus und Juden hatten nicht die gleichen Rechte wie die christlichen Spanier (z.B. gab es keine Religionsfreiheit), und bis weit in die 80er Jahre hinein verfügte nur ein kleiner Teil (insbesondere bei den Muslimen) über die spanische Staatsangehörigkeit. Zudem erlebte die Verbindung von spanischem Nationalismus und Katholizismus in franquistischer Zeit (1939 - 1975) eine neue ideologische Blüte, und sie ist trotz gesetzlicher Säkularisierung (gemäß der Verfassung vom 1978) sowie der Demokratisierung und Liberalisierung der spanischen Gesellschaft als Selbstbild nicht völlig verschwunden. Dieses Selbstbild ist bis heute besonders deutlich in Ceuta und Melilla anzutreffen, denn dort bilden die Verknüpfung von *españolidad* und Katholizismus sowie die Hervorhebung des okzidentalen Charakters der Städte den grundlegenden Bestandteil der offiziellen Erinnerungskultur (Geschichtsschreibung, Selbstdarstellung, Jahresfeiern etc.). Die jahrhundertelange Fusion von Nation und Katholizismus erschwert bis heute - wie sich am Beispiel von Ceuta und Melilla zeigt - die Akzeptanz der Angehörigen anderer Religionsgemeinschaften als „echte Spanier". Für das Zusammenleben insbesondere von Christen und Muslimen und für die Stiftung kollektiver Identitäten spielt die Vergangenheit nicht nur als *Erinnerungskultur* einer spezifisch interpretierten und somit konstruierten Geschichte eine wichtige Rolle - so wie es in der theoretischen Literatur besonders hervorgehoben wird (vgl. Uzarewicz/Uzarewicz 1998, Assmann 1992/2000) -, sondern ebenso als *Ereignisgeschichte* (historische Fakten) beispielsweise durch Grenzziehungen, Vertreibung und Verfolgung von Angehörigen anderer Religion sowie Kriege.[140] Die Vergangenheit wirkt auf beide Weisen bis heute nach.

5.3. Akteure, Vereinigungen und Parteien: die „politics of identity"

Die hohe Bedeutung der religiösen kollektiven Identitäten läßt sich in Ceuta und Melilla als eine historische Kontinuität verfolgen. Die *Akteure* der „politics of identity" beziehen sich also auf etwas, das bereits vorhanden ist; sie organisieren und mobilisieren die kollektiven Identitäten immer wieder neu und halten sie somit wach und lebendig. Seitens der christlichen Spanier ist es allerdings nicht die christliche Identität, die in besonderem Maße von der Kirche oder den *cofradías* (Laienbruderschaften) bewusst gemacht und mobilisiert wird. Vielmehr rufen hauptsächlich

---

139 Die Zuwanderung von Marokkanern nach Spanien ist ein relativ junges Phänomen und findet in größerem Ausmaß erst seit Anfang der 1990er Jahre statt (vgl. Meyer 2002).

140 In der geistes- und sozialwissenschaftlichen Nationalismusdiskussion verweist ganz analog auch Wehler (2001, S. 10) auf die miteinander zu vereinbarende Berücksichtigung sowohl einer konstruktivistischen Perspektive als auch der Analyse „realhistorischer" Bedingungen.

Politiker aller *Parteien* - außer der extremen Linken - regelmäßig die *españolidad*, das christlich fundierte Nationalbewusstsein, in Erinnerung. Die *Medien, Stadthistoriker* und das *Militär* wirken hier ebenso mit, und bei entsprechenden Feierlichkeiten (Jahresfeiern, Gedenktage, Flaggenzeremonien, militärischen Zeremonien) ist auch die Kirche präsent. Dagegen beteiligen sich beispielsweise an den Prozessionen der *Semana Santa* (Karwoche) auch christliche Politiker, der Bürgermeister und die Stadträte sowie ranghohe Militärs und die Fremdenlegion.

Der Prozess einer *kollektiven Mobilisierung der Muslime* begann in Ceuta und Melilla erst Mitte der 1980er Jahre als Reaktion auf die Einführung eines neuen Ausländergesetzes. Bei einer strikten Anwendung dieses Gesetzes hätte die Mehrheit der Muslime ausgewiesen werden können, da sie nicht über die spanische Staatsangehörigkeit verfügten. In dieser defensiven Situation entstanden mehrere *soziale und kulturelle sowie religiöse Vereinigungen*, die nun den Kampf gegen das Ausländergesetz sowie allgemein gegen kulturelle Diskriminierung und soziale Benachteiligung organisierten. Der Unterschied zwischen Ceuta und Melilla bestand darin, dass es der zahlenmäßig größeren muslimischen Gemeinschaft in Melilla gelang, zumindest kurzzeitig eine Einheit der Muslime zu schaffen und die Muslime in Form von großen Demonstrationen und Streiks wesentlich stärker zu mobilisieren. In Ceuta blieb das vermeintliche Kollektiv der Muslime in seiner Zielsetzung und seinen politischen Vorstellungen dagegen sehr zerstritten. Aber sowohl in Melilla als auch in Ceuta wurde innerhalb der muslimischen Gemeinschaft die grundsätzlich Frage diskutiert, ob man als Muslim die spanische Staatsangehörigkeit überhaupt annehmen solle. Allerdings blieben die Vertreter jener extremen Position, wonach ein Muslim kein Spanier sein kann (Ceuta) und das Recht auf eine doppelte Staatsangehörigkeit - marokkanisch und spanisch - habe (Melilla) in der absoluten Minderheit. Die große Mehrheit der Muslime sieht keine Inkompatibilität zwischen einer muslimischen und einer spanischen Identität.

Heute verfügen die meisten Muslime in Ceuta und Melilla über die spanische Staatsangehörigkeit. Die Organisation der religiösen Praktiken sowie die Förderung eines *muslimischen Bewusstseins* und eines aktiven religiösen Lebens gestalten in Ceuta und Melilla verschiedene *religiöse Vereinigungen*, die nur in Melilla zu einem Dachverband zusammengeschlossen sind. Die Vereinigungen unterscheiden sich in ihren offiziellen Statuten und Zielsetzungen nur unwesentlich, allerdings gibt es Vereinigungen, die aufgrund ihrer größeren Anzahl von Mitgliedern und Sympathisanten sowie ihrer vielfältigen Aktivitäten zur Förderung des Islams und ihres sozialen Engagements von besonderer Bedeutung innerhalb der muslimischen Gemeinschaft sind. Von einer Vereinigung in Melilla wird sogar explizit das Bewusstsein einer weltumgreifenden „Umma Islamiya" (islamischen Gemeinschaft) propagiert; man bekennt sich solidarisch mit den unterdrückten und benachteiligten Muslimen in aller Welt und sieht sich in Opposition zu einer kulturellen und ökonomischen Vereinnahmung durch den christlichen Westen. Zwischen den verschiedenen Vereinigungen in Ceuta und Melillas existiert eine relativ stark ausgeprägte Konkurrenzsituation, was auf interne Gruppenbildungen in der muslimischen Gemeinschaft und verschiedene politische Positionen zurückzuführen ist. So treten Vorsitzende oder führende Mitglieder der religiösen Vereinigungen in unterschiedlicher Intensität - zum Teil sehr radikal - für die religiös-kulturelle Gleichberechtigung und gegen soziale Benachteiligung ein. Zum Kampf gegen soziale Benachteiligung engagieren sich die Muslime außerdem sehr stark in *Nachbarschaftsvereinigungen* auf Stadtteilebene, in denen es aber durchaus auch zur Zusammenarbeit mit Teilen der christlichen Bevölkerung kommt.

In Melilla bildet die *Berber-Bewegung* eine Besonderheit. Dort existieren mehrere kulturelle Vereinigungen, deren Aktivisten für eine gleichberechtigte Akzeptanz der *Tamasight-Kultur* eintreten, wobei der besondere Schwerpunkt auf eine *Stärkung des Bewusstseins* in der muslimischen Bevölkerung für eine Pflege und Belebung der Sprache (Tamasight) liegt. So streiten die Aktivistinnen einer Vereinigung auch für die Gleichberechtigung der Frauen, denen eine zentrale Rolle für den Erhalt der Sprache zugeschrieben wird. Aufgrund der Dominanz der spanischen Sprache und Kultur befürchten die Aktivisten aller Vereinigungen einen Verlust der „eigenen Kultur". Neben dem kulturellem Engagement setzen sie sich zudem für eine Überwindung von Diskriminierung und sozialer Benachteiligung der Muslime bzw. der Imazighen (Berber) ein. Allerdings ist die religiöse Vereinsbewegung der Muslime stärker ausgeprägt als diejenige der berberischen Kulturvereine, und die Selbst- wie Fremdbezeichnung „Muslim" ist im öffentlichen Diskurs wesentlich dominanter als Imazighen. Dennoch ist innerhalb der letzten zehn Jahre das Bewusstsein für die Sprache und Kultur der Imazighen in Melilla deutlich stärker in den Vordergrund getreten, und es gibt zudem christliche Lehrer und Wissenschaftler, die für die Einführung des Tamasight im Schulunterricht eintreten und sich auch darüber hinaus für eine Förderung der Tamasight-Kultur einsetzen.

Für die *Organisation und Mobilisierung kollektiver Identitäten* sind in Ceuta und Melilla auch die *politischen Parteien von Bedeutung*, denn über sie werden zum Teil Machtkämpfe zwischen Christen und Muslime ausgetragen. Dabei bestehen jedoch keine klaren Fronten, die entlang einer deckungsgleichen Zugehörigkeit zwischen einer religiösen Gemeinschaft und einer bestimmten Partei bzw. politischen Richtung verlaufen. So sind Muslime nicht ausschließlich in den fast rein muslimischen Parteien organisiert, sondern auch in anderen, von Christen dominierten Parteien, die wiederum durchaus Koalitionen mit „muslimischen Parteien" eingehen. Es gibt zwar keine konfessionellen Parteien, und gemäß ihrem Selbstverständnis stehen alle Parteien auch allen Bürgern offen, aber die religiöse Zugehörigkeit und insbesondere das christlich-muslimische Verhältnis spielen in der lokalen Politik dennoch eine wichtige Rolle. Schließlich bilden die Muslime mittlerweile ein erhebliches Wählerpotenzial, das die „muslimischen Parteien" bei den letzten Wahlen in großem Umfang für sich mobilisieren konnten. Entsprechend sind es die hauptsächlich bzw. fast ausschließlich von Christen dominierten Parteien, die mehrheitlich die christliche Wählerschaft hinter sich vereinigen können. Die wenigen politisch organisierten und aktiven Hindus und Hebräer engagieren sich ebenfalls in diesen Parteien. Die Muslime sind mittlerweile in den Stadtparlamenten von Ceuta und Melilla vertreten, sie konnten sich nach den letzten Wahlen an der Regierungsbildung beteiligen und stellten in Melilla sogar kurzfristig den Bürgermeister. Für die Zukunft ist aufgrund ihres stärkeren demographischen Wachstums eher noch mit einer weiteren politischen Machtzunahme der Muslime zu rechnen.

5.4. Die Bedeutung von Diskriminierung, sozioökonomischer Benachteiligung und Kriminalität für die Mobilisierung kollektiver Identitäten

Als ganz *wesentliche Antriebskräfte für die Organisation und Mobilisierung* der Muslime sind das Gefühl einer *kulturellen Diskriminierung*, die zumindest zum Teil als Rassismus empfunden wird, und die tatsächliche *sozioökonomische Benachteiligung* hervorzuheben. Alle muslimischen Interviewpartner beklagten soziale, ökonomische und kulturelle Benachteiligung. Aus der Sicht der Muslime gestaltet sich ihr Leben in Ceuta und Melilla als ein Kampf um Differenz, und zwar im doppelten Sinne: einerseits als Kampf um die gleichberechtigte Anerkennung von kultureller Differenz (als Muslime bzw. Imazighen *und* Spanier), andererseits als Kampf um die Beseitigung von sozialen und ökonomischen Differenzen. So führt die von den meisten von ihnen so wahrgenommene Ablehnung und Ausgrenzung der Muslime zu einer verstärkten Mobilisierung der eigenen - muslimischen bzw. in Melilla auch berberischen - Identität. Dadurch wird jedoch die dichotomische Trennung des Systems (Christen - Muslime) nicht überwunden, sondern der herrschende ontologisierende Diskurs der Identität wird noch bestätigt, indem seitens der Muslime selbst auf die eigene kulturelle Andersartigkeit verwiesen wird. Die verbindende Klammer, wonach schließlich alle Bürger Ceutis oder Melillenser (und damit ja auch Spanier) sind, erscheint dagegen eher brüchig.

Ein sehr wichtiger Grund für die bestehenden Spannungen ist die mangelnde soziale und ökonomische Integration der Muslime, deren Ursachen von vielen Muslimen in der Verweigerung und Abwehrhaltung der christlichen Mehrheitsbevölkerung an einer Partizipation gesehen wird. Bei der *Mobilisierung kollektiver Identitäten* handelt es sich schließlich auch um einen *Kampf um knappe sozialstaatliche und ökonomische Ressourcen*, ein Aspekt, der in der *theoretischen Diskussion* über kollektive Identitäten zu wenig bzw. überhaupt nicht berücksichtigt wird.

Das Gefühl einer religiösen bzw. kulturellen Diskriminierung kann in Verbindung mit sozialer und ökonomischer Benachteiligung sehr stark zur Mobilisierung kollektiver Identität und einer damit verbundenen Polarisierung und Konfrontation beitragen. Im Falle von Ceuta und - in eingeschränkterer Form - von Melilla hat auch der Drogenhandel und die damit verbundene Kriminalität (Geldwäsche, Bandenkriege etc.), die ausschließlich den Muslimen zugeschrieben wird, Auswirkungen auf die „*politics of identity*", da sich dadurch das Image der Muslime bei der übrigen Bevölkerung verschlechtert und Vorurteile geschürt werden. Drogenhandel und Kriminalität bringen starke Spannungen in das Verhältnis zwischen Christen und Muslime, obwohl im Grunde klar ist, dass nicht alle Muslime Drogenhändler sind und auch die Muslime unter der Drogenkriminalität leiden. Damit verbundene Angstgefühle und der Ruf nach härterem Durchgreifen konnten bei den letzten Wahlen von einer stark populistischen Partei mit einer von ihr propagierten *Law-and-Order*-Politik - neben Versprechungen für eine rosige ökonomische Zukunft - insbesondere in Ceuta, aber auch in Melilla für einen enormen Wahlsieg instrumentalisiert werden. Deshalb ist das politisch viel beschworene friedliche „Zusammenleben der vier Kulturen" nicht nur eine Frage der religiösen oder kulturellen Toleranz, sondern auch eine Frage der sozialen und ökonomischen Kohäsion und Ausgeglichenheit.

5.5. Kultur und Identität: ein Feld von Praktiken und Diskursen

Mit der Religionszugehörigkeit verbinden sich in Ceuta und Melilla alltagsweltlich nicht nur Glaubensfragen oder religiöse Praktiken. Die Religionen werden vielmehr sehr umfassend als *Kulturen* mit entsprechenden und eindeutigen Werten, Traditionen und Gewohnheiten sowie territorialer Verwurzelung aufgefasst. So ist auch in dem von den Stadtverwaltungen initiierten Diskurs der *convivencia*, d.h. des friedlichen und harmonischen *Zusammenlebens*, eben von den „*vier Kulturen*" (*cuatro culturas: cristiana, musulmana, hebrea e hindú*) die Rede. Der alltagsweltliche Kulturbegriff ist inhaltlich in dominanter Weise durch die Religion definiert, und er suggeriert eine auf wenige Merkmale (z.B. Hochzeitsbräuche, Essgewohnheiten, Kleidung etc.) reduzierte, sehr weitgehende kulturelle Homogenität der entsprechenden Kollektive mit ontologischem Charakter. Eine Ausnahme von der religionsgeprägten inhaltlichen Ausfüllung von Kultur bildet in Melilla allerdings die hauptsächlich auf der Sprache (Tamasight) beruhende Bestimmung der Berber-Kultur, aber auch hier wird beispielsweise von den Aktivisten der Berber-Vereine ein ganzheitliches Kulturverständnis zu Grunde gelegt, wonach die Kultur eines Volkes eine durch spezifische Wesensmerkmale gekennzeichnete Einheit bildet. Die Aktivisten der Berber-Vereine verstehen sich zwar auch als Muslime, aber für sie ist die religiöse Identität nur ein Bestandteil des Selbstverständnisses als Imazighen.

Einen wichtigen Aspekt des alltagsweltlichen Kulturverständnisses stellt die im Selbstverständnis der christlichen Bevölkerung vorgenommene Gleichsetzung der so genannten christlichen Kultur mit der spanischen Kultur dar, die somit den Charakter einer Nationalkultur erhält. In der kulturellen Hegemonie der christlichen Spanier liegt auch die Schwierigkeit der Akzeptanz der Angehörigen der anderen „Kulturen" als „echte" Spanier begründet. Zudem wird in der Sicht der Christen auf die Muslime die Herkunft der Kultur der Muslime - auch der berberischen Kultur - außerhalb der spanischen Städte Ceuta und Melilla, nämlich in Marokko bzw. Nordafrika *verortet*. Im Gegensatz dazu steht die Selbstsicht der Muslime, die eine „Verwurzelung" der muslimischen bzw. berberischen Kultur auf ganz Nordafrika - also auch Ceuta und Melilla - beziehen. Bei den Hindus sind Selbstsicht und Fremdsicht übereinstimmend, indem jeweils die kulturelle Herkunft mit der Region Sindh bzw. mit Indien in Verbindung gebracht wird. In der alltagsweltlichen Fremdsicht auf die Hebräer bzw. Juden spielt deren Herkunft aus Marokko keine große Rolle, ebensowenig die Tatsache, dass die sephardischen Juden vor ihrer Vertreibung auf der Iberischen Halbinsel gelebt haben; dafür werden sie heute am ehesten mit dem Staat Israel in Verbindung gebracht. Es unterbleibt eine eindeutige kulturräumliche Zuordnung. Die Selbstsicht besteht ebenso aus kulturellen Bezügen zu Spanien, Marokko und Israel.

Das alltagsweltliche Kulturverständnis, das im Diskurs der „vier Kulturen" sowie im stereotypen Sprechen (*die Anderen sind so und so*) zum Ausdruck kommt, entspricht dem alten ethnologischen und geographischen Kulturbegriff einer räumlich verankerten, durch wesentliche Merkmale gekennzeichneten, homogenen Kultur. Die in diesem Sinne verstandene Kultur prägt sozusagen die kollektiven Identitäten. Kultur wird somit zum *Ordnungsmodell* für das Miteinander von Menschen, indem jeder eine eindeutige Zugehörigkeit und Identität hat. In diesem Sinne argumentiert auch der Diskurs der „vier Kulturen", durch den zudem das Denken in Kollektiven permanent reproduziert wird. Die kollektiven kulturellen Differenzen werden jetzt auch offiziell festgeschrieben. Gleichzeitig erfolgt durch diesen euphemistischen Diskurs - von der politischen Zielsetzung einer Imageverbesserung und touristischen Werbezwecken einmal abgesehen - eine erstmalige offizielle Anerkennung und damit Aufwertung der anderen, nicht-christlichen „Kulturen". Da aber gleichzeitig bzw. weiterhin die Dominanz und Hegemonie der christlich-spanischen Kultur sowie die *españolidad* der beiden Städte hervorgehoben wird, verbleibt ein gewisses Spannungsverhältnis zum neuen Selbstbild einer *multikulturellen Gesellschaft*. Außerdem mangelt es dem Diskurs an einer ehrlichen Auseinandersetzung mit existierenden Problemen wie Diskriminierung und Rassismus sowie mit der spannungsreichen - auch historische Hypotheken umfassenden - Beziehung zwischen Christen und Muslimen.

Durch den Diskurs der „vier Kulturen" werden kulturelle Kollektive reproduziert, die es so nicht gibt. Es ist zwar möglich, einzelne kulturelle Praktiken zu unterscheiden, aber es ist unmöglich *die* christliche, muslimische (und berberische), hinduistische oder hebräische Kultur in Ceuta und Melilla in klarer Abgrenzung zu bestimmen. Der Diskurs lässt keine Zwischenräume zu, man ist auf seine Identität als Christ, Muslim, Hebräer oder Hindu festgelegt und gleichzeitig reduziert, unabhängig davon ob man überhaupt religiös ist oder vielleicht andere Identifikationen für bedeutsamer oder zumindest gleichbedeutend hält. Andere „Seins-Möglichkeiten" oder mehrfache Identitäten spielen in diesem Diskurs keine Rolle, zudem ist es sehr problematisch, dass Kultur in dominanter Weise mit Religion gleichgesetzt wird. Tatsächlich verfügen aber auch Muslime, Hindus und Hebräer über eine Identität als Ceuti oder Melillenser und über eine spanische Identität, in der Regel jedoch ohne ausgeprägte nationalistische Gefühle. Die Angehörigen der nicht-christlichen Religionsgemeinschaften leben schließlich in Spanien, sie sind größtenteils in den spanisch-nordafrikanischen Territorien aufgewachsen und haben dort das spanische Schulsystem durchlaufen. Während die kulturellen Ausdrucksformen der christlichen Spanier hauptsächlich dem entsprechen, was alltagsweltlich als *die* spanische Kultur bezeichnet wird, leben die Angehörigen der nicht-christlichen Religionsgemeinschaften *gleichzeitig* in Bezügen, die man als muslimisch, arabisch, marokkanisch, berberisch, jüdisch bzw. hebräisch, hinduistisch oder indisch kategorisiert. Es handelt sich folglich um das, was in der sozialwissenschaftlichen Diskussion als *hybride Identitäten* bzw. *kulturelle Hybridität* bezeichnet wird. Diese Identitäten entziehen sich eindeutigen Kategorien, und die politisch brisante Identitätsproblematik der Muslime besteht ja gerade darin, nicht der vielfach vorgestellten Norm „Marokkaner ist gleich Muslim und Spanier ist gleich Katholik" zu entsprechen. Die Identitätsproblematik in Ceuta und Melilla ist folglich eng mit dem Denken in homogenen Nationalkulturen verknüpft, und dieses Denken fordert Eindeutigkeit. Deshalb existiert auch der insbesondere an die Muslime bzw. Imazighen gerichtete, aber inhaltlich sehr diffuse Anspruch einer kulturellen Integration bzw. Anpassung. Es ist zwar relativ unklar, was mit Integration gemeint ist, aber sofern damit eben kulturelle Integration im Sinne der Aufgabe der eigenen kulturellen Praktiken sowie der eigenen Sprache gemeint ist, wird diese von den Muslimen bzw. Imazighen verweigert. Schließlich sind aus ihrer Perspektive Ceuta und Melilla nicht nur spanische Städte, sondern sie verfügen ebenfalls über einen arabischen bzw. berberischen und muslimischen Charakter.

Neben der politischen Problematik in Verbindung mit Kultur und Identität kommen Identitätsprobleme insbesondere bei Kindern und Jugendlichen in Form von Orientierungsschwierigkeiten vor. Diese müssen feststellen, dass beispielsweise das Leben in der eigenen Familie einschließlich der Sprache nicht mit dem identisch ist, was man als dominante spanische Kultur in der Schule und allgemein im öffentlichen Leben vorfindet. So wurde von den Muslimen bzw. Imazighen in den Interviews besonders nachdrücklich geäußert, dass sie einen permanenten „Kampf" gegen den Verlust und für die gleichberechtigte Akzeptanz der eigenen Kultur führen würden. Einen zentralen Aspekt bildet dabei der zunehmende Verlust der „eigenen Sprache" (Tamasight, Arabisch), da ihr scheinbar viele Jugendliche keine Bedeutung beimessen. Schließlich ist Spanisch in der Schule und im Berufsleben die hauptsächliche Verkehrssprache. Diese Problematik existiert ebenfalls in der Hindu-Gemeinschaft, da es auch hier Jugendliche gibt, die kein großes Interesse an der „eigenen" Sprache - dem Sindhi oder Hindi - und an der „Herkunftskultur" in Indien haben. In der hebräischen Gemeinschaft ist die Sprachproblematik weitaus weniger ausgeprägt, da Hebräisch hauptsächlich für die religiöse Praxis Bedeutung hat.

So ist zwar einerseits das alltagsweltliche Denken in Ceuta und Melilla sehr stark durch die Vorstellung von homogenen Kulturen mit eindeutigen Merkmalen gekennzeichnet, aber andererseits ist man sich auch der Aneignung „fremder" kultureller Praktiken sowie von Aspekten materieller Kultur bzw. einem Leben in mehreren kulturellen Bezügen bewusst. Dieser Widerspruch wird letztlich nicht aufgelöst, da das Denken in eindeutig identifizierbaren Kollektiven stark verankert ist. So konnten beispielsweise die Aktivisten der Berber-Vereinigungen auch nur sehr diffus beschreiben, was denn eigentlich die Berber-Kultur ausmacht. Als wesentlicher Aspekt wurde hier die Sprache angeführt, die jedoch auch nicht als „rein" zu betrachten ist. Sie umfasst vielmehr zahlreiche arabische Lehnwörter. Ebensowenig kann man *die* spanische Kultur bestimmen, wollte man nicht in touristische

Klischees - wie Stierkampf und Flamenco - verfallen. So beinhaltet beispielsweise die spanische Sprache ebenfalls zahlreiche Wörter arabischer Provenienz, deren Herkunft zum großen Teil auf die kulturell sehr prägende Epoche von Al-Andalus zurückgeht. Es wäre sicherlich ein von vornherein zum Scheitern verurteilter Versuch, so etwas wie *die* eigene (oder fremde), ursprünglich „reine Kultur" zu identifizieren. Es gibt also keine „reinen" kulturellen Traditionen, außer in alltagsweltlichen Vorstellungen; und dies macht wiederum ihren realen Charakter aus, indem nämlich die Vorstellung der tatsächlichen Existenz eines eindeutigen Kernbereiches von Kultur für das Denken und Handeln der Menschen Bedeutung gewinnt.

Die Bestimmung von Kulturen erfolgt auch in Ceuta und Melilla in der Begegnung als Wahrnehmung und kommunikative Formulierung von Differenzen, die diskursiv erhöht und kollektiv zugeschrieben werden. Hier wirken u.a. im Verlauf der Geschichte geprägte Bilder vom jeweils anderen nach. Somit wird auch am Beispiel von Ceuta und Melilla deutlich, dass nach Fuchs (1997b, S. 146) Kultur als ein *Feld von Praktiken und Diskursen* zu verstehen und zu rekonstruieren ist, auf die die handelnden Menschen Bezug nehmen und die sie gestalten und interpretieren („*interaktionistische Perspektive*"). Die kulturellen und religiösen Vereinigungen sowie die politischen Parteien in Ceuta und Melilla sind in diesem Sinne ein eindruckvolles Beispiel für die „*politics of identity*" und die „*politics of culture*". Der Kulturbegriff ist für die Analyse des alltäglichen Lebens in Ceuta und Melilla als *Ordnungsmodell*, als *multikulturelle Gesellschaft* und als *Feld von Praktiken und Diskursen* („*interaktionistische Perspektive*") relevant.

5.6. Der *gelebte Raum* und die Konstruktion kollektiver Identitäten

An den Fallbeispielen Ceuta und Melilla ist sicher deutlich geworden, dass Raum nicht nur ein passiver, abstrakter Schauplatz und eine Bezugsfläche ist, auf dem sich Dinge einfach nur ereignen. Vielmehr spielen räumliche Dimensionen als *gelebter Raum* in vielfältiger Weise und in Verknüpfung von *realen* und *vorgestellten* Aspekten für das Zusammenleben der Menschen und dem Denken in Kollektiven eine bedeutsame Rolle (vgl. Lefebvre 1981, Soja 1996 u.a., sowie Kap. 1.3.2). Zunächst ist hier nochmals der *nation-building*-Prozess Spaniens auf der Grundlage eines katholisch-nationalen Selbstverständnisses (im Sinne von kollektiver Identität) zu erwähnen, wobei auch Ceuta und Melilla als *integrale Bestandteile des spanisch-nationalen Territoriums* bzw. der *patria* (des Vaterlandes, der Heimat) einbezogen wurden. Seit dem Beitritt Spaniens zur EU im Jahre 1986 zählen die beiden Städte außerdem zum Gebiet der Europäischen Union, was mittlerweile umfangreiche Investitionen (hauptsächlich für Infrastrukturmaßnahmen) durch europäische Entwicklungsfonds mit sich bringt. Trotz ihrer Lage auf dem afrikanischen Kontinent werden die Städte im Rahmen der lokalen Geschichtschreibung und Erinnerungskultur ganz im Sinne des klassisch geographischen Begriffs der *Kulturräume* der westlichen Welt (dem Okzident) zugeordnet. Dem widersprechen die marokkanischen Vorstellungen von ihrer eigenen nationalstaatlich territorialen Integrität, die Ceuta und Melilla mit einschließt; beide Städte gelten aus dieser Perspektive als koloniale Relikte. Im Gegensatz zu den spanischen Vorstellungen von der eigenen kulturellen Verwurzelung in Ceuta und Melilla steht außerdem das kulturräumliche Selbstbild der Muslime in den beiden Städten, wonach die nordafrikanische Region - einschließlich der beiden Städte - als arabisch-muslimisch bzw. berberisch-muslimisch gilt. Allerdings wird von den meisten Muslimen die spanisch-nationale Zugehörigkeit von Ceuta und Melilla akzeptiert. Raum bildet hier folglich als *Kulturraum, nationalstaatliches Territorium* und *patria* (Vaterland, Heimat) im Sinne Weichharts (1990) einen ganz wesentlichen Bestandteil der Selbst- und Fremdwahrnehmung, der ideologischen Repräsentation eines „Wir-Konzeptes". Darüber hinaus empfinden die christlichen, muslimischen, hinduistischen und hebräischen Bewohner von Ceuta und Melilla - je nach Individuum mehr oder weniger stark ausgeprägt - *Heimatgefühle* für die beiden Städte, in denen sie mehrheitlich auch aufgewachsen sind. Es existiert - bei den Muslimen, Hindus und Hebräern auch unabhängig von nationalstaatlicher Zugehörigkeit - eine emotionale Bindung an die Städte. Sie fühlen sich als Ceutis oder Melillenser!

Die Identifikationen mit spezifischen Raumausschnitten beziehen sich folglich auf unterschiedliche Maßstabsebenen. Zunächst sind hier - unabhängig von der religiösen Zugehörigkeit der Bewohner - die Städte Ceuta bzw. Melilla und ihre Viertel als „Heimatorte" zu nennen. Neben den bereits erwähnten persönlichen Empfindungen zeigt auch das starke Engagement insbesondere von vielen Muslimen und Christen in den Nachbarschaftsvereinigungen (*Asociaciones de Vecinos*) sehr deutlich die Verbundenheit mit dem eigenen Viertel und der Stadt. Auf nationaler Ebene ist die Identifikation mit Spanien sicherlich bei der christlichen Bevölkerung von Ceuta und Melilla am stärksten ausgeprägt. Das ambivalente Verhältnis vieler Muslime zum spanischen Nationalstaat liegt einerseits an dem Gefühl nicht als „richtige Spanier" akzeptiert zu sein. Andererseits bestehen aber auch verwandtschaftliche, emotionale und religiöse Verbindungen zum Nachbarland Marokko. Zahlreiche kulturelle Praktiken sowie Aspekte materieller Kultur existieren sowohl in Marokko als auch bei der muslimischen Bevölkerung von Ceuta und Melilla. In zahlreichen Interviews mit Muslimen konnte eine „gespaltene Identifikation" sowohl mit Spanien als auch mit Marokko festgestellt werden. Ebenso identifizieren sich die Hebräer und Hindus nicht ausschließlich mit Spanien. Bei den Hindus bestehen Identifikationen mit dem Herkunftsland der Familie, also Sindh bzw. Indien, oder zusätzlich insbesondere bei einigen Jüngeren mit Großbritannien als ein Land, in dem man eine Ausbildung genossen hat und/oder in dem viele Verwandte leben. In den hebräischen Gemeinschaften von Ceuta und Melilla ist neben dem Bezug zu Spanien eine emotionale und spirituelle Identifikation mit Israel stark verbreitet.

Die sich in Bezug auf Ceuta und Melilla widersprechenden territorialen Konzeptionen Spaniens und Marokkos und der damit verbundene Konflikt haben wiederum spezifische Auswirkungen auf das Leben in den Städten und mehr oder weniger direkt auch auf räumliche Strukturen (Materialität). So werden beispielsweise von Marokko die Grenzen zu Ceuta und Melilla nicht als Zollgrenzen anerkannt, und es werden auch keine grenzübergreifenden gemeinsamen Projekte durchgeführt; gleichzeitig dürfen aber die Bewohner der benachbarten marokkanischen Provinzen Tétouan und Nador lediglich mit einem Personalausweis (d.h. ohne Visum) ausgestattet im kleinen Grenzverkehr einreisen. Die Folgen dieser marokkanischen Politik sind u.a.: ökonomische Isolation, relativ große Abhängigkeit vom Schmuggelhandel (große Einkaufszentren auf spanischer Seite in unmittelbarer Grenznähe), Konkurrenz billiger marokkanischer Arbeitskräfte und schwer zu kontrollierende illegale Zuwanderung. Eine weitere Folge des territorialen Konfliktes sowie der jahrhundertelangen ununterbrochenen kriegerischen Auseinandersetzungen zwischen Marokko und Spanien sind die bis heute starke militärische Präsenz in Ceuta und Melilla und ein prozentual sehr hoher Besitzanteil an der Stadtfläche seitens des spanischen Verteidigungsministeriums. Bis weit in die erste Hälfte des 20. Jahrhunderts hinein war die Stadtplanung stark durch militärstrategische Vorgaben geprägt, und auch heute noch ist die Stadtentwicklung insbesondere im Bereich des Wohnungsbaus durch den militärischen Besitz an Boden stark eingeschränkt. Die militärische Präsenz in den beiden Städten erklärt sich aber auch aus den spanisch-marokkanischen Beziehungen, die trotz Freundschaftsvertrages bis heute nicht frei von Streit und Feindseligkeiten sind, und dadurch, dass Marokko in der strategischen Planung Spaniens und der NATO zu den südlichen Mittelmeeranrainerstaaten gezählt wird, von denen die sogenannte „Südbedrohung" (politische Instabilität, Migration, Drogen, islamischer Terrorismus etc.) ausgeht. Marokko wird hier also als potenzieller „Bedrohungsraum" wahrgenommen und konzipiert. Darüber hinaus trägt das zumindest partiell stark konservativ-nationalistisch eingestellte Militär seinen Teil zu dem bereits erwähnten überhöhten Nationalgefühl und der Überbetonung der *españolidad* von Ceuta und Melilla bei, was aber durchaus auch als Reaktion auf die marokkanischen Rückgabeforderungen zu verstehen ist.

Ein fundamentaler Zusammenhang zwischen der Konstruktion kollektiver Identitäten und räumlichen Dimensionen besteht in der Herausbildung sozialkultureller Segregation. So liegen die maßgeblichen Ursachen für die stark ausgeprägte Segregation zwischen Christen und Muslimen (a) an dem historisch gewachsenen Gegensatz zwischen den Religionsgemeinschaften in der Region und dem damit zusammenhängenden grundsätzlichen Mechanismus von Zugehörigkeit und Ausgrenzung, (b) an der kolonialen Behandlung der Muslime sowie ihrer bis Ende der 1980er Jahre andauernden mangelnden rechtlichen Integration (da die meisten Muslime nicht über die spanische Staatsangehörigkeit verfügten, konnten sie keine Immobilien erwerben und keine Sozialwohnungen beziehen), (c) an dem von Anfang an überwiegend sozioökonomisch niedrigen Status der Muslime und (d) an der bereits existierenden christlichen Dominanz im Stadtzentrum. Diese Rahmenbedingungen führten seit Mitte bzw. Ende des 19. Jahrhunderts zu einer vorwiegenden Ansiedlung von Muslimen in den marginalen Außenbezirken (*campo exterior*) von Ceuta und Melilla. Dabei ist die *sozialkulturelle* Segregation auch als eine Folge des *Fremdbildes* bzw. der *Fremdwahrnehmung* der Muslime durch die Christen (und deren *Selbstbild*) zu sehen. So bildeten sich bis heute in den peripheren Gebieten Stadtviertel mit rein muslimischer Bevölkerung heraus, an die sich Wohngebiete mit muslimisch-christlicher Mischbevölkerung (teils mit muslimischer und teils mit christlicher Dominanz) anschließen. In den zentralen Teilen der städtischen Gebiete und zum Teil auch in äußeren Bezirken gelegenen Wohngebieten mit hohem sozialen Status, d.h. in den bevorzugten Lagen, leben heute überwiegend Christen, aber ebenso die Angehörigen der hinduistischen und hebräischen Religionsgemeinschaften. So kann für Ceuta und Melilla *nicht* von einer *vollständigen Segregation* zwischen Christen und Muslimen gesprochen werden, sondern *räumliche Polarisierung und Vermischung* von Christen und Muslimen sind in etwa gleichgewichtig *nebeneinander existierende Tatbestände* des Zusammenlebens (vgl. Karte 1 und 3 im Anhang). Allerdings bleiben die sozialen Grenzen zwischen den Angehörigen der verschiedenen Religionsgemeinschaften meistens erhalten, auch wenn keine klare räumliche Abgrenzung in den Vierteln besteht. Im privaten Bereich bleibt man überwiegend unter sich, wohingegen es in der Öffentlichkeit (z.B. im Beruf, in Vereinigungen, beim Einkauf, auf der Straße etc.) teilweise zu einem vielfältigen „Miteinander" kommt.

Die *soziokulturelle Segregation* bildet auch einen *wichtigen Bestandteil der Fremd- und Selbstwahrnehmung.* So stehen aus muslimischer Perspektive die hauptsächlich von Christen bewohnten Viertel symbolisch für die christliche Dominanz, ihren Wohlstand und die eigene Ausgrenzung und Benachteiligung. Zudem wird der Stadtverwaltung vorgeworfen, stadtplanerisch hauptsächlich in den Stadtzentren in Form von spektakulären Infrastrukturmaßnahmen und Renovierungen tätig zu sein. Die ausschließlich oder überwiegend von Muslimen bewohnten Viertel werden als von der Stadt völlig vernachlässigt betrachtet. In den gemischten Wohngebieten kommt es zu ganz ähnlichen Einschätzungen von Muslimen und Christen. Die rein muslimischen Stadtviertel - Príncipe Alfonso in Ceuta und Cañada de la Muerte sowie teilweise Reina Regente in Melilla - wurden tatsächlich von den Stadtplanungsämtern in beiden Städten bis weit in die 1980er Jahre hinein völlig vernachlässigt, sogar bezüglich grundlegender Infrastruktureinrichtungen (Straßenbau, Wasserversorgung, Elektrizität etc.). Die Häuser dort wurden überwiegend illegal, d.h. ohne offizielle Genehmigung errichtet, und sie stehen auf einem Gebiet, das teils der Stadt und teils dem Militär gehört (nur in Melilla kommt noch ein Teil Privatbesitz einer christlichen Familie hinzu). Die zum Teil klägliche infrastrukturelle und bauliche Situation in den Vierteln soll nach neuesten Planungen in den nächsten Jahren verbessert und die Häuser sollen zudem sukzessive legalisiert werden. Derzeit ist es allerdings noch so, dass die Stadtviertel Príncipe Alfonso und Cañada de la Muerte stark stigmatisierte Gebiete sind. Sie werden - hauptsächlich aus der Perspektive der christlichen Bevölkerung - als illegal, kriminell, bedrohlich, gefährlich, anarchistisch und ärmlich wahrgenommen und deshalb gemieden. Insbesondere in Ceuta führt die Drogenproblematik zu einem sehr negativen Image von Príncipe Alfonso, aber auch anderen, überwiegend von Muslimen bewohnten Stadtteilen. Es scheint so, als ob die Stadtviertel Príncipe Alfonso und Cañada de la Muerte zumindest teilweise außerhalb der territorialen Macht und Verfügungsgewalt der spanischen Stadtverwaltung und Regierung stehen; sie entziehen sich bisher spezifischen rechtlichen Normen und staatlicher Kontrolle.

So ist die stark ausgeprägte räumliche Segregation zwischen Christen und Muslimen einerseits als ein Produkt der sozialen Praxis von Zugehörigkeit und Ausgrenzung zu verstehen. Andererseits verstärkt die räumliche Segregation wiederum das Denken in Kollektiven und damit verbundener Aus- bzw. Abgrenzungen. Es besteht also ein Zusammenhang zwischen räumlicher Wahrnehmung (z.B. das negative Image der muslimischen Viertel) und alltäglichem Handeln (z.B. das Meiden dieser Viertel, Wegzug), so dass man im Sinne von Lefebvre (1981; vgl. Kap. 1.3.2.) auch von *räumlicher Praxis* sprechen kann. Die bisherigen Ausführungen haben gezeigt, dass die Bedeutung von Raum für das Zusammenleben der „vier Kulturen" in Ceuta und Melilla ganz generell im symbolischen, vorgestellten und realen Sinne für die Konstruktion von kollektiven Identitäten in verschiedener Weise wirksam ist, und zwar als Kulturraum (kulturräumliches Denken), als nationalstaatliches Territorium, *patria* (Vaterland), Heimatort, soziokulturelle Segregation und Bestandteil der Fremd- und Selbstwahrnehmung. Dies schließt auch den aktiven Umgang mit Raum ein, im Bereich der Konzeption (Entwurf, Auffassung), Planung, Einteilung und Gestaltung, durch die wiederum eine spezifische symbolhafte Materialität produziert wird. Die symbolhafte Materialität ist in Ceuta und Melilla historisch gewachsen und sie zeigt sich im öffentlichen Raum z.B. an den zahlreichen militärischen Anlagen und Gebäuden, den nationalistischen Monumenten, den religiösen Bauten (Kirchen und Moscheen) und den unterschiedlichen baulichen Strukturen der Stadtviertel.

Die räumlichen Dimensionen bilden aber nur einen Aspekt der Konstruktion kollektiver Identitäten und dem dafür grundlegenden Mechanismus von Zugehörigkeit und Ausgrenzung. Hinzu kommt die dargelegte Bedeutung von Kultur (als Feld von Praktiken und Diskursen) und sozioökonomischen Differenzen sowie die Bedeutung von Ereignisgeschichte und spezifischen Interpretationen bzw. Instrumentalisierungen von Geschichte. Eine zentrale Rolle für die Mobilisierung und Organisation kollektiver Identitäten spielen schließlich einzelne Akteure sowie Vereinigungen und Parteien. Am Fallbeispiel des Zusammenlebens der „vier Kulturen" in Ceuta und Melilla konnte der enge Zusammenhang von sozialen, kulturellen, politischen, räumlichen und zeitlichen Dimensionen bezüglich der Konstruktion kollektiver Identitäten aufgezeigt werden. Darüber hinaus besteht hinsichtlich der sozialen Praxis von Zugehörigkeit und Ausgrenzung eine Wechselwirkung zwischen einerseits Wahrnehmung, Konstruktion und Imagination von den „Anderen" oder von den „Orten der Anderen", und andererseits Handlungsbedeutung und Schaffung von „Realität". Die Konstruktion kollektiver Identitäten umfasst sehr viele sowohl „reale" als auch „imaginäre" Aspekte die sich auch auf die Dimensionen Raum, Zeit und Kultur beziehen. Das Denken in Kollektiven hat einen vorgestellten Charakter, aber es zieht durch spezifische, daran orientierte Handlungen real wahrnehmbare Auswirkungen für die betroffenen Menschen nach sich. Kultur bildet dabei als identitätsrelevante Dimension ein diskursives Bezugsfeld für beschreibende Merkmale, die vereinheitlichend auf ein Kollektiv übertragen werden. Klar abgrenzbare Kulturen werden somit im ontologischen Sinne alltagsweltlich real, weil sie für das Denken und Handeln Bedeutung haben. Aber auch die Zeit/ Geschichte beinhaltet reale Ereignisse - Kriege, Vertreibung von Menschen etc. -, die bis heute nachwirken, sie wird aber gleichzeitig interpretiert, imaginiert und für die Stiftung eines „Wir-Bewusstseins" instrumentalisiert. Die Dimension Raum zeigt ihren realen Charakter hinsichtlich der sozialen und räumlichen Praxis von Zugehörigkeit und Ausgrenzung anhand von geschaffenen Strukturen (z.B. räumliche Segregation, Staatsgrenzen etc.), denen wiederum Vorstellungen spezifischer räumlicher Konzeptionen oder Aufteilungen zugrunde liegen. Im Bereich der Imagination liegen aber auch die Bilder und Images von spezifischen Raumausschnitten mit den dort lebenden Menschen (z.B. Stadtteile, Länder, „Kulturräume"), die ihrerseits über Handlungen und Kommunikation „Realitäten" schaffen.

6. Zusammenfassung/Summary

Die vorliegende Arbeit behandelt eine konkrete alltagsweltliche Problematik, und zwar die soziale Praxis von Zugehörigkeit und Ausgrenzung der Bewohner in den spanischen Städten Ceuta und Melilla. Das Besondere der beiden spanischen Städte ist ihre Lage an der nordafrikanischen Küste, wo sie vom nationalstaatlichen Territorium Marokkos umgeben sind. Ceuta wurde 1415 von den Portugiesen erobert und dann 1580 den Spaniern überlassen; Melilla wurde im Jahre 1497 von spanischen Truppen eingenommen. Beide Städte gehören seitdem ununterbrochen zu Spanien. Die nationalstaatliche Zugehörigkeit der beiden Städte sowie einiger der marokkanischen Küste vorgelagerter Inseln bildet bis heute einen regelmäßig wiederkehrenden Streitpunkt zwischen Marokko und Spanien. Die Positionen sind allerdings eindeutig. Marokko fordert die Rückgabe der - aus ihrer Sicht - Kolonien (u.a. mit dem Argument der topographischen bzw. geographischen Zugehörigkeit zum nationalstaatlichen Territorium). Die spanische Regierung lehnt dagegen beständig jegliches „Rütteln" an der *españolidad* - dem „Spanisch-Sein" - der Städte ab.

Die Lage von Ceuta und Melilla „zwischen Europa und Afrika" sowie die Nachbarschaft und gemeinsame Geschichte von Spanien und Marokko sind die hauptsächlichen Ursachen einer in beiden Städten ganz spezifischen Bevölkerungszusammensetzung. In Ceuta leben im Jahr 1998 an die 73.000 Menschen, von denen nach Schätzungen über 20 % (d.h. ca. 16.000) muslimischer Religionszugehörigkeit sind; die christliche Bevölkerung bildet mit 54.000 Personen die Mehrheit der Bewohner. Darüber hinaus leben in Ceuta noch eine kleine jüdische Gemeinschaft (ca. 600) und Hindus (ca. 500). In Melilla zählt man 60.000 Menschen (1998), davon sind nach Schätzungen 23.000 - 25.000 Muslime, 700-800 Hebräer (bzw. Juden) und 50-60 Hindus. Christen und Muslime bilden in beiden Städten die dominanten Bevölkerungsgruppen. Die hier repräsentierten religiösen Gruppen entsprechen - und das ist wichtig - den in den Städten selbst vollzogenen Einteilungen bzw. Klassifizierungen ihrer Bewohner. Es handelt sich also nicht um vom Autor konstruierte Kategorien, sondern um die Repräsentation einer in der Alltagswelt beider Städte sehr dominanten Praxis der Unterscheidung von Menschen. Die Kriterien für Zugehörigkeit und folglich auch Ausgrenzung werden alltagsweltlich zunächst anhand der religiösen Glaubensrichtungen festgemacht. Religion wird dabei allerdings sehr umfassend als Kultur mit entsprechenden (und eindeutigen) Werten, Traditionen und Gewohnheiten verstanden. Insbesondere das Miteinander von Christen und Muslimen ist in beiden Städten eher durch gesellschaftliche Spannungen und Konflikte als durch Harmonie gekennzeichnet.

Das alltägliche Leben in Ceuta und Melilla stellt einen komplexen Brennpunkt kultureller Konfrontationen, Begegnungen und Interaktionen dar, die mit politischen und sozialen Aspekten sehr eng verwoben sind. Mit der vorliegenden Forschungsarbeit wird folgende zentrale Fragestellung bearbeitet: Wie und mit welchen konkreten Inhalten werden in Ceuta und Melilla Zugehörigkeit und Ausgrenzung gelebt? Oder anders ausgedrückt: Wie werden kollektive Identitäten bzw. Wir-Identitäten konstruiert und reproduziert? Damit verbinden sich zwei nachfolgende Fragen: erstens jene nach dem Zusammenhang von historischen, kulturellen, sozioökonomischen, politischen und räumlichen Dimensionen bei der Konstruktion kollektiver Identitäten, sowie zweitens jene nach den Auswirkungen des politisch-territorialen Konfliktes auf das Leben in Ceuta und Melilla. Im Mittelpunkt der Analyse stand das Zusammenleben der in den Städten so genannten „vier Kulturen" (Christen, Muslime, Hindus und Hebräer) einschließlich der diesbezüglichen (mündlichen und schriftlichen) diskursiven Praktiken. Die Ausführungen beziehen sich jedoch hauptsächlich auf Christen und Muslime, weil beide Gruppen den größten Teil der Bevölkerung in Ceuta und Melilla stellen und weil sich zwischen ihnen die zentralen gesellschaftlichen Konflikte abspielen. Die Zielsetzung der Arbeit besteht darin, aus geographischer Perspektive einen empirisch fundierten Beitrag zu der allgemeinen sozial- und kulturwissenschaftlichen Diskussion um Zugehörigkeit und Ausgrenzung - einschließlich des Themas „Fremdheit" - sowie zur Konstruktion kollektiver Identitäten zu leisten. Mit dem der Arbeit zugrunde liegendem Forschungsprojekt wurde erstmals das Zusammenleben von Christen und Muslimen in Ceuta und Melilla einer theoriegeleiteten empirischen Analyse unterzogen.

Für die theoretische Analyse der empirischen Problematik wurden die Begriffe „kollektive Identität" (umfasst kulturelle, religiöse und nationale Identität als konkrete Formen), „Raum" (Bedeutung von Raum für die Konstruktion kollektiver Identitäten, Territorialität, Segregation etc.), „Kultur" (als Diskurs- und Bezugsfeld für die alltagsweltliche Praxis von Zugehörigkeit und Ausgrenzung) sowie „Zeit" (als Erinnerungskultur, Instrumentalisierung von Geschichte sowie „realhistorische" Ereignisgeschichte) zu einem inhaltlich konsistenten Konzept zusammengeführt. Während der Feldforschungsaufenthalte in Ceuta und Melilla erfolgte im Sinne eines zirkulären bzw. reflexiven Forschungsprozesses die Anwendung qualitativer Methoden der empirischen Sozialforschung (problemzentrierte Interviews, nichtteilnehmende Beobachtung, Bestandsaufnahme relevanter städtebaulicher Elemente, Analyse und Interpretation von Texten wie z.B. Zeitungen, Dokumente und Internetseiten). Die im Rahmen der Fragestellung relevanten quantitativen Aspekte (Bevölkerungszahlen, Daten zur Wirtschaftslage Wahlergebnisse etc) konnten durch eine Analyse verfügbarer Zahlen und Statistiken einbezogen werden.

Die konkreten Ergebnisse der Forschungsarbeit

In den spanisch-nordafrikanischen Städten Ceuta und Melilla sind die Konstruktionen kollektiver Identitäten auf der Basis von Religion, Kultur und Nationalität sehr lebendig und allgegenwärtig. Die Präsenz von Angehörigen verschiedener Religionen spielt im sozialen, ökonomischen und politischen Leben der Städte eine sehr bedeutende Rolle. Denn das Denken in religiös definierten Kollektiven ist stark im Bewusstsein der Menschen verankert, und die damit verbundenen Eigenidentifikationen sowie gegenseitigen Klassifizierungen bestimmen in Ceuta und Melilla in vielfältiger Weise das Zusammenleben der Menschen. Im Gegensatz zu dem in der theoretischen sozialwissenschaftlichen Literatur sehr stark betonten konstruktiven und imaginären Charakter von kollektiven Identitäten erscheinen den Bewohnern von Ceuta und Melilla die Kollektive (Christen Muslime, Hindus und Hebräer) in ihrem alltäglichen Leben als sehr real, an sich gegeben und teilweise handlungsbestimmend. Dennoch besteht eine Gemeinsamkeit innerhalb dieser Kollektive lediglich darin, dass die zugehörigen Menschen derselben Religion angehören. Es existiert hingegen kein einheitliches Wir-Bewusstsein aller Angehörigen eines scheinbaren Kollektivs im Hinblick auf eine spezifische, zielgerichtete Organisation und Mobilisierung. Gemeinschaftsbewusstsein und Fraktionierung bestehen gleichzeitig und sie sind zum Teil kollektivübergreifend. Es gibt selbstverständlich religiöse Identitäten als Muslim oder Christ, aber keine homogenen Kollektive, wie sie beispielsweise durch den Diskurs der „vier Kulturen" oder durch das stereotype Sprechen von dem „eigenen" Kollektiv und den Anderen suggeriert wird. Auf diese Weise wird identisch gesehen und gemacht, was nicht identisch ist.

Die folgenden, ineinander greifenden Aspekte sind als hauptsächliche Ursachen für die alltagsweltlich große Bedeutung der religiös-kulturellen Kollektive in Ceuta und Melilla zu benennen, sie speisen das stark ausgeprägte Denken in Kollektiven bzw. den „vier Kulturen":

(a) Die jahrhundertealte gemeinsame Geschichte von Marokko und Spanien ist als Erinnerungskultur und Ereignisgeschichte bis heute von Bedeutung. So hat das Denken in religiösen Kollektiven und der christlich-muslimische (ebenso der christlich-jüdische) Gegensatz eine sehr lange historische Tradition. Insbesondere die Ausgrenzung der muslimischen (bzw. arabisch-berberischen) Vergangenheit und Kultur aus dem eigenen, spanischem Selbstverständnis sowie das im Verlauf der Geschichte entstandene negative Bild der moros sind noch heute wirksam. Die negative Sicht auf die moros bzw. Muslime wurde zudem in der jüngeren Zeitgeschichte - beispielsweise durch islamischen Fundamentalismus und Terrorismus - mit einer neuen Islamophobie angereichert. Von großer Bedeutung ist auch der nation-building-Prozess in Spanien, der ausgehend von der Reconquista auf der Basis einer Verknüpfung von Katholizismus mit Nationalismus stattfand. Als Konsequenz daraus konnte man als Nicht-Katholik auch kein Spanier sein. Eine Verbindung von Christentum und Nationalismus bildet auch heute noch einen zentralen Bestandteil des Selbstverständnisses vieler Spanier.

(b) Der politische Konflikt um die spanischen Territorien in Nordafrika zwischen Marokko und Spanien hat eine verstärkende Wirkung auf das problembehaftete christlich-muslimische Verhältnis innerhalb der Städte. Einerseits erscheint das über Jahrhunderte hinweg christlich untermauerte spanische Nationalbewusstsein in Ceuta und Melilla sehr stark ausgeprägt - schließlich soll die *españolidad* der Städte verteidigt werden. Andererseits werden den Städten Ceuta und Melilla von Muslimen in für die Christen als provokant empfundener Art und Weise ein gleichberechtigt vorhandener muslimischer, arabischer oder berberischer Charakter zugesprochen. Das bringt die Muslime aus der Sicht patriotischer Christen in unmittelbare Nähe zu den Rückgabeforderungen seitens der marokkanischen Regierung. Von grundsätzlicher Bedeutung für das Zusammenleben von Christen und Muslimen ist somit die Frage der „Fremdheit" in Bezug auf die von beiden Seiten durch „historisch-kulturelle Verwurzelung" rechtmäßig begründete eigene Anwesenheit in den spanisch-nordafrikanischen Städten Ceuta und Melilla. Aus christlich-spanischer Perspektive sind die Territorien der Städte ganz ausschließlich christlich-spanisch, wodurch den Muslimen der Status von „an sich" Fremden zugeschrieben wird. Daraus ergibt sich zudem die Frage, wann ein Spanier ein Spanier ist, bzw. welche Kriterien erfüllt sein müssen, um als echter Spanier zu gelten. Aus muslimischer Sicht haben die Städte von vorne herein zumindest ebenso einen muslimischen - bzw. im Falle von Melilla auch einen berberischen - Charakter, und man sieht sich selbst nicht als „Fremde".

(c) Von Vereinigungen, Institutionen, Parteien und Medien erfolgt auf unterschiedliche Weise eine Organisation und Mobilisierung (sowie Instrumentalisierung) kollektiver Identitäten auf der Grundlage des Diskurses der „vier Kulturen", so dass von ausgeprägten „politics of identity" bzw. „politics of culture" gesprochen werden kann. Mit der Organisation und Mobilisierung werden in der Regel spezifische politische Ziele und Interessen verfolgt, wie politischer Machterhalt oder Machtgewinn, die Überwindung von Diskriminierung oder sozioökonomischer Benachteiligung oder die Stiftung eines friedlichen Zusammenlebens der „vier Kulturen" und einer damit verbundenen Imageverbesserung der Städte.

(d) Als zentrale Motivationen für die Organisation und Mobilisierung kollektiver Identitäten sind einerseits - insbesondere für die Muslime - das Gefühl von kultureller Diskriminierung und sozioökonomischer Benachteiligung, sowie andererseits das Bedürfnis der Aufrechterhaltung und Förderung spezifischer, als eigen definierter kultureller Praktiken (Religion, Sprache etc.) zu nennen. Hauptsächlich die Angehörigen der nicht-christlichen Religionsgemeinschaften in Ceuta und Melilla (Muslime, Hindus und Hebräer) sind mittels religiöser bzw. kultureller Vereinigungen sehr darum bemüht, die eigene kulturelle Identität in einem spanisch dominiertem Umfeld bzw. innerhalb der spanischen Gesellschaft aufrechtzuerhalten. Vorwiegend die Akteure der muslimischen religiösen und kulturellen Vereinigungen und politischen Parteien sehen ihre Aktivitäten als einen Kampf um Differenz im doppelten Sinne: und zwar einerseits als Kampf um die gleichberechtigte Anerkennung von kultureller Differenz (als Muslime bzw. Imazighen/Berber und Spanier zugleich), andererseits als Kampf um die Beseitigung von sozialen und ökonomischen Differenzen.

(e) Die stark ausgeprägte räumliche Segregation zwischen Muslimen und Christen ist als ein Produkt der sozialen Praxis von Zugehörigkeit und Ausgrenzung zu verstehen und verstärkt dabei gleichzeitig die Abgrenzung zwischen Kollektiven.

Die peripher gelegenen rein muslimischen Viertel und die hauptsächlich von Christen bewohnten zentralen Stadtteile stehen sich als Pole gegenüber, und sie haben bei der jeweils anderen Bevölkerungsgruppe ganz spezifische Images. So haben die rein muslimischen Viertel bei der christlichen Bevölkerung ein überwiegend negatives Images, indem sie mit Drogenkriminalität (hauptsächlich in Ceuta), Illegalität (Hausbau, illegale Zuwanderer), Chaos, mangelnder Sicherheit, schlechter Bausubstanz und Infrastruktur, Armut und starkem Bevölkerungswachstum verbunden werden. Dagegen symbolisieren die hauptsächlich von Christen bewohnten zentralen Stadtteile für die muslimische Bevölkerung die christliche Dominanz, ökonomische Macht, Ausgrenzung und die eigene sozioökonomische Benachteiligung.

Anhand der Fallbeispiele Ceuta und Melilla konnte ganz generell aufgezeigt werden, dass die bisherigen theoretischen Überlegungen zum Begriff „kollektive Identität" in vielerlei Hinsicht sehr tragfähig sind, dass aber dennoch einige Aspekte ergänzt bzw. stärker hervorgehoben werden sollten. Dabei handelt es sich um: (a) die alltagsweltlich wahrgenommene Realität kollektiver Identitäten (in der wissenschaftlichen Diskussion wird dagegen der konstruktive und imaginäre Charakter kollektiver Identitäten sehr stark betont), (b) die große Bedeutung von sozialen und ökonomischen Dimensionen für die Konstruktion kollektiver Identitäten und der damit verbundenen Praxis von Zugehörigkeit und Ausgrenzung, (c) die in vielen Fällen bestehende historische Kontinuität und Tiefe des Denkens in Kollektiven (Beispiel christlich-muslimischer Gegensatz), (d) die Bedeutung von Ereignisgeschichte (z.B. Kriege, Vertreibung) für eine (schärfere) Ausdifferenzierung kollektiver Identitäten bzw. der Herausbildung des Denkens in spezifischen Kollektiven und die damit verbundene Grenzziehung zwischen Menschen (in der berücksichtigten theoretischen Literatur über kollektive Identitäten wird ausschließlich die aktuelle Erinnerungskultur bzw. Geschichtsinterpretation als Bestandteil der gesellschaftlichen Konstruktion kollektiver Identitäten betrachtet) und (e) die große Bedeutung räumlicher Dimensionen bei der alltagsweltlichen Konstruktion kollektiver Identitäten (räumliche Aspekte werden in der kulturwissenschaftlichen bzw. ethnologischen und soziologischen Diskussion um kollektive Identitäten noch zu wenig - und wenn dann nur sehr reduziert - berücksichtigt).

Aus sozialgeographischer Perspektive sollten die räumlichen Dimensionen bei der wissenschaftlichen Rekonstruktion der Konstruktion kollektiver Identitäten nicht unterbewertet werden; hinsichtlich des bearbeiteten empirischen Fallbeispiels umfassen sie die folgenden, z.T. ineinander greifenden Aspekte: kulturräumliches Denken, Identifikation mit einem Raumausschnitt und emotionaler Raumbezug (z.B. patria/Vaterland), Territorialität, räumliche Segregation, Symbolik und Imagination von Räumen als Bestandteil der Fremd- und Selbstwahrnehmung sowie räumliche Praxis (z.B. Schaffung von Infrastruktur, Hausbau, Stadtplanung etc.).

Für die Analyse des Zusammenlebens der „vier Kulturen" wurde in Ceuta und Melilla der Begriff „Kultur" als identitätsrelevante Dimension in die theoretische Konzeption einbezogen. Dabei hat sich gezeigt, dass der alltagsweltliche Kulturbegriff (als Bestandteil der Selbst- und Fremdsicht) inhaltlich in dominanter Weise durch die Religion definiert wird, und er suggeriert eine auf wenige Merkmale (Sprache, spezifische Gebräuche, Traditionen etc.) reduzierte, sehr weitgehende kulturelle Homogenität der entsprechenden Kollektive mit ontologischem Charakter. Zudem verbindet sich mit dem Diskurs der „vier Kulturen" ein Verständnis von Kultur als gesellschaftliches „Ordnungsmodell" für das Zusammenleben von Menschen. Dabei sind auch räumliche Bezüge über die Frage der kulturellen Herkunft in Verbindung mit nationaler Zugehörigkeit wirksam. Der Diskurs der „vier Kulturen" bildet zugleich einen politisch motivierten Diskurs im Sinne von „multikultureller Gesellschaft". So ist einerseits das alltagsweltliche Denken in Ceuta und Melilla sehr stark durch die Vorstellung von homogenen Kulturen mit eindeutigen Merkmalen gekennzeichnet, andererseits sind sich viele Bewohner der Städte (insbesondere Muslime, Hindus und Hebräer) aber auch der Aneignung „fremder" kultureller Praktiken sowie der Übernahme von „fremden" Aspekten materieller Kultur bzw. einem Leben in mehreren kulturellen Bezügen bewusst. Dieser Widerspruch wird letztlich nicht aufgelöst. Die Bestimmung von Kulturen erfolgt auch in Ceuta und Melilla in der Begegnung als Wahrnehmung und kommunikative Formulierung von Differenzen, die diskursiv erhöht und kollektiv zugeschrieben werden. Kultur ist somit als ein Feld von Praktiken und Diskursen zu verstehen und zu rekonstruieren, auf die die handelnden Menschen Bezug nehmen und die sie gestalten und interpretieren („interaktionistische Perspektive" - „politics of culture"). Durch die Anwendung eines konstruktivistischen, diskursiven und interaktiven Kulturverständnisses auf das empirische Fallbeispiel konnten mögliche neue Perspektiven für die Kulturgeographie aufgezeigt werden. Mit der konzeptionellen Verknüpfung der theoretischen Begriffe „kollektive Identität", „Kultur", „Zeit" und „Raum" und deren empirische Anwendung wurde zudem der Versuch gemacht, einen für die Anthropogeographie neuartigen Ansatz - mit der Bezeichnung eine „Geographie der Zugehörigkeit und Ausgrenzung" als ein mögliches Analyseinstrument für vergleichbare Fragestellungen über das Zusammenleben von Menschen mit unterschiedlichem kulturellen Herkunftskontext zu erarbeiten.

Summary

This study examines a specific everyday problem, that is the social practice of belonging and exclusion among the inhabitants of the Spanish towns of Ceuta and Melilla. These two Spanish towns are special because of their location on the North African coast, surrounded by the national territory of Morocco. Ceuta was conquered by the Portuguese in 1415 and handed over to the Spanish in 1580; Melilla was taken by Spanish troops in 1497. Both towns have since continuously belonged to Spain. The national identity of the two towns as well as of some islands off the Moroccan coast is a source of regularly recurring strife between Morocco and Spain. The respective positions are clear. Morocco demands the return of what from its point of view are colonies (also citing the argument of topographic or geographical coherence with the state's territory). The Spanish government however consistently resists all attempts to "shake" the towns' españolidad or Spanishness.

The situation of Ceuta and Melilla "between Europe and Africa" as well as the closeness and common history of Spain and Morocco are the chief sources of the very specific composition of the population in both towns. Ceuta has about 73,000 inhabitants, of whom according to estimates over 20% (i.e. ca. 16,000) are Muslims; the Christian population forms the majority at 54,000. There is also a small Jewish minority in Ceuta (ca. 600) and some Hindus (ca. 500). Melilla has a population of 60,000, of these an estimated 23,000 – 25,000 are Muslims, 700-800 are Hebrews (Jews) and 50-60 are Hindus. Christians and Muslims are thus the dominant population groups in both cities. The religious groups as listed here correspond (and this is important) with the classification made by the inhabitants themselves. Thus these are not categories constructed by the author, but represent a practice of differentiation very dominant in the everyday life of both towns. The criteria for belonging and thus also for exclusion are established on an everyday basis initially according to religious profession. Religion in this context is understood very comprehensively with corresponding (and clearly marked) values, traditions and cutsoms. The co-existence of Christians and Muslims in particular is characterised by social tensions and conflicts rather than harmony in both towns.

Everyday life in Ceuta and Melilla is a complex "focus" of cultural confrontations, encounter and interactions, which are closely interwoven with political and social aspects. This study examined the following central question: How, and with what concrete implications are belonging and exclusion lived out in Ceuta and Melilla? Or, to put it differently: How are collective identities or "us"-identities constructed and reproduced? This implies two further questions: firstly, concerning the relationship between historical, cultural, socio-economic, political and spatial dimensions in the construction of collective identities, as well as secondly concerning the effects of the political-territorial conflict on life in Ceuta and Melilla. The central interest of the research was the co-existence of the so-called "four cultures" (Christians, Muslims, Hindus and Hebrews) including the relevant (oral and written) discursive practices. The discussion was however concentrated primarily on the Christians and Muslims because both groups account for the greater part of the population in Ceuta and Melilla, and because the central social conflicts are played out between them. It was the aim of this study to provide, from a geographical point of view, an empirically based contribution to the general debate on belonging and exclusion in the social and cultural sciences, including the topic of "foreignness", as well as the debate on the construction of collective identities. The research project which formed the base of this study was the first ever theory-driven empirical analysis of the co-existence of Christians and Muslims in Ceuta and Melilla.

For the theoretical analysis of the empirical question, the terms "collective identity" (includes cultural, religious and national identity as specific forms), "space" (significance of space/place for the construction of collective identities, territoriality, segregation etc.), "culture" (as a field of discourse and reference for the everyday practice of belonging and exclusion) as well as "time" (as culture of memory, instrumentalisation of history as well as "actual historical" history of events) were synthesised to form a consistent concept. During field research in Ceuta and Melilla a circular and reflective process of research lead to the application of qualitative methods from empirical social science (issue-oriented interviews, non-participatory observation, survey of relevant elements of urban structure, analysis and interpretation of texts such as newspapers, documents and websites). The relevant quantitative aspects (population figures, economic figures, election results etc.) could be included by analysing available data and statistics.

Specific results of the research

In the Spanish-North African towns of Ceuta and Melilla the construction of collective identities based on religion, culture and nationality is very much alive and ubiquitous. The presence of members of different religious groups plays a very important role in the social, economic and political life of the towns. For thinking in terms of religiously defined collectives is a phenomenon deeply embedded in people's consciousness, and the associated self-identification as well as mutual classification define co-existence in Ceuta and Melilla in many ways. In contrast to the strongly emphasised constructive and imaginary character of collective identities in the theorectical literature of social science, the inhabitants of Ceuta and Melilla see the collectives (Christians, Muslims, Hindus and Hebrews) in their everyday lives as very real, as existing per se and sometimes as directing behaviour. However, common identity within these collectives consists merely in the members' adherence to the same religion. There is no common unified "us"-awareness among all members of an apparent collective with regard to a specific, directed organisation and mobilisation. Awareness of community and the formation of factions exist side by side and sometimes beyond the collectives. There are of course religious identites as a Muslim or a Christian, but no homogenous collectives as suggested for example by the discourse of the "four cultures" of the stereotypical reference to one's "own" collective and the "others. In this way things are seen and made identical which are not in fact identical.

The following, interlinked aspects are the chief sources of the great everday significance of religous-cultural collectives in Ceuta and Melilla, they feed the pronounced habit of thinking in terms of collectives or in terms of the "four cultures":

(a) The centuries-old shared history of Morocco and Spain is still of significance as culture of memory and history of events. Thus the habit of thinking in terms of religious collectives and in terms of the Christian-Muslim contrast (and likewise the Christian-Jewish contrast) has a long historical tradition. In particular the exclusion of the Muslim (or Arab-Berber) past and culture from the Spanish self-image as well as the negative image of the moros which developed over time are still alive. The negative view of the moros or the Muslims has also been enhanced in more recent times by a new Islamophobia, for example through Islamic fundamentalism and terrorism. Of greater significance is the nation-building process in Spain, which took place from the Reconquista onwards, based on an interlinking of catholicism with nationalism. As a result one can as a non-catholic not be a Spaniard, an opinion still widespread in Spain today.

(b) The political conflict between Morocco and Spain over the Spanish territories in North Africa exacerbates the problematic relationship between Christians and Muslims in the towns. On the one hand the sense of Spanish nationality in Ceuta and Melilla, built up over centuries, seems very strong – for the towns' españolidad must be defended. On the other hand Muslims endow the towns of Ceuta and Melilla with an equally valid Muslim, Arab or Berber identity in a manner perceived by the Christians as provocative. From the point of view of patriotic Christians this places them very close to the Moroccan government's calls for the restoration of the towns to Moroccan territory. Thus the issue of "foreignness" is of prime significance for the co-existence of Christians and Muslims with regard to both groups' presence in the Spanish-North African towns of Ceuta and Melilla, justified respectively by "historical-cultural rootedness". From a Christian-Spanish perspective the towns' territories are exclusively Christian-Spanish, and the Muslims are attributed the status of foreigners "per se". This leads to the question: when is a Spaniard a Spaniard, that is, what criteria have to be fulfilled in order to be accepted as a real Spaniard? From a Muslim perspective the towns equally have from the outset a Muslim, or in the case of Melilla also a Berber character, and they do not see themselves as "foreigners".

(c) Associations, institutions, parties and the media are also the source of different forms of organisation and mobilisation (as well as instrumentalisation) of collective identities based on the discourse of the "four cultures", so that pronounced "politics of identity" or "politics of culture" can be observed. Organisation and mobilisation as a rule follow specific political targets and interests, such as the retention or gaining of political power, overcoming discrimination or socio-economic disadvantage or encouragement of the peaceful co-existence of the "four cultures" and an associated improvement in the towns' image (etc.).

(d) The central motivation for the organisation and mobilisation of collective identities is to be found (especially for Muslims) in a feeling of cultural discrimination and socio-economic disadvantage, as well as the need to maintain and encourage specific cultural practices (religion, language etc.). Primarily the members of the non-Christian religions in Ceuta and Melilla (Muslims, Hindus and Hebrews) are very involved in upholding their own cultural identity in a Spanish-dominated environment and within Spanish society through religious and cultural associations. The actors in the Muslim religious and cultural associations and political parties are the main ones to see their activities as a campaign concerning difference in a double sense: being on one hand the fight for equal recognition of cultural difference (as Muslims or as Imazighen/Berbers and Spaniards simultaneously), on the other hand as a battle to abolish social and economic differences.

(e) The pronounced spatial segregation of Muslims and Christians is to be understood as a product of the social practice of belonging and exclusion and thus simultaneously reinforces disassociation between the collectives. The peripheral, purely Muslim districts and the mainly Christian central parts of the towns are poles apart, and they have very specific images among the respective "other" population group. Thus the Christian population has a largely negative perception of the Muslim areas, whereby they are associated with drugs-related crime (mainly in Ceuta), illegality (housing construction, illegal migrants), chaos, lack of security, poor building fabric and rapid population growth. In contrast, for the Muslim population the largely Christian central districts symbolize Christian dominance, economic power, exclusion and the Muslims' own socio-economic disadvantages.

The case studies of Ceuta and Melilla also showed that previous theoretical considerations of the concept "collective identity" are in many respects very useful, but that nevertheless some aspects need to be expanded or emphasised more. These are: (a) the everyday perceived reality of collective identities (in contrast, in the scientific literature the constructive and imaginary character of collective identities is very strongly emphasised), (b) the considerable significance of social and economic dimensions in the construction of collective identities and the associated practice of belonging and exclusion, (c) the historical continuity and depth of the practice of thinking in terms of collectives in many cases (the example of the Christian-Muslim contrast), (d) the importance of events history (e.g. wars, expulsion) for the (more pronounced) differentiation of collective identities or the development of the practice of thinking in terms of specific collectives and the associated drawing of boundaries between people (in the theoretical literature on collective identities consulted for this study, only the current culture of memory or historical interpretation is taken into account as an element of the social construction of collective identities) and (e) the great significance of spatial dimensions in the everyday construction of collective identities (in the cultural sciences, ethnology and sociology, spatial dimensions still receive very little or insufficient attention in the debate on collective identities). From a geographical perspective, spatial dimensions are not to be underestimated in the scientific reconstruction of the construction of collective identities; in the empirical case study presented here they include the following aspects, some of which are interconnected: thinking in terms of culture space, identification with a space and emotional connection to a space (e.g. patria/fatherland), territoriality, spatial segregation, symbolism and imagination of spaces as an element in the perception of oneself and the "other", as well as spatial practice (e.g. the creation of infrastructure, housing construction, town planning etc.).

Furthermore, for the analysis of the co-existence of the "four cultures" in Ceuta and Melilla the concept of "culture" as a dimension relevant to identity was included in the theoretical framework. In this context it emerged that the content of the everyday concept of culture (as an aspect of self-perception and perception of the "other") is dominantly defined by religion, and it suggests a far-reaching homogenity of the respective collectives reduced to a few characteristics (language, specific customs, traditions etc.) and ontological in nature. Also, the discourse of the "four cultures" is associated with an understanding of culture as a social "ordering model" for people's co-existence. In this context spatial references are also important, through the issue of cultural origin in association with national identity. The discourse of the "four cultures" is also a politically motivated discourse in the sense of the "multicultural society" (see above). Thus everyday thinking in in Ceuta and Melilla is strongly shaped by a perception of homogenous cultures with clearly identifiable characteristics, but people (especially Muslims, Hindus and Hebrews) are also aware of the adoption of "foreign" cultural practices as well as aspects of material culture or of living within several frames of cultural reference. This contradiction is ultimately not resolved. The definition of cultures takes place in Ceuta and Melilla, as elsewhere, in encounters as perception and formulation of difference, which are discursively heightened and attributed collectively. Culture must thus be understood and reconstructed as a field of practices and discourses, where the actors take up positions which they shape and interpret ("interactionistic perspective" – "politics of culture"). By employing a constructivist, discursive and interactive understanding of culture for the empirical case study, possible new perspectives for cultural geography could be identified. With the conceptual connection of the theoretical concepts "collective identity", "culture", "time" and "space" and their empirical application an attempt was also made to develop an approach new in human geography, termed a "geography of belonging and exclusion", which could be a potential instrument for comparable studies of coexistence among people with different cultural contexts.

Literaturverzeichnis

Agüero, F. (1991): Regierung und Streitkräfte in Spanien nach Franco. In: W. L. Bernecker u. J. Oehrlein (Hg.): Spanien heute. Politik, Wirtschaft, Kultur. - Frankfurt a.M., S. 167 - 188.

Ahmadane, A. (1998): L'extension de la culture du kif dans un espace rifain périphérique: Le pays Rhomara. In: M. Berriane u. A. Laouina: Le Développement du Maroc Septentrional. - Gotha, S. 79 - 102.

Aignesberger, E. (1996/97): La vida cotidiana de las mujeres en el Atlas. In: El Vigía del Tierra 2-3, S. 115 - 128.

Al-Attar, B. (1996): Sebta wa Meliliya: maghariba taht al-ihtilal. - Casablanca. (Auf Arabisch)

Al-Attar. B. u. I. Butalib (1981): Sebta wa Meliliya. Tarikh wa waqiaa. - Casablanca. (Auf Arabisch)

Albet I Mas, A. u. M. D. Garcia Ramon (1999): Reinterpretando el discurso colonial y la historia de la geografía desde una perspectiva de género. In: J. Nogué u. J. L. Villanova (Hg.): España en Marruecos (1912-1956). Discursos geográficos e intervención territorial. - Lleida, S. 55 - 71.

Al-Maazouzi, M. u. J. Benajiba (1986): Sebta wa Meliliya..! Hatta la nansa. - Rabat. (Auf Arabisch)

Anderson, B. (1998): Die Erfindung der Nation. Zur Karriere eines erfolgreichen Konzepts. - Frankfurt a.M.,New York. (Erweiterte Neuauflage)

Argumosa Pila, J. R. (1997): Situación Geopolítica y Geoestratégica. In: Ministerio de Defensa (Hg.): Ceuta y Melilla en las relaciones de España y Marruecos. - Madrid, S. 17 - 33. (Cuadernos de Estrategia 91)

Arques, E. (1942): El momento de España en Marruecos. - Madrid.

Arroyo Gonzáles, R. (1997): Encuentro de culturas en el sistema educativo de Melilla. - Melilla.

Asad, T. (1995): Übersetzen zwischen Kulturen. Ein Konzept der britischen Sozialanthropologie. In: E. Berg u. M. Fuchs (Hg.): Kultur, soziale Praxis, Text. Die Krise ethnographischer Repräsentation. - Frankfurt a.M., S. 300 - 334.

Asociación de Estudios Melillenses (Hg.) (1997): Historia de Melilla a través de sus calles y barrios. - Melilla.

Assmann, A. (1993): Zum Problem der Identität aus kulturwissenschaftlicher Sicht. In: Leviathan 2, S. 238 - 253.

Assmann, A. (1995): Funktionsgedächtnis und Speichergedächtnis - Zwei Modi der Erinnerung. In: K. Platt u. M. Dabag (Hg.) Generation und Gedächtnis. Erinnerungen und kollektive Identitäten. - Opladen, S. 169 - 185.

Assmann, A. u. H. Friese (1999): Einleitung. In: A. Assmann u. H. Friese (Hg.): Identitäten. Erinnerung, Geschichte, Identität 3. - Frankfurt a.M., S. 11 - 23.

Assmann, J. (2000): Das kulturelle Gedächtnis. Schrift, Erinnerung und politische Identität in frühen Hochkulturen. - München. (Erstausgabe 1992)

Bachmann-Medick, D. (1997): Einleitung: Übersetzung als Repräsentation fremder Kulturen. In: D. Bachmann-Medick (Hg.): Übersetzung als Repräsentation fremder Kulturen. - Berlin, S. 1-18. (Göttinger Beiträge zur internationalen Übersetzungsforschung 12)

Bade, K. J. (1996): Einleitung: Grenzerfahrungen - die multikulturelle Herausforderung. In: K. J. Bade (Hg.): Die multikulturelle Herausforderung. Menschen über Grenzen - Grenzen über Menschen. - München, S. 10 - 26.

Baduel, P.-R. (1983): La production de l'espace national au Maghreb. In: P.-R. Baduel (Hg.): États, Territoires et Terroirs au Maghreb. - Paris, S. 3 - 47.

Basset, R. (1991): Berbères. In: Encyclopédie de l'Islam, Nouvelle Édition, Tome I. - Leiden, Paris, S. 1208 - 1222.

Bastian, A. (1995): Der Heimat-Begriff. Eine begriffsgeschichtliche Untersuchung in verschiedenen Funktionsbereichen der deutschen Sprache. - Tübingen. (Reihe Germanistische Linguistik 159)

Benjelloun, A. (2001): Colonialisme et Nationalisme. - Rabat.

Berg, E. u. M. Fuchs (1995): Phänomenologie der Differenz. Reflexionsstufen ethnographischer Repräsentation. In: E. Berg u. M. Fuchs (Hg.): Kultur, soziale Praxis, Text. Die Krise ethnographischer Repräsentation. - Frankfurt a.M., S. 11-108.

Berger, P.L. u. T. Luckmann (1997): Die gesellschaftliche Konstruktion der Wirklichkeit. - Frankfurt a.M. (Original 1966)

Bernecker, W. L. (1995): Religion in Spanien. Darstellung und Daten zu Geschichte und Gegenwart. - Gütersloh.

Bernecker, W. L. (1997): Spaniens Geschichte seit dem Bürgerkrieg. - München.

Berriane, M. (1996): Die Provinz Nador: eines der wichtigsten Herkunftsgebiete der marokkanischen Emigration. In: M. Berriane et al. (Hg.): Remigration Nador I. Regionalanalyse der Provinz Nador (Marokko). - Passau, S. 157 - 192.

Berriane, M. u. H. Hopfinger (1997): Informeller Handel an internationalen Grenzen. Schmuggelwirtschaft in Marokko am Beispiel der Provinzhauptstadt Nador und der Enklave Melilla. In: Geographische Rundschau 49, H. 9, S. 529 - 534.

Berriane, M. u. H. Hopfinger (1999): Nador. Petite ville parmi les grandes. - Tour.

Bhabha, H. K. (1997a): Die Frage der Identität. In: E. Bronfen, B. Marius u. T. Steffen (Hg.): Hybride Kulturen. Beiträge zur anglo-amerikanischen Multikulturalismusdebatte. - Tübingen, S. 97 - 122.

Bhabha, H. K. (1997b): DissimiNation: Zeit, Narrative und die Ränder der modernen Nation. In: E. Bronfen, B. Marius u. T. Steffen (Hg.): Hybride Kulturen. Beiträge zur anglo-amerikanischen Multikulturalismusdebatte. - Tübingen, S. 149 - 194.

Biesterfeldt, H. (1991): Ibn Ḥaldûn: Erinnerung, historische Reflexion und die Idee der Solidarität. In: A. Assmann und D. Harth (Hg.): Mnemosyne. Formen und Funktionen der kulturellen Erinnerung. - Frankfurt a.M., S. 277 - 288.

Blotevogel, H.H., Heinritz, G. u. Popp, H. (1989): „Regionalbewußtsein". Zum Stand der Diskussion um einen Stein des Anstoßes. In: Geographische Zeitschrift, 77. Jg., H. 2, S. 65 - 88.

Boeckler, M. (1999): Entterritorialisierung, „orientalische" Unternehmer und die diakritische Praxis der Kultur. In: Geographische Zeitschrift, 87. Jg., H. 3-4, S. 178 - 193.

Bohnsack, R. (2000): Rekonstruktive Sozialforschung. Einführung in Methodologie und Praxis qualitativer Forschung. - Opladen.

Böge, W. (1997): Die Einteilung der Erde in Großräume. Zum Weltbild der deutschsprachigen Geographie seit 1871. - Hamburg. (Arbeitsergebnisse und Berichte zur Wirtschafts- und Sozialgeographischen Regionalforschung Bd. 16)

Bravo Nieto, A. (1996a): La construcción de una ciudad europea en el contexto norteafricano. - Melilla

Bravo Nieto, A. (1996b): Cartografía histórica de Melilla. - Melilla.

Brignon, J. u.a. (1967): Histoire du Maroc. - Casablanca.

Bronfen, E. u. B. Marius (1997): Hybride Kulturen. Einleitung zur anglo-amerikanischen Multikulturalismusdebatte. In: E. Bronfen, B. Marius u. T. Steffen (Hg.): Hybride Kulturen. Beiträge zur anglo-amerikanischen Multikulturalismusdebatte. - Tübingen, S. 1 - 30.

Bronfen, E., Marius, B. u. T. Steffen (Hg.) (1997): Hybride Kulturen. Beiträge zur anglo-amerikanischen Multikulturalismusdebatte. - Tübingen.

Burke, P. (1991): Geschichte als soziales Gedächtnis. In: A. Assmann u. D. Harth (Hg.): Mnemosyne. Formen und Funktionen der kulturellen Erinnerung. - Frankfurt a.M., S. 289 - 304.

Butler, J.P. (1991): Das Unbehagen der Geschlechter. - F. a.M.

Cammaert, M.-F. (1996/97): La mujer beréber en el centro de la vida familiar. In: El Vigía del Tierra 2-3, S. 85 - 114.

Carabaza, E. u. M. De Santos (1992): Melilla y Ceuta. Las Ultimas Colonias. - Madrid.

Clausen, U. (1997): Kontrollierte Freiheit: Zur Lage der Presse in Marokko. In: Wuqûf 10-11, S. 457-485.

Clifford, J. (1986): Introduction: Partial Truths. In: J. Clifford u. G.E. Marcus (Hg.): Writing Culture. The Poetics and Politics of Ethnography. - Berleley, Los Angeles, London, S. 1-26.

Clifford, J. (1996): The Predicament of Culture. Twentieth-Century Ethnography, Literature and Art. - Cambridge, Massachusetts, London. (Erstausgabe 1988)

Cohen, A. (1999): «Razas», tribus, clases: acercamientos africanistas a la sociedad marroquí. In: J. Nogué u. J. L. Villanova (Hg.): España en Marruecos (1912-1956). Discursos geográficos e intervención territorial. - Lleida, S. 225 - 248.

Corkill, D. (2000): Race, immigration and multiculturalism in Spain. In: B. Jordan u. R. Morgan-Tamosunas (Hg.): Contemporary Spanish Cultural Studies. - London, New York, S. 48 - 57.

Crang, M. (1998): Cultural Geography. - London, New York.

Dangschat, J. S. (1998): Warum ziehen sich Gegensätze nicht an? Zu einer Mehrebenen-Theorie ethnischer und rassistischer Konflikte um den städtischen Raum. In: W. Heitmeyer, R. Dollase u. O. Backes (Hg.): Die Krise der Städte. Analysen zu den Folgen desintegrativer Stadtentwicklung für das ethnisch-kulturelle Zusammenleben. - Frankfurt a.M., S. 21 - 96.

Dangschat, J. S. (2000): Segregation. In: H. Häußermann (Hg.): Großstadt. Soziologische Stichworte. - Opladen, S. 209 - 221.

De Levita, D. J. (1971): Der Begriff der Identität. - F a.M. (Original 1965)

Díaz Fernandez, M. D. (o.J.): Ritos, cánticos y tradiciones de las culturas residentes den Ceuta. - Ceuta.

Domínguez Sánchez, C. (1985): Melilla. - Leon. (3. Auflage)

Domínguez Sánchez, C. (1993): Melillerías: paseos por la historia de Melilla. - Melilla.

Driessen, H. (1991): From Tribe to Ghetto: Marginal Muslims in a Spanish Enclave. In: W. Kokot u. B.C. Bommer (Hg.): Ethnologische Stadtforschung. - Berlin, S. 77 - 95.

Driessen, H. (1992): On the Spanish-Moroccan Frontier. A Study in Ritual, Power and Ethnicity. - New York, Oxford.

Driessen, H. (1999): Smuggling as a border way of life: A Mediterranean case. In: M. Rösler u. T. Wendl (Hg.): Frontiers and Borderlands. Anthropological Perspectives. - Frankfurt a.M., Berlin, Bern, Bruxelles, New York, Wien, S. 117 - 127.

Duncan, J. u. D. Ley (1997): Introduction: Representing the Place of Culture. In: J. Duncan u. D. Ley (Hg.): Place/Culture/Representation. - London, New York, S. 1-21. (Erstausgabe 1993)

Dürr, H. (1987): Kulturerdteile: Eine „neue" Zehnweltenlehre als Grundlage des Geographieunterrichts? In: Geographische Rundschau 39, H. 4, S. 228 - 232.

El Gamoun, A. (1998/99): La imagen de los amaziges en la literatura colonial (1908 - 1921): los casos de Víctor Ruiz Albéniz y François Berger. In: El Vigía del Tierra 4-5, S. 77 - 88.

Escher, A. (1999): Das Fremde darf fremd bleiben! Pragmatische Strategien des „Handlungsverstehens" bei sozialgeographischen Forschungen im „islamischen Orient". In: Geographische Zeitschrift, 87. Jg., H. 3-4, S. 165-177.

Faath, S. (1987): Marokko. Die innen- und außenpolitische Entwicklung seit der Unabhängigkeit. Band 1: Kommentar. - Hamburg. (Mitteilungen des Deutschen Orient-Instituts Nr. 31)

Faath, S. u. H. Mattes (1995): Der Maghreb als geostrategischer Raum. In: Wuqûf 9, S. 41 - 101.

Faath, S. u. H. Mattes (1999): Illegale Migration aus Nordafrika nach Europa. Ursachen, Formen, Wege und Probleme der Eindämmung. - Hamburg. (Wuqûf-Kurzanalysen Nr. 8)

Flatz, Ch. (1999): Kultur als neues Weltordnungsmodel: oder die Kontingenz der Kulturen. - Hamburg.

Flick, U. (2002): Qualitative Sozialforschung. Eine Einführung. - Reinbek bei Hamburg.

Foucault, M. (1991): Andere Räume. In: M. Wentz (Hg.): Stadt-Räume. - Frankfurt, New York, S. 65 - 72.

Foucault, M. (1997a): Archäologie des Wissens. Frankfurt a.M. (Erstauflage 1981)

Foucault, M. (1997b): Die Ordnung des Diskurses. Frankfurt a.M. (Erstauflage 1991)

Fuchs, M. (1997a): Übersetzen und Übersetzt-Werden: Plädoyer für eine interaktionsanalytische Reflexion. In: D. Bachmann-Medick (Hg.): Übersetzung als Repräsentation fremder Kulturen. - Berlin, S. 308 - 328. (Göttinger Beiträge zur internationalen Übersetzungsforschung, Bd. 12)

Fuchs, M. (1997b): Universalität der Kultur. Reflexion, Interaktion und das Identitätsdenken - eine ethnologische Perspektive. In: M. Brocker u. H. Nau (Hg.): Ethnozentrismus. Möglichkeiten und Grenzen des interkulturellen Dialogs. - Darmstadt, S. 141 - 152.

Fuchs, M. (1999): Erkenntnispraxis und die Repräsentation von Differenz. In: A. Assmann u. H. Friese (Hg.): Identitäten. Erinnerung, Geschichte, Identität 3. - Frankfurt a.M., S. 105 - 137.

García Flórez, D. (1999): Ceuta y Melilla. Cuestión de Estado. - Ceuta, Melilla.

Ganter, S. (1999): Ursachen und Formen der Fremdenfeindlichkeit in der Bundesrepublik Deutschland. - Bonn. (Forschungsinstitut der Friedrich-Ebert-Stiftung)

Garz, D. u. K. Kraimer (Hg.) (1991): Qualitativ-empirische Sozialforschung. - Opladen.

Geertz, C. (1987): Dichte Beschreibung. Beiträge zum Verstehen kultureller Systeme. - Frankfurt a.M.

Gellner, E. (1999): Nationalismus. Kultur und Macht. - Berlin.

Gephart, W. (1999): Zur Bedeutung der Religion für die Identitätsbildung. In: W. Gephart u. H. Waldenfels (Hg.): Religion und Identität. Im Horizont des Pluralismus. - Frankfurt a.M., S. 233 - 266.

Giesen, B. (1999): Codes kollektiver Identität. In: W. Gephart u. H. Waldenfels (Hg.): Religion und Identität. Im Horizont des Pluralismus. - Frankfurt a.M., S. 13 - 43.

Girtler, R. (1992): Methoden der qualitativen Sozialforschung. - Wien, Köln, Graz.

Gold, P.(1999): Immigration into the European Union via the Spanish Enclaves of Ceuta and Melilla: A Reflection of Regional Economic Disparities. In: Mediterranean Politics, Vol. 4, No. 3, S. 23-36.

Gómez Barceló, J. L., Hita Ruiz, J. M., Valriberas Acevedo, R. u. F. Villada Paredes (1998): Ceuta. - Barcelona, Madrid.

Gordillo Osuna, M. (1972): Geografía Urbana de Ceuta. - Ceuta.

Gozalbes Cravioto, E. (1996/97): Los bereberes en la historia antigua y medieval de Melilla. In: El Vigía del Tierra 2-3, S. 223 - 236.

Gozalbes Cravioto, E. (1998/99): Introducción al estudio de la Melilla Medieval. In: El Vigía De Tierra, Nr. 4 - 5, S. 89 - 104.

Greverus, I.-M. (1972): Der territoriale Mensch. Ein literaturanthropologischer Versuch zum Heimatphänomen. - Frankfurt a.M.

Halbwachs, M. (1985): Das Gedächtnis und seine sozialen Bedingungen. - Frankfurt a. M. (Erstmals erschienen 1925)

Hall, S. (1994): Rassismus und kulturelle Identität. - Hamburg. (Ausgewählte Schriften 2, hrsg. von U. Mehlem et.al.)

Hall, S. (1997): Wann war „der Postkolonialismus"? Denken an der Grenze. In: E. Bronfen, B. Marius u. T. Steffen: Hybride Kulturen. Beiträge zur anglo-amerikanischen Multikulturalismusdebatte. - Tübingen, S. 219 - 246.

Haller, D. (2000): Gelebte Grenze Gibraltar. Transnationalismus, Lokalität und Identität in kulturanthropologischer Perspektive. - Wiesbaden.

Hamedinger, A. (1998): Raum, Struktur und Handlung als Kategorien der Entwicklungstheorie. Eine Auseinandersetzung mit Giddens, Foucault und Lefebvre. - Frankfurt a.M., New York.

Hannerz, U. (1996): Transnational Connections. Culture, People, Places. - London, New York.

Hart, D.M. (1996/97): Shurfa', imrabdhen e igurramen: descendientes del Profeta y linajes santos en el Marruecos beréber. In: El Vigía del Tierra 2-3, S. 33 - 48.

Hatim, R. (1990): Marruecos, Mito y Realidad. El Oriente y el Rif. In: Awraq, Anejo Vol. XI (Volumen monográfico coordinando por Víctor Morales Lezcano), S. 131 - 148.

Häußermann, H. (1998): Zuwanderung und die Zukunft der Stadt. Neue ethnisch-kulturelle Konflikte durch die Entstehung einer neuen sozialen »underclass«? In: W. Heitmeyer, R. Dollase u. O. Backes (Hg.): Die Krise der Städte. Analysen zu den Folgen desintegrativer Stadtentwicklung für das ethnisch-kulturelle Zusammenleben. - Frankfurt a.M., S. 145 - 175.

Henrich, D. (1979): Identität - Begriffe, Probleme, Grenzen. In: O. Marquard u. K.-H. Stierle (Hrsg.):Identität. - München, S. 133-186.

Hettlage, R. (1994): Nationalstaat und Nationen in Spanien. In: B. Estel u. T. Mayer (Hg.): Das Prinzip Nation in modernen Gesellschaften. - Opladen, S. 145 - 170.

Hippel, K. von (1996): Domestic Pressures in Irredentist Disputes: The Spanish Army and its Hold on Ceuta and Melilla. In: The Journal of North African Studies, Vol. 1, No. 2, S. 157 - 171.

Höhne, T. (2001): Kultur als Differenzierungskategorie. In: H. Lutz u. N. Wenning (Hg.): Unterschiedlich verschieden. Differenz in der Erziehungswissenschaft. - Opladen, S. 197 - 214.

Hölscher, L. (1995): Geschichte als »Erinnerungskultur«. In: K. Platt u. M. Dabag (Hg.) Generation und Gedächtnis. Erinnerungen und kollektive Identitäten. - Opladen, S.146 - 168.

Huntington, S.P. (1993): The Clash of Civilizations? In: Foreign Affairs 72 (3), S. 22 - 49.

Huntington, S.P. (1996): Der Kampf der Kulturen. - München, Wien.

Jackson, P. (Hg.) (1987): Race and racism. Essays in social geography. - London.

Jackson, P. (1989): Maps of Meaning. - London.

Jeminez, M.-I. (1993): Melilla: enclave espagnole du nord marocain: approche sozio-economique et politique de la ville entre 1860 et 1960. Université de Provence Aix-Marseille I (unveröffentlichtes Manuskript).

Jureit, U. (1999): Erinnerungsmuster. - Hamburg.

Jünemann, A. (1997): Die Euro-Mediterrane Partnerschaft vor der Zerreißprobe? Eine Bilanz der zweiten Mittelmeerkonferenz von Malta. In: Orient 38, S. 465 - 476.

Jünemann, A. (1999): Europas Mittelmeerpolitik im regionalen und globalen Wandel: Interessen und Zielkonflikte. In: W. Zippel (Hg.): Die Mittelmeerpolitik der EU. - Baden-Baden, S. 29 - 64.

Jüngst, P. (1997): Das „Wir" und die Anderen - zur Dichotomisierung, Abgrenzung und „Einverleibung" von Territorien. In: Peter Jüngst (Hg.): Identität, Aggressivität, Territorialität. - Kassel, S. 76 - 107. (Urbs Et Regio Bd. 67)

Kaschuba, W. (1995): Kulturalismus: Vom Verschwinden des Sozialen im gesellschaftlichen Diskurs. In: W. Kaschuba (Hg.): Kulturen - Identitäten - Diskurse. Perspektiven Europäischer Ethnologie. - Berlin, S. 11 - 30.

Kaschuba, W. (1999): Einführung in die Europäische Ethnologie. - München.

Keller, R. (1997): Diskursanalyse. In: R. Hitzler u. A. Honer (Hg.): Sozialwissenschaftliche Hermeneutik. - Opladen, S. 309 - 334.

Keith, M. u. S. Pile (1993): Introduction Part 1: The Politics of Place. In: M. Keith u. S. Pile (Hg.): Place and the Politics of Identity. - London, New York, S. 1 - 21.

Keith, M. u. S. Pile (1993): Introduction Part 2: The Place of Politics. In: M. Keith u. S. Pile (Hg.): Place and the Politics of Identity. - London, New York, S. 22 - 41.

Kerscher, U. (1992): Raumabstraktionen und regionale Identität. - München. (Münchner Geographische Hefte Nr. 68)

Kingsmill Hart, U. (1998): Tras la puerta del patio. La vida cotidiana de las mujeres rifeñas. - Melilla.

Klecker De Elizalde, A. (1997): Aspectos demográficos y poblacionales de Ceuta y Melilla. In: Ministerio de Defensa (Hg.): Ceuta y Melilla en las relaciones de España y Marruecos. - Madrid, S. 51 - 66. (Cuadernos de Estrategia Bd. 91)

Knecht, M. u. G. Welz (1995):Ethnographisches Schreiben nach Clifford. In: T. Hauschild (Hg.): Ethnologie und Literatur. Kea Sonderband 1, S. 71 - 91.

Kößler, R. u. T. Schiel (Hg.) (1994): Nationalstaat und Ethnizität. - Frankfurt a.M.

Kratochwil, G. (1999): Die Berbervereine in Marokko zwischen kultureller und politischer Opposition. In: Orient 40, H. 3, S. 453 - 467.

Kratochwil, G. (2002): Die Berberbewegung in Marokko. Zur Geschichte der Konstruktion einer ethnischen Identität (1912 - 1997). - Berlin. (Islamkundliche Untersuchungen Bd. 247)

Kraus, W. (2001): Tribale Identität im Vorderen Orient. Schritte zu einer historischen Anthropologie islamischer Stammesgesellschaften. - Wien 2001 (unveröffentlichtes Manuskript einer Habilitationsschrift eingereicht an der Fakultät für Human- und Sozialwissenschaften der Universität Wien).

Kreckel, R. (1994): Soziale Integration und nationale Identität. In: Berliner Journal für Soziologie 4, S. 13-20.

Kress, H.-J. (1968): Die islamische Kulturepoche auf der Iberischen Halbinsel. - Marburg. (Marburger Geographische Schriften, H. 43)

Kreutzmann, H. (1997a): Vom "Great Game" zum "Clash of Civilizations"? Wahrnehmung und Wirkung von Imperialpolitik und Grenzziehungen in Zentralasien. In: Petermanns Geographische Mitteilungen 141, S. 163-186.

Kreutzmann, H. (1997b): Kulturelle Plattentektonik im globalen Dickicht: Zum Erklärungswert alter und neuer Kulturraumkonzepte. In: Internationale Schulbuchforschung 19, S. 413 - 423.

Krüger, F. u. F. Meyer (2001): Kulturen in der Stadt. Das Verhältnis von Eigenem und Fremdem als Spannungsfeld städtischer Gesellschaften. In: Berichte zur deutschen Landeskunde, 75. Bd., H. 2-3, S. 113 - 123.

Kuhn, N. (1994): Sozialwissenschaftliche Raumkonzeptionen. Der Beitrag der raumtheoretischen Ansätze in den Theorien von Simmel, Lefebvre und Giddens für eine sozialwissenschaftliche Theoretisierung des Raumes. - Saarbrücken.

Laarbi, A. M. (1997): Melilla: El futuro incierto. In: Razón y Fe, Tomo 236, S. 155 - 165.

Lalli, M. (1989): Ortsbezogene Identität als Forschungsproblem der Psychologie. In: E. Aufhauser, R. Giffinger u. G. Hatz (Hg.): Regionalwissenschaftliche Forschung. Fragestellungen einer empirischen Disziplin. - Wien, S. 426 - 438. (Beiträge zur 3. Tagung für Regionalforschung und Geographie)

Lamnek, S. (1995): Qualitative Sozialforschung. Band 1: Methodologie. - München, Weilheim.

Lang, W. (1991): Die wirtschaftliche Entwicklung Spaniens seit dem Übergang zur Demokratie: Von der Depression zur ökonomischen Revitalisierung. In: W.L. Bernecker u. J. Oehrlein (Hg.): Spanien heute. Politik, Wirtschaft, Kultur. - Frankfurt a.M., S. 189 - 223.

Laroui, A. (1977): Les origines sociales et culturelles du nationalisme marocain (1830 - 1912). - Casablanca.

Lautensach, H. (1960): Maurische Züge im geographischen Bild der Iberischen Halbinsel. - Bonn. (Bonner Geographische Abhandlungen H. 28)

Lefebvre, H. (1981): La production de l'espace. - Paris. (Erstausgabe 1974)

Lería y Ortiz de Saracho, M. (1991): Ceuta y Melilla en la polémica. - Madrid.

Lewis, B. (1995): Cultures in conflict. Christians, Muslims, and Jews in the age of discovery. - New York, Oxford.

Liarte Parres, D.J. (1989): El mercado de trabajo y el sistema financiero en Melilla (1970 - 1986). In: M.J. Alonso García (Hg.): Las Comunidades Europeas, el Mediterráneo y el Norte de Africa. - Melilla, S. 379 - 438.

Lichtenberger, E. (1991): Stadtgeographie. Begriffe, Konzepte, Modelle, Prozesse (Bd. 1). - Stuttgart.

Lindner, P. (1999): „Orientalismus", imaginative Geographie und der familiäre Handlungsraum palästinensischer Industrieunternehmer. In: Geographische Zeitschrift, 87. Jg., H. 3-4, S. 194 - 210.

Litvak, L. (1990): Exotismo del Oriente musulmán fin de siglo. In: Awraq, Anejo Vol. XI (Volumen monográfico coordinando por Víctor Morales Lezcano), S. 73 - 104.

López García, B. (1990): Arabismo y Orientalismo en España: Radiografia y diagnóstico de un gremio escaso y apartadizo. In: Awraq, Anejo Vol. XI (Volumen monográfico coordinando por Víctor Morales Lezcano), S. 35 - 72.

López García, Bernabé (1991): Entre Europe et Orient, Ceuta et Melilla. In: Revue du Monde Musluman et de la Méditerranée Nr. 59-60 (1-2), S. 165-180.

Madariaga, M. R. de (1999): España y El Rif. Crónica de una historia casi olvidada. - Melilla.

Malgesini, G. u. M. Fischer (1998): »Der Tod ist besser als das Elend«: Spanien und das Mittelmeer als Schleuse für die Einwanderung aus dem Süden. In: M. Fischer (Hg.): Fluchtpunkt Europa. Migration und Multikultur. - Frankfurt a.M., S. 65 - 89.

Manzano Moreno, E. (1998): Al-Andalus: Austausch und Toleranz der Kulturen? Das Islamische Zeitalter der Iberischen Halbinsel in Ideologie, Mythos und Geschichtsschreibung. In: M. Fischer (Hg.): Fluchtpunkt Europa. Migration und Multikultur. - Frankfurt a.M., S. 93-120.

Marcus, G. u. M. Fischer (1986): Anthropology as Cultural Critique. An Experimental Moment in the Human Sciences. - Chicago, London.

Marín, M. (1999): Los arabistas españoles y Marruecos: de Lafuente Alcántara a Millás Vallicrosa. In: J. Nogué u. J. L. Villanova (Hg.): España en Marruecos (1912-1956). Discursos geográficos e intervención territorial. - Lleida, S. 73-100.

Martín Corrales, E. (1999a): Imágenes del protectorado de Marruecos en la pintura, el grabado, el dibujo, la fotographía y el cine. In: J. Nogué u. J. L. Villanova (Hg.): España en Marruecos (1912-1956). Discursos geográficos e intervención territorial. - Lleida, S.375 - 399.

Martín Corrales, E. (1999b): El Protectorado Español en Marruecos (1912-1956). Una perspectiva histórica. In: J. Nogué u. J. L. Villanova (Hg.): España en Marruecos (1912-1956). Discursos geográficos e intervención territorial. - Lleida, S. 143-158.

Martínez Isidoro, R. (1997): La opiníon pública sobre Ceuta y Melilla. In: Ministerio de Defensa (Hg.): Ceuta y Melilla en las relaciones de España y Marruecos. - Madrid, S. 67 - 108. (Cuadernos de Estrategia 91)

Martínez López, M. u. J. L. Míguez Núñez (1976). Ceuta, también es, Sefarad. Estudio historico-social de la presencia de los judios en Ceuta. - Ceuta (unveröffentlichtes Manuskript).

Martínez Veiga, U. (1997): La integración social de los inmigrantes extranjeros en España. - Madrid.

Masegosa, A. u. Valenzuela, J. (1996): La Ultima Frontera. Marruecos, el Vecino Inquietante. - Madrid.

Massey, Doreen (1994): Space, Place and Gender. - Cambridge.

Mattes, H. (1987): Ceuta und Melilla - die beiden spanischen Presidios auf dem Weg zur Marokkanisierung? In: Orient 28, H. 3, S. 332 - 364.

Mattes, H. (1991): Tanger - Facetten einer Stadt in Geschichte, Gegenwart und Zukunft. In: Wuqûf 4-5, S. 245-304.

Mattes, H. (1995): Postkoloniale Grenzprobleme im Maghreb. In: Wuqûf 9, S. 139-174.

Matthes, J. (1992a): The Operation Called „Vergleichen". In: J. Matthes (Hg.): Zwischen den Kulturen? - Göttingen, S. 75-99. (Soziale Welt Bd. 8)

Matthes, J. (1992b): „Zwischen" den Kulturen? In: J. Matthes (Hg.): Zwischen den Kulturen? - Göttingen, S. 3-9.(Soziale Welt Bd. 8)

Mayring, P. (1996): Einführung in die qualitative Sozialforschung. - Weinheim. (Erstauflage 1990)

McDowell, L.(1994): The Transformation of Cultural Geography. In: D. Gregory, R. Martin u. G. Smith (Hg.): Human Geography. Society, Space and Social Science. - Houndmills, S. 146 - 173.

McKenzie, R.D. (1974): Konzepte der Sozialökologie. In: P. Atteslander u. B. Hamm (Hg.): Materialien zur Siedlungssoziologie. - Köln, S. 101 - 112.

Mees, L. (2000): Der spanische »Sonderweg«. Staat und Nation(en) im Spanien des 19. und 20. Jahrhunderts. In: Archiv für Sozialgeschichte 40, S. 29 - 66.

Meyer, F. (1992): Café und Garküche in Fes el-Bali. In: A. Escher u. E. Wirth: Die Medina von Fes. Geographische Beiträge zu Persistenz und Dynamik, Verfall und Erneuerung einer traditionellen islamischen Stadt in handlungstheoretischer Sicht. - Erlangen, S. 240 - 267. (Erlanger Geographische Arbeiten H. 53)

Meyer, F. (1994): Dom und Turkman in Stadt und Land Damaskus. Vom geflickten Sackleinenzelt zur vornehmen Stadtwohnung. - Erlangen. (Erlanger Geographische Arbeiten Sonderband 22)

Meyer, F. (1998): Gibraltar. Vom kolonialen Garnisonsstandort zum europäischen Finanzzentrum? In: Geographische Rundschau 50, H. 6, S. 330 - 336.

Meyer, F. (1999): Methodologische Überlegungen zu einer kulturvergleichenden Geographie oder: „Auf der Suche nach dem Orient". In: Geographische Zeitschrift, 87. Jg., H. 3-4, S. 148 - 164.

Meyer, F. (2001a): Euro-Mediterrane Partnerschaft oder Konfrontation? Die EU und die südlichen Mittelmeeranrainerstaaten. In: Geographische Rundschau 53, H. 6, S. 32 - 37.

Meyer, F. (2001b): Sozialkulturelle Segregation und gegenseitige Wahrnehmung von Christen und Muslimen in Ceuta. In: B. Freund u. H. Jahnke (Hg.): Der Mediterrane Raum an der Schwelle des 21. Jahrhunderts. - Berlin, S. 55-64. (Berliner Geographische Arbeiten 91)

Meyer, F. (2002): Immigration nach Spanien und der Umgang mit den Fremden. In: Praxis Geographie 32, H. 3, S. 32 - 36.

Meyer, F. (2004): „Wer ist fremd an diesen Orten?" Zur Bedeutung von Identität, Kultur, Raum und Zeit in den spanisch-nordafrikanischen Städten Ceuta und Melilla. In: Erdkunde 58, H. 3, S. 235 - 251.

Miège, J.-L- (1961-1964): Le Maroc et l'Europe, 1830 - 1894. - Paris. (4 Bände)

Ministerio de Defensa (Hg.)(1997): Ceuta y Melilla en las relaciones de España y Marruecos. - Madrid. (Cuadernos de Estrategia 91)

Mintzel, A. (1997): Multikulturelle Gesellschaften in Europa und Nordamerika. Konzepte, Streitfragen, Analysen, Befunde. - Passau.

Mir Berlanga, F. (1993): Con el viento de la historia. - Melilla.

Mir Berlanga, F. (1996): Resumen de la historia de Melilla. - Melilla.

Moga Romero, V. (1997): La cuestión étnica y el proceso de construcción social en Melilla. In: Monografía de los Cursos de verano de la Universidad de Granada en Ceuta. VII edición 1996. - Ceuta, Granada, S. 179 - 189.

Moga Romero, V. (2000): La comunidad Melillense de ascendencia amazighe: notas sobre sus orígenes, historia y situación. In: V. Moga Romero u. R. Raha Ahmed (Hg.): Estudios amaziges. Substratos y sinergias culturales. - Melilla, S. 179 - 206. (Servicios de Publicaciones de la Ciudad Autónoma)

Moga Romero, V. u. R. Raha Ahmed (Hg.) (1998): Mujer tamazight y fronteras culturales. - Melilla. (Servicio de Publicaciones de la Ciudad Autónoma)

Moga Romero, V. u. R. Raha Ahmed (Hrsg.) (2000): Estudios amaziges. Substratos y sinergias culturales. Melilla. (Servicios de Publicaciones de la Ciudad Autónoma)

Moha, É. (1994): Les Relations Hispano-Marocaines. - Casablanca.

Morales Lezcano, V. (1986): España y el Norte de Africa: El Protectorado En Marruecos (1912-1956). - Madrid.

Morales Lezcano, V. (1988): Africanismo y Orientalismo Español En El Siglo XIX. - Madrid.

Morales Lezcano, V. (1990): El norte de África, estrella del Orientalismo español. In: Awraq, Anejo Vol. XI (Volumen monográfico coordinando por Víctor Morales Lezcano), S. 17 - 34.

Naciri, M. (1987): Les villes méditerranéennes du Maroc: entre frontières et périphéries. In: Hérodote 45 (Avril-Juin), S. 121 - 144.

Navarro, J. M. et. al. (1997): El islam en las aulas. In: J. M. Navarro (Hg.): El islam en las aulas. - Barcelona, S. 11 - 234.

Niethammer, L. (2000): Kollektive Identität. Heimliche Quellen einer unheimlichen Konjunktur. - Hamburg.

Nogué, J. u. J.L. Villanova (1999): Las sociedades geográficas y otras asociaciones en la acción colonial española en Marruecos. In: J. Nogué u. J.L. Villanova (Hg.): España en Marruecos (1912 - 1956). Discursos geográficos e intervención territorial. - Lleida, S. 183 - 224.

Núñez Villaverde, J.A. (1997): Realidad actual y perspectivas económicas de Ceuta y Melilla en el marco de cooperación entre España y Marruecos. In: Ministerio de Defensa (Hg.): Ceuta y Melilla en las relaciones de España y Marruecos. - Madrid, S. 111 - 134. (Cuadernos de Estrategia 91)

Park, R.E. (1974): Die Stadt als räumliche Struktur und als sittliche Ordnung. In: P. Atteslander u. B. Hamm (Hg.): Materialien zur Siedlungssoziologie. - Köln, S. 90 - 100.

Park, R.E., Burgess, E.W. u. R.D. McKenzie (1974): The City. - Chicago, London. (Erstausgabe 1925)

Planet Contreras, A.I. (1997): Ceuta y Melilla ante el siglo XXI. In: Cuadernos, Mayo-Junio, Vol.XI., Nr. 3, S. 1 - 10.

Planet Contreras, A.I. (1998): Melilla y Ceuta. Espacio-frontera hispano-marroquíes. - Melilla, Ceuta.

Pohl, J. (1993): Regionalbewusstsein als Thema der Sozialgeographie. Theoretische Überlegungen und empirische Untersuchungen am Beispiel Friaul. - München. (Münchner Geographische Hefte Nr. 70)

Popp, H. (1990): Die Berber. Zur Kulturgeographie einer ethnischen Minderheit im Maghreb. In: Geographische Rundschau 42, H. 2, S. 70 - 75.

Popp, H. (Hg.) (1994): Die Sicht des Anderen - Das Marokkobild der Deutschen, das Deutschlandbild der Marokkaner. - Passau.

Popp, H. (1996): Zur Stellung der Provinz Nador im gesamtmarokkanischen Kontext. Kulturelle, historisch-territoriale, regionalpolitische und geopolitische Aspekte. In: M. Berriane et al. (Hg.): Remigration Nador I. Regionalanalyse der Provinz Nador (Marokko). - Passau, S. 21 - 54.

Popp, H. (1997): EU in Nordafrika - die spanischen Exklaven Ceuta und Melilla. In: Geographische Rundschau 50, H. 6, S. 337 - 344.

Popper, K. R. (1996): Alles Leben ist Problemlösen. Über Erkenntnis, Geschichte und Politik.- München, Zürich.

Posac Mon, C. (1989): Ceuta: la última judería del Imperio español. In: Raices. Revista judía de cultura, Nr. 5, S. 41 - 45.

Radtke, F.-O. (1998): Multukulturalismus - Regression in die Moderne? In: M. Fischer (Hg.): Fluchtpunkt Europa. Migration und Multikultur. - Frankfurt a.M., S. 138 - 155.

Ramchandani, J. C. (1999): Corazones de la India, Almas en Ceuta. - Ceuta.

Reckwitz, A. (2000): Die Transformation der Kulturtheorie. Zur Entwicklung eines Theorieprogramms. - Weilerswist.

Remiro Brotóns, A. (1999): La cuestión norteafricana: españolidad y marroquinidad de Ceuta y Melilla. In: I. García Rodríguez (Hg.): Las ciudades de soberanía española: respuestas para una sociedad multicultural. - Universidad Alcalá, S. 89 - 103.

Reuber, P. u. G. Wolkersdorfer (2001): Die neuen Geographien des Politischen und die neue Politische Geographie - eine Einführung. In: P. Reuber u. G. Wolkersdorfer (Hg.): Politische Geographie: Handlungsorientierte Ansätze und Critical Geopolitics. - Heidelberg, S. 1 - 16.

Rézette, R. (1975): Le Sahara Occidental et les Frontières Marocaines. - Paris.

Rézette, R. (1976): Les Enclaves Espagnoles Au Maroc. - Paris.

Ribagorda Galasanz, A. (1997): Ceuta y Melilla. Residuos del Imperio o parte integrante de la Nación. (Unveröffentlichtes Manuskript)

Richards, M. (2000): Collective memory, the nation-state and post-Franco society. In: B. Jordan u. R. Morgan-Tamosunas (Hg.): Contemporary Spanish Cultural Studies. - London, New York, S. 38 - 47.

Riudor, L. (1999): Sueños imperiales y africanismo durante el franquismo (1939 - 1956). In: J. Nogué u. J. L. Villanova (Hg.): España en Marruecos (1912-1956). Discursos geográficos e intervención territorial. - Lleida, S. 249 - 276.

Rotter, G. (1996): Islam versus Westen - historische Realität und ideologischer Reflex. In: K. J. Bade (Hg.): Die multikulturelle Herausforderung. Menschen über Grenzen - Grenzen über Menschen. - München, S. 67 - 83.

Römhild, R. (1998): Die Macht des Ethnischen: Grenzfall Rußlanddeutsche. - Frankfurt a.M. (Europäische Migrationsforschung Bd. 2)

Ruf, W. (1995): Nordafrikanische Migration - das neue Sicherheitsrisiko für Europa? In: Wuqûf 9, S. 207 - 223.

Sachs, K. (1993): Ortsbindung von Ausländern. Eine sozialgeographische Untersuchung zur Bedeutung der Großstadt als Heimatraum für ausländische Arbeitnehmer am Beispiel von Köln. - Köln. (Kölner Geographische Arbeiten H. 60)

Sack, R. D. (1986): Human Territoriality. Its Theory and History. - Cambridge.

Saïd, E. W. (1978/1995): Orientalism. Western Conceptions of the Orient. - London, New York. (Neuauflage 1995)

Sainz de la Peña, J.A. (1997): La política de inmigración en España. In: A. Marquina (Hrsg.): Flujos Migratorios Norteafricanos Hacia La Unión Europea. - Madrid, S. 123 - 188.

Salafranca Ortega, J. F. (1988): Ceuta Puerta Del Retorno Sefardi. In: Cuadernos Del Archivo Municipal (Ceuta). Año I, Nr. 1, S. 94 - 98.

Salafranca Ortega, J. F. (1990): La población judía de Melilla (1874 - 1936). - Caracas.

Saro Gandarillas, F. (1996): Estudios Melillenses. Notas sobre urbanismo, historia y sociedad en Melilla. - Melilla.

Sauter, S. (2000): Wir sind »Frankfurter Türken«. Adoleszente Ablösungsprozesse in der deutschen Einwanderungsgesellschaft. - Frankfurt a.M.

Schiffauer, W. (1991): Die Migranten aus Subay. Türken in Deutschland: Eine Ethnographie. - Stuttgart.

Scholl-Latour, P. (1991): Das Schwert des Islam. - München.

Schultz, H.-D. (1997): „Deutschland? Aber wo liegt es?" Zum Naturalismus im Weltbild der deutschen Nationalbewegung und der klassischen Geographie. E. Ehlers (Hg.): Deutschland und Europa. Historische, politische und geographische Aspekte. - Bonn, S. 85-104. (Festschrift zum 51. Deutschen Geographentag)

Segarra Gestoso, M. (1997): Ceuta y Melilla en las relaciones de España y Marruecos. In: Ministerio de Defensa (Hg.): Ceuta y Melilla en las relaciones de España y Marruecos. - Madrid. S. 177 - 195. (Cuadernos de Estrategia 91)

Shimada, S. (1999): Identitätskonstruktion und Übersetzung. In: A. Assmann u. H. Friese (Hg.): Identitäten. Erinnerung, Geschichte, Identität 3. - Frankfurt a.M., S. 138 - 165.

Sibley, D. (1995): Geographies of Exclusion. - London, New York.

Soja, E. W. (1989): Postmodern Geographies: the Reassertion of Space in Critical Social Theory. - London.

Soja, E. W. (1991): Geschichte: Geographie: Modernität. In: M. Wentz (Hg.): Stadt-Räume. - Frankfurt, New York, S, 73 - 90.

Soja, E. W. (1996): Thirdspace. - Cambridge.

Spanien Lexikon (1990): Wirtschaft, Politik, Kultur, Gesellschaft. - München.

Stallaert, C. (1998): Etnogénesis y Etnicidad. Una aproximación histórico-antropológica al casticismo. - Barcelona.

Straub, J. (1999): Personale un kollektive Identität. Zur Analyse eines theoretischen Begriffs. In: Aleida Assmann u. Heidrun Friese (Hg.): Identitäten. Erinnerung, Geschichte, Identität 3. - Frankfurt a.M., S. 73 - 104.

Strauss, A.L. (1991): Grundlagen qualitativer Sozialforschung. Datenanalyse und Theoriebildung in der empirischen soziologischen Forschung. - München.

Strauss, A.L. u. J. Corbin (1996): Grounded Theory: Grundlagen Qualitativer Sozialforschung. - Weinheim.

Stroebe, W. (1985): Stereotyp, Vorurteil und Diskriminierung. - Tübingen.

Tamames, R. (1987): Spanien. Geschichtsbild und Zukunftsvision einer jungen Demokratie. - Stuttgart.

Tibi, B. (1995): Krieg der Zivilisationen. Politik und Religion zwischen Vernunft und Fundamentalismus. - Hamburg.

Tilmatine, M. (1996/97): La lengua beréber en Europa: elementos de aproximación. In: El Vigía del Tierra 2-3, S. 205 - 222.

Tilmatine, M. (1998/99): Una cuestión de denominación: ¿bereber, amazigh, o amazige? In: El Vigía del Tierra 4-5, S. 65 - 76.

Tilmatine, M., El Molghy, A., Castellanos, C. u. H. Banhakeia (1998): La lengua rifeña. Tutlayt tarifit. - Melilla. (Biblioteca Amazige Nr. 1)

Treibel, A. (1999): Migration in modernen Gesellschaften. Soziale Folgen von Einwanderung, Gastarbeit und Flucht. - Weinheim, München.

Uzarewicz, C. u. M. Uzarewicz (1998): Kollektive Identität und Tod. Zur Bedeutung ethnischer und nationaler Konstruktionen. - Frankfurt a.M., Berlin, Bern, New York, Paris, Wien.

Valderrama Martínez, F. (1996/97): La arquitectura y su entorno humano en el mundo beréber. In: El Vigía del Tierra 2-3, S. 49 - 54.

Vernet, J. (1984): Die Spanisch-Arabische Kultur in Orient und Okzident. - Zürich, München.

Vidal García, M.D., Abderraman, L. u. C.S. Moreno Martos (1998): La casa de los Iqer'ayen. Una propuesta didáctica en Educación Infantil. - Melilla. (Biblioteca Amazige Nr. 2)

Vivelo, F. R. (1988): Handbuch der Kulturanthropologie. - München.

Wagner, P. (1999): Fest-Stellungen. Beobachtungen zur sozialwissenschaftlichen Diskussion über Identität. In: A. Assmann u. H. Friese (Hg.): Identitäten. Erinnerung, Geschichte, Identität 3. - Frankfurt a.M., S. 44 - 72.

Waldmann, P. (1993): Ethnoregionalismus und Nationalstaat. In: Leviathan 3, S. 391 - 406.

Watt, W. M.(1988): Der Einfluß des Islam auf das europäische Mittelalter. - Berlin.

Wehler, H.-U. (2001): Nationalismus: Geschichte - Formen - Folgen. - München.

Weichhart, P. (1990): Raumbezogene Identität. Bausteine zu einer Theorie räumlich-sozialer Kognition und Identifikation. - Stuttgart.

Weichhart, P. (1999): Die Räume zwischen den Welten und die Welt der Räume. In: P. Meusburger (Hg.): Handlungszentrierte Sozialgeographie. Benno Werlens Entwurf in kritischer Diskussion. - Stuttgart, S. 67 - 94. (Erdkundliches Wissen 130)

Weidnitzer, E. (1995): Die europäische Union und der Maghreb vor einer neuen „euro-mediterranen Partnerschaft"? In: Wuqûf 9, S. 189 - 207.

Weiss, G. (1993): Heimat vor den Toren der Großstadt. Eine sozialgeographische Studie zu raumbezogener Bindung und Bewertung in Randgebieten des Verdichtungsraums am Beispiel des Umlandes von Köln. - Köln. (Kölner Geographische Arbeiten H. 59)

Welz, G. (1996): Die soziale Organisation kultureller Differenzen. Zur Kritik des Ethnosbegriffs in der anglo-amerikanischen Kulturanthropologie. In: H. Berding (Hg.): Nationales Bewusstsein und kollektive Identität. Studien zur Entwicklung des kollektiven Bewusstseins in der Neuzeit. - Frankfurt a.M., S.66-81.

Werlen, B. (1992): Regionale oder kulturelle Identität? Eine Problemskizze. In: Berichte zur deutschen Landeskunde Bd. 66, H. 1, S. 9 - 32.

Werlen, B. (1993): Identität und Raum. Regionalismus und Nationalismus. In: Soziographie, 6. Jhg., Nr. 2 (7), S. 39 - 73.

Willms, J. (1997): Andalucía occidental - eine regional- und identitätsgeschichtliche Kulturgeographie mit kultursoziologischer Akzentuierung. - Göttingen.

Wimmer, A. (1996): Kultur. Reformulierung eines sozialanthropologischen Grundbegriffs. In: Kölner Zeitschrift für Soziologie und Sozialpsychologie 48 Jg., H. 3, S. 401 - 425.

Wolkersdorfer, G. (2000): Raumbezogene Konflikte und die Konstruktion von Identität - die Umsiedlung des sorbischen Dorfes Horno. In: Berichte zur Deutschen Landeskunde 74, H. 1, S. 55-74.

Zaïm, F. (1992): Les enclaves espagnoles et l'économie du Maroc méditerranéen. In: H. El Melki (Hrsg.): Le Maroc Méditerranéen. La troisième dimension. - Casablanca, S. 37 - 85.

Zierhofer, W. (1999): Die fatale Verwechslung. Zum Selbstverständnis der Geographie. In: P. Meusburger (Hg.): Handlungszentrierte Sozialgeographie. Benno Werlens Entwurf in kritischer Diskussion. - Stuttgart, S. 163-186. (Erdkundliches Wissen 130)

Dokumente und Statistiken

Ilustre Ayuntamiento de Ceuta (1987): Anuario Estadístico De Ceuta 1987. Ceuta.

Ciudad Autónoma de Ceuta (1996): Anuario Estadístico De Ceuta 1996. Ceuta.

Ciudad Autónoma de Ceuta (1997): Anuario Estadístico De Ceuta 1997. Ceuta.

Ciudad Autónoma de Ceuta (1999): Anuario Estadístico De Ceuta 1999. Ceuta.

Ciudad Autónoma de Melilla (1999): Melilla en Cifras. Melilla.

Dirección General de Plazas y Provincias Africanas e Instituto de Estudios Africanos (1962): Resumen Estadístico del Africa Española (1959 - 60). Madrid.

Instituto Nacional de Estadística (INE) (1986): Estudio Estadístico de las Comunidades Musulmanes de Ceuta y Melilla. Resultados. Madrid.

Estatuto de Autonomía de Ceuta, Ley Orgánica 1 - 1995

Estatuto de Autonomía de Melilla, Ley Orgánica 2 - 1995

Zeitungen und Zeitschriften

Spanien:

Al-Quibla

El Faro de Ceuta

El Faro de Melilla

El Mundo

El País

El País Digital (www.elpais.es)

El Pueblo de Ceuta

El Telegrama de Melilla

Melilla Hoy

Marokko:

Al Bayane

Lamalif Nr. 174, Février 1986

Le Matin du Sahara et du Maghreb

Libération

L'Opinion

Internetadressen

www.ciceuta.es (18.01.01)

www.ciceuta.es/historia/histo1.html (18.01.01)

www.ciceuta.es/orgturismo/Tur2000/tur2005.htm (22.08.2001)

www.ine.es (19.07.2001)

www.melilla500.com (05.09.2000)

www.premio-convivencia.org/1.htm (22.08.2001)

www.premio-convivencia.org/2.htm (22.08.2001)

Zeittafel

711 - 1492	Al-Andalus (muslimische Herrschaftsgebiete auf der Iberischen Halbinsel)
13. Jahrhundert	Einführung der Inquisition in Spanien
1415	Eroberung von Ceuta durch portugiesische Truppen
1492	Abschluss der Reconquista mit der Eroberung Granadas
1497	Eroberung von Melilla durch spanische Truppen
1580	Ceuta wird von Portugal an die spanische Krone übergeben
16. Jahrhundert	Einführung der Statuten für die Reinheit des Blutes (*estatuto de limpieza de sangre*) in Spanien
1774/75	die große Belagerung von Melilla durch den Sultan von Marokko
1823	Abschaffung der Inquisition in Spanien
Mitte des 19. Jahrhunderts	Aufhebung der letzten Bestimmungen zur Reinheit des Blutes in Spanien
1859/60	spanisch-marokkanischer Krieg, im Frieden von Wad-Rass sowie folgenden Abkommen wurden die heutigen Grenzen der Territorien von Ceuta und Melilla festgelegt
1863	Ceuta und Melilla werden zu Freihäfen erklärt
1864	spanische Bürger und Ausländer erhalten die Möglichkeit und das Recht auf freie Ansiedlung in Ceuta und Melilla
1866	Errichtung von Zollposten in Ceuta und Melilla an der Grenze zu Marokko
1906	Ceuta und Melilla verlieren mit dem Abbau von Gefängnissen ihre bisherige Bedeutung als Strafkolonien bzw. *Presidios*
1912 - 1956	Protektoratszeit in Marokko (im Norden spanische Zone, im Süden französische Zone), Rif-Krieg (bis 1925)
1936 - 1939	spanischer Bürgerkrieg
1939 - 1975	Diktatur Francos in Spanien
1958	Rückgabe von Tarfaya durch Spanien an Marokko

1961	erste offizielle Rückgabeforderung der Städte Ceuta und Melilla durch Marokko vor der Generalversammlung der UN
1967	Verabschiedung eines Gesetzes über Religionsfreiheit in Spanien
1969	Rückgabe von Ifni durch Spanien an Marokko
1971	Gründung der ersten Vereinigung der Muslime in Spanien (*Asociación Musulmana de España*)
1975	der „grüne Marsch" in die spanische Sahara
1978	demokratische Verfassung in Spanien (Katholizismus ist nicht mehr Staatsreligion)
1981	erstes Ehescheidungsgesetz in Spanien
1985/86	Unruhen und Demonstrationen der Muslime in Ceuta und Melilla aufgrund der beabsichtigten Einführung eines neuen Ausländergesetzes
1986	Spanien wird Mitglied der EU
1991	Einführung der Visapflicht für Marokkaner zur Einreise nach Spanien; Freundschaftsvertrag zwischen Spanien und Marokko
seit Anfang der 90er Jahre	starke Zunahme der illegalen Zuwanderung von Marokko nach Spanien
1992	Gesetz zur Regelung der Zusammenarbeit des Staates mit den evangelischen, jüdischen und muslimischen Religionsgemeinschaften in Spanien; Gründung der nationalen muslimischen Dachorganisation *Comisión Islámica de España*
1993	Ratifizierung des Freundschaftsabkommens zwischen Spanien und Marokko durch das spanische Parlament; bilaterales Kooperationsabkommen zwischen Spanien und Marokko zur Entwicklung des Nordens Marokkos
1995	Autonomiestatus von Ceuta und Melilla, Einbeziehung der beiden Städte in das Schengener Abkommen
1996	spanisch-marokkanisches Gipfeltreffen in Rabat; Schaffung einer „Zelle des Dialogs" zur Vorbeugung von Konflikten
17.09.1997	500-Jahrfeier zur Eroberung und Zugehörigkeit Melillas zu Spanien in Melilla
1999	Tod des marokkanischen Königs Hassan II und Inthronisierung seines Sohnes und Nachfolgers

Muhammad VI; erster Staatsbesuch des spanischen Staatspräsidenten Aznar in Marokko; Ceuta und Melilla werden in das Verteidigungsgebiet der NATO eingeschlossen

Februar 2000   rassistischer Übergriff auf Marokkaner in El Ejido bei Almería (Spanien)

Juli 2002   spanisch-marokkanische Krise um die Petersilien-Insel (Isla de Perejil)

Die Interviewpartner/-innen in Ceuta und Melilla

Um eine möglichst große Anonymität der Interviewpartner/-innen zu wahren, wurden die Namen durch Initialen ersetzt.

Ceuta:

Name; gesellschaftliche bzw. berufliche Position; Interviewdauer

1.) J. A. Q. P.; Vorsitzender der Partei Ceuta Unida (CEU), Vizepräsident des Stadtparlaments (Vicepresidente de la Asamblea); 50 Min.

2.) J. L. G. B.; Archivar in der Stadtverwaltung; 1 Std. 55 Min.

3.) F. J. A. S.; Architekt im Stadtplanungsamt; 50 Min.

4.) R. F. R.; Generalsekretär der Gewerkschaft UGT in Ceuta; 1 Std. 15 Min.

5.) A. N.; Generalsekretär der PSOE/Partido Socialista Obrero Español in Ceuta; 55 Min.

6.) J. J. B. C.; Referatsleiter für Bildung und Kultur (Consejero Educación y Cultura), führendes Mitglied der PP/Partido Popular; 50 Min

7.) S. C.; Direktor des Stadtplanungsamtes, Generalsekretär der PP in Ceuta; 30 Min.

8.) R. G. C.; Präsident der Hindu-Gemeinschaft (Comunidad Hindú de Ceuta); 40 Min.

9.) J. A. A.; Vertreter der Gewerkschaft CC.OO.; 45 Min.

10.) M. A.; technischer Zeichner bei EMVICESA (Wohnungsbaugesellschaft); 2 Std. 20 Min

11.) N. F. C.; Direktor der Städtischen Gesellschaft für Entwicklungsförderung (Procesa - Sociedad Municipal de Fomento, Ciudad Autónoma de Ceuta;); 30 Min.

12.) M. M.; Präsident des lokalen Verbundes der Nachbarschaftsvereinigungen (Federación Provincial de Asociaciones de Vecinos); 35 Min.

13.) A. A.; stellvertretende Leiterin des Referates für Soziales (Viceconsejería de Asuntos Sociales), führenden Mitglied der PP; 30 Min.

14.) A. W. R.; technischer Direktor der städtischen Wohnungsbaugesellschaft (EMVICESA); 55 Min.

15.) J. L. T. L.; Vorsitzender der Nachbraschaftsvereinigung San José (Asociación de Vecinos San José/Hadú); 1 Std.

16.) F. C. T.; Vikar der katholischen Kirche; 55 Min.

17.) J. E.; Leiter des Bereichs „Illegale Immigration" beim Cruz Roja (Roten Kreuz) Ceuta; 40 Min.

18.) S. T.; Leiter der Finanzabteilung der Regierungsvertretung in Ceuta (Delegación del Gobierno - Hacienda); 30 Min.

19.) L. M. N.; Präsident der Industrie und Handelskammer (Camara Oficial de Comercio, Industria y Navigación de Ceuta); 40 Min.

20.) E. S.; Leiterin der Abteilung für Einbürgerung und Zuwanderung der Regierungsvertretung (Delegación del Gobierno); 55 Min.

21.) P. M. T.; Händler; 40 Min.

22.) M. L.; Vorsitzender der Nachbarschaftsvereinigung Príncipe Alfonso (Asociación de Vecinos Príncipe Alfonso); 55 Min.

23.) Y.; Buchhändlerin; 55 Min.

24.) Señor S.; Händler; 35 Min.

25.) A. H.; Vorsitzender der Nachbarschaftsvereinigung Pasaje Recreo, Präsident der „Comunidad Islámica de Ceuta-Al Bujari"; 1 Std. 20 Min.

26.) M. S. S.; Inhaberin eines Schreibwarengeschäftes; 35 Min.

27.) E. L. L.; leitender Angestellter bei der Zollbehörde (Interventor de la Aduana); 55 Min.

28.) F. A.; Mitglied der Partei PDSC/Partido Democrático y Social de Ceuta, Vorsitzender der Nachbarschaftsvereinigung Poblado Regulares, freier Mitarbeiter bei der lokalen Zeitung Pueblo de Ceuta; 1 Std. 45 Min.

29.) A.; Aktivist im Stadtteil Benzú, Gründungsmitglied der „Asociación Cultural Al Kádi Ayyád"; 2 Std.

30.) M. S.; Vorsitzender der Nachbarschaftsvereinigung República Argentina, Präsident der „Asociación Cultural Al Kádi Ayyád", Mitglied der „Asociación Musulmana de Ceuta"; 2 Std.

31.) M.; Bauarbeiter, Gelegenheitsarbeiter; 50 Min.

32.) A. M. A.; Händler; 1 Std. 30 Min.

33.) H. L.; Imam der Hauptmoschee Sidi Embarek, Präsident der Wohltätigkeitsvereinigung „Consejo Benéfico Religioso Luna Blanco"; 30 Min.

34.) R. M. T.; Vorstandsmitglied in der Federación Provincial de Asociaciones de Vecinos de Ceuta (lokaler Verbund der Nachbarschaftsvereinigungen); 30 Min.

35.) M.; Inhaber einer Diskothek, 40 Min.

36.) M. M.; Vorsitzender der PDSC; 35 Min. (ohne Tonbandaufzeichnung, Mitschrift und Gedächtnisprotokoll)

37.) B. V.; Vorsitzende der Nachbarschaftsvereinigung Centro; 40 Min.

38.) J. M. R.; Präsident des Verbundes der Laienbruderschaften (Presidente del Consejo de Hermandades y Cofradías); 40 Min.

39.) J.; Fremdenlegionär und Führer im Museo de la Legión; 35 min.

40.) M.; Inhaber des Café Real; 40 Min.

(41.) M. G. B.; Repräsentant der hebräischen Gemeinschaft; 10 Min.)

Melilla:

Name; gesellschaftliche bzw. berufliche Position; Interviewdauer

1.) F. J. M. J., Generaldirektor des Amtes für Architektur und Stadtplanung (Director General de Arquitectura y Urbanismo, Consejería de Obras Públicas y Política Territorial, Ciudad Autónoma de Melilla); 50 Min.

2.) S. T.; Leiter des lokalen Amtes für Statistik (Delegado Instituto Nacional de Estadística, Delegación Local de Melilla); 35 Min.

3.) J. L. P.; Geschäftsführer der städtischen Gesellschaft zur Wirtschaftsförderung (Gerente Promesa/Promociones de Melilla S.A.); 40 Min.

4.) A. M. H.; Generalsekretär der Partei CpM/Coalición por Melilla, Leiter des Referates für soziale Wohlfahrt und Gesundheit (consejero de Bienestar Social y Sanidad); 50 Min.

5.) V. M. R.; Leiter des Stadtarchivs und wissenschaftlicher Publizist; 60 Min.

6.) I.; Direktor des „Pacto Territorial por el Empleo en Melilla" (Beschäftigungspakt mit EU-Geldern gefördert), Ramon; Mitarbeiter im „Pacto por Empleo"; gemeinsam 1 Std. 30 Min.

7.) G. und F.; Mitarbeiter des „Pacto por empleo" und zuständig für die Organisation und Kooperation in den Stadtteilen); gemeinsam 2 Std.

8.) M. M. H. und weitere drei Mitglieder der „Asociación Cultural Numidia"; 1 Std. 10 Min.

9.) L. C.; Leiterin der Ausländerabteilung der Regierungsvertretung (Encargada de la Oficina de Extranjería, Delegación del Gobierno); 50 Min.

10.) J. L. M. E.; Generaldirektor des Amtes für Wohnungsbau (Director General de la Vivienda); 40 Min.

11.) S. B.; Repräsentant der hebräischen Gemeinschaft und leitender Angestellter im Stadtmuseum; 1 Std. 10 Min.

12.) J. H. Y.; Leiter des Seminario de Tamazight; 55 Min.

13.) A. G. M.; Direktor des Institutes für Migration und Soziales (Director Provincial IMSERSO/Instituto de Migraciones y Servicios Sociales); 55 Min.

14.) A. B. N.; Lehrer und Stadthistoriker, führendes Mitglied der PSOE; 50 Min.

15.) O.; leitender Mitarbeiter der islamischen sozialen Hilfsorganisation „Voluntariado Islámico de Acción Social"; 30 Min.

16.) A.; führendes Mitglied der „Asociación Islámica Badr"; 50 Min.

17.) M., H. I., S. T. und zwei weitere Damen der „Asociación de Cultura Tamazight"; gemeinsam 2 Std. 20 Min.

18.) J. V. A.; Generalsekretär der Gewerkschaft UGT; 30 Min.

19.) M. A. L. L.; Präsident von Caritas in Melilla; 45 Min.

20.) A. J. L.; Präsident der Hindu-Vereinigung und Händler; 40 Min.

21.) M. L. A.; Präsidentin der Industrie und Handelskammer (Camara Oficial de Comercio, Industria y Navegación de Melilla); 35 Min.

22.) M. M. T.; führendes Mitglied der Partei CpM und stellvertretender Leiter des Referates für soziale Wohlfahrt und Gesundheit(Viceconsejero del Bienestar Social y Sanidad); 1 Std. 10 Min.

23.) M.; Gelegenheitsarbeiter und Sozialarbeiter im Stadtteil Cañada de la Muerte, Mitglied der Nachbarschaftsvereinigung in Cañada de la Muerte; 1 Std. 35 Min.

24.) A. Y.; Generalsekretär der Comisión Islámica de Melilla; 30 Min.

25.) M. M.; führendes Mitglied der PSOE, Lehrerin; 35 Min.

26.) Señor A.; Leitender Angestellter im Bereich Immigration und Grenzverkehr der Regierungsvertretung (Delegación del Gobierno); 40 Min.

27.) A. G. M.; Vorsitzender der PP in Melilla; 30 Min.

28.) M. T.; arbeitsloser junger Mann; 40 Min.

29.) F.; Friseur; 55 Min. (ohne Tonbandaufzeichnung; teilweise Mitschrift, Gedächtnisprotokoll)

30.) A. V.; Apothekerin; 35 Min.

31.) D. J. S.; Mitglied der Historikervereinigung „Asociación de Estudios Melillenses"; 30 Min.

32.) M. R. A.; Generalsekretär der Gewerkschaft CC.OO.; 30 Min.

33.) H.; Mitglied der Nachbarschaftsvereinigung Guadalquivir; 40 Min.

34.) J. A.; Präsident der Vereinigung für Menschenrechte (Asociación Pro Derechos Humanos de Melilla); 35 Min.

35.) F. R.; Sprecher der Partei PIM/Partido Independiente de Melilla; 30 Min.

36.) J. O. C.; Direktor des Instituts für Arbeit (Director Provincial Instituto Nacional de Empleo/INEM); 45 Min.

37.) M. A.; Händler; 35 Min.

38.) L. M.; Mitglied der Partei PSDM/Partido Socialdemócrata de Melilla; 30 Min.

Die spanischen Originaltexte

(1) „La tolerancia que se ha vivido históricamente en nuestra ciudad es el principal valedor de la actual convivencia de cuatro culturas: christiana, musulmana, hebrea e hindú en una total armonía." (www.ciceuta.es - 18.01.01)

(2) „Los hijos de Ceuta - los «caballas», como cariñosamente se nos llama - somos gente fronteriza, situados en la marca donde España ha puesto sus límites, y donde acaba - o donde empieza, según sea la dirección del viajero que los cruza -, no sólo una unidad de idioma, sangre y religión, sino el conjunto de lo que ha venido llamándose «civilización occidental»: en la playa del Tarajal termina en realidad Europa. No busquéis detrás de los puestos aduaneros campanas cristianas, ni los claros acentos latinos. Aquí, en Ceuta, termina toda una manera de ser, hablar, pensar y sentir. En Ceuta termina España, Europa y la Cristiandad. No es, pues, extraño que los hijos de Ceuta sientan, tal vez con más fuerza que los españoles «de tierra adentro», su misión de adelantados de la patria, si fervoroso sentido de la españolía y el orgullo de su sangre, su idioma y su fe. Todo la historia de Ceuta es un continuo sacrificio de vidas para mantener inamovible, en las torres de su frontera, la bandera de la patria." (Luis López Anglada in Leria y Ortiz de Saracho 1991, S.11)

(3) „Intrincadas a lo largo de los siglos pasados, las relaciones entre España y el Marruecos contemporáneos son complejas y tormentosas." (Masegosa/Valanzuela 1996, S. 13)

(4) „Las Fuerzas Armadas españolas ya no tendrán que defender en solitario Ceuta y Melilla en caso de una desestabilización de Marruecos, de acuerdo a la nueva doctrina de la OTAN que podrá llevar a cabo intervenciones militares fuera de su zona geográfica si la estabilidad del Mediterráneo se ve en peligro." (El Pueblo De Ceuta vom 30.04.1999)

(5) „Perdida con toda la provincia «hispania nova ulterior tingitana», a consequencia de la invasión de los vándalos, Melilla fue recuperada por los españoles el 17 de septiembre de 1497. Así pues, Melilla se incorporó definitivamente a España 18 años antes de que lo hiciera el Reino de Navarra, 162 años antes de que el Rosellón fuera francés, 279 años antes de que existieran los Estados Unidos de América" (Mir Berlanga 1996, S. 3)

(6) „Melilla no tiene de africana más que su situación geográfica. Todo lo demás, es en ella español, y por español, occidental y lation. Como españoles son de pleno derecho sus habitantes, sus costrumbres y su forma de vida. Esta es una realidad histórica, tan evidente, que honradamente no puede ser puesta en duda ... Se suele decir, que vivimos en la época de las „descolonizaciones". Pero sólo se pueden descolonizar, los territorios que son colonias, y Melilla, nunca lo fue." (Mir Berlanga 1993, S. 21)

(7) „En Roma está el origen de nuestro mundo, las raíces de la convivencia cultural, multiracial, ecuménica e interétnica. Bajo su dominio Africa y Europa formaron un sólo imperio. El Estrecho es entonces vía de communicación y no frontera. Las

provincias del norte y del sur son iguales: Occidente." (www.ciceuta.es/historia/historia1.html, 18.01.2001)

(8) „El Gobierno prefiere resaltar la convivencia melillense al quinientos aniversario de la españolidad de la ciudad." (Melilla Hoy vom 18.09.1997)

(9) „Qué es lo que de verdad se quiere celebrar? La misión civilizadora de la religión cristiana? La abolición de una fecunda convivencia de tres culturas, forzando al los demás a convertirse o el testamento escrito de la Reina Isabel que manifestaba su voluntad de ocupar y cristianizar el Norte de África?" (Laarbi1997, S. 156)

(10) „Aberchán le da una patada a la historia de la españolidad de Melilla y con toda impunidad altera la celebración tradicional del Levantamiento del Sitio de Melilla colando un "acto ecuménico"." (El Vigía Nr. 6, Marzo 2000, S. 14)

(11) „En Ceuta la cultura es cultura militar y/o cristiana. Las fiestas y ceremonias se celebran bajo el signo de estos dos pilares. Las festividades militares están vinculadas a la fiesta religiosa en honor al santo patrón del arma correspondiente. A diferencia de la Península, la presencia militar en Ceuta es tan importante que la población civil participa activamente en las festividades militares y vice versa. La fusión entre lo militar y lo civil es la realidad cotidana de la ciudad. Gran parte de la infraestructura de ocio se apoya en clubes militares privados. La política actual pretende cambiar esta situación, »desmilitarizando« las instituciones y las estructuras de la ciudad. En febrero de 1991 el Ayuntamiento de Melilla decidió proceder a la sustitución de determinados nombres de calle militares por otros »civiles«." (Stallaert 1998, S. 139 f)

(12) „He opinado siempre que la integración musulmana en la sociedad española va a crear todo un pueblo lleno de hipocresía, con los consiguientes y graves problemas para el Gobierno español y para la colectividad musulmana. El islam no es sólo una religión para rezar cinco veces al día, sino que es una institución en la que están recogidos aspectos sociales, políticos, económicos, etc., y en la Constitución y leyes españolas no se contemplan, lógicamente, muchas cosas de la legislación musulmana, como por ejemplo, la poligamia. Yo preguntaría al los musulmanes que se han acogido al la nacionalidad española: ¿tendrán derecho a casarse con dos o tres mujeres?, ¿tendrán derecho a los aspectos de herencia, bien distintos en la legislación española y en el islam? Como sigo preguntando a esos musulmanes acogidos a la nacionalidad española: ¿estarían dispuestos a defender a España ante una agresión de una nación árabe? Cuando recen [sic] y, como es preceptivo en el Islam pedir prosperidad para todos los gobernantes islámicos, ¿pedirán por el rey cristiano o por el musulmán? Si me contestan que defenderán a España, está bien, pero si lo dicen únicamente por acogerse a la oferta ofrecida de un documento, digo que es hipocresía y que entonces están en contra del Islam. Para solucionar todo esto, los tribunales españoles tendrían que crear nuevos leyes y esto es my difícil." (Mohamed Alí, in El Faro, 23.01.1987, aus Stallaert 1998, S. 146 f)

(13) „Del mismo modo, gran parte de los ciudadanos musulmanes se han afincado en Ceuta y Melilla buscando mejores condiciones de vida como cualquier otro inmigrante, pero también existen personas que asientan su residencia en las dos ciu-

dades simplemente por conveniencia económica o política." (García Flórez 1999, S. 212 f)

(14) „Hemos denunciado hechos, unos de ellos el hecho de que el presidente de la Comunidad Musulmana de Ceuta haya sido formalmente declarado persona non grata en la Ciudad de Ceuta por haber expresado una opinión, con la se puede estar o no de acuerdo, pero la declaración institucional contra ese ciudadano por expresar libremente un punto de vista es una intolerable injusticia. En eso estuvieron todos unánimes, el Partido de Ceuta Unida, el Partido Popular, el Socialista, el partido por el Pueblo de Ceuta, unos son de izquierda y otros de derecha. (...) Hay medios de comunicación que no pueden ni repetir nuestras palabras. Es lamentable que todos los partidos hayan rechazado cualquier posible diálogo, cualqier oportunidad de defender su punto de vista al Sr. Muhammad Ali. Sus palabras fueron en el sentido de que sería interesante abrir un diálogo con el rey Hassan II de Marruecos acerca de Ceuta y Melilla y estudiar posibles acuerdos que fueran satisfactorios a ambas partes, incluida una permuta o alguna compensación. Yo puedo no estar de acuerdo con esa propuesta pero considero que el Sr. Muhammad Ali y cualquier otro ciudadano, tiene derecho a opiniar sobre asuntos que nos atañen tan gravamente, sin ser estigmatizado por ello en su propia tierra." (Mohamed Stitou in einem Interview mit der Zeitschrift País Islámico, Nr. 0, 1998, S. 30 - herausgegeben von der Comunidad Islámica en España)

(15) „Y, obviamente, esta Comunidad tan numerosa no quieren que se quede al margen de esta homogeneización mundial. Este proceso de asimilación encuentra una fuerte oposición en los países de mayoría musulmana, simplemente porque los valores del mundo islámico - sin ser incompatibles con gran parte del desarrollo cientificotécnico de occidente - si son contrarios a la destrucción de las identidades autóctonas y de las identidades colectivas no „modernas" como la identidad islámica general compartida por la Umma. Es evidente de que la globalización cabalga a lomos del neoliberalismo un sistema que a todas luces está originando desigualdades abismales, tremendos desequilibrios, destrucción sistemática del ecosistema y por ende, destructor de los valores esenciales del ser humano, abocandonos hacia una sociedad terriblemente individualista y egoísta, situación ésta que choca frontalmente con el espíritu fraternal y solidario de la UMMA AL ISLAMIA." (Abdelkader Mohamed Alí in Al-Quibla Nr. 1, 1999, S. 24)

(16) „(...) el laicismo es el caparazón que necesita el cristianismo, ya sea en su vertiente católica o protestante, para preservar sus privilegios en detrimento de las otras confesiones minoritaria, especialmente en relación al Islam." (Abdelkader Mohamed Alí in Al-Quibla Nr. 1, 1999, S. 25)

(17) „De todos modos el conocomiento que Occidente tiene del Islam y de los musulamnes en la actualidad sigue estando vinculado de las viejas doctrinas que ya establecieron los orientalistas y más recientemente los africanistas. Doctrinas todas ellas que parten de visiones, en el mejor de los casos, paternalistas y que pretenden „civilizar" a los musulmanes desde una supuesta supremacía. Esos viejos clichés y hábitos mentales, siguen existiendo, adobados con los prejuicios y estereotipos de nuevo cuño. En fin, la pereza de Occidente para alcanzar a entender al mundo

musulmán es absolutamente interesada." (Abdelkader Mohamed Alí in Al-Quibla Nr. 1, 1999, S. 25)

(18) „Ahora Europa se percata que los musulmanes europeos insisten en seguir preservando sus valores tradicionales, culturales, religiosos, etc sin dejar de ser europeos. Más aún, participar en la construcción de Europa pero sin perder la propia identidad e idiosincracia. Este reto que plantea/planteamos los musulmanes europeos ha originado un nuevo debate sobre el Islam en Europa. Llegando a poner de manifiesto lo que yo he venido denunciando en estos últimos años como eurodiputado y es que la interculturalidad de la que tanto alardea Europa y Occidente en general como estandarte de la tolerancia en verdad es un mito, una falacia. Sencillamente porque como ha dicho Huntington en su famoso Choque de Civilizaciones el sistema de mercados que ha impuesto el nuevo capitalismo, cabalga a lomos del cristianismo, o al menos es más complaciente con el neoliberalismo. El Islam como civilización autónoma plantea objeciones y críticas frontales al sistema por las desigualdades que este origina, por el consumismo destructor, por las graves secuelas que se está originando en el ecosistema, etc. etc." (Abdelkader Mohamed Alí in Al-Quibla Nr. 1, 1999, S. 25/26)

(19) „La multiculturalidad es evidente e innegable en tanto que la sociedad melillense esta constituida por diversas culturas. Ahora bien, como ya decía antes, y Melilla no es una excepción, queda un largo trecho para alcanzar ese ideal de sociedad intercultural." (Abdelkader Mohamed Alí in Al-Quibla Nr. 1, 1999, S. 25/26)

(20) „En el caso específico de la lengua sindhi en Ceuta, tampoco el futuro es muy esperanzador, pues el sindhi lo hablan las personas mayores que nacieron en el sindh y personas de mediana edad provenientes de la India. Las nuevas generaciones nacidas en Ceuta, aunque muchos comprenden el sindhi, apenas lo hablan y han optado además del español por naturaleza, por el inglés y el idioma nacional de la India: el hindi. Esto muchos veces lleva a la cómica situación de que una conversación que aparentemente parece ser en un idioma tiene una mezcla de sindhi, hindi, español e inglés." (Ramchandani 1999, S. 116 f)

(21) „La promoción y estímulo de los valores de comprensión, respeto y aprecio de la pluralidad cultural (Melilla: y lingüística) de la población ceutí/melillense." (Estatuto de Autonomía de Ceuta/Melilla, Ley Orgánica 1/2-1995, jeweils Artikel 5)

(22) „Ceuta, Ejemplo De Convivencia - A lo largo de toda su historia, han sido muchos los pueblos que se han asentado en nuestra ciudad. Desde hace más de dos mil años, Ceuta ha sido un puerto de especial importancia estratégica en el comercio por el Mediterraneo, lo que ha atraído un sinfín de culturas: Cartagineses, Romanos, Griegos, Turcos, Tunecinos, Árabes... han convivido en Ceuta en distintas épocas dibujando así un mapa de variedad cultural y radical caracterizado siempre por el respeto y la convivencia pacífica. Unos contingentes han contado con mayor protagonismo que otros, como en el caso del Imperio Árabe, pero de todos los pueblos Ceuta se ha enriquecido cultural y socialmente. La tolerancia que se ha vivido históricamente en nuestra ciudad es el principal valedor de la actual convivencia de cuatro culturas: cristiana, musulmana, hebrea e hindú en una total armonía." (www.ciceuta.es/orgturismo/Tur2000/tur2005.htm, 22.08.2001)

(23) „Siendo una de las peculiaridades de la Ciudad Autónoma de Ceuta la co-habitación en su territorio de cuatro culturas diferentes, que conviven en paz y armonía, y constituyendo éste un ejemplo a imitar por el resto de los pueblos del orbe (sic!), se ha decidido convocar con carácter anual el Premio Convivencia de la Ciudad Autónoma de Ceuta y el Premio Convivencia Local* que será concedido a aquellas personas o instituciones de cualquier país, cuya labor haya contribuido de forma relevante y ejemplar en las relaciones humanas, fomentando los valores de justicia, fraternidad, paz, libertad, acceso a la cultura e igualdad entre los hombres. (Acuerdo de la Asamblea de la Ciudad Autónoma de Ceuta de 5 de marzo 1997, *1 de diciembre de 1999)" (www.premio-convivencia.org/1.htm, 22.08.2001)

(24) „Ciudad multicultural - El ejemplo de ciudad multicultural, calificado que últimamente parece ser la marca de identidad de nuestra tierra, encontró ayer un ejemplo perfecto de la convivencia de cuatro religiones. Precisamente, cristianos y musulmanes celebraron ayer dos festividades importantes dentro de sus respectivas creencias. Para los católicos comenzó ayer la Semana Santa, con la conmemoración del Domingo de Ramos o la entrada de Jesús en Jerusalén. Los musulmanes, la Pascua del Borrego. Un ejemplo de tolerancia y convivencia que harían falta en otras parte del mundo." (El Faro de Ceuta 29.03.1999)

(25) „Ceuta ciudad de convivencia multicultural - Es necesario incidir en la condición multicultural de nuestra ciudad y del sentido de convivencia de sus habitantes, para comprender lo necesario que resulta que se enteren de esta circunstancia y peculiaridad fuera de nuestras fronteras. Aquellos que por ignorancia o inquina tratan de desacreditarnos diciendo que Ceuta es una ciudad intolerante se están autocalificando solos. Ayer se inauguró una exposición sobre las cuatros culturas que conviven en estos veinte kilómetros cuadrados. Esta exposición es sólo un pequeño botón de muestra del talante que se tiene en nuestra ciudad y del espíritu de convivencia que, desde siempre, se tiene por estos lares." (El Faro de Ceuta, Editorial, 20.04.99)

(26) „Cuatro culturas conviven en una ciudad española, mediterranea y africana. - Melilla, entre dos mundos - Puerta de un continente, Melilla ofrece al visitante vivir entre dos mundos: su organización europea, a pocos kilómetros del exotismo del Maghreb, presenta un atractivo contraste, que se refuerza por la propia composición de la población de la ciudad. En Melilla conviven cuatro culturas que, sin renunciar a sus costumbres y tradiciones, se enriquecen mutuamente por el contacto diario y el esfuerzo común. Podría afirmarse que en la misma ciudad caben varias Melillas: la hindú, la hebrea, la musulmana y la cristiana; pero, en realidad, hay una sola, que se complemente para ofrecer al visitante una variedad de matices difícil de hallar en otras partes del mundo." (Sociedad Publica V Centenario, S.A., Melilla 500 Años juntos)

(27) „Comunidad Musulmana - Es la segunda en cuanto a la presencia. La mayoría son de origen Bereber, con unas características que los diferencian del resto de musulmanes norteafricanos. Su presencia integradora y con una idiosincrasia propia hace que día a día sus costumbres, antes consuetudinarias, en la actualidad comiencen a ser reconocidas como hecho diferenciador pero con un reconocimiento inte-

grador de la diversidad multiétnica de la ciudad. Su calendario es lunar y sus fiestas principales compartidas con el resto de la ciudad son las siguientes: Ramadán, Id El Fitre (Pascua Chica), Id El Kebir (Del Sacrificio), Achra (Achor, Nacimiento del Profeta) y Año Nuevo." (www.melilla500.com/05.09.2000)

(28) „Comunidad Cristiana - La más numerosa con presencia en el norte de Africa desde hace 500 años. Melilla ha sido el crisol donde han convergido personas de todas las regiones de España peninsular e insular, lo que hace de esta comunidad un reflejo de esta diversidad. Se rige por el calendario solar, por lo que sus fiestas son más fijas en el tiempo que el resto de comunidades, como fiestas religiosas, fundamentalmente católicas por su mayor número en la ciudad se celebran: La Semana Santa, Navidad, Año Nuevo, Epifanía, fiesta de la Patrona de la Ciudad, Ntra. Señora de la Victoria, y la Fería." (www.melilla500.com/05.09.2000)

KARTEN

Karte 1: Der Anteil der Muslime an der Gesamtbevölkerung in Ceuta (1986)

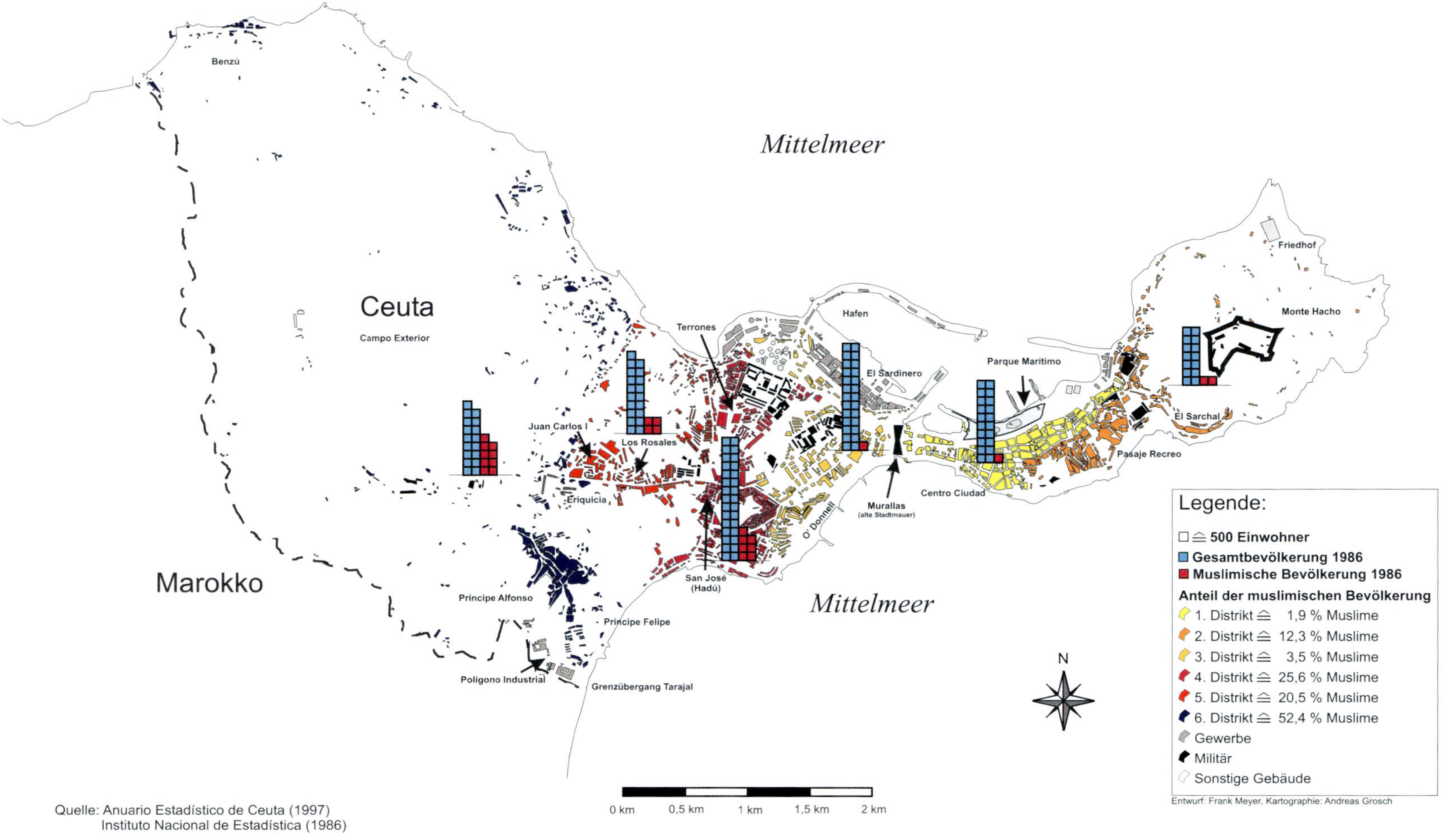

Legende:

☐ ≙ 500 Einwohner
☐ Gesamtbevölkerung 1986
☐ Muslimische Bevölkerung 1986

Anteil der muslimischen Bevölkerung
1. Distrikt ≙ 1,9 % Muslime
2. Distrikt ≙ 12,3 % Muslime
3. Distrikt ≙ 3,5 % Muslime
4. Distrikt ≙ 25,6 % Muslime
5. Distrikt ≙ 20,5 % Muslime
6. Distrikt ≙ 52,4 % Muslime
Gewerbe
Militär
Sonstige Gebäude

Entwurf: Frank Meyer, Kartographie: Andreas Grosch

Mittelmeer

Mittelmeer

Ceuta

Marokko

Campo Exterior

Benzú

Monte Hacho
Friedhof
El Sarchal
Pasaje Recreo
Parque Marítimo
Centro Ciudad
El Sardinero
Hafen
Murallas (alte Stadtmauer)
O'Donnell
Terrones
San José (Hadú)
Los Rosales
Juan Carlos I
Erquicia
Príncipe Felipe
Grenzübergang Tarajal
Príncipe Alfonso
Polígono Industrial

N

0 km   0,5 km   1 km   1,5 km   2 km

Quelle: Anuario Estadístico de Ceuta (1997)
Instituto Nacional de Estadística (1986)

Karte 2: Arbeitslosen- und Analphabetenquote in Ceuta nach Distrikten (1991)

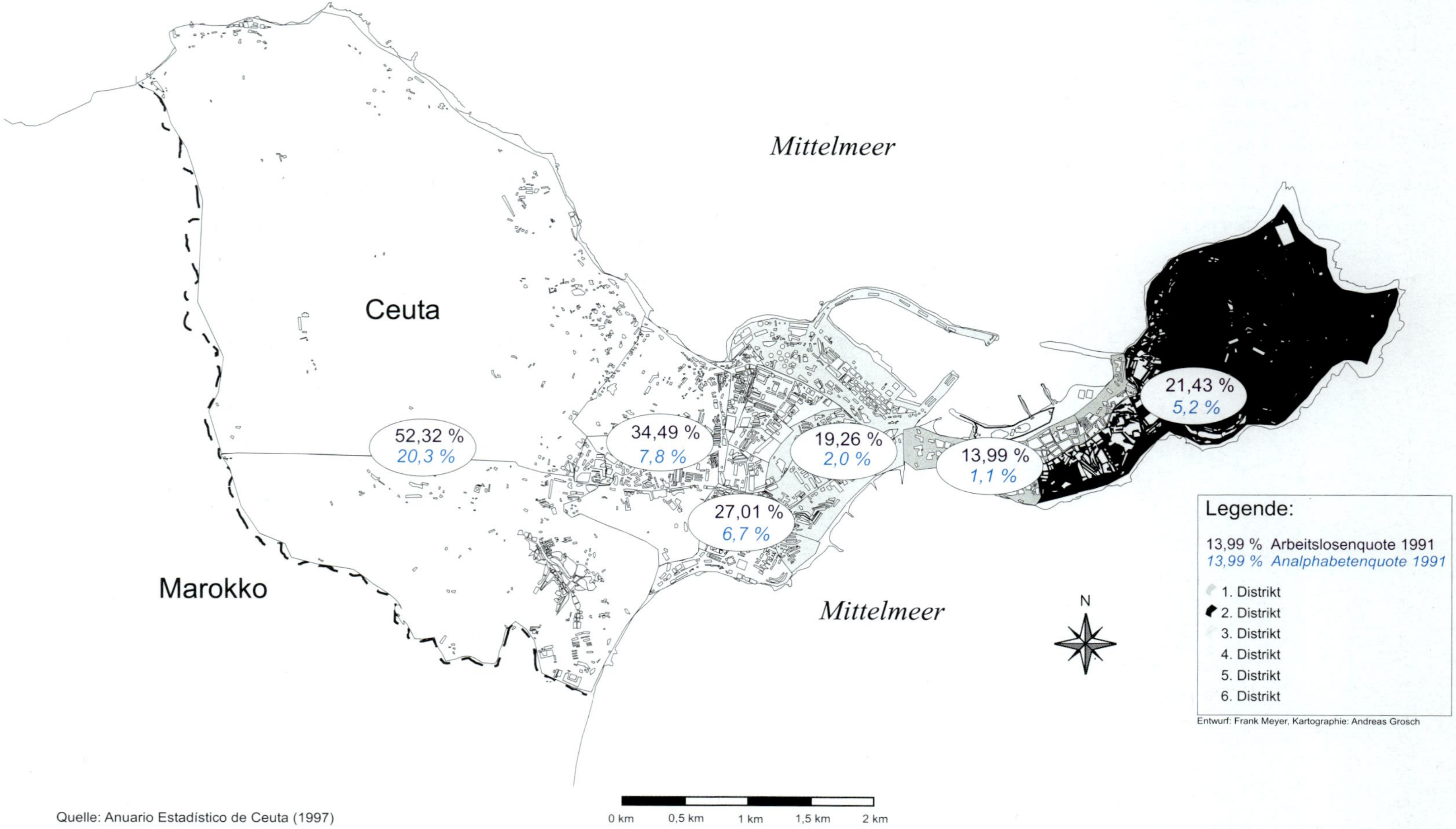

Mittelmeer
Ceuta
Marokko
52,32 %
20,3 %
34,49 %
7,8 %
19,26 %
2,0 %
27,01 %
6,7 %
13,99 %
1,1 %
21,43 %
5,2 %
Mittelmeer
N
Legende:
13,99 % Arbeitslosenquote 1991
13,99 % Analphabetenquote 1991
1. Distrikt
2. Distrikt
3. Distrikt
4. Distrikt
5. Distrikt
6. Distrikt
Entwurf: Frank Meyer, Kartographie: Andreas Grosch
0 km
0,5 km
1 km
1,5 km
2 km

Quelle: Anuario Estadístico de Ceuta (1997)

Karte 3: Der Anteil der Muslime an der Gesamtbevölkerung in Melilla (1991)

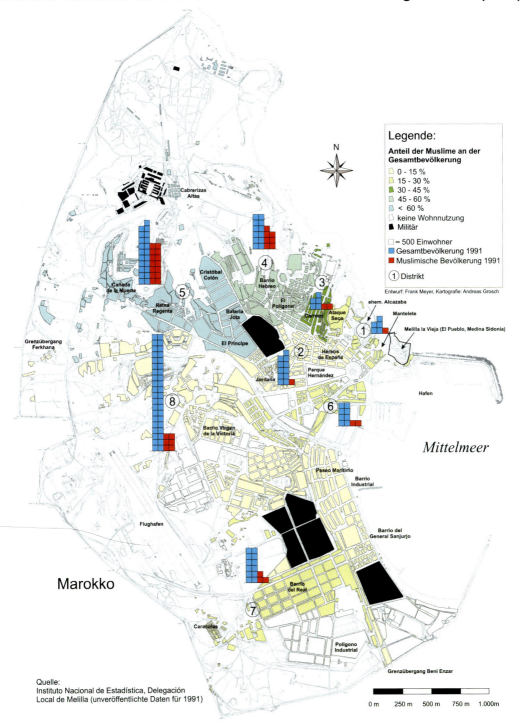

Legende:

Anteil der Muslime an der Gesamtbevölkerung

- 0 - 15 %
- 15 - 30 %
- 30 - 45 %
- 45 - 60 %
- < 60 %
- keine Wohnnutzung
- Militär

□ = 500 Einwohner
■ Gesamtbevölkerung 1991
■ Muslimische Bevölkerung 1991

① Distrikt

Entwurf: Frank Meyer, Kartografie: Andreas Grosch

N

Cabrerizas Altas

Cristóbal Colón

Cañada de la Muerte

Reina Regente

Barrio Hebreo

El Polígono

Batería Jota

El Príncipe

Carmen

Ataque Seco

ehem. Alcazaba

Mantelete

Melilla la Vieja (El Pueblo, Medina Sidonia)

Grenzübergang Ferkhana

Héroes de España

Parque Hernández

Jordana

Hafen

Barrio Virgen de la Victoria

Mittelmeer

Paseo Marítimo

Barrio Industrial

Flughafen

Barrio del General Sanjurjo

Marokko

Barrio del Real

Caracolas

Polígono Industrial

Grenzübergang Beni Enzar

Quelle:
Instituto Nacional de Estadística, Delegación
Local de Melilla (unveröffentlichte Daten für 1991)

0 m   250 m   500 m   750 m   1.000m

ERDKUNDLICHES WISSEN
Schriftenreihe für Forschung und Praxis.
Herausgegeben von **Gerd Kohlhepp** in Verbindung mit **Adolf Leidlmair** und **Fred Scholz**

25. **Fritz Dörrenhaus: Urbanität und gentile Lebensform.** Der europäische Dualismus mediteraner und indoeuropäischer Verhaltensweisen, entwickelt aus einer Diskussion um den Tiroler Einzelhof. 1970. 64 S., 5 Ktn., kt. ISBN 3-515-00532-3

26. **Eckart Ehlers / Fred Scholz / Günter Schweizer: Strukturwandlungen im nomadisch-bäuerlichen Lebensraum des Orients.** Eckart Ehlers: Turkmenensteppe. Fred Scholz: Belutschistan. Günter Schweizer: Azerbaidschan. 1970. VI, 148 S. m. 4 Abb., 4 Taf., 20 Ktn., kt. 2228-7

27. **Ulrich Schweinfurth / Heidrun Marby / Klaus Weitzel / Klaus Hauserr / Manfred Domrös: Landschaftsökologische Forschungen auf Ceylon.** 1971. VI, 232 S. m. 46 Abb., 10 Taf. m. 20 Bildern, 1 Falttaf., kt. (vgl. Bd. 54) 0533-1

28. **Georges Henri Lutz: Republik Elfenbeinküste.** 1971. VI, 48 S. m. 7 Ktn. u. 2 Abb., kt. 0534-X

29. **Harry Stein: Die Geographie an der Universität Jena (1786-1939).** Ein Beitrag zur Entwicklung der Geographie als Wissenschaft. Vorgelegt von **Joachim H. Schultze.** 1972. XII, 152 S., 16 Taf. m. 4 Ktn. u. 19 Abb., kt. 0535-8

30. **Arno Semmel: Geomorphologie der Bundesrepublik Deutschland.** Grundzüge, Forschungsstand, aktuelle Fragen - erörtert an ausgewählten Landschaften. 4., völlig überarbeitete u. erw. Aufl. 1984. 192 S. m. 57 Abb., kt. 4217-2

31. **Hermann Hambloch: Allgemeine Anthropogeographie.** Eine Einführung. 5., neubearb. Aufl. 1982. XIII, 268 S. m. 40 Abb. (davon 16 Faltktn.), 37 Tab., 12 Fig., kt. 3618-0

32. **Arno Semmel, Hrsg.: Neue Ergebnisse der Karstforschung in den Tropen und im Mittelmeerraum.** Vorträge des Frankfurter Karstsymposiums. Zusammengestellt von **Karl-Heinz Pfeffer.** 1973. XX, 156 S. m. 35 Abb. u. 63 Bildern, kt. 0538-2

33. **Emil Meynen, Hrsg.: Geographie heute - Einheit und Vielfalt. Ernst Plewe** zu seinem 65. Geburtstag von Freunden und Schülern gewidmet. Hrsg. unter Mitarbeit von **Egon Riffel.** 1973. X, 425 S. m. 39 Abb., 26 Bildern u. 14 Ktn., kt. 0539-0

34. **Jürgen Dahlke: Der Weizengürtel in Südwestaustralien.** Anbau und Siedlung an der Trockengrenze. 1973. XII, 275 S., 67 Abb., 4 Faltktn., kt. 0540-4

35. **Helmut J. Jusatz, Hrsg.: Fortschritte der geomedizinischen Forschung.** Beiträge zur Geoökologie der Infektionskrankheiten. Vorträge d. Geomedizin. Symposiums auf Schloß Reisenburg v. 8.-12. Okt. 1972. Herausgegeben im Auftrag der Heidelberger Akademie der Wissenschaften. 1974. VIII, 164 S. m. 47 Abb., 8 Bildern u. 2 Falttaf., kt. 1797-6

36. **Werner Rutz, Hrsg.: Ostafrika** – Themen zur wirtschaftlichen Entwicklung am Beginn der Siebziger Jahre. Festschrift **Ernst Weigt.** 1974. VIII, 176 S. m. 17 Ktn., 7 Bildern u. 1 Abb., kt. 1796-8

37. **Wolfgang Brücher: Die Industrie im Limousin.** Ihre Entwicklung und Förderung in einem Problemgebiet Zentralfrankreichs. 1974. VI, 45 S. m. 10 Abb. u. 1 Falttke., kt. 1853-0

38. **Bernd Andreae: Die Farmwirtschaft an den agronomischen Trockengrenzen.** Über den Wettbewerb ökologischer Varianten in der ökonomischen Evolution. Betriebs- und standortsökonomische Studien in der Farmzone des südlichen Afrika und der westlichen USA. 1974. X, 69 S., m. 14 Schaubildern u. 24 Übersichten, kt. 1821-2

39. **Hans-Wilhelm Windhorst: Studien zur Waldwirtschaftsgeographie.** Das Ertragspotential der Wälder der Erde. Wald- und Forstwirtschaft in Afrika. Ein forstgeographischer Überblick. 1974. VIII, 75 S. m. 10 Abb., 8 Ktn., 41 Tab., kt. 2044-6

40. **Hilgard O'Reilly Sternberg: The Amazon River of Brazil.** (vergriffen) 2075-6

41. **Utz Ingo Küpper / Eike W. Schamp, Hrsg.: Der Wirtschaftsraum.** Beiträge zur Methode und Anwendung eines geographischen Forschungsansatzes. Festschrift für **Erich Otremba** zu seinem 65. Geburtstag. 1975. VI, 294 S. m. 10 Abb., 15 Ktn., kt. **2156 - 6**

42. **Wilhelm Lauer, Hrsg.: Landflucht und Verstädterung in Chile.** Exodu rura yl urbanización en Chile. Mit Beiträgen von Jürgen Bähr, Winfried Golte und Wilhelm Lauer. 1976. XVIII, 149 S., 13 Taf. m. 25. Fotos. 41 Figuren, 3 Faltktn., kt. 2159-0

43. **Helmut J. Jusatz, Hrsg.: Methoden und Modelle der geomedizinischen Forschung.** Vorträge des 2. Geomedizin. Symposiums auf Schloß Reisenburg vom 20.-24. Okt. 1974. Hrsg. im Auftrag der Heidelberger Akademie der Wissenschaften. 1976. X, 174 S. m. 7 Abb., 2 Diagr., 20 Tab., 24 Ktn., Summaries, 6 Taf. m. 6 Bildern, kt. 2308-9

44. **Fritz Dörrenhaus: Villa und Villegiatura in der Toskana.** Eine italienische Institution und ihre gesellschaftsgeographische Bedeutung. Mit einer einleitenden Schilderung "Toskanische Landschaft" von Herbert Lehmann. 1976. X, 153 S. m. 5 Ktn., 1 Abb., 1 Schema (Beilage), 8 Taf. m. 24 Fotos, 14 Zeichnungen von Gino Canessa, Florenz, u. 2 Stichen, kt. 2400-X

45. **Hans Karl Barth: Probleme der Wasserversorgung in Saudi-Arabien.** 1976. VI, 33 S. m. 3 Abb., 4 Tab., 4 Faltktn., 1 Kte., kt. 2401-8

46. **Hans Becker / Volker Höhfeld / Horst Kopp: Kaffee aus Arabien.** Der Bedeutungswandel eines Weltwirtschaftsgutes und seine siedlungsgeographische Konsequenz an der Trockengrenze der Ökumene. 1979. VIII, 78 S. m. 6 Abb., 6 Taf. m. 12 Fotos, 2 Faltktn. kt. 2881-1

47. **Hermann Lautensach: Madeira, Ischia und Taormina.** Inselstudien. 1977. XII, 57 S. m. 16 Abb., 5 Ktn., kt. 2564-2

48. **Felix Monheim: 20 Jahre Indianerkolonisation in Ostbolivien.** 1977. VI, 99 S., 14 Ktn., 17 Tab., kt. 2563-4

49. **Wilhelm Müller-Wille: Stadt und Umland im südlichen Sowjet-Mittelasien.** 1978. VI, 48 S. m. 20 Abb. u. 7 Tab., kt. 2762-9

50. **Ernst Plewe, Hrsg.: Die Carl Ritter-Bibliothek.** Nachdruck der Ausg. Leipzig, Weigel, 1861: "Verzeichnis der Bibliothek und Kartensammlung des Professors, Ritters etc. etc. Doktor Carl Ritter in Berlin." 1978. XXVI, 565 S., Frontispiz, kt. 2854-4

51. **Helmut J. Jusatz**, Hrsg.: **Geomedizin in Forschung und Lehre.** Beiträge zur Geoökologie des Menschen. Vorträge des 3. Geomed. Symposiums auf Schloß Reisensburg vom 16. - 20. Okt. 1977. Hrsg. im Auftrag der Heidelberger Akademie der Wissenschaften. 1979. XV, 122 S. m. 15 Abb. u. 14 Tab., 1 Faltkte., Summaries, kt. 2801-3

52. **Werner Kreuer: Ankole.** Bevölkerung - Siedlung - Wirtschaft eines Entwicklungsraumes in Uganda. 1979. XI, 106 S. m. 11 Abb., 1 Luftbild auf Falttaf., 8 Ktn., 18 Tab., kt. 3063-8

53. **Martin Born: Siedlungsgenese und Kulturlandschaftsentwicklung in Mitteleuropa.** Gesammelte Beiträge. Hrsg. im Auftrag des Zentralausschusses für Deutsche Landeskunde von **Klaus Fehn.** 1980. XL, 528 S. m. 17 Abb., 39 Ktn. kt. 3306-8

54. **Ulrich Schweinfurth / Ernst Schmidt-Kraepelin / Hans Jürgen von Lengerke / Heidrun Schweinfurth-Marby / Thomas Gläser / Heinz Bechert: Forschungen auf Ceylon II.** 1981. VI, 216 S. m. 72 Abb., kt. (Bd. I s. Nr. 27) 3372-6

55. **Felix Monheim: Die Entwicklung der peruanischen Agrarreform 1969-1979 und ihre Durchführung im Departement Puno.** 1981. V, 37 S. m. 15 Tab., kt. 3629-6

56. **- / Gerrit Köster: Die wirtschaftliche Erschließung des Departement Santa Cruz (Bolivien) seit der Mitte des 20. Jahrhunderts.** 1982. VIII, 152 S. m. 2 Abb. u. 12 Ktn., kt. 3635-0

57. **Hans Georg Bohle: Bewässerung und Gesellschaft im Cauvery-Delta (Südindien).** Eine geographische Untersuchung über historische Grundlagen und jüngere Ausprägung struktureller Unterentwicklung. 1981. XVI, 266 S. m. 33 Abb., 49 Tab., 8 Kartenbeilagen, kt. 3550-8

58. **Emil Meynen / Ernst Plewe**, Hrsg.: **Forschungsbeiträge zur Landeskunde Süd- und Südostasiens.** Festschrift für **Harald Uhlig** zu seinem 60. Geburtstag, Band 1. 1982. XVI, 253 S. m. 45 Abb. u. 11 Ktn., kt. 3743-8

59. **- / -,** Hrsg.: **Beiträge zur Hochgebirgsforschung und zur Allgemeinen Geographie.** Festschrift für **Harald Uhlig** zu seinem 60. Geburtstag, Band 2. 1982. VI, 313 S. m. 51 Abb. u. 6 Ktn., 1farb. Faltkte., kt. 3744-6
Beide Bände zus. kt. 3779-9

60. **Gottfried Pfeifer: Kulturgeographie in Methode und Lehre.** Das Verhältnis zu Raum und Zeit. Gesammelte Beiträge. 1982. XI, 471 S. m. 3 Taf., 18 Fig., 16 Ktn., 15 Tab. u. 7 Diagr., kt. 3668-1

61. **Walter Sperling: Formen, Typen und Genese des Platzdorfes in den böhmischen Ländern.** Beiträge zur Siedlungsgeographie Ostmitteleuropas. 1982. X, 187 S. m. 39 Abb., kt. 3654-7

62. **Angelika Sievers: Der Tourismus in Sri Lanka (Ceylon).** Ein sozialgeographischer Beitrag zum Tourismusphänomen in tropischen Entwicklungsländern, insbesondere in Südasien. 1983. X, 138 S. m. 25 Abb. u. 19 Tab., kt. 3889-2

63. **Anneliese Krenzlin: Beiträge zur Kulturlandschaftsgenese in Mitteleuropa.** Gesammelte Aufsätze aus vier Jahrzehnten, hrsg. von **H.-J. Nitz** u. **H. Quirin.** 1983. XXXVIII, 366 S. m. 55 Abb., kt. 4035-8

64. **Gerhard Engelmann: Die Hochschulgeographie in Preußen 1810-1914.** 1983. XII, 184 S., 4 Taf., kt. 3984-8

65. **Bruno Fautz: Agrarlandschaften in Queensland.** 1984. 195 S. m. 33 Ktn., kt. 3890-6

66. **Elmar Sabelberg: Regionale Stadttypen in Italien.** Genese und heutige Struktur der toskanischen und sizilianischen Städte an den Beispielen Florenz, Siena, Catania und Agrigent. 1984. XI, 211 S. m. 26 Tab., 4 Abb., 57 Ktn. u. 5 Faltktn., 10 Bilder auf 5 Taf., kt. 4052-8

67. **Wolfhard Symader: Raumzeitliches Verhalten gelöster und suspendierter Schwermetalle.** Eine Untersuchung zum Stofftransport in Gewässern der Nordeifel und niederrheinischen Bucht. 1984. VIII, 174 S. m. 67 Abb., kt. 3909-0

68. **Werner Kreisel: Die ethnischen Gruppen der Hawaii-Inseln.** Ihre Entwicklung und Bedeutung für Wirtschaftsstruktur und Kulturlandschaft. 1984. X, 462 S. m. 177 Abb. u. 81 Tab., 8 Taf. m. 24 Fotos, kt. 3412-9

69. **Eckart Ehlers: Die agraren Siedlungsgrenzen der Erde.** Gedanken zur ihrer Genese und Typologie am Beispiel des kanadischen Waldlandes. 1984. 82 S. m. 15 Abb., kt. 4211-3

70. **Helmut J. Jusatz / Hella Wellmer**, Hrsg.: **Theorie und Praxis der medizinischen Geographie und Geomedizin.** Vorträge der Arbeitskreissitzung Medizinische Geographie und Geomedizin auf dem 44. Deutschen Geographentag in Münster 1983. Hrsg. im Auftrage des Arbeitskreises. 1984. 85 S. m. 20 Abb., 4 Fotos u. 2 Kartenbeilagen, kt. 4092-7

71. **Leo Waibel †: Als Forscher und Planer in Brasilien.** Vier Beiträge aus der Forschungstätigkeit 1947-1950 in Übersetzung. Hrsg. von **Gottfried Pfeiffer** u. **Gerd Kohlhepp.** 1984. 124 S. m. 5 Abb., 1 Taf., kt. 4137-0

72. **Heinz Ellenberg: Bäuerliche Bauweisen in geoökologischer und genetischer Sicht.** 1984. V, 69 S. m. 18 Abb., kt. 4208-3

73. **Herbert Louis: Landeskunde der Türkei.** Vornehmlich aufgrund eigener Reisen. 1985. XIV, 268 S. m. 4 Farbktn. u. 1 Übersichtskärtchen des Verf., kt. 4312-8

74. **Ernst Plewe / Ute Wardenga: Der junge Alfred Hettner.** Studien zur Entwicklung der wissenschaftlichen Persönlichkeit als Geograph, Länderkundler und Forschungsreisender. 1985. 80 S. m. 2 Ktn. u. 1 Abb., kt. 4421-3

75. **Ulrich Ante: Zur Grundlegung des Gegenstandsbereiches der Politischen Geographie.** Über das "Politische" in der Geographie. 1985. 184 S., kt. 4361-6

76. **Günter Heinritz / Elisabeth Lichtenberger, eds.: The Take-off of Suburbia and the Crisis of the Central City.** Proceedings of the International Symposium in Munich and Vienna 1984. 1986. X, 300 S. m. 95 Abb., 49 Tab., kt. 4402-7

77. **Klaus Frantz: Die Großstadt Angloamerikas im Wandel des 18. und 19. Jahrhunderts.** Versuch einer sozialgeographischen Strukturanalyse anhand ausgewählter Beispiele der Nordostküste. 1987. 200 S. m. 32 Ktn. u. 12 Abb. kt. 4433-7

78. **Claudia Erdmann: Aachen im Jahre 1812.** Wirtschafts- und sozialräumliche Differenzierung einer frühindustriellen Stadt. 1986. VIII, 257 S. m. 6 Abb., 44 Tab., 19 Fig., 80 Ktn., kt. 4634-8

79. **Josef Schmithüsen †: Die natürliche Lebewelt Mitteleuropas.** Hrsg. von **Emil Meynen.** 1986. 71 S. m. 1 Taf., kt. 4638-8

80. **Ulrich Helmert: Der Jahresgang der Humidität in Hessen und den angrenzenden Gebieten.** 1986. 108 S. m. 11 Abb. u. 37 Ktn. i. Anh., kt. 4630-5

81. **Peter Schöller: Städtepolitik, Stadtumbau und Stadterhaltung in der DDR.** 1986. 55 S., 4 Taf. m. 8 Fotos, 12 Ktn., kt. 4703-4

82. **Hans-Georg Bohle: Südindische Wochenmarkt-systeme.** Theoriegeleitete Fallstudien zur Geschichte und Struktur polarisierter Wirtschaftskreisläufe im ländlichen Raum der Dritten Welt. 1986. XIX, 291 S. m. 43 Abb., 12 Taf., kt. 4601-1

83. **Herbert Lehmann: Essays zur Physiognomie der Landschaft.** Mit einer Einleitung von **Renate Müller,** hrsg. von **Anneliese Krenzlin** und **Renate Müller.** 1986. 267 S. m. 25 s/w- und 12 Farbtaf., kt. 4689-5

84. **Günther Glebe / J. O'Loughlin, eds.: Foreign Minorities in Continental European Cities.** 1987. 296 S. m. zahlr. Ktn. u. Fig., kt. 4594-5

85. **Ernst Plewe †: Geographie in Vergangenheit und Gegenwart.** Ausgewählte Beiträge zur Geschichte und Methode des Faches. Hrsg. von **Emil Meynen** und **Uwe Wardenga.** 1986. 438 S., kt. 4791-3

86. **Herbert Lehmann †: Beiträge zur Karstmorphologie.** Hrsg. von **F. Fuchs, A. Gerstenhauer, K.-H. Pfeffer.** 1987. 251 S. m. 60 Abb., 2 Ktn., 94 Fotos, kt. 4897-9

87. **Karl Eckart: Die Eisen- und Stahlindustrie in den beiden deutschen Staaten.** 1988. 277 S. m. 167 Abb., 54 Tab., 7 Übers., kt. 4958-4

88. **Helmut Blume / Herbert Wilhelmy, Hrsg.: Heinrich Schmitthenner Gedächtnisschrift.** Zu seinem 100. Geburtstag. 1987. 173 S. m. 42 Abb., 8 Taf., kt. 5033-7

89. **Benno Werlen: Gesellschaft, Handlung und Raum** (2., durchges. Aufl 1988 außerhalb der Reihe unter demselben Titel: VIII, 314 S. m. 17 Abb., kt. **5184-8)** 4886-3

90. **Rüdiger Mäckel / Wolf-Dieter Sick, Hrsg.: Natürliche Ressourcen und ländliche Entwicklungsprobleme der Tropen.** Festschrift für **Walther Manshard.** 1988. 334 S. m. zahlr. Abb., kt. 5188-0

91. **Gerhard Engelmann †: Ferdinand von Richthofen 1833–1905.** Albrecht Penck 1858–1945. Zwei markante Geographen Berlins. Aus dem Nachlaß hrsg. von **Emil Meynen.** 1988. 37 S. m. 2 Abb., kt. 5132-5

92. **Gerhard Hard: Selbstmord und Wetter – Selbstmord und Gesellschaft.** Studien zur Problemwahrnehmung in der Wissenschaft und zur Geschichte der Geographie. 1988. 356 S., 11 Abb., 13 Tab., kt. 5046-9

93. **Siegfried Gerlach: Das Warenhaus in Deutschland.** Seine Entwicklung bis zum Ersten Weltkrieg in historisch-geographischer Sicht. 1988. 178 S. m. 33 Abb., kt. 5103-1

94. **Walter H. Thomi: Struktur und Funktion des produzierenden Kleingewerbes in Klein- und Mittelstädten Ghanas.** Ein empirischer Beitrag zur Theorie der urbanen Reproduktion in Ländern der Dritten Welt. 1989. XVI, 312 S., kt. 5090-6

95. **Thomas Heymann: Komplexität und Kontextualität des Sozialraumes.** 1989. VIII, 511 S. m. 187 Abb., kt. 5315-8

96. **Dietrich Denecke / Klaus Fehn, Hrsg.: Geographie in der Geschichte.** (Vorträge der Sektion 13 des Deutschen Historikertags, Trier 1986.) 1989. 97 S. m. 3 Abb., kt. DM 36,– 5428-6

97. **Ulrich Schweinfurth, Hrsg.: Forschungen auf Ceylon III.** Mit Beiträgen von C. Preu, W. Werner, W. Erdelen, S. Dicke, H. Wellmer, M. Bührlein u. R. Wagner. 1989. 258 S. m. 76 Abb., kt. 5084-1

98. **Martin Boesch: Engagierte Geographie.** 1989. XII, 284 S., kt. 5514-2

99. **Hans Gebhardt: Industrie im Alpenraum.** Alpine Wirtschaftsentwicklung zwischen Außenorientierung und endogenem Potential. 1990. 283 S. m. 68 Abb., kt. 5397-2

100. **Ute Wardenga: Geographie als Chorologie.** Zur Genese und Struktur von Alfred Hettners Konstrukt der Geographie. 1995. 255 S., kt. 6809-0

101. **Siegfried Gerlach: Die deutsche Stadt des Absolutismus im Spiegel barocker Veduten und zeitgenössischer Pläne.** Erweiterte Fassung eines Vortrags am 11. November 1986 im Reutlinger Spitalhof. 1990. 80 S. m. 32 Abb., dav. 7 farb., kt. 5600-9

102. **Peter Weichhart: Raumbezogene Identität.** Bausteine zu einer Theorie räumlich-sozialer Kognition und Identifikation. 1990. 118 S., kt. 5701-3

103. **Manfred Schneider: Beiträge zur Wirtschaftsstruktur und Wirtschaftsentwicklung Persiens 1850-1900.** Binnenwirtschaft und Exporthandel in Abhängigkeit von Verkehrserschließung, Nachrichtenverbindungen, Wirtschaftsgeist und politischen Verhältnissen anhand britischer Archivquellen. 1990. XII, 381 S. m. 86 Tab., 16 Abb., kt. 5458-8

104. **Ulrike Sailer-Fliege: Der Wohnungsmarkt der Sozialmietwohnungen.** Angebots- und Nutzerstrukturen dargestellt an Beispielen aus Nordrhein-Westfalen. 1991. XII, 287 S. m. 92 Abb., 30 Tab., 6 Ktn., kt. 5836-2

105. **Helmut Brückner / Ulrich Radtke, Hrsg.: Von der Nordsee bis zum Indischen Ozean/From the North Sea to the Indian Ocean.** Ergebnisse der 8. Jahrestagung des Arbeitskreises „Geographie der Meere und Küsten", 13.-15. Juni 1990, Düsseldorf / Results of the 8th Annual Meeting of the Working group „Marine and Coastal Geography", June 13-15, 1990, Düsseldorf. 1991. 264 S. mit 117 Abbildungen, 25 Tabellen, kt. 5898-2

106. **Heinrich Pachner: Vermarktung landwirtschaftlicher Erzeugnisse in Baden-Württemberg.** 1992. 238 S. m. 53 Tab., 15 Abb. u. 24 Ktn., kt. 5825-7

107. **Wolfgang Aschauer: Zur Produktion und Reproduktion einer Nationalität – die Ungarndeutschen.** 1992. 315 S. m. 85 Tab., 8 Ktn., 9 Abb., kt. 6082-0

108. **Hans-Georg Möller: Tourismus und Regionalentwicklung im mediterranen Südfrankreich.** Sektorale und regionale Entwicklungseffekte des Tourismus - ihre Möglichkeiten und Grenzen am Beispiel von Côte d'Azur, Provence und Languedoc-Roussillon. 1992. XIV, 413 S. m. 60 Abb., kt. 5632-7

109. **Klaus Frantz: Die Indianerreservationen in den USA.** Aspekte der territorialen Entwicklung und des sozioökonomischen Wandels. 1993. 298 S. m. 20 Taf., kt., 6217-3

110. **Hans-Jürgen Nitz, ed.: The Early Modern World-System in Geographical Perspective.** 1993. XII, 403 S. m. 67 Abb., kt. 6094-4

111. **Eckart Ehlers/Thomas Krafft, Hrsg.: Shâhjahânâbâd/Old Delhi.** Islamic Tradition and Colonial Change. 1993. 106 S. m. 14 Abb., 1 mehrfbg. Faltkt., 1 fbg. Frontispiz, kt. 6218-1

112. **Ulrich Schweinfurth, Hrsg.: Neue Forschungen im Himalaya.** 1993. 293 S. m. 6 Ktn., 50 Abb., 35 Photos u. 1 Diagr., kt. 6263-7

113. **Rüdiger Mäckel/Dierk Walther: Naturpotential und Landdegradierung in den Trockengebieten Kenias.** 1993. 309 S. m. 49 Tab., 66 Abb. u. 36 Fotos (dav. 4 fbg.), kt. 6197-5

114. **Jürgen Schmude: Geförderte Unternehmensgründungen in Baden-Württemberg.** Eine Analyse der regionalen Unterschiede des Existenzgründungsgeschehens am Beispiel des Eigenkapitalhilfe-Programms (1979 bis 1989). 1994. XVII, 246 S. m. 13 Abb., 38 Tab. u. 21 Ktn, kt. 6448-6

115.**Werner Fricke/Jürgen Schweikart,** Hrsg.: **Krankheit und Raum.** Dem Pionier der Geomedizin Helmut Jusatz zum Gedenken. 1995. VIII, 254 S. m. 1 Taf. u. 46 Abb., kt. 6648-9

116.**Benno Werlen: Sozialgeographie alltäglicher Regionalisierungen.** Band 1: Zur Ontologie von Gesellschaft und Raum. 1995. X, 262 S., kt. 6606-3

117.**Winfried Schenk: Waldnutzung, Waldzustand und regionale Entwicklung in vorindustrieller Zeit im mittleren Deutschland.** 1995. 326 S. m. 65 Fig. u. 48 Tab., kt. 6489-3

118.**Fred Scholz: Nomadismus.** Theorie und Wandel einer sozio-ökologischen Kulturweise. 1995. 300 S. m. 41 Photos u. 30 Abb., 3 fbg. Beilagen, kt. 6733-7

119.**Benno Werlen: Sozialgeographie alltäglicher Regionalisierungen.** Band 2: Globalisierung, Region und Regionalisierung. 1997. XI, 464 S., kt. 6607-1

120.**Peter Jüngst: Psychodynamik und Stadtgestaltung.** Zum Wandel präsentativer Symbolik und Territorialität von der Moderne zur Postmoderne. 1995. 175 S. m. 12 Abb., kt. 6534-2

121.**Benno Werlen: Die Geographien des Alltags.** Empirische Befunde. 1999. Ca. 250 S., kt. 7175-X

122.**Zóltan Cséfalvay: Aufholen durch regionale Differenzierung?.** Von der Plan- zur Marktwirtschaft – Ostdeutschland und Ungarn im Vergleich. 1997. XIII, 235 S., kt. 7125-3

123.**Hiltrud Herbers: Arbeit und Ernährung in Yasin.** Aspekte des Produktions-Reproduktions-Zusammenhangs in einem Hochgebirgstal Nordpakistans. 1998. 295 S. m. 40 Abb. u. 45 Tab., 8 Taf. 7111-3

124.**Manfred Nutz: Stadtentwicklung in Umbruchsituationen.** Wiederaufbau und Wiedervereinigung als Streßfaktoren der Entwicklung ostdeutscher Mittelstädte, ein Raum-Zeit-Vergleich mit Westdeutschland. 1998. 242 S. m. 37 Abb. u. 7 Tab., kt. 7202-0

125.**Ernst Giese/Gundula Bahro/Dirk Betke: Umweltzerstörungen in Trockengebieten Zentralasiens (West- und Ost-Turkestan).** Ursachen, Auswirkungen, Maßnahmen. 1998. 189 S. m. 39 Abb., 4 fbg. Kartenbeil., kt. 7374-4

126.**Rainer Vollmar: Anaheim – Utopia Americana.** Vom Weinland zum Walt Disneyland. Eine Stadtbiographie. 1998. 289 S. m. 164 Abb, kt. 7308-6

127.**Detlef Müller-Mahn: Fellachendörfer.** Sozialgeographischer Wandel im ländlichen Ägypten. 1999. Ca. 280 S. m. 6 Farbktn., kt. 7412-0

128.**Klaus Zehner: „Enterprise Zones" in Großbritannien.** Eine geographische Untersuchung zu Raumstruktur und Raumwirksamkeit eines innovativen Instruments der Wirtschaftsförderungs- und Stadtentwicklungspolitik in der Thatcher-Ära. 1999. 256 S. m. 31 Tab., 14 Ktn. u. 14 Abb., kt. 7555-0

129.**Peter Lindner: Räume und Regeln unternehmerischen Handelns aus** institutionenorientierter Perspektive. 1999. XV, 280 S. m. 33 Abb., 11 Tab., 1 Kartenbeilage, kt. 7518-6

130.**Peter Meusburger, Hg.: Handlungszentrierte Sozialgeographie.** Benno Werlens Entwurf in kritischer Diskussion. 1999. 269 S., kt. 7613-1

131.**Paul Reuber: Raumbezogene Politische Konflikte.** Geographische Konfliktforschung am Beispiel von Gemeindegebietsreformen. 1999. 370 S. m. 54 Abb., kt. 7605-0

132.**Eckart Ehlers & Hermann Kreutzmann,** Eds.: **High Mountain Pastoralism in Northern Pakistan.** 2000. 211 S. m. 20 Photos u. 36 Abb., kt. 7662-X

133.**Josef Birkenhauer: Traditionslinien und Denkfiguren.** Zur Ideengeschichte der sogenannten Klassischen Geographie in Deutschland. 2001. 118 S., kt. 7919-X

134.**Carmella Pfaffenbach: Die Transformation des Handelns.** Erwerbsbiographien in Westpendlergemeinden Südthüringens. 2002. XII, 240 S. m. 12 s/w-Fot., 28 Abb., kt. 8222-0

135.**Peter Meusburger / Thomas Schwan,** Hrsg.: **Humanökologie.** Ansätze zur Überwindung der Natur-Kultur-Dichotomie. 2003. IV, 342 S. m. 30 Abb., kt. 8377-4

136.**Alexandra Budke / Detlef Kanwischer / Andreas Pott,** Hrsg.: **Internetgeographien.** Beobachtungen zum Verhältnis von Internet, Raum und Gesellschaft. 2004. 200 S. m. 28 Abb., kt. 8506-8

137.**Britta Klagge: Armut in westdeutschen Städten.** Strukturen und Trends aus stadtteilorientierter Perspektive – eine vergleichende Langzeitstudie der Städte Düsseldorf, Essen, Frankfurt, Hannover und Stuttgart. 2005. 310 S. m. 16 fbg. u. 32 s/w- Abb. u. 53 Tab., kt. 8556-4

138.**Caroline Kramer: Zeit für Mobilität.** Räumliche Disparitäten der individuellen Zeitverwendung. 2005. Ca. 480 S. m. 124 Abb. u. 4 Fot., kt. 8630-7

139.**Frank Meyer: Die Städte der vier Kulturen.** Eine Geographie der Zugehörigkeit und Ausgrenzung am Beispiel von Ceuta und Melilla (Spanien/Nordafrika). 2005. XII, 318 S. m. 6 Abb., 3 Farbktn. u. 12 Tab., kt. 8602-1

FRANZ STEINER VERLAG STUTTGART

ISSN 0425 - 1741